U0917079

博雅经典阅读文丛

The History of Western Aesthetics

西方美学史

姚睿娟 ◎著

煤炭工业出版社
·北　京·

图书在版编目（CIP）数据

西方美学史/姚睿娟著. -- 北京：煤炭工业出版社，2016

ISBN 978 - 7 - 5020 - 5274 - 4

Ⅰ. ①西… Ⅱ. ①姚… Ⅲ. ①美学史—西方国家 Ⅳ. ①B83 - 095

中国版本图书馆 CIP 数据核字(2016)第 078032 号

西方美学史

著　　者　姚睿娟
责任编辑　刘少辉
封面设计　文贤阁

出版发行　煤炭工业出版社（北京市朝阳区芍药居 35 号　100029）
电　　话　010 - 84657898（总编室）
　　　　　　010 - 64018321（发行部）　010 - 84657880（读者服务部）
电子信箱　cciph612@126.com
网　　址　www.cciph.com.cn
印　　刷　北京市松源印刷有限公司
经　　销　全国新华书店

开　　本　710mm × 1000mm 1/16　**印张**　43 1/2　**字数**　700 千字
版　　次　2016 年 10 月第 1 版　2016 年 10 月第 1 次印刷
社内编号　8125　　　　**定价**　74.00 元

目录 CONTENTS

第三编 文艺复兴时期的美

第五篇　启蒙运动——英国经验主义美学

The history of Western Aesthetics

序言

西方美学史，简而言之，就是西方美学思想发展史。要研究美学思想，就需要对不同时期的思想家做出归纳、分类和总结，并挑选出其中具有代表性的人物加以介绍，然后对其详细地进行对比和研究，找出其发展脉络。西方美学史，顾名思义是在讲美。然而，我们为什么要研究西方美学史呢？研究西方美学史有什么意义呢？美学不仅仅是在说美，也是我们人类的缩影，它对研究思想以及社会进程的发展有重要意义。

关于美学的起源，正如我们所知，在产生初期它和哲学是分不开的，最早阐明美学观点的是古希腊的一些哲学家。例如，柏拉图、亚里士多德等。本书共有八篇、四十章，按历史发展的顺序，在这近3000年的历史中，各种思想、各种流派层出不穷，出现了古希腊古罗马美学思想、文艺复兴时期美学、法国古典主义、新古典主义、意大利美学思想、德国理性主义、英国经验主义等美学思想。据现有资料及专家意见并参考现有著作，本书介绍了西方美学从古希腊古罗马、中世纪、文艺复兴，到现代欧美的美学发展史。它们不仅丰富了人类的美学宝库，也是人类文明宝库的巨大财富。我们着重介绍了启蒙运动时期美学的发展。

其中，启蒙运动，作为人类历史上第三次大的思想解放运动，对人类思想、文化、政治产生的影响延续至今。在启蒙运动时期，西方美学得到了空前的发展，出现了法国新古典主义、英国经验主义和德国理性主义等流派的美学思想。这一时期的代表人物众多，主要的有伏尔泰、狄德罗、休谟、莱布尼茨等。这一时期，他们也各自提出自己的哲学及美学观点。伏尔泰虽反对古典主义的逆古倾向，但又持相当保守的传统态度，他想把新的启蒙思想内容装进旧的古典形式里面去。理性主义仍然是他的艺术准则，他认为："真正的悲剧是美德的学说，悲剧和劝善书之间的差别只在于悲剧用情节来教训人。"狄德罗的美学思想建立在唯物主义认识论的基础之上。他区分出"实在的美"和"相对的美"，前者是独立于人之外的客观存在的美，后者是关系到审美者个人的美。他还提出"美是关系"的论点，认为只有"关系"的性质才能使事物成为美的事物。

狄德罗在文艺领域进行了反对古典主义文艺思想的斗争，特别在戏剧方面，他力图打破古典主义的教条，主张建立一种新型的严肃喜剧或市民剧。休谟把快感与美感等同起来，把快感与不快感看作美丑的本质。他认为美不在事物本身而在主体心中，美和价值只具有相对性，它们包含在愉快的情感之中。但他又认为，事物确有某种属性，是由于自然安排得恰当而适合于产生那些特殊感觉的，休谟在这两者之间徘徊不定。莱布尼茨则认为感觉经验靠不住，不可能给人们带来永恒的真理。具有普遍性和必然性的永恒真理，应当来自"理性的永恒法则"，而"理性的永恒法则"则来自人内心的"天赋观念"。受德国古典美学影响后，西方美学思想向着三个方向发展。

黑格尔经过费尔巴哈的批判，发展成为以车尔尼雪夫斯基为代表的俄国革命民主主义的美学思想。发展唯心主义，形成了19世纪中叶以后形形色色的资产阶级美学思想；经过马克思和恩格斯的批判和改造，继承了以前美学的"合理内核"，使其成为马克思主义美学的一个重要来源。至此，西方美学思想体系形成，不同思想家、不同流派百家争鸣，为以后美学的发展铺平了道路。研究西方美学，我们应该用整体的眼光、联系的观点来将它看作一个不可分割的有机统一整体，把研究的重点放在对人类思想发展和它们之间的相互联系和相互影响上，努力反映局部与整体的矛盾以及它们之间的相互作用。这对于我们研究中国及世界美学具有重大意义。希望通过本书，大家能对西方美学史有一个全新的认识。

姚睿娟

2016．2

The history of Western Aesthetics

第一篇

古希腊美学思想

古希腊美学思想可分为三个时期：发源期、转型期、极盛期。古希腊文化主要是奴隶主文化，所谓“民主”也只是“有限的民主”，即奴隶主内部的民主。它发源于公元前6世纪，其代表有：毕达哥拉斯学派、赫拉克利特、德谟克利特、苏格拉底。在公元前5世纪出现第一个转型期，雅典的黄金时代（伯里克利时代）希腊文化由传统思想统治转变成自由批判，由文艺时代转变为哲学时代。原因是：生产力的发展、工商业的发展、贸易战争中的文化思想交流。在公元前5—前4世纪达到鼎盛，代表人物有柏拉图、亚里士多德，除德谟克利特外，大部分美学思想家都是贵族党。

第一章　柏拉图——美学思想的先驱

一、生平

柏拉图（公元前427—前347），古希腊唯心主义哲学家，出身于雅典贵族奴隶主家庭。早年跟随苏格拉底学习，苏格拉底死后，他离开雅典到埃及、意大利和西西里岛等地游历和讲学。据说，他曾被卖为奴隶，后由朋友赎回。他又两次重到西西里岛，企图在这里实现其理想的奴隶主贵族统治，但都失败而归。约于公元前387年创办学园，在此从事讲学和著述达41年之久。

二、著作

柏拉图的著作保存下来的有四十余篇，涉及文艺和美学的有：《伊安》、《大希庇阿斯》、《斐德诺》、《会饮》和《理想国》等。其中《大希庇阿斯》是专门讨论美的一篇对话，绝大部分是以对话体写成。这些著作内容极其广泛，主要是政治、伦理教育和哲学方面的问题。

三、主要思想

柏拉图直接继承了苏格拉底的学说，他认为理念是独立于个别事物和人类意识之外的实体，永恒不变的理念是个别事物的原本或模型，个别事物则是理念世界的“摹本”或“影子”。从这种“理念论”出发，在他看来，只有理念世界的原型才是真正的美，“一切美都以它为源泉，有了它那一切美的事物才称其为美”。他创立了系统的客观唯心主义的“理念论”，柏拉图还运用“理念论”来解释文艺，他认为既然个别事物是理念的“摹本”或“影子”，而艺术品又模仿个别事物，因此文艺就是“摹本的摹本”、“影子的影子”，它与真实隔着两层，对于真理没有多大价值。所以，柏拉图否认了文艺的真实性，同时也否认了文艺的认识价值。

四、对美学问题的讨论

在《大希庇阿斯》中，柏拉图还专门探讨了美的本质问题，他指出，美不是恰当、不是有用、不是视听产生的快感。美究竟是什么？他没有得出圆满的结论。但他认为经过这番研究和讨论，得到了一个益处，那就是更清楚地了解一句谚语：“美是难的。”

五、灵感论

在文艺创作的源泉上，柏拉图提出“灵感论”。诗人产生激情和想象，达到兴高采烈、眉飞色舞的境界，从而创作出诗歌来。所以，文艺才能的源泉在于灵感，诗人只不过是“神的代言人”。他认为文艺家的创作不是依靠知识和技艺，而是凭借灵感和神力。当灵感附着于诗人时，就使诗人处于一种“迷狂状态”。

在这里，柏拉图看到了文艺创作与其他一般认识的区别，肯定了激情和想象在文艺创作中的作用。柏拉图的“灵感论”对灵感做出了不科学的解释，其中充满了神秘主义色彩。他还排斥了理智的作用，把灵感和理智绝对地对立起来。这种反理性的思想，后来在西方美学史上，产生过有害影响。

六、社会功用论

柏拉图是很懂得文艺的社会作用的。对于文艺的社会作用，柏拉图的态度是非常明确的。他提出文艺要为统治阶级的利益服务，是否符合政治和道德的规范，这是鉴别文艺好坏的标准。他所反对的是不利于奴隶主统治的文艺。他是西方第一个明确地把政治教育效果作为文艺评价标准的人。

柏拉图一方面极力指责当时希腊民主派文艺亵渎神灵，伤风败俗，放纵情欲，使人失去理智控制，破坏了道德和正义，因此，必须对它们大加清洗，坚决把那些犯禁的诗人驱逐出理想国；另一方面，他又一再强调艺术的教育作用，要求在理想国中用最优美的艺术来陶冶人的性情，美化人的心灵。

七、地位和影响

柏拉图的文艺思想和美学思想在西方美学史上有着极为重要的地位，从罗马时期的朗吉努斯，中世纪的普洛丁、新柏拉图派，到文艺复兴时期的人文主义者，一直到后来的康德、歌德、席勒和黑格尔，都不同程度地受到过他的影响。

第二章　亚里士多德——欧洲美学思想的奠基人

亚里士多德总结了希腊文艺的最高成就，建立了一些规范性的理论。他在自然科学较发达的基础上，达到了自然科学观点和社会科学观点的统一。他的主要著作有《诗学》、《修辞学》（西方最早具有科学系统性的有关美学的著作）、《形而上学》、《物理学》、《论工具》（欧洲第一部逻辑学）等。亚里士多德认为人类活动不外乎三种，认识或观照（人生最高幸福），实践行动（公民应尽的职责），创造（艺术活动）。一切事物的成因不外乎四种：材料因（自然），形式因（作品的形式），创造因（艺术家的模仿活动），最后因（过程趋向具体内在的目的，即材料最终获得形式）。“理”即在“事”中，离“事”无所谓“理”。

一、生平及著作

亚里士多德（公元前384—前322）被称为“欧洲美学思想的奠基人”，是古希腊哲学家、美学家和科学家。亚里士多德学识渊博，著述颇丰。生于马其顿的斯塔平拉城。亚里士多德的父亲是马其顿王室的御医。他十七岁赴雅典在柏拉图门下求学，后来兼任讲学。主要著作有：《形而上学》、《物理学》、《政治学》、《伦理学》、《工具篇》、《诗学》和《修辞学》等。这些著作涉及物理学、生物学、哲学、逻辑学、伦理学、政治学、美学和文艺学等，他的著作堪称是一部最早的百科全书。柏拉图死后，他离开雅典，曾受聘为马其顿王子亚历山大的教师。后又回到雅典，创办吕克昂学校，其学派被称为“逍遥派”。晚年因有亲马其顿之嫌，再次被迫离开雅典，在优卑亚岛去世。《诗学》是亚里士多德在美学和文艺学方面的代表作。他根据已发展的科学和哲学理论，运用科学的方法对古希腊的文艺实践和成就进行了精细地分析与总结，提出了比较系统的美学理论和文艺理论。这些理论长期以来被认为是“欧洲文艺思想的法典”，是美学概念的依据。

二、关于美的本质问题

美的事物之所以美，不在于美的“理念”，而在于它自身具有一定的体积和安排。美具有整一性，它既不是杂多，也不是单一，而是许多成分的有机结合，是一个有机的整体。美的主要形式是“秩序、匀称与明确”。在关于美的本质问题上，亚里士多德认为，美和善既有区别，又有联系，美与善在本质上是统一的，它们都是构成事物的要素，是事物自身的一种性质。亚里士多德这种对美的本质的看法，基本上是唯物主义的。

亚里士多德在《诗学》中，用了较大的篇幅对史诗和悲剧理论作了系统的论述。他给悲剧下了一个定义，对悲剧的性质、成分、种类和作用进行了详尽的分析，并对悲剧和史诗的异同和高低进行了比较，从而在理论上确立了史诗和悲剧的历史地位，从哲学高度阐明了悲剧这一重要美学范畴，对美学和文艺理论的发展做出了重要的贡献。亚里士多德还批判了柏拉图离开个别而寻求一般的唯心主义的“理念论”，指出一般不能离开个别而存在，一般的美也不能脱离美的事物、先于美的事物而存在，它只能存在于具体的、能感觉到的美的事物之中。

三、对悲剧和史诗的看法

亚里士多德在《诗学》中主要论述了悲剧和史诗的问题。他还在《政治学》净化对音乐的社会功能作了这样的概括：(1) 教育；(2)“净化”；(3) 精神享受，也就是紧张劳动后的安静和休息。他针对柏拉图的美学思想，就文艺和美学理论上的几个根本性问题，作了深刻的阐发。

他还认为，文艺不仅能模仿现实世界的外形，而且还能反映现实世界所具有的必然性和普遍性，即它的内在本质和规律，从而也就肯定了文艺的认识作用。值得注意的是，亚里士多德不仅肯定文艺能反映现实事物，而且它可以比原来的现实事物更高、更美。在这里，他已经初步涉及艺术来源于现实而又高于现实的美学原则，虽然他未作深入的阐发。

在关于文艺的社会功能问题上，亚里士多德也不同意柏拉图那种把人的情感看成是人性中最“卑劣的部分”，指责文艺是“逢迎人性中卑劣的部分”、“扰乱人的灵魂”的观点，他认为情感对人是有益的，情感可以受理性指导。史诗和悲剧可以“净化”人的情感，使人理智健全，有益于人的心理健康。

四、关于文艺与现实的关系问题

在关于文艺与现实的关系问题上，亚里士多德反对柏拉图那种否认文艺的真实性、否认文艺的认识作用的观点，认为文艺模仿的对象就是我们所居住的现实世界，这个世界是真实存在的，因此，以现实世界为模仿对象的文艺也应该是真实的。

五、哲学观点

亚里士多德的美学思想和文艺理论对后世产生过很大的影响。亚里士多德在哲学上动摇于唯物主义和唯心主义之间，其美学思想和文艺思想却基本上是唯物主义，其中还包含了许多朴素的辩证法因素。《诗学》是亚里士多德在吕克昂学校讲学的讲稿，稿子未整理，又残缺不全，有些论点阐述不清，有些论点甚至彼此矛盾。这份讲稿曾藏在地窖里达一百多年之久，所以，它对当时希腊晚期和罗马早期的美学和文艺理论没有产生影响。

不少学者对它作过各种阐发和诠释，直到19世纪才逐渐恢复它本来的面目，至今还有不少问题尚待进一步探讨和研究。在《诗学》中，亚里士多德的观点也明显地表现出历史的和阶级的局限性。例如，他认为只有上层贵族阶级的人才能作为悲剧的主角，最完美的悲剧都取材于少数贵族家族的故事。他对文艺采取了静观的观点，把文艺只看成观照的认识活动，而没有看成是一种实践活动等。

The history of Western Aesthetics

第二篇

古罗马及中世纪美学

古罗马美学在一定基础上继承了古希腊美学，但也多有革新，相比于古希腊美学对“和谐”、“善”的概念的着重探索，古罗马美学更倾心于“崇高”的概念。统一的罗马帝国及一神教为“崇高”范畴的形成提供了可能。贺拉斯、普洛丁为这个时期的代表人物。进入中世纪，上帝替代了柏拉图，上帝就是最高的美，是一切感性事物（包括自然和艺术）的美的根源。基督教的基本教义是神权中心与来世主义。来世主义跟禁欲主义是分不开的，现世的禁欲是为了来世的享乐。而古典文化是建构在人本主义和现世主义的基础上的，人是一切事物的权衡。中世纪欧洲始终一贯的美学思潮是把美看成上帝的一种属性。

通过感性事物的美，人可以观照或体会到上帝的美。中世纪经济穷困，生产落后，战争频繁，社会动荡不安。“归到神的怀抱”是人生的终极目的。教会仇视文艺，认为文艺是感官的享受，所满足的还是一种肉体的要求，所以本身就是种罪孽。教会采取愚民政策，不让一般大众接受教育，唯一的通用官方语言是拉丁文，而拉丁文也是僧侣阶级的专利品。

第三章　贺拉斯——古典主义理想的奠基人

一、生平及著作

贺拉斯（公元前65—前8），是罗马初期的诗人和文艺批评家。他出生于意大利南部的一个获释奴隶的家庭，成年之后到罗马学习，后又到雅典攻读哲学。共和派与帝制派对抗时期，贺拉斯参加了共和派军队，并担任了指挥官。共和派失败后，他又回到罗马，做一小官，并开始写作。

公元前39年，经诗人维吉尔的介绍，他参加了奥古斯都的亲信麦刻那斯的文学集团。他写了许多诗歌，留存至今的有《讽刺诗集》。作品主要歌颂罗马帝国的统治，宣扬希腊哲学家伊壁鸠鲁追求享乐而无损国家利益的伦理观。他的文学观点和美学思想最集中地体现于他的晚期作品《诗艺》。《诗艺》是贺拉斯给罗马贵族皮索父子的一封诗体信，内容虽然也主张创新，但总倾向是保守的，它过分崇尚古典，拘泥于古典的教条。

同时，在许多地方还明显地表现出作者的奴隶主贵族的立场和阶级意识，体现了罗马贵族的生活理想和艺术趣味。《诗艺》内容主要是谈论诗和戏剧等问题。这封信后被著名的修辞学家昆提利努斯定名为《诗艺》。

二、主要思想

贺拉斯在《诗艺》中，继承了希腊模仿说的传统，主张艺术家在创作时，要有自己的真实感受和情感，要写自己所熟悉的东西，只有这样才能使自己的作品具有艺术魅力，才能震撼读者的心灵，打动观众的心弦。如果装腔作势，言不由衷，就会让人厌恶，或者令人发笑。他认为判断力是写作成功的开始和源泉。

他指出文艺应该模仿自然，作家应该“到生活中到风俗习惯中去寻找模型，从那里汲取活生生的语言”。他要求艺术家在创作时，要有良好的“判断力”，要知道，什么是该写、可以写的，什么是不该写、不可以写的。艺术家不仅要有充沛的创作热情，而且还必须掌握一定的艺术技巧，恰当地掌握并运用文学形式的各种因素，严格地按照一定的程式进行写作。贺拉斯强调了情感在创作中的作用，认为艺术诞生于情感，并借助于情感来感染人。

同时，贺拉斯并没有排斥理性对于创作的重要性。贺拉斯非常强调继承古典文化的传统，他提倡借用旧的传统题材，沿用古典作品中的人物，遵照古人所写的那种定型，运用希腊诗的格律。他还提出了一系列文艺创作的准则和方法，如整齐划一、和谐、适度，等等。

三、贺拉斯对虚构的见解

贺拉斯还认为，创作虽然允许虚构，但是“虚构的目的在引人喜欢，因此必须贴近真实。一切都要做到‘合情合理’，恰如其分，不能随意虚构，胡编乱造”。贺拉斯的这些观点，基本上是符合现实主义的。

四、文艺的作用

在《诗艺》中，贺拉斯指出文艺既能给人以教益，又能供人娱乐，即“寓教于乐，既劝谕读者，又使他喜爱，才能符合众望”。这一思想，文艺复兴时期和古典主义的文艺理论家几乎都作为经典的公式被不断引用。

五、艺术创作中的天赋和训练的关系

对艺术创作中的天赋和训练的关系，贺拉斯说：“苦学而没有丰富的天才，有天才而没有训练，都归无用，两者应该相互为用，相互结合。”然而，天才和训练相比，训练更为重要。因此，他劝告诗人要想创作出真正的好诗，非勤学苦练不可。

第四章　普洛丁——新柏拉图学派的领袖

普洛丁认为艺术美本质上仍然是理性美。但由于材料本身的限制，艺术家头脑中的理性不可能完美地体现在艺术作品里，总还有某些美的构思继续保留在艺术家头脑里而未表现出来。

又由于艺术是心灵有意识的创造，所以能够避免自然的缺陷，达到更高的境界，使艺术高于自然。他把柏拉图的客观唯心主义，基督教的神学观念和东方神秘主义的思想熔冶于一炉。在他看来，任何事物之所以成为事物，首先必须秉承“太一”的光辉，必须是统一的、整一的。整一是事物之所以美的根源。整一既然被称为整一，便不应包含杂多，整一是美的，杂多是丑

的，美中不能有丑。

因而，人们的审美活动便应是感性和理性的统一，既不可脱离感觉，也不可以脱离思维。高于事物美的是心灵美，也就是人的理性、品德的美。心灵不是由于“分享”，而是由于自身性质而美的。美的心灵不是一般的心灵，而是经过净化的心灵。心灵的伟大就在于对事物的审视，只有这种心灵才是美的。心灵美的本质属神，心灵是由于接近神才美。

一、生平

普洛丁（约204—约270）是古罗马时期希腊的唯心主义哲学家，新柏拉图主义的创始人和领袖，中世纪宗教神秘主义哲学的始祖。主要著作有其门徒波菲利编成的《九章集》。普洛丁的美学思想主要见于第一卷第六章、第五卷第八章。

二、主要观点

普洛丁认为，物质存在只是精神世界无意中“外溢”的结果。整个宇宙犹如一个有生命的个体，一部分是外现于感官的物质存在；另一部分是感官所达不到的精神世界。物质存在是瞬息万变的、虚伪的，精神世界是恒定的、真实的。精神世界由灵魂、心灵和太一（即神）三个部分组成。灵魂是最接近于物质存在的，它是沟通神、心灵与物质存在间的桥梁。灵魂向上运动便趋向心灵，向下运动则趋向于自然。

心灵是统驭灵魂的，一切自然事物的原型或模式都包含在心灵里。心灵之上并先于心灵的是神，神是真正至高无上的，是一切事物的最后本源。灵魂是按照它的意旨，以及心灵所提供的蓝本，进行创造活动的。神是超乎一切存在，一切思想之外的，神先于善。神主宰着整个宇宙。在普洛丁这里，无抽象的、绝对的理式，而事物之所以美只是“分享”整式。普洛丁把一般的美称作事物美。

从列举的事物看，大致有三类：一类是人本身，主体是人的外貌和身体；一类是人从事的行为和事业；一类是外在事物，即由地、土、火、风四种元素组成的事物。这三类美都是因“分享”理式而形成的。但由于“分享”理式的程度不同，美的事物本身有上下高低之分。普洛丁认为，艺术美本质上仍然是理式美。艺术成为艺术之前，先以理式的形式存在于艺术家心里，创作过程就是依照一定理式统摄材料予以形象化表现的过程。

但由于材料本身的限制，艺术家头脑中的理式不可能完美地体现在艺术作品里，总还有某些美的构思继续保留在艺术家头脑里而未表现出来。又由于艺术是心灵有意识地创造，所以能够避免自然的缺陷，达到更高的整一，艺术高于自然。况且事物在“分享”理式时总要受到本身某些物质的局限，任何事物美也不可能充分圆满，也体现出理式。事物既然由“分享”理式而美，它就具有两方面的因素，一方面是一眼就可以感觉到的感性事物首先必须禀承“太一”的光辉，必须是统一的、整一的。

整一是事物之所以美的根源。既化为整一了。那件东西上面，就使那东西各部分和全体都有美。整一既然被称为整一，便不应包含杂多，整一是美的，杂多是丑的，美中不能有。一方面是心灵凭理性才可以认识和判断的理式。因而，人们的审美活动便应是感性和理性的统一，既不可脱离感觉，也不可以脱离思维。

高于事物美的是心灵美。也就是人的理性、品德的美。心灵不是由于“分享”，而是与自身性质相关的。美的心灵不是一般的心灵，而是经过净化的心灵。心灵的伟大就在于对事物的鄙视，只有这种心灵才是美的。心灵美的本质属神，心灵是由于接近神才美。审美活动的极致就是对神，即最高的美的关照。但不是任何人都能够关照于神本身的美，只有那些美得像神一样的人才可以关照神的美。为了关照神的美，人们才把“心灵升到上界，把感觉留在一界”。

三、美主要是诉诸视觉

有些事物之所以美不是由于它们的本质，而是由于分享。例如物体，有些事物本身就是美的，例如美德。美主要是诉诸视觉，以文辞的安排和各种音乐来说，则诉诸听觉，因为乐曲和节奏是美的。那么，是什么使得视觉见到物体的美，使得听觉承认声音为美的呢？为什么凡是直接接触到心灵的一切都是美的？难道一切事物都具有同一的美，还是一种物体有一种美，别种事物则有别种的美？各种美或这一种美究竟是什么？从感觉逐步上升，就有美的事业、美的行为、美的学问以及道德品质的美。

如果说还有一种高于这一切的美，我们试着予以阐明。因为同样的物体时而显得美，时而显得不美，仿佛物体是一种实在，美又是另一种实在。存在于物体中的这种美又是什么呢？首先让我们研究这个问题。是什么吸引观众的眼睛？可以说，人皆认为：部分与部分、部分与全体之间的对称，再加上一些悦目的颜色，就造成肉眼可见的美。

如何使他们转向它，而且令他们在观照中感到欣喜呢？如果找到这种美，我们也许可以用它作为阶梯，进而窥见其余各种美。然而，整体果真是美的，那么各部分也应该是美的，因为美的东西不可能由丑的部分构成，它的内部必然是含有美的。再则，事物的悦目颜色。例如，太阳的光辉，既然是单纯的，而且绝不是因其对称而具有美，它就当然是在美的范围之外了。还有黄金，它怎么会美？仰视夜里的星光，又怎会觉得它美？

声音也是如此，单纯的声音就不见其美，但事实上构成美之整体的每一清晰的音，其本身就往往是美的。再则，试看自己的面孔，它的对称确实是始终不变的，却时而显得美，时而显得不美；为什么不可以说美和对称不是一回事。而对称的面孔之所以美是由于别的原因呢？这种美以及它的美是由于对称和适度了，由此说来，美就不会是一种单纯的东西，只能是而且必然是一种复合的东西，而且对象的整体才是美，各部分单就其本身来看就不是美，只有结合为整体之时才是美的。

四、美不仅是对称

如果转到美的事业和美的文辞，也把它们的美归于对称，那么，谁能够在美的事业、法律、知识或学问中也有对称呢？又怎能说各种学术的定理是彼此对称的呢？就说它们是和谐的吧，但是恶人的言论也是一致与和谐的啊。例如，“节欲就是愚蠢”和“公道是一种宽大的愚蠢”这两句话也是和谐、协调、彼此一致的。所以，唯有德行这种心灵的美，是比上述一切更为真实的美，但是德行又怎会对称呢？因为它既不像体积又不像数量那样的对称，并且心灵也含有许多部分。

五、物体美到底是什么

让我们首先谈谈物体美到底是什么。物体美是因分享了一种来自神明的理性而产生。它是第一眼就感觉到的一种特质，心灵仿佛有所悟，就断定它美，但是，遇到丑的东西，心灵便悸动不安，拒绝它，摈弃它，视若不相投机、异己的东西。但是，当理念落到一个统一且均匀的东西上面时，它就以美授予整体。为什么两者都是美呢？

我们说这是因为它们分享了理念。因为凡是无形式而缺乏不该取得的形式或理念的东西，在没有分享的理性或理念之时而造就的绝对丑。这仿佛是大自然匠心独运，把美有时授予整个大厦和它的各部分，有时却授予一块砖石。因此，我们的心灵既然是心灵，且最接近于比它更高的真实界。所以一旦见到自己的同类或同类的踪迹，便为之惊喜若狂，去亲近它，因而回想到自己和自己的一切凡是未付形式或统辖着的东西，因为它的物质尚未完全按照理念而形成。

于是，理念到来了，由许多部分组成的东西加以组织安排，使之成为一个统一体，于是创造了一个和谐统一的东西，因为理念本身是统一的。那因理念而取得形式的东西，在能够成为统一的范围内，也应该是统一的。所以一旦结合为整一体，美就安坐在它上面，使得它的各部分和全体都美。

六、如何判断美

存在于物体上的美又怎能符合那先于物体而存在的美呢？例如，建筑师已经把外在的房子实体依照内在的房子理念调整了之后，怎样断定它美呢？这是因为外在的房子，如果抽去它的砖石，就不过是内在的理念，按照外在的大堆材料分割开来，在杂多中却显出不可分割的整体。然而，领会美有赖于一种指定的审美功能，因为再没有别的功能比这种功能更适宜于判断审美的事情了，虽则心灵的功能也参与判断。也许，这种功能在评判时，是以它本身的理念为准绳，而用它来判断的，正如用尺来衡量直线那样。

七、崇高的美要用心体会

正如我们对于感性事物的美，如果没有看见过，没有领会过，像生下来就是瞎子的人那样，就无从判定它美。同理，我们也无从判定事业的美，如果不是欣然爱悦事业、知让之类的美，我们也无从判定美德的光辉。如果不懂得正义和节制的精神面貌是多么美，如果不觉得黄昏和黎明的星光是多么美；然而，要见到这类的美，我们就得有这种观照的心灵，一旦见到它们，我们就会感到远比上述情况更为强烈的喜悦、惊愕、兴奋，因为我们现在接触到真实世界的事物。因为，对于这类事物，总会引起一些情绪，比如心醉神迷，欣喜若狂，眷恋，爱慕，喜惧交集。对于不可眼见的美，心灵可能感到且实在感到这些情绪，可以说，一切心灵都能感到，尤其是恋爱者的心灵。对于人体美，也是这样，人人都能见到它，但各人的感动并不一样，而感动得最深的人，可谓是“一见钟情”。

可感觉的音调是用数的关系来量的，但这并不是任意一种关系，而是服从理念之创造，服从理念之统辖的这种关系。关于各种感性美，如下所述，它们仿佛是袭来的幻象和阴影，潜入物质之中，把它组织安排，使我们一见就感到惊讶。对于各种最高的美，就不是视觉所能见到的，而是要心灵不凭借感官去关照它、去判断它。在观照时，心灵升到上界，把感觉留在下界。当感官在物体中见到一种理念，这理念结合着、统辖着那与它对立的无形式的自然物质。也就是说，在别的形式中见到一种出类拔萃的形式时，我们就一下子抓住它的杂多部分，立刻把它们纳入那内在的不可分割的统一体中，使之具有内在的协调、彼此结合、相亲相爱。

正如一个好人在青年人身上见到一种儒雅的风度，这是一种符合内心实况的美德的迹象。又如单纯颜色之所以美，是由于它的形式克服了物质中的黑暗，而且由于有了一种无形体的光辉，这光辉就是理性或理念。火本身就是美的，因为在其他几种元素中唯独火居于理念之列，在地位上最高；火是物体中最轻的，仿佛近乎无形体，只有火不吸收其他物体，但其他物体都吸收火。

因为其他物体因火而得热，火却不会冷却，火自始就有颜色，而其他物体却因火而获得颜色的理念。火发光照亮，因为它是理念。凡是不能用光辉克服黑暗的东西，就不见得是美，因为它们没有分享到颜色的理念全体。听得到的和谐音调是由听不到的和谐音调形成的，心灵凭借后者才感觉到音调的美，因为它在差异中显出了相同。

八、非感性的事物所引起的爱情

真正的实在究竟是什么呢？当然是美。现在，我们还要探讨这类非感性的事物所引起的爱情。他们之所以有此种感受，究竟是为了什么呢？不是为了姿容，不是为了颜色，不是为了身材，而是为了心灵，心灵本无颜色，却具有节制以及美德的另一种五色的光辉。从上文所述的美的事业、美的性格、节制的品德。总之，美德的行为和感情以及心灵方面的美，你所感受到的是什么呢？在看到自己的内在美时，你所感受到的又是什么呢？你如果喝醉，是否开始神往、渴望同自己合成一体，离开肉体而集中自己的感情呢？

因为凡是真正钟情的人才有此种感受。当你在反省自己或者关照别人时见到了心灵的伟大、性情的正直、自处的纯洁，一副坚强面孔所特有的大丈夫气概，一种镇静肃穆的心情所洋溢的尊严和谦逊，尤其是那神圣的理性光辉时，你就有这种感受。我们对这一切怀有爱慕的心情，可为什么说它们美呢？因为它们既存在又显现出来，所以凡是见到它们的人，莫不说它们才是真正的实在。

九、什么东西使得心灵可爱

那么，理性还要追问：是什么东西使得心灵可爱呢？是什么像一缕光辉一样在一切美德上照耀着呢？现在，你可想象拿美德的对立面——心灵的丑恶，同它比较一下吗？丑究竟是什么以及丑为什么显现，对于我们探讨的问题也许是有帮助的。由于罪行盈身而过着一种阴暗的生活，一种半死不活的生活，再也看不到心灵应该看到的东西，再也不让心灵守住自己的领域，因为它不断地被引诱到外在的低级的黑暗方面去？

我认为这种心灵既然变成污浊，处处都堕入感性事物的陷阱，染上了许多肉体方面的杂质，甘心与许多物质性的东西合在一起，吸收了异己的理念，这样，它就会由于混杂较低级的东西而蜕化变质了。这就像一个人陷在污沼中，就显不出他原有的美，只现出他所沾染的污泥。假定有一颗丑恶的、无节制的、不正直的心灵，它满腔是无数的欲望和最大的苦恼。由于怯懦而心怀恐惧，由于小气而心怀嫉妒，念念不忘凡夫俗子所想念的东西，永远居心叵测，时常追求欲乐，过着肉欲的生活，以丑行为乐事。我们该不该说："这种丑本身就像外来的恶疾，一旦传染到心灵，就损害了它，把它弄得污秽不堪，给它种下最大的祸根，使它既没有纯洁的生活，又没有纯洁的感觉。"

这样，由于加上异己的因素，丑就依附到他的身上，如果要恢复美，他就要做一番洗濯清洁的功夫，还回他的原来面目。我们的心灵的丑是由于这种掺杂，这种混淆，这种对肉体和物质的倾向，我们是持之有故的。同理，只有在清除了由于和肉体结合得太紧密而从肉体带来的种种欲望，摆脱了其他情欲，洗净了因物质化而得来的杂质，还纯抱素之后，它才能抛掉从异己的自然得来的丑。

十、慎重之德

心灵的伟大就在于对人间事物的鄙视。慎重就是有意避开下界而引导心灵升入上界的一种明智。心灵一旦经过净化，就变成一种理念或理性，变成毫无形体，纯粹理性，完全属于神明的东西，而神就是美的源泉，是一切和美同类的事物的源泉。古语有云：节制，勇敢，一切美德都净化，慎重之德也是如此。

所以神秘者隐约其词地说：“人到了地狱里放在泥沼里，因为不洁的人由于恶就爱好污泥，猪猡由于身体肮脏就喜欢泥沼。心灵一旦化为理性就显得更加美。”理性以及一切从理性来的东西，对于心灵是一种亲切的，不是异己的美，因为那时心灵已经是真正独立的心灵。所以人们说得很对，善与美使得心灵有若神明，正因为美以及真实界的其他组成成分都来自于神。毋宁说，真实就是美，异乎真实的自然就是丑。丑与恶本来是一回事，正如善与美，或者说善行与美质，是一回事。所以，美与善、丑与恶可以用同一方法研究。真正的节制在于什么呢，岂不确定于不肯沾染肉体的快乐而要逃避它，因为快乐是不洁的，也不是洁身自爱者所能享受的吗?

勇敢在于不怕死，而死就是肉体与灵魂的分离。喜欢超然独立的人是不怕这种分离的。首先应该旨定：关于善，从善那里理性直接取得它的美，灵也因理性而美，其余如行为和事业之类的事物之所以美，是由于心灵所授予它们的形式。而物体之所以能称为美，也就是灵所使然。因为心灵既然是一种神圣的东西，而且是美的一部分，凡是它所能控制和统辖的一切东西，心灵都使之关乎其美，叫人能参与其美。

十一、一切心灵所向往的善

如果有人见到这神，他将感到多么深切地爱慕，多么强烈地愿望，但愿与神契合为一体，他将如何地惊喜交加。凡是未见过神的人，可以像向往善那样向往它。但是凡是已见到神的人，就会为了它的美而赞叹不已，怀着满腔惊喜交加之情，感到无尽的悸动，以一种真正的爱慕和满心的热望去爱它，就会耻笑其他种种爱情，鄙视以前那些潜称为美的事物。

凡是邂逅过那些神明或灵物的形象之后，就不再以同样的感情去迎接其他物体美的人，就有这种感受。试想，如果他见到这种绝对的纯粹美本身，这种不曾受肉体沾污，不曾为物类沾染，为了保持其纯洁而不存在于天壤之间的美，他又将有何感想呢？因为其余一切的美都是外来的、掺杂的，不是原有的，而是从这种美那里得来的。如果他见到这种美把美赋予一切，而赋予之后仍不减其美，也不接受什么来补充，如果他始终不变，还是在观照和欣赏这种美，那么他还需要什么别种的美呢?

因它是最高的本原的美，正是它才使得它的情人显得美和可爱。为了它，心灵须经历最艰巨的最剧烈的斗争，为了它心灵须付出一切的努力，才不至于分享不到这种最高尚的观照，谁能看到这种幸福景象就是幸福的，谁见不到它就是真正的不幸。因为不幸的人不是没有见过美的颜色或肉体，或是没有掌握过权力、执政治国的人。而是没有观照过这种唯一美的人。为了这，就得要放弃尘世的王国甚至整个大地、海洋、天空的统治权，只要他能够抛弃和鄙视这一切，而转过身来观照这种美。

所以，还应回到一切心灵所向往的善。如果一个人曾见到善，他就会理解我所说的话以及善何以是美的。作为善，它是被人所欲望的，人的欲望总是向善的。但是要得到善，就必须升到上界，转身向善，把我们在下界时所穿的衣服脱光，就像登上神庙祭坛的人须先经过沐浴，脱下陈衣，裸体上前，一直到最后，他在前进中抛掉了一切与神背驰的杂念，孑然一身，面对一神。只见神纯然太一，超然独立，洁净无尘，是一切所依归，一切所仰望，一切因它而存在、而生活、而思维，因为它就是生命、理性和存在的原因。

十二、观照的方式

观照的方式怎样呢?方法又怎样呢?这种无法说明的美仿佛住在神龛里，从来不走进外面的俗人眼中，我们怎样能观照到它呢?谁要是可能，就该走进神龛里面去追寻，不再回头去欣赏以前所醉心的肉体的光彩。如果看见肉体美，就不该去追逐，但是如果知道这些肉体美只是镜花水月的幻象，就应该去追求那些幻象所反映的美本身。依我看，要像传说里奥德修斯斯逃开妖女薛尔赛或者卡立普梭那样，尽管触目尽是悦目的颜色而身处在种种感性的美之中，他也不肯流连忘返。

我们的故乡是我们由来的地方，我们的父亲就在故乡里。然而，返航何法，逃避何方?只靠我们的双腿是办不到的，因为这双腿只能带着我们在大地上到处奔驰，纵使准备了车马舟楫，也无济于事。所以，必须抛弃这一切，不用肉眼来看，好比闭上眼睛，另换一种视觉，但是很少人能运用这种方法把内心视觉唤醒过来。因为如果有意把幻象当作真实的东西去追求，那我认为，就正像寓言所说的那个人，他想抓住自己映在水面的美丽的影子，就潜入清流下面，便永远失踪。对肉体美眷恋不舍的人也是如此，所不同者，这回不是他的身体而是他的心灵沉落到那对于理性是黑暗难堪的深渊，他在那儿就有如瞎子落在地狱，同一些幽灵住在一起。所以，我们逃回到我们亲爱的故乡吧，在故乡才能听到最真挚的忠告。但是怎样逃走呢？怎样跳出深渊呢？

十三、内心视觉

把理性按性质分类，就要区别理性的美和善。如果眼睛还没有变成太阳，它就看不见心灵还没有变得美。所以，无论何人，如有要观照神和美，都要首先自己是神圣的和美的。在上升之时，他首先达到理性，看到理性。因为一切事物之所以美，是由于理念。理念是由理性的本质产生的。在美后而得到的，我们称为善的自然，美则摆在善的前面。美是理念，善在美的后面，是美的源泉。否则，就得首先把善和美摆在同一列，如果不是把美放在理性认识里，那么，内心视觉能见到启迪吗？

初醒之时，它还不能正视光辉灿烂的东西，所以首先必须使心灵习惯去看美的事业，然后去看美的行为，不是各种艺术的制作，而是上述的善良人们的行为，然后去看立德立功人们的心灵。然则怎样才能看见善良心灵的美呢？试转回到你本身去看吧。如果在你本身还看不出美来，那么就像雕刻家要创造一座非美不可的雕像那样，他凿之、削之、琢之、磨之，直到雕像上显出美的面貌。

同样，你在塑造你自己的雕像时，也应该把多者去之，曲者直之，污者洁之，务使它光辉夺目，非到它放射出神圣的美德之光辉，非到你看到这贞洁的化身巍然安坐在纯洁的宝座上，你决不罢手。倘若你已经变成这种雕像而又看见它。倘若你已经同自己结成纯洁的一体，毫无障碍地达到这种境界，又不曾在你身上沾染纤尘，而你已经浑然化成了那唯一的真光，其大无量而不可测量，其形无限而不可增减，而纯然是无穷无尽，仿佛大过一切尺度，多过一切数量的光辉。倘若你看见自己变成了这种光辉，你就会立刻变成你所见的景象，只要你相信自己，而你虽然身在尘世，而其实已经升到上界，无须任何引路人，只要你凝神注视去观照。

因为，只有这种眼睛，才能观照那伟大的美。但是如果这眼睛蒙上罪恶的秽垢，不曾经过洗洁更值得去观照啊，或者是软弱无力，不能注视那些耀眼的光芒，即使有人把看见的东西摆在面前，它还是视而不见。因为必须使视觉主体近似或符合于视觉之后才能够观照。

十四、真正的理性美

美是在艺术创造中的，是高级得多的美，因为艺术创造的美并没有进入石头里，它依然保存着，而从它产生另一种较低级的美，留在石头中却不是纯粹的，也不像艺术家所希望的那样的美。既然我们认为：一个人达到了理性美的观照，认识了真正的理性美，就能够把在理性之上的它的父亲一起联想起来，那么，让我们考察一下，并且在可能范围内对自己阐明：人是怎样观照理性美和宇宙美的呢？

试假定两块石头，并排放着，一块参差不整，未经艺术加工，另一块经过艺术加工，成为神像或人像。若是神像，就如美神或诗神的像；若是人像，它就不是任何一个人的像，而是艺术从人体美中创造出来的雕像。显而易见，这块由艺术加工而造成形式美的石头之所以美，并不因为它是石头，否则那块顽石也应该像它一样美了，而是由于艺术所放进去的理式。然而，这种理式不是石头的自然物质原有的，而是在进入石头之前早已存在于那构思的心灵中。而且，这理式之所以存在于艺术家心中，也不是因为他有眼睛和双手，而是因为他参与艺术的创造。

十五、物体作为质量来说就是美的

凡物一经分散，必现其真相：强的失其强度，热的失其热度，一般有力的失其力量。美的也失其美。然而，假如说物体作为质量来说就是美的，那么，这种创造性的理式既非质量，当然是不美的了。可是如果同一个形式，不论体现在大的或小的事物上，都同样能够以其力量感动和鼓舞观众的心灵，那就应该说美不在乎质量之大小。我们的证据是：当事物的美留在我们身外时，我们不觉其美，当它进入我们心中时，我们才被感动，况且能通过眼睛而进入的只是事物的形式而已，要不然又怎能通过这样狭小的瞳孔呢？固然事物的体积也一起映入眼帘，但它之所以显得庞大，实在不因其质量，而是因其形式。

能达到顽石被艺术加工的限度。但是，假如艺术是创造出什么作品且能依照它的创造物的理念而使然。美就当然是一种更高级更真实的美，因为它所具有的艺术美比外在和内在的现实美更高些、更美些。因为进入物质中越是扩展，它就比起始终统一的美来越是软弱无力。再则，事物的创造者可以是美的，可以是丑的，或者是不美不丑的。丑固然不能产生美，难道不美不丑就能够创造出较丑较美的东西了吗？然而，自然既能创造出如此之美的事物，它当然早已是美的了。

不过我们不习惯于洞察事物的底蕴，视而不见，而只追求其外表，却不知正是事物的底蕴在感动我们，正像一个人看到自己的面影，不知它的由来便去追求。显而易见，这样的追求是捕风捉影，所以美不在于体积之雄伟，反之，“美在于学问，美在于事业”，总而言之，美在于心灵。心灵的美确实是更高的美，当你见到别人的智慧，称赏，不顾他面孔之美丑，他的面孔即使是丑陋的，可是你也不会计较他的外貌，而是去追求他内在之美。如果这不能感动你去赞美他，你也就不能进窥自己的内心，赞叹它的美。

让我们放下艺术不谈，去考察那些据说是艺术作品所模仿的事物。天性的美或所谓自然美，一切有理性的生物和无理事物，尤其是其中创造成功的东西。我们的塑造者或创造者降伏了物质，赋予他们以他所理想的形式的那些物种。那么，我们的美在于什么呢？当然不在于他们的血液和月经，颜色和形体也各不相同，也是无美可言，便是不成样子，一层臭皮囊包着物质之类的东西罢了。

倾国倾城的佳人，从哪里射出美的光辉呢？再则，美神的美又从哪里来，或者说，那些旷世无双的美貌，不论是人的或是其他的，已见过的或是长见过的，但一见之下，总使人惊艳的美，又从哪里来呢？岂不知全然由于创造者授予造物一种形式。在这种情况你对美的追求是徒然罢了，因为你所追求的是丑而非美的东西。所以一切原始的创造者，就它本身来说，都应该比它的创造物更强有力。

没有音乐就没有音乐家，是音乐创造出音乐家来，而且是先验的音乐创造小感性的音乐，假如有人贬低艺术造诣，艺术的创造不过是模仿自然，我们要首先回答：即使自然的造物也是模仿另一类的存在。再则，你应该知道，艺术也决不单纯是模仿肉眼可见的事物，而必须回溯到自然事物所找出的理念这一根源。不仅如此，许多作品是艺术所独创的，因为艺术既具有美，它又补救事物的缺陷。

斐狄亚斯创造宙斯像时，就不是以感性事物为原本，而是设想神现身于凡眼之前，他应该是个什么。所以，在自然中有一种理式，它是肉体美的原型，在心灵中有一种更美的理式，它是自然美所从中的渊源。但是最卓越的是高尚的心灵中的理式，它在美中长成，它装饰着心灵，从更高的光源，从美的根源，给心灵带来光辉，它既然是在心灵中，当然使得心灵能够判断。在它之前的那样不依不存独立自在的理式是什么样子？其实，这已经不是一种理式，而是心灵本质中的美这种原始理式之创造者，这也是一种理性，是永恒的而非暂时的理性，因为它不是外来之物。

一切神都是庄严的、美丽的，神的美不可言状。但是神之所以庄严的美丽是由于什么呢？显然是由于理性，毋宁说，是由于神这种充沛于内而显露于外的理性。神之所以为神，不是因为神有美丽的肉体（神虽有肉体，但并不因此，而是因为神有理性。无疑，神是美的，因为神不是时而智慧的。反之，神无论何时总是在冷静坚定纯洁的理性中闪出智慧的光辉。神知道一切，但是神要认识的不是人间的事物，而是神界的以及理性所观照的东西。诸神中的天神，因为逍遥自在，所以常常观照天国的事物，他们昂首天外，仿佛登高远眺。天神的家在天上和空中，他们全部住在彼岸的天国。

一切是云海茫茫，大地是苍天，海洋也是苍天动物、植物、人类，凡是彼岸的一切，无非是天国之物。所以天国的神灵并不藐视人类，也不藐视彼岸的任何事物，因为它们都是彼岸的。天神非到遍游彼岸的一切领域决不休息。神涉足的地方并非异己之地，神之所在就是神的境界，终点亦即起点，所以并非神在一方，神界在另一方。

因为神的质是理，神自身就是理性。试想那肉眼可见的灿烂天空，其光辉是自然的。所不同者，在彼岸部分之光从另一部分产生，部分只是部分而已，在彼岸则各部分总是从整体产生，部分同时就是整体。因为在凡眼看来是部分的，在慧眼看来却是整体，仿佛慧眼具有伦乔斯的视力，据说他能洞见地下的宝藏，这个神话暗示了彼岸的慧眼。

彼岸，观照者百看不厌，并不会因为感到满足而终止观照。也不会感到空虚而要求满足，而是兴尽而后已经在彼岸，绝不是此为此，彼为彼，此方不满于彼方。反之，彼岸的一切永无穷竭。当然有时也有不满，但不满决不是由于自满而叹为观止。因为在观照之时，人总是越看越深，见到自己无穷极限，便按照自己的本质去追求对象。况且，生活是这样纯粹，决不会令人厌倦，过着最高尚生活的人怎会感到厌倦呢？这种生活就是智慧，然而不是推理得来的智慧，因为它永远是美满的，并无缺陷，不须探索什么东西。

美是本源的而不是派生的智慧，而且存在本身就是智慧，先有存在，而后有智慧。因此再没有别的智慧比这种更高的了，在这种智慧中，认识与理性一起出现。用比喻来说，就像正义女神与宙斯比肩而坐那样。因为彼岸的一切事物好像自我观照的对象，是最幸福的观照者所能见到的景象。

由此可见，这种智慧的力量多么伟大，因为它本身就含有而且创造出宇宙万象，它本身就是万象，是万象的根源和万象的归宿，智慧与万象二者为一，在彼岸，存在即是智慧。在彼岸，生活是无忧无虑的，对于神，真就是本质营养，他们所见的一切都不是派生的而是本质的东西，连他们自己也是如此：一切都是透明的，没有什么是黑暗的，不可洞察的。一切之于他们，了如指掌，秋毫毕见，正如光之于光。

每个神本身就具备一切，也在别的神身上见到一切，仿佛一切无所不在，一切是一切，每个也是一切，光辉是无边无际的；每个都是大的，因为其中小者也是大的。在彼岸，太阳就是星辰，每颗星是一个太阳，也是一切星辰。每颗星有其独特的光辉，但也闪出一切星辰的光辉。

运动是纯粹的运动，因为主动者虽与被动者有别，但并不妨碍运动，运动也不妨碍静止，因为静止并无动摇的倾向，美是纯粹的美，因为美之所在，无不美者。然则，我们怎样去认识它的形象呢？一切形象都出自低级事物，但理性的形象必须从理性本身产生，所以绝不能从一般形象上去认识它，而要像取一块黄金当作一切黄金的标本那样，如果所取的不是纯金，就要提炼它，并且用实践或用理论来证明：这块金不全是黄金，而仅仅是含有一定分量的黄金而已。同样，理性的形象也要从我们心中经过提炼的，到理性上来认识。譬如说，从神的身上来认识神的理性是怎样。

我们尚未达到真正的认识，因为我们相信知识不过是许多定理和命题的总和而已，但是彼岸的知识并不是如此，假如有人提出异议，让我们暂且放下那些世俗知识不谈。关于彼岸的知识，柏拉图也曾见过，他说，“这不是支离破碎的知识”，至于这种知识何时能有，他让我们自己去探索、去发现。假如我们自命配得上柏拉图派的称号的话，那么，也许最好是从这个问题说起。

十六、智慧即是美

假如说理式依存于自然，自然是它的根源，试问自然从何处取得理式呢？

假如说是从他物，此物又是什么呢？假如说是从自然本身得来，我们就不必再追问了。一切产品，不论是人的或天然的都是智慧，在任何场合都是智慧指导着创造。然则，假如说人是依照自己智慧来进行创造，那么艺术的创造亦应如此。然而艺术家却必须回溯到自然的智慧，回溯到造化的道理。它是某种统一体，它与其是由多结合为一，毋宁是由一分化为多。所以，假如你把这种智慧放在第一位，那就对了。因为它既不是派生的，也不是依存的。

依我看，埃及的智人凭借知识或本能，认识到这个道理：他们要是想以智慧来阐明什么，就从不使用那些表示语言命题和代表声音谈话的文字符号，而总是绘出形象来表达，给事物绘一个形象，把形象刻在神庙里以显示事物的形象是一种知识或智慧，且是本质的和全面的知识，而不是抽象的思想和意见。然而从这种全面的存在产生个别事物的映象，揭露了详细的道理，说明了事物所必然的原因，从而使人称赞你见到这些形象定会赞叹埃及人的智慧，它从小到万物之所以然的原因，却说明万物是依照智慧而创造。因此，这种假象几乎或完全不是从探索得来的。

因此，古人说，理念就是实在和存在。但是，假如追溯到理性，就还要考究，是不是理性产生这种智慧？假如是的话，它又是从何处产生的呢？假如说是从它本身产生，那么理性本身就是智慧。此外，不能有别的情形了。因此，真的智慧即是存在，真的存在即是智慧，存在的价值来自智慧，正因为来自智慧它才是真的存在。因此，凡是没有智慧的存在，虽然也是一种存在，因为它是由智慧产生的，但却不是真的存在，因为它不含有智慧。由此可见，不应该认为彼岸的神灵和最有福的人们所观照的只是公理而已。反之，可以诠释的公理尽是美的形象，是可以想象它存在于智者心灵中的这种形象，不是描绘的而是实在的形象。

十七、万物的来源

我相信，倘若我们就是原型，是本质同时也是理式，倘若彼岸的创造的理式就是我们的本质，我们的艺术创造也将毫无艰难地降伏物质，即使是人也能创造出异己的理式。然而，一旦成为人，他就不再是宇宙的整体，他必须摆脱凡胎俗骨，才能像柏拉图所说的那样“升入上界并且统治整个宇宙”，变成了整体，才能创造整体。这宇宙，假如我们承认它本身及其所有事物，我们这样设想：

它的创造者匠心独运，发明大地，以大地置于中央；然后发明水，以水灌于地面上。于是安排万物，整顿苍天，然后发明生灵，授予每一生灵以它现有的形状、内脏和外表，并凭己意安置它们。试问创造者是这样进行创造的吗？这样的设想显然是不合理的。因为他既未见过万象，何以发明呢？倘若说他从别人那里学来，他也不能像今日的艺匠以手和工具来。毕竟手和胸不是后来才有的。

所以，唯一的可能是万象本来存在于另一境界，与彼岸的事物直接为邻，毫无隔阂，因而它们所反映的彼岸事物的形象突然出现，仿佛是它们自发的，或是普遍的或别的心灵所授予之。总之，此岸的一切是由彼岸而来，而且彼岸显得更美，因为此岸的事物是掺杂的，美丽彼岸的事物是纯粹的。所以万象自始至终纳入理式之中。然而，我这番话的目的在于指出，你虽然能说明大地为什么居于中央，为什么它是圆形的。为什么黄道这样倾斜在彼岸，不然，并不是因为万物应该如此，所以如此决定，而是因为万物本来如此，所以如此美好。

这就好像在因果推理中先有了结论，而这结论却不是从前提产生，因为它不是从因果关系或逻辑推理求得的，而是先于因果关系或逻辑推理而存在，而推论、证明、论据等都是后来的事情。因为它是根源，万物自此而化育。或谓根源的原因，尤其是这种最后根源的原因，是不可探求的，这种根源就是终极，它既是根源又是终极，它是一切，毫无缺陷。首先，物质纳入元素的理式。理式之上另有理式，如此层出不穷，因此就很难发现那隐藏在许多理式之下的物质。再则，既然物质是最基本的形式，每一事物是一个理式，万物皆理式，因为理式是万物的原型。创造是无声无息的，因为万物的创造者就是本质—理式。万物的创造仿佛一蹴而就。所以现在创造支配着一切，虽然万物之间或相容或彼此障碍，因为创造始终是进行不息。

十八、美的根源

柏拉图想用我们最易了解的话指出这是美，就说创造主认为是美自己的作品，他想借此证明这种模型的或理念的美是多么值得赞美。他说："创造主赞美了，他决意使这更像他的原型。"这指原型的美，意谓做原型的映象。然而，如果说原型不是最高无限的美，那有什么比这感性更美的呢？然则，我们贬抑这个并非是原型，根源的美是完美的，在各方面都是完美的。谁能说它不美呢？因为任何东西，若不是完全包含它，而只含有它的一部分，就显得不美，如果说它不美，还有什么是美的呢？

因为先于它的东西并不是美。这种根源的美直接诉诸视觉，由于它是一种理式和观照的对象，所以一见就使人赞美。因为当赞叹仿制的东西，当然也就赞叹它所模仿的蓝本，如果“视而不见”，就谈不上赞叹。然而钟情的人以及赞叹美的人们却不认识此岸的美，明白彼岸的美。柏拉图所谓“美”是对模型来说的，试读它的原作便可了然。

十九、宇宙的美

试想象这宇宙。你试在心中想象这光辉球体的形象，它容纳了万象，动的、静的、运行的、固定的。你试保留这形象，同时在心中设想另一球体，它没有质量，也没有广度，它的各部分天衣无缝，有条不紊，万象构成一体，状若圆球，于是太阳和星辰出现，大地、海洋、芸芸众生仿佛在一个透明的球体上，一切了如指掌。

你所想象的物质，但不要设想它的体积较小，然后去呼吁那创造所想象的宇宙的神灵，请他降临。我们的天地连同它的一切能力，总的来说，是广大的，任何微弱的物质，它必定更为强大，甚至到不可自状。虽然有人说火和其他物质能力是巨大的，认为火能燃烧、毁灭、挫折或助长生灵的诞生，但这是由于他不曾认识真正的能力罢了。其实芸芸众生是自生自灭的。彼岸的能力却不然，它只有存在于美。哪里有失掉美的存在呢？失掉美就失掉存在。

因此，存在之所以可欲，正因为存在就是美，美之所以可爱，正因为美就是存在。自然是一体，何必去追求什么是因什么是果呢？是的，另有一种虚构的存在，它需要反映外来的美才能显得是美而取得存在，它越能参与理式的美，就越显得美，它取得理式越多，就越是充满，而且越接近美的本体。也许神降临了，带着他的宇宙及其物种。他是众神合成一体；众神各有其能力，其中一个是众神的首领，或者说，神即众神。因为众神诞生，也无损，众神是一体，彼此不可分离，也没有可感觉的形象。否则，在彼此各自独立，就不能成为一体了。然而，彼此不同的成分，每部分是一个整体，其能力不是支离破碎的，其成分不是可以测量的。

整体是统一的能力，可以无限地扩张，可以无限地施展，它是如此巨大，它的成分也是无穷无尽的。你能说什么地方它没达到呢？于是宙斯（在他领导的诸神中他最为年长）首先前来观照这种美，随后是其余的神灵及凡能观照的幽灵和生灵。美的景象从一些不可见的地方突然出现了，升到他们的上方，光芒万丈，普照万物，惊动观照者。他们转身回避，不能正视太阳的耀目的光辉。

有人抬起头来朝着它看，有人却眼花缭乱，竭力逃避了。但是凡能观照的人们，莫不注视它和它的一切，可各人所见的不尽是相同。有人聚精会神去看，见到光辉灿烂的正义之根源和本质。有人却饱餐智慧之秀色，这种智慧不是人类生来便有的，因为它毕竟是模仿彼岸的智慧，后者无所不在，美不胜收，即使曾见过许多鲜明景象的人也叹为观止。

因为一切光辉，彼岸的观照者也充满光辉，而变成美的生灵，就像人们带上踏足之地的颜色那样。这样，在观照中，我不是在物外，物也不是在我外。凡是以慧眼观物的人都能见到自己心中有物在，不过虽然万物皆备于我，我却不知物在我心，而把它当作外在的事物，把它当作景象来观照，而渴望去欣赏它，既然作为景象来观照，就要在身外来观照了。

然而，必须有内视功夫，才能见到物我合一，见到物即是我，正像一个人一旦被阿波罗或什么诗神凭附，就能在自己心中见到神的形象，有了以心视神的能力那样。所以，众人一律在观照，能见到彼岸事物的生灵也在观照，自始至终一览无余，因为他们立足于彼岸，其中有些是生在彼岸的，尤其其精神状态尚未分裂的彼岸的神灵。这样，我们中那些得宠的人观照着这些景象，终于在万类整体的美，并且参与了彼岸的美。在彼岸，那普照万物的颜色就是美，毋宁说，是以深度发出的颜色和美，而这种美正是普照万物的光辉。然而，凡是不能见到整体的人却以为这是幻觉，唯独他吸美的玉液琼浆，仿佛酩酊大醉的人才不是一般的观照者，因为美浸润了他们整个心灵。

二十、形象的美

假设使我不能做内视，仅凭附而见到景象，见到自己并在观照中美化了自己的形象，假如我暂时抛弃这个虽然很美的形象，返回内心，再也不分裂自我的统一整体，我便与那悄然降临的神为伍，尽可能愿意和神在一起。假如我再回到分裂状态，经过净化去接近神，以便如前一样与神结合，我再转身，在这转变就获得这样的益处：起初当神与我存在，及至返心内视，恢复统一，我便抛弃了自我感觉，唯恐与神分离才得与神结合。所以，假如我把神视为异己者，就势必置身于神之外。

因此，一方面要从神的形象研究神，经过探索来认识他；另一方面要知道应该进入什么境界，认识如何进入极乐之境，那就必须返心内视。不做观照者，做给别人观照的对象，如同从彼岸而来的事物那样。我们须凭借思想来阐明这点。因此，我们的认识既然必须最符合于理性，假如我们还逗留在感性印象上，我们便显得无知，在这场合可以说凭感觉就一无所见，因为视而不见，则所见不同。

所以，感觉引起怀疑，又观照之我不是观照之物。假如我怀疑所见的物，我也就是怀疑我的存在，因为无论如何我也不能置身于自我之外靠肉眼观照自己，像观照陌生事物那样。不去观照美，怎样进入美中呢？视美为异己的，还不是进入美中，除非变成了美，才是真的进入美中。所以，倘若是观照外物，观照的主体应该与客体一致，否则就视而不见，这正如自我认识和自我感觉那样，为了感受更深，就得留心不离开自我。还须知道，病者受到刺激，其感觉刺激的能力较强而认识刺激的能力较弱，因为疾病使人更敏感，健康则使人泰然处之，对自己有更多的认识。

由此可见，健康的状态犹如我们的天性，是和我们一致的，而疾病却是外来的，非天然的，显然是和我们的天性完全不同的。然而，我们对我们的天性却并不自觉，在健康的情况下，尤其是当我们认识自己之时，我们才有关于自己的知识，能和自己结合为一体。

二十一、理性世界万古长青

如果有人认为感性世界是无常的，理性世界是永恒的。仿佛感性世界是创造主一时兴致而创造出来的，那就错了。他能了解创造的秘密，也不知道当理性世界光辉焕发之时感性世界不可能黯然无光，须知自有理性世界之日便有感性，而且无论过去或未来都是万古长青的。上文说过，如何视美为外物，如何视美为自我。我们在观照外物，或视美为自我，那么其中有何消息呢？可以说，我们见到，他生出极其美满的儿子。万物皆务于神，所以生是绝无痛苦的。

神欣赏自己的产物，赞叹自己的儿子，一切给自己保留着，对自己的光辉和造物的光辉沾沾自喜，赞叹造物是美的，甚至美是留在神心内的。它有永恒性，是永恒的映象。这宇宙既然不是凭艺术而产生的映象，它怎会有时反映有时不反映它的原型呢？不，宇宙万象都是天然生成的映象，始终犹如它的原型那样。在一切造物中唯独他的儿子显露于外。从神的最幼的儿子，可以看到父亲的形象和留在父亲身边的诸兄弟的形象之反映。这就证明了，他真不愧为神的后裔，因为和他一起产生一个不同于神的完美的宇宙，这宇宙是美的映象。它既是美与存在的映象，就不可以不美，它处处模仿它的原型，况且它具有生命，是存在的映象，而且是从彼岸而来的美的映象。

二十二、真正的美在心灵

克洛诺斯不得不恢复常态，他便把统治宇宙权授予儿子宙斯，因为他集众美于一身，而愿放弃彼岸的治权。所以另找一个比他年轻的后辈青年来代劳。这就是说，把那里的事物都安置彼岸，所以超然独立，即与他出来的上界保持距离，不受下界所束缚，居于比他为尊的父亲与比他为卑的儿子之间。所以，比如说宇宙的心灵，或者说美神自己是美的，我们的美是天性所使然的，我们的丑是由于变成了异己的性质，所以若能认识自己便是美的；若不能认识自己便是丑的。美就在于此，而且由此而来。然而，既然他的父亲高于美，他自己就始终是根源的美，虽则心灵是美的，但他比心灵更美，因为心灵不过是他的迹象，因此心灵是天生的美，但是当心灵向往彼岸时，它会显得更美。

第五章　奥古斯丁——神学的突破者

“寓杂多于整一”将数加以绝对化，现实世界是上帝根据数的原则创造出来的，所以才能见出和谐与整一。美的最基本要素是数。“数始于一”，数以等同和类似而美，数与秩序不可分。奥古斯丁提出关于美的定义，与中世纪神学观点结合，物质在努力反映上帝的“整一”、“和谐”的过程中见出美。物体美即“各部分的适当比例，再加上一种悦目的颜色”。关于丑：丑是相对的，独立地看是丑，但在整体中却由反衬而烘托出整体的美。丑是形成美的一种因素，在和谐的整体中，丑的部分有助于造成和谐或美。

一、生平

奥古斯丁是基督教思想家、欧洲中世纪神学的主要代表。少年时代在家乡和迦太基学习，从研读西塞罗的著作而对哲学发生浓厚兴趣，对希腊罗马古典文学造诣也很深，曾担任文学和修辞学教授。384 年去米兰，皈依基督教，395 年成为北非希波地区的主教。从此定居于此，从事宗教和写作活动。他的著述甚多，其中最为重要的是《忏悔录》和《天国之城》。

二、哲学思想

把美的根源归结为和谐之数，自然界的和谐和秩序乃是由上帝安排的。上帝是超感觉的、永恒的、绝对的美的化身。奥古斯丁的哲学思想经历了一条复杂的发展道路。从早年的摩尼教的异教思想，经怀疑论和新柏拉图主义，最后达到基督教思想。他的美学思想主要见于《忏悔录》、《论秩序》、《论音乐》和其他一些神学著作中。

在早期写作的《论美与适宜》等书当时即已失传，主要内容在《忏悔录》中有扼要复述，奥古斯丁提出问题："什么是美的？什么是美？是什么吸引我们，倾心于我们所爱的事物?"接着又自己回答说："若干物体的本身有着一种美，它是由于这些事物形成了一个整体，并且它们还有着一种美，它是由于恰当的和相互的对应。"然而，后来他改变了立场，对上述信仰表示"忏悔"，对上帝的膜拜使他作出"无所不在的你，只有你做出奇迹"的神秘主义结论。

于是，他从上帝那里引出了美的一切概念，认为上帝本身就是整一和谐的化身，上帝按自己的本质创造的万物，使之反映出它自己的整一。整一与和谐之所以是美的，是由于它代表了有限事物所能达到的最接近于上帝的那种整一。他在对待丑的问题上显示了一种朴素的辩证思想。

把丑当作形成美的一个因素，在整体中可以由反衬而烘托出整体的美，因而丑不是一种消极的而是一种积极的形态，有助于形成和谐或美。这对后来的莱布尼茨和沃尔夫有一定的影响。奥古斯丁常常处于自相矛盾的境地：一方面他追求可见可闻的外部境界的美，而另一方面他又竭力压抑克制对这些美的沉迷，认为它们是罪恶。而在这种内心斗争中，神学教义显然占了上风。奥古斯丁关于艺术的论述值得我们注意。他明确地指出，艺术不是创造，因为动物也在模仿，但并不从事艺术活动。

当他提到诗歌和小说时，他不把它们叫作模仿，而是称之为创造，是想象的产物。但是，奥古斯丁从中世纪神学的立场出发，指责文艺作品的虚构，引起人们的情欲，因而文艺是神学的敌人。在污蔑文艺的同时，他公开提倡公式化、概念化，赞美中世纪官方艺术的象征寓喻手法，认为艺术作品的美并不值得人们去注意，而应去聆听作品中包含上帝的声—理性内容。

奥古斯丁接受毕达哥拉斯学术的影响，认为美是“各个部分之间的适当比例，再加上一种悦目的色彩”，现实世界仿佛是由上帝按照数学的原则创造出来的，所以显示出整一和谐、有秩序。“数始于一，一以其相等相似而为美，其他各数皆依次附加于一。一切皆有赖于与一相等相似之形式，形式则有赖于美之硕果，概因美而生爱，因爱而生多，故此而始，一一相加，增殖不已。”

三、忏悔录

人的犯罪是由于不从他那里和其他一切之中，追求快乐，追求超脱，追求真理，因此我便陷入独在他所造的事物中、在我本身陷入于痛苦、耻辱和错谬之中。因为这时我存在，我有生命，我有感觉，我知道保持自身的完整，这是我来自你的深沉神秘的纯一性的迹象，我全力控制我全部思想和行动，在我微弱的知觉——在对琐细事物的意识上，我欣然得到真理。

我不愿受欺骗，我有良好的记忆力，我学会了说话，我感受友谊的抚慰，我逃避痛苦、耻辱、愚昧。这样一个生灵上，哪一点不是可惊奇、可赞叹的呢？但这一切都是我天主的恩赐，不是我给我自己的，并且这一切都是良好的，这一切就是我。造我者本身原是美善，也是我的美善，我用我童年的一切优美来歌颂他。我感谢你、我的甘饴、我的光荣、我的依赖，我的天主；感谢你的恩赐，并求你为我保持不失。

你必定会保存我，而你所赐予我的一切也将日益向荣，我将和你在一起，因为我的善良就是你所赐予的。但是，主是最完备最美善的创造者和主持者，我们的天主，即使你要我只是一个儿童，我也感谢你。如果追究一下之所以犯罪的原因，一般都以为是为了追求或害怕丧失上文所谓次要的美好而犯罪。这些东西的确有其美丽动人之处，虽然和天上的美好一比较，就显得微不足道。

一人杀了人。为何杀人，因为贪恋人家的妻子或财产，或是为了生活想偷东西，或是害怕他人抢走自己的东西，或是受了损害愤而报仇。是否会没有理由而杀人，喜欢杀人而杀人？谁会相信？据说有这样一个毫无心肝、残暴至极的人，是凶恶残暴成性的，但也有人指出其中的原因："他担心闲着不动，手臂和精神都会松弛。"但为何担心呢？他的横行不法，是企图得到罗马城后，光荣、权势、财富便唾手可得，不再会因手头拮据和犯罪后良心的不安而恐惧经济困难和法律制裁了。

因此卡提里那也并不爱罪恶本身，是爱通过犯邪而想达到的目的。美好的东西，金银以及其他，都有动人之处，肉体接触的快感主要带来广泛的同情心。其他功能同样对物质事物有相应的感受。荣华、权势、地位都有一种无比的荣耀，从此便产生了报复的饥渴。但为获得这一切，不应该脱离你、违反你的法律。我们赖以生存于此世的生命，由于它另有一种美，而且和其他一切较差的美相配合，也有它的吸引力。人与人的友谊，把多数人的心灵结合在一起，这种可贵的联系，是温柔甜蜜的。

对于上列一切以及其他类似的东西，假如无节制地向往追求这些次要的美好而抛弃了更美好的，抛弃了至善，抛弃了你、我们的天主，抛弃了你的真理和你的法律，便犯下了罪。世间的事物果然能使人快心，但绝不像你、我的天主、创造万有的天主，正义的人在你身上得到快乐，你是真心的正直者的欢乐。我还没有看出这个大问题的关键在于你的妙化之中，唯有你全能天主才能创造出千奇万妙。

我的思想巡视了物质的形象，给美与适宜下了这样的定义：美是事物本身使人喜爱。而适宜是此事物对另一事物的和谐。我进而研究精神的性质，由于我对精神抱着错误的戒见，不可能看出精神的真面目。真理的光芒冲击我的眼睛，可是使我跃跃欲试的思想从无形的事物转向线条、颜色、大小；既然在思想中看不到这种种，我便认为我不能看见我的精神。另一面，德行中我爱内心的和平，在罪恶中我憎恨内心的混乱，我注意到前者具有统一性而后者存在分裂，因此我以为理性、真理和至善的本体即在于统一性。

同时糊涂的我认为至恶的本体存在于无灵之物的分裂，恶不仅是实体，而且具有生命，但并不来自你。我观察到是事物本身和谐的美，另一种是配合其他事物的适宜，犹如物体的部分适合于整体，或如鞋子的适合于双足。这些见解在我思想中，在我心中酝酿着，便写了《论美与适宜》。天主啊，你完全清楚，我已记不起来了，我手中已没有这了，我也不知道怎样亡失。这一切，我当时并不知道，我所爱的只是低级的美，我走向深渊，并且对朋友们说："除了美，我们能爱什么东西？什么会吸引我们使我们对爱好的东西依依不舍？这些东西如果没有美丽动人之处，便绝不会吸引我们。"前者，我名之为"莫那特斯"，作为一种无性别的精神体；后者我名之为"第亚特斯"，如罪恶中的愤怒、放浪中的情欲等，我真不知道在说什么。原因是我当时并不懂得，也没有人告诉我，也并非实体，我们的理智也不是不变的至善。我企图接近你，而你拒绝我，要我尝着死亡的滋味，因为你拒绝骄傲的人。我疯狂至极，竟敢称我的本体即是你的本体，再没有比这种论调更骄傲的？

我明知自己是变化无常的，我羡慕明智，希望上进，但我宁愿想象你也是变易不定，不愿承认我不同于你。为此，你拒绝我，你拒绝我的顽强狂悖。我想象一些物质的形象，我身为血肉，我如一去不返的风，我尚未归向你，我踊跃而行，投奔至此，也不属于物质世界的幻象，这些幻象并非你的真理为我创造的，而是我的物质构成的。犹如愤怒来自内心的冲动，内心动作失常，便犯罪作恶；情欲起源于内心的情感，情感便陷于邪僻；同样如果理性败坏，则被邪说玷污我们的生命。当时我的理性即是如此。

我并不知道我的理性应受另一种光明的照耀，然后能享受真理，因为理性并非真理的本体。"主啊，是你点燃我的心灯，我的天主啊，你照明我的黑暗"、"你的满盈沾了我们"。因为"你是真光，照耀着进入这世界的每一人"，"在你身上，没有变化，永无回蚀"。我责问你的弱小的信徒们，他们本是我的同胞，我不自知的流亡在外，我纠缠不清地责问他们："为何天主所造就的灵魂会有错误？"但我不愿别人反问我："为何天主会有错误？"我宁愿坚持你的不变的本性必然错误，却不愿承认我的变易不定的本性自愿走入歧途，受错误的惩罚。我写这本书的时候，大概是二十六七岁，当时满脑子是物质的幻象。这些幻象在我心灵耳边聒噪着。但甜蜜的真理啊，在我探究美与适宜时，我也侧着心灵之耳聆听你内在的乐曲，我愿"肃立着静听你"，"希望听到新郎的声音而喜乐"，但我做不到，因为我的错误叫喊着把我拖到身外，我的骄傲重重压在我身上把我推入深渊。你不使我听到欢乐愉快的声音，我的骸骨不能欢跃，因为尚未压碎。

我的天主，我的光荣，就在这一方面我也要歌颂你，向为我而白作牺牲的祭献者献上歌颂之祭，为艺术家得心应手制成的尤物，无非来自那个超越我们灵魂、为我们的灵魂所日夜向往的至美。创造或追求外界的美，是从这至美取得审美的法则，但没有采纳了利用美的法则。这法则就在至美之中，但他们视而不见，否则他们不会舍近求远，一定能为你保留自己的力量，不会消耗力量于疲精劳神的乐趣。我虽然谈论分析了以上种种，而我自己却坠入了美丽的罗网，但是你挽救了我，主啊，你挽救了我，因为你的慈爱常常在我眼前。

我可怜地自投罗网，你慈爱地挽救我，有时我摇摇欲坠，你在我不知不觉之际拯拨我；有时我深入陷阱，你就使我忍痛割爱。天地存在着，天地高呼说它们是受造的，因为它们在变化。凡不是受造而自有，先无而后有的东西，不能有变化的东西。天地也高喊着它们不是自造的："我们的所以有，是受造而有；在未有之前，我们并不存在，也不能自己创造自己。我们所说的活即是有目共睹的事实。"

因此，是你，主，创造了天地，你是美，因为它们是美丽的，你是善，因为它们是好的，你是在，因为它们存在，但它们的美、善、存在并不和创造者一样。相比之下，它们并不美，并不善，并不存在。感谢你，这一切我们知道，但我们的知识和你的知识比较，还不过是无知。你怎样创造天地的呢？

用哪一架机器来进行如此伟大的工程？你不像人间的工匠，是以一个物体形成另一个物体，随他灵魂的意愿，能以想象所得的各种形式加于物体—灵魂，如不是你创造，哪会有这种能力？以形式加于已存在的泥土、木石、金银或其他物质。这一切如果不是你创造，从哪里来呢？你给工匠一个肉躯，一个指挥肢体的灵魂，你赋予他肉体的官感，通过官感而把想象所得施之于物质，再把制成品加以评鉴，使他能在内心咨询主宰自身的真理，决定制作的好坏，你供给他所需的材料，你赋予他掌握技术的才能，使其能从心所欲地从事制作。

这一切都歌颂你是万有的创造者。但你是怎样创造万有的呢？天主，你怎样创造了天地？当然，你创造天地，不是在天上，也不在地上，不在空中，也不在水中，因为这些都在六合之中，你也不在宇宙之中创造宇宙，因为在造成宇宙之前，还没有创造宇宙的场所。你也不是手中拿着什么工具来创造天地，因为这种不由你创造，而你凭借之创造其他的工具又从哪里得来的呢？

哪一样存在的东西，不是凭借你的存在而存在。

因此你一言而万物滋始，你是用你的“道”创造万物。主，你看了你所造的一切，“都很美好”，我们也看见了，一切都美好。你对每一项工程，说“有”，就有了，你看见每一样都是好的。我计算过，你前后共七次看了你所造的，第八次你看了所造的一切，不仅说好，而且说一切都很好。因为每一项分别看，仅仅是好，而合在一起，则不仅是好，而且是很好。任何美好的东西也都如此说。因为一个物体，如果是荟萃众美而成，各部分都有条不紊地合成一个整体，那么各部分分别看都是好的。

四、论音乐

上帝使罪人成为丑的，但并不是丑的行动使人变成丑的，而是他自己的愿望使他变成丑的。我们只是根据自己有限的是非标准而喜爱事物的秩序和它们存在的位置，这些事物，在我们看来，有许多是混乱的、无序的，因为我们不知道神圣的天意关心我们活动的壮丽规划。这好像某一个人站在一所美丽的巨大房子的一个角落里，犹如一尊雕像一样，由于他自己变成了这所房子的一部分，所以他便看不到这所房子的整体结构的美。一个在战场上的战士也看不到全军的部署。

在一首诗里，如果朗读时只是个别音节富有生命，并能使人感觉到，那么，错综复杂的全诗的节奏和美便不能使人产生快感，由于节奏和美没有贯通全诗，诗便转瞬即逝。他丧失了他曾经具有的东西。人，作为人而言，是善良的，而通奸是丑恶的，但是通过通奸，人的丑恶行动能产生人，创造人却是上帝的善良行动：上帝的法规一致的整体。在这个整体中，他具有自己的地位，因为他不愿意去执行这种法规，所以他就受到了这种法规的管制。合乎法规的行动是正义的行动，而正义的行动基本上不是丑的。

五、灵魂具有认识永恒事物的能力

凡是存在均衡或相似的地方，就存在着节奏，因为任何东西都不会像一与一那样相等或相似。实际上，我们最感到高兴的是均衡的形式，因为我们发现，以与我们通常的思维去很远地方的方式，为了互相对称，已经提供了均衡的条件。在嗅觉、味觉和触觉中，这种现象同样可以看到，并易于进行探索。

但是，要想详细地解释其中的奥妙则需要很长的时间。一切能感觉到并令人愉快的事物都是由于均衡或相似而使我们产生快感。灵魂具有认识永恒的事物的能力，因为灵魂紧紧依附这些事物，但是同时，灵魂又没有力量去这样做。为了找到其原因，我们必须观察最能引起我们注意的事物，必须观察我们最关心的事物，因为这种事物是我们比较喜爱的，我们爱美的事物。的确，这些人爱丑的事物，他们是腐烂事物的喜爱者。但是，至关重要的尽是大多数人所喜欢的这些事物究竟怎么样？

显然，谁都不会喜爱使人感觉讨厌的东西，也就是最令人反感的东西。美的东西以自身的比例而令人愉快。正如我们所说过的，均衡不仅在听到的声音中，在身体的运动中能够找到，而且在可见的许多形式中都能找到。在这些形式中比起在声音中来，人们习惯上更加把均衡看作美。如果没有均衡，即没有几对相同的部分互相对应，也就没有匀称或节奏感。一切单一体必须有一个中心位置，以便在从任何一边到中心的任何一部分之间保持均衡。可见光左右着一切颜色，而颜色当然又是各种物体的形式，是使人感到愉快的根源。

在一切光和一切颜色中，我们追求与我们的眼睛和谐的东西。正像我们回避强音，但又不喜欢太低的声音一样。任何地方都不决定于时间间隔的长短，而是决定于实际声音的强弱，而这种实际声音的强弱便是节奏的光。这种声音与沉寂是相对的，正像黑暗与光明是相对的一样。在这一切过程中，我们都是根据我们本能而行动，根据产生的愉快而探索，或者根据产生的厌恶而拒绝，尽管我们感觉到，我们所厌恶的东西却常常是其他动物喜欢的东西。

第六章　阿奎那——神学的集大成者

阿奎那集中世纪基督教神学之大成，断言信仰高于理智，而另一方面又认为理智来自天主，具有一定的独立性，同信仰并不矛盾。他继承亚里士多德形而上学的基本范畴“有”和“本质”来说明天主是“自有、永有的”，是最高的存在，也是万物追求的最高目标。他的美学思想上承新柏拉图派的神秘主义，下启康德的主观唯心主义和形式主义的美学。他以完整、和谐和鲜明为美的三个要素，以上帝为一切事物之所以协调鲜明的终极原因。来自上帝的“第一推动力”，带有浓厚的神秘色彩。

一、生平及著作

阿奎那（公元1226—1274），著有《反异教大全》和《神学大全》等。阿奎那的美学思想主要散见于他的《神学大全》。阿奎那是中世纪末期意大利神学家、经院哲学家，他出身于贵族家庭，曾在那不勒斯、罗马和巴黎等地讲授神学和哲学。

二、主要思想

阿奎那集中世纪基督教神学之大成，断言信仰高于理智，而另一方面又认为理智来自天主，具有一定的独立性，同信仰并不矛盾。他继承亚里士多德形而上学的基本范畴“有”和“本质”来说明天主是“自有、永有的”，是最高的存在，也是万物追求的最高目标。阿奎那的美学思想主要散见于他的《神学大全》。他指出：“凡是一眼见到就使人愉悦的东西叫作美”，就是说美的东西是感性的？美感活动只涉及形式而不涉及内容。这就是“直觉说”的萌芽，对康德和克罗齐有很大的影响。

其次，他还指出美与善一方面具有同一性；另一方面又有所区别。“善是所有人希冀的东西”、“欲念在其中得到了满足”；而“善的特点是在观看或者认识它时欲念也同样地得到满足”。因而“单纯满足欲念的东西称为善，而把单靠实体感知本身就能带来快感的东西称为美”，即善是欲念的对象，而美则是认识的对象。

第三，他明确提出了完整、和谐和鲜明是美的。今天的美是“与形式因的概念联系着的”。而“与美联系最密切的是那些最有认识作用的感官即为理性服务的视觉与听觉”。因此，在他的艺术思想中带有明显的理性主义色彩，强调审美享受中的认识和理性的成分。他的美学思想上承新柏拉图派的神秘主义，下启康德的主观唯心主义和形式主义的美学。他以完整、和谐和鲜明为美的三个要素，以上帝为一切事物之所以协调鲜明的终极原因。来自上帝的“第一推动力”，带有浓厚的神秘色彩。

三、善与美

善是爱的唯一原因吗？狄奥尼修斯说，不仅善，还有美，对于所有人都是爱的对象。但这一点与奥古斯丁的说法：只有善才是真正的爱，是统一的，但在概念上仍有所区别。由于善是所有人希冀的东西，所以，它的特点是欲念在其中得到了满足。而美的特点是在观看或者认识它时欲念也同样地得到满足。正因为如此，与美联系最密切的是那些最有认识作用的感官，即为理性服务的视觉与听觉。我们把可见的对象和优美的声音称为美的，而别的一些感官可以感觉的对象，我们并不采用“美”这个词，因为我们不说美的口味或相关的气味。

由此可见，很明显，美给善增添某种与认识能力的相关性，因而应该把单纯满足欲念的东西称为“善”，而把单靠实体感知本身就能换来快感的东西称为“美”。美在本质上是与欲念无关的，除非美同欲念兼有善的本质。就善的本质来说，真也是有关欲念的。但按其本质来说，美具有鲜明性。

四、善与终极原因联系

认识必须通过吸收的途径产生，而吸收进来的是形式，所以，美本身是与形式的概念联系着的。善是否与终极原因的概念联系在一起？可以断定，善不与终极原因的概念联系在一起，而更多地是与其他原因的概念联系在一起。因此，善与形式因联系在一起。

对这一点应该说，善与美在实体上是同一的，因为二者都以形式为基础，因此，善被人们当作某种美的东西来称赞。要知道正如狄奥尼修斯所说，人们把善当作某种美的东西来称赞。但是在概念上二者毕竟是不同的，善本身是与欲念相联系的，因为善是人人希望得到的东西，它与目的概念联系在一起。

所谓欲念的东西，也是一种迫向某个目的冲动。美却只涉及认识能力，因为凡是一眼见到就使人愉悦的东西才叫作美的。这就是美存在于适当比例的原因。感官之所以喜欢比例适当的事物，是由于这种事物在比例适当这一点上类似感官本身。感官也是一种比较，正如任何一种认识能力一样。

五、美的三个要求

对美有三个要求。第一，鲜明，所以鲜艳的东西被公认为美的，即使是丑陋的事物，只要鲜明地描绘出来，这个形象也是美的；第二，完整或完美，因为凡是残缺不全的东西都是丑的；第三，应该具有适当的比例或者和谐。

六、美的概念

从狄奥尼修斯在《神名》中第 4 章所说的一段话可以得出结论，“美的”的概念包括有鲜明性和应有的比例。因为他说过，神作为世界和谐和鲜明的原因而被称为是美的。正因为如此，人体的美在于四肢的端正匀称，再加上鲜明的色泽。同样，精神美在于人的行为或者人的行动是与理智精神的鲜明性形成良好的比例关系。

七、关于艺术理式

希腊文中叫理式的东西，拉丁文中叫 form（形式），而事物的形式，它们存在于事物之外。而存在于事物之外的某一事物的形式，可以是二重性的。或者可以成为被称为它形式的那个东西的范例，或者可以成为认识的开始，因为据说被认识的东西的形式是在于认识者的心中，而在两种场合下，都必须借重于理式。在其他的一些动因中，形式早于相应的可以理解的存在之先，正如以自己的理智在行动的人那样。比如，房屋的类似物存在于建筑师的思想中。

而这可以称之为房屋的理式，因为工匠想要把房屋与思想中的那个形式相类似。上述这些话可以这样来解释。在一切并非偶然产生的事物中，必须让形式成为无论哪一种产生的终极目的。但如果在动因中没有这个形式的类似物的话，它是不会去为形式而行动的。而这是二重性的；在某些动因中应该产生的事物形式早于相应的天然存在。那些借助于自己的天性在行动的人常有的那样。比如，人生人，火生火。

第三编

文艺复兴时期的美

诗人写事物，并不是按照它们实有的样子而是按照它们应当有的样子去写。15 世纪中叶以后，研究亚里士多德的《诗学》和贺拉斯《诗艺》的风气盛极一时。但是人们在如何对待古典规则的问题上却发生了分歧，形成两派，其中革新派强调理性与经验，反对迷信古典理论法则，主张文艺应该根据时代、民族和风俗习惯的不同而变化。在这场“古今之争”中，钦提奥是站在革新派一边，他在《论传奇体叙事诗》一文中，极力为阿里奥斯托进行辩护。

第七章　钦提奥——挣脱神学束缚

一、生平及主要思想

钦提奥（公元 1504—1573）是意大利文艺复兴时期的作家、批评家。15 世纪中叶以后，研究亚里士多德的《诗学》和贺拉斯的《诗艺》的风气盛极一世，但是人们在如何对待古典规则的问题上却发生了分歧，形成为两派。其中革新派强调理性与经验，反对迷信古典理论法则，主张文艺应该根据时代、民族和风俗习惯的不同而变化。保守派认为亚里士多德和贺拉斯关于诗的理论是牢不可破的普遍“法则”，是任何时代都适用的永恒真理。

他们指责阿里奥斯托的新型传奇体叙事诗《罗兰的疯狂》背离了传奇体：叙事诗的传统，不符合亚里士多德和贺拉斯对诗所规定的一些原则和语法。在这场“古今之争”中，钦提奥是站在革新派一边的，他在《论传奇体叙事诗》一文中，极力为阿里奥斯托进行辩护。他指出，亚里士多德所规定的关于诗的一些规则（如动作的整一性）不适用于传奇体叙事诗，应该允许诗人打破旧的框架，根据需要创造出新的作品，而不应盲从古典权威，让前人的理论束缚住诗人的手脚。他还针对保守派指责新型诗是“反历史”的言论，指出诗的真实性不同于历史的真实性，历史学家“只写正发生过的事迹，并且按照它们真正发生的样子去写。诗人写事物，并不是按照它们实有的样子而是按照它们应当有的样子去写”。

这样，诗人和历史家所起的作用，由于“历史家不能违背史实，对人的善行和恶行都一律要写。因此历史家对人有益处也有害处”。诗人却不然，他借虚构来模仿辉煌的事迹，不是按照它们实有的样子，而是按照它们应当有的样子，可以适当地使罪恶的事物总是要引起可怕的苦痛的后果。这样就使我们的类似的情绪得到净化，启发我们去行善，使我们“既感到愉快，又得到教益。”所以，诗人在给人教益的本领上远比历史家优越。

二、悲剧与喜剧的异同

二者的不同表现在喜剧没有恐怖，也没有悲悯。因为在喜剧中没有死亡或其他恐怖的事件，反之，它务求以快乐的结局和愉快的谈话收场，而悲剧，不论它的收场是快乐或悲惨，总是凭借可怜的和可怕的事迹，洗净观众心中的恶念，感化他们从善。二者的相同在于有共同的目的，因为两者都企图传播美德。

三、情节选择

悲剧的情节应取材于历史，而喜剧的情节应由诗人杜撰，这种差别似乎是有充足理由的。人们认为，悲剧的情节，正如喜剧的情节那样，也可以由诗人杜撰。亚里士多德不论在什么问题上都是明断的，他就曾在《诗学》中不止一次承认这点，后来在拉丁作家中，科努图斯虽然说喜剧杜撰情节，悲剧则往往取材于历史，但他也表示悲剧并非时常必须取材于历史的。因此，既然悲剧通过描写炫功立德的人物，处理丰功伟绩，所以这些功绩若非早已家喻户晓，似乎不能搬上舞台。但是，平民的行动只好杜撰，因为他们多半是声闻不出于户，而且不久就被人忘记。

所以，诗人如果要上演新的喜剧，他大有用武之地，可以随心所欲来杜撰。然而，虽则这种理论看起来似乎颇有真理。虽然悲剧与喜剧，都须有情节，但是有人认为，喜剧处理市民日常生活中发生的事件，而悲剧则处理垂名青史和帝王将相的事迹。因为喜剧描写平民，悲剧则描写帝王与伟人。因此，既然伟人们是举世瞻仰的人物，他们的丰功伟绩，一旦完成，不能不闻不问，否则不符合生活的真实。

四、悲剧情节可以杜撰

人们觉得，也有理由可以提出同样的真理，而且相当可信。因为动人哀思的感染力有赖于不离盖然之事的模拟，而事实不按律成诗，剪裁恰当的语言，则不能打动人的感情。所以，我觉得诗人有权可以随意杜撰情节的悲剧，引起人的哀情，只要这情节合乎人之常情，而且距可能发生和时常发生的事不远。

就《奥尔别刻》（情节是杜撰的）来说，经验证明，杜撰的情节。确实有此种感染力，这就使每次演出时，不但新的观众，容作者说真话，作者也并非自吹自擂，而是想以最近的例子证实作者现在的话罢了，甚至每次演出都临场的人们，皆不能忍住叹息和呜咽。也许杜撰的情节，因为是初次印入观众的心中，获得越大的注意，它就越能感化人心善。因为，观众既然知道，要了解舞台上的剧情，唯有靠所演的事迹，舍此别无他法，所以只要他看明白了一些情节，而且觉得这剧本大概写得很巧妙，他就会十分注意，竭力去听，只字不遗。

五、双线悲剧

就喜剧而论，双线的结构是颇值得赞扬的，它使忒棱斯的戏剧获得惊人的成功。这里，应该知道，虽然亚里士多德不大赞成双线悲剧（有人不以为然），而我相信，如果一位妙手诗人在悲剧中仿效此种方法，而且把症结布置得解决时不会引起纷乱的话，那么悲剧的双线结构之可喜，并不亚于喜剧的了（应常常记住，应该给亚里士多德应有的尊重）。假如有人赞成这种方法，但所持的见解与亚里士多德不同，我想，也不应责备他。

尤其是如果悲剧有快乐的收场，因为这种收场颇像喜剧，因此，悲剧在模拟行为时，不妨像喜剧那样。我所谓双线的情节，是指剧情中有生活情况相同而性格品质不同的人物，例如，两个性格不同的恋人，两个性情不同的老翁，两个品德相反的仆人。在《安德洛斯妇人》以及这位诗人其他剧本的情节中可以见到。显然，在这些剧本中，地位相同而习性不同的人物，能使情节十分动人。

六、选择适合的人物性格

人们称悲剧的事迹为光辉的事迹，并非因它们值得赞美，或者合乎道德，而是因为它们是最优秀人物的行为。若要写好一出悲剧，必须依照诗人写作的时代的要求，依照所表现的思想，剧中人的性格，他的一般特点等情况，选择题材，并予以适当地剪裁。所以，任何苦难来临，他都默然忍受，以至博得人最大的同情，因为他是疾恶如仇的人，深恶痛绝此等罪恶，而正当准备惩罚罪人之时，却发现自己陷入罪恶之中。

凡是思想性情倾向于下品的人们，就不能做这种选择，因为他们会偏爱微无足道的事物，像希腊作家阿里斯托芬那样。由此可见，人犯了罪而不自知，当犯罪者招致其罪行的惩罚时，能引起莫大的恐惧与莫大的怜悯，而这点具有神奇的力量，能洗净观众心中的这种谬念，因为观众会默然做出结论，对自己说像俄狄浦斯那样的悲剧人物，不由自主地犯了罪，尚且受到如此严重的恶果，如果我自甘犯罪，我将得到什么报应呢？善恶参半的人，即处于善与恶的中间地位，假如他有恐怖的遭遇，能惹起莫大的怜悯。其原因在于观众觉得，那个受难无论如何是值得受一些惩罚的，但不应受如此严重的惩罚。

此种正义，加上惩罚之重，引起了悲剧所不可缺少的恐怖与怜悯。在上演过的故事中，再没有比索福克勒斯所写的俄狄浦斯的故事更适当、更可能产生怜悯的了，因为俄狄浦斯根究一切，要惩罚杀他父亲的人，同时心怀恐惧，生怕自己同母亲结成夫妇。结果，他万分焦急地想对杀父的凶手加以正当的处罚，同时，千方百计，力求避免娶母的错误，一旦情况达到解决之时，他才恍然大悟自己就是那个不慎而铸成大错的人。

七、悲剧有两种

一种结局悲惨，另一种有快乐的收场，但是，在剧情向结局发展的过程中，并不因此就放弃恐怖的与可怜的场面，因为无此则不可能成为好的悲剧了。这一类型的悲剧亚里士多德名之为混合的悲剧。普劳图斯在《安斐特吕翁》的序幕中已经给我们指出了。他说，该剧的人物富贵贫贱混在一起。这番话他取自亚里士多德的《诗学》，其中有一节涉及这种悲剧。这种悲剧在性质上更能吸引观众，因为它的结局是快乐的。

“识破”不如说“认出其人”，尤其适合这种悲剧，譬如，我们为之担忧并寄予怜悯的人，因为被认出了，就脱离危险，或幸免于死。在亚里士多德教导我们的种种，由此认出，命运好转，反祸为福，这留待下文再说。然而，这种可贵的“识破”，不但与快乐收场的悲剧没有很密切的关系，而且也不大适合悲惨收场的悲剧，因为这一来它可能产生与上述相反的结果，也就是说，反福为祸，化友为敌。

八、情节安排要能打动观众

如果有人说希腊悲剧中无此先例，我说我们今天并未掌握到亚里士多德时代所有的剧本，因为，既然他提及在观众面前表演死亡，假如我们占有他所援引的例证，我们会看出，死亡场面并非被排斥于舞台之外，反之，当年诗人们是采用它的。假如没有先例便可算作定论，我们也可以说，因为在今传的古代悲剧中并无杜撰的情节，所以古代绝未有过，而且我们也不应该创作这种悲剧了，虽然亚里士多德并不指摘，反而允许这样做法。然而，死亡场面应该在暗场，因为它们不是为了怜悯，而是为了正义而安排的。

此种情节应该是这样安排：或者让观众听到垂死者在后台呻吟，或者让报信人口述死亡的经过，作者也可以选一个适当的剧中人来口述。然而，其实（正如贺拉斯自己说的）耳闻的事不如目睹的事那么能迅速地打动人心，所以，上述的情节不如目击的情节那么可怕可怜。那么，如果事情并非不可置信的，如普洛克涅化为岛，卡德摩斯化为蛇，或者并不在舞台上演出残酷的凶杀，如父母有意杀害儿女（这不但是残酷，而且是不可置信的），可怖可怜的事迹是可以在舞台上演出的，为的是使它们比仅是口述时更能感染观众的心灵。

那么，为什么辛尼加让她在舞台上这样做？认为可以博得称誉？这真是非我所思的。然而，只好让更高明的批评家来解决这个难题。我说，贺拉斯教训的意思不是表演适宜的死，而是主张避免表演惨杀凶死。因为亚里士多德曾说过，由于亲人的错误而招致的死亡、磨难、创伤，如果是公开表演，颇能引起悲剧的怜悯之情，所以上述的道理尤其真实。否则我知道有些人对亚里士多德的当众、公开、显明这几个字的解释，不同于我们的或以前瓦莱与派克西诺的说法。这种用报信人上述的方法，不但见于快乐收场的悲剧，而且，如果剧情需要的话，悲惨收场的戏也可以用之。而且，此种死亡应该没有残酷的行为，最好的剧本必定不让那些受苦受难引起恐怖与怜悯的人物做残酷的举动。

我相信，这点就是贺拉斯想指出的，他教我们不要让美狄亚在舞台上杀子，我相信，他并不反对舞台上可以有适当的死亡场面（许多人却认为他确是），如果剧情性质需要的话。我常常觉得很奇怪，为什么辛尼加在写他的《美狄亚》时竟然不依贺拉斯的忠告，况且，亚里士多德并不赞成欧里庇得斯让美狄亚在舞台上杀子，并且不是误杀，而是故意，我就更怪辛尼加了。既然亚里士多德责备欧里庇得斯，说他不应让美狄亚明知故犯地杀子，即这场凶杀是暗场的。

九、欢乐收场的悲剧更复杂

作者所谓简单的情节，并不是指错综的反面，而是指剧情系于一种性格，而且在舞台上没有描写相反性格的场面，就是说，剧中只能有一个聪明的或愚蠢的、残酷的或温柔的、贪吝的或慷慨的、率直的或狡黠的人物。你应该知道，快乐收场的悲剧比起悲惨收场的悲剧来，更适合于错综的情节，如果是双线的话，则更值得嘉许，至于后者，反为简单的比双线的更好。再则，虽然上文说过，我们对邪恶的人没有怜悯之心，他们的恶运也并不令人恐惧，因此这等人的名字不能用作悲剧的题目，因为古人中就有成功的先例。譬如，辛尼加的《美狄亚》和《捉叶斯提斯》等。

所以，不论就情节或人物的交错来说，悲惨收场的悲剧较像《伊利亚特》，快乐收场的悲剧像《奥德赛》，所以，仿佛是荷马想以这两部作品给我们以两种类型的悲剧例子，正如他以《疯人篇》给我们喜剧的收场，在荷马时代喜剧性作品不像后来那么受人指摘（虽然鲁塔克责备人们相信《疯人篇》是荷马所作)，由此可见，有人认为《伊利亚特》提供了悲剧形式。而《奥德赛》提供喜剧形式，他们铸成大错了。因为其实这两部史诗都是悲剧的范例，前者是悲惨收场的悲剧，后者是快乐收场的悲剧。批评家之所以陷于这种大错，是因为照他们的意见不可能有快乐收场的悲剧。悲剧的题目往往取自剧中事迹所丛出的人物，虽则这些人既引起恐惧也不值得怜悯，因为他们不是用作感化的楷模，感化的楷模不能来自邪恶的人，而是来自中等德行的人。

十、诗句需要精心雕琢

所谓“转瞬即逝”的诗句，由每行诗末尾的有急速尾声的诗句而得名，我们的阿里奥斯托及其追随者采用它来做喜剧，但是我不满意此法，因为此种诗句不符合日常谈话的语调，而喜剧的谈话应该最接近日常谈话，与之同化，但是这种诗句却带有苦心雕琢的痕迹，那是在舞台上所不应有的。喜剧角色的谈吐应该像亲昵的交谈，所以他们讲及剧情时，就仿佛是密友知交在谈心，须知这些人一日之间难得说一句“转瞬即逝”。

然而，在亲昵的谈话中却有大量十一个音节的诗句。所以，我觉得，悲剧和喜剧都应该用这种语法来写，但是喜剧所用的诗句应该像平民的谈话，悲剧的诗句应该像显贵的谈吐。在喜剧中，这些诗句应该完全不用韵，因为有韵诗比别种诗去日常谈话较远，比无韵诗有更多的书斋意味。反之，韵适合悲剧某些部分的对话，尤其适合歌队的唱词。并且，为了更悦耳，应该参差的韵与整齐的韵配合运用，但是我是指两幕间歇的合唱曲，而不是指歌队与其他演员的对话，因为，在后一场合，歌队中只有一人对话，而不是全体合唱。

十一、拉丁作家主张情节分为五幕

这些道理只适合于喜剧，若予以妥善地修改，也可用于悲剧，这种分幕法是悲剧和喜剧所共有的。拉丁作家主张情节分为五幕。第一幕，应含有主题；在第二幕，主题所写的事件开始向结局发展；在第三幕，开始发生障碍和乱子；在第四幕，开始出现挽救危难的方法；在第五幕，是意料中的结局，主题得到圆满解决。

十二、悲剧的语言

悲剧的语言应该雄伟、庄严、典雅，有王者之风；喜剧的语言应该朴素、纯洁、亲切，适合于平民。作者相信，这样的人是可以使用藻饰的，因为悲剧命脉之所在的一切恐怖和怜悯是由他吐露，所以应该用种种恰当的辞藻来加强这些感情。况且，事态在引起恐怖和畏惧和一种战栗，是目击其事的人所能产生的，所以报信人仿佛激动如狂，就只能吐出耸人听闻的话，充满了他心中所感到的恐怖。而且，他也应该竭尽全力去叙述那可怜可怕的命运，说明当时的行动、诉苦、说话、暴行、绝望、受难者的死况，诸如此类，这一切包括起来，不外乎是说他受到极其残酷的屠杀，固然三言两语可以说明这一切，但是就不如详述那么动人了。所以，藻饰、崇高的吐谈，明喻，隐喻，修问格式，希腊人所谓的对照法，以及其他适合于悲剧的辞藻，在喜剧中只可能偶然合用，因为这一切是与喜剧人物格格不入的，一个作家欲以这些方法使其作品有光辉，其实反为使之黯然失色，极不相称罢了。

反之，悲剧却爱用这些藻饰，因为一切富丽堂皇的辞藻，只要使用得当，莫不适用于悲剧，悲剧是比所有其他诗体严肃得多的。悲剧的语言应该使用得当，因为这些藻饰的和崇高的属性，对于被大悲大哀压倒的人们是很不合宜的，一个人被悲痛压倒，还有心情作此种谈吐，那就似乎不合乎生活真实的。然而，一个人若以报信人的身份来吐露暗场中发生的事情，而剧中的痛苦与恐怖依赖他这番话，那些台词就适合他了，而且，由于受难者的身份，由于这不幸事件的听者的身份，也适宜用这些辞藻来报信，希腊和拉丁的悲剧就有例可证。

十三、动作（情节）的整一不适用于传奇体叙事诗

正如历史的叙述从头说起，描绘一个人物的一生事迹的作品也应从他的第一件辉煌的事迹叙起。如果他从摇篮里就显现出伟大的征兆，他的事迹也就要从摇篮叙起。如果你告诉我说，维吉尔对伊尼阿斯，荷马对于《伊利亚特》中的阿喀琉斯、《奥德赛》中的奥德修斯都不曾这样做，我想可以这样回答你，这两位诗人所要做的是用单一情节为纲的诗，而不是遵照历史方式叙述的诗。

在作者看来，如果一个诗人要用传奇体写古时材料，他最好不限于一个人物的单一动作，毋宁使用一个人物的许多动作。接着作者举了一些实例证明古代诗人也有同时叙述许多情节的。这就足以说明，亚里士多德心目中的诗是用单一情节为纲的，他对于写这类诗的诗人所规定的一些界限，并不适用于写许多英雄事迹的作品。我认为这种方法比只写一种动作的方法较适宜于传奇体叙事诗。情节的头绪多会带来多样化，这会增加读者的快感，也使作者有机会多加穿插，如果运用放在写单一情节的诗篇里就难免遭到谴责。

十四、诗人不应迷信古典权威

一般地说，我认为判断力和有熟练技巧的作家们不应该让前人所定下来的范围束缚他们的自由，而不敢离开老路走一步。这不仅辜负自然所给的资禀，而且这种约束也会妨碍诗人超出前人所界定的范围，只能沿着老祖宗们所指的那条老路走。我们塔斯康诗人们的作品在我们语言里的价值，比起希腊拉丁诗人们的作品，他们语言里的价值也并不减色，尽管塔斯康诗人们并没有遵照前人的老路走。

传奇体叙事诗不应受古典规律和义法的约束，只应遵守在传奇体叙事诗里享有权威和盛名的那些诗人所定的范围。说句真话，我们的语言也有它所特有的诗，这种诗不是另一语言或另一民族所能有的。所以我们不应该指望拿约束过希腊拉丁诗人的框子来约束我们塔斯康诗人。我们应该遵照用我们自己语言写作的最好的诗人所指点的路径走，他们在我们语言里的权威也不亚于希腊拉丁诗人们在他们语言里的权威。有一些人往往使我感到可笑，他们想使传奇体叙事诗的作者受亚里士多德和贺拉斯所定的规则约束，毫不考虑到这两位古人既不懂我们的语言，也不懂我们的写作方式。正如希腊拉丁人是从他们的诗人那里学到了他们的诗艺，我们也应从我们的诗那里学到我们的诗艺，谨守我们最好的传奇体诗人替传奇体诗所定下来的形式。

十五、诗的真实性不同于历史的真实性

亚里士多德说，诗人在给人教益的本领上远比历史家优越，我相信这句话。这也许是因为历史家不能违背史实，对人的善行和恶行都一律要写，因此历史家对人有益处也有害处。诗人却不然，他借虚构来模仿辉煌的事迹，不是按照它们实有的样子，而是按照它们应当有的样子，可以适当地使罪恶的事物总是要引起可怕的苦痛后果。

有些大诗人还不仅享受这样的自由，并且还提到在写的那个时代还不存在的事物，好像在后来才流行的风俗习惯前此早已流行，在荷马和维吉尔的诗里都可以找到这样的事例。这样就使我们类似的情绪得到净化，激发我们去行善，像亚里士多德在悲剧定义里所说的。伊尼阿斯是从特洛亚国来的，在亚洲的丧祭典礼和戴盔披甲的方式和在意大利的并不相同。可是维吉尔写特洛亚的丧祭和战斗，却按照意大利的习惯，并且还不是按照罗马建立以前的，而是按照诗人自己时代的意大利习惯。

传奇体诗人们也利用这个方法，理由是像我在上文已经说过的，诗人并不是按照事物实有的样子而是按照它们应当有的样子去写，目的在于使当时的读者既感到愉快，又得到教益。这种写法对于历史家们是在所不许的。维吉尔对伊尼阿斯的叙述便是好例。

第八章　瓜里尼——田园体诗创始人

一、生平及著作

瓜里尼（公元1538—1612）的剧本《牧羊人斐多》，打破了亚里士多德所规定的悲剧和喜剧不应夹杂在一起、上层人物和一般人民不应夹杂在一起的传统法规，创造了田园诗体的悲喜混杂剧的新剧种。可是这一新剧种遭到了保守派的强烈攻击，于是他又写《悲喜混杂剧体诗的纲领》为自己的主张辩护。他是意大利文艺复兴时期的剧作家。

二、主要思想

瓜里尼认为，既然随着形势的变化可以出现两种政体混合的新政体，那么文艺也是随时代的发展而变化的，也应该允许创造悲喜剧交融的新型剧种。他还从美感的心理效果上来分析悲喜混合剧的优越性，他指出："悲剧和喜剧的两种快感糅合在一起，不至于使听众落入过分的悲剧忧伤和过分的喜剧放肆"、"它可以兼包一切剧体诗的优点而抛弃它们的缺点；它可以投合各种性情，各种年龄，各种兴趣"。瓜里尼关于悲喜混合杂剧的理论首先打破了过去关于戏剧理论和美学范畴的旧框子，说明了文艺和美学范畴是随历史的发展而发展的，不应是一成不变的。其次，它反映了当时人民群众力量的上升，要求普通人民应和统治阶级人物同时在戏剧中得到表现。再次，它是启蒙时代狄德罗和莱辛所提倡的严肃剧或市民剧的先驱。

三、第三种诗

上文所说的话都可以用来替悲喜混杂剧体诗做辩护。但是我并不想利用那些理由，并且情愿承认悲剧所写的是王侯，是严肃的行动，是可恐惧可哀怜的情节，而喜剧所写的则是私人的事，这些就是悲剧和喜剧在剧种上的差别。

我情愿暂时承认这两个剧种各受各的法律管辖，互不相扰。它们是否因为不同种，就不能结合在一起来产生第三种诗呢？绝对不能说这种结合违反自然的常规，更不能说它违反艺术的常规。首先，马和驴不是不同种吗？可是它们的配合产生第三种动物，人们也许反对说，这种第三种自然事物是由种子而不是由身体混合得来的，它们是自然的作品而不是艺术的作品，我们现在所谈的是艺术作品，所以我们要谈谈各种技术和它们的混合，所混合的是坚固的、在性质上不同的物体。青铜是由黄铜和锡组成的，这两种物体都参加了混合，混合得很合适，就产生了既非黄铜又非锡的第三种东西。

再如绘画，它是诗的堂弟兄，不是各种颜色的多种多样的混合，此外不用什么其他媒介吗？音乐也是如此。它是诗的同胞弟兄，不也是全音和半音以及半音和半音以下的音的混合，组成哲学家所说的和谐了。我们就从人类关系来找例证，亚里士多德不是说过，悲剧是由上层人物组成，而喜剧则由普通人物组成的吗？我们就用这两个阶层人物的结合为例，共和政体就是这样一种结合。我并不是就组成共和政体的成员来说，因为每个城邦里都必然有贵有贱，有富有贫，或者像亚里士多德所说的，都有大小差别；我是就这两种阶层所产生的政体形式，即寡头政体和大众政体来说。

这两种政体形式不是很不相同吗？如果我们相信亚里士多德或是相信纯粹真理，它们毫无疑问是不同的。但是亚里士多德却把寡头政体和大众政体混合在一起，来形成共和政体。在共和政体之下，政府的措施不就是人的行动吗？如果这两个阶层的人在实践中可以混合在一起，诗艺在戏剧中就不可以也把它们混合在一起吗？在寡头政体中不是只有少数人才掌握政权吗？它和大众政体不是互相对立吗？但是这两种政体却在一种混合政体中结合在一起。悲剧是伟大人物的写照，喜剧是卑贱人物的写照。伟大与卑贱不是互相对立吗？既然政治可以让这两个阶层的人混合在一起，为什么诗艺就不可以这样做呢？人们不是说诗所用的是情。我们可以举一个例来说明。西塞罗和贺拉斯不是说“喜剧就是人类关系的镜子”吗？

第九章　塔索——英雄体诗的先驱

一、生平及著作

塔索（公元1544—1595）的美学思想主要表现在他的《论诗的艺术》和《论英雄体诗》之中。著有抒情诗《利那尔多》、牧歌剧《亚米达分和传奇体叙事诗》、《耶路撒冷的解放》等。他是意大利文艺复兴时期的著名诗人。

二、主要思想

美是一种自然的作品，因为美在于四肢五官具有一定的比例，加上适当的身材和美好悦目的色泽，这些条件本身原来就是美的，也就永远是美的，习俗不能使它们显得不美，正如习俗不能使尖头肿颈显得美，纵然是在多数男女都是尖头肿颈的国度里，塔索还继承了亚里士多德的模仿说，强调美是自然的十种作品，艺术直接模仿自然，而诗则是以语言文字来模仿人的行动，把人作为艺术的主要对象。

自然的作品本身既是如此，直接模仿自然的艺术作品也就应如此。所以西塞罗在他的《问题》篇里把自然和艺术都列在不变因里，这是很有道理的，像波伊修斯在评注这段话时所说的，因为它们的效果都是不变的。再就上例来说明，如果肢体的比例本身就美，等到画家和雕刻家把它模仿出来，它就仍应本身就是美的，在本身值得称赞的品质总会得到称赞，不管它现在自然事物上还是现在人为事物上。所以普拉克利特和斐底阿斯的雕像经过时间的袭击还是流传下来，古希腊人觉得它们美，我们现在还是觉得它们美，许多时代的消逝和许多种习俗的更替都不能使它们减色。

三、论英雄体诗

在《论英雄体诗》一文中，塔索讨论了一般诗学上的问题，特别是有关英雄体诗的问题。他把绝对美和普遍人性结合在一起，论证了美的普遍性，指出凡是完美的事物都有着普遍永恒的吸引力，它不随时代和习俗的更替而转变。如古代流传下来的雕像，“古希腊人觉得它们美，我们现在还是觉得它们美。许多时代的消逝和许多种习俗的更替都不能使它们减色”。对于诗来说，情节的整一性也是如此，由于它在本质上是完美的，所以，不管在哪个时代也都是永远完美的。因此，一切叙事诗都应遵守情节整一的规律。

四、论美的不变性和情节的整一

凡是本身具有这一种特征的就永远具有这种特征，不管习俗怎样改变。例如，吃人是永远会被看成野蛮的，尽管有些民族中吃人是常态。有一类事物，它们的品质好坏是由它们的本质来决定的，这就是说，它们本身就是好的或坏的，习俗并不能控制它们。善恶就是如此，恶本身就是坏，善本身就令人钦佩，善的行为和恶的行为之应受称赞或斥责，都由于它们本身。有些事物在本质上既不好也不坏，因为它们要靠习俗，或好或坏，都要由习俗来决定。服装就是如此，习俗认为它有多么好，它就有多么好。对于诗来说，情节的完整在本质上就是完美的，不管在哪个时代，过去或是未来，它永远会是完美的。人的性格特征也属于这种情形。

我所指的不是随习俗而定称呼的那些特征，而是形成可列入不变因的习性的那些特征，接着作者引贺拉斯在《论诗艺》里所说的那些一般儿童的类型习性为例。既然把这个分别说明白了，我就可以很容易地回答反对者的论点，他们说，习俗所公认为的最可取的诗人就是最优秀的诗人，因为每篇诗都是由文字和事物来组成的。关于文字，应该承认，习俗所公认为最可取的文字就是最好的文字，在这一点上我们没有异议，因为文字本身不能说是美或丑，它们显得美或丑，是由习俗造成的，例如佛列德里克大帝、纳粹俄国王和其他古代作者所最称赞的一些文字在我们今天听起来，却很刺耳。但是事物凡是本身就好的事物却不随风俗习惯为转移。情节的整一就是属于这一种情形。

第十章　锡德尼——文艺理论集大成者

一、生平及著作

锡德尼（公元1554—1586）的著作有诗文合璧的传奇小说《阿凯狄亚》、十四行体恋爱诗集《爱斯屈罗弗尔和斯黛拉》以及论战性著作《为诗辩护》等。《为诗辩护》是为驳斥英国讽刺作家戈逊攻击诗“罪恶的学堂”而写的。内容极其丰富，它是一部比较全面而又系统地论述文艺理论的著作，是文艺复兴时期人文主义思想的代表性作品之一。他是英国文艺复兴时期的诗人和文艺批评家。他出身于小贵族家庭，当过宫廷、外交和军事官吏。他的一生虽很短促，但在文学上却有相当成就，在英国文学史上也有一定地位。

二、主要观点

诗在传授德行方面是最通俗的，在吸引人向往德行方面是无与伦比的，因此，诗人胜过哲学家、道德家和历史家。他是道德家和历史家之间的仲裁者，是凯旋的司令官，是君王也是最卓越的人。锡德尼继承了古希腊的“模仿说”，认为诗是模仿的艺术，是“一种再现，一种仿造，或者用形象的表现；用比喻来说，就是一种说话的画图”。它模仿的对象是自然。然而诗在模仿自然上却又不同于其他一切学问，它不局限于自然赐予许可的狭窄范围，它可以不服从自然的约束，而运用虚构和想象，创造出“比自然更好的事物”或“完全崭新的，自然中所从来没有的形象”。而这种形象的主要部分，就是美好人物的形象。

创造性的目的是什么？既为了怡情，也为了教育，怡情是为了感动人们去实践他们本来会逃避的善行，教育则是为了使人们了解那个感动他们，使他们向往的善行。也就是说，诗的目的是为了导致德行，教导人们从善。在导致德行方面，锡德尼认为诗比哲学和历史更为优越，因为哲学是“凭箴规”，历史是凭实例来教育人们，而诗则是通过虚构（想象）描写完美的模型以完美的图画去感动人，并使人们“感动得去实行”。

在《为诗辩护》中，锡德尼叙述了诗的作用、特性和目的，分析了诗对于哲学和历史的优越性。他还扼要地指出了诗的各个门类的特色和功用，反驳了对于诗的种种谴责和污蔑，并且提出了自己对于英国诗的语言、风格、诗律、韵律等问题的见解。在这些丰富的内容中，锡德尼主要强调了两点：一是诗的创造性，创造形象的特性，一是诗的目的，创造光辉的形象来阐明德行和感动人去向往它的目的。

锡德尼的《为诗辩护》继承了亚里士多德关于模仿和想象的理论，又发挥了贺拉斯关于寓教于乐的思想，把文艺的社会作用和意义提高到极为崇高的地位。但是，在强调文艺的特殊作用和优越性的同时，他却片面地夸大了文艺的作用，把它看成是高于一切、胜于一切，甚至是超自然的，“与自然携手并进”、“自由地在自己才智的黄道带中游行”的东西，这就明显地表现出锡德尼尚未摆脱唯心主义和宗教神学的影响。

三、为诗辩护

首先，事实上，对于一切以学问为业而诋毁诗的人，这一点是可以合理地提出的，就是他们努力于污蔑诗是近乎于忘恩负义了，因为诗在一切人所共知的高贵民族和语言里，曾经是“无知”的最初光明给予者，是其最初的保姆，是它的奶娘，是逐渐变得无知的人们以后能够食用的较硬知识。而现在他们竟要做那被邀请入窠而被逐出主人的刺猬了吗？或者甚至做生下来就咬死父母的毒蛇吗？

让博学的希腊在其多种多样的科学中拿出一本写在穆赛俄斯、荷马、赫西俄德之前的书来吧，而这三人都不是什么别的人物而是诗人。不仅如此，让人们拿出一本能够说在这些诗人之前还有任何作家的历史来吧，如果他们确实不是属于诗人这行的，如人们所举出的俄耳普斯、利诺斯等那样，这种人，由于其曾经首先用笔传下知识，确实有理由要求被称为学术之父的。因为他们不仅在时间上占先，虽然古老本身会是可敬的，而且是作为其他作家的起因而占先，先用他们那使人着迷的甜蜜，用粗犷的头脑来钦佩知识。

所以如安菲翁，据说曾经用诗引动石块来筑成忒拜城，而俄耳普斯则为兽类所爱听的，其实这里的石和兽是指如石如兽的人。在罗马人中间安德洛尼库斯和恩纽斯也是如此，在意大利语言中首先使意大利语言上升为学术宝库的是诗人但丁，薄伽丘和彼特拉克，在我们的英文里，古阿和乔叟也是如此。在他们之后，为他们的先例所鼓舞和怡悦，别人才追随而来为我们祖国语言增加美丽，既在诗方面也在其他艺术技能方面。

起初确实哲学家和历史家都不能够进入群众审定之门，如果不先行取得诗的伟大护照，这种情况，在学术不发达的国家里，今天还是显然可见的。在全部这种国家里，他们还是都有一点诗意的。在土耳其，在他们那些立法的神学家之外，他们除了诗人没有别的作家了。在我们的邻邦爱尔兰，学术固然不丰富，但是他们的诗人倒是为人所虔敬的。甚至在最不开化、最质朴的没有文学的印第安人中间也还有诗人，他们作歌、唱歌（他们称歌为阿瑞托），既歌唱他们祖先的功绩，又歌唱对神道的赞美——这极其可能，他们称之为歌手的漫长岁月里，虽然经过罗马人、撒克逊人、丹麦人、诺曼人的征服，其中有人是想方设法地来毁灭他们之间的全部学术记忆的，然而其诗人至今还存在，所以诗是既开始得早又存在得久的，而后者是并不输于前者。如果在什么时候学术会到他们中间来，它就必然要依靠诗所带来的甜蜜的怡悦来使他们的顽钝头脑柔和起来、敏锐起来，因为对于不知知识益处的人，在他们从心灵的运用中发现乐趣之前，知识的许诺，是没有多大说服力的。

在威尔士，古代不列颠人的遗迹中，如很好的权威们所揭示的，才有了诗人。这事实是如此明显，以致希腊哲学家在很长的时期内不敢在诗人的面貌下出现。所以泰利斯、恩珀多克利、帕门尼德斯坦都用诗句来歌唱他们的自然哲学，毕达哥拉斯和福西利德斯也这样处理他们的伦理箴言，提耳泰俄斯在军事方面也是如此，索伦在政策方面亦然，说得更恰当一点，由于他们是诗人，所以他们会发挥他们那怡悦性情的特长来开发从前举世无所知晓的最高学术的各个方面。

因为有智慧的索伦是个诗人，这是很明白的，因为他曾经用诗写过大西洋中大西洋岛的故事，这故事后来是柏拉图又续写的。事实上，就是柏拉图本人。任何好好研究他的人都会发现，虽然他作品的内容和力量是哲学的，它们的外表和美丽却是最先依靠诗的。因为全部都是依靠对话，而在对话中他虚构了许多雅典的善良市民，来谈那种他们上了大刑也不肯吐露的事情。此外，他那富有诗意的会谈细节的描写，如一个宴会的周到安排。

一次散步的高情逸致等，中间还穿插着纯粹的故事，如古革斯的指环等，不知道这些东西是否是诗的花朵的人从未走进过阏的波罗的花园的结果。就连口中知道事实上写着真实性的史官们也乐于向诗人来赊借形式，甚至力量。所以希罗多德用九个文化之神的名字来称其历史。他和他的追随者都从诗词盗窃了或者借用了热情描写，来描写强烈的情感和谁也不能证实的战场细节，再有，即使上述的两项人家不承认，放在伟大帝王或元帅们口中的长篇演讲，总是他们从未讲过的了。

我可否更大胆地进一步指出“凡底士”一词的合理性，说那神圣的大卫的《诗篇》就是一首神圣的诗？我虽是如此说，也不是没有古今大学者们的证据而就如此做的。但就《诗篇》这一词也可以为我辩护，因为这词解释明白了，就是指歌曲，而且它是完全有格律的，如一切希伯来文专家所公认的，虽然那套规则还没有完全发现，最后且主要的，它的预言的处理是纯粹“诗的”。因为它用乐器伴奏，经常自由地更换人称，它用值得注意的拟人化，它使你似乎见到了上帝在其全部威仪中降临，它叙述百兽的欢乐，山岳的雀跃，这一切不是一种虚幻，是天上有的诗歌？它到底是什么呢？在这种诗里作者显出自己是那种无法形容的、永恒的、只是为信仰所澄清了的目光才见得到的美的热情爱好者。

可是，真的，现在既已称它为诗，我又生怕我似乎亵渎了那神圣的名词，竟把它与诗在我们中间已经降到如此可笑的评价的诗相联系。但是用平静的判断力更为深入研究它的人们将会发现它的目的和作用是如此，以致在用得恰当的场合，它确实不应当从上帝的礼拜堂里被赶出去。只有诗人，不屑为这种服从所束缚，为自己的创新气魄所鼓舞，在其造出比自然所产生的更好的事物中，或者完全崭新的、自然中所从来没有的形象中，如那些英雄、半神、独眼巨人、怪兽、复仇神等，实际上，升入了另一种自然，因而他与自然携手并进，不局限于它赐予所许可的狭窄范围，而自由地在自己才智的黄道带中游行。

自然从未以如此华丽的挂毯来装饰大地，如种种诗人所曾作过的，也未曾以那种悦人的河流、果实累累的树木、香气四溢的花朵以及别的足使这为人爱得够厉害的大地更为可爱的东西，它的世界是铜的，而只有诗人才给予我们金的。现在我们可以看一下希腊人是如何命名它的，如何评价它的，希腊人称诗人为普爱丁，而这名字，因为是最优美的，已经流行于别的语言中了。这是从普爱恩这名字来的，它的意思是“创造”。在这里，我不知道是由于幸运，还是由于聪明，我们英国人也称他为创造者，这是和希腊人一致了。这名字是个何等崇高和无与伦比的称号，我宁可用划分各种学术的范围的办法来说明，而不用偏颇的阐述，没有一种传授给人类的技艺不是以大自然的作品为其主要对象的。

没有大自然，它们就不存在，而它们是如此依靠它，以致它们似乎是大自然所要演出的戏剧的演员。因此天文学家观察星象，而凭他所见到的，记录下大自然所采取的秩序。几何学家、数学家也是如此对待各种不同的数量。音乐家也是如此在节拍方面告诉你什么是自然的和谐，什么不是的。自然哲学家也因此而有他的名称，道德哲学家则关心出于自然的德行以及种种恶习和情欲。

“遵循自然，在这里面你不会犯错误”。法学家陈述人们所认定的，历史家陈述人们所做出来的。语法家只谈论语言的规则，而修辞学家、逻辑学家思考按照自然的规律什么最易证明和说服，于是定出技术规则，这种规则，按照所涉及的内容，还是仅适用于一定的问题范围。医生研究人体的性质和与它有益或有害的事物的性质。而本体论者，虽然是与第二手的抽象的观念打交道，因而被认为是超越自然的，但是事实上他还是以自然的深处为基础的。但是不去管这些东西，而来看看人吧！正如一切别的东西都是创造了供人使用的，似乎它的最高技能是用在他上面了。

但是，难道它曾产生过像忒阿革涅斯那样忠实的情人吗，像皮拉得斯那样有始有终的朋友吗，像奥兰多那样英勇的人物吗，像塞诺丰的居鲁士那样公正的君王吗，像维吉尔的埃尼阿斯那样方方面面都卓越的人吗？不要让这一点被开玩笑地来对待，因为这一个的作品是实在的，另一个的作品是模仿的、虚构的，因为任何懂得这事的人都知道，每个技工的技能就在于其对于作品的观念，或事先的设想，而不在于其作品本身。然而诗人有那种观念，这是明白的；它表现在如此杰出的，如其所设想的那样，把它传达出来。

这传出并不是完全凭想象的，像我们常说的那些构造空中楼阁的人所做的那样，它至少工作得实事求是到如此地步，以致它不但造出了一个居鲁士—这不过是个个别的功绩，如大自然可能做到的是给予世界一个居鲁士以造出许多居鲁士，如果人们会正确地理解那创造者是为什么和怎样创造出来的他。不要认为把人类才智的最高峰和自然的功能相衡是太狂妄的对比，还是歌颂那天上的创造者吧，他照着自己的形象造了人，就把他放在那第二自然的一切作品之外和之上。

这一点他在诗里显示得最充分了，在这里他以神的气息产生了远远超过自然所做出的东西，这对于不信亚当的倒霉原始堕落的人，真是个不小的论证，因为我们善于思考的头脑使我们知道了至善，然而我们被染污的意志却使我们达不到它。这种论证会少有人理解，而且更加会少有人同意，但我希望这一点是会被公认的，就是希腊人给它高出于其他学术的称号是大概有点理由的。现在让我们作为寻常的说明来说明它，以使真理可以更为明白。因此，我希望，即使我们得不到像文字学所给予它的那样无与伦比的赞美，那无人否认的关于它的描写，总不应当丧失一个重要的称赞。

四、诗的三种分类

在古和美方面都是居于首位的，是模仿上帝的不可思议的美德。诗曾经有过三种。大卫的《诗篇》，所罗门的《雅歌》、《传道书》、《箴言》，摩西利底波拉的《颂驮》、《记净》，这些和其他为博学的瑞米立斯和丘尼斯称为圣经诗的部分，都是如此。没有一个恭敬圣灵的人会菲薄这些。第一种是属于搞哲学的人们的，有道德方面的，如提耳泰俄斯、福库利德斯和卡图；有自然方面的，如卢克莱茨及维吉尔的《田园诗》；亦有天文方面的，如玛尼利乌斯和庞丹纳斯；有历史方面的，《加留庚》，这一切，谁不爱好。

但是由于这第二种是局限在所提出问题的幅度中，不够遵循自己创造力的自由道路，究竟他们应当算作诗人与否，让语言学家去争论。我们就来研究第三种，其实是真正的诗人，而且这问题是从他们身上产生的。因为这些人的创作是为了模仿，模仿是既为了怡情，也为了教育，怡情是为了感动人们去实践他们本来会逃避的善行，教育则是为了使人们了解那个感动他们、使他们向往的善行——这是任何学问所向往的最高尚目的，然而也并不缺少无聊的唇舌来诽谤它们。在这种诗人和第二种人之间存在着这样一种差别，这种差别是两种画家之间也存在的，较浅陋的一种是模仿他们面前的面貌，较高明的一种只服从理智的法律，而通过彩色给你最适合鉴赏的事物，如留克里夏的忠贞而悲痛的神情，当她用自尽来刑罚别人的罪行的时候；在适时画上所描绘的并非画家所亲见的留克里夏，而是这样一种美德的外貌之美。

因为这第三种人确实真正为了教育和怡情而从事于模仿的；而模仿却不是搬借过去、现在或将来实际存在的东西，而是在渊博见识的控制之下进入那神明的思考，思考那可然的和当然的事物。他们是这样一种人，正如第一种最高贵的可以恰当地被称为先知，所以他们也在最优美的语言里，为最有见识的人，用上述的“诗人”这一名词来招呼。

这些诗人们可以再分为各种更专门的类别。最明显的是歌颂的，抒情的，悲剧的，喜剧的，讽刺的，诙谐的，伤感的，田园的和其他等类别的诗人。其中有些是按他们所写内容来命名的，有些是按照他们最喜欢写的诗体来命名的，因为实际上绝大多数的诗人是把他们那体现诗意的创造穿上那种有节奏的称为诗行的写作形式。其实，仅仅是穿上，因为诗行只是诗的装饰而非诗的成因，因为曾经有过许多诗人，从来不用诗行写作，而现在成群的诗行写作者却绝不符合诗人的称号。

因为塞诺丰，他模仿得如此高明，以致在居鲁士的名字下给了我们一个公平的帝国形象（犹如西塞罗所说的）——实在写了一首完美的歌颂英雄的诗，赫利俄多洛斯，在他那甜蜜动人的创造，忒阿革涅斯和卡里克勒亚的恋爱的描绘，也做到了这点，然而二者都是用散文写作的。我说这话是为了要指出，使人成为诗人的并不是押韵和写诗行，犹如使人成为律师的并不是长袍，律师穿着盔甲辩护也还是律师而不是军人——只有那种怡悦性情的，有教育意义的美德、罪恶或其他等的卓越形象的虚构，这才是认识诗人的真正标志。

虽然诗人的公议已经选择诗行作为最合适的服装，认为他们既在内容上超过一切，在形式上也要同样胜过一切，不用酒后茶余的谈话方式，或梦中呓语的方式随口说话，而是以恰到好处为准则，按照着题材的性质称量着每一个字的每一个音节。有些人认为，如果他知晓事物的根源，那就几乎是神道了，因而就成为自然或超自然的哲学家，有些人为一种美妙的喜悦被吸引到音乐上去，另一些人为论证明确性被吸引到数学上去，但是大家，彼此相同，都有这一目的。要求知识，要凭知识来把心灵从身体的牢狱中提出来，使享其神圣的本质。

另一些人认为这种幸福主要是凭知识获得的，而知识莫高于熟悉星象，因而就致力于天文，但当经验的对照使人发现，天文学家会注目星象而跌入臭沟，好问的哲学家会对此茫然无知，数学家会把线画得笔直而心不免歪斜，于是，瞧，试验一切主张的定夺者，这些都只是手段性的科学。它们虽然各有自己的目的，但还是以一种主要知识这一最高目的为归宿的，这种知识，这就是我认为，一个人的自知，在道德和政治问题上的自知，其目的是行动得好而不是仅仅知道得好。

犹如鞍工的直接目的是做出好鞍子，但是其较远的目的却是为骑术这一更为高贵的技能来服务骑兵之军事亦然，而军人不仅要有军人的技能，还要能够完成军人的任务。因此，首先凭其全部作品，然后凭其各个部门来衡量一下这后一种诗，是不会不妥当的。如果在这两种解剖中它都不是可以谴责的，我希望我们会得到一个较为有利的判决。我们通常称之为学问或博学的这种理智的洗涤，记忆的充实，见识的增强和思虑的开展，不论其在什么名目下出现，为什么直接目的服务，其最后的目的无非是引导我们、吸引我们，去到达一种我们所能够达到的尽可能高的完美。

但是这一点，依照各人的倾向，产生了各种不同的主张。所以，一切人间学问之目的就是德行，最能启发德行的技能就有最为正当的权利做其他技能的君王。在这方面，如果我们可以指出，诗人确是配先于其他竞争者而享有此权利。

五、诗人的竞争者道学家

从主要竞争者之间走出来的是道学家，我想我看到他们带着一种生气的严肃向我走来，似乎他们在光天化日之下不能容忍为非作歹，他们不修边幅，为了用外表来表示他蔑视一切外表，他手头带着批判热中荣誉的书，虽然他们就是要在荣誉上写上自己的名字。他们诡辩地反对诡辩，他们生任何人的气，只要他们见到他有会生气的恶习。

这些人到处施舍着定义、分类、区别，用嘲笑的口吻冷静地问着，究竟会不会找到这样便捷的、通向德行的道路。如阐明德行是什么，而且不但凭揭示它的本质、它的前因后果来阐明它，并且凭揭露它务必消灭的仇敌、罪恶和它务必克制住的仆役、情欲来阐明它，还要凭指出包含着它的种种共同性，从它得出来的种种特殊性，最后还要凭明确说明它怎样从个人自己小天地的局限中扩展开来而达到家庭的治理、社会的维持。由于这问题是对于学术界的最高层存在着，我们能够找到谁来当仲裁呢？照我看来，实在只有诗人，而且如果他不是仲裁，就可能是那应当以前二人赢得该称号的人，更毋庸说从一切其他的学科了。

因此，我来把诗人和历史家、道学家比一比，假使他超过了二者，就没有其他人类能够和他匹敌了。关于神学家，他总是只能恭而敬之地不算在内，不但因为他的目的是如此遥远地超过这些学科，犹如永恒超过刹那一样，而且因为就在每项学科自身之中，他也超过它们。关于律师，虽然法律是公平的女儿，而公平是美德中最主要的，但是由于它从事于使人向善的事情，凭借使人怕受罚过于凭借使人爱德行，或者说得更正确一点，它并不是努力使人善良而是使邪恶不损伤别人，因为它不管一个人坏得怎样，只要他是个好的公民就可以了。因此，正如我们的邪恶使他成为有其必要，而他的必要使他成为可敬，所以他是实在不能和一样述诸人并肩而立的，他们是努力于消除邪恶而把善良植于我们灵魂最秘密的密室中。

这四种人是全部用任何方式从事于研究人们的人情世态的人，而这种知识是最高的，因此最善于产生这种知识的，就应当受到最高的称誉。历史家几乎无暇让道学家说完他的话，他满载着鼠咬虫蛀的古籍，将自己的权威大多建筑在别人的记载上，而那别人的最大权威又只是建筑在无稽之谈的宝贵基础上。他们忙于调和异说，从偏爱中提炼真实，熟悉千载之前甚于当代，而尤其熟悉世上的行情甚于自己的识鉴，他们搜罗古董、猎取新奇，在年轻无知的人看来是个奇迹，在座谈中是个暴君，常常勃然大怒地否认任何人在阐明美德和德行中可与他相比拟。

“我是时间的证人，真理的辉光，记忆的生命，生活的导师，古代的使者。”道学家和历史家因此是有条件赢得上述目标的人，一个凭箴规，另一个凭实例。但是二者都不是两个条件都具备，因此都是半途而废了。因为道学家用着难以掌握的论证来确立赤裸裸的原则。他是如此拙于措辞，如此含糊难懂，以致并无其他指导可以遵循的人，会在他的泥沼中跋涉终生而没有找到应当老老实实做人的充分理由。

因为他的知识是建立在这样抽象和一般化的东西上，以致能够了解他的人已经是真正有幸的了，能够运用了解的人更是有幸了。在另一方面，历史家总是如此局限于存在了的事物而不知道应当存在的事物，如此局限于事物的特殊真实，而不知事物的一般真理，以致他的实例不能引生必然的结论，因此他只能提供更少效用的学说。他说，“哲学家阐述一种尚在争论中的德行，而我则阐述见诸行动的德行。他的德行在柏拉图的无风险的学院中是不坏的，但我的是在马拉松、法耳萨利亚、波阿提、阿金库尔等战场上露面的”。

他用抽象的考究来阐明德行，而我只是叮嘱你随从前人的步伐，老人的经验是超过了善于分析的哲学家的，而我所传授的经验是千百代累积起来的。最后还有一点，就是即使他编了歌谱，我却扶着学生的手来奏琴，即使他算个向导，我却是光明。于是他会举出数不清的例子，来证明最有智慧的元老们、君王们都是为历史的业绩所指导，如勃鲁托斯、阿拉贡的阿尔封斯和随便哪个。最后他们从一长串的争论得到了这样一个结论就是：一个提供箴规，一个提供实例。犹如在外在事物方面，对于一个从未见过大象或犀牛的人，精确地告诉它们的全部形状、颜色、大小、特殊标识的人，或者关于一个富丽的宫殿，一位说明它的全部美妙之处的建筑师，很可能使听的人会单靠记忆背出一切他所听到的东西，但不能给予他的内在的理解力。以一种亲见亲闻的人所有的真正活知识的满足，但是那同一个人，当他一看见画得好的这种动物或那房子的很好模型，就无须任何描述立刻达到关于它们的恰当理解。

因此，无疑的，道学家和他的渊博的定义，不论关于美德、恶行、治国、治家，只是用智慧的许多可靠原则来充填记忆，而它们，在人们的想象力、判断力之前，却会黯然无光，如果它们未为诗这种能说话的画图所照明和如实地显现出来。那无与伦比的诗人却二者兼能做到，因为无论什么，道学家说应该做的事情，他就在他所虚构的做到了它的人物中给予了完美的图画，如此他就结合了一般的概念和特殊的实例。

我说，一幅完美的图画，因为他为人们的心目提供一个事物的形象，而于此事物道学家只予以唠叨的论述，这论述既不能如前者那样打动和透入人们的灵魂，也不能如前者那样占据其心目。因为一个虚构的例子是和一个真实的同样有力来教育读者的。因为，谈到感动读者，这是明显的：虚构是可以唱出激情的最高音的。让我们举一个诗人和历史家相一致的例子吧。希罗多德和朱斯提诺斯都证明，佐皮洛斯，大流士王的忠仆，见到他的主子久为反叛的巴比伦人所抵抗，就假装自己极度失宠，为了证实这点，他命人割掉了自己的鼻子和耳朵，而投奔了巴比伦人。他被收容了，而且，由于他是有名的英雄，就如此被信任，以致他果然找到办法把他们交付给了大流士。

李维也记载了极相同的事情，关于塔癸尼乌斯和他的儿子，塞诺丰卓越地虚构了另一个这种计谋，它是由阿白拉达塔斯为居鲁士做的。我很愿意知道，如果你有机会用这样的正当的欺蒙来为你的君王服务，你为什么不同样地向塞诺丰的虚构学习而偏要向别人的真实学习呢？事实上向前者学习还要好些，因为这样可以保住鼻子。阿白拉达塔斯并没有假装到那种程度。诗人尽了他的职责，他会在坦塔罗斯、阿特柔斯和类似的人物中尽揭示不可容忍的东西，而在居鲁士、埃尼阿斯、俄底修斯里，揭示一切应当学习的东西。然而历史家由于不得不如实地叙述事物，却不能淋漓尽致地描写完美的模范，否则他就要诗人化，因而就是在描写亚历山大和西庇欧中也要将要得的行动和要不得的行动都揭示。这样，你怎么辨别何去何从呢，除非依靠你自己的见识，而自己的见识是不懂昆图斯的。

库耳捉乌斯也早已有了。固然有人会说，虽然在普遍道理的研究中，诗人确是优越；然而历史，由于它说着这件事情是确为人所做过的，就会使人们更为放心地来学习它。这话的答复是显然应该这样的：就是，如果他依靠那“做过”而就推论昨天下了雨，所以今天也会下雨。这对于不会设想的人真会有点益处。但是如果他知道一个实例只体现一个猜测到的可能，而因此还是凭理智来行事，他也就会知道，诗人是这样遥远地超过了历史家，因为他正是要把他的例子虚构得最为合理，不论在战争的、政治的还是私人事务的方面，而历史家在他那仅有的“做过”里，就会常有我们所谓命运的情况来推翻最高的智慧。他常常必须叙述他自己也提不出原因的事情；或者如果他提出了原因，那也必然是用了诗的方法。

六、诗人与历史人物

现在可以谈谈那平常用来赞美历史的那一点，就是，这种优越的学问是凭注意成败而获得的，似乎在这里面就应当见到德行的受推崇，罪恶的受刑罚，其实这种赞美是应当属于诗的而和历史不相干的。因为事实上，诗才是用德行的全部光彩来打扮德行，使命运做她的好侍婢，以使人们必然地爱上她。你可以见到俄底修斯在风浪中和在别的艰苦境遇中，但它们只是他的耐心和宏大气魄的锻炼，作用在于使那些德行在即将来临的顺境中，散发出更多的光辉。

关于那相反的方面，如果坏人到了舞台上来，犹如悲剧作者答复一位反对表现这种人物的人所说的，他们走下舞台的时候总是这样带上了脚镣手铐以致他们不见得会引诱人家。但是历史家的著作，由于它被一个愚蠢世界的真实所束缚住，却常常成为善行的鉴戒和放肆的邪恶鼓励。因此我们岂不见到英勇的密尔提阿德斯在枷锁里烂死了？那公正的福喀嗡积多才多艺的苏格拉底像叛徒一样被处死？那残忍的塞维路斯却生活得很顺遂？那卓越的塞维路斯则残酷地被谋杀？

因此我可以断定，它胜过历史，不但在提供知识方面而且在促使心灵向往值得称为善良、值得认为善良的东西方面。这种促使人去行善，感动人去行善的作用，使桂冠戴在诗人头上，但胜过历史家，亦胜过哲学家，尽管他在教学方面可能成问题。因为即使这一点是为人承认了。我想，这一点，还是极有理由来否定的就是哲学家，由于他的有步骤的办法，比诗人更能完美地教诲人家。但我确实想，没有一个人会这样和哲学家要好，以致把他在感动人方面来与诗人相比。但如此，他似乎为了暗示，你的行程将通过这样一个美丽的葡萄园，在开头就给你一串葡萄，而这串葡萄是富有这种滋味，它会使你渴望前进。他不是用那种晦涩的定义开始的，那种定义必然会使书边上变得一片模糊，挤满注解，而使记忆上负担起疑问的重负。

他用这种言语来接近你，这种语言是安排在令人喜悦的匀称里，有时还配上了或者随从着使人陶醉的音乐技巧，有时还配上了一个故事，真的，他有时带着这样一个故事来接近你，以致会迷住小孩使之放弃游戏，吸住老人，使之离开那靠近烟囱的角落。而且，就凭这样来诱导心灵离开邪恶、达到德行，甚至像小孩被哄得吃有益健康的东西，靠把它们藏在别的东西里面来使之有好味道，这种东西，如果有人开头就告诉了他们，是沉香或大黄，他们就宁可从耳朵里灌进去而不愿意吃了。在大人方面也是一样，大多数的大人，再好也还是幼稚的，直到他们睡到他们坟墓的摇篮里。

他们总是高兴去听赫拉克勒斯、普鲁士、埃尼阿斯的故事，而听了它们就必然听到智慧、英勇、公平、平等、正确地描述这一切，如果他们是赤裸裸的，也就是说，哲学地陈述了出来，他们会发誓，他们还是宁愿再去上学的。而感动的高出于教诲，可以从这一点上显现出来，就是，它几乎既是教诲的前因，又是它的后果。那么谁会愿意受教诲呢，假使他不为受教诲的愿望所激动。而这种教诲我还是指道德学说的教授，究竟会产生什么好处能及得上感动人去实行它所教的一切呢？因为犹如亚里士多德所说的，所得的结果必须不是知识而是行为，而行为的不会产生，除非先感动得要去实行，这并不是难理解的事情。

哲学家指示你道路，他告诉你路上的详情，既告诉你途中的辛苦，也告诉你行程终了后的舒适住处，而且再告诉你许多可能引你离开正路的歧途；但是这仅能适合愿意读且愿意不辞劳苦、认真用功读的人，而任何有着这种愿望的人就已经度过了途中艰苦的一半了，因而也不过需要为其余的一半感激哲学家。不但如此，实在，有学问的人已经想到过，一旦理智已经如此克服了情欲，以致心上有了做好事的自由愿望，每个人心里本有的内在光明也就会和哲学家的书不相上下，因为我们自然知道什么是好的，什么是坏的，即使不能用哲学家所给我们的术语，因为哲学家也是从自然的理解中取得这知识的。但是使人家被感动得去实行我们所知道的，或者被感动得愿意去知道，这才真是工作，真是功夫。

在这一点上，在一切学问中，我还是在说关于人的学问，按照人的理解，我们的诗人是君王。因为他不但指出道路，而且给了这道路这样一个可爱的远景，以致会引人进入这道路。因此，就是历史家中最出色的人物也是低于诗人的；因为无论什么历史家必须叙述的活动或斗争，无论什么辞藻、政策或战略，只要诗人愿意，他就可以用他的模仿化为已有，而且自由地加以美化，为了既使它更有教育意义又使它更能怡情悦性，因为一切是在诗人之笔的权威之下，从但丁的天堂直到他的地狱。如果有人问我哪些诗人曾经做到了这点，虽然我极能举出几个，但是我要一再说，我所谈的是这一艺术而不是艺术家。

七、诗是模仿艺术

诗所隶属的那种模仿是一切模仿，且最为符合自然，因为犹如亚里士多德所说，那些本身丑恶的东西，如残酷的战争，违背自然的怪物，在诗的模仿中却变得可喜了。我知道，有人只是读了高卢的爱马狄斯，就发觉自己衷心感动得去实行礼让、宽容，尤其是勇敢，而这作品，天晓得，这和完美的诗还是相去甚远。谁读了关于先知拿单的故事。当那敬神的大卫已经如此离弃了上帝，以致用谋杀来巩固通奸，拿需要尽一个朋友所最难尽的责任，在大卫自己眼前揭示他的无耻，但既为上帝差来召回其挑选的臣仆，他怎样做呢，他只讲了一个从怀中被偷走了心爱羊羔的人。

虽然那叙述是虚构的，但故事的含义却反映着真实，它使得大卫（我是指那第二个手段性的原因）如在镜子里看到自己的肮脏，犹如那神圣的“悔罪的诗篇”所证明的。另一个故事是埃尼阿斯背上驮着老安喀西斯而不愿自己也有此幸运来做这样一个善行呢？在图努斯的故事把他的形象种入了心田之后，谁会不为图努斯的这些话所感动呢？“这片大地要看到我逃跑吗，难道死真是这样可怕吗？”

哲学家，由于他们不屑怡悦人家，因此只得满足于不去感动人家。只是争论究竟美德是主要的善，还是唯一的善，究竟还是思索的生活好，还是行动的生活好，虽然感动人家是柏拉图和玻提乌斯所极为懂得的，此使得哲学常常借穿诗人的衣饰。因为就是那些硬心肠的坏人，他们固然认为德行只是一个术语，人生除了纵欲没有其他好处。因而蔑视哲学家的严厉劝告，而感不到它们所依据的内在理智，但是他们也会甘愿得到怡悦，而这就是那和善的诗人似乎约好供给的一切，这样，也就不知不觉地逐渐见到了善的形状。

善既被看到，他们就不得不爱，这是犹如吃了放在樱桃里面的药一样。因此凭这些例子和理由，我想，这可以明白了，就是诗人的怡情的妙手确是比任何别的技艺更能有效地吸引心灵。因此这一结论就自然地随之而来了。

由于德行是一切人间学问的目的所在的终点，所以诗，由于它在传授德行方面是最通俗的，在吸引人向往德行方面是无与伦比的，确实是最卓越工作中的最卓越的工人。因为诗是一切人类学问中的最古老、最原始的。因为从它，别的学问曾经获得它们的开端，因为它是如此普遍，以致没有一个有学问的民族鄙弃它，也没有一个野蛮民族没有它，因为罗马人和希腊人都给它神圣的名称，一个是预言，另一个是创造，而“创造”这一名词是对它很切合的，因为当别的技艺保持在自己研究对象的范围内，而似乎以之获得自身的存在，诗人却带来他自己的东西，他不是从事情取得他的构思，而是虚构出事情来表达他的构思。

因为他的描写和描写意图都不含有任何邪恶，他们描写的事情也不能是邪恶的，因为他的效果是如此良好，以致它能教人为善，而又怡悦从它学习的人。因为在这方面（指在道德教育方面），一切知识的主要项目方面，他不但远远超过历史家，而且就在教诲方面也几乎可以和哲学家相比，而在感动方面则把他抛在后面，因为其中没有脏东西的《圣经》也有整个的部分是诗的，而就是我们的救世主耶稣也甘愿用它的精华。诗的全部种类，不但在合起来的形式里，就是在各个分开的部分里，也是完全值得赞扬的，为凯旋的司令官准备桂冠，确实配用来向诗人的胜利致敬而不是向研究别的学问的人的胜利致敬。关于这种诗创造的神奇效果，可以举出无限的证据。但仅仅两个也就够了，它们常为人家所记起，以致我想其实大家都知道。

一个是关于阿格立巴的，他在全部罗马人民已经坚决和参议院分裂而显然大祸临头的时刻，虽然他是当时的卓越的演说家，他来到人民中间，既不依靠辞藻或狡猾的暗示，更不依靠迂腐的哲学格言，这种格言，尤其是柏拉图的，还要学了几何才能理解得深刻，他真的像一个朴素得没有架子的诗人那样行动。他给他们讲个故事，说有一次，身体的各部合谋背叛肚子，它们认为肚子吞没了大家的劳动果实，它们决定，要让一个如此无益的消费者挨饿。

结果，因为那故事是人所共知的，而且也为人所共知仅仅是个故事。为了处罚那肚子，它们却害了自己。这故事，被他如此引用，就在人民中间产生了那种我在书上从未见言语产生过的效果，一个如此突然、如此良好的转变。因为在合理的条件下，一个完全的和解随后就到来。首先我注意到，不但在这些憎恨诗人的人里面，也在一切那种依靠谴责人家来争取赞美的人里面，他们不惜费上大量的浮游无据的词句，在暗示里、嘲笑里、指摘里讽刺着每一事物。目的在于激起人家的愤怒来阻止人家的头脑充分掌握那事物的价值。

这种反对意见，因为它们充满着一种极无聊的随意性，因为没有什么事物有如此神圣的庄严，以致一个痒的舌头不会在上面擦上一擦，所以除却不去笑那个取笑对象，而笑那取笑者之外，是不值得别的答复的。但是因为我们不但有唇舌而且也有耳朵，而最轻微的理由也会似乎很有分量，如果没有东西放入对面的天平里，所以让我们听听并且尽量思考一番全部反对这艺术的意见，看哪些意见是值得接受的或者值得答复的。

八、寻诗觅韵

但不管它由于是唯一的适合音乐语言而得到的真正称赞。我说音乐是刺激感觉的最神妙的东西，这一点是无疑真实的：就是，如果只读而不记是无谓的，因为记忆是知识的唯一管库人，最适合记诵的也是最适合传达知识的。而在编织起记忆来这一点上，韵文远远胜过散文，理由也是明显的：诗里的字句，在它们所引起的愉快之外。这愉快对记忆也是大为相宜如此安排的，以致忘却一个字，整篇就背不上来。这一字的忘却举发了自己，就会唤回那记忆而牢牢地巩固它。

而且不论在押韵或者仅有节奏的诗行里，一个字总是好像又引生着另一个，以致凭着前一个，人家就会对那后一个有一个很接近的猜测。最后一点，传授记忆术的人指出，没有比一间房子分成了各个完全认清了的部分更易于记忆；而诗行其实就完全是这样，每一个字有它的自然地位，而那地位就必然使那字记得。但一个为大家这样熟知的事情，还需要更多的说明吗？当过学生的人谁不带走几行他在少年时候学习的而到了晚年甚至还有座右铭作用的维吉尔、贺拉斯或卡图的诗呢？如避开问长问短的人，因为他必然是个搬弄是非的人。

给予他们以最大目标的嘲笑是寻诗觅韵。这是已经有人说过的，而且是我认为，说得很对的，就是构成诗的并不是押韵和排成诗行。一个人可以是个诗人而没有写过诗行，也可以是个诗行的写作者而没有写过诗。但是假定这是不可分的——斯凯里格似乎是这样断定的，那么这个假定本身实在就是一个与诗分不开的称赞。因为如果语言是仅次于理智的：伟大赋予凡人的才能，修饰语言的才能，也是不能不称赞的。它考虑到每一个字，犹如有人会说的凭它的用力的质，而且凭它的最适度的量，因而它本身就带着一种和谐，除非在我们今天音律、格律、次序、比率都会变得令人厌恶了。

人人不敢自信，大家就成为轻信的人了。但是诗行的适合于记忆是显著地被各种技术的传授所证明了。在这方面从文法到逻辑到数学、物理和其他，等。记忆的规则总是编成了诗行的。诗既是本身就整齐动人，是最易记忆，又是知识的唯一的把柄，任何说它坏话的人只会是开玩笑了。现在我们可以来看看加诸那些可怜的诗人的最严重的谴责。据我所知，它们是这些。首先，它是腐化的保姆，它使我们传染上许多瘟疫性的欲念，用着妖精般的甜蜜把心灵吸到那罪恶的幻想的蛇尾巴上去。这里，如乔叟所说的，喜剧是有最大的田地去耕种的，还有，既在我们的民族里，也在其他的民族里，在诗人把我们软化之前，我们是怎样充满着勇气的，爱好武艺的，是大丈夫自由的柱石，而不是为诗人的种种消遣所催眠而在凉荫下闲散中睡大觉。

最后，他们张口大嚷好像他们已经射箭射过了罗宾汉，说柏拉图把他们驱逐出了他的共和国。这倒确是不算小事，假使里面有点真实性。首先，关于那第一个谴责一个人可以更好地花费他的光阴，这真是一个理由；但是，犹如人家所说的，以假定为论据了。因为假使，如我所断定的，没有学问比得阐明德行和感动人向往德行的学问，没有什么能够像诗那样阐明它和感动人去向往它，那结论就明白了，纸和墨不能用在更有益的目的上了。当然，即使有人承认了他们的第一个假定，我想，这结论也极难随之而来，就是：好的就不是好的，因为更好的是更好。

但是我还是绝对否认，在大地上产生出来过更有功效的知识。其次，它是谎话的母亲。他们是主要的说谎者，我要反寻常地然而真实地来回答，至少我认为，真实的，就是在白日之下的一切作者中，诗人最不是说谎者；即使他想说谎，作为诗人就难做说谎者。天文学家和他的老一辈几何学家是难以逃避说谎的，当他们担任了测量恒星的高度。你想医生说谎是多么寻常，他们断定什么东西有益于疾病，而这些东西却送给卡戎大批的灵魂，都是在到他渡口之前淹死在汤里的。

其余一切担当肯定什么的人也不会少说些谎。至于诗人，他不肯定什么，因此他是永不说谎的。因为我认为，说谎就是肯定虚伪的为真实的。所以，其他作者，尤其是历史家，由于他肯定许多东西，在人类知识的这种朦胧状况里，是难以避免许多谎话的。但是诗人，犹如我已说过的，总不肯定。诗人从来不用魔法来圈住你的想象范围，使你相信他所写的是真实的。他并不援引别的记载为根据，而且甚至为他的开头部分召唤那温柔的文艺之神来以美好的创造注入他的心灵。事实上他努力来告诉你的不是什么存在着，什么不存在，而是什么应该或不应该存在。第三，既然还有许多更有功用的知识，一个人可以更好地在它们上面花费他的光阴。

因此他虽然不叙述真实的事情，但是因为他并不当它真实的来叙述，所以他并不说谎，犹如我们也不能说拿单在前面提过的话里对大卫说了谎，这一点，因为坏人既然不敢说，所以我想，也没有一个人会说，因为没有一个人会如此简单，以致要说伊索在他兽类故事里说了谎；因为谁想伊索是当它真的来写的，谁就很配也列名于他所写的兽了。哪一个小孩来看戏而看到忒拜一字用大字母写在门板上，就相信这是真的崇拜呢？如果一个大人能够回到那小孩的年龄，而知道人物和行动只是“当然”的图画，而不是“曾然”的故事，他们就不会把只是作为寓言作为艺术形象来写的，而不是作为事实来写的，认作谎话了。

因此，犹如在历史里寻求真实，人们会满载了谎话而归；所以在诗里本来只寻求虚构，他们就把那叙述仅仅当作一个有益的创造构思基础。第三点是，它怎样滥用了人们的才智，使它习于放肆的邪恶和淫欲。真的，这是我听到人家提的主要弊病，虽然不是唯一的弊病。他们说喜剧不是谴责而是传授色情的幻想。他们说抒情诗嵌满了热恋的短诗，伤感诗只是悲叹自己没有情妇，还说爱神是野心地爬到英雄诗的地位上去了。但是，这有什么关系呢，难道一件事物的滥用应当使它的正当使用可憎可恨吗？当然不是如此，虽然我承认诗不但可以被滥用，而一经滥用，凭它的甜蜜醉人的力量，它能比其他成行的文字造成更多的损害。

然而总不能就此得出结论说滥用应当使被滥用的受到责难。恰恰相反，这是一个很好的理论，就是无论什么东西，被滥用了，会造成极大损害的，被使用了每一事物是应当根据它的正当使用来取得它的称号就会产生极大的利益。我们不看到医生这一技能，我们常受侵袭的身体的最好保障，如果被滥用了就会教人使用毒药，成为最强烈的毁灭者。目的在于使一切公平、合理的法律，它的知识被滥用了，就会成为一切可怕的为非作歹的事情的培养者。

谈到最高的事物，上帝的言语，被滥用了，岂不产生异端邪说。他的名字，被滥用了，岂不成为大不敬。当然，一支缝针造不成很大的损害，然而也请女士们原谅产生不出很大的利益。有了一把剑，你固然可以杀死你的父亲，但是，你也可以保卫你的君王和国家。所以犹如在他们称诗人为谎言之父这一点上，他们实在说不出什么道理，在他们关于滥用的论点上，他们只证实了表扬诗的话。爱情，我愿你能够像你进攻别人那样善于保护你自己。我愿你所侍候的人们或者遣走你，或者提出他们为什么留下你的好理由来。

但是即使承认了爱美是一种善性的过错，虽然这是极难承认的，因为只有人类而不是兽类，才有认识美的才能，即使承认了爱情这一可爱的名词应当受到一切狠毒地谴责，虽然甚至我的老师，哲学家中也有几位费了不少笔墨来铺陈它的优点；即使承认了，我说，无论他们主张什么必须承认的，就是不但恋爱，肉欲且虚荣。而且，如果他们愿说，下流话占据了不少的诗页，我仍然想，就是这点都承认了，他们也会发现他们的判断是可以不用争吵而颠倒一下的，即可以不说诗糟蹋了人的才智而说人的才智糟蹋了诗。

因为我不否认，人的才智可以使诗，应该用形象来表现出好东西的诗，变成使想象力沾染上坏东西的诗，犹如画家本来应当让人看到一些优美的景色或者一些好图画，或者适合于建筑的，或者防御工事的，或者含有著名的模范作为的，如亚伯拉罕牺牲自己的儿子以撒，犹滴刺杀贺洛分尼斯、大卫和歌利亚作战，但也可能离开这些而去放肆地表现一些见不得人的事情，以讨好喜欢邪恶的眼睛。他们又说，有人会问，柏拉图把诗人从什么社会里驱逐出去呢？事实上，是从他自己准许公妻的社会里。所以显然，由于有关妇女方面的放荡，因为人们既然可以随他高兴得到任何女人，恋爱小诗也不会有多大害处了。

但我是敬重哲学的教诲的，而且祝福产生它们的才智，只要它们不被滥用，而这一点是同样适用于诗的。圣保罗自己，为了诗人的荣誉，也提过两次两位诗人，而其中之一被他称为先知，但他却防范哲学，当然是防它的滥用。其实柏拉图所防范的是诗的滥用，柏拉图吹毛求疵地说，他当时的诗人使世上充满了对于神道的错误看法，关于那纯洁无瑕的本质编出了轻薄的故事，因此他不希望青年为这种看法所腐蚀。

这里可说的话是不少的；但是只说这一点就已经足够。诗人并不传播这些看法，只是模仿这些已经传播了的看法。因为一切希腊故事可以证明，当时宗教本身就是建立在许多形形色色的神道之上的。并非诗人这样教诲，诗人只是按照其模仿的本性。谁高兴谁就可以在普鲁塔的著作里读到关于伊西斯和俄西里斯的话和关于神谕停止的原因，关于天意等，而见到究竟那民族的神学是否建立在这种梦想上，这种神学，诗人固然是迷信地遵循着；但其实这是因为他们没有基督的光照，而他们也还是比哲学家做得好得多。哲学家虽然摆脱了迷信，却带来了无神论。

再有一点，在诗人开始有价值之前，我们这个民族是一心爱好行动而不爱好想象的，是做值得写下来的事情而不是写值得做出来的事情。这“之前”的时代是什么时代呢？我想这是斯芬克司也说不上来的，因为没有任何记忆是如此古老以致会比诗优先。而这是无疑的，英国，就在最质朴无文的时代，也从未没有过诗。真的，这种议论，虽然是针对诗而发的，但实在是反对学问的一种链弹，它反对一种学问或者掉书袋。可是，现在，真的，我的负担沉重了，柏拉图的名字加上来了，我必须承认柏拉图是一切我所尊重的哲学家中最值得恭敬的，而这是有极大理由的，因为在一切哲学家中，他是最富有诗意的。

但是如果他要玷污他自己水流所出来的源泉，我们还是要大胆地追问他的理由。首先，当然，人家可以不怀好意地说，柏拉图既是哲学家，就是诗人的天然敌人，因为哲学家在已经从诗的甜蜜的神秘中拣出了那确有真知灼见的知识要点之后，他们就把它整理出来，而把诗人只用一种神妙的怡悦来传授的东西改造成一种学院的艺术，于是就开始踢开他的向导，像没良心的学徒一样，非但不知足于自己开出了店铺，而且要用尽方法来中伤他们的师傅；而这一点被愉悦的视线所挡住，他们越不能推翻他们，就越恨他们。

因为他们发现，为了荷马七个城争着哪一个应当有他做公民，然而许多城市都驱逐哲学家，认为他们不是住在它们中间的合法成员。因为只背一句欧里庇得斯的诗，许多雅典人就从叙拉古人那儿求得了性命，而雅典人自己却认为许多哲学家是不配活下去的。有些诗人如西摩尼得斯和曾经如此劝信了爱罗一世，以致他们使他从一个暴君变成一个公平的君王，而柏拉图却对狄俄倪西俄斯毫无办法，以致他自己从哲学家变成了奴隶。

但是指出诗人和哲学家的优劣的人，我认为，应当用哲学家所用的挑剔来回报哲学家对于诗人的攻击，如同劝人读一读柏拉图的《斐德诺》或《会饮》，普鲁塔克的《论爱》来看看有没有任何诗人像他们那样容许肮脏事情。因此，柏拉图关于他的权威主张，我确实宁可公正地解说而不愿故意拒绝，并不泛指一切诗人，关于那些柏拉图的话，斯凯里格也说，他的“权威”，有些野蛮粗鲁的人想加以滥用来驱逐诗人出境”。柏拉图只打算赶出那种对于神的错误主张；关于这种错误主张，基督教已经毫不容情地取消了一切有害的信仰那种主张，柏拉图可能认为是当时有重望的诗人们所滋长的。任何人只要去读一读柏拉图自己的书就可以知道他的意思。他在叫作《伊安》的对话录里，就给诗以崇高的和真正神妙的赞美。

因此，由于柏拉图只是驱逐滥用而不是驱逐被滥用的东西，不但不驱逐而且给予应得的荣誉，他应当是我们的保护者而不是我们的敌人。因为，真的，我确是宁可揭露人家误解柏拉图，在他的狮皮之下，常作骡子式的嚎叫来反对诗而不是推翻他的权威，他使人们越有智慧，就越会发现正当理由来钦佩他，尤其是因为他所归之于诗的比我自己还多，就是认为诗是一种神力的感染，远远超过了人的才智，这是在上述的对话里说得极明白的。

九、诗是“赞美”

因为诗是决不能扯了耳朵拖着走的，必须和善地引导它，或者说得更正确一点儿，必须由它引导，这也是古代有学问的人为什么肯定它是个神圣的天赋而不是人为的技能的理由之一，因为一切别的知识对于任何有高强才智的人是俯拾即是的，一个诗人，如果不加上自己的天才，却并非勤劳所能造成。因此这是一句老谚语：演说家是造成的，诗人是天生的。真的，对于诗本身感到乐趣的人应当要求知道自己是在干些什么，是怎样干的，尤其要在一个理智之镜前照照自己，究竟自己是否合适。

但是我一向承认，犹如最肥沃的田地也必须耕耘，所以飞翔得最高的才智也要有个代达罗斯来指导他。乔叟，毋庸置疑，在他的《特洛伊罗斯和克瑞西达》中是做得卓越的。关于他，我真是知道，究竟应当多惊叹他在那乌烟瘴气的时候看得如此清楚，还是多惊叹我们最清明，就算跟着他走也还是如此跌跌撞撞。但是他也有极大的缺点，只是在如此可敬的古人身是应该原谅的。我认为《元首宝鉴》恰当地具备着美丽的部分，在萨立伯爵的抒情诗里许多东西显示出高贵的出身、高贵的心灵。如果我没有弄错，《牧人日历》在牧歌里极有诗意，值得一读，那种模仿古老的粗野语言的风格，我不敢赞同，因为忒奥克里托斯在希腊文里，维吉尔在拉丁文里，山纳柴罗在意大利文里，都不采用。此外（说得大胆一点儿），我不记得曾经见到过什么印了出来的东西，具有诗的筋骨。

为了证明这一点，只要把大多数的这种诗翻成散文而后问问它的意义，这事实就会被发现，就是那只是一行产生另一行，在开头并没有安排结尾，这就自然成为一堆混乱的词句，带有诗韵，并不带有多少道理。他们说，那代达罗斯，既在这方面也在别的方面有三个翅膀来将自己带入荣誉的天空：就是技巧、模仿和练习。但这些不是人为的法则，也不是临摹的范本，而我们却被后者拖累自己。练习，我们的确是做的，只是做得颠倒了，因为我们应当为求知而练习，然而我们竟自为已知而练习，因此我们的头脑产生了许多并非知识所产生的东西。在这里有两个主要部分，用言语表达的内容和表达内容的言语。在这两方面我们都没有把技巧和模仿用得恰当。

我们的内容真是随你高兴的，然而这是错误地实行着奥维德的诗句“无论什么我试图说的，都是诗”。不率领它进入一定阵线，以致读者会简直说不出自己在哪里。作者的悲剧、喜剧也并非毫无理由地为人家所辱骂，它们既不遵守正当的礼法，也不遵守诗艺的规则，除却《高蒲德克》，我要再说，这只是关于我所见过的部分。这作品虽然是充满了庄严的发言，响亮的词句，攀上塞内加风格的高度，而且充满了值得注意的德行，用极能怡情悦性的方式来传授着，所以达到了诗的真正目的。但是，事实上，在细节方面，它是很有缺陷的，这种缺陷使我苦恼，因为它因之不能成为一切悲剧的正确模型。

诗就是“赞美”可以安居的乐土，无论什么加之于它的谴责是极容易或者被驳倒或者转化为公正的称赞的。所以，因为它的优点是可以如此容易、如此公正地证实的，而那些爬行的谴责则可以如此迅速地踩倒，因为它不是谎话的艺术而是真知灼见。不是柔弱萎靡的而是极能激发勇气的，不是糟蹋人才的而是造就人才的，不是被柏拉图驱逐的而是为他所尊敬的。因此还是让我们多种桂树来为诗人做桂冠，这种桂冠是诗人的光荣，因为只有凯旋的军事领袖可以和他共享，是一个充分的凭据来显示他们应当有的评价，而不容许胡说者的恶浊气息再吹在诗的清泉上吧。

第十一章　明屠尔诺——古典理论的拥护者

一、生平及著作

明屠尔诺（Antonio Sebastian Minturno，生卒年不详）拥护古典理论，反对新型诗，与革新派钦提奥等人相对立。他的著作有《论诗人》、《诗的艺术》等。意大利文学批评家，在“古今之争”中属于保守派。在《诗的艺术》中，明屠尔诺强调了文艺中的理性和规律性、文艺标准的普遍性和永恒性、古典作品的优越性以及模仿古典作品的必要性等。他还对文艺的功用作了进一步地阐发，主张文艺除了教训与娱乐的作用之外，还应加上“感动”的作用。

二、文艺对现实的关系

在自然科学发展的条件下，他们对于这句老口号却有较新的体会。不像过去人文主义者比喻文艺为隐藏真理的“面纱”，他们现在都喜欢比喻文艺为反映现实的“镜子”。文艺复兴时代作者和思想家们一般都坚持“艺术模仿自然”这个传统的现实主义的观点。莎士比亚在《哈姆雷特》里劝导演员要“拿一面镜子去照自然”，这是人们所熟知的。画家达·芬奇也爱用“镜子”这个比喻。

他说，“画家的心应该像一面镜子，经常把所反映事物的色彩摄进来，面前摆多少事物，就摄取多少形象”。他还劝画家用镜子照所画的事物来检查画是否符合实际事物。因为重视自然，达·芬奇反对脱离自然而去临摹旁人的作品。他说：“画家如果拿旁人的作品做自己的典范，他的画就没有什么价值；如果努力从自然事物学习，他就会得到很好的效果。”他还从意大利画史举例证明绘画的衰落总是在临摹风气很盛的时代，绘画的复兴也总是直接向自然学习的时代。他认为画家应该是“自然的儿子”，如果临摹旁人的模仿自然的作品，那就变成“自然的孙子”了。

拿汲水做比方，他说“谁能到泉源去汲水，谁就不会从水壶里去取点儿水喝”。这些话充分显出当时艺术家对于自然的坚定的信念和后来新古典主义者的“模仿古人就是模仿自然”的教条是对立的。中世纪基督教会攻击文艺的理由基本上还是重复柏拉图控诉诗人的两大罪状：文艺不能显示真理和伤风败俗。对于头一条罪状，十三四世纪的人文主义者已提出辩护，说诗和神学一样是寓言，隐藏着深刻的真理。十五六世纪的人文主义者腔调变了，不设法使诗托庇于神学了。既然说真理是哲学的研究对象（当时哲学还包括科学），如果要论证诗也能显示真理，那就要证明诗和哲学原是一回事。雕刻家要做到逼真，就要做到两方面的事：一方面他们所刻画的形象归根结底须尽量像活的东西。就雕像来说，须尽量像人。

至于他们是否把苏格拉底、柏拉图之类名人的本来形象再现出来，并不重要，只要作品能像一般的人，尽管本来是最著名的人就够了。另一方面他们须努力再现和刻画的还不仅是一般的人，而是某一个别人的面貌和全体形状，例如恺撒、卡通之类名人处在一定情况中，坐在首长坛上或是向民众集会演讲。

这里要求了三个要点：

（1）不必像真实人物的本来形象；（2）像一般的人；（3）再现某个人“处在一定情况中”的面貌和全体形状。这三点好像是互相矛盾的。其实阿尔伯蒂在这里已隐约见到典型与个性的统一以及艺术须经理想化的道理。拿他的话来检查最好的雕刻作品，就可以看出他的三点抓住雕刻乃至一般艺术的本质。实际上这就是当时学者们所采取的战略。例如，瓦尔齐将哲学分为两类：一类是以实在事物为对象“实在哲学”，包括形而上学、伦理学、物理学之类；另一类是以研究事物和表达事物的思想语言为对象的“理性哲学”，包括逻辑学、辩证法、修辞学、语法学和诗之类。他又说，诗就是一种逻辑，诗人必须同时是逻辑家，逻辑越精通，诗也就会做得越好。

著名的政治改良主义者莎封拿洛拉（Savonarola）也发表过同样的见解。大画家达·芬奇认为绘画也是一种哲学：“如果诗所处理的是精神哲学，绘画所处理的就是自然哲学。”从这个观点，他断定画比诗更真实，因为诗用间接的文字符号，而画用直接的具体形象。这种文艺与哲学或逻辑学同一说当然混淆了形象思维与抽象思维，但同时肯定了文艺的理性和真实性，仍有片面的真理。但是他们也并不满足于被动模仿自然，还要求理想化或典型化。15 世纪著名的雕刻家和画家阿尔伯蒂（Alberti）在《论雕刻》里说过这样一段话：达·芬奇劝画家"每逢到田野里去，须用心去看各种事物，细心看完这一件再去看另一件，把比较有价值的东西选择出来，把这些不同的东西捆在一起"。这里所指的也还是理想化。其次，说艺术家就是"第二自然"是强调艺术创造的重要。

依当时的看法，事物是由自然创造的（自然代替了过去的上帝，艺术不但要模仿自然事物的形象，还要模仿自然那样创造事物形象的方法，这就是说，就要按照自然规律来进行创造。就是为着这个目的，达·芬奇辛勤地研究了解剖透视配色等有关绘画的科学技术。这两点意思在佛拉卡斯托罗（Fracastoro）的一篇叫作《瑙格吕斯》的对话里阐明得更清楚：按照事物应该有的样子，这个提法是亚里士多德早已提过的。达·芬奇也认识到理想化的重要性，他说："画家应该研究普遍的自然，就眼睛所看到的东西多加思索，要运用组成每一事物的类型的那些优美的部分。用这种办法，他的心就会像一面镜子，真实地反映面前一切，就会变成好像是第二自然。"

这段话有两点值得注意。第一，从对普遍的自然的观察和思索，找出事物类型中的优美的部分来运用，这就需要选择和集中，这也就是典型化或理想化。《诗学》在对诗和历史进行比较时所说的诗比历史是更哲学的一段话是文艺复兴时代诗论家们所经常讨论的一个问题。其次，亚里士多德对于"原来有的样子"和"应该有的样子"以及事实的真实与近情近理（逼真）之间所作的分别对于他们的启发也很大。

当时一般论诗著作都经常涉及这些问题，这颇有助于当时对典型化和理想化的认识的提高。当时传奇体叙事诗大半还是采用过去历史题材，这就产生了写历史题材如何才算真实的问题，也就是诗是否应该严格按照史实的问题。亚里士多德的关于诗与历史的分别所定下的原则帮助他们解决了这个难题。钦特尼阿提出的解决办法是这样：历史家有义务，只写真正发生过的事，并且按照它们真正发生的样子去写。诗人写事物，并不是按照它们实有的样子而是按照它们应当有的样子去写，以便教导读者去了解生活。

所以尽管诗人所用的材料是古代的，也要使这古代材料适应现时的风俗习惯，要运用一些不符合古时实况而却符合现时实况的事物。因此，当时传奇体叙事诗的写法不应受到“反历史主义”的指责。诗人像画家一样，不愿照别的样子来描写他，把他的各种缺点也和盘托出，而是在探索了造物主在创造人时所根据的那种普遍的最高的美的理想之后，按照事物应该有的样子去创造它们。

关于文艺与现实的关系，还有一点值得一提，那就是模仿的对象或文艺的题材问题。亚里士多德原来主要就希腊史诗和悲剧做总结，所以认为诗只“模仿行动”。文艺复兴时代思想家们根据当时文艺作品的实况，对这个看法表示过怀疑和异议。瓦尔齐认为“行动”应该包括“情绪和心理习惯”，达·芬奇也认为诗涉及精神哲学，要“描绘心的活动”。这样就为帕屈拉克所写的那种描写主观心理状态的抒情诗争到了地位，扩大了文艺描写对象的范围。后来佛拉卡斯托罗又进了一步，认为诗的对象不应限于人的行动或人的生活，还应包括自然界一切事物，否则维吉尔只能在史诗里才是诗人，而在描写田园农事的诗里便不是诗人了。

这是对自然诗的最早的辩护。反对亚里士多德的帕屈理齐（patrizzi）在诗的题材问题上还更进了一步。他提出一个自认为是普遍的正确的结论：“凡是科学、技艺，以至历史所包括的一切题材都是适合于诗的题材，只要那题材是用诗的方式来处理的。”由此可见，在文艺复兴时代理论家们心目中，文艺的题材首先由人的行动推广到人的内心生活，再推广到整个自然界，最后又推广到哲学、科学、技艺和历史方面的一切材料，这就是否认题材有任何范围限制了。这颇近似后来别林斯基的看法。

推广了题材的范围，实际上就是推广了文艺的现实基础，所以这是一个重要的进展。理想化的问题是和想象虚构分不开的。早期人文主义者曾用寓言来辩护想象虚构，现在诗论家们却由于受到了亚里士多德的启发，从诗的本质和人的心理活动来看待这个问题。例如，马佐尼（Mazoni）就设法论证“要达到诗的逼真就要靠想象的能力”，诗人所要求的逼真是“由诗人凭自己的意愿来虚构的”。“适宜于创作的能力是想象的能力”、“决不能是按照事物本质来形成概念的那种理智的能力”、“诗既然依靠想象力，它就要由虚构的想象的东西来组成”。形象思维和抽象思维在这里是分辨得很清楚的。

虚构并不等于虚伪，虚构所要求的不是事实的真实而是逼真。马佐尼从亚里士多德所指出的这个分别中见出“诗人和诗的目的都在于把话说得能使人充满着惊奇感，惊奇感的产生是在听众相信他们原来不相信会发生的事情的时候”。马佐尼的这番话还是结合当时现实的，因为惊奇的因素是当时传奇体叙事诗的一个特征。

三、对艺术技巧的追求

文艺复兴时代的文艺，无论是在实践方面还是在理论方面，重视技巧是一个特色，而且还可以说，这是西方艺术发展史上一个转折点。和文艺对现实关系问题密切相联系的是艺术技巧问题。另一方面，对艺术技巧的重视还和对劳动的态度密切相关，因为技巧是“熟练劳动”方面的事。文艺复兴时代意大利艺术家们不但是科学家，而且在职业地位上，大半是基尔特或工商业行会中的成员，这就是说，他们在社会上被公认为从事手工业的劳动者，从劳动实践中他们体会到技巧的重要。

因此当时有一种流行的美学思想，认为美的高低乃至艺术的高低都要在克服技巧困难上见出。这种思想最早表现在薄伽丘的《但丁传》里，经过费力才得到的东西要比不费力就得到的东西较能令人喜爱。一目了然的真理不费力就可以懂，懂了才感到愉快，但是很快就被遗忘了。要使真理须费力才可以获得，因而产生更大的愉快，记得更牢固，诗人才把真理隐藏到从表面看来好像是不真实的东西后面。“费力”就是花较多较大的劳动，在这里被看成是美感的一个来源。

卡斯特尔维屈罗在《亚里士多德〈诗学〉的诠释》里也认为美感的来源不外乎两种，一种是题材的新奇；另一种就是处理手法上所出现的难能的技巧。他说：“对艺术的欣赏就是对克服了的困难的欣赏。”诗的题材如果完全采用历史上的已成事实，“诗人在运用这种题材时就丝毫不用费力，找到它也显不出诗人的聪明，所以他就不应得到赞赏。”他还认为叙事诗的情节这一本身并非必要，但是把情节安排到整一，却是件费力的事。

他们认识到艺术既然是模仿自然，就要把艺术摆在自然科学的基础上。这句话有两层意义：头一层是对自然本身要有精确的科学的认识；其次是把所认识到的自然逼真地再现出来，在技巧和手法上须有自然科学的理论基础。因此，他们除掉强调艺术家要对自然事物进行精细地观察以外，还孜孜不倦地研究艺术表达方面的科学技巧。

与造型艺术密切相关的一些科学，例如解剖学、透视学、配色学等，在近代都不是由专业的自然科学家而是由一些造型艺术家开始研究起来的。我们记得，在古典时代，柏拉图和亚里士多德都由于轻视匠人的劳动而轻视技巧。在中世纪手工业者在某些部门也表现出高度的技巧，但是总的来说，那时技巧还是落后的。技巧本来是科学理论知识在具体实践上的运用，所以在科学没有重大发展以前，艺术技巧就很难有重大的转变或改进。意大利绘画在文艺复兴时代之所以能达到欧洲第一次高峰，在很大程度上是科学技术进展的结果。当时一些重要的艺术家都同时是科学家。

阿尔伯蒂、达·芬奇和米琪尔·安杰罗都是突出的例子。当时资产阶级竞争风气已开始在文艺领域里出现。艺术家们常爱抬高自己所从事的那一门艺术的地位，降低其他艺术的地位，因而引起很多的争辩。达·芬奇的《画论》大部分是要尊画抑诗。在他以前，阿尔伯蒂也持过类似的主张。他们抬高本行艺术（绘画）的理由之一就是它较难，媒介较难掌握，费力较大。这种从费力大小来衡量艺术高低的看法，说明了文艺复兴时代，艺术家们多少部分继承中世纪手工业者的传统，把艺术当作一种生产劳动，还能领略到劳动创造的乐趣与文艺欣赏的密切联系。这种对技巧的追求，如果不结合到内容，就有堕入形式主义的危险。

事实上文艺复兴时代艺术家们并没有完全摆脱这种危险。从毕达哥拉斯学派起，经过新柏拉图派一直到文艺复兴，西方有一股很顽强的美学思潮，把美片面地摆在形式因素上。就物体美来说，形式因素之中主要的是西塞罗、奥古斯丁诸人所强调的比例。文艺复兴时代艺术家们对技巧的辛勤探讨主要也是在比例方面。

路加·巴契阿里（Luca Pacioli）、阿尔伯蒂、佛朗切斯卡（Piero della Francesca）、达·芬奇、米琪尔·安杰罗、杜勒（A. Durer）等画家都有讨论比例的专著。他们苦心钻研，想找出最美的线形和最美的比例，并且用数学公式把它表现出来。例如楚卡罗（F. Zuccaro）规定画女神应以头的长度为标准来定身长的比例，例如天后和圣母的身长应该是头长的八倍，月神的身长应该是头长的九倍之类。西蒙兹（J. A. Symonds）在《米琪尔·安杰罗的传记》里也说他往往把想象的身躯雕成头长的九倍、十倍乃至十二倍，目的只在把身体各部分组合在一起，寻找出一种在自然形象中找不到的美。

在搜寻“最美的线形”、“最美的比例”之类形式之中，当时的艺术家们仿佛隐约感觉到美的形式是一种典型或理想，带有普遍性和规律性。这种感觉还是基于他们对自然科学的信心。

他们的缺点在离开具体内容来看问题，把典型和理想机械地、片面地看成原已“隐藏”在自然里，如果把它发现出来，定成公式，就可以一劳永逸，让一切艺术家如法炮制。米琪尔·安杰罗就有这种看法。他认为美的形象原已隐藏在顽石里，雕刻家的任务就在把隐藏这美的形象的那部分顽石剜去，使原已存在的美的形象显露出来。这种美学观点与当时流行的关于理想化和想象创造的观点就有些互相矛盾了。当时对比例的重视从杜勒的言论中可以看得最清楚。杜勒本是德国画家，为着要学意大利的新技巧，特意跑到意大利去留学，后来大部分时间也是留在意大利工作。

他谈到威尼斯画家雅各波（Jacopo）研究比例的工作说，“他让我看到他按照比例规律来画男女形像，我如果能把他所说的规律掌握住，我宁愿放弃看一个新王国的机会”。谈到美，他说，“美究竟是什么我不知道”，“我不知道美的最后尺度是什么”。但是他认为这个问题可以用数学来解决。“如果通过数学方式，我们就可以把原已存在的美找出来，从而可以更接近完美这个目的”。从上述这些事例看，形式主义的倾向是很明显的。总的来说，文艺复兴时代对形式技巧的追求，尽管有它的形式主义的一面，尽管和当时关于想象创造的理论有些矛盾，它毕竟是艺术发展史上的一个进步运动，因为它使艺术技巧结合到自然科学，实际上起了推动西方艺术向前迈进的作用。费力和困难的克服有助于美感的加强，这个把劳动的成功和美感联系起来的思想对美学也是一种可宝贵的新贡献。

四、文艺的社会功用：文艺的对象是人民大众

佛拉卡斯托罗认为诗的功用不在娱乐，因为说它在娱乐便是降低诗，但因为教训是历史和哲学的事，而诗在模仿事物的普遍性和理想美，把一种“奇妙的而且几乎神圣的和谐渗透到读者的心灵里”，因而使他感到一种惊心动魄的狂喜。针对中世纪基督教会以伤风败俗为理由对文艺所进行的攻击，十五六世纪学者们如丹尼厄罗和斯卡里格等人大半采取贺拉斯的诗寓教训于娱乐，对开发文化有功劳的说法以及亚里士多德的净化说，来为文艺进行辩护。明屠尔诺似乎受到朗吉努斯的影响，在教训与娱乐之外，还加上了“感动”。但是当时不同的论调是很多的，并不限于复述古人的旧说。

这样说来，诗的功用就只在“感动”了，卡斯特尔维屈罗主张诗只有一个功用，就是娱乐，用不着管教训。他也认为教训是哲学家和科学家的事。他的理由如下：诗的发明原是专为娱乐和消遣的，而这娱乐和消遣的对象是一般没有文化教养的人民大众。但他们并不懂得哲学家在研究事物真相时或是职业专家在工作时所用的那种脱离平常人实际经验很远的微妙的推理，分析和论证。

明确地把娱乐看作诗的唯一目的，这在西方文化思想里还是第一次（尽管作者认为亚里士多德也把娱乐看成诗的唯一目的，我们在第三章已论证过亚里士多德的看法并不如此），这就是否定了艺术的思想性和教育功用。历史、诗和修辞这三门高贵的艺术是政治学的个别部门，都依存于政治。历史关系到王侯绅士的教育，诗关系到一般人民的教育。而修辞则关系到律师和谋士的教育。塔索尼显然比卡斯特尔维屈罗又进了一步，他不但肯定了“诗关系到一般人民的教育”，而且文艺依存于政治。当时艺术家大半是从人民群众中来的，所以对人民群众一般是重视的。

画家阿尔伯蒂曾经说过，艺术之迷失方向，不是在抛开传统的时候，而是在不以博得全体人民喜爱为目的时候。资产阶级美学史家和文学批评史家对卡斯特尔维屈罗的这种看法都齐声喝彩，认为这是在文艺功用观点上迈进了一大步。其实这种看法的片面性是很显然的。

卡斯特尔维屈罗在当时还未必有“为文艺而文艺”的想法，他不过是从实际情况出发，看到当时多数人所期望于文艺的是娱乐而不是思想教育，诗人和艺术家要想作品受到欢迎，就必须考虑到人民大众的趣味。为着迎合人民大众的趣味，他认为诗宜选用可以令人惊奇的新奇题材，并且要在处理技巧上显出令人惊奇的本领。文艺对象为人民大众的提法在当时也是新颖的，进步的。它反映出在资产阶级反封建的斗争中，人民群众已开始显示出他们的力量和影响，文艺家不能不考虑到他们了。

塔索尼（Tassoni）在他的《杂想录》里说过一段话，也足以说明这个问题。人民群众的影响还可以从另一事实上见出，这就是不仅是上层统治阶级，一般人民群众也开始在文艺作品中得到表现。前此在西方戏剧中悲剧和喜剧有严格的界限，悲剧专描写上层人物，喜剧才描写较低下的人物。人们都认为这是由亚里士多德定下来的规矩，因此悲剧和喜剧不应夹杂在一起，上层人物和一般人民也不应夹杂在一起。瓜里尼的悲喜混杂剧的理论是极端重要的。它首先说明当时社会现实对文艺实践和理论的影响。它反映当时人民群众力量的上升。

瓜里尼所说的共和政体，口头上虽援引亚里士多德为依据，但实际上他所想到的是摆在他面前的意大利的一些共和政体的城邦，其中一般人民在开始和贵族分享政权。他的论证很清楚地说明了文艺的发展是随政治经济的发展为转移的。其次，过去西方传统的看法认为文艺的类型往往是固定的，所以亚里士多德对希腊史诗悲剧等类型所作的结论被认为是后代必须遵守的规则，种类定型被认为是不应破坏的。

在美学方面，人们也相信一些审美的范畴如美、崇高、悲剧性、喜剧性之类，也是界限森严，不能混杂的。悲喜混杂剧证明了文艺的类型和类型的“规则”都不是一成不变的，而是随历史发展的。审美的范畴也只是经验性的区分，悲剧性既可和喜剧性交融在一起，其他范畴也就应以此类推。瓜里尼在意大利建立悲喜混杂剧是和莎士比亚和其他伊利莎白时代剧作家在英国建立悲喜混杂剧同时。这个新剧种实际上就是后来启蒙时代狄德罗和莱辛所提倡的严肃剧或市民剧的先驱。它应该看作和传奇体叙事诗具有同等重要性。16 世纪意大利作家瓜里尼便有意识地要打破这个框子，首创了田园诗体的悲喜混杂戏《牧羊人斐多》，在同一场面上反映两个不同阶层的人物，因此遭到保守派的反对。

他于是写出“悲喜混杂剧体诗的纲领”一部理论著作，为他所建立的新剧种进行辩护。他还是援引亚里士多德做护身符，说亚里士多德固然说过悲剧只写上层人物，喜剧才写一般人民，但是上层人物统治的政体是寡头政体，一般人民统治的政体是民主政体，亚里士多德曾说过这两种政体的混合就形成共和政体。瓜里尼接着就提出一个问题“如果政治可以使他们（上层阶级和一般人民）混合在一起，为什么诗就不可以这样做呢”？他看不出有什么理由说诗不能这样做，因此他就断定使上层阶级和一般人民出现在同一场面的悲喜混杂剧是合理的，并且认为这种新剧种比单纯的悲剧和喜剧都是较高的发展，因为它可以把悲剧和喜剧的优点统一起来。此外，从狭窄的道德观点来衡量文艺，这在当时是一股很占势力的美学思潮。这有两个来源，一个来源是柏拉图的绝对理式为最高的真善美的统一说，以及这个学说在中世纪新柏拉图主义与基督教神学结合后所形成的变相。

美就是善，美与善的最后根源都是上帝。意大利人文主义者之中有许多人并没有完全摆脱柏拉图和新柏拉图派的影响。“诗学即神学”的口号便是一个例证。甚至大画家阿尔伯蒂和达·芬奇等人都还认为，绘画是为上帝服务的，画家就是一种传教士，要做一个好画家，就要做一个虔诚的有品德的人。另一个来源是贺拉斯的诗寓教益于娱乐的学说。有些人文主义者把重点放在“教益”上，而对于“教益”又是从道学家的狭窄观点去看的，把“教益”和所谓“诗的公道”混为一谈。瓦尔齐可以作为这一思潮的代表。

他认为诗、哲学和历史这三种学问在目的上是一致的，都是要促进人类生活的完美；但它们所用的手段不同，哲学通过教训，历史通过叙述，而诗则通过模仿。这三种手段之中，以诗所用的模仿为最有效，因为它提高人的道德品质，不是通过抽象的教条而是通过具体的典范，使读者从活生生的具体事例中看到善有善报，恶有恶报（这就是“诗的公道”），因而自己也就会趋善避恶。例如，《神曲》就起着这种典范作用，在《地狱》篇恶人受到惩罚，在《天堂》篇善人得到报偿。这种“诗的公道”说到了新古典主义时代更占势力，例如莎士比亚的一些悲剧在18世纪上演时，常被改成皆大欢喜的结局。

瓦尔齐肯定了文艺的教育作用，并且指出文艺起教育作用所用的手段是具体形象而不是抽象概念，这是正确的一面。但是他的“诗的公道”说把文艺和伦理、美与善完全等同起来了，看不到它们的区别，这就是道学家的狭隘观点。瓜里尼对于文艺虚构的心理效果还有一种在当时很富于代表性的看法。基督教会曾指责文艺虚构，伤风败俗。当时为文艺辩护者有一个相当普遍的论证：正因为文艺是虚构，它不会产生不道德的影响。瓜里尼就是持这种见解的。他认为诗中悲惨的和邪恶的因素本来是虚构的，观众不至把它们误信为真实而受到震撼，以至引起自己性格的腐化，他们所关心的只是这些因素是否与人物和情节融贯一致。

他说：“我们所批评的是艺术家，不是道德家。”这好像是片面地在强调艺术标准，但是瓜里尼的本意是要指出文艺虚构与现实生活的分别，反对从狭窄的道德观点来衡量文艺。总之，美与善的关系问题在文艺复兴时代被突出地提出来了，意见是分歧的。有一小部分人片面地强调美，忽视文艺的教育作用（卡斯特尔维屈罗、佛拉卡斯托罗等），绝大部分人混淆了美与善、文艺与道德，落到道学家的狭隘观点（维达、斯卡里格、瓦尔齐等）。美与善既有联系而又有区别的辩证观点还没有出现。但是当时总的倾向是重视文艺的教育作用，并且认定广大人民群众为对象。这比过去总算是迈进了一步。

五、美的相对性与绝对性

在普遍人性论还是文艺的一种哲学基础的时代，在柏拉图的绝对理式说还有市场的时代，“绝对美”的概念就还会占优势。文艺复兴时代艺术家和思想家还关心到美的标准问题。美是一种普遍永恒的绝对价值呢？还是相对的？随着历史情况和鉴赏人的立场和性格而有所变更呢？事实上文艺复兴时代艺术家和思想家们大半自觉或不自觉地接受了“绝对美”的概念。对“最美的线形”、“最美的比例”之类形式因素的追求就隐含着两种思想：第一，美可以单从形式上见出；其次，它可以定成公式，让人们普遍地永恒地应用，这就要以假定“绝对美”的存在为前提。绝对美的概念与普遍人性的概念是密切相联系的。

诗人塔索可以作为这方面的代表。他认为世间有些事物本身无所谓好坏，好坏是由习俗决定的，也有些事物本身就有好坏之分，不随习俗而转移，例如人的道德品质，“恶本身就是坏，善本身就可以令人欣羡”。美也是如此。自然美在比例和色泽，“这些条件本身原来就是美的，也就会永远是美的，习俗不能使它们显得不美，例如习俗不能使尖头肿颈显得美，纵使是在尖头肿颈的国度里”。艺术美既然模仿自然美，也就应列入“不变因”里，例如古希腊的著名雕刻，古代人觉得它们美，我们也一样觉得它们美。

许多时代的消逝和许多种习俗的更替都不能使它们减色，诗中的情节整一在本质上就是完美的，在一切时代，无论是过去还是未来，它都是如此。接着他说人的性格中也有一些不随习俗而转移的可列入“不变因”的特点，并引用贺拉斯的性格定型为例证。他把绝对美和普遍人性结合在一起谈，这显然是说美有普遍永恒的吸引力，因为人性本来就是普遍永恒的。此外，当时人对于他们所热烈讨论的亚里士多德所说的诗的“普遍性”往往误解了，不是把它看作人物性格的典型性而是把它看作内在于每一类事物的理想美。

这就是把亚里士多德的“普遍性”和柏拉图的“理式”混淆起来了，

“普遍性”就变成“绝对美”了。这种看法的重要代表是佛拉卡斯托罗。他在上文已提到的对话里，在讨论到亚里士多德的诗写普遍性那个原则时，作了这样解释：诗人和画家一样，不肯按照他本来带有许多缺点的某些个别的人去再现他，而是在体会了造物主在创造他时所依据的那种普遍的最高的美的观念，使事物现出它们应该有的样子。

显然，经过偷梁换柱，“普遍的”就变成“最高的美的观念”（即绝对美）了。杜勒只是就同类事物（人体）来说，如果就不同的事物来说，例如一朵花或一部小说，一座建筑和一个女人，一支乐曲和一幅画，情形就更明显，我们对这些不同的对象尽管都感觉到美，可是甲里面的美不是乙里面的美，乙里面的美又不是丙里面的美。这个简单的事实就足以证明美不是一种普遍的永恒的属性，为一切叫作美的事物所共有（这就是“普遍性”的意思），而是要随内容和其他条件而转变的。

这也就是说，这个简单的事实就足以否定绝对美的存在。不过杜勒并没有作出这样的结论。从柏拉图、普洛丁和圣托玛斯的例子看，一个人同时相信绝对美和相对美实际上还是很多的。《太阳城》的作者康帕内拉（Campanella）是当时持相对论的一个少有的例子。他是一位主张从经验出发，反对经院派烦琐哲学的思想家。由于他对宗教和政治的态度都是进步的，就以“异端邪说”的罪名，遭受过20年的监禁。从实际斗争生活中他认识到美与丑和鉴赏人的立场密切相关。

他举战士的伤痕为例，在友人看是美的，因为它是勇敢的标志，但是它也标志着敌人的残酷，因此它又有丑的一面。他的基本观点是事物本身并没有美丑之分，它们显得有美丑之分，是由它们对人的社会意义来决定的。它们本身（例如伤痕）不过是一种“符号”或“标志”（signum）。符号所标志的意义（例如英勇或残酷）是人从一定立场出发来加上去的。同是一个事物，从这个角度去看是美的，从另一角度去看却是丑的，所以美丑是相对的。这个看法忽视了事物方面须有一定的美的条件，仍带有片面性，但是明确地肯定了美与丑的相对性以及立场对判别美丑的影响，仍是一种难得的贡献。主张相对美的人在文艺复兴时代还是居少数，有些人徘徊于绝对美与相对美两说之间。例如，受意大利影响最深的德国画家杜勒在他的《人体比例》一书里基本上相信美的形式有它的普遍性和永恒性，但同时也见出美的千变万化，同样使人觉得美的不同事物之中往往找不出相同点或类似点。美（原文用复数，指各种美的因素）是这样综合在人体上的，我们对它们的判断是这样没有把握的，以至我们可能发现两个人都美，都很好看，但是这两人彼此之间在尺度上或在种类上，乃至无论在哪一点或哪一部分上，都无类似之处。

第十二章　达·芬奇——坚持理性与经验的统一

近代自然科学是从文艺复兴“这样一个伟大的时代算起的”。文艺复兴在西文中一般指“古典学术的再生”，而不是汉语译成的“文艺”。文艺的世俗化与对古典的继承都标志着这时代的欧洲文化达到了希腊以后的第二个高峰。它发源于意大利，逐渐向北传播，终于席卷全欧。文艺复兴是希腊罗马古典文艺的再生。

首先它不只是意识形态的转变，更重要的是社会经济基础的转变，也就是封建势力的削弱和资本主义生产方式和生产关系的建立。工商业的发展促成了自然科学的发展，推动了哲学走向唯物主义道路，替文艺复兴时代找到了两大思想武器——理性与经验。

恩格斯指出当时的自然科学的一些伟大成就“本身便是彻底革命的”。此时期精神的解放很明显，理性代替了对权威的盲目崇拜，人的地位提高了，人开始感觉到自己的尊严与无限发展的潜能。“人道主义”和文艺复兴是分不开的，人道主义首先代表希腊罗马古典学术的研究；其次是与基督教的神权说相对立的古典文化中所表现的人为一切中心的精神。人道主义所否定的是神权中心以及附带的来世主义和禁欲主义，所肯定的就是要求个性自由、理性至上和人的全面发展的生活理想。文艺复兴被恩格斯称为“巨人时代”。

一、思想

达·芬奇在认识论上继承了古希腊唯物主义观点，认为“我们一切知识都源于感觉”，对于艺术来说，最重要的是视觉和听觉。他把视觉比作心灵的窗户和要道，通过它来考察自然，反映自然，创造自然。但是，他也重视理性的作用，要求画家不仅要靠感官去认识世界，还要运用理性去揭露自然的规律。因为自然是按照必然规律办事的。在这里，达·芬奇坚持了经验与理性的统一。

二、注重研究绘画

达·芬奇主张把绘画作为一门科学来研究，认为“绘画是研究自然和表述科学知识最有效的手段”。他对绘画和其他艺术的异同进行了详细地分析和比较，认为绘画高于诗和其他一切艺术。他虽然肯定了绘画的科学性质及其价值，但却表现出了尊画抑诗的倾向。达·芬奇的美学思想和绘画理论基本上是唯物主义和现实主义的，它对后来欧洲绘画的发展，产生过很大的影响。

三、绘画是一门科学

达·芬奇认为：一门真科学必须以感性经验为基础，能像数学一样严密论证。绘画以最高贵的感觉——视觉为基础。视觉能最敏捷、最准确地将外界的形象传给人的知觉，所以是最有用的科学。从古代到文艺复兴时代以前，绘画的地位一向低微。古希腊时代绘画和雕刻被认为是贵族所不屑为之的“技艺”。罗马人认为，诗歌音乐等是“自由艺术，比绘画高级”，绘画被认为是一种手艺劳动。他以眼睛的功能阐明绘画的优越性，确认绘画是研究自然和表述科学知识最有效的手段，这是“比较论中的重要主题思想之一”。他在不倦地探索自然奥秘的过程中，积累了大量笔记，它们图文并茂，表述了当时科学观察和研究的最优秀水平。透视学、明暗学是应绘画的需要而产生的学问，能够像数学一样严密论证。

绘画科学高于数学，后者只研究数量和大小，不关心自然界的美，绘画则能够将自然界中转瞬即逝的美生动地保存下来。达·芬奇将绘画和音乐、诗歌、几何、天文等“自由艺术”逐一比较，证明绘画绝不是什么“机械的手工劳动”，而是一门科学，是自然的合法的儿子。中世纪的经院哲学将这种鄙视手工劳动的观点继承了下来，逻辑学、修辞学、诗歌、算术、几何学、天文学和音乐是高尚的“自由艺术”，绘画和雕塑都被划入“机械艺术”之中。到了文艺复兴时代初期，这种传统的见解仍然根深蒂固，诗人和哲学家是宫廷中的上宾，而画家和手工业劳动者一样组织在行会里。可是在这一个生产关系大变动的时代，造型艺术家却和手工业者一样属于社会先进的阶层，他们中许多人都是多才多艺的人，既是高明的艺术家，又精通冶炼铸造，人体解剖以及几何、数学，他们的活动开了后日实验科学的先河。

因此，画家自然不能忍受卑微的地位，起来反抗旧的传统观念。达·芬奇为绘画的辩护就反映了当时艺术家的呼声。《比较论》是以争论的语气写成的，仿佛是和某个假想的对手进行辩论。达·芬奇的朋友，数学家佛拉·路卡·巴乔里在他的著作《神圣比例》的献词中，提到达·芬奇参加了1498年2月9日的洛多维柯公爵宫廷里举行的一场有宗教家、医生、天文学家等各界人士参加的关于各门科学高下的大辩论。《比较论》会不会是与之有关的提纲或记录呢？这就不得而知了。

绘画是一门科学的第一条原理：绘画科学首先从点开始，其次是面，最后是由面规定着的形体。物体的描画，就立出面之外，而正是依靠面以表现可见物体的形，等条原理。绘画原理第二条原理涉及物体的阴影的物的体现。我们将阐明阴影的原理，如何使画面具备雕塑一样的凹凸感。绘画科学研究物像的一切色彩，研究面所规定的物体的形状以及它们的远近，包括随距离之增加而导致的物体的模糊程度。这是透视学（即视线科学）之母。透视学分为三部分。第一部分究物体的轮廓线。第二部分研究距离增加时色彩之淡褪。第三部分研究物体在不同距离处之模糊程度。单研究物体的轮廓线的第一部分叫素描，即勾勒物体外形的学问，于是由此发源了专门研究光线与阴影的明暗学，这是一门需要长篇阐述的科学。而视线的科学产生了天文学，天文学全是视线和锥体截面，所以是一种简单透视。

四、绘画中的知识

一切真科学都是通过我们感官经验的结果，从而使好弄舌者哑口无言，经验不以幻梦哺育研究家，而是从确切无疑的第一原则出发，逐步循着可靠的程序达到切实的结论。从研究数和测量的初等数学，即算术和几何上面，就可见这一点。它们极其正确地处理不连续量与连续量，在这里绝没人争论二乘二大于六还是小于六，或者争论三角形三角之和是否小于二直角。哪些知识是机械的，哪些知识是非机械的？人们说，从经验中产生的知识是机械的。

从心中起源与完成的知识是科学的。起之于心而以手工劳作完成的知识则是半机械的。依我看，那些不从经验（一切无可怀疑的结论的母亲）中产生，又未曾被经验检查的知识，也就是无论在起始、中途与终了一概未经过感官知觉的知识，就全是虚假而极端谬误的。如果我们怀疑得自感性的知识的确切性，那么我们应当怎样去加倍怀疑那些与感觉背道而驰的东西，比如上帝的本质、灵魂以及诸如此类的事物，在这些问题上永远存在无休止的争论。这一切争论早已不再存在，献身于数学的人因此可以安静地享受这门科学的成果。骗人的纯思辨的学问不能做到这点。

如果你说这些正确的科学因为非靠手工不能达到目的，所以应当归入机械类，那么我要说一切以文人的手完成的艺术也该归入机械类，因为文人就是一种书写家，而书写本是图画的一个分支。的确总是这样，缺少理由的地方，牵强附会便占优势。有确切知识的地方，就没有这种情况。因此哪里有强词夺理，哪里就没有真正的知识。因为真理只有一个结论，它一旦被人们知晓，争论便永远结束。如果争论又发起，就表明其中必有虚假混乱，真理并不再生。

五、绘画需要动手练习

绘画不同于文学，不须各种语言的翻译，就能像自然景物一样，即刻为一切人通晓，而且还不仅限于人类，动物也是这样。哪一门科学更有用，在什么方面有用？一门科学，若其成果最容易传达，也就最有用处。反之，其成果较难传达，用处也较少。因为绘画依靠着视觉，所以它的成果极容易传给世界上一切世代的人。经由耳朵通向我们理智的道路和通过眼睛到达理智的道路迥然不同。可举一幅画像为例，画中人是一个家庭的父亲，那就不单是襁褓中的婴儿爱抚它，连家里的猫狗也尊重它，这就是一种奇观。

天文学和其他科学也有手工操作，虽然它们先在脑中产生，正同绘画首先在构思者的心中产生一样，但不动手就无法实现。科学的、真实的绘画原则首先规定什么是有影物体，什么是原生阴影，什么是派生阴影以及什么是亮光。也就是说，不须动手，单凭思维就足以理解明亮、阴暗、色彩、体量、形状、位置、远近和运动、静止等原则。这是存在于构思者心中的绘画科学，从这里产生出比上述的构想或科学为重要的创作活动。

六、绘画更注重知觉

绘画的确是一门科学，并且是自然的合法的女儿，因为它是从自然产生的。鄙视绘画的人，既不爱哲学，也不爱自然。绘画是自然界一切可见事物的唯一的模仿者。如果你藐视绘画，你势必藐视了一种深奥的发明，它以精深而富于哲理的态度专门研究各种被明暗所构成的形态（例如，海洋、陆地、植物、动物、花草等）。

为了更确切起见，我们应当称它为自然的孙儿，因为一切可见的事物一概由自然生养，这些自然的儿女又生育了绘画，所以我们可以公正地称绘画为自然的孙儿和上帝的家属。鄙薄绘画的人也就鄙薄了自然，因为画家的作品表现了自然作品，所以这种轻蔑者缺乏感情。绘画能比语言文字更真实、更准确地将自然万象表现给我们的知觉。但文学比绘画更切实地表现语言。让我们来断定一下，到底表现自然作品的科学或表现人为作品的科学，哪个更奥妙？诗歌之类作品中的语言都是人的产物，并且通过人的唇舌表达的。

七、绘画是一种哲学

绘画被证明是哲学，因为它也研究物体的运动及动作的速度，哲学也研究运动。几何学家把一切由线条包围的面积都简化为正方形，把一切物体的体积归结为立方形，算术在运算平方根立方根时也一样。这两门科学只限于研究连续量和不连续量，它们不关心质，不关心自然创造物的美和世界的装饰。

八、论视觉

我国很早就把画看成是无言诗，西洋人把诗画联系起来考虑也是很早的事。据史籍记载公元前 500 年，希腊哲学家，基奥的西蒙尼德斯就提出了“绘画是哑诗，诗是能言的画”这一说法。绘画涉及眼睛的十大功能：黑暗、光明、体积、色彩、形状、位置、远和近、动和静。我的小书将由这十种功能交织而成，它提醒画家依据何种法则，用何种方式，靠他们的艺术再现这一切，再现自然的作品和世界的美。

嗣后希腊和罗马的著名作家论及诗和画的关系时，也多半着眼于它们的相似点上。把诗画等同起来的思想也支配着诗人们和画家们的实践，他们不曾意识到诗画各有各的特长，于是诗人们在描述有形物体方面竭力和画家争雄，而画家在描述精神活动方面也努力和诗人竞赛，诗学中的原则和方法被认为可以同样适用于绘画，没有一本专门画论可循的中世纪画家，就常常套用诗论中的方法作为自己创作的指南。

九、艺术和自然的关系

达·芬奇关于诗与画各自特点和领域的精辟分析，远远超越了时代。这些论点直到两个世纪后，德国文艺批评家莱辛在他的《劳孔》中才进一步加以发挥。实归肉眼管辖，言辞归耳朵管辖，因而这两种感官之间的相互关系也同样存在于各自的对象之间，所以我断定画胜过诗。只因画家不晓得替自己的艺术辩护，以致长久以来没有辩护士。

绘画无言，它如实地表现自己，它的结果是实在的，而诗的结果是言辞，并以言辞热烈地自我颂扬。在艺术和自然的关系上达·芬奇是古代“艺术模仿生活”说的拥护者，在认识论上他继承了古希腊唯物论者的观点，认为“我们一切知识都起源于感觉”，所以他根据诗画所服务的感官的不同，深刻地论证诗画的区别。

这些区别可以归纳为以下几点：

1. 诗篇的辞藻按先后次序排成一维的时间序列，完全不能描写形态美。和谐的比例就是美，是达·芬奇的美学信念，因为构成形态美的各部分必须同时作用于由和谐构成的灵魂使之共鸣，才能产生快感。诗用以描写形态美的各部分的辞藻既然必须排成时间序列，势必割裂了和谐比例，听完整篇描写，在想象中将这些零碎的描写组成的形象又怎能及得上眼睛看见的形象？绘画则是二维平面上的艺术，加上透视和明暗就可以描绘三度空间的形体美，而且正是同时呈现在眼前，使眼睛看到一幅和谐匀称的景象，如同自然物一般。

2. 诗的手段是语言文字，画的手段是逼真的形象，因此诗擅长表现辞藻和对话，绘画表现有形物体的精确和快速非文字能比；诗的领域是伦理哲学，绘画的领域是自然科学。

3. 诗是听觉的艺术，画是视觉的艺术。

十、论绘画与诗的区别

诗与画之比较想象的所见及不上肉眼所见的美妙，因为肉眼接收的是物体实在的外观或形象，通过感官而传给知觉。但想象除了依靠记忆，就无法越出知觉的范围，假使被想象的事物无什么价值，那么记忆也会消逝和停止。诗在诗人心中或想象中产生，仅仅因为他和画家都表现同样的事物就想和画家分庭抗礼，但实际上他们是望尘莫及的。

因此，可以说，在表现方面，绘画与诗的关系正和物体与物体的影子关系相似。差别甚至还要大些，因为影子能够通过肉眼为人所见，而想象的形象却不能用眼见到，只在黑暗的心目中产生。在黑暗的心目中想象一盏灯火，与用眼睛在黑暗之外的确确看到灯火，两者相差多么大。画家同诗人争辩，有哪一位诗人能用语言将你心爱的人表现得像画家作的画像一般惟妙惟肖呢？谁能比画家更真实地将那体现了往日的欢乐的河川、树林、山谷与原野显示给你呢？如果你说，绘画如果没有人讲解它的内容，就是一篇哑诗，那么你没见你的诗比这还要糟吗？

因为纵使有人讲解诗，诗中内容却无一可见，不若讲解图画的人能够谈到可以目击的形象了。画所表现的人物神情只要和他们内心活动相适应，它就能被人理解，与能说话毫无二致。被称为灵魂之窗的眼睛，乃是心灵的要道，心灵依靠它才得以最广泛最宏伟地考察大自然的无穷作品。耳朵则居次位，它依靠收听肉眼目击的事物才获得自己的身价。史学家、诗人或数学家，假若不曾亲眼目睹某事物，那就很难用文字来记述它们。

诗人呵，如果你用笔来描写一个故事场面，那么画家用画笔绘画就更容易使人满意，让人看起来也不那么费事。如果你称绘画为哑巴诗，那么诗也可以叫作瞎子画。试想，哪一种创伤更重，是瞎眼还是哑巴？想象与实在之间的关系犹如影子和投射影子的物体之间的关系，同样的关系也存在于诗与绘画之间。诗用语言把事物陈列在想象之前，而绘画确实地把物象陈列在眼前，使眼睛把物象当成真实的物体接受下来。

诗所提供的东西就缺少这种形似诗和绘画不同，并不依靠视觉产生印象。当然问题需要通过经验来证明。你把绘画纳入机械艺术门类，但假使画家也能像你们一样用文章来颂扬自己的作品，我相信他们一定不会容忍如此的屈辱。如果因为绘画是手艺，需要手画出想象中的内容，而把它叫作机械的，那么你们诗人同样也用手中的笔书写你们想象的内容。

如果你说因为它是为金钱而画，所以是机械的，那么有谁比你们更经常犯这过错呢？（如果这能叫过错的话）假如你去课堂讲学，你不是找报酬最高的地方去吗？你可曾干过什么没有酬劳的工作吗？我说这些，并非为了指责这种行为，因为一切劳动总希望报酬的。诗人会说：我能创作一篇意义重大的故事，画家又何尝不能，阿倍勒画《诽谤》时就是这样作的。绘画包罗自然的一切形态在内，而你们诗人除事物的名称以外一无所有，而名称不及形状普遍。

假如你们拥有表现的结果，我们则拥有结果的表现。一位诗人给一位恋人叙述他情妇的美，再让画家来表现她，你就会看出情人在判断的时候，天性引他偏向某一边。如果你说铁耐久，我说铜匠作品还要耐久，他们的作品比之你们或我们的作品更经得起岁月的磨蚀。但是他们缺乏想象。如果用瓷釉画在铜板上，也可以使画更经久些。绘画里包括的题材比文辞所能包容的题材远为丰富，因为画家能够创造无数由于没有合适的字眼而无法用文字命名的事物。

你不见画家若要表现动物、地狱的妖魔，他心中能够想出多少发明呢？绘画能将艺术家的意图立刻展示给你，并且一如自然创造的任何事物一样，给予最高贵的感官以同等的快感。诗人利用了较为低级的听觉，传述同一件事，给耳朵的快感并不比听一篇普通介绍更多。诗人与画家争辩，以及诗画之区别。一个诗人说他的科学包含发明和度量，即题材的发明和诗韵的斟酌，这是诗学的基础，然后以别种科学加以装饰。画家对此作如下回答，绘画科学同样要求发明和度量，画的主题需要发明，画的物体也须加以度量方才不致比例失调。但绘画并不能纳入这三门科学中，恰巧相反，这些科学大部受绘画影响。例如，天文学不能缺少透视，透视正是绘画的一个基本要素。（当然，我指的是数学的天文学，不是荒谬的占星术。但愿那些以此欺骗愚人为生的人见谅。）

诗人说，他能用文句美妙的诗描写一件事象征另一件事。画家回答他也能，并且在这一方面他也是一位真正的诗人。诗画之区别："画是哑巴诗，诗是盲人画。"二者都各尽己能地模仿自然，都能用来阐明各种道德风习，像阿培勒画《诽谤》时所作的那样。绘画为最高贵的感官——眼睛服务。

从绘画中产生了谐调的比例，犹如各个声部齐唱，可以产生和谐的比例，使听觉大为愉快，使听众如醉如痴，但画中天使般脸庞的协调之美，效果却更为巨大，因为这样的匀称产生了一种和谐，同时间射进眼帘，如同音乐入耳一般迅速。诗就及不上它们美妙。它在表现十全的美时，不得不把构成整个画面谐调的各部分分别叙述，其结果就如同听音乐时在不同时刻分听不同声部，毫无和声可言；也正如脸部一次只露出一点儿，看过的便遮没，由于眼睛不能同时将视野中的各部分一起摄入，我们的健忘使我们不能形成谐调的比例印象。

诗人在表现任何美丽的事物时就是这样，不同部分在不同时间分别叙述，以致记忆中感受不到任何谐调。画家是所有人和万物的主人。假如画家想见到能使他迷恋的美人，他有能力创造他们。假如他想看骇人的怪物，滑稽可笑的东西，或者动人恻隐之心的事物，他是他们的主宰与创造主。假如他愿意创造荒无人烟的地区，炎热气候中的浓荫之地或寒冷天气中的温暖场所，他也全能办到。要山谷，他可创造山谷。要从高山之巅俯览大平原或瞭望海的水平线，他是主人。若想从深谷仰望高山或从高山俯视溪谷和海滨，他也是主人。

事实上，由于本质、由于实在、由于想象力而存在于宇宙间的一切，画家都可先存之于心中，然后表之于手。他并且把他们表现得如此卓越，可以让人在一瞥间同时见到一幅和谐匀称的景象，如同自然本身一般。由于我们的艺术，我们可被称为上帝的孙儿。如果诗包容伦理哲学，绘画则研究自然哲学。假使诗歌描写精神活动，绘画则研究反映在人体动态上的精神活动。倘若诗以地狱的虚构使人惊恐，画的描绘也不在其下。假使诗人和画家较量，描写美人、丑物或是狰狞可怖的妖怪，让画家按自己方式工作，随心所欲地变化形象，画家一定会更使人满意。我们难道没见过一些极其相似实物的画，使人和动物一起上当吗？

十一、画与诗之异同

天生丽质的美将随年月的消逝而迅即磨灭，除非画家把它画下，方可保存永久。绘画通过视觉将它的主题立刻传达给你，它所借助的器官也就是将自然物传之于心的同一个器官。在此同时，构成整体的各部分之间的和谐匀称使感官愉快。诗则借助较逊色的感官传达同样的主题，然后将事物的形态传于心灵，较之物和心之间的真正媒介——眼睛的作用模糊得多、迟钝得多。

肉眼能将所见物体的表面和外形最准确地传于心灵，从这些形状之中诞生了以甘美的谐调愉悦感官的和谐比例，如同合乎比例的和声给予听觉快感一样。当眼睛见到画上的美时，将和看到真美同等愉快。如果将这美貌妇人的画像的和谐美，出示给他的爱人。毫无疑问，他定会如痴般地欣赏，快乐无比。因为视觉比其他感官优越。但音乐的和声比视觉的和谐低级，因为它旋生旋灭，来也快去也速。视觉则不然，假如你将优美匀称的部分组成的人体美展示眼前，这些美不像音乐一样短促，不像它那样迅速消亡。正相反，画具有很大的永久性，可让你从从容容地欣赏、揣摩，无须像音乐一般不断再生，一遍遍地演奏，也不使人腻烦。它令你生爱，使你所有感官和眼睛同样渴望占有它，仿佛一切感官群起与眼睛竞争，嘴巴像是要把它整个吞下，耳朵喜听人谈论它的美，触觉似乎要把它从毛孔吸进去，鼻子则不断呼吸它散发的气息。

十二、绘画与音乐比较

达·芬奇精通音乐，传记家瓦萨里记载青年达·芬奇长于演奏七弦琴，并曾自制一把银七弦琴，形如马的颅盖骨，声极洪亮。音乐虽然是听觉的艺术，但音乐和绘画有许多相似之处，因此和诗有许多相异之处。1. 音乐和画都有和谐的比例，音乐的和声就等于画中和谐匀称的形体美，都能够同时作用于感官，产生极大的美感，没有和声是诗的一个弱点；2. 音乐和绘画都有节奏，音乐的抑扬顿挫的旋律相当于画中包围着物体表面的升降起伏的轮廓；3. 音乐和绘画同样有比例，乐音之间音调高低之比，类似透视画中远近不同的物体之间长短大小之比。

音乐的和声产生于同时响出的、合乎比例的各部分的联合。音乐应当被称为绘画的妹妹：音乐只能是绘画的妹妹，因为它依赖于视觉的听觉。它们势必在一种或多种和声的节奏中生灭，这些节奏将和声中谐调的成分包围，正如同人体轮廓包围着构成人体美的各个成分一样。画家测量离眼远去的物体，犹如音乐家测量耳朵听到的人声音的间距，虽然在物体离事物远去的时候似乎互相接触，令它们互相间隔二十臂，来建立我的法则，这就像音乐家对人声所做的一样。

人声可联合，它使声与声之间各有短的间隔，并称之为第一音、第二音、第三音、第四音、第五音，因此它一度地给人声的高低定名。假如说绘画是一种机械的艺术，因为它依靠双手来完成，那么你们必须承认音乐须依赖口腔完成，而口腔也同样是人的一种器官，这时，口腔不替味觉工作，正如手不为触觉工作一样。

文辞本不及事实重要，但是你们各门科学的作家，在表达你们心中的思想时不也和画家一样，用手抄写的吗？如果你们说音乐由比例构成，那我在绘画中也采用了同样的手段，你们将会看到这一点。然而绘画凌驾音乐，因为它不会方生即死，像可怜的音乐一般。相反，它经久不变，虽然事实上受限：一个平面上，但却栩栩如生。多奇妙的科学啊！你生动地保存了人们昙花一现的美，使它比那些随时光而变易，并且终于老朽的自然创造物还要经久，这样的科学和神圣的自然的关系，犹如它的作品与自然作品的关系，因此受人钟爱。

能使最高感官满意的事物价值最高。因为绘画使视觉满意，所以比只能满足听觉的音乐高贵。最能经久的事物最可贵。音乐方生即死，故比不上绘画重要，画幅上了亮色之后便能永久不坏。内容最丰富而又变化多样的东西，可以说最为优秀。绘画能够创造自然中存在与不存在的形象，因而较其他各种操作为优，比单靠人声的音乐赢得更多的赞扬。绘画创造上帝的形象，恋人们向绘画索取他情人的画像。绘画保存了美，否则它将被自然和时间磨灭。我们推绘画保存了名人的相貌。诗人、画家、音乐家讨论结局：诗人表现人体与画家表现的人体之间的差别，犹如被肢解的身躯与完整的身躯之间的差别。因为诗人在描写人体的美或丑的时候，只能够零零碎碎地告诉你，而画家则可以同时而完整地表现它。

诗人不能用文辞表达构成整体的各个部分的真实形状，画家则能够以只有自然才办得到的真实性表现它。诗人的做法可比之于一个音乐家将原来准备给四个声部合唱的曲子拿来单独演唱：先唱女高音部，再唱男高音，又唱次低音，最后唱低音部，如此演唱不能创造出安排在和谐的时间之中的和谐比例的美。如果你说音乐记录之后也能保存永久，但我们用文字也同样可以办到。你们既然将音乐归入自由艺术之中，那你们就必须将绘画也一同列入，否则应取消音乐。假如你们说贱人才习画，我说音乐也同样被一窍不通的人败坏。倘若诗人向其他科学求助，他就像市集上的商贩，出售从各个制造者收来的物品。当诗人借用演说家、哲学家、天文学家、宇宙学家等的学问时，他的做法和商人无异。

这些科学和诗人之艺术完全是两回事，因此他就像一个商贩，依靠个人的才能以完成一桩交易。若要问明诗人工作之真相，你会发现他专门把偷自各门科学的东西拼凑成信口雌黄的文章（如果用较文雅的名称，可说是虚构的文章）。在想象的自由方面，诗人可与画家比肩，但这是绘画最薄弱的一面。诗人的作品又可比之一次只让你窥见一眉半眼，使你永远无法欣赏它的美。美感完全建守在各部分之间神圣的比例关系上，各特征必须同时作用，才能产生使观者往往如醉如痴的和谐比例。音乐家也以各声部组成流畅的旋律，安排在和谐的节奏之中，诗人却无力达到类似和声的和谐。虽则诗与音乐同样经由听觉抵达知觉中心，但诗人无法同时叙述不同的事物，因此也不能提供任何类似于音乐和声的东西。

绘画的和谐比例，由各个部分在同一时间组合而成，却具有这种能力，并且它的优美不论是整体或是细部都可同时观看。从整体来看，是看它的构图思想，从细部来看，是看它组成整体的各部分之意图。由于这些原因，诗人在描写有形物体方面远不及画家，在描写无形物体方面又难望音乐家之项背。

十三、绘画与雕刻的比较

画家和雕刻家都热爱自己的艺术，都认为自己的艺术是最高超的艺术，因此不免发生争论，在当时，绘画和雕塑之争是很热烈的。但重要的是这些争论与比较有助于揭示绘画和雕塑的异同。绘画与雕塑之区别：除了雕塑比绘画花费更多劳力，而绘画比雕塑使用更多心思之外，我找不出两者还有什么其他区别。

经证明确实如此，因为雕塑家在做作品时必须运动手臂，敲凿大理石或其他石块，砍掉雕刻的一切废石。这种极为机械的操作导致汗流浃背，汗水甚至与灰尘混成污泥。他满脸石浆和石粉，活像面包师，浑身蒙着细石屑，犹如挨了一场雪。住所污秽，布满石碴和石末。雕塑不是一门科学，是一项最机械的手艺。因为它使雕塑家满头大汗，十分疲劳。对这种艺术家，只要会简单地量量四肢，懂得动态和姿势的原理便足够了。

作品完成之后，展示于眼前的也只是原物的本来面目，丝毫不能使观者如看画似的神往。而绘画却以它的科学使平坦的表面呈现出辽阔的风景和遥远的地平线。雕塑和绘画同是视觉的艺术，同样是空间的艺术，但有三维空间与二维空间之别。由这一区别引起了另一个区别；雕塑的光影和透视得自天然，而绘画则须要人为地创造它们。此外，雕是减法的艺术，塑是加法和减法的艺术，绘画则是加法的艺术，但前二者加减的是一种材料，后者加的是不同的材料。在古代，雕刻和绘画地位同样卑微，是一对难兄难弟。

到了文艺复兴时代，这两门艺术又同样光辉灿烂，所以达·芬奇称雕塑是一门极有价值的艺术。画家则多不相同（我们谈论的是一流画家与雕塑家），画家衣装整洁，悠然安坐在画架之前，手挥一根蘸上颜料的画笔，穿的是他爱好的衣裳，住房洁净，四周陈列着精美的画幅，时常有音乐伴奏，或者满怀喜悦地聆听人们朗读美妙的文艺作品，没有乱耳的斧锤声或其他噪声。此外，为了完成工作，雕塑家不得不对每一个立体雕像画出许多轮廓，方能使雕像从各方面看去都完美。这些由高低起伏的线条连成的轮廓，只有在后退几步从侧面观看，使凹凸线条在空亮的背景上呈现剪影，才能够画得准确。

考虑到雕塑家也像画家一样对于物体各个方向的轮廓都要有精确的了解，画家和雕塑家都经常使用这种知识，那么就不能说这点会使雕塑家的劳动精深复杂起来。但雕塑家在企图表现肌肉的凹陷时，便削去石头，在表现肌肉的隆起时，又原封不动。这样，他非得上下俯仰，才能估计肌肉起伏的程度，才能在确定雕像的长宽大小之后，塑造出正确的外形。

他只有从这些位置看，才能判断轮廓的正误，从而予以修改，否则永远无法使塑像的轮廓和外形恰到好处。雕塑家管这叫心思之劳，其实这不过是种躯体之劳，因为在他勾轮廓时，他的思想或他的判断只不过帮助他改正肌肉过分隆起之处，以使线条合适。通常雕塑家完成工作的正确方法，就是从各方面准确研究物体外形的轮廓。雕塑家说，假使他把材料的外层削去多了，过后就无法像画家一样地添补回去。

关于这一点我回答说，假如他的技术到家，依靠着准确测量的知识，他应当把材料削去得恰如其分而不是削多。削得过多或过少，都出于他的无知。画家经营作品，须考虑十个项目：光亮、暗影、色彩、体量、外形、位置、远和近、运动与静止。雕塑家则只须考虑体量，外形、位置、运动与静止。对他说来，明暗得自天然，无须考虑，色彩根本没有，至于远近他只须考虑一半，因为他只用得上线透视，用不着色彩透视，虽然物体离眼的距离不同，其色彩的轮廓与外形的鲜明程度也有不同雕塑需要考虑的比绘画少，因此不像绘画那样要求更多的心思经营。

画家与雕塑家：雕塑家宣称他的艺术比绘画高贵，因为它更经久，不像绘画那样容易受到湿气、火烧与冷、热的毁坏。我们对他回答说，这并不能抬高雕塑家的身价，因为经久性出于材料，并非出于他的艺术，只要在搪瓷或陶瓦上作画，送进窑里煅烧，再用各种工具磨光，磨出平滑闪亮的表面，同样可以使绘画经久不变。这些东西可在法兰西与意大利各地见到，佛罗伦萨的罗比亚家族发明的。那种在涂釉陶土上绘制各种大型作品再上釉的方法则更为普遍。

固然，它容易敲碎，但大理石像亦然，可是它不像铜像，不怕煅烧。它的经久性比得过雕塑，但美观性远胜雕塑，因为它结合了两类透视，而在圆雕中除了天然的透视之外，不存在着任何透视。雕塑家在制作圆雕时只需作两个图，一个正面一个背面，无须从各方面制作无数图形。这是可以证明的，因为假若你制作一个浅浮雕的人像，从正面看，你不能说你比一个从同样角度作画的画家使人像显示出更多侧面，而从背后看，两者也是同样的。回到浅浮雕问题上，我说，它比全浮雕耗费的体力操作少，但要付出的研究工作多。

因为这时需要研究第一平面内的物体与第二平面内的物体之间距离的比例，以及第二平面之内的物体与第三平面内物体之距离的比例，依次类推。若是你对这些问题曾有研究，并精于透视，你就会发现没有一件浅浮雕作品，在物体各部分的浮雕程度会依照离眼睛之远近而有区别于这个问题上，不错误百出。全浮雕不会有这种弊病，因为自然帮助了雕塑家，所以专做全浮雕的雕塑家没有太多的困难可克服。不过我在这里不谈这一类雕塑家，他们并非是什么大师，纯粹是个大理石之糟蹋者。大师不依赖肉眼的判断，因它常易出错。这可以下列事实证明：当一个人单纯依靠眼睛将一根线条等分为二时，经验证明往往是不可靠的。

由这种不可靠性，精于判断的艺术总是兢兢业业，时刻提防着那些无知之辈所不防的，不断地留心。肢体准确的长度、宽度和厚度。这样做之后，就不会削除过分。浅浮雕要求的构思，远比全浮雕为多，因而在构思的宏伟上更接近绘画。它利用了透视学，全浮雕则将它弃置一旁，利用直接测量。由于这缘故，画家学习雕塑比雕塑家学习绘画要快速。列在绘画之后的是雕塑，这是一门极有价值的艺术，但在制作时并不需要像绘画同等高超的智慧。

因为在画家必须在他的艺术中处理到的两大艰难问题上，雕塑都得到自然帮助，并且雕塑无须模仿画家努力寻求的颜色。雕塑中的阴影随着光线自然而生。雕塑要求的智巧比绘画少，并缺少自然的许多方面：因为我研究过雕塑与绘画，对两者同样精通，所以我以为我能够公正无偏地判断两者之间何者需要更多技巧、何者较难以完善。不论做全浮雕或浅浮雕的雕塑家都有一个死敌。假如照射在雕像上头的光线不是安排得与制作时的光线相同，雕像就分文不值。因为如果光从下方照上来，它们就变形得厉害，特别是浅浮雕，由于影子的投射方向与原意相反，几乎无法辨认。

画家则不发生这种情况，将人物的四肢安排停当之后，转而注意两大自然律，即凹类透视，以及第三种伟大的科学即光与影的明暗。雕塑家对此完全无知，在这方面，自然帮助了他们，就像帮助其他天然或人为的可见物一样。首先，雕像要求一种特定的光线，即从上方照射下来的光线。一幅画随处携带，靠着自备的光和影。光和影对雕塑也很重要，但在边方面，由于浮雕的光和影是自然而然产生的，从而大大帮了雕塑家的忙。

画家则是利用自己的艺术，按着自然中的光和影的位置和规律创造了它们。雕塑家不能利用各种色彩使他作品丰富多彩，绘画在这方面无所欠缺。雕塑家的透视显得完全不真实，画家则可使画幅似乎延伸数百里之遥。雕塑家的作品毫无空气透视，他们无法表现透明的物体，发光的物体，也不能表现反射光，或是像镜子一类能反射光线的闪亮物体，不能表现雾霭、风暴，以及无数其他事物，为避免繁赘，在此无须一一列举了。

绘画更美观，更富于想象，更便于理解，雕塑除了能够经久之外，再也没有其他优点。雕塑不费力气得来的东西，到了绘画就成了奇迹，看不见的物体可见了，平坦的物体呈现出浮雕，使近物宛如远物。的确，绘画拥有雕塑不具备的无穷可能性。雕塑家的艺术比画家的艺术需要使用更多体力，也就是说，他的工作较机械，花费脑力较少。与绘画相比雕塑少费心思，因为雕塑家总是把材料往下削，画家则总是把材料往上添，并且雕塑家总削一种材料，而画家则添上不同的材料。雕塑家专门注意手下材料的轮廓线，画家除了研究轮廓之外，尚须研究光与影、色彩以及透视缩形。

在这些方面，雕塑家都需要自然的帮助。画家须要运用智力来学习光、影与透视，要把自己化身为自然，雕塑家则总是发现这些东西现成摆着。如果你说，也有些雕塑家懂得的东西和画家一样多。我回答说，若是雕塑家通晓绘画，他乃是一名画家，不然只不过一雕塑家罢了。另一方面，画家必须通晓雕塑，因为自然事物像雕刻一样凹凸有致，能产生光、影和透视缩形。正由于这一原因，不少未曾学过光影理论及透视学的人便转向自然，抄袭自然，他们就这样不研究不分析，专靠抄袭得到一套办法。

有些人透过玻璃、半透明的纸张或薄纱，观看自然物体，并在上面描下轮廓，经修改使它合乎比例之后，再根据亮光与阴影的位置、数量与形状添上明暗。这对于那些晓得如何凭借想象力描绘出自然的效果的人说来，是作为一种减轻疲劳的方法，以及使物体真实的摹像极其准确，任何细节都无遗漏的一种权宜办法。就这一点而论，那是值得商榷的。

但对于那些少了它便不能作画，也不能运用自己的思想分析自然的人，这一种发明应该受谴责。因为这类懒惰会毁掉人的才智，使他不用这方法便不能制出好作品，这一类人在一切发明想象以及叙事画方面，总不免贫乏无力，而这方面正是本门科学所缺的，往后将谈到这点。雕塑缺少色彩美，缺少色彩透视、线透视，也没有远处物体朦胧的轮廓，因为在雕塑中近处的轮廓与远处的轮廓之间并无区别。它不能根据物体越远包围它的空气越多来表现远处物体与眼睛之间的气氛。

雕塑无法表现物体的透明和光泽，例如透过薄纱的肌肤，也不能表现清澈水底五色缤纷的石子。绘画需要更多的思想和更高的技巧，它是一门比雕塑更神奇的艺术。绘画促使画家心务必化为自然的心，方才能够担当自然和艺术之间的解释者，它解释着由规律着的种种自然现象的原因，说明眼前的物体的形象如何会集于瞳孔之内，并简要区分各种大小相同的物体之间，肉眼看去何者的较大；各种不同的颜色之间，何者显得深些，何者较浅？区别同一深处的物体之间，何者较低，同一高处各物之间，何者较高，远近不同的物体之中，何以有的显得不及其他清晰。绘画与雕塑之区别：绘画显示的第一个奇迹乃是物体从墙壁或其他平坦的表面上凸出，使得精于判断者上当，因为事实上并无凸起。

在这方面，雕塑家只不过按物体之本来面目雕塑作品。由于这个原因画家需要研究伴随光线的阴影，雕塑家不需要这一学问，因为大自然帮助他的作品正如帮助其他实体进行衬托：这些物体若除去光线则都呈现一种颜色，有光线则现出明暗各色。画家必需的第二门大学问乃是以细致研究估计光和影的正确的数量和质量，雕塑的光影则得之于自然。艺术将一切可见的事物，诸如色彩及其淡褪包括各领域之内，雕塑则贫乏，不能包容。绘画能描绘透明物体，雕塑只能向你显示自然物体的外形，并无其他巧妙。

画家能够依据物体与眼睛之间的空气所造成的颜色变化，表示不同的距离，他能先难以透见物体形状的雾霭，能描画背后透露了云团、山峰和山谷的烟雨。能描画那为战斗的人群所崛起并把这些人马包容在其中的尘土，能画出清浊不一的溪流。能画出在水面与水底之间遨游的鱼儿，以及河底洁净沙上绿色水草簇拥着的、五颜六色的光洁卵石，能画出头顶上高高低低的星辰，此外还有无数雕塑家不敢梦想的效果。第三是透视，一门要求深奥计算和发明的数学研究，它利用线条使近物显得远，使小物显得大，在此雕塑又得天助，无须雕塑家再作发明。

第十三章　卡斯特尔维屈罗——古典的批判继承者

16 世纪意大利的文艺复兴实质上是新古典主义的萌芽，卡斯特尔维屈罗的《亚里士多德〈诗学〉的诠释》。诗的对象应是人民大众。诗人要想使作品受到欢迎，就应选择为一般群众所能懂的而且懂了就感到快乐的事物。这一思想在当时具有进步意义，它反映了新兴市民阶级的创新精神和民主倾向。亚里士多德也被斯卡里格捧为“诗艺的永久立法者”。在意大利开端要归功于亚里士多德的《诗学》的翻译和研究，在 16 世纪达到高潮。他在《诗学》的诠释中，主张诗的功用是娱乐和消遣，而不是教益。

一、生平简介

卡斯特尔维屈罗（公元 1505—1571）是意大利文学批评家、亚里士多德《诗学》的翻译者和诠释者。他在《诗学》的诠释中，主张诗的功用是娱乐和消遣，而不是教益。诗的对象应是人民大众。诗人要想使作品受到欢迎，就应选择为一般群众所能懂的而且懂了就感到快乐的事物。这一思想在当时具有进步意义，它反映了新兴市民阶级的创新精神和民主倾向。他否定文艺的思想性和教育作用，把文艺的功用仅限于娱乐和消遣则是片面的。

二、主要思想

卡斯特尔维屈罗也分析了诗和历史在题材与语言上的区别。提出美和艺术的高低都要在克服技巧的困难上表现出来。他关于悲剧中情节（行动）、地点、时间须保持一致和整一的思想，成为 17 世纪古典主义三整一律理论的渊源。他认为历史家的题材是“由世间发生的事件的经过或是由上帝的意志供给他的”，它的语言是“推理用的那种语言”。而诗的题材却是诗人“凭他的才能去找到或是想象出来的”，语言也是“由诗人运用他的才能，按照诗的格律，去创造出来的”。在这里，他肯定了想象、虚构和才能在艺术创造中的作用。他还特别强调艺术技巧的重要性，认为难能可贵的艺术技巧是美感的来源之一。

三、对亚里士多德《诗学》的诠释

历史分为题材和语言，诗也是分成这两个主要的部分。诗近似历史。但是在这两部分，历史和诗都各不相同。就题材来说，历史家并不凭借他的才能去创造他的题材，他的题材是由世间发生的事件的经过或是由上帝的意志（显现的或隐藏的）供给他的。至于语言的表现，是由历史家所提供的，但历史家的语言是推理用的那种语言。

诗却不然，诗的题材是由诗人凭他的才能去找到或是想象出来的，诗的语言也不是推理用的那种语言。一般地说，没有人用韵文来进行推理，诗的语言是由诗人运用他的才能，按照诗的格律，去创造出来的。诗的题材应该近似历史的题材，但不完全相同。如果相同，那就不只是近似；如果不只是近似，诗人在运用这种题材时就丝毫不用费力，找到它也显不出诗人的聪明，所以他就不应得到赞赏，就不配说是具有超过凡人的神明的气质；他之所以得到这种赞赏，是由于他会处理的故事是由他自己想象出来的，是关于本来不曾发生过的事物的，但是同时在愉快和真实两方面，并不比历史减色。

从此就应该理解到另一个道理，科学和艺术都不能作诗的题材，都不应用在一篇诗里。因为就诗人来说，已经通过理智去研究和认识到的科学和艺术就带有必然性，看来就像是事实了，通过哲学家和艺术家的长久经历，它们已取得与历史相同的地位，已经介于曾经发生过的事物范围了。如果诗人把别人所找到的并且写过的题材，可以说已经写入历史的题材，从科学或艺术那里借来，只在上面披上诗的辞藻，他就没有理由可以自夸为诗人了。所以像恩培多克勒、卢克莱修之类的韵文家，并不能站在诗人的行列里。

尽管他们初次想出某种科学或艺术的道理，并不是从哲学家那里借来的。他们并不能因此就称为诗人，因为他们虽然想出某种科学或艺术的道理，虽然所发现的自然事物中某些永恒的规律是科学或艺术的重要组成部分，他们只是尽了一个好哲学家和好科学家的功能，并没有尽一个好诗人的功能。经过考虑，诗人的功能在于对人们从命运得来的遭遇，做出逼真的描绘，并且通过这种逼真的描绘，使读者得到娱乐。

至于自然的或偶然的事物之中所隐藏的真理，诗人应该留给哲学家和科学家去发现；哲学家和科学家自有一种给人娱乐或教益的方法，这和诗人所用的是不相同的。此外，各门科学和艺术的题材不能作为诗的题材，还有一个更显而易见的理由，这就是诗的发明原是专为娱乐和消遣的，而这娱乐和消遣的对象，我说是一般没有文化教养的人民大众，他们并不懂得哲学家们在研究事物真相时的职业。专家们在工作时所用的那种脱离平常人实际经验很远的微妙的推理、分析和论证。

像人说话时让他生气和感到不快，这是不相宜的，说话叫人无法听懂，这就自然要使人生气。所以我们如果承认各种科学和艺术的题材可以作为诗的题材，我们也就须承认诗的发明不是为娱乐，或是诗不是为人民大众的，只是提供教益给有文化修养和擅长辩论的人们。这种看法将会证明是错误的。表演的时间和所表演的事件的时间，必须严格到相一致，事件的地点必须不变，不但只限于一个城市或者一所房屋，必须真正限于一个单一的地点，并以一个人就能看见的为范围。悲剧应当以这样的事件为主题。

它是在一个极其有限的地点范围之内和极其有限的时间范围之内发生的，也就是说，这个地点和时间就是表演这个事件的演员们所占用的表演地点和时间，它不可在别的地点和别的时间之内发生。事件的时间应当不超过 12 小时。不可能叫观众相信过了许多昼夜，因为他们自己明明知道实际上只过了几个小时，他们拒绝受骗。在一个极其有限的时间和极其有限的地点之内完成的主人公的巨大幸运转变，比起在一个较长时间和不同而范围较大的地点内完成的幸运转变来，它要奇妙得多。诗的发明既然是为提供娱乐和消遣给一般人民大众，它所用的题材就应该是一般人民大众所能懂的而且懂了就感到快乐的那种事物。

如果诗的发明真正是主要地为娱乐而不是为教益，像亚里士多德在谈论一般诗所论证的，他为什么又认为作为诗的一种类型的悲剧却主要地要求教益呢？为什么不能丝毫不顾教益而主要地要求娱乐呢？这里只有两种可能，亚里士多德根本不应顾到教益，要不然，他至少也应该对教益顾到很少，以免要排斥凡是不会产生教益的其他类型悲剧，同时也应该把教益限于一种，即造成恐怖和哀怜的净化。

第四篇

启蒙运动——法国的美学

马克思在《路易·波拿巴政变记》里曾指出法国资产阶级革命“依次穿上了罗马共和国和罗马帝国的服装”、“穿着这种久受崇敬的服装，用这种借来的语言，演出世界历史的新场面”。17 世纪的法国政权是封建贵族与上层资产阶级在君主制左右利用和调节之下的妥协性政权，就阶级力量对比看，封建势力（教会和世袭贵族）还是占优势。意识形态总是社会经济基础与阶级关系的反映。17 世纪法国古典主义实质上是当时法国阶级妥协和中央集权制的产物，象征之一就是法兰西学院。

第十四章　高乃依——古典主义信奉人

一、生平及著作

高乃依（Pierrc Corneille，公元 1606—1684）是法国

17 世纪古典主义悲剧的代表作家之一。他出生于诺曼底省卢昂城一个律师家庭，子承父业，一面当律师，一面从事业余戏剧创作。高乃依一生共创作了十几部剧本（大部分是悲剧，也有喜剧、悲喜剧），其中《熙德》、《贺拉斯》、《西拿》和《波利厄克特》四部悲剧最为著名。还写过三篇剧论，即《论戏剧的功用及其组成部分》、《论悲剧》、《论三一律，即行动、时间、地点的一致》，着重阐述了他的悲剧理论和美学原则。

二、主要思想

高乃依信奉古典主义，但又反对拘泥于陈规，把古希腊罗马时期的悲剧理论视为绝对不可更动的圣典。他认为古典悲剧是与它所处时代的风习有关，今日（指 17 世纪）我们所掌握的素材业已超越它的范围，那么，只能根据实际情况来采纳这些古典悲剧的原则。在悲剧理论上，高乃依不同意亚里士多德的某些观点。

他认为悲剧与喜剧的区别，并不在于剧中人物地位和剧中人物行为的高尚与卑微。喜剧和悲剧的不同：悲剧的题材需要崇高的、不平凡和严肃的行动。人物的行为并不高出喜剧的境界，不妨在喜剧里来描写国王；如果一般平民百姓的灾难，相当显著、相当奇特，那也值得写成悲剧。高乃依还认为亚里士多德所谓的“必然性”问题，就是指“我们有权改动历史，离开可能性全靠必然性”。在他看来，就诗论诗，所谓必然性不是别的，只是诗人为了达到他的目的或者使他的人物达到他的目的需要。

诗人的目的就是按照他的艺术法则去进行创作，其作品要想获得人们的赞扬和赏识，有的时候就需要对某些行为加以美化，把某些使人们恐惧的悲惨行动加以削弱。诗人为了达到某种目的，可以改动历史，违反个别的可能性，但决不能放弃一般的可能性。其次，高乃依还对亚里士多德关于悲剧中理想的英雄人物应比好人“坏”，比平民百姓要“好”的理论提出质疑。亚里士多德曾举俄狄浦斯和提厄斯特为例，说明悲剧人物陷入逆境是由于过失或人性的弱点所致。

高乃依认为俄狄浦斯是一个血气方刚的青年，跟一个仗势欺压他的人争路，而错杀了他的父亲，并没有什么过错。要说错误的话，也只是“一种不相识的简单错误”，从他身上看不出要我们净化什么，观众以他为榜样，也看不出有什么可以改正的地方。至于在提厄斯特身上，既找不出什么“普遍品德”，又找不出“这个不算犯罪然而把他投入逆境的过失”。他是一个勾引其嫂子的乱伦者，他的不幸完全是由他的乱伦之罪造成的，观众不会犯这种罪，对他的怜悯不至于形成起净化作用的恐惧，“因为观众和他毫无相似之处”。

另外，高乃依在亚里士多德关于悲剧以怜悯与恐惧为手段，来净化激情的原理的基础上，又进一步分析了悲剧是以什么手段来使人们的激情得以净化的。他指出亚里士多德所说的怜悯之情，是观众在观赏过程中，见到与自己命运相似的人身陷不幸而产生的一种情感，则恐惧之情却是深怕自己也遭受同样灾难而产生的。恐惧之情又引起观众产生一种避免遭受这种不幸的愿望，而这种愿望又促使他去净化自己的灵魂，抑制自己的欲望，矫正自己的行为，以免犯剧中人物同样的错误，遭受同样悲惨的结局。高乃依的悲剧《熙德》公演后，获得成功，但也遭到保守派的攻击，说他违背了“三一律”。

关于这个问题，高乃依认为诗人。有更多的变通权利。所谓“行动一致”，不应理解为仅表演一个孤立的行动，因为观众总是喜欢等待其他若干动作，来使戏剧情节相继发展，“只有借助于这种等待心情的唤起，才可能使剧中行动成为完整的”。所谓“时间一致”，不主张时间限制在一昼夜，如果题材并不严格规定行动所占的时间，特别是在规定了时间之后会使事件发展的可能性显得牵强附会的时候，“我宁愿让观众去想象行为的延续时间，绝不去规定事件所占用的时间”。一句话，要根据具体情况来扩大地点的广度，延长时间的长度。此外，高乃依还提出其他一些美学问题，如历史的真实性与艺术的真实性问题：“日常的”可能性与“非常的”可能性问题，塑造正面人物形象等问题都应予以注意。

三、处理悲剧的方法

亚里士多德详细解释了第一点，但是对最后一点却只字未谈，他下定义时所用的各种条件，只有这一点他未加阐明。他在《政治学》的末章，表示有意在这一篇论文中加以细谈，此其所以多数注释家们认为，现有的《宅诗学》并不完整，因为我们在这里看不见丝毫有关的论述。

不管怎么样，我相信谈他说过的话比起绞尽脑汁地猜他想说的话来，要相宜多了。他为这一个论点所建立的论点，有可能让我们对另一个做出一些推理，我们根据已掌握的材料，就能对没有流传下来的东西做出大致不差的见解。我在前一篇文章谈戏剧诗，说它有三种功用，除此以外，悲剧还有一种特殊的功用，即“借怜悯与恐惧，净化类似的激情”，这是亚里士多德下定义时所用的词句。这里告诉我们两件事：一件是悲剧引起怜悯与恐惧；另一件是悲剧借它们净化类似的激情。他说：“我们怜悯那些遭受不应遭受厄运的人们，看见我们的同类遭受厄运，我们畏惧自己遭受同样的厄运。”

这样说来，怜悯包含我们看见的受难者的利益，接踵而来的恐惧又关系到我们自身的利益。单只这段话，就足能启发我们探索激情在悲剧中净化的方式了。我们看见与我们相似的人们遭受厄运的怜悯，引起我们自己遭受同样厄运的恐惧，这种恐惧引起我们避免厄运的愿望；这种愿望促使我们从心里净化、节制、改正，甚至于根除，那在我们面前把我们怜悯的人物投入这一厄运的激情。也正由于这一自然而又不容置疑的共同的理由，为了避免后果起见，才非消除成因不可。

信从这位哲学家的注释家们的人们不喜欢这种解释。这一段话使他们感到困难，各执一词，保尔·拜尼归纳成 12 到 15 种，不同的看法，一一反驳，随后又提出自己的看法。他的看法和我的看法在推理上一致，不过有一点不同，那就是他把怜悯和恐惧的作用限制在帝王与公侯方面，理由也许是：悲剧能使我们恐惧的，只是我看见我们的同类遭受厄运。如果只是帝王与公侯遭受厄运，这种恐惧自然也只能在和他们地位相当的人们那里起作用。显然，他对“与我们相似的人们”几个字的理解过于死板。

他没有注意到，亚里士多德举的例子，是在雅典上演的剧本，并用它们来建立他的法则。雅典当时并没有国王。这位哲学家没有保尔·拜尼加给他的那种想法，给悲剧下那种效果很少出现、只对有限几个人有用的定义。不错，悲剧里的主要角色通常总是国王，观众也没有权利可以和他们比拟，从而畏惧他们遭受的厄运。但是如同观众一样，这些国王也是人，而观众也能由于激情的发生陷入厄运。他们容易接受一种以大喻小的推论：一位国王如果由于受野心、爱情、仇恨和报复的支配，陷入巨大的厄运，能让观众怜悯，那么作为一个普通人，就更该控制这样的激情，以免陷入同样的厄运。

何况舞台上也不必只演国王们的灾难，其他人们的灾难，只要相当显著、相当奇特，值得写成悲剧，历史对他们也相当留意，有所记载，就可以搬演。

赛达斯虽然只是琉克特的一个农民，只要我们舞台的淳朴风尚能许可在这里谈起他的两个女儿被奸污的事实，我不会认为他的灾难就不值得搬演的，这恐怕不太可能，因为即使有一位女圣者做保证，卖淫也不能被许可在舞台上出现。

为了提供产生这种怜悯和这种恐惧的方法，亚里士多德似乎一定要我们这样做，就帮我们选择能激起二者的人物和事故。针对这一点，我设想我们的观众既不全是坏人，也不全是圣贤，而是具有普通品德的人们，他们并非百分之百的规行矩步，容易被激情左右，也能有激情过重的人们的危险。我的设想是很实际的，根据这种设想，我们就好研究哪些人被这位哲学家排除于悲剧之外，从而再进一步考察他认为完全适合于悲剧的那些人。首先，他不愿意“一个坏人由逆境转入顺境，因为不仅不能从这种结果产生怜悯或者恐惧，甚至于我们所宠爱的主角的幸运给我们；随之而来的喜悦的自然之情都不能感动我们”。

坏人陷入厄运，由于我们对他的厌恶，反而使我们喜欢；但由于这是一种公正的惩罚，就不能使我们怜悯，或者引起任何恐惧，尤其由于我们不像他那样坏，不会犯他那样的罪，不会害怕那种悲惨的结局。其次，他不愿意“一个非常有德行的人由顺境转入逆境”。他认为“这不产生怜悯，也不产生恐惧，因为这是一件完全不公平的事”。有些注释家强调形容事故的那个希腊字，甚至于把它译成“可恶的”。

我补充一点：这种变故激起对坏人的愤恨，比对受难者的怜悯更大，这种感情不在悲剧范畴之内，如果处理不当，就会堵塞悲剧应该产生的感情，会使观众由于满怀都是和怜悯混杂在一起的愤怒，而有所不满。只有怜悯单独存在的时候，观众才会喜悦。所以只好在这两类极端之间折中一下，选择一个人不完全好，也不完全坏，由于一种过失或者人性的弱点，才陷入他不该陷入的逆境。

亚里士多德举的例子是俄狄浦斯和提厄斯特。我对他举的例子实在不大了然。我觉得俄狄浦斯一点儿过失也没有，俄狄浦斯只是作为一个有血性的人跟一个仗势攻打他的陌生人争路罢了。然而由于那个希腊字也可以引申为一种不相识的简单的错误。正如俄狄浦斯那样，所以我们就算同意这位哲学家的看法，但是我看不出他要我们净化什么激情，也看不出我们从他的榜样可以改正自己什么缺点。不过对于提厄斯特，我却找不出他有什么普通品德，也找不出这个不算犯罪然而把他投入逆境的过失。如果人们先看他的历史，后看他的悲剧的话，他是一个诱奸嫂氏的乱伦者。

如果在悲剧里看他的活，他是一个真心相信兄长的话和他言归于好的人。就前一种情形看来，他是一个人罪人，但就后一种情形看来，他是一个人好人。如果我们认为他的逆境是他乱伦的后果的话，观众不会犯这种罪，对他的怜悯决不至于形成起净化作用的恐惧，因为观众和他毫无相似之处。如果我们把他的祸殃归咎于他的诚意的活，某种程度的恐惧可能在我们的怜悯之后出现，但是它所净化的，只是一种对和解后的敌人的轻信。与其说轻信是一种恶习，不如说是正人君子的一种品格。这种净化作用只会驱除对和解的诚意。所以老实说，我并不理解它的意义。

四、悲剧可以净化激情

一切按照个人的情况和行径部分地得到净化。一个极恶的人遭受厄运，引不起怜悯，也引不起恐惧，因为他不配怜悯，同时观众也不想他那样坏，看到他受惩罚，不会有物伤其类的恐惧。我还应进一步说，如果悲剧可以净化激情的话，我认为只能按照我解释的方式进行，但是我不相信它做得到，甚至于具有亚里士多德所要求的条件的那些悲剧，也做不到。《熙德》具有这些条件，所以获得巨大的成功。罗得黎格和希梅娜是受激情驱使的正直人，激情使他们不幸，因为他们的不幸是和彼此之间的激情相为比例的。他们陷入逆境，由于我们全可能有的人性的弱点。

他的不幸使人怜悯，并且有持久的力量，足能感动观众流泪，这是不可否认的。这种怜悯可以引起一种陷入同样逆境的恐惧，从我们心里净化那促成他们的不幸并使我们怜悯他们。但是我不知道它是否引起恐惧，是否会加以净化。我担心亚里士多德关于这一点的推论只是一种美好的幻想，从来不会产生实际的效果。看过演出的人们可以作证。他们不妨向他们的心的深处追问一下，回忆一下戏里什么感动他们，看看是否能从这里发展到这种有意识的恐惧，是否能在他们这里改正造成他们抱怨的屈辱的激情。

有一位亚里士多德的注释者说，亚里士多德之所以谈到悲剧中激情的净化作用，只是为了反对柏拉图。柏拉图把悲剧诗人从他的共和国里贬逐出去，因为他们感动的力量太强。为了反对这种说法，亚里士多德指出，从文明的国家把他们贬逐出去，外不相宜。他希望从那些心灵的激动找到这种功用，用柏拉图贬逐他们的同一理由来抬高他们。他缺乏实例形成的印象所产生的效果：因为惩恶扬善，在我们的悲剧里，虽然司空见惯，在他的世纪里，却还没有用过。

此外，只有格言和教诲性的文章能起有效的功用，然而照他看来，又可以略而不用，所以无法给悲剧找到一种有效的功用，他就拿一种可能只是幻想的功用来充数。至少，为了产生这种功用，如果必须具备他所需要的条件的话，这些条件却绝少遇在一起，罗保尔太劳只在《俄狄浦斯王》里找到这些条件，认为这位哲学家没有规定它们是绝对必要的，一旦有了它们就有缺点，而是仅仅把它们看作悲剧的完美观念。我们的世纪看到《熙德》具有这些条件，可是我不知道是否许多其他作品也有这些条件。

如果我们再看一遍这条法则，就会发现；许多作品不遵守这条法则，却也得到了成功。排除陷于逆境的品德高尚的人物不用，就从我们的戏剧把殉教者贬逐山去了。波留克特不遵守这条法则，也很成功。希拉克略与尼高梅德也很受观众欢迎，虽然只能引起怜悯。没有任何东西让我们恐惧，没有任何激情让我们净化，因为我们看见他们备受迫害，濒于死亡，然而他们没有任何过失，所以我们不能让他们来改过。尽管发现通过怜悯和恐惧来完成激情的这种有实效与可感受的净化作用有困难，我们和亚里士多德取得一致的意见还是容易的。

我们只要这么一说，也就了然了。就他述说的方式看来，他不认为这两种手段总在一起提供这种作用；照他看来，二者之中有一个，就能完成这种净化作用，只是有这么一点儿区别，怜悯没有恐惧就不能起净化作用，而恐惧没有怜悯还可以起净化作用。在《熙德》里，伯爵之死没有引起怜悯或恐惧，但是可以净化我们那种对旁人的荣誉有妒意的傲慢，对比之下，我们虽然十分怜悯罗得黎格利希梅娜，但也不能净化这种使他们二人互相怜悯的强烈的爱情的依恋。观众可以对安调库斯、尼高梅德和希拉克略起怜悯之心。但是如果仅止于此，如果不能害怕陷入同一的逆境的话，就不能说他治好了任何激情。

相反，观众对克娄巴特拉、普禄西亚斯和佛卡斯毫不同情。这是一个执意不把财产还给子女的母亲、一个听任后妻虐待前房子女的丈夫、用暴力夺取别人的财产和尊位的人，这种对类似或者临近的灾难的恐惧，是能得到净化的。不过对罪行加以区别，也不就不相宜。好人可以由于激情冲动而犯罪，恶果可能在观众心里起作用。一位正人君子不到树林的一角去抢劫，也不会铁青着脸害人性命。不过如果他妒忌心重，就可能哄骗他的情敌，就可能不加思考，一怒杀人，就可能由于野心，犯罪或者干出痛心疾首的事来。

世间很少像《萝陀古娜》里克娄巴特拉那样的母亲，害怕把财产还给儿女，愿意杀死或者毒死他们，不过有好些母亲，贪恋财产，只在万不得已时，让出管理权，并且尽可能地拖延不让。她们虽然干不出像叙利亚王后干的那样狠毒、那样违反天性的事来，但是干这种事的心思多少总有一点儿。所以她们看见克娄巴特拉受到正当的惩罚，感到恐惧。不是害怕遭受同样的厄运，而是害怕遭受和自己的罪过相称的灾难。类似这样的情形，还有别的一些罪行，不在我们的观众生活范围以内。读者不妨根据这个例子加以广泛地检查。在《西纳》里，奥古斯都的芥蒂和犹疑可能通过怜悯和恐惧的混合力量，取得最后的效果。不过如上所述，我们所怜悯的人们，只是那些由于自己的过失而遭受厄运的人们。如果他们是无辜的，我们对他们的怜悯就发展到恐惧了。如果我们感到净化我们的激情的恐惧的话，这不是促使我们怜悯的人引起的，而是另外一个人引起的。这完全是由于看到实例，我们才感到恐惧的。

五、对亚里士多德的理解

俄狄浦斯具有适于悲剧的全部条件，可是他的厄运仅仅引起怜悯之情。我不相信那些可怜他的人，看见舞台上的形象，就会担心谁会杀死自己的父亲或者娶自己的母亲。如果他的搬演能使我们产生若干恐惧之情，而这种恐惧之情还能帮助我们净化某种可指摘的或者不良的倾向的话，也就是净化预知未来的好奇心，阻挠我们去求问卜罢了。这些预言一般只起这样的作用：我们越是竭力避免厄运，越会堕入预言的厄运之中。

因为如果没有神谕预先告诉俄狄浦斯的父母，他会杀父娶母的话，父母也就不会害怕神谕灵验，把他抛弃了，他也就决不会杀父娶母。所以不仅是拉萨俄斯和伊俄芦斯也引起这种恐惧，而且还是由于他们在剧情发展的前四十年所犯的一种过失的形象而引起的。我们的印象来自主角之外的一个人物和悲剧之外的一个事件。如果我们愿意推敲一下亚里士多德从悲剧中排除那些他不赞成的事件的理由的话，我这里的解释就会得到他的许可。他从来不说：“这件事对悲剧不相宜，因为仅仅引起怜悯，决不产生恐惧。另一件事也要不得，因为仅仅引起恐惧，决不产生怜悯。”

用他自己的话说，他摒弃这些事件，“因为它们不能引起怜悯之情，也不能引起恐惧之情”。这话告诉我们，他不喜欢这些事件，因为它们不能引起这两种激情，但是它们如果产生二者之一，他就不会加以拒绝了。所以举俄狄浦斯的例子，证明我这种想法是对的，照亚里士多德看来。转入下文以前，我们不妨暂作小结，确认悲剧的完美就在通过主角来引起怜悯和恐惧，例如《熙德》中的罗得黎格和《戴奥道尔》中的波拉西德。

不过这也不就那样绝对，我们还是可以借用各种人物来引起这两种感情，《萝陀古娜》就是这样的，甚至于只引起其中的一种感情。例如《波留克特》，演出只引起观众的怜悯，并不能引起恐惧。把这一点谈清楚了，我们再稍稍削弱一下哲学家这些严格的法则，或者至少找出一种广义的解释，避免把许多今天成功的剧作加以贬责。亚里士多德极不愿意一位真正无辜的人陷入不幸，因为除去可憎之外，这引起对迫害者的愤怒比对他的厄运的怜悯要大，他也不愿意一个极恶的人陷入不幸，因为他不能引起对他应得的厄运的怜悯，也不能使一些和他并不相似的观众恐惧。

但是这两种，理由不存在的时候，例如一个受难的好人引起的怜悯比他的迫害者引起的愤怒要大，或者对大罪的惩罚，能改正我们心里若干和他有关联的缺点，我认为决不应该因此就反对在舞台上搬演极好的人或者极坏的人遭受厄运。这里有两三种方式，也许是亚里士多德所预见不到的，因为当时的戏剧没有留下这样的例子。第一种，一个极好的人受到迫害，甚至是由于另一个人的命令而丧命，而后者又没有坏到令人深恶痛绝的地步，与其说他是在迫害中犯了罪，不如说他是表现了弱点。

费利克斯促成他的女婿波留克特死亡，不是由于我们万分厌恶的那种对基督徒的疯狂仇恨，而仅仅是由于他不敢在赛外尔面前救他，他怕他在赛外尔困陋时对他的蔑视会引起他的仇恨和报复。大家对费利克斯是有些厌恶的，也都鄙弃他的行为，但是这种厌恶不比对波留克特的怜悯更强，也阻止不了他在剧终时，奇迹一般皈依基督教，使观众和他完全和解。《尼高梅德》中的普禄西亚斯和《戴奥道尔》中的瓦朗斯都是这样的。普禄西亚斯恶待他的儿子，虽然他的儿子品行很好，瓦朗斯造成儿子的死亡，儿子为人也很好，但是两个人只是有些弱点罢了，还没有达到犯罪的地步，不能引起强烈的愤怒，阻挠对他们高贵儿子的怜悯之情。

他们畏惧强权，唯命是听，按说就该抗拒才是，这种两难的处境，使人对他们和他们可耻的策略，不至于一点儿同情没有。另一种方式是一个极好的人被一个极坏的人迫害，逃出危险，例如《萝陀古娜》和《希拉克略》就是这样的，安调库斯和萝陀古娜在第一个剧本里死了，希拉克略、皮耳什里和马尔先在第二个剧本里死了，而克娄巴特拉和佛卡斯反倒胜利了，观众一定会看不下去的。他们的厄运所引起的怜悯，决不是对迫害者的憎恨所抵消得了的，人总希望出现一种有利的变化防止他们受害，佛卡斯和克娄巴特拉虽然罪大恶极，不会使观众害怕。自己也犯这样大的罪，他们的悲惨下场到底还能对观众引起我已经说过的作用吗？

六、怜悯之情的作用

怜悯之情，在我们的戏里，起很好的作用，亚里士多德帮我们找到一套产生怜悯之情的方法。他说："一切行动不是发生在朋友之间，就是发生在仇敌之间，或者漠不相关的人们之间。一个人杀死或者企图杀死他的仇敌，产生不了任何怜悯之情，只是听说或者看到一个不相干的人死了，难免激动而已。一个漠不相关的人杀死一个漠不相关的人，不会使人更为激动。"

尤其是在杀人者的心里不能引起任何斗争，就越发不会使人激动了，但是只有发生在血亲或者感情使利害相共的人们之间，例如丈夫杀死或者将要杀死妻子，母亲杀死或者将要杀死她的孩子的事故，兄长杀死或者将要杀死妹妹，才对悲剧十二分相宜。道理是清楚的，天性与激情的冲动或者与严格的责任的对立形成强烈的激动，是观众所乐于接受的。观众对这样一个不幸的人是容易怜悯的，迫害他的人正是理应用心保全他的人，所以有时候迫害他，不是由于痛苦，就是至少心里不情愿。如果奥拉斯和居里亚斯不是朋友和舅舅的话，如果控诉罗得黎格的不是他的情人而是另外一个人的话，就决不会有人怜悯了。

如果换一个人向安调库斯要他的情人的性命，而不是他的母亲，或者要他的母亲的性命的不是他的情人，或者由于兄弟的死亡，他担心自己会同样被人暗害，而戒备的对象不是他的母亲和他的情人，那么，他的厄运就很难那样打动人了。因此，在迫害者与被迫害者之间、控诉者与被控诉者之间、陷害者与被陷害者之间的近亲、恋爱或者友谊的关系，在引起怜悯之情这方面，是一种大方便。不过这种条件也和我方才谈起的条件一样，并非绝对必要，也像前者一样，只针对完美的悲剧而言。至少古人并不总在遵守。我在索福克勒斯的《埃阿斯》和《菲罗克忒忒斯》中就没有遇见。

如果有谁肯从头到尾翻一下埃斯库罗斯和欧里庇得斯的现存剧本，还可以遇到另外一些例子和前两个例子加在一起。所以我说这两个条件是为完美的悲剧用的，不等于说，缺少这两个条件的悲剧就不完美。那就等于把这两个条件变成绝对必要，我自己的话前后不符了。

我说完美的悲剧，是指最卓绝和最感人的悲剧而言；缺少这两个条件或者其中之一的悲剧，只要大致合乎法则，仍然可以在它们那一类算是完美的，虽然格调不如前一类悲剧高。假如它们不借助富丽的诗句或者辉煌的场面或者其他题外的点缀，也就达不到前一类悲剧的美丽和光辉。在亲属之间发生的那些悲剧性的行动里面，应该考虑一下企图害人的人认识不认识对方、完成还是没有完成罪行。这两种行动的方式的不同组合，形成四类悲剧。

"认识他企图害死的人，也确实把他害死，例如美狄亚杀死她的孩子，克吕泰涅斯特拉杀死她的丈夫，俄瑞斯忒斯杀死他的母亲。"这是最不足道的。不认识对方而把对方杀死，杀死之后才发现相识，因而极其痛苦；有的发生在悲剧以前，如俄狄浦斯。有的发生在悲剧之中，如阿斯堤达马斯的《阿尔克墨翁》和《俄底修斯负伤》中的忒勒戈诺斯。两个剧本如今都失传了。依照亚里士多德的说法，第二类比第一类更高。

"一个人不知道自己和正要杀害的对方有亲属关系，由于发现及时，对方因而得救，例如伊菲革涅亚正要杀死俄瑞斯忒斯，向狄亚娜献祭，发现他是她的兄弟，就一同逃走了。"第四类是认识对方，进行杀害，又不完成，亚里士多德认为这一类根本要不得。因为"这相当乏味，缺乏悲剧性"。他举的例子是《安提戈涅》中的海蒙，拔剑要杀他的父亲，结果却自杀了。

不过这种谴责如果不加以修改的话，就会牵连过多，不仅《熙德》要包括在内，就连《西纳》、《希拉克留》和《尼高梅德》也都要包括在内了。我们说，这些谴责仅对这些人适用，他们认识自己企图杀害的人，却又改变了主意，不过也没有什么重大的事故促使他们改变主意，也不缺少这样做的力量。我已经指出过，这种解决方式是有缺陷的。但是如果我们已经尽了最大的努力，然而由于更高的力量或者由于命运的转变，他们不仅达不到目的，反而一命先亡，或者反而受制于对方，不能有所作为，毫无疑问，可以成为一类比亚里士多德承认的三类还要卓越的悲剧。亚里士多德之所以没有谈起这类悲剧，原因是当时舞台上看不到这类例子。

借坏人的覆亡来保全好人的方式在当时并不通行，除非好人也给自己添点儿罪恶，例如厄勒克特拉，怂恿兄弟，并帮助兄弟杀死母亲，解除所受的迫害。希梅娜的行动并没有缺陷，因为她尽她的可能想害死罗得黎格，虽然没有做到，可是在她来说，已经从国王那里得到她所能得到的公道，就是处以决斗的方式，而那位可怜的情人的胜利，自然也就使她无话可说。西纳和他的爱米莉没有害死奥古斯都，并不违反这条法则，因为密谋泄露，他们无能为力了，如果奥古斯都表现的意想不到的宽恕还不能消除他们的仇恨，他们也就未免太不通人情了。

克娄巴特拉不是费尽心机地想除掉萝陀古娜吗？佛卡斯不是念念不忘地要处死希拉克略吗？如果普禄西亚斯始终大权在握的话，尼高梅德会不会去罗马做人质，忍受比死还苦的折磨？克娄巴特拉和佛卡斯承受他们罪行的惩罚，倒在为别人布置的阴谋里，并不反对普禄西亚斯的统治，在人民起义之后，被迫承认自己违法乱纪，希望牺牲长子的利益，促成幼子的权势，不料后者深明大义，不让他的阴谋得逞。我这样加以有利的解释，不是为了反驳亚里士多德，而是希望从他所排斥的第四种行动方式，找出一种比他所推荐的三种方式还要优美的新型悲剧。如果他当时看到的话，毫无疑问，他会特别赞赏的。这给我们的世纪增加光荣，并且毫不损伤这位哲学家的权威。

但是谈到其他三种方式，我不知道应该如何保持他的权威，因为我不得不颠倒他在三者之间所建立的顺序。从经验出发，怀疑他最不喜欢的一种，也许是最好的一种，而他认为最好的倒是最差的，理由是后者不能引起怜悯。一位父亲企图杀害对方，不知道他是自己的儿子，仅仅把他当作一个不相干的人或者一个仇人，不相干的人也好，仇人也好，甚至于依照亚里士多德的看法，他的危险不值得任何同情，只能在观众心里引起某种震动，使观众担心儿子在真相揭露以前被杀，希望真相早已经揭露，儿子能及时得救。这来自我们对一个能得人喜爱的好人的关切。

但是一经发现，也就只能引起一种同乐的感情，因为看见事情是照自己的希望实现的。发现原来在不识者死后，迫害者的痛苦所引起的怜悯，不可能有大的幅度，因为怜悯隐藏在灾难之中了。可是在真相大白之下行动，知道自己仇视的是什么人，激情与天性之间或者责任与爱情之间的战斗占据着戏剧诗的最好的部分，从而产生巨大与强烈的激动，不断增长并加深观众的同情。经验可以证明这种推论的正确。我们发现希梅娜和安调库斯比俄狄浦斯本人所能引起的同情大多了。我这里说俄狄浦斯本人，因为全剧引起的同情，也许有《熙德》与《萝陀古娜》一样多，不过这里有一部分同情却要归功于狄尔赛，而她所引起的同情不过是从一个插曲中借来的怜悯罢了。

七、悲剧是一种美好的装饰

我知道发现在悲剧里是一种美好的装饰。亚里士多德说过这话。亚里士多德关于悲剧完美性不同等级的那些话，对他的时代和他的同代人很可能是完全正确的，我在这一点上也没有什么要怀疑的。但是我不能不说：在喜欢这一类或者不喜欢那一类的看法上，我们的时代爱好和他的时代决不相同。至少他的雅典人所喜欢的，法兰西人就不一定喜欢，我不这样做，就无法解决我的怀疑，也无法对亚里士多德关于《诗学》的著作表示我们应有的全部的敬意。但是这也确实有不方便的地方。

意大利人在大部分戏剧诗里常用这种方法，由于使用过度，有时候反而丧失许多激动人心的机会。按说引人入胜的地方会更多的。在《克利斯伯之死》里，这一点分外明显，作者是意大利一位杰出的诗人——吉拉戴黎，剧本于1653年在罗马刊印。他当然不让君士坦丁知道克利斯伯的身世，仅仅让他以一个大队长的身份出现，直到被处死之后，君士坦丁才发现他是自己的儿子。这出戏充满了才情和高尚的情感，也正由于光彩耀目，难免就引起了对作者的攻击，并且一问世就引起了非难。但是把身世这样隐瞒起来，既无必要，又不符合尽人皆知的历史，取消了多少比他在作品里播撒的珠宝更为美丽的东西。君士坦丁判处死刑的，如若不是一个风尘仆仆的士兵，而是自己的儿子的话，他的激愤、骚乱、犹豫和痛苦就会另是一种样子的。

对克里斯伯来说，父亲的成见偏私比起君上的成见偏私就要刺心多了，但儿子的身份加强他的罪名，同时也增加看见父亲听信谗言的痛苦：甚至于福斯特准备犯乱伦的罪，比起决计犯通奸的罪来，内心的斗争要更激烈多了。他的内疚会更生动，他的绝望会更强烈。作者抛弃了这许许多多的好处，就因为他不屑于像当代耶稣教会那样，或者像我们的古人处理希波吕托斯的题材那样，处理这一题材，而自以为他依照亚里士多德的想法，把它提到一个更高的水平。我看怕是让它降到方才提起的那些作品之下了。

八、近亲之间的题材之见的研究

有两个问题和近亲之间的题材有关，我们在转入别的问题以前，不妨对他关于近亲之间的题材加以研究：第一个问题是诗人是否可以虚构这些题材；另一个问题是他能不能对他从历史或者传说中得来的题材加以改动。关于第一个问题，毫无疑问，古人虚构的自由很小，他们的悲剧环绕着少数家族活动，因为这一类事件过去发生在少数家族。所以这位哲学家才说：命运帮他们提供题材，并非艺术。

记得我在前一篇论文已经谈过了。不过他似乎把虚构的全部权利赋予诗人，他说："他们应当使用现成的故事，不然就该自己创造。"这句话如果不是这样宽泛的话，就会解决问题了。不过他既然按照发现的不同时间和行动的不同的方式把悲剧分成三类，我们正好对三类悲剧加以通盘地检查，看看把限制这种自由的区别弄弄清楚，是否相宜。

我将大胆地说出我的意见，以免别人加给我以反驳亚里士多德的罪名，只要我给三类之中的一类留下全面的自由。所以首先，我认为在某些悲剧里，有人存心杀害一个自己认识的人，完成也好，未能完成也好，这里没有任何自由来虚构主要的行动，只可以取自历史或者传说。这些杀害近亲的举动，多少总有犯罪的情况和违反天性之处，除非在历史或者传说中有依据，否则就令人难以置信。这些举动也决不会有可能性，然而没有这种可能性，诗人的虚构就不能得到认可；关于第二类，我就不敢这样断然加以决定了。

一个人和另一个人争吵，把他杀了，事后发现他是自己的父亲或者兄弟，肝肠寸断，要么没有什么不可能，因此也就可以虚构。可是另一方面，这种由于不认识而杀死父兄的情节是这样奇特、这样轰动。我们简直可以说显赫人物之间出了这种事，历史就不敢纰漏了，历史只字未提，我们就可以拒绝相信这样的故事。除去《俄狄浦斯王》以外，古代戏剧还没有给我们提供过任何这类的例子；我不记得在我们的史书里见过任何这类的例子。我知道这类故事传说的成分多于历史的成分。因此就可能是全部或者部分的虚构，但是古代的传说和历史是这样混淆难分，希望避免辨别上的错误，我们只好在戏剧中赋予同等的权威。我们只要不虚构那种本身缺乏可能性的东西也就成了。

既然是很久就虚构成了的，观众对它非常熟悉，搬上舞台观众自然也就决不至于大惊小怪了。奥维德的《变形记》显然全是虚构，人可以从这里提取悲剧的题材，但是不可以依样画葫芦，除非是穿插属于同一性质：理由就是，我们只该虚构有可能性的东西，像安德罗梅德、法艾东那样神话性的题材，完全缺乏可能性，虚构一些穿插，不过是给已然虚构出来的东西再添上一些虚构的东西，而这些穿插，在它们和主要行动的联系中，找到一种可能的存在，因此有人会说，既然设想先前能发生，像诗人描写的那样，就能发生。

九、对历史题材或者完全虚构的题材的研究

然而这样的穿插，对历史题材或者完全虚构的题材，并不相宜，因为它们和主要行动缺乏联系，会比它还要缺乏可能性。在《安得罗梅德》里，维纳斯和艾奥路斯的出现受到欢迎。但是如果我让丘比特下凡，帮尼高梅德和他的父亲和解，或者是让麦尔居尔向奥古斯都泄露西纳的阴谋，我会激怒我的全体观众，这一奇迹也会破坏余下的行动所获得的全部信心。那样用降神来解决的方法，在希腊的悲剧里是很常见的，看上去像是符合历史，其实也只是符合可能性罢了。

所以亚里士多德没有完全加以摒弃，仅仅对来自题材的解决方法加以重视，而对解决的方法加以贬抑，也就满意了。我不知道作为它们裁判的雅典人怎么样加以评价，但是我方才举出来的两个例子，也就足以说明，我们效仿这种信笔所指的方法是危险的。也许有人要对我说，神这样出现，没有意思要我们喜欢，因为我们明明知道这是假的，而且冒犯我们的宗教。对希腊人就不存在这种问题了。我承认应当照顾观众的风俗，尤其是应当照顾他们的信仰，但是大家也应当承认我们笃信天使和圣者显灵，起码也会像古人笃信他们的阿波罗和他们的麦尔居尔那样真挚。

可是如果在佛卡斯死后，为了解决希拉克略和马尔先的纠纷，我搬出一位天使来，有人会怎么说吗？一出戏写的是基督徒，天神在他们中间出现与古代的神在希腊人中间出现一样，会是正确的。然而这样一来，一定会让这出戏变得滑稽可笑了。只要有一点点常识，就会同意我的看法。所以还是让我引一段话“古人的一切不都是好的，我们这时代也能给后人留下许多值得赞赏的匠心之作”。

十、几类悲剧

现在谈一下第二类悲剧：我们在希腊人那里看不到这类悲剧，看上去好像不是它们的作者虚构的。传说给他们提供了若干材料也是可能的。我缺乏尖锐的眼力看清问题，决定欧里庇得斯的《陶洛人里》，像不像他的《海伦》和《伊翁》那样。他的虚构，还是借自另一位作家。不过我相信我可以说，很难从历史找到这样的故事，也许是由于太罕见，也许是由于不够显著，在历史中还不配占一席之地。我能想起的唯一例外，就是忒修死亡的故事。他的父亲是雅典国王，正要把他处死，认出他来。

不管怎么样，那些喜欢搬演这类事的人，可以不怕指摘，加以虚构。这类题材能在观众心中产生一种快意悬置，但是不必指望它们勾引观众多流眼泪。第三类悲剧。只在杀害之后才发现对方是自己的父亲或者儿子。说过这番题外话，我再说一句话也就够了。我决不谴责任何人虚构，可是我也决不允许自己那么做。第三类悲剧就不感到任何困难了。既然这里一切是可能的，一切依照自然感情的共同式样亦步亦趋，我们不仅虚构，我甚至于还疑心，强迫诗人向历史寻找这类题材，会不会取消。

十一、历史或者传说借来的题材能不能加以改动

显然环境或者你喜欢的话，促成行动，我们处理，也是事实。历史往往不加以突出，或者极为简略，要戏充实，就不得不有所弥补。另一个问题是历史或者传说借来的题材能不能加以改动。亚里士多德似乎已经用明确的词句把它解决了。他的现成的题材不应加以改动。克吕泰涅斯特拉只该被俄瑞斯忒斯杀死。厄里费勒只该被阿尔克迈翁杀死；被别人杀死都不可以。但是这种决定可以稍稍加以突出和限制。甚至于这里还可以做出这样的推测：从前读过记载的观众，不一定就全记得住，发现我们在这里做出的改动，指责我们妄加改动。如果观众看出我们改动主要行动，指责就免不掉了。

这么一做倒不要紧，牵连到别的部分也不被相信了。相反，历史在结局上给观众留下一种最深刻的印象，看见此外的部分也在朝着他知道是真实的结局进行，就很容易相信了的。克吕泰涅斯特拉之死可以做我方才说的这些话的例证。索福克勒斯和欧里庇得斯两个人都用过这个题材，可是彼此的

“结”和“解”完全不同。他们保留主要行动，所以用的虽然是同一题材，但写成的剧本却不一样。

应该像他们那样保留主要行动，小过也必须考虑一下主要行动是否太残酷或者难以搬演，因而可能降低观众对历史应有的信心，何况观众处在那些把传说也当作事实的人的地位，连传说也愿意取得信心。既然可能有这种不便之处，最好还是让事故露面，仅仅通过叙述加以揭露。这比正面刺激要小些，我们用起来也容易多了。由于这种理由，贺拉斯不赞成美狄亚当众杀死她的孩子，或者阿特柔斯当众炙烤堤厄斯忒斯的孩子。这种可恶的行动，引起一种不相信的反感。普洛克涅变成卡德摩斯变成蛇，表演几乎是不可能，冒险演给观众看，也会引起观众的不相信。

你若搬演这些给我看，我不但不相信，反而厌恶。为了减少或者消除这种历史事件带来的危险的厌恶，我希望主角不参与这种行动，我们应当经常让观众对他保存好感。克娄巴特拉杀死赛乐居斯以后，拿毒酒给她打猎回来的另一个儿子安调库斯喝，王子猜出酒里有毒，就逼她用酒毒死自杀。如果我原封不动，加以搬演的话，就成了拿弑母来惩罚儿子，观众会厌恶安调库斯的。

所以还是让克娄巴特拉自己毒死自己，因为发现她的仇恨和险诈的阴谋要被揭露，走投无路，就服毒自尽了，同时还借此打消一对情人的疑问，要他们和自己同归于尽。这样做有两种效果：一是观众对安调库斯的同情与友谊不但没有丧失，反而有所增加。最后，虽然有所改动，但是历史事件却得以保全。或者这位狠心的母亲受到的惩罚可以成为最好的借鉴，因为这不是人间的报复，而是上天的报应。佛卡斯是一位暴君，杀死他算不得犯罪，可是毫无疑问，死于爱克徐拜尔之手，比死于希拉克略之手要合适多了。我们应当小心在意，尽量不使我们的主人公犯罪。

甚至于不让他们的手染上血，除非是光明正大的斗争。尼高梅德的父亲普禄西亚斯打算把他在军队中暗杀了，他从凶手那里知道了这件事，赶回国家，篡夺王位，迫害那可怜的父亲藏到一个山洞里，又派人把他暗杀了。历史是这样的。不过我没有这样写，我写他品德很高，干不出弑父的事来；掌握到那些害他的人的生杀之权，我就满意了。我不得不佩服我对克吕泰斯涅特拉之死又一种谨慎的想法。亚里士多德把它当作不可改动的例子向人们建议。我和他一样，愿意克吕泰涅斯特拉死在俄瑞斯忒斯的手中，可是我忍受不了索福克勒斯的写法：她跪在儿子面前，求他饶她一死，他依旧将她刺死。

我甚至于不能宽恕厄拉克特拉，她在戏里别的地方被当作受压迫的贤德姑娘处理，可是她怂恿哥哥弑母却那样残忍。这是儿子为父亲报仇，然而对方却是他的母亲。《萝陀古娜》里的赛乐居斯和安调库斯也有权利这样做，可是我不敢给他们一点点这样的念头。我们要观众喜爱我们的主角的做法不合古人的习惯，那些共和主义者十分仇恨国王，所以看见王族无辜的人们犯罪，也是高兴的。

如果按照我们的方式修改这种题材，俄瑞斯忒斯计划杀害的应该是埃癸斯托斯，对他的母亲应还保持一点儿温情、敬意，把惩罚留给神祇。由于这位王后执意要庇护她的奸夫，不幸来到他和她的儿子之间，王子本意是要杀死父亲的凶手，不料失手把她杀了。她像亚里士多德所希望的那样，死在儿子手上，但是不像索福克勒斯把俄瑞斯忒斯写得那样野蛮，引起我们的反感。他既然是无辜的，复仇女神就不该磨难他了。同样亚里士多德许可我们这样做，因为他告诉我们。诗人的职责不在于描述已发生的事，而在于描述按照可能性或必然性能发生或应发生的事。他经常强调“可能性”和“必然性”两个词，可从不作解释：我现在试着尽我的能力加以弥补，万一弄错了的话，希望得到宽恕。

我首先要说，他给我们留下的这种用可能发生的虚构来美化历史行动的自由我们在必要时排除可能的事物不用。这是他给我们的一种特权，并非强加于我们的一种义务。他的话再清楚不过。如果我们可以按照可能性或者必然性来处理事物，我们就可以放弃可能性，依据必然性，这种交替情况给我们带来选择的便利，我们觉得二者之间，哪一个最合适，就用哪一个。

诗人的这种自由，在第二十五章里，说的还应透彻，这里有对指责的答复，或者不如说是辩解。他说：“他应该按照这三种方式来处理事物；他表现它们，或者按照原来的样子，或者按照说起的样子，或者按照应当有的样子。”他让他就这三种方式来选择，或者是历史的真实，或者是传说所依据的公众意见，或者是可能性。他又补充说：“如果有人指责诗人所描写的事物不符合实际，以这样反驳，他是按照它们应当有的样子描写的。如果两样都没有做到，他就为自己辩解。他只依照公众的意见；如大家讲起神祇来一样，大部分都不真实。”接着又说：“有时候，人描写事物发生的方式不见得就是最好的，不过事实上我们确实是按照这种方式发生的。”

所以，那样写并不错。这最后一节指我们不该用可能有的装饰，帮悲剧的行动取得一种较好的形式，而离开真实。这一点在第二节说得分外明确，我认为描写不符合实际的时候，公众的意见足可以帮我们辩解。我们按照这种可能性探索美丽的话，我们很可能就会写得比原来写得还要出色。我们这样做，也许成就不会怎么高，但是这只可以说，对我们自己应当珍惜的名声关心不够，不能说是违反戏剧法则。

十二、关于可能性和必然性

为了弄清楚什么时候应当重视可能性，什么时候应当重视必然性，必须把构成悲剧的那些行动分成两种情况：

第一种在那些行动共同的联系之中，让一个行动从另一个行动生长出来；第二种就在那些行动本身之中，伴有时间和地点不可剥离的条件。第一种情况重视必然性，第二种情况重视可能性。关于可能性和必然性两个词，我的第二点意见是：这位哲学家说起它们来的次序，一时他说“按照必然性或者可能性”，一时又说“按照可能性或者必然性”。从而我得出结论：有时候应当重视可能性，有时候却应当重视必然性。理由就是，交替公式的后一个公式是一种最坏的打算；不能达到前一个公式，才不得不用后一个。

也就是说，应该尽力照前一个做，实在做不到，才用最后一个。必须把行动安排于最适当和最容易发生的地点，使它们在一种合理的从容不迫的期间发生，除非我们有必要非把它们关在一天和一地不可，就不要过分紧缩。我在另一篇文章里已经说过，为了保持地点是一个，我们常常让人物在一个公共场合说话，其实很可能是交谈。我相信用小说形式演述《熙德》、《波留克特》、《庞培》或者《说谎者》里的内容，会把发展的过程延长到一天以上，我们应当遵守单一的时间和地点，可是这样一来，我们就照顾不了可能性，尽管遵守不就等于许可写些不可能有的事。

《女仆》、《西纳》、《戴奥道尔》和《尼高梅德》，就和那几出戏不同。它们在时间上，没有必要排除可能性。戏剧不给我们留下把一切纳入可能性的大便利，因为我们想从戏里知道什么，并能依靠在观众面前短期间内呈现的人物，既然如此，我们也就很容易放弃可能性。也许有人认为，这不算什么放弃，只是答应我们获得一种更广泛的可能性罢了。不过既然亚里士多德允许我们按照必然性处理戏里的事物，我情愿叫嚣说，凡不同于小说中事物的发展方式，说准确些，只要不在可能性范围内，就应当排列在必然行动之间。这种化悲剧为小说的方法，是把必然的行动和可能的行动分开的试金石。

地点、时间和演出上的种种牵制，给我们写戏带来了困难，不能让许多人物在同时出现，唯恐有一部分人无事可为，或者打扰别人的行动。小说就没有这些束缚了，行动在这里有充分的时间发生。说话也好，活动也好，做梦也好，作者可以按照不同行动的特殊需要，把人物安置在一间房子里、一座森林里、一个公共场合里，他有整个一座王宫、整个一座城市、一个王国、整个大地，由着他们活动。

如果有什么事在三十个人面前发生，或者在他们面前讲述，他可以一个又一个，描写各式各样的想法。这是为什么，小说没有任何自由离开可能性，因为它没有任何理由或者正当的借口，弃置不用。《奥拉斯》可以提供的一些例证地点完全是一个，事事都在大厅里进行。可是如果拿它写一部小说，把我所写的场面，照它的特点，一场一场写下去，难道照旧也在这大厅中进行吗？在第一幕的结尾，居里亚斯和他的情人卡米叶去见家里另外的人；这些人应该在另一间房子里。在这两幕之间，他们听到奥拉斯三兄弟当选的消息。在第二幕的开始，居里亚斯来到这间大厅道喜。

写小说的话，他应当在听到消息的同一地点向全家人道喜，单单他们两个人在一边祝贺，决不符合可能性。但是在戏里就成了必然了。不这样做，奥拉斯兄弟三人的想法、父亲的想法、妹妹的想法、居里亚斯和萨比娜的想法就要一下子全表现出来。小说不需要当面看到，就可以写好，可是到了舞台上，就需要把他们分开，按照一定的顺序，一个一个应对。所以我用这一对情人开戏，就不可能不违背可能性，让他们到这间大厅里来。此后，戏就完全符合可能性了，不必按照小说的方式非这样或者那样不可。

在这里的结尾，萨比娜与卡米叶万分痛苦，满怀悲伤，走出了大厅，按照可能性，就要到自己的房间流泪去了。小说就会让他们一直待在自己的房间里，听决斗的消息。可是出于观众有看到她们的必要，萨比娜在第三幕的开始离开自己的房间，又回到这间大厅来了。她痛苦的焦急，卡米叶凑巧又到这儿来找她。此后，就像前一幕一样，符合可能性了。如果你愿意同样认真推敲一下最后两幕的开始，你也许会发现同样的情形。人物在每幕的结尾走出大厅；他们一旦走出大厅，就会把他们安排到另外的地方。这些例子足以解释，在不能按照可能性处理行动的时候，就可以按照必然性加以处理，关系到行动本身时，应当永远重视可能性才是。

十三、行动的联系

一个行动从另一个行动生长出来，因而必然就比可能性更为重要。这不等于说这种联系永远不该符合可能，而是因为这种联系同时符合必然性和可能性，就会更好。你可以在《西纳》里找到这两类联系的例证，我把这一个行动由另一个行动生长的方式叫作联系。西纳反对奥古斯都的阴谋是他对爱米莉的爱情所必然引起的，因为他要娶她，可是她只肯在这种条件之下嫁他。这两种行动一个是真实的，另一个是可能的，二者的联系是必然的。

奥古斯都的仁德使西纳良心不安、犹疑不决。这种良心不安和这种犹疑不决，只是这种仁厚可能引起的和它有一种可怕的联系，因为西纳本来可以坚强不屈，达到娶爱米莉的目的。他由于犹疑不决而和爱米莉商量，这种商量虽然仅仅是可能的，然而也是爱情的必然产物，因为如果他不征求爱米莉的意见，就把阴谋取消了，便永远不能达到娶爱米莉的目的。所以可以说是一个可能的行动从另一个同样可能的行动生长出来的必然产物。不过行动的联系却不是这样了。道理是容易了解的，这种联系仅仅符合可能性，然而并不符合必然性，戏可以不加以考虑，而且它在戏里也并不重要。可是它符合可能性又符合必然性，就变成戏剧本身的一个主要部分。如果没有这种联系，戏剧就难以存在。

十四、悲剧的三种分类

亚里士多德曾说："过去应有的事，都能发生，因为如果不能发生，过去就不会有。"我们所增益的东西，既然得不到历史的支持，就没有这种特权。在给可能性和必然性下定义和分类之前，我对构成悲剧的行动再说两句。我认为按照我们做出来的适当判断，可以分为三类：第一类照抄历史；第二类增益历史；第三类虚构历史。

第一类实有其事；第二类有时候符合可能性，有时候符合必然性；第三类应当永远符合必然性。既然实有其事，就不需费苦心再找可能性了，因为用不着它援助。这位哲学家又说："我们有一种自然倾向，相信没有发生过的事，不会有。”所以我们的虚构，需要最可能的严肃的可能性，为了使人相信。仔细推敲一下这两节话，我相信并且大胆给可能性下定义，说它在情理上是一件显然可能的事，既不显得真实，也不显得虚假，离他的想法并不太远。

我们可以把它分为两类：一类符合一般与个别的可能性；另一类符合日常与非常的可能性。一般的可能性来自一位国王、一位将军，一位情人、一位野心家等人可能或者适宜做的事。个别的可能性来自亚历山大、恺撒、亚西比德能做出来或者应该做出来的事和历史的记载也相符合。所以一切违反历史的事件都来自这种可能性，因为显然虚假。亚里士多德对这一点的要求似乎比较宽，因为他认为“诗人在本行以外的领域犯了错误，例如医学或天文学，是可以谅解的”。关于这句话，我补充这样一点：“只是在这种情况下，他才可以得到谅解；他犯了这种错误，却达到了他的艺术目的，因为他没有别的办法；即使如此，他也得承认：他这样做是犯了错误，最好是根本不犯。”

就我来说，如果必须接受这种谅解的话，我就要区别哪些部门他可以不知道而于心无愧，因为他在戏里很少有机会谈到，例如方才说起的医学和天文学。哪些部门他不知道，无论是全部不知道，或者是部分知道，就不能在任何戏里建立正确性，例如地理学和历史年代。因为不把行动放在一定的时间和一定的地点，他就不能搬演任何行动，所以与行动密切相关的时间和地点，如果选择不当，就得不到谅解。恺撒在法萨卢战役之后，仍和庞培保持友好的关系，或者奥古斯都在亚克兴战役之后，仍和安东尼保持友好的关系，就不符合可能了，虽然一般说来，在一次大战役之后，敌对双方的首领，主要由于彼此全有英雄气概，讲和还是可能的。

这种破坏可能性显然是虚假的，甚至于可以在纯粹虚构的戏里遇到，人可以在这里伪造历史，因为这里根本没有历史成分，可是作者不谨慎行事，时间和地点的条件不符，就能使他在伪造上受到责难。如果我写一位法兰西或者西班牙的国王，名字是随意拟的，可是我选择的时代，历史早已指明两个国家在这个时代的真正国王，伪造就很明显了。如果我把罗马放在离巴黎只有几十法里的地方，一天可以往返，作假就越发明显了。

有些事物，诗人没有权利改动。如果只是一些个别人物的行动，例如恺撒或者奥古斯都的行动，诗人可以对历史稍有出入，增益一些他们没有做过的行动，或者不照原来行动的方式。可以另换一种方式去写，但是决不可以颠倒年代，让亚历山大活在恺撒的时代，尤其不可改变地点的位置，或者著明的王国、州郡、城市、山河的名称。理由是这些州郡，这些长久就存在了，自古以来，它们的位置就是我们所知道的情况，除非历史另有明文记载，我们应该作为毫无变动，而地理学也告际了我们全部地点的古今名称。所以一个人设想在亚伯拉罕的时代，巴黎是在阿尔卑斯的山脚底下，或者塞纳河流过西班牙，并把这类荒唐的改变掺在一出虚构的戏里，就要滑天下之大稽了。

不过历史记载的是过去的事，它们一件接连一件，每件事只占用一段时间，写这些事的那些人，有许多情形是记不住的，所以历史上说起的地点所发生的事，或者历史上记载的人物所做的事，不能件件交代清楚。甚至于《恺撒战记》也不能例外，这还是恺撒自己写的，他应该了解全部历史情况。我们知道塞纳河和罗纳河在恺撒来高卢之前，流过哪些国境，可是在他来以前，那些地方发生过什么事，我们都极少知道，甚至于什么都不知道。因而我们可以安排一些在这时代以前我们设想发生的行动，但是不能借口诗的虚构和年月湮灭，就改变两地之间的自然距离。巴尔克莱在他的《阿尔皆尼》小说里用的就是这种方法。他在这里谈到西西里的城市、河流或者我们的州郡，用的都是真名字，虽然人物的名字，还有他们的行动，完全是他虚构出来的。

十五、日常与非常的可能性

现在我来谈一下另外一种区分即日常与非常的可能性。日常的可能性是一种比它的对立面更常发生或者至少一样常发生的行动，但是它的可能性还是相当有的，决不至于成为奇迹，也不至于成为流血的悲剧所习用的那些奇特的变故。这些变故有历史或者公众的意见作根据，它们之所以能成为事例，只是由于它们构成剧本的插曲，而它们之所以能使人相信，全靠这种根据。

亚里士多德说起这种非常的可能性，涉及两种一般的看法。举个例子：一个聪明伶俐的人被一个不及他聪明伶俐的人骗，或者一个体弱的人与一个比他强壮的人比武，反而赢了。尤其是公理在较钝的人或较弱的人这边，永远会受欢迎。好像是上天有眼，预先安排好了这种结局。何况这种结局满足观众的愿望，也就越发变得可信了，因为观众总是关怀行为正当的人的。所以熙德对伯爵的胜利，尽管不够真实，却也符合非常的可能性。

我们的哲学家说“有许多事发生，违反可能性，倒是可能的”。他们既然承认这些非常的后果发生，违反可能性，我倒愿意把它们简简单单说成是可信的，并归在必然一类，因为不符合必然性，就永远不该使用。可能有人引他这两句话反驳我。就诗而论，此种可信的不可能，应当甚于不可信的可能。因而得出结论，说我不该用我给可能性下的定义，对可能性提出要求，说什么要可信，就要显然是可能的。为了解决这种困难，并找出他没有举例说明的这种不可能。可信的性质，我这样回答：“有些本身不可能发生的事，似乎容易可能发生，因而换一种方式考虑，就可以相信了。我们伪造的历史就都是这样的，因为实际是另一回事，就连上帝都没有能力改变。”

丢开历史来考虑，暂时忘掉历史和我们的虚构不相符的地方，并且符合一般的可能性，就似乎显然是可能的《尼高梅德》里的行动都是不可能的，因为史实是尼高梅德没有会见父亲，就把他杀害了。他把王国抢到手的时候，他的异母兄弟还在罗马做人质。希拉克略的行动，同样也全是不可能的，因为希拉克略不是莫利斯的儿子，同时也不是作为佛卡斯的儿子在这位暴君家里养大的，而是正大光明，率领大军，从非洲的海边攻打他的，本来就是那里的总督，也许从来就没有见过他。

然而两出悲剧的事故，决没有被人认为是不可信的；那些知道与史实不符的人们，为了看戏时享乐起见，也不会有所介意，因为它们符合一般的可能性，尽管缺乏个别的可能性。传说里的神祇和变化，也都是不可能的，只是由于公众的意见和我们听惯了的那种令人迟钝的老话才是可信的。我们甚至于有权利如法炮制，拿同样不可能的事故和那些荒诞不经的传说来附会。观众的期待也至少不会落空，戏的题目使他们只准备在戏里看到实际上是不可能的事故，然而却处处可信。只要他们坚决相信这第一个假设，神祇有这种行动，他们关怀人类，并和人类来往，观众相信，此外一切就没有任何困难了。

十六、什么是可能性

我试图说明什么是可能性，现在我来给亚里士多德谈过很多的必然性，大胆下一个定义：我们有权改动历史，离开可能性，全靠必然性我认为，就诗而论，必然性不是别的，只是诗人为了达到他的目的或者使他的人物达到他的目的需要。这个定义的根源是由希腊字的几种含义而来的，它并不总意味着绝对必然，有时候只指有利于达到某种目的来说。人物的目的依照题材的多样性赋予他们不同的意图而不同。一个情人的目的是占有他的情人，一个野心家的目的是篡夺王位，一个被凌辱的人的目的是报复。他们为了达到目的而需要完成的事迹构成了必然事件。于是必然就能更受重视，或者说得精确些，在行动的联系和相互的依存必须用必然来补充可能。

我想我在这一点上已经解说清楚了，无须再费唇舌了。诗人的目的是按照先人的艺术法则使人喜欢。要人喜欢，有时候就需要加强美好行动的光辉，减弱悲惨行动的恐怖：这是美化的必要手段。诗人可以在这里改动历史，违反个别的可能性，然而不可以放弃一般的可能性，除非是为了一些绝顶美好而又令人眼花缭乱的光采奕奕的事物，才可以放弃，不过这种机会是极少的。尤其不该让行动超出非常的可能性之外，因为他虚构补充的这些装饰，没有绝对的必要。与其违反各类的可能性来装饰他的戏，不如完全割舍。

为了按照法则使人喜欢，他需要遵守时间的单一和地点的单一。这既然有绝对和绝不可少的必要，他在这两条法则上，比在美化上，自然就有更多的变通权。他在历史或者人的想象里，而前因后果的进程又都能在同一地点、同一天完成，到底是十分困难的，除非是对事物的日常顺序稍稍加以改动；我相信这种改动，不就百分之百地要不得，只要它不陷入不可能就行。假如你问我考虑诗人对这种自由的需要，他违反真实性和可能性的限度到什么地方为止，我对你做出准确的回答是困难的。我只能说，我们对某些事物是无权改动的，但对那些有权改动的事物，就该按照题材为人知晓的程度，加以或大或小地紧缩。

《奥拉斯》和《庞培》的历史是无人不知，我的自由就很受限制了；《萝陀古娜》和《尼高梅德》在我搬演以前，很少人知道他们的名字，我的自由就大多了。这里唯一的限度就是一切增添和改动，比保存在同一出戏里的历史来，决不可以更不可信。贺拉斯那句谈装饰性虚构的诗，就该这样了解才对。有些上好的题材，就免不了改动。一位小心谨慎的作者，不敢加以使用，害怕自己一时大意，超出可能性所能许可的范围，不料会使自己失去一次成名的机会，会让观众失去高度的享受。遇到这种情形，我不好向作者提一个也许对他有用处的建议。我的建议是不要事先固定戏里的时间，也不要决定安置人物的地点。

观众的想象不受这些标志限制，随着剧情的发展，驰骋自如。如果这些标志不提醒观众，不让观众在这方面多加注意的话，他们也就不会觉察到这种陷入不可能的形势。我一直后悔在《熙德》里让国王说他希望罗得黎格在打败摩尔人之后，休息一两小时，再和桑旭决斗。我这样做是为了表示戏在二十四小时之内，结局只是告诉观众。我把戏压缩在二十四小时之内就受到了牵制。假使我不说明时间，就把这场决斗解决了，也许观众不会注意到的。

我相信在喜剧里，诗人没有这种压缩行动的自由。他没有把它压缩在一天的必要。亚里士多德希望所有这里的行动都应该符合可能性，然而决不像对悲剧那样加上必然性这个字样。所以两者行动之间的区别是相当大的；喜剧的行动来自一些普通人，只是一些恋爱私情的诡计，在发展上，很容易一天就完成。普劳图斯和泰伦斯的喜剧的时间和演出的时间简直就长不了多少。但是在悲剧里，公众事务通常是和上场的显贵的个别利益交织在一起的，这里有战争、城市的陷落、重大的危难、政变等。

法则要我们在台上迅速地把这一切演出，显然是不容易办到的。虚构的目的在引人喜欢，因此必须切近真实。但是不该把意义扩展到历史或者传说里，找些与自己使用的题材无关的例证。同时贺拉斯尽可能用另一句诗解决这个问题，使用若谨慎，就可以享受自由。我就用这句诗结束我这篇文章，所以我们要有节制地用它，但也不必有什么顾虑，如果可能的话，根本就不用要拜领宽恕，也决不需要宽恕。

十七、戏剧要合乎观众的心意

没有人怀疑应当遵守行动、地点、时间三者的一致。只是何谓事件的一致，以及如何才能够把时间和地点的一致大大扩展的问题，却引起了不少的困难。虽然亚里士多德认为诗文戏剧的唯一均是要合乎观众的心意，虽然这类作品大部分是合乎观众的心意的，但我仍要肯定地说，有许多戏剧诗篇并没有达到艺术的目的。亚里士多德说："不能要求戏剧诗篇给我们各种快感，只能要它给我们一种它特别能给予的快感。"探索戏剧特别能给予的那种快感并把它传达给观众，就必须遵守艺术的法则，并按照一定的规则去满足人们的心意。既然艺术是存在的，这种规则显然也是存在的。

十八、诗人应当根据可然律和必然律来处理自己的题材

诗人应当根据可然律和必然律来处理自己的题材。亚里士多德是这样说的，所有他的解释者也都重复着这句话，仿佛这句话在他们看来是如此明白易解，以致他们之中无一人曾就这种可然性和必然性的确切含义对我们确切说明（连亚里士多德本人也未加以说明）。许多解释者甚至极少注意到必然性，然而在亚里士多德的见解中却总是把必然性与可然性相提并论的（论及喜剧时例外）。

因此，他的解释者们便肯定了一个错误的原则，即悲剧的题材似乎应当是可然性的。这样一来，被他们用来作为题材的条件的，只不过是亚里士多德所提出的关于题材处理方法的见解的一半而已。但这并不是完全可然性的题材不可能写成悲剧。不过，富有重大意义的题材，也不是能够引起强烈的情欲，并表现出心灵中情欲的冲动与天职的准则或良知的要求形成对立的题材，总是成为可然性的界限。如果这种题材没有被一向令人信服的历史权威所汇实，或者没有被早已获得一定的修养并博得观众信服的社会公论所证实，它们便丝毫也不可能使观众相信。

克里泰墨斯特拉杀死自己的丈夫，俄瑞斯忒刺死生母，这都仿佛是不可信的。但是，历史证实了这些事，所以对于这些巨大罪行的描写，并不致引起观众的怀疑。同样，被献给海妖的安德洛墨达，后来被双足生翼的飞骑解除了威胁着她的死亡故事，也是不真实、不可信的。这是个神话，它早已被古人接受了，古人又把它留传给我们。现在，当我们看见舞台上出现这段神话的时候，谁也不觉得自己受到了侮辱。

十九、古代悲剧

古代悲剧只描写了少数家庭的命运，因为在少数家庭里发生了才称得上是悲剧的事件。在以后的若干世纪中，我们得到的充分材料足以超越这种范围，所以便不必再踩上希腊人的足迹。但我并不认为这些材料可以使我们任意拒绝古希腊人的原则。可能的话，应当吸收这些原则，并把它们传达给我们。

二十、题材的条件

把爱情事件写入悲剧也是完全适宜的，因为它本身总是包含着不少的快乐，并能作为国家利益以及我在上面所说的那些情欲的基础，但须使爱情事件处于剧中的次要地位，把首要地位让给国家利益和其他的情欲。题材的条件在悲剧与喜剧中是各不相同的。亚里士多德规定喜剧只是模拟低下而狡猾的人物。悲剧的庄严要求表现出某种巨大的国家利益和某种比爱情更高尚、更强烈的情欲，譬如争取权力或复仇，它要求表现出比失去情妇更严重的不幸，以便引起恐惧之情。我不能不说，这个定义并不令我满意。按照亚里士多德的说法，戏剧是对行动的模拟。但亚里士多德只谈到人物的身份，并没有应该模拟什么样的行动。

不论此种定义是与他所处的那个时代的风俗有关，因为当时的喜剧是描写身份极为低下的人物。但对我们的时代说来，这个定义便不完全正确了。如今在喜剧里甚至可以描写国王，如果他们的行为并不高出于喜剧的境界。当舞台上只表现出国王之间一般爱情的倾轧，当无任何危险威胁他们的生命和国家的时候，虽然人物是光辉的，但我并不以为这种行为能够提升到悲剧的光辉境界。

二十一、喜剧和悲剧的不同之处

悲剧要求表现剧中人所遭遇的巨大的危难，喜剧则满足于对主要人物的惊慌和烦恼的摹拟；而这两者的共同之处在于它们的行为都应当是完整的。也就是说，在二者所描写的事件中应当使观众深切地感觉到参与事情的人的感情，使他们离开剧场时神志清明，不存一点儿疑问。喜剧和悲剧的不同之处，在于悲剧的题材需要崇高的、不平凡和严肃的行动，喜剧则只需要滑稽可笑的事件。

二十二、行动的一致

我认为行动的一致，对喜剧说来，就是倾轧的一致，或喜剧中主要人物的意图所遭到的阻碍的一致。对悲剧说来，则是危局的一致，它并不以主人公战胜了危局或在与危局斗争死亡为转移。我并不因此而否认把几种危局同时写入悲剧，或把几个倾轧或阻碍同时写入喜剧的可能性，只要其中的一种危局或倾轧必然能够引起另一种危局或倾轧就行。

摆脱第一种危局，不会使整个事件结束，因为“解脱”本身又使主人公陷入新的危局；同样，第一个倾轧的“解”不会让剧中人就此平静，因为这个“解”本身又使他们卷入新的倾轧。从另一方面说，“行动一致”的说法不应被理解为悲剧应当对观众表演一个孤立的行动。选择的行动应当有开端、中间和结尾，这三个部分不只是主要行动中各自独立，而且其中的每个行动本身还包含着处于从属地位的新行动。由此可见，应当只有一个能够抚慰观众心灵的完整的行动。但是，观众总是乐于等待其他若干行动，来使戏剧情节继续发展，因此只有借助于这种等待心情的唤起，才可能使剧中的小行动成为完整的。

为了建立行动的连贯性，所以在每一幕的结尾就特别需要这种乐意的等待。没有必要让观众分毫不差地知悉在幕间休息时间人物所做的一切，乃至于人物在离开舞台期间是否有所行动。但是，必须使每一幕都留下对下一幕将要发生的事件的期待。剧中的“解”应当避免两种结局。意图的简单转变和借机器之助来“解结”。当给剧中主要人物的意图造成阻碍的人在第五幕中已经退缩，从而第五幕必然不会有任何出色行动的时候，要结束整个戏，便需要有些技巧。然而技巧一出现，便不再需要艺术技巧了，因为它的出现只是为了降低冲突，而它恰好是在剧中人物束手无策的时候把事情顺顺利利地解决了。

欧里庇得斯的悲剧《俄瑞斯忒斯》中卜阿波罗的出现，便是这样的。神明的出现在剧情的发展过程中没有任何根据，所以它是有缺点的结局。在古代戏剧中，我想不起这种连续出现为数甚多的危局而又不破坏行动一致的规则的例子，我想举我的剧本《贺拉斯》以及《费奥多拉》为例。在这两个剧本中，危局的双重性是个缺点，因为全然没有必要让贺拉斯以胜利者的身份出现而杀死同胞姐妹，也没有必要使费奥多拉在逃避了暴力的威胁之后，又把自己置于死地。假如我说塞内加的《特罗阿德》一剧中的帕丽丸谢纳和阿斯齐的死是这种错误的例子，我想是不至于说错的。

二十三、时间的一致

戏剧作品是一种模拟，说得确切些，它是人类行为的肖像，肖像越与原形相像，它便越完美，这是不容置疑的。时间一致的规则是以亚里士多德的下面一段话为根据的：悲剧应当把事件延续的时间限制在一昼夜内，或者力求不过多地超出这个限度。这段话引起了激烈的争论：是否应该以二十四小时或十二小时为根据，不同的两种意见都有为数甚多的支持者。表演持续两小时，如果表演的行动不需更多的时间便能显示出是真实的话，那就完全与真实相合了。因此，我们便不让行动拖长到十二小时，而是尽可能地努力限制行动的延续时间，使表演更接近真实，更趋完美。

至于我自己，我发现有些题材很难容纳在如此短促的时间片段中，所以我不仅让这种题材占用整整二十四小时，甚至还利用这一哲人所制定的规则而少许超过这段时间，不受拘束地把时间延长到三十小时。许多人反对这条规则，认为是一致的要求。如果这条规则仅仅是以亚里士多德的威望为基础的，那么他们的反对意见便是正确的。但是，使人接受这一规则的，却正是这一规则所依据的合理根据。

如果题材并不要求规定行动所占用的时间，特别是在规定了时间之后就会使事件的可能性显得有些牵强的时候，我宁愿让观众去想象行动的延续时间，绝不去规定事件所占用的时间。在我们所选择的行动要求更长的延续时间，例如十小时的时候，我希望使其中的八小时（这对我们来说是不足的）在各幕之间度过，使每一幕事件的时间相等。这在场与场之间有着不断联系的情况下是特别重要的，因为这样的一出戏，不能允许场与场之间有空闲的时间。

但我认为，绝大多数的第五幕戏有稍许加速事件进程的权利。也就是说，以使第五幕戏所表演的那一部分行动实际所需的时间多于它的表演时间，其原因是观众急于知道结局。如果结局决定于已经离开舞台的主要人物，那么，你让留下来的其他人物在等待这主要人物的消息时，这些对话都只会使人焦急而又厌倦，也显得贫乏无力。

二十四、地点的一致

关于地点的一致，我从亚里士多德和贺拉斯的言论，没有发现任何指示。某些人便以为这些规则的确立只是时间一致的必然结果，从而认为地点可以扩展到一个人能在二十四小时内往返一次的距离之内。这个意见未免有些武断了，假定剧中人乘着驿马，便不得不以舞台的两边来表现巴黎利卢昂。为了使观众充分感到满意，我希望使他们在两小时内所看见的表演的行动实际上超出两个小时，让观众在不必换景的一场戏中看见的行动，能够集中在一个房间或一个大厅内，这要根据选择而定，不过这样做也常常是不方便的，时间一致的必要性迫使我们寻找方法扩大地点的广度，正如延长时间的长度一样，这不能说是不可能的。

古代人可以使剧中的帝王出现在城市广场上，他们能够毫无困难地严格遵守地点一致的规则，然而，索福克勒斯在《阿雅克斯》中却破坏了这一规则，阿雅克斯放弃了到远离人世的地方自杀的意图，而返回到观众面前，当众自杀。我们可以断言，他自杀的地点绝不是他先前离开的那个地点。我们不敢像他们那样把国王和王子引出住室。然而，因为生活在同一王宫中的不同人物的兴趣经常是不同的，甚至是相反的。所以便不允许不同的人物在同一房间内把自己的秘密和盘托出。如果我们希望在我们的一切剧本中都遵守地点一致的规则，我们就应当寻找适应这一规则的其他办法，否则便必然会对许多获得巨大成功的作者也要加以指责了。

我支持尽可能地努力做到绝对的地点一致的意见，但由于这个意见不可能适用于题材，所以我也欣然同意用发生在同一城市的行动来满足地点一致的要求。这意思并不是说，我要剧院表演整个城市（这未免过于广阔了），而只是城内的两三处特定地点。为了调整这种难以避免的地点的二重性，便应当遵守两件事：第一，两个不同地点有必要换景，并且两个地点都不必标出名称，只要标出包括这两个地点的那一个地名就行了。第二，在同一幕中绝不变换事件的地点。只是在不同的幕中才加以变换。以上便是我的意见，或者也可以说是我关于艺术的基本原理的邪说，找不善于在新的要求下更好地适应古代的规则，我不怀疑不难找到新的方法，只要他们经过实践的考验而获得成功的。例如，我的作品中所采用的那些得到成功的方法，我便决定遵循。

第十五章　布瓦洛——新古典主义的立法者

自然就是真实，自然就是理性，艺术模仿自然，就是要求诗人“观察人”、洞察“人情哀曲”，按照人类本性去创作、去表现。布瓦洛（公元1636—1711）认为来自于自然。“自然就是真实，凡人都可体验，在一切中人喜欢的只有自然”。《论诗艺》的出发点，就是《论方法》的出发点：理性。“因此，要爱理性，让你的一切文章。永远只从理性获得价值和光芒。”

艺术中有虚构，但这种虚构只是为了衬托真理，使真理显得格外显眼。诗歌之所以感人，就在于诗“处处能把善和真与趣味融成一片”，毫无谎言，并且一目了然。甚至像“恶蛇”或“狰狞怪物”，只要模仿得惟妙惟肖，也会给人以快感。他是新古典主义的立法者和发言人。新古典主义者所说的自然不是指客观感性世界、自然风光，而是指人的天性，即人的“常理常情”。

布瓦洛再三谆劝诗人不要忘掉“良知”，不顾理性而去纵情戏谑，应“永远一步也不要离开自然”。

一、生平简介

布瓦洛（Boileau Despreaux，公元1636—1711），著有《讽刺诗集》、《诗简》等，还写过《诗的艺术》、《朗吉努斯》、《论崇高》、《1770年给贝洛勒的信》等著作。他是法国古典主义文艺批评家、美学家和诗人。生于官吏家庭，曾学过神学和法律，担任过王室史官，法兰西学院院士。他认为艺术中有虚构，但这种虚构只是为了衬托真理，使真理显得格外显眼。

他还认为来自于自然，“自然就是真实，凡人都可体验，在一切中人喜欢的只有自然”。新古典主义者所说的自然，不是指客观感性世界、自然风光，而是指人的天性，即人的“常理常情”。自然就是真实，自然就是理性，艺术模仿自然，就是要求诗人观察人、洞察“人情衷曲”，按照人类本性去创作、去表现。

二、主要美学思想

崇尚理性是布瓦洛美学思想的核心，也是诗的全书的主线，他以理性为核心，把艺术作品的美、真实、自然统一起来。布瓦洛认为艺术作品的好坏美丑，均以是否符合理性为准绳。凡符合理性者皆好皆美，凡违背理性者皆坏皆丑。美来自理性，理性是美产生的源泉，艺术作品“凭着理性获得价值和光芒”。所以，布瓦洛要求诗人和艺术家一时一刻也不要偏离理性。他还认为美来自于自然。

“自然就是真实，凡人都可体验，在一切中人喜欢的只有自然。”新古典主义者所说的自然，不是指客观感性世界、自然风光，而是指人的天性，即人的“常理常情”。自然就是真实，自然就是理性，艺术模仿自然，就是要求诗人“观察人”、洞察“人情哀曲”，按照人类本性去创作、去表现。

布瓦洛再三谆劝诗人不要忘掉“良知”不顾理性而去纵情戏谑，应“永远一步也不要离开自然”。他还认为美也来自真，“只有真才美，只有真可爱”。真是构成美的前提，不真就不美，不美皆不真，真与美应统为一体。理性是普遍的、永恒的，美的事物必然符合理性，所以美也是普遍的、永恒的。真也以理性为基础，也具有普遍性和永恒性，这样真与美又统一起来了。艺术中有虚构，但这种虚构只是为了衬托真理，“使真理显得格外显眼”。诗歌之所以感人，就在于诗“处处能把善和真与趣味融成一片”，“毫无谎言”。

三、模仿古典

模仿古典，就是学习先辈们如何观察自然，表现自然，“就是运用人类心智所曾找到的最好手段，去把自然表现得完美”。模仿古典，是布瓦洛美学思想的重要组成部分。他把古希腊罗马的文艺作品奉为典范，认为只有古希腊罗马时期的古典作品，既经过历史的长期考验，又普遍地得到了人们的赞赏。他认为模仿古人就是模仿自然，因为荷马就是自然，古典就是自然。

在布瓦洛看来，所谓“最好手段”就是指古典作品中所抽译出来的规则和方法，模仿古典，就是借用古典作品中已经用过的，表现自然的最好方法，去进行艺术创作。他认为，模仿古典最好的途径是认真研究古希腊罗马时期的理论名著，仔细揣摩亚里士多德的《诗学》和贺拉斯的《诗艺》，从吸收某些美学观点布瓦洛《诗的艺术》中不少观点，就是这两位先辈观点的简单复述。

他认为凡是表现出自然人性的艺术作品，就是美的是真实的。因而他把“真实性”也视为“艺术模仿自然”的最基本的原则。在他看来，一部艺术作品之所以能动人心扉，“绝不是人所不信的东西”，他劝诫剧作家和演员们切莫演出一件事使观众难以置信，有时候真实的事很可能不像真情。“真实的事”是个别事物的真，“像真情”是从具体事物中抽象概括出来的一般的真，艺术作品既要注意个别的真，但更要注意的是如何通过个别的真，体现出一般的真。

如果不注意艺术作品的“像真情”，就不可能燃烧起人们的激情，震撼人们的心扉。他还认为戏剧是生活的真实模拟，“必需与义理完全相合”。也就是说，戏剧要符合理性，符合人的自然本性。小说与戏剧不同，它是幻想的产儿，是“供人浏览”，“使人消遣”的玩物，虚构故事情节，把英雄人物写成轻佻的牧羊人或者小市民，是有情可原的。布瓦洛还认为，“像真情”是建筑在艺术家认真研究“自然人性”基础之上的，喜剧艺术也应如此。

要能善于观察人，并且能鉴识精审、对种种人情衷曲能一眼洞彻幽深，能知道什么是风流浪子、守财奴，什么是老实、荒唐，什么是糊涂、吃醋，他能成功地把他们搬上剧场，使他们言行、动作惟妙惟肖。布瓦洛在《诗的艺术》一书中有些美学思想是值得重视的，尤其是一些接近于现实主义的美学思想，对后世美学的发展起到一定的促进作用。不过，就布瓦洛美学思想的总本来说偏于保守，过分崇尚理性，崇拜古典，缺乏历史发展的观点，成为 17 世纪末 18 世纪初法国文学艺术发展的绊脚石。

所以他在世时，就受到一些代表新兴资产阶级的思想家的批驳，如圣·厄弗若蒙号召诗人“把脚移到一个新的制度上站着”，时间掀起一场新派与旧派之间的“古今之争”。《诗的艺术》一书中，还阐述了其他一些美学思想，如艺术的像真情与典型形象问题，悲剧美学特征与喜剧美学特征的区别，艺术家的道德修养与艺术创作的关系问题，艺术的内容与形式的关系问题，以及艺术技巧，等。

四、作诗不能怕指责

如果一部作品里读起来到处是错，偶尔闪烁些警语那又能算得什么？一切都能够布置得宜，必需开端和结尾都能和中间相配，必需用精湛技巧求得段落的匀称，把不同的各部门构成统一和完整。当你发挥的时候万不能离开题旨，跑出十万八千里去找一个漂亮字。你的诗句是不是怕人家指摘批评？那么你自己就该严格地推敲删订。不论你写些什么总归是涂抹之流。

无知的人才永远倾向于欣赏自己。
你该找几个朋友能爽快地纠正你，
能对于你的写作诚恳地听你倾吐，
对你所有的毛病又是热心的诤友，
放下作家的架子，对朋友要能谦逊，
但是也还要辨别，莫交上谄谀之人。
有人似乎恭维你，其实在开你玩笑，
望你不爱人赞扬，只爱人给你忠告。
谄谀者一遇到你就准备拍案惊奇，
每句诗他听到了都使他魄荡魂飞。

一个益友经常是既严格而又刚毅，一发现你的错误就绝不让你宁息，他绝不轻易放过你所疏忽的地方，诗句布置失宜的，定要你调整妥当，他对于浮夸字眼就一定加以抑压，这里的意思欠妥，那里的词句欠佳。他指出你的结构似有些不够分明，这个词模棱两可。他要你设法澄清。这样对你说话的才是个真正朋友。

一切都妙，都神奇，没一个字不中听，他喜得手舞足蹈，他悲得有泪如倾，他处处为你叫绝，捧得你糊里糊涂。说真话的人哪有这种偏激的态度？但是也常有作家拼命替自己辩护，他觉得每一句诗他都该自卖自夸，他一开始就表示他是被告的护法。你如果说："这句诗表达得不够高强。"他便说："啊呀！先生，这句诗请你原谅。"你说："这句话可删，似乎情感不够热。"他便答："这句话么，全篇要数它出色！"你道："这样说不好。"他道："大家都赞美。"

他永远执迷不悟，就这样文过饰非，只要在他作品里有一句被你批评，他反而振振有词地宁死也不肯删订。然而你听他说话，他绝对欢迎指示，他说你对他的诗尽可以吹毛求疵。但是这种漂亮话只叫你听着开心，他使出这条妙计好把诗读给你听。读罢诗他就走了，满足于自家诗法，为多骗些赞美再去找一个傻瓜，因为傻瓜有得是。就我们时代来说，作家傻的固不少，捧场人傻的更多，除外省出的傻子不计，还有许多依附在公爵或亲王家里。

五、剧情安排

我讨厌那种演唱不爽利、点题太慢，本当开宗明义的却让我听了茫然，剧情既纠缠费解，说来又拖拖拉拉，听戏本来是乐事，他反而使我疲乏。头几句诗就应该把剧情准备得宜，以便能早早入题，不费力、平平易易。我宁愿他一出场就自报姓名身份，就说我是奥莱特或者是阿伽门农，而不愿他堆宝塔、啰唆至极，说的话毫无内容反使人震坏耳膜，所以题要早点，起始就解释分明。

剧情发生的地点也需要固定。庇里牛斯山那边诗人能随随便便，一天演完的戏里可以包括许多年，在粗糙的演出里时常有剧中英雄开场是黄口小儿终场是白发老翁。但是我们，对义理要服从它的规范，我们要求艺术地布置着剧情发展，要用一天内完成的一个故事从开头直到末尾维持着舞台充实。我们不能像小说，写英雄渺小可怜。不过，伟大的心灵也要有一些弱点。阿什尔不急不躁便没有人欣赏，我倒很爱看见他受了气眼泪汪汪。

人们在他肖像里发现了这种微疵，便感到自然本色，转觉其别饶风致。你要描写阿什尔就该用这种方式，写阿伽门农就该写他骄蹇而自私，写伊尼就该写他对天神的畏敬之情。凡是写古代英雄都该保存其本性。你对各时期还要研究其习俗。往往风土的差异便形成性格特殊。因此你千万不要像那小说《克莱梨》。把我们的精神加给古代意大利。借罗马人的姓名写我们自家面目，写殷勤妩媚，粉丽油头。

开玩笑的小说里一切还情有可原，它不过供人浏览，用虚构使人消遣，若过于严格要求反而是小题大做。但是戏剧则必需与事理完全相合，一切要恰如其分，保持着严密尺度。你打算单凭自己创造出新的人物？那么，你那人物要处处符合他自己，从开始直到终场表现得始终如一。切莫演出一件事使观众难以置信，有时候真实的事很可能不像真情。我绝对不能欣赏一个悖理的神奇，感动人的绝不是人所不信的东西。

不便演给人看的宜用叙述来说清，当然，眼睛看到了真相会格外分明。然而，的确有些事物，那讲分寸的艺术只应该供之于耳而不能陈之于目。必需剧情的纠结逐场地继长增高，发展到最高度时轻巧地一下解掉。要纠结得难解难分，把主题重重封裹，然后再说明真相，把秘密突然揭破，使一切顿改旧观，一切都出人意表，这样才能使观众热烈地惊奇叫好。常常不知不觉地作者太风流自赏，创造出来的英雄便个个和他一样：自己是嘎斯干人，一切就嘎斯干气；卡卜来德和于巴语调上竟无差异。

大自然在人心里就比较明敏善变，每种情感都说着一个不同的语言，愤怒之情最激扬，要用高亢的话语，颓丧之情就要用比较低沉的词句。荷马令人倾倒是从大自然学来的，他仿佛向维纳斯盗得了百媚宝带。一种适当的热情使他的文辞奔放。他的诗是众妙之门，并且是取之不尽，不论他拈到什么，他都能点石成金。一经他的手腐朽也变为神奇，他处处叫人欣赏，永远不使人疲惫。

他绝不会迷失在过长的抹角转弯。他的诗中的层次并没有固定章程，他的题材自然会发挥得齐齐整整。一切都不需牵强，想出来便自容易，每句诗、每一个字都直接奔赴话题。你爱他的作品吧，但必须爱得虔诚，你知道加以欣赏就算是获益匪浅。一首卓越的诗篇流利而脉络分明，绝不是率尔而成，单凭着一时高兴。它需要工夫、锤炼，像这样艰难写就的作品不是一个蒙童初写作，东施效颦。

希腊的悲剧演出顺利地克抵于成，因而古代的喜剧也就在雅典诞生。希腊人生好揶揄，利用千般玩耍，拿着喜剧来提炼唇枪舌剑的精华。聪明、睿智和荣誉，没一样不被讥嘲，不顾忌一切尊严，但博取哄堂大笑。曾经有一个诗人，据社会一般传说，拿着能手开玩笑，图自己收入增多，他竟攻击大贤。在《乌云》的合唱里，引起无聊的群众诟骂苏格拉底。像这样肆言无忌，到后来禁止流行，为挽回这种狂澜，政府借助于法令，它规定诗人讽刺锋芒应比较收敛，绝不在戏剧里露出人名或脸面。

于是剧坛失掉了古代的笑骂狂潮，喜剧也就学会了善戏谑而不为，它不挖苦，不恶毒，又指教又供劝勉。如麦南德尔诗篇，不伤人而得怜人。人人巧妙地被画在这新的明镜里，不是看着无所谓，便以为不是自己。对着忠实的肖像，守财奴笑守财奴，却不知道所笑的正是他依样葫芦。常常诗人精妙地画出个糊涂大王，大王却不识尊容，反问谁这般狂妄。因此，作家若想以喜剧成名，你们唯一钻研的就该是自然人性。

六、光阴改变着一切

光阴改变着一切，也改变我们性情：每个年龄都有其好恶、精神与行径。青年人经常总是浮动中见其急躁，他接受坏的影响既迅速而又容易，说话则海阔天空、欲望则瞬息万变，听批评不肯低头，乐起来有似疯癫。中年人比较成熟，精神就比较平稳，他经常想往上爬，好钻谋也能审慎，他对于人世风波想法子居于不败，把脚跟抵住现实，远远地望着将来。老年人经常抑郁，不断地贪财谋利。他守住他的积蓄，却不是为自己，慢吞吞进行计划，脚步僵冷而连蹇，老是抱怨着现在，一味夸说着当年。但青年沉迷的乐事，对于他已不相宜，他不怪老迈无能，反而说行乐无谓。你教演员们说话万不能随随便便，使青年像个老者，使老者像个青年。好好地认识都市，好好地研究宫廷，二者都是同样地经常充满着模型。就是这样，莫里哀琢磨着他的作品，他在那行艺术里也许能冠绝古今，可惜他人爱平民，常把精湛的画面用来演出他那些扭捏难堪的嘴脸，可惜他专爱滑稽，丢开风雅与细致，无聊地把塔巴兰硬结合上特朗斯。

在那可笑的袋里史嘉本把他装下，他哪还像是一个写《恨世者》的作家。喜剧性在本质上与哀叹不能相容，它的诗里绝不能写悲剧性的苦痛。但是喜剧的任务也不是跑到街口运用下流的词句博取众庶的欢呼。它的演员们应当高尚地调侃诙谐。剧情要善于纠结，还要能轻巧，情节的进行、发展要受义理的指挥，绝不要冗赘场面淹没主要的，它的谦和的文笔要能适时地奋起，它的台词要处处都能有妙语解颐，要处处充满热情，并经过精细剪裁。

场与场间的联系要永远紧凑不懈。

切不可乱开玩笑，损害着常情常理，我们永远也不能和自然寸步相离。你看特朗斯写的是怎样一个严父看见儿子讲恋爱痛骂小子糊涂，小情郎听着严训又怎样恭敬有加，一跑到情妹身边就忘了那些废话。这不仅是一幅图，一个近似的小影，却是真正的情郎，真正父子的真形。在剧坛上我欢喜富有风趣的作家能在观众的眼中不甘失他的身价，并专以情理娱人，永远不稍涉荒诞。而那种无聊笑匠则专爱鄙语双关，他为逗人发笑满口猥亵之言，这种人该让他去用木板搭台唱演，让他七扯八拉迎合的口味，去对那些贩夫走卒耍他的低级滑稽。

七、朗吉努斯《论崇高》读后感

一个作家的古老对他的价值并不是一个准确的标准。但是人们对他的作品所给的长久不断的赞赏却是一个颠扑不破的证据，证明人们对它们的赞赏是应该的。实际上只有后代的赞许才可以确定作品的真正价值。不管一个作家在生前怎样轰动一时，受过多少赞扬，我们不能因此就可以很准确地断定他的作品是优秀的。

一些假光彩，风格的新奇，一种时髦的耍花枪式的表现方式，都可以使一些作品行时。等到下一个世纪，人们也许要睁开眼睛，鄙视曾经博得赞赏的东西。但是有一些作家在许多世纪中都一直在获得赞赏，只有少数趣味怪僻的人才瞧不起他们，在这种情形之下，我们如果要对这些作家的价值有所怀疑，那就不仅是冒昧，而且是愚蠢了。请不要认为这些在许多世纪中一直受到赞许的作家行列之中，我把固然古老而声名却不大的像李柯佛朗、南弩斯之类的作家也摆进去。这类作家不但可以与许多近代作家相提并论，而且我看他们比近代作家还要逊色。

在这崇高的行列之中我只列入像荷马、柏拉图、维吉尔之类少数奇特的作家，单是他们的姓名就已经是颂词。我尊敬这类作家，并不是因为他们的作品流传得这样长久，而是因为他们在这样长久时期里博得人们的赞赏。就是在这一点上应该向某一些人交代清楚，他们也许错误地相信检查者对我们所发的暗箭，认为我们称赞古代作家只是因为他们古，谴责近代作家只是因为他们是近代的。此外，如果你看不出他们作品的美，你不能因此就断定它们不美，应该说你瞎了眼睛，没有鉴赏力。

大多数人在长久时期里对显有才智的作品是不会看错的。例如在现时，人们已不再追问荷马、柏拉图、西塞罗和维吉尔是否伟大；这是一个没有争论的定论，因为这是两千多年以来人们一致承认的。这决非事实，古代作家之中也有许多不为人所赞赏的，近代作家之中也有许多是举世颂扬的。

八、1770 年给贝洛勒的信

您那样大声叫喊反对古代作家，究竟有什么动机吗？你是害怕人们模仿他们就会坏事吗？但是事实相反，我们法国最伟大的作家们的作品的成功正要归功于这种模仿，您能否认吗？高乃依从那里得来他的最美的笔调和最伟大的思想去创造亚里士多德所不知道的新型悲剧，不正是从提特、李维、第欧、卡苏斯、普路塔克、留庚等人作品里得来的吗？

依我看，高乃依的许多最美的剧本都应该从这个观点去看；在这些剧本里，他越出了亚里士多德的一些规则，没有想到要像古代悲剧诗人那样去引起哀怜和恐惧，而是要凭借思想的崇高与情致的优美，在观众的心灵里引起一种惊赞（或欣羡），对于许多人，特别是青年人来说，这种惊赞（或欣羡）还比真正的悲剧情绪更合口味。最后，为着打断这一段已经嫌长的话，为着不要离开本题，我只请问您一句话，形成拉辛的是索福克勒斯和欧里庇得斯，莫里哀是从普拉图斯和太伦斯那里学得他的艺术里最精妙的东西，您能不能赞同这个看法？

第十六章　伏尔泰——“神一般的人”

伏尔泰一生著述很多，他的全集包括哲学著作、史学著作、文艺理论、史诗、抒情诗、讽刺诗、哲理小说及五十多部悲剧、喜剧和一万多封信札。其中较著名的哲学著作有《形而上学论》、《牛顿哲学原理》、《哲学辞典》、《哲学通信》、《论灵魂》等。涉及美学问题的有《论美》、《论史诗》、《论趣味》、《谈悲剧》和《谈喜剧》等。在文艺思想上，伏尔泰推崇古典主义传统，对拉辛和莫里哀的作品推崇备至，奉他们为“神一般的人”。在他的艺术创作实践中，拘泥于古典主义传统艺术形式，瞧不起反映市民生活的新型喜剧（“流泪喜剧”）。

不过，他也反对用古典主义法则来束缚艺术家的手脚，主张艺术家按照自己所熟悉的生活习俗、人情世故去思索去创作。在美的本质问题上，伏尔泰反对传统的“目的说”、“效用说”、“本质原型说”，指责某些美学家所谓的“美须有某种符合美的本质原型”说，是“胡说八道”。他认为，“要用‘美’这个词来称呼一件东西，这件东西就须引起你的惊赞和快乐”，一部悲剧在人们心目中能引起“这两种情感，就是美的”。

一、生平简介

伏尔泰（Voltaire，原名 Fiancoia Marie Arouet，公元1694—1778）出身富裕的官吏家庭。由于他抨击法国封建专制制度，宣传资产阶级民主，提倡言论自由和信仰自由，曾先后两次被捕入狱，后被驱逐出境，在英国居住了三年。伏尔泰一生著述很多，他的全集包括哲学著作、史学著作、文艺理论、史诗、抒情诗、讽刺诗、哲理小说及五十多部悲剧、喜剧和一万多封信札。

其中较著名的哲学著作有《形而上学论》、《牛顿哲学原理》、《哲学辞典》、《哲学通信》、《论灵魂》等，涉及美学问题的有《论美》、《论史诗》、《论趣味》、《谈悲剧》和《谈喜剧》等。他是18世纪法国启蒙运动代表者之一，哲学家、历史学家、文学家和美学家。在文艺思想上，伏尔泰推崇古典主义传统，对拉辛和莫里哀的作品推崇备至，奉他们为“神一般的人”。在他的艺术创作实践中，拘泥于古典主义传统艺术形式，瞧不起反映市民生活的新型喜剧（“流泪喜剧”）。

他认为，要用美这个词来称呼一件东西，这件东西就须引起你的惊赞和快乐，一部悲剧在人们心目中能引起这两种情感，就是美的。不过，他也反对用古典主义法则来束缚艺术家的手脚，主张艺术家按照自己所熟悉的生活习俗、人情世故去思索去创作。在美的本质问题上，伏尔泰反对传统的“目的说”、“效用说”、“本质原型说”，指责某些美学家所谓的“美须有某种符合美的本质原型”，说是“胡说八道”。

二、美的形态问题

内在美是“向人心肠申诉的美”，人的“行为和格言的美”，是不变的、普遍的美，各民族之间甚至具有共同的审美标准。在美的形态问题上，伏尔泰把美分为外在美和内在美两种。外在美只打动人的感官和想象，是相对的、不定的美，人们都按照各自的审美理想、审美趣味，对它作出不同的评价。伏尔泰一方面承认人类有共同的、普遍的审美趣味和审美标准；另一方面也不否认人们审美趣味和审美标准的差异性，认为人类的审美趣味和审美标准没有绝对的“规格”。

在他看来，世界上存在着“为所有民族共同接受的关于鉴赏趣味的准则”，而且这种能为所有民族可接受的共同准则是很多的。甚至说从文艺复兴以来，人们把古代作家作为创作的典范，荷马、德谟斯梯尼、维吉尔、西塞罗等在某种程度上已将所有的欧洲人联合起来置于他们的支配之下，并为所有各民族创造了一个统一的文艺共和国。

不过，他又再三强调“在这个共同的领域之中，各个国家引进了各自的特殊的欣赏趣味”，这种审美趣味和审美标准的相对性和差异性的形成，其原因在于“相邻近的民族在风俗习惯、语言和审美趣味等方面也不相同”。就连同一个民族，随着历史的进展，其中审美趣味和审美标准，也要随着发生相应的变化。因此，他主张既要从各民族美感经验中去寻求共同的鉴赏标准，又要充分注意各民族之间审美趣味的差异性。

伏尔泰不仅认为人们的审美趣味存在着差异，而且还认为人们的审美趣味有好坏高低之分。他说：“审美趣味无可争辩，只是对于感性方面的审美趣味来说，这话才是对的。”对于艺术美来说则不尽然，在艺术创作中，一味矫揉造作的雕饰，让人感觉不到美的自然，就是坏的审美趣味。他指出，“乖戾的审美趣味在于喜爱正常人一见到就要作呕的题材，把浮夸的看作比高尚的还好，纤巧的装腔作态的看作比简单自然的美还更好。”

因此，他主张人们要注意培养“精确的审美趣味”，要善于在众多的毛病中显出一点儿美，或者在众多的美点中能发见出一点点毛病，使人的审美感受更加敏锐。这里所选编的《论史诗》，主要是针对当时批评界拘泥于古典主义创作法则，文艺批评教条化和学究气而写的。他认为任何艺术创作法则，即便这些法则是正确的，也只能束缚艺术家的手脚，影响其创作才能的发挥，对于缺乏创作才能的一般人，更谈不上有什么帮助。关于史诗创作问题，伏尔泰主张艺术家们应从各民族的史诗的创作实践出发，从本民族的语言风格、时代风尚、审美趣味出发，来探寻史诗创作的共同性法则和鉴赏标准。

三、鉴赏趣味

关于人们不同的鉴赏趣味受到法则的束缚，这些法则多半是无益而错误的。指导写作的书比比皆是，而切实可行的范例却很少见到。用权威的口吻谈论自己所不能做到的事，再也没有比这更容易的，讨论作诗的著作有一百部，而创作出来的诗却只有一首。教授雄辩术的教师随处可见，可是几乎就没有一个雄辩家。

世上充满了评论，这些评论再加上种种注释、定义、剖析，便把最简单明了的知识弄得隐晦生涩。每一门科学和艺术都有自己一套难懂的术语，创造这些术语的目的似乎只是为了使别人难以接近这门学科。近年来，一个青年人花了一两年时间，接受了一套关于雄辩术的完全错误的概念，头脑里装进了一大堆杂乱无章的名称和空洞烦琐的东西，本来，要是他能够读些好的书，就可以在更短的时间内获得有关进门学问的真正知识。

长期以来所采用的教授推理艺术的方法，跟推理才能的培养正好是背道而驰的。注释家和辩论家大量发表著作，向诗人们发出指示。他们为几行诗歌写出了成部的评论作品。他们学究式地谈论着那些只有在心醉神迷的境界里才能感觉得到的东西。即使他们的法则是正确的，那些法则又有多大用处呢？荷马、维吉尔、塔索、弥尔顿几乎全是凭自己的天才创作的。

一大堆法则和限制只会束缚这些伟大人物的发展，而对那种缺乏才能的人，也不会有帮助。对于那些参加赛跑的人，是不应该将他们的脚拴起来的。要是有位学者或自称学者的人（这样的人是不少的）告诉你："史诗是一种长篇故事，写作的目的在于给人以道德教训，史诗中的主人公得神之助在一年时间内完成某种崇高的事业。"那么你就不得不这样回答："你的定义是错误的，也许只有荷马的《伊利亚特》符合你的法则。"

但是英国人却有另外一篇史诗，诗中的主人公即使有了神的帮助，还是在一天之内同时受到魔鬼和自己妻子的欺骗，因而被逐出天堂，他完全不是在一年之内完成一件如你所说的崇高的事业。不少批评家想从荷马的作品中找寻法则，实际上这种法则根本就不存在。由于《伊利亚特》和《奥德赛》是两种完全不同类型的作品，批评家们就很难硬使荷马统一起来。维吉尔按照《伊利亚特》和《奥德赛》的规划写出了《伊尼特》，这就把问题弄得更加复杂了，因为他迫使批评家们去寻求另外的法则来使维吉尔跟荷马一致起来。

尽管这样，史诗仍被英国人认为是与《伊利亚特》并驾齐驱的杰作，事实上，许多人喜欢这篇诗还甚于喜欢荷马，他们显然有充分的理由这样做。于是你又要问我啦，那么史诗是否是一种关于不幸事件的描写呢？不，这样的定义将比前一定义更错误。索福克勒斯的《俄狄浦斯王》，高乃依的《西娜》，拉辛的《阿达莉》，莎士比亚的《裘理斯·恺撒》都是卓越的悲剧，然而我敢说，这些作品的风格都不一样。批评家必须变更他的关于悲剧的定义，使之适合各个作品。

四、提防谬误的定义

在一切艺术中都必须提防谬误的定义，这种定义排斥了那个尚未经习惯定出标准的未知世界。各种艺术，特别是那些依赖于想象的艺术，跟物质世界的一切是不同的。我们可以给金属、矿物、元素以及动物等下定义，因为它们的性质永远不变。可是人的作品，就像产生这些作品的想象一样，是在不断变化着的。同一民族，在三四个世纪之后，已经面目全非。

在纯粹依赖想象的各种艺术中，有着像在政治领域中一样多的变革。就在你试图给它们下定义的时候，它们却正在千变万化。但是现在回到跟我们讨论的题目有着更加密切联系的一些例子吧。什么是希腊悲剧？一种在舞台上演出的、几乎没有间断的合唱，不分幕次，很少动作，更少情节。在法国，悲剧通常是一系列的对话，分为五幕，包括一个爱情纠葛。在英国，悲剧则纯粹是一个情节问题。如果英国的作家们能将更加自然的风格、合宜的内容和整齐的形式跟赋予戏剧以生命的行动结合起来，他们很快就能超越希腊人和法国人了。谁要是考察一下所有其他各种艺术，他就可以发现每种艺术都具有某种标志着产生这种艺术的国家的特殊气质。那么，史诗究竟是什么呢？

诗一词来自希腊文，原意是“谈话”。只是由于习惯相沿，这个词才与用诗体写的关于英雄冒险事迹的叙述联系起来。就像拉丁文中的 oratio，这个词最初意为谈话，后来才专门指正式的演说，ImPerator 这个称号也是如此，它原来只用于军队中的将领，后来转为罗马最高统治者专用的称号。

五、英雄冒险事迹的叙述

因此，就史诗本身来看，它是一种用诗体写成的关于英雄冒险事迹的叙述。不管诗中的情节是简单的或复杂的，是在一个月或一年内或是在更长时间内完成的，不管事件发生的场所像《伊利亚特》一样是固定于一地，或是像《奥德赛》一样，不管内容情节是幸福的或不幸的，不管主人公像愤怒的阿喀琉斯或是像忠诚的伊尼斯，不管诗有一个主人公或有许多主人公，不管故事发生在陆地上或海洋上，像在《鲁齐亚德》中一样发生在非洲海岸或像在《阿劳卡那》中一样发生在美洲大陆，发生在天堂或发生在地狱，或像在《失乐园》中一样发生在我们的山界之外，这都完全没有关系。

它们仍然是史诗，是英雄诗，除非谁能找到一个更能适合于其特点的新名称。鼎鼎大名的爱迪生先生曾说过，如果把弥尔顿的《失乐园》称为史诗使你感到踌躇的话，你不妨就叫它神诗好了。你可以给它任何你所喜欢的名称，只要你承认那是一部像《伊利亚特》一样值得称羡的杰作。决不要去争论名称的问题。

难道我能因为康格瑞夫或加尔台隆的戏剧不符合我们的法则就拒绝把它们称为喜剧吗？艺术的领域是很广阔的。一个只念古典作家的人往往瞧不起一切用现代语言写成的作品。一个只懂得自己国家语言的人就像是这样的人，他们从未离开过法国宫廷，却宣称世界上其他地方都微不足道，谁见过凡尔赛就是见过一切。但是争论的问题在于如何理解有文化的民族的共同看法。一篇史诗必须建立在判断的基础上，并且需要由想象来加以丰富。任何有意义的东西都属于世界上所有的民族。各个民族都认为单一而简单的情节比混在一起的互不相关的冒险事迹更能使人感到愉快，这个情节应该是轻松而逐步展开的，并且不使人产生厌倦之感。围绕这样一个统一的情节，再加上发展得像人体四肢一样比例适当的故事插曲，这是人们普遍所希望的。

对于每一个醉心于那些超越日常生活范围之外的事物的人，情节越带有鼓舞性就越能使他感到愉悦。同时，情节必须是动人的，因为一切的心灵都要求受到感动。叙事诗应该有完整的内容，要是答应给人一件东西，只给了他其中的一部分，他一定是不会满足的。这些就是大自然给一切创造了文学的民族所制定的主要法则。但是选择什么样的结构，是否写神力的干预以及故事插曲的性质等问题，却是不同的习惯和鉴赏趣味来决定的。在这个问题上存在着千百种不同的见解，没有什么共同的法则。但是你要问，难道没有为所有民族共同接受的关于鉴赏趣味的准则吗？

毫无疑问，这样的准则是有很多的。自从文艺复兴以来（当时古代作家被公认为创作的典范），荷马、德摩斯梯尼、维吉尔、西塞罗等在某种程度上已将所有的欧洲人联合起来置于他们的支配之下，并为所有各民族创造了一个统一的文艺共和国。但是在这个共同的领域之中，各个国家引进了各自的特殊的欣赏趣味。在最杰出的近代作家身上，他们自己国家的特点可以通过他们对古人的模仿中看出来，他们的花朵和果实虽然得到了共同培育。我们的宗教——几乎总是史诗的基础，非基督教的神话是不相容的。我们的风俗习惯跟特洛伊英雄们的不一样，把正如他们的风俗习惯跟美国人的不一样。

我们的战争、军事部署以及我们的舰队跟他们的毫无共同之处，而我们的哲学跟古代哲学更是大相径庭。火药、指南针、印刷术和其他种种技艺的发明已经为我们改变了整个世界。我们必须描绘事物的真相，正如古人所做的一样，但这不是说我们必须描绘同一事物。

六、荷马的描绘

毫无疑问，一个研究文学的人考察一下产生于互不联系的各个时代和国家的不同类型的史诗，这不仅能得到很多乐趣，而且也会得到很大的好处。荷马描绘了喝醉酒的神们，他看见伏尔甘跳进河时那种笨拙的样子而开怀大笑。

在荷马的时代，这样的描写完全没有问题，那时候的神就像我们今天所说的仙人，可是在今天，当然没有一个诗人敢去描写一群围着台子饮酒作乐的天使或圣者。在意大利的文学典范作品中，没有比塔索的《耶路撒冷的得救》更加值得注意的了。弥尔顿在英国得到跟伟大的牛顿同样的荣誉，卡蒙尹斯在葡萄牙的地位就像弥尔顿在英国的地位一样。同样，要是有一个作家学维吉尔，让鸟身女面的怪物夺走他主人公的食物，或将击毁了的船只变成半神半人的少女，那么人们又将怎么说呢？

简而言之，我们可以赞美古人，但不要变成盲从。为了更好地回顾过去并欣赏那些我们不能加以精确评价的古代作品，让我们不要对自然赋予的美闭上眼睛而使我们自己和自然遭受损失吧。在我看来，注意一下对那些优秀人物的栩栩如生的描绘。他们之中有希腊人、罗马人、意大利人和英国人，而且我敢说，他们都是按照自己国家的方式来进行写作的，我们可以从中得到深深地满足。

这是一件远非我能力所及的工作，所以我并不妄想来描绘他们，我只打算替他们的主要特征勾画出一个不完整的轮廓。对这些典范人物的细节描绘，需要由读者来加以充实，我仅仅只能做些指点。评判的责任是读者的；而读者的评判将是正确的，只要他能公正地阅读，能摒弃学者的偏见和虚伪的虚荣心理，这种心理往往使我们瞧不起一切不符合我们习惯的事物。读者可以看到艺术的诞生、发展和衰落，他将能区别永恒的普遍的美和局部的暂时的美，后者在一个国家得到赞美，而在另一个国家却遭到蔑视。

他不会以对一个英国或葡萄牙作家的要求去要求阿里奥斯托，他也不会根据贝洛勒的评论去评价《伊利亚特》。他不会让斯盖立及或勒·布苏牵着鼻子走，而是从自然和他眼前的事例作出结论，他能鉴别荷马笔下的神和弥尔顿笔下的上帝，他能鉴别凯列普索利狄多，他能鉴别阿密达和夏娃。如果欧洲各民族不再互相轻视，而能够深入地考察研究自己邻居的作品和风俗习惯，其目的不是为了嘲笑别人，而是为了从中受益，那么，通过这种交流和观察，也许可以发展出一种人们曾经如此徒劳无益地寻找过的共同的艺术欣赏趣味来。

七、谈悲剧

当法国人还只有露天剧场的时候，英国人跟西班牙人一样，就已经有了剧院。两百年来，这位作家的绝大部分的奇异而非常的思想，有权被认为是卓绝的。近代的许多作家，几乎完全抄袭了他，但是在莎士比亚作品里获得成功的地方，却在他们的作品中被喝倒彩，于是您就会想象到人们越是看不起近代人，对于这位古人就越发崇敬。

人们没有想到不应当模仿他，那些抄袭者的恶劣成绩才使人明白他是不可模拟的。他创造性地发展了戏剧。他具有充沛的活力和自然而卓绝的天才，但毫无高尚的趣味，也丝毫不懂戏剧艺术的规律。我可以告诉您一件偶然巧合的事情，但这是真实的。这位作家的功劳断送了英国的戏剧，他那些通常被人们称为悲剧的怪异笑剧，穿插了一些美丽的场面和伟大而恐怖的片段，从而使这些剧本在演出小总是获得很大的成功。

时间是人们声誉的唯一制造者，而最后竟把他们的缺点也变为可敬的了。您知道在极为动人的悲剧“威尼斯的摩尔人”里，有个丈夫，在台上扼杀他的妻子，当可怜的妇人被扼杀的时候，她还大声地叫着她是死得极冤枉的。您也不会不知道在《哈姆雷特》中的那些掘墓人吧，在掘墓穴的时候还饮着酒，唱着小调，对他们偶尔见到的骷髅，开着适合他们那一行业的玩笑。

但将会使您觉得惊异的，是人们就在查理二世在位的时候摹拟这些胡闹的言行，而查理二世朝代正是提倡礼仪和艺术的黄金时代。渥太华，在他的威尼斯得救和把安东尼乌上议员和娼妓插进培特麦尔侯爵的可怕的阴谋里去。老上议员安东尼乌，在他的情妇身边，出尽了一个阳痿而丧尽廉耻的老急色鬼的种种丑态；他装作公牛和雄狗的样子，咬他情妇的大腿，她就鞭打他。

人们从渥太华的剧本里把这些做给最下流的流氓看的玩意儿删去了，但是在莎士比亚的裘力斯·恺撒一剧中，人们却保留下了用勃鲁脱斯和凯歇斯两个角色带入剧中的罗马鞋匠和皮匠的玩笑。这是因为渥太华戏剧中的胡闹是属于现代人的，而莎士比亚的是古老的。您一定会抱怨，直到现在，那些和您谈到英国戏剧尤其是著名的莎士比亚悲剧的人们，还只对您指出了他的错误，却从没人说过那些足以掩盖他的短处的动人章节的任何一段。

我可以回答您说，很容易把诗人的一些谬误用散文报道出来，却是很难译出他那些优美的诗篇。一切低能的文人，自称著名作家的批评者，都纂辑了整本整本的书；我宁可喜欢读两页可能使我们感到优美的某些作品。因为我和那些趣味高尚的人，总是坚持在荷马和维吉尔的十二行诗里面，比在人们对这两位大诗人所作过的评论，有更多教益的地方。我已大胆地翻译了几段英国最好的诗人的作品，其中之一就是莎士比亚的悲剧。

请您看在原著的分儿上原谅复制品吧，当您看到了一篇译品的时候，请您永远想着您看的只是一张美丽图画的平庸的翻版罢了。这里我已选择了大家都知道的《哈姆雷特》悲剧的独白，它是从这句诗开始的：“活下去，还是不活下去，这就是问题。”以下就是丹麦太子哈姆雷特说的话：从生活到死亡，从存在到乌有只在一刹那间掠过，就应该要好好地选择。

如果这样，那就请你们鼓起我的勇气，是否应屈服在凌辱我的手下而衰老，忍受或是结束了我的不幸和命运。我是谁？死亡又是什么？这是我痛苦的终结，也是我唯一的隐遁所在，在一阵狂乱之后，随即是安静地睡眠，人们在长眠，一切是死气沉沉。但可怕的清醒是酣睡可能的接替。有人在威胁我们，说什么永恒的苦恼将紧跟着短促的生命。哦，死亡，没法躲避的难关！可怕的无穷尽！一切的心只须听到你的名字就沮丧，就震惊！唉！没有你，怎样能忍受这条生命，怎样能祝福撒谎的教士们的伪善，怎样能阿谀一个无耻情妇的淫荡，怎样能俯伏在权贵之前，崇拜他的傲慢，怎样能对那批掉头不顾的忘恩负义的朋友表示他的颓唐灵魂的憔悴？在这些极端的苦痛中死亡是多么温柔啊，然而怀疑心却说话了，它向我们大喝一声：“停住！”它禁止我们的手去进行一死百了的杀害，而把一个战争英堆化作一个胆怯的基督教徒，请您千万不要以为在这里我已把英语的原意逐字逐句地译了出来。那些搞直译的倒霉鬼，在直译时削弱了原意！在这些地方人家可以说：字句虽与原文不符，而精神却能使文章生气蓬勃。据说明天将会称心如意，明天一到而是使我们更加苦恼。唉！这又是何等的荒谬，让忧虑吞噬了我们？

没有人再愿重复它的课程，我们诅咒最初的黎明，由于期待着莅临的黑夜给予我们最美好的日子所空许我们的幸福。正是在这些摘取的片段里，英国的悲剧作家们有所见长，直到此刻他们的剧本，几乎全是野蛮的，缺乏节度，缺乏条理，缺乏逼真，却在夜之中射出惊人的光芒。

文笔太铺张，太欠自然，过度抄袭了希伯来作家们充塞着亚洲式的夸大，但也应该承认那种引自文笔中的铺张堆砌的英国语言正以此为矫饰却十分提高了精神，虽则进度不是规律的。还有一段著名的英国悲剧，作者是查理二世时代的诗人德莱登，他是一个作品多产而并不精练的作家，如果他只写了他作品的十分之一，那他可能会有极大的声誉，而其中的最大缺点是想要把什么都包含进去。

这一片段是这样开始的，当我想到生活，一切都是欺骗，但是受了希望的愚弄，人们还喜欢这种骗局。从策划到懊丧，从放荡到欲望，愚笨的人类总是在狂妄中徘徊。我们从未在现时的不幸中和快乐的希望中过去，我们只期待着生活。第一个英国人写的合情合理的、自始至终都是非常优雅的剧本是著名的阿狄松先生的创作。

他笔下的“禹狄克的加东”就语调和诗句的优美方面来看都可算得上是部杰作。加入这一角色，我以为确实高出高乃依在《庞贝之死》悲剧中的高乃里，因为加东是伟大而不夸张的，而高乃里，他并非一个必要的人物，有些时候，还致力于暧昧的行为。阿狄松先生笔下的加东，无论在任何的戏剧场合，我觉得他是最美丽的人物，但剧本中其余的角色却很不相称，而这样优美的著作就由于描写一段平淡的爱情情节而变了样，这段情节使剧本冗长无生气，因而毁灭了它。

大约在1660年，在许多悲剧的创作里面，胡乱地插入爱情的习气，伴随着我们的缎带和假发一起，从巴黎流传到伦敦。正如这里一样，妇女们是剧场的装饰品，她们除了谈情说爱之外，再也不愿听其他的东西。聪明的阿狄松先生具有女人似的殷勤，使他的严肃性格服从了时代的风尚，于是为要取得欢心而贬损了杰作。自他之后，许多剧本都变成比较正常，不过于去迁就群众了，许多作家也更加规矩而比较的不放肆了。我看到不少的新剧本都非常小心谨慎，然而是冷淡而无生气的。

直到现今，好像英国人只是为了产生一些不正常的美而生的。无上光辉的莎士比亚戏剧中的怪异人物，较之现代人的贤智更千百倍地令人喜爱。直到现在，许多天才的共和国诗人就像一棵茂盛的树，野生而偶然地发射出千百枝嫩枝，有力地不平衡地生长着，如果您想强制它自然的生长，而像马尔里的花园中的树木那样去修剪它，它就非死不可。

八、谈喜剧

我们读过德·缪哈特先生谈到英国人和法国人的通信，我不懂像他那样的多才多艺的人，当他在通信里谈到喜剧的时候，怎么只批评了一个叫作沙德威尔的喜剧作家。这位作家是被同时代的人所不大看得起的，他绝不是正派人心目中的诗人，当他的剧本几次演出的时候也曾被民众欣赏过，但却被一般兴趣高尚的人所轻视。

他的这些剧本好像我在法国所看过的那么多的剧本一样，吸引了观众而使读者们不满意，它们是全巴黎所指摘的，而它们又是全巴黎所爱看的。照这样说，缪哈特先生就应该给我们谈谈当时还活着的一位杰出的作家，这就是卫契尔莱先生，他老早已被认定是查理二世的最出名的情妇的情人。这个人曾在最上层的社会里混了一生，完全了解这个最上层社会的恶习和笑活，便使用最锋利的文笔和最逼真的色彩来描绘它们。他曾经写了一本《愤世者》，是他模仿了莫里哀的那本《愤世者》而写的。卫契尔莱先生的一切笔调在这本书里都表现得更锋利和更大胆，超过我们的《愤世者》原著的一切笔调，但是卫契尔莱先生的笔调却又缺少细致和确切。

这位英国作家改正了存在莫里哀剧本里的唯一的缺点：这个缺点就是缺少曲折变幻和趣味。英国的剧本是有趣味的，它的曲折变幻是巧妙的，它对于我们的风俗来说，无疑地是太大胆了些。有一位充满勇气、直爽而无知人之明的舰长，他怀疑一个有理智的和诚实的朋友，他被一个情妇亲切地爱恋着而他却不屑于看她一眼，相反的，他把他所有的信任给了一个虚伪的朋友，这是一个最卑鄙的人，先把他的心交给了一个女人中最妖媚的和最无信的一个女人，他还深信她是一位希腊贞洁的女人，而这个虚伪的朋友是一位坚持谨严原则的加东。

当他动身去和荷兰人打仗的时候，把他的全部金钱、珠宝和他所有的一切东西都交给这个善良的女人，又把这个女人托付给这个忠实的朋友，他认为这个朋友是非常可靠的。但是，那被他不信任的一个真正诚实的人却和他同船出发，他所不屑于一看的情妇却乔装成一个随员而跟着出征，在整个的战役中这位舰长竟然没有发觉到她是一个女性。

这位舰长，他的战舰在一次战役中被炸毁以后，就偕同他的随员和他的朋友回到伦敦，没有援助，没有军舰又没有钱，他既不认识这一位的友谊，又不认识那一位的爱情。他一直跑到那个最可爱的女人家里去，打算重获他的财宝和她的忠贞；他发觉她已经和他所信任的假装正经的那个骗子结了婚，那个骗子没有为他保留着他的财产和其余的一切。这位先生无论如何绝难相信像这样一个善良的女人居然能够做出这种事来。但是，为了更好地使这位先生信服，这个假正经的太太爱上了年轻的随员，硬要和他发生关系。

但是，正因为正义必须伸张，又因为在一个剧本里面必须有善必赏，有恶必罚，所以到了最后，产生了这样的事情，舰长代替了年轻的随员，同他的不忠实的女人睡觉，给他那背信弃义的朋友戴上一顶绿帽子，并一剑戳穿了他朋友的胸膛，收回了他的百宝箱，又和他的随员结了婚。

在这个剧本里，您会注意到穿插了一个庞伯西伯爵夫人，船长的亲戚，一位爱好争讼的妇人，却是舞台上一个最有趣的人物，又是最好的脾气。卫契尔莱模拟莫里哀的另一剧本，是同样稀奇也是同样大胆的剧本《妇人学堂》。剧本的主要角色是一个好色的浪人，伦敦丈夫的恐怖者，力了使他的行动更有把握，他自己到处宣传说在他最近的一次生病时外科医生认为有必要把他像太监那样阉割了。

当这样好的名声宣扬出去时，所有的丈夫都把他们的太太领到他那里来，这个可怜的人不知挑选哪一个好；他特别喜爱一个年轻的乡下女人，天真丽质风骚，而且她给她的丈夫戴上绿帽子是出于善意，比那些最老练的女太太们所用的奸计还要好得多。如果你要说，这种剧本不属于改良风化的一派，但实际上这是富有机智的又富有戏剧性的一派。一位骑士汪布玉也曾经写了一些更有趣的喜剧，但是技巧稍差一点儿。这位骑士在1701年的战争以前曾去法国一趟，被关到巴士底监狱里去了，并在那里住了一些时候，毫不知道他怎么会引起我们政府对他的这种待遇。

他在巴士底监狱里写成一本喜剧，在我想来这是非常奇怪的。他在这个剧本里没有任何一点儿笔调反对他曾在那里吃过苦头的国家。这位骑士是一个放荡的人，除此以外，他又是诗人和建筑工程师，人们认为他的写作也同他的建筑一样，稍为粗俗一些。是他曾经建筑了著名的布林亨邸宅，我们不幸的"荷奇斯戴特之战"的一个沉重而永久的纪念物。要是房间的宽度和城墙的厚度是相同的话，这座邸宅也许是相当合适的。

人们曾经在汪布玉的墓碑上写道："我们希望绝不要让他感到泥土轻松了，因为他活着的时候，曾经那样不人道地使大地负载了重荷。"已故的孔格雷夫先生是所有英国剧作家中把喜剧的荣誉提得最高的一人。他写出来的剧本很少，但是所有的剧本都是顶好的剧本。在他的剧本里，戏剧的规律是严格地被遵守着的。这些剧本就是用一种极细致的笔调充分描绘个别的性格。人们在那里没有受到最微小的恶谑，你在那里处处都能听到发现他们讲的是正派人的话，做的却是骗子的行为。他的那些剧本都是最敏锐的和最真切的，汪布玉的剧本是最愉快的，而卫契尔莱的剧本是最有力的。

有一点要注意的是，这些聪明才智的人中没有任何一人说到莫里哀的不好。只有那些不好的英国作家们才说到这位伟大人物的坏话。正是意大利的那些不好的音乐家才看不起吕律，但是，浦峨农奇里却尊敬他，并为他主持公道，正同米德却看重一个爱尔维修和一个锡儿瓦一样。这就证明了他很能认清他的社会环境，又证明了他生活在人所称为上流社会里面。当我认识他的时候，他已经衰老而差不多快要死了。他有一个缺点，就是不大尊重他的著作家的这一最好的职业，而这是曾经使他成名致富的职业。

他对我谈到他的那些著作好像是和他身份不相称的琐事，在第一次交谈中，他就对我说，只能按照生活平常的绅士身份去看他；我回答他说，他要是不幸只是像其他一位绅士一样的话，我就永远不会来看他的，而且我非常反对如此不适合的虚荣。英国也有好些有名望的剧作家、诗人，如骑士斯梯儿和西伯尔先生，西伯尔先生是一位杰出的喜剧家，而且又是国王的诗人，虽然这种官衔似乎是可笑的，但却少不了要付出一千银币的年金和其他许多特权。我们伟大的高乃依还不曾享受过这么多感叹呢！

再说，请您既不用要求我在这里深入到我所非常赞许的英国剧本中的细微末节，也不用要求我向你们陈述卫契尔莱的和孔格雷夫的一个妙语或一句笑话。在一篇译文中人们绝不会发笑的，要是您想了解英国的喜剧，那没有其他的方法，只好去到伦敦，在那里住上三年，好好地学习英语并且要天天去看喜剧。我不大喜欢读罗特和阿里斯托芬的东西，为什么呢？因为我既不是希腊人又不是罗马人。

那些词句的微妙，讽刺的含义，适时的隽语，所有这一切对于一个外国人来说，都失去了意义。在悲剧里就大不相同了，在悲剧里所写的只是巨大的苦难和由于历史或寓言的陈腐谬见所遗留下来的英勇的粗暴气概。“厄第普”、“伊勒克特剌”是属于西班牙人的，属于英国人的，也属于我们的，正如他们是属于希腊人的一样。但是好的喜剧是一个国家的滑稽事件的有声的绘画，要是你们不深入了解那个国家，你们绝不能评论那幅绘画。

九、论鉴赏力

艺术鉴赏力要比自然的鉴赏力、对食物的鉴赏力难培养得多。正如在我们说食物的坏味道指的是调料辛辣过量、过于精致考究一样，同样，我们认为对人工美过分偏爱，对天然美不敏感，就是艺术趣味不高，缺乏鉴赏力。宁愿食用他人感到反感的食品的人，他们的鉴赏力是反常的，这也是一种疾病。那种迷恋于使理智正常的人感到讨厌的情节的人，嗜好扭捏作态胜过高尚的行为，认为装腔作势豪华铺饰要比质朴和自然更令人愉快的人。他们的艺术鉴赏力也是反常的，这同样也是精神上的一种疾病。

我们经常经过一段时间对原来感到讨厌的食品终于开始喜欢起来，然而自然界是这样安排的，使所有地球上的人都有能力感觉出哪些食物是他们必不可少的。但对于艺术鉴赏力的培养，花费的时间要多得无法类比。俗话说，趣味无争辩，这一论断是公正的，如果只是指生理感觉，即厌恶某些食品和特别偏爱某些食品的现象，无疑是不必去争辩这种趣味的，因为消除味觉器官的缺陷，这不是我们管辖的范围。艺术中的情形就不同了。

由于在这里有着明显的美，那么，因而有能够马上识破这些美的高明的鉴赏力，又有对它视而不见的低下的鉴赏力，在这里经常可以纠正错误的观念。鉴赏力就是从这些观念中产生的。当然，也有僵化的心灵，反常的理智，它们是任何人任何东西都无法打动的，无法引导它走上正路，不必与他们去争辩趣味，因为对他们根本谈不上什么趣味。

趣味应该是评价织物、珠宝、马车和许多类似的物什（这些东西无论如何也不能算作是美的艺术）的评判员，这种趣味大概叫作癖好，可能更为正确些。不是趣味，而是癖好，激发了多种多样的最新的东西的产生。模仿病往往把艺术家推到探索迂回小道上去，他们脱离了先辈们得以细腻地掌握大自然的菜，而把力气花费在暂时掩饰自己作品的缺陷的种种诡计上。整个民族的趣味也可能突然遭到败坏，这种不幸是在趣味上长期完美之后降临到这一民族的。观众对任何新东西都很贪婪，蜂拥而生地追逐它们，但同样迅速地表现出厌倦，于是就有另一批新的艺术家取而代之，这些艺术家更加热切地渴望博得观众的喜爱，比前辈人更加远离自然。

趣味就这样地遭到糟蹋。新奇东西从四面八方纠缠着你，而它们自己马上受到别的新奇东西所排挤，观众已经不再晓得该坚持什么才对，徒劳无益地为往昔有过良好的趣味的时候感到惋惜。可是，这个时代是一去不复返了。良好的趣味被比喻为一座隐秘的宝库，只有少数天才人物才能不随波逐流，坚持保存着它。有过一些幅员辽阔的国家，在那里趣味从来没有达到过完善的高度，这是一些在其中社会本身远不完善的国家，那里的男人和女人不集合到一起聆听启蒙的演奏，某些艺术样式，比如，描绘活的动物的雕塑和绘画遭到教会的明令禁止。

当人们的启蒙的交往极其稀少的时候，智慧就出现了停滞，判断力也显得迟钝，于是人们便失掉了建立趣味的基础。当许多艺术样式根本得不到培植的时候，其余的样式很少为自己的繁荣找到良好的土壤，因为一出艺术样式都是同一根链条上的环节，它们之间有着直接的依赖关系。

十、是否存在着良好的和低劣的鉴赏

但是，究竟是否存在着良好的和低劣的鉴赏？是的，是存在的，尽管按照自己的观点、性格和习俗来说，人与人是彼此不同的。在任何一种体裁中，谁有良好的鉴赏力，他就会竭力以最大的可靠性、表现力和典雅再现自然。但是，典雅这个概念本身是否带有随意性呢？不，典雅在于所再现的事物的形象具有更多的生活气息，变得柔和避免粗俗。

以两个人为例，其中的一个人粗俗，另一个人彬彬有礼，毫无疑问，第二个人将会有更高的鉴赏力。有共同的美显然是一切时代一切民族共有的美，但也有个别性质的美。例如，富有表情的言语对于一切人都是很有说服力的；不幸永远是令人为之动情的，愤怒到处是疯狂的，理智永远是平静的、审慎的，但是，伦敦的某一位公民喜欢的一些细节，或许对巴黎的居民完全不能产生什么效果；英国人对有关航海生活的比拟和譬喻要比巴黎人清楚得多，后者一般地说很少有机会见到船只。

而涉及英国的公民自由的一切，他的权利，他们民族的习俗，对英国人要比对法国人产生更加强烈的印象。在一个气候潮湿寒冷的国家里的一定的气候条件，会产生出建筑、家具、服饰上的特殊风格，这种鉴赏力本身是非常良好的，但却是罗马或者西西里亚所完全不能接受的。菲奥克里特和维吉尔在自己的牧歌中讴歌清凉的树荫和清爽的流水，汤姆生则在对一年四季的描写中运用了完全不同的色彩。有文化教养的，但寡于交往的民族也有自己的缺点，这些缺点受到的嘲笑是与机智俏皮、交往广泛以至放荡不羁的民族的缺点完全不同的。

与此相应的，两个不同民族的喜剧有了不同的发展。把妇女关在闺房之中的民族的诗，与妇女享有没有限制的自由的民族的诗是不会相同的。但是，百年来人们却在断言，维吉尔描绘的场景要比汤姆生高明，而蒂布拉河两岸的人，他们的鉴赏力要比台姆扎两岸的人高级，剧多中描绘的朴素率真的场景要比拉康牧歌高出一筹。

十一、论想象

想象，是每一个有感觉的生物所具有的在自己的大脑中感知各种现象的能力。这种能力依赖于记忆。我们见到一些人、动物和花园：对这些现象的感知是通过感觉实现的，记忆保有这些感知，想象以这些或那些组合方式将它们联合到一起。正因为如此，古代希腊人称呼缪斯女神是“记忆的女儿”。必须着重指出，获取思想，把它们保持和组合的能力，属于我们迄今还不能解释其原因的一些现象之列。

当你说“三角形”一词的时候，您仅仅是说出了一个空洞的声音，如果不能同时设想出某个三角形的话。三角形的理式之所以存在于您心中，是因为您过去见过三角形（如果您不是瞎子）或者摸到过三角形（如果您是瞎子）您说出一些抽象的概念：伟大、真理、公正、有限、无穷，但如果您对任何伟大的东西都没有观念，那么，“伟大”一词就成了空话。倘若您不能清楚地意识到您所说的某种事物确实存在，而某种事物则并不存在，那么真假。这些词又意味着什么呢？难道您的真假的概念不正是从经验得来的吗？

而当人们问您说这些词的时候指的是什么意思时，您就会不由得浮现出别人曾经告诉过您的某一个具体的形象，这个形象有时是正确的，有时是错误的。要是您的想象不能设想出（哪怕是模糊地）三角形的样子，那么，您是根本不可能产生三角形这个念头的。在您计数的同时您必须设想出彼此加到一起的那些单位，否则计数将只是手指运动而已。想象有两种：一种只保留得自事物的简单印象；另一种则以成千的方法将所获印象予以分配和组合。前者叫作“消极想象”，后者叫作“积极想象”。

消极想象与记忆差别不大，它是动物和人都具有的。这也正是猎人和他的狗都在梦中追逐猎物，都能听见号角的声音的原因，而只有一点不同，前者在这时是呼喊，后者则是吠叫。在这个时候，人和动物的体验都比简单的回忆更强烈，因为回忆从来不是现实生活的精确的再现，这种想象的形式已经结合了不同的事物，但这里起作用的不是思维能力，而是常常会犯错误的记忆。这种消极的想象当然不需要我们的意志的帮忙（不管是做梦或是醒着）。它不依赖我们，就能描绘出我们的眼睛见过的东西，听见我们听到过的东西，触到我们触及过的东西；它时而扩大，时而缩小这一储存。

这是一个不能不发生作用的内在感觉。因此说“我们对自己的想象力无能为力”这种说法真是太平常不过了。这是一个人应该深深地表示惊叹并相信是自己无能为力的领域。为什么有时候我们在梦中说出连贯、雄辩的言语，解出数学题，写出比在清醒的时候更好的诗呢？有时候在梦中我们产生了一些毫不取决于我们的复杂的思想。而如果在梦中在我们没有参与的情况下产生了连贯的思想，那么，谁能保证在清醒的时候它们不能以同样的方式出现呢？世界上有没有这么一个人，他能够预见一分钟之后他会产生什么思想呢？

难道思想对于我们不正是与我们的神经的活动同样的东西吗？当马尔勃兰什断言，我们的一切思想都来自上帝的时候，我们可不可能与他争论一番呢？关于危险的观念令人惧怕，关于某种愉快的东西的观念叫人产生强烈的欲愿；只是它产生着追求荣誉、宗教狂热的欲愿，它是许多精神疾病之所以得以流行的原因所在。这种不依赖于理智的消极想象，是我们激情的错误的不仅不依赖于我们的意志，而且还决定了意志本身，从它用以描绘事物的形式来看，它推动着我们时而亲近这些事物，时而疏远它们。

十二、积极想象

积极想象是一种将思考和创造与记忆联结到一起的东西。它使遥远的事物靠近，让彼此混杂的事物分离，把它们组合起来，予以变化。可以认为它是在创造，尽管事实上：它只是在组合，因为人不可能创造出新的现象，他只能将它们变形。

这种积极的想象就其实质来说，是一种能力，正如消极的想象一样，也是不依赖于我们的，而下面这一事实可以作为这方面的证明：如果你让一百位外行去想象某一种机器，那么其中的九十九位绞尽脑汁也是想不出来的。假如有一位想出了点儿什么，那么这不正是说明他显然有某种特殊的禀赋吗？这种禀赋被称为天才；在其中人们看到了某种自天而降的灵感和仙气。这种天生的禀赋是艺术中的想象的财富，它表现在画作和诗篇的构思之中。

它不可能脱离记忆而存在，而把它作为工具加予利用，在这种工具的帮助下它执行着自己的全部工作。例如，在撬棍的帮助下可以撬起一块用手搬不动的大石头，积极的想象发明了杠杆，还有复杂的发动机，它们只是披上了伪装的杠杆而已。但是，在制造机器之前，应该在脑子里先设想出它们的操作情形。这完全不是那种像记忆那样被通常意见认为是理智的敌人的想象。

恰恰相反，它可能只有在深思熟虑的条件下才可能起作用，它无休无止地编制计划，修正错误，按严格的秩序建造自己的大厦，运用数学要求惊人的想象力，阿基米德拥有的想象力一点儿也不逊于荷马。依靠想象，诗人创造自己的主人公，赋予他们典型的特征，激情，想出故事、引子，使开端复杂化，为结局做好准备，这是要求既有巨大的而同时又有极其细腻的思索的工作。

建立十分高超的艺术，甚至长篇小说也是如此。其中的一些看不出这一艺术的作品，只会引起具有聪睿的人鄙视。伊索寓言全都有深邃的含义，因此它们永远值得各族人民欣赏玩味。在关于仙女的童话中，想象起着更大的作用，但这些幻想的神话，没有秩序和深邃的含义，因此不值得尊敬，人们爱读它们，但他们的理智却在斥责它们。积极想象的第二种方式，这是创造单个的细口的想象，是通常也称之为想象的那种特性。正是它，使谈话具有魅力，不断地给智慧提供人们最喜爱的东西。

新的题材。它生动地描绘冷冰冰的理智难以画出的东西，提示了一些合适的、精辟的词语，还援引了一些例子，而当这个天才以为一切天才必不可少的适中性表现出来的时候，它在社会中就赢得了统治地位。人在一定程度上是一架机器，有时酒可以加强想象，尽管酒醉永远会消灭想象，在这里面有许多屈辱的，但同时又是惊人的东西。

想象永远不应成为勉强的、烦琐浮饰的、夸张的。人们认为，一定分量的想象可以使绘画作品增添色彩。人们特别经常地指出，一位画家如何巧妙地在奉献伊菲革尼娅时把披纱披在阿伽门农的头上，然而画家如果敢于在阿伽门农的头上描绘出作为父亲的悲哀心情和作为国王的天和对神的崇敬之间的斗争，他的技艺就将会大大地显得高超，正如鲁本斯巧妙地将玛丽娅·美狄奇的眼睛和姿态中传达出母亲的悲哀、得子的喜悦和对婴孩的爱抚一样。诗人创造的积极的想象会在诗人心中产生灵感，即根据这个词的希腊文原义，产生出内在的激动，使诗人心里充满感情，迫使他变成所描绘的那个主人公。

这正是灵感之所在，它的内容在于激动和形象，这时作者正好说出他所描绘的主人公一定会说出的话来。这种想象——炽热的想象，不会把互不连贯的形象堆砌成一大堆，例如，它不会这样来描写一个迟钝身体笨重的人，“一身肥肉，包裹着脂肪”，也会说大自然“在创造他的心灵的堡垒时，更多地考虑了刀鞘，而不是刀身”。也许所有这一切都不乏想象，但放在诗里它们显得过于粗俗，过于不恰当，显得虚伪，从关于堡垒的肖像能联想到有关鞘的表象，这等于是说一条轮船咬了一口鱼饵之后进入了港湾。在小说中运用想象不像在诗中那么合适。这个道理是很容易理解的，通常的言语应该不太脱离普通的思想。演说家用与大家一样的语言说话，而诗人则是用虚构作为自己创造的基础，因为想象是他的艺术的本质，而对于演说家想象是一种手段。

十三、健康的想象

人们倾向于认为，所有这一切都是各不相同的特殊的能力。然而，所有这些过程（我们仅仅知道它们的结果）都在造就同一个我们完全不清楚的本质。健康的想象在所有的艺术中都是自然的，不正确的想象——这是一种把一些不能相容的概念联想到一起的想象，我们称之为乖谬的想象，则是描绘一些没有任何类比关系、逻辑联系的形象的想象。使用"感知"、"记忆"、"想象"、"理智"这些词时，我们决不是指某些特殊的器官（其中一种管感觉能力，另一种管回忆，第三种管想象，第四种管判断）的活动。

也许补充下面这一点不无益处，当记忆有足够的养料和训练的时候，它是想象的源泉。但如果使它负担过重就会成为它毁灭的原因。例如，一个人如果满脑子都是人名和日期，就不可能创造出鲜明的形象。花费很多力气去做各种统计和沉重的家务事的人，他的想象通常也会没有收效。

当想象过于蓬勃、活泼的时候，它可能变成疯狂。但是，人们发现患这种脑病的人更多的是具有消极想象的人。他们的活动局限于感知从事物得来的印象，而不是具有积极的、能组合各种思想的想象的人，因为积极的想象经常需要进行思维，而消极想象则可以不要这样做。

第十七章　卢梭——美学的激进者

卢梭的美学思想，集中反映在《论科学与艺术》、《致达朗贝尔的信》、《音乐辞典》等著作中。卢梭出于对近代法国封建专制制度的厌恶，幻想"返回自然"，认为社会风尚败坏了艺术，而艺术反过来也败坏了社会风尚，尽管他本人是个音乐家和作曲家，但他对文艺却持否定态度。卢梭认为酷爱自由与平等是人的本性。

在"原始状态"时代，人类的风尚是粗朴的，情感是自然的。由于社会的进步，科学与艺术相继问世，人类的本性遭到破坏，社会风尚日趋恶化，疑虑、猜忌、恐怖、冷酷、戒惧、仇恨、奸诈等，都隐藏在现代文明那种文质彬彬的背后。这一切都表明"我们的风尚里流行着一种邪恶而虚伪的共同性"，所以"一切无益的娱乐对于人都是坏事"，皆应在取缔之列。

一、生平简介

卢梭出生于瑞士，父亲是个钟表匠。由于家境贫寒，卢梭长期流浪国外，先后当过用人、学徒、家庭秘书、流浪艺人、音乐教师和乐谱抄写员等。狄德罗是他的挚友。他是法国启蒙运动思想家、作家和美学家。

卢梭著有《论人类不平等的起源和基础》、《社会契约论》《忏悔录》、《爱弥儿》、《音乐辞典》及若干篇音乐论文。此外，他的第一本书《论科学与艺术》（全名为《科学和艺术的发展败坏了风俗还是净化了风俗》）是应研究院的征文而写的，1750 年该书获得研究院的奖赏。

卢梭的思想仍遭到封建专制者的查禁，巴黎议会决定焚烧他的著作《爱弥儿》，卢梭逃往瑞士，仍遭迫害，又逃往英国，直到 1770 年才回到巴黎定居，在穷困中度过他的晚年。

在认识论上卢梭是个感觉论者，认为一切知识皆源于感觉，但又认为道德观念是天赋的。在政治上，卢梭揭示出私有制的产生是人类不平等的根源。但又不主张消灭私有制，而幻想用小私有制来替代大私有制，甚至梦想回到原始公社制度。在哲学方面，卢梭是个自然神论者，他否认自然界是神创造的宗教学说，但又承认神的存在和神对物质世界的影响。卢梭认为酷爱自由与平等是人的本性。在“原始状态”时代，人类的风尚是粗朴的，情感是自然的。由于社会的进步，科学与艺术相继问世，人类的本性遭到破坏，社会风尚日趋恶化，疑虑、猜忌、恐怖、冷酷、戒惧、仇恨、奸诈等，都隐藏在现代文明那种文质彬彬的背后。这一切都表明“我们的风尚里流行着一种邪恶而虚伪的共同性”，所以“一切无益的娱乐对于人都是坏事”，皆应在取缔之列。卢梭出于对近代法国封建专制制度的厌恶，幻想“返回自然”，认为社会风尚败坏了艺术，而艺术反过来也败坏了社会风尚，尽管他本人是个音乐家和作曲家，但他对文艺却持否定态度。

卢梭的美学思想，集中反映在《论科学与艺术》、《致达朗贝尔的信》、《音乐辞典》等著作中。卢梭认为，适应于渴求新颖，追求惊奇的观众心理，是艺术的第一法则，也是艺术成败与否的关键。在他看来：人都受自己情感的支配，人的情感和审美趣味，如同人的口味一样，是各不相同的。

英勇的、严厉的、残忍的人要求上演凶杀和惊险的剧目；凶狠的和残暴的人嗜好鲜血、战争和疯狂的激情、多情的人喜欢音乐和舞蹈、轻浮的人喜欢爱情和风流——这是“奢侈的必然后果。风化的解体反过来又引起了趣味的腐化”。卢梭说：“一个作家，当他决心与大多数人的爱好作对时，很快就会变成孤家寡人。”

因此，剧作家总是千方百计地去满足观众的愿望，为了迎合和满足公众的口味，“他会把自己的天才贬低到当时的水平上去，并且宁愿写一些生前为人称道的平庸作品而不愿意写唯有在死后很长时期才会为人赞美的优秀作品”。卢梭认为艺术是腐蚀剂，它蛀蚀了人类的灵魂，窒息了人类那种天生的自由情操。许多国家君主也深知“与文艺女神们交往的巨大利益了”，他们晓得用那些赏心悦目的艺术与虚荣无实的趣味，可以培养他的臣民们“心魂狭隘以便于奴役”。

卢梭主张用理性来净化人们的灵魂，抵制社会风尚的败坏，因为“唯一可以用未净化激情的武器是理性”。在对待艺术与艺术家的态度上，卢梭主张采取柏拉图的办法，即在“理想国”中不能保留艺术的位置，把荷马的同行们驱逐出理想国。卢梭认为只有那些少数“自然注定有所成就”的艺术家，可以继续从事艺术创作，因为他们“自问能独自追踪前人的足迹，并能超过前人的人”，能给“人类精神的光荣树立起纪念碑”，不过这种人微乎其微。

其他所有在艺术上成就不大的人，都应“摒除在大门之外”，让他们去从事有益于社会的艺术。这些人很可能“终其一生都只是一个蹩脚的诗客”如果让他们改行从事其他工作，“也许能成为一个伟大的工匠”。卢梭看到西方文化和文艺的腐朽没落，但又找不到解决问题的有效方法，错误地认为只有禁止戏剧活动，就能消除腐朽文艺的影响，“百科全书派”达朗贝尔主张在日内瓦建立一个剧院，卢梭却认为剧院是伤风败俗的场所，竟写信劝告达朗贝尔改变建立剧院的计划。信发表后，引起很大的反响，展开一场激烈的争辩。这里选编的是《致达朗贝尔的信》的片段，主要探讨的是戏剧与道德风尚的关系问题。

二、看破空虚之境

看一看人类是怎样通过自己的努力脱离了空虚之境，怎样以自己的理性光芒突破了自然蒙蔽他的阴霾，怎样超越了自身的局限而驰神于诸天的灵境，怎样像太阳一样以巨人的步伐遨游在广阔无垠的宇宙里，那真是一幕宏伟壮丽的景象。然而返观自我以求研究人类并且认识他们的性质，他们的责任和归宿，那就格外宏伟，格外难得了。一切这样的奇迹从最近几个世代以来又重新开始了。欧洲曾经退回到太古时代的野蛮状态。世界上这一地区的民族，今天生活得是非常文明，不过几个世纪以前他们还处于一种比蒙昧无知还坏的状态中。我不知道是一种什么科学的胡说八道，一种比无知可鄙得多的胡说八道，居然僭称起知识的名号，而且对于知识的复兴布下了一道几乎无法克服的障碍。为了使人类恢复常识，就必须来一场革命；革命终于来自一个人们最预料不到的角落。

使得文艺重新又能被我们认识到的，正是伊斯兰教徒，正是那永远摧残文艺的割草机。君士坦丁的宝座的陷落给意大利人带来了古希腊的遗物，法国也由于这些珍贵战利品而富足起来了。不久，科学也追踪文艺而来。除了写作的艺术，又加上了思维的艺术，这种步骤好像是奇怪的，然而也许是十分自然的，人们开始感觉到与文艺女神们交往的巨大利益了，那种利益就是通过值得他们互相赞慕的作品来激发他们彼此相悦的愿望，便可以使人类更富于社会性。

三、精神也有自己的需要

精神也跟身体一样有其自己的需要。身体是社会的基础，精神就是社会的装饰。只要政府与法律能够为人民集体提供安全与福祉，那么科学、文学与艺术，既然不专制，而且也许更有力量，就会把花冠点缀在束缚着人们的枷锁之上的，就会窒息人们那种天生的自由情操，人们本来就是为自由而生的，就会使他们喜爱自己被人奴役的状态，并且会使他们成为人们所谓的文明民族。

科学与艺术便把它们巩固起来了。世上的列强爱惜才华吧，保护那些才华修美的人物吧。文明的民族啊，培养他们吧。你们这些快乐的奴隶们，都是靠了他们，才有你们所引以为荣的那种精致而美妙的兴趣，才有了那种温良恭俭的性格以及彬彬有礼的风尚，才使得你们之间的交际如此密切又如此容易，一言以蔽之，靠了他们，你们才可以没有任何德行而又有着一切德行的外表。

正是由于这种表现，爱有余而用处不足的文明，昔日的雅典和罗马才能够在那些以其繁荣与昌盛而如此值得自豪的岁月里头角峥嵘，毫无疑义，也正是由于它，我们的世纪与我们的国家一定会超越一切的时代与一切的民族。一种毫无迂腐气的哲学格调，一种自然而又动人的风度，既绝非条顿人的粗犷，又绝非意大利人的矫揉；这些便是我们研究学术所获得，并由于全世界交往所促成的那种趣味的结果。

四、德行

我们永远也不会知道，我们是在和什么人打交道，甚至要认识自己的朋友也要等待重大的关头，也就是说，要等待不可能再有更多时间的关头，因为唯有到了这种关头，认识朋友才会成为最重要的事。如果外表永远是心性的影子，如果礼貌就是德行，如果我们的格言真能成为我们的指南，如果真正的哲学和哲学家的称号是分不开的，那么生活在我们中间将是多么美好啊！

然而这么多的品质是太难遇在一起了，而且在这么多的浮夸当中，德行是很难出现的。装饰的华丽可以显示出一个人的富有，优雅可以显示出一个人的趣味。但一个人的健康与茁壮则须由另外的标志来识别，只有在一个劳动者的粗衣服下面，而不是在一个侥幸者的穿戴之下，我们才能发现强有力的身躯。装饰对于德行也同样是格格不入的，因为德行是灵魂的力量。善良的人乃是个喜欢赤身裸体上阵的角斗者，他鄙弃一切足以妨碍他使用力量的下流装饰品，以及大多数只是用以遮掩身体上的某种畸形的下流装饰品。今天更细致的学术研究与更精微的趣味已经把取悦的艺术归结为一套原则了。

我们的风尚里流行着一种邪恶而虚伪的共同性，每个人的精神仿佛都是一个模子里铸出来的，礼节不断地在强迫着我们，风气又不断地在命令着我们，我们不断地遵循着这些习俗，而永远不能遵循自己的天性。我们不敢再现真正的自己，而且在这种永恒的束缚之下，人类便组成了我们称为社会的那种群体，大家既然都处于同样的环境中，也就都做着同样的事情，假使没有其他更强烈的动机把他们拉开的话。艺术还没有能塑造我们的风格，没有教导我们的感情使用一种造作的语言之前，我们的风尚是粗朴的，然而却是自然的；举止的不同，初看起来，只是表现性格的不同。

人性根本上虽然不见得更好，然而人们很容易相互深入了解对方，由此就可以在这里而找到自己的安全。而这种为我们今天所不再能感到其价值的优美，就使他们能很好地避免种种罪恶。

五、德行的消亡

这种世态炎凉又是伴随着怎样一长串的罪恶啊！又是以多么诚恳的友情、多么真诚的尊敬、多么深厚的信心为代价啊！疑虑、猜忌、恐怖、冷酷、戒惧、仇恨与奸诈永远会隐藏在礼义的那种虚伪的面具下边，隐藏在被我们夸耀为我们时代文明的根据的那种文质彬彬的背后。

我们不再用起誓来玷污创世主的名字了，然而我们却以亵渎神明来侮辱他，而我们灵敏的耳朵也竟不感到刺耳。我们并不夸耀自己的优点，却抹杀别人的优点。我们不粗暴地激怒自己的敌人，但我们却礼貌周全地诽谤他们。我们的风尚所获得的纯洁性便是如此。我们便是这样成为好人的。让文学、科学和艺术，在这样一种自我满足的工作里去宣扬它们自己的贡献吧。

我仅仅补充一点，那就是某一遥远地区的居民如果也根据我们这里的科学状况，也根据我们的艺术的完美，也根据我们的视听观赏的优雅，也根据我们举止的礼节，也根据我们谈吐的谦逊，也根据我们永远是善意的表现，并且根据不同年龄、不同地位的人士。那些人似乎从早到晚只想怎样互相献殷勤的那些嘈杂聚会，而要求形成一种欧洲式的风尚观念的话，那么我要说，这种异邦人对于我们风尚真相的猜测就要适得其反了。民族的仇恨将会熄灭，但对祖国的热爱也将随之而熄灭，我们以一种危险的怀疑主义代替受人轻视的愚昧无知。有些过分的行为是被禁止的，有些罪恶是被认为不体面的，但是另外却也有一些罪恶是以德行的名义装饰起来的，而且我们还必须具有它们或采用它们。

只要你愿意，你就可以夸奖当代贤人们的清心寡欲，至于我，我在这里面看到的却只不过是一种伪装的纵欲罢了，这和他们那种矫揉造作的质朴同样是不值得我去称贺的。只要没有产生什么作用，也就没有什么原因可求。但是在这里，作用是确凿的，腐化也是实在的，而且我们的灵魂是随着我们的科学和我们的艺术之臻于完美而越发腐败，能说这是我们时代所特有的一种不幸吗?

不能！各位先生们，我们虚荣的好奇心所造成的坏事是和这个世界同样古老了。海水的潮汐经常受那些夜晚照临我们的星球的运行所支配，也还比不上风尚与德行的命运之受科学与艺术进步的支配呢！我们可以看到随着科学与艺术的光芒在我们的天边上升起，德行也就消逝了。这种现象在各个时代和各个地方都可以观察到。我难道会忘记就在希腊，我们看见了兴起的一个城邦，它的闻名遐迩正是由于它是个半神明的共和国，而不是人世上的共和国了，他们的德行显得多么超乎人世之上啊！

斯巴达，它永远是空洞理论的一种耻辱！正当美术造成的种种罪恶大量出现于雅典的时候，正当一位僭主煞费苦心地搜集诗人之王的作品的时候，斯巴达却把艺术和艺术家、科学和科学家一并赶出了它的城垣。苏格拉底继续说道：“我从诗人转到艺术家，没有人比我更不懂得艺术了，没有人比我更深信艺术家掌握着非常美妙的秘密。”可是我又发觉他们的情形并不比诗人好，他们双方都有同样的偏见，因为其中最有技巧的人在他那一门中超过了别人，于是就自以为是人类中最聪明的了。

这种夸耀，在我看来，完全玷污了他们的知识，因此我在神坛之前求问究竟我是像我自己这样好呢？还是像他们那样好？知道他们所知道的那种东西好呢？还是知道我自己是一无所知好呢？我就得到了答案，为我自己，也为了神，我还是要像我自己这样。历史事变说明了这种区别。雅典变成了礼义和雅趣的中心，演说家与哲学家的国度，房舍的华丽和辞藻的华丽在这里争相媲美，人们在这里到处可以看到炉火纯青的大师们所装饰的厅堂和幕幔。正是从雅典才流传下来为各个腐化的后世奉为典范的惊人作品。拉西第蒙的纪年表却没有这么绚烂了。它的居民留给我们的只有对于他们的英雄事迹的回忆。他们的这种纪念碑对于我们不比雅典所遗留给我们的华丽殿堂更为可贵吗？的确，有些贤人哲士曾经抵抗过这个总的潮流，而且能在文艺女神之间保障了自己免于罪恶。

然而不妨听听其中第一个而且是最不幸的人对于当代学者、艺术家所下的评语。他说，“我考察过诗人，把他们认为是才华凌驾自己和别人的人，他们自命是有智慧的人，人们也以为他们如此，可是他们却是最没有智慧的”。无论是智者，无论是诗人，无论是演说家，无论是艺术家，抑或我自己。我们大家都不知道什么是真善美，然而我们之间却有着这样的差别，虽然这些人什么都不知道，但全都自以为知道些什么，至于我呢，如果我什么都不知道，至少我对自己的无知是毫不怀疑的。

因此神坛所加给我的那种智慧的全部优越性便可以完全归结为我能够确信我对自己所不知道的事物是愚昧无知的。苏格拉底在雅典始，而老加图在罗马继续。反对那些矫揉造作而又轻薄的希腊人，以求解放自己，因为那些希腊人败坏自己同胞的德行并且腐蚀他们的勇毅。这就是个判断为最聪明的人和全希腊公认为雅典最有学识的人。苏格拉底对于愚昧无知所作的赞颂了。

我们能相信，如果他还活在我们今天的话，我们的学者和艺术家会使他改变意见吗？不会的，先生们，这位正直的人会依旧鄙视我们的浮华的科学的，他绝不会助长我们这里处处泛滥着的那些大量、他留给他的弟子们以及我们后人的全部教诫，就只会是他的德行的榜样与景仰。这样才是教导人的好方法。

然而科学、艺术与辩证法还是流行起来了。罗马充满了哲学家和演说家，人们不顾军事纪律了，人们鄙视农业了，人们在搞宗派，人们忘记了祖国，于是伊壁鸠鲁、芝诺、阿塞西拉斯的名字就代替了自由无私与安分守法这些神圣的名字。连他们自己的哲学家都说，自从学者在我们中间开始出现之后，好人就不见了，从前，罗马人是安心实践德行的，但他们开始研究德行之后，一切就都完了。

六、时间

每个艺术家都愿意受人称赞，他的同时代的人的赞誉是他报酬中最珍贵的一部分。浪费时间是一桩大罪过。然而文艺产生的罪过还要坏得多。由于人类的怠惰与虚荣而产生的奢侈，便是其中的一种，奢侈很少是不伴随着科学与艺术的，而科学与艺术则永远不会不伴随着奢侈。

如果他不幸生在这样一个民族，生在这一个时代，那儿的学者们风靡一时，并且让轻浮的少年们左右着风气，那儿的人们向剥夺他们自由的暴君牺牲了自己的趣味，那儿的男性只敢赞赏与女性的猥琐相称的东西，当那诗人的杰作受人鄙弃而且最繁复的乐调被人否定的时候，那么为了要获得别人称赞，他会做出什么事情来呢？

诸位先生，他会做出什么事情来呢？他会把自己的天才贬低到当时的水平上去，并且他宁愿写一些生前为人称道的平庸作品而不愿意写唯有在死后很长时期才会为人赞美的优秀作品。大名鼎鼎的阿鲁埃啊！请你告诉我们，为了我们的虚伪纤巧，你牺牲了多少雄浑而豪壮的美啊！在猥琐的事物里如此洋溢着的那种卖弄聪明又使你付出了何等巨大的代价啊！这样，奢侈的必然后果风化的解体——反过来又引起了趣味的腐化。

如果在才华卓越的人物中偶尔有一个人，有着坚定的灵魂而不肯使自己阿世媚俗，不肯以幼稚的作品来玷污自己，那么他就要不幸了！他会死于贫困潦倒和默默无闻。但愿这里我所做的只是一种妄自揣测，而我所说的也并不是经验的事实！卡尔和比尔啊！你们那文笔本来是画崇高而神圣的画像，用以恢宏我们神殿的庄严的，从你们手里放下那支笔的时刻现在已经到来了，不然也会被收买去给那些马车装饰的壁画了。

还有你，你这位普拉西泰理斯和斐狄亚斯的匹敌啊，你的凿刻古人们会用来雕塑他们的神像的，仅凭那些雕像就足以使我们原谅他们的偶像崇拜了，无与伦比的比加尔啊，你的手终于会坠落到去捏猴儿的肚子的，不然就会闲置无用的。我们想到风化时，就不能不高兴地追怀太古时代的淳朴。那是一幅全然出于自然之手的美丽景色，离开了它，我们是不能不感到遗憾的。

那时候，清白有德的人愿意神祇能够明鉴他们的行为，他们都一起住在同样的茅屋；然而不久，他们竟然在为非作恶之后，就讨厌这些不与人方便的观察者了，于是就把神祇放逐到华丽的神殿里去了。最后他们还把神祇从神殿里赶出去以便自己居住在里面，或者，至少也是神殿和公民的厅堂不再有什么区别了。

这时候就是腐化堕落到极点了，当我们看见，可以这么说罪恶表现在大家大族的门楣上，表现在大理石的柱子上，或者铭刻在哥林多式的柱头上的时候，罪恶也就登峰造极了。当生活日益舒适、工艺日臻完美、奢侈开始流行的时候，真正的勇敢就会削弱，尚武的德行就会消火。而这些仍然是科学和艺术在暗中起作用的结果。当哥特人掠夺希腊的时候，希腊所有的图书馆所以免于焚毁，只是由于有一个哥特人有这样一个念头，要给敌人留下适当的东西，让他们荒废军事的操练而沉溺于怠惰安静的职业。

查理八世几乎是兵不血刃就成了塔斯康尼和那不勒斯王国的主人的，他的朝臣们把这种意外的顺利归功于意大利的王侯贵族们，他们过分沉溺于奇技淫巧和博学，以致无法奋勇作战。因此，那位有头脑的人讨论到这两件事情就说，事实上一战前例就教导我们，无论在战事方面，还是在其他类似的方面，科学研究更会软化与削弱勇气，而不是强化与鼓舞勇气。罗马人承认，他们的武德是随着赏识图画、雕刻和金银器皿以及培植美术开始消逝的。而且仿佛是这个有名的永远成为其他民族的前车之鉴，美第奇一族的兴起与文艺复兴再度兴起，也许是永远地摧残了意大利几世纪来似乎已经恢复的那种善战的声誉。

七、怠惰

从我们最初的岁月起，就有一种毫无意义的教育在虚饰着我们的精神，腐蚀着我们的判断。在各个方面我都看到了人们不惜巨大代价，设立无数的机构来教导青年以种种事物，但只有责任心却被摒除在外了。你们的孩子们不会说他们自己的语言，然而他们却会说那些在任何地方都没有用处的语言，他们会作几乎连他们自己也看不懂的诗，他们不会辨别错误和真理，却有本领用诡辩使别人无从识别，可是他们却并不知道高尚、正直、节制、人道、勇敢这些词究竟是什么，祖国这个可爱的名字永远不会进到他们耳朵里去；而且如果他们也听人说上帝的话，那也不会是敬畏上帝，而只是对上帝心怀恐惧罢了。

有一位贤人说，我宁愿我的学生打网球来消磨时间，至少还可以使身体得到锻炼。我知道必须让孩子们专心一意，怠惰乃是孩子们最可怕的危险。可是他们应该学习什么呢？这就确乎是个大问题了。让他们学习做人所应该做的事吧，别让他们学那些他们应该忘却的事。我们的公园里装饰着雕像，我们的画廊里装饰着图画。你以为这些陈列出来博得大家赞扬的艺术杰作表现的是什么呢？

是捍卫祖国的伟大人物呢？还是以自己的德行丰富祖国的更伟大的人物呢？都不是的。那是各种各样心灵与理智的歪曲颠倒的景象，从古代神话里煞费苦心地挑选出来供我们孩子们消遣好奇用的，而且毫无疑问地是为了使他们甚至在不认字以前，在他们眼前就有了各种恶劣行为的模范了。如果这不是由于才华的不同和德行的败坏而引起了人间的致命的不平等的话，那么这一切谬误又是从何而生的呢？这就是我们种种学术研究的最显著的后果，也是一切结果中最危险的后果，不再问一个人是不是正直，而只问他有没有才华，我们不问谁是否有用，而只问他是否写得好。

我们对于聪明才智滥加酬报而对德行则丝毫不加尊敬。好文章就有千百种奖赏，好行为则一种奖赏都没有。然而请告诉我，在这个学院里可以得奖的最好的论文所获得的光荣是不是能与设立这种奖金的美意相比呢？我们有的是物理学家、几何学家、化学家、天文学家、诗人、音乐家与画家，可是我们再也没有公民了，或者说，如果还有的话，也是分散在四面八方被人遗忘，他们会在这里被人漠视，被人轻蔑而消逝。

那些给我们面包的人，给我们孩子们牛奶的人们遭遇的情况便是如此。他们从我们这里所获得的感情便是如此。贤人哲士是绝不追求运气的，然而他对于光荣却不能无动于衷；当他看到光荣的分配是如此不公平，他的德行——那是一点点竞争所激发起来的，而且还有利于社会就会消沉而且会湮灭于潦倒无闻之中。因此处处都要偏爱赏心悦目的才华而不爱真实有用的才华了，而这种经验自从科学与艺术复兴以来，只是格外在加强。然而我也承认，罪过并不像它所可能的那么大。

永恒的天道既然在各种不同的毒草旁边都安置了解药，在许多害人的动物体内安置了他们恢复创伤的能力，因而也教会了君主们天道的行政官来模仿他的智慧。大君王的光荣之所以会在后世日益获得新的光辉，乃是由于他依照这种前例，在成为无数纷纭错综之根源的科学和艺术之中建立起那些有名的学会。这些学会虽然是人类知识的危险的储藏所，然而由于他们在自己中间能注意维持道德风化全部的纯洁性并能以此要求他们所接受的会员，所以同时也是道德风化神圣的储藏所。

这种被他的伟大的继承者们所肯定并为全欧洲的国王所仿效的贤明制度，至少可以成为文学士的一种羁轭。他们既然都渴望能够有进入学院的荣誉，所以就必须洁身自好，并且努力以有益的著作和无疵的道德使自己受人尊敬。那些学社因为设有奖给优秀文艺的奖金，所以就可以选择足以激发公民热爱德行的题材，从而证明这种爱好在他们中间占有统治地位，而且可以给人民一种极少见而极美妙的乐趣，因为人民可以目睹到这些学人全心全意努力的不仅是把愉悦的知识，且还把有益的教育贡献给人类。

然而，如果科学与艺术的进步没有给我们真正的福祉增加任何东西，如果它败坏我们的风化，如果这种风化的败坏玷污了我们趣味的纯洁，那么，我们对于那些低级的作家将会怎么想呢？他们扫清了通向缪斯女神神庙的种种困难，而这正是自然布置下来作为对于那些有意求知的人的能力的一种考验。

那些著作的编纂者由于不小心打开了科学的大门，并且把不配接近科学的芸芸众生带进了科学的神龛，我们对于他们将要怎么想呢？本来应该期望着把所有在文艺事业上不能前进的人都摒除在大门以外，使他们投身于有益社会的工艺。终其一生都只是一个蹩脚的诗客，或者是一个低劣的几何学家的人，也许能成为一个伟大的工匠。凡为自然所注定要成为学徒的人，是不需要老师的。如果一定要有某些人从事科学和艺术的研究，那就只能是那些自问能独自追踪前人的足迹并能超过前人的人了，给人类精神的光荣树立起纪念碑的，就只能是这样一些少数人。然而，如果我们不想有任何东西超出他们的天才，就必须不使任何东西超出他们的希望，这就是他们所需要的唯一的鼓舞了。

灵魂总是不知不觉地与占据着灵魂的对象成比例的，而造就出伟大的人物的，便是伟大的时势。雄辩的君主总该数罗马的执政官；而最伟大的哲学家也许就要数英国的财政大臣了。如果我们能相信前者只不过担任大学的一席讲座，后者只不过获得学院的一笔年金的话，那么我就要问，我们能相信他们的工作会不受他们处境的影响吗？笛卡儿、牛顿这些人类的导师，他们自己是从未有过导师的，什么样的指导才能把他们引到他们的巨大的天才所能达到的地步呢？平庸的教师只能把他们的智力限制在教师自己的狭隘能力范围内，从而束缚了他们的智力。

正是由于最初的障碍，他们才学会了努力，并且力图超出他们已经走过的那些广大的领域。因此，就请国王们不要轻视把那些最能对他们进忠告的人容纳到他们的议会里来吧，但愿他们能抛弃由伟人的骄傲所造成的那种古老的偏见，那就是引导人民的艺术要比教化人民的艺术更难的偏见，使人民心甘情愿地努力为善好像要比以强力约束他们为善更容易似的：但愿第一流的学者们在他们的朝廷里能找到荣誉的藏身之所，但愿他们在这里能获得与他们相称的唯一补偿，也就是靠他们的作用，以智慧教育人民，从而增进人民的幸福，唯有这时候我们才可以看到被一种高贵的情操所激发的，并且为了与人类的福祉互相调协而努力的德行、科学和权威所能做出的事情。

然而，只要权力单独是一回事，而知识与智慧单独又是一回事，学者们便很少能想到伟大的事物，君主们则更很少能做出好事。德行啊！你是淳朴的灵魂的崇高科学，难道非要那么多的痛苦与功夫才能认识你吗？你的原则不是铭刻在每个人的心里吗？为了认识你的法则，只要返求自我，并且在感情宁静的时候谛听自己良知的声音不就够了吗？这就是真正的哲学，让我们学会安心于此吧，我们不必嫉妒那些在文坛上名垂不朽的名人的光荣，让我们努力在他们和我们之间画出那条人们以往在两大民族之间才可以看到的那种光荣的界限吧；让他们知道怎样好好地说，让我们知道怎样好好地去做吧。

八、给达朗贝尔达朗贝尔论戏剧的信

在我看到有争论的问题成堆的地方，而对你只存在一个问题，而且好像也已由你解决了！演戏本身是有益的还是有害的？它们同道德能否和睦相处？共和国道德的严峻性能不能容得了它们？应不应该允许在小城市里演戏？演员是不是光荣的职业？女演员能否像其他的妇女一样穿戴朴素、彬彬有礼？好的法律能否充分保证防止一切弊害？这些法律能不能严格遵守，等。

有关演剧影响的好坏问题尚未获得解决，因为在它引起的争论中，参加的只限于以僧侣为一方和以世俗人物为另一方的少数代表人物，而每一个争论的参加者都从各自的偏见出发来谈问题。先生，正是这些问题值得你挥动笔杆。从我这方面，完全没有超越别人的意思，而只限于在这些问题的范围内作些解释，既然你提出问题，作些解释对于我们是很必要的。并且请你注意，我学你的样子直言直说，这样做是为了对祖国负责，假如我说了错话，也决不会伤害任何人。

九、戏剧演出是为了娱乐

享受欢乐的能力是天赋的。而欢乐是从劳动中人与人相互交往中、义务中产生出来的；欢乐越饱满，感受欢乐的人的精神状态就越健康，从而使得所有其余的人都绝少关注。对这类设施只要望上一眼我立即就看出，戏剧演出是为了娱乐。但是假如人是需要娱乐的话，那么它们只是在需要的范围之内才能允许，而一切无益的娱乐对于人都是坏事，因为人的一生是太短促了。而时间是太宝贵了。

作为父亲，作为丈夫，作为公民，人都有义务，只要履行义务，他们就不必担心寂寞和苦恼，因此对义务看得很珍贵。时间使用得越好，它的价值就越高，时间使用越合理，它就越不会被浪费。因此你应当经常记着：劳动养成习惯就使怠惰无容身之地，纯洁的良心可以抑制追求轻佻的娱乐的欲念，而只是对自己的不满、闲散的苦恼、对淳朴的正常的口味的丧失、邪门歪道的娱乐应运而生。

当所有的心都迷醉于舞台的时候，好像灵魂出了窍，这就不好了。自然本身让异乡人做出回答，当罗马人用自己的马戏院的宏伟壮丽和竞技的豪华场面夸耀的时候，这个头脑简单的异乡人问道："难道罗马人没有妻子儿女吗？"人们常常以为演戏可以把人们团聚到一块儿，其实恰恰在剧院里使人彼此分隔开，在那里谁都忘记了自己的朋友、自己的邻居、自己的亲戚，只因为一心迷醉于荒诞不经的故事，只顾去为死者的不幸而落泪或对活人发出嘲笑。

但是我本来应当知道，说这样的话在现在是不合时宜的。让我们来试试另外一种说法，也许比较容易被人接受。剧院可能有各种各样的形态，我们看到人与人的脾气、气质、性格有着惊人的差别。人都是同样的人，这我承认。但是由于宗教信仰、国家制度、法律、习惯、偏见和水土的不同而改变了样子，人自身发了这么大的差异。因此我们今天不能提出这样的问题，这对一般人是否有益的，而只能提出这对某个时期和某个国家的人们是益的还是有害的。

例如米南德的剧本是为雅典的剧院写的，罗马却不受欢迎，又如在共和时期斗士的战斗曾鼓舞罗马人的刚毅和豪迈气概，而在帝政时期只能引起罗马平民的嗜血和残忍，同一事物对同一民族在不同时期起不同的作用，开始教它轻视生命，而后来又教它玩弄别人的生命。问剧目本身是有益还是有害，等于提出一个过分抽象的问题；这就等于考察一种关系却不规定构成这种关系的数量。剧院是为人民建立的，只根据对人民的影响去判断它们的优劣。

十、谈到剧目的种类

至于谈到剧目的种类如何，那么它是取决于它能不能提供娱乐，而不取决于是否给人益处，假如它既能给人娱乐，又能给人益处，那当然再好不过，但是主要目的是为了娱乐，假如人们得到娱乐，目的就达到了。这种情况从来也不允许给剧院这样的组织供它们所希望的全部优点和最大的自欺在它们身上看到这种现实生活中所不能实现的理想，不放弃那些有待于受教育的人们。

剧目之所以有多种多样的差别，正像各种人的口味各不相同，英勇的、严厉的和残忍的人要求剧院表演凶杀和惊险，在这里英勇和冷静大放光辉。凶狠的和暴躁的人嗜好鲜血、战斗和疯狂的情。多情的人爱好音乐和跳舞。轻浮的人喜欢爱情和风流。快乐的人喜欢诙谐戏谑。只有那些有倾向的剧目才能被他们接受，但是真正有益的却是能抑制这些倾向的剧目。

一般说来，舞台是人的激情的彩色画，画稿的原本就在各种人的心里，但是假如画家不注意让这些激情得到满足，他们的作品很快就会脱离群众，因为他们很讨厌被人画得这么糟。假如他把某些激情画得很丑，那么他只是画了少数人命中注定的激情，它们本身就引起自然而然的厌恶。因此，剧作家总要想法满足观众的愿望，丑恶的激情常常被用来加强其他的激情，后者虽非更受尊敬，至少也是招人喜爱。纯理性在舞台上是根本不需要的。缺少激清或常常克制激情的人对谁也不感兴趣，在这里就已经可以指出悲剧中出现坚韧不拔的劲头是不能容忍的，而在喜剧中逗笑比什么都重要。

但愿我们不要认为戏剧有改变感情和风尚的能力，戏剧只能遵循它们和美化它们。一个作家，当他决心与大多数人的爱好作对时，很快就会变成孤家寡人。当莫里哀改良喜剧时，他嘲笑男女两性中的超时髦者和有怪癖的人，但他丝毫没有触犯公众的爱好；他遵循它或者发展它，像高乃依那时的做法一样。以前的戏剧已经不能满足公众的口味，因为在这更加讲究雅致的时代它还保留着原始的粗野。可是，任何想让我们看看异乡风尚的作者总是努力使自己的剧本适合我们的风尚。

不这么办他就没有成功的希望，假如这些剧本中的某些作品也获得成功，那么其原因也决非像表面的观察家所推测的那样。难道《野蛮人阿尔列金》如此受到观众青睐是因为他们喜欢剧中主角的思想健康和性格直爽吗？难道在观众当中能找出一个愿意模仿他的人吗？不，恰恰相反，剧本之所以受到欢迎是因为它适合渴求新颖和独创精神的观众的心理。

对于他们来说还能有什么比自然本身所引起的思想更新的呢？正是对日常事物的厌恶有时促使他们去追求简朴。既然从这两个作家的时代开始，公众的爱好已经变了，现在再演他们的杰作，自然免不了惨遭失败。就让鉴赏家们仍然继续去赞赏吧，但是如果公众也同意这种赞赏，那么这只是由于不好意思丢掉它们，而不是由真正懂得它们的美。据说优秀的剧本是从来不会失败的，事实上确是如此，我完全同意这是因为优秀的剧本任何时候也不败坏自己时代的风尚。

谁能怀疑索福克勒斯的优秀剧本在我们的剧院里会完全垮台呢？我们不能把自己摆到那些与我们毫无相似之点的人们的位置上去。从以上初步的观察中可做出结论，演剧可以巩固民族性格，加强对自然的爱好和赋予一切激情以新的力量。看来，假如演剧只能加强现存的各种癖好，而不能改变已成的风尚，那么它对好人是有益的而对坏人是有害的。即使这样，也还有个问题需要解答，就是过度兴奋的激情会不会变成坏事。

我知道戏剧诗学对戏剧持完全相反的看法。演戏为了使激情净化而先激起它，但是我很难同意这样的看法是正确的。难道为了使某人成为一个坚强的和英明的人，就该让他成为疯子吗？演剧的支持者会说：“不，事情不是这样。悲剧的确力图用它所描写的全部激情来感动我们，但它并不总是想让我们的经历和充满激情的剧中主角的经历完全一样。”

相反，它的目的是要在我们身上引起一种它赋予主角相反的感情。他们说，假如作者滥用权力煽惑人心，引起不健康的兴趣，那么这错误应归之于作者的无知和谬见，而不应归之于艺术本身。最后他们说激情的正确描写和由它所引起的灾难足够使我们必须尽一切可能去避开它。为了揭穿这种观点的欺骗性只要研究一下自己在看完悲剧后的心情就够了。

在看戏期间所引起并一直延续到演剧结束的兴奋、惊恐、惋惜等精神状态难道有利于克服和抑制激情吗？生动的和感人的印象对我们是习以为常的，因为我们经常可以碰到，难道它们有助于抑制我们的感情吗？为什么由激情引起的灾难的场面必须从我们对那些欢欣鼓舞的和兴高采烈的场面的记忆里排除出去呢？后者不也是由激情引出来的吗？特别是有些作者为了使剧本对观众更有吸引力而添加上去的。

难道他们不知道所有的激情都是姊妹，为了引起其余的千百种激情，只要一种就够了，借助其余的激情而把一种激情制伏，这是向所有其余的激情敞开心扉的可靠方法吗？唯一可以用来净化激情的武器是理性。但如我前面所讲，理性在舞台上是无用武之地的。我们不能同情剧本所有的角色，这是对的。既然他们的意向彼此对立，这就需要作者诱使我们去挑选其中的某一个，否则我们就不会管他们的闲事。

但是作者无法选择一种他想强迫我们去喜爱的激情，他不得不选择我们所喜欢的激情。我对剧院种类所说的一切还应当同多数人的利益符合一致。在伦敦，凡能激起仇恨法国的戏剧便受欢迎，在突尼斯，最可爱的激情是海盗行为，在墨西拿，最可爱的激情是复仇的陶醉，最可爱的激情是烧死犹太人的光荣义务。就算某一作者写出一个很好的剧本，假如他破坏了这些规则，那么就没有人理它了。并且作者还会被谴责为无知，因为他蔑视自己的艺术第一法则，美丽正是其余一切艺术法则的基础，是它成败的关键，戏剧使我们没有经历过的激情净化，又把我们所喜爱的温情点燃起来。难道有比这更灵的药剂吗？

十一、整体原因和局部原因

可能整体原因和局部原因的交互作用的存在，必然阻碍剧中演出达到可能达到的完善程度，阻碍它们产生预期的良好效果就算演剧达到较好的效果，而且观众的情绪也不错，那么在这中情况下演剧的效果还是等于零，因为没有什么手段使它成为必不可少的东西。

我只知道有三样武器，靠它们可以影响人民的风尚，法律的力量，社会舆论的威力和娱乐的吸引力。但是法律是不许步入剧院的，只要一点点强制的存在，剧院就由娱乐变成惩罚。舆论不依靠剧场，因为剧院本身不仅不向观众发号施令，而它自己应听命于观众。至于说到剧院所能提供的娱乐，那么它的全部作用就在于它迫使我们经常往那里去走走。让我们来看看它是否还拥有其他的手段。

我听人说，剧院正确领导就可以使美德成为诱人的东西，使恶德成为讨厌的东西。真是这样吗？难道在没有戏剧表演之前人们就不尊敬有德的人和不痛恨恶人吗？难道在没有剧院的地方这些感情就薄弱了吗？剧院赋予美德以引诱力。它神奇地完成了自然和理性在它之前所做的工作。舞台上的恶人是招人恨的，但在生活里的恶人的嘴脸被揭露之后谁又会爱他们呢？难道能够说这仇恨是作者虚构的结果而不是作者强迫剧中人所犯的非行的恶果产生出来的吗？

难道能够说对这些罪行作简要的叙述在我们中间引起的厌恶比作者用工笔绘声绘色地描写他们所引起的要少些吗？假如作者的全部写作技巧只是为了让观众看到恶棍而引起对他们的仇恨，我就不理解在这艺术中有什么了不起的地方。就这一点来说，没有艺术我们一样能取得有益的教训。敢不敢说出心中的怀疑呢？我怀疑有这么一个人，他在看戏前就已知道费德尔和美狄亚的罪行的梗概，在看戏后会产生更强烈的仇恨。

假如这个怀疑有道理，那么对戏剧的广为人知的影响又作何感想呢？我很希望有人向我明确而实在地说明戏剧用什么方法在我们身上引起我们以前所没有的感情，又怎样使我们在评判人的道德风貌时和我们内心想的有所不同。所有这些煞费苦心，努力是多么的天真稚气和毫无意义！假如美德的魅力完全靠艺术，那么艺术早就把它歪曲了。尽管人家骂我是坏蛋，我还是认为人生来就是善良的，至今不悔而且相信我能证明，我们喜爱正直和厌恶邪恶。

邪恶的根源是在我们自身，而不在剧本里。没有一种艺术能产生出这种爱憎，艺术只能助它滋长。对家的爱正如对自己的爱一样是人心生来就有的，它不是由于舞台演出才产生，作者一下能把它放进人的心里去，而只能在那里发现它，纯洁的感情如被作者感动的话，眼里就会流出愉快的眼泪。你可以把戏剧想象得再完美不过了。你能找出这么一个，他第一次走进剧场，先就不相信剧本所力图证明的东西是正确而又对它迫使人们去爱的那个人发生好感，这可能吗?

但是问题，在这里，困难之处在于使行动符合自己的原则并且拿你所尊敬的人做榜样。人心只要不受到直接触犯，在一切场合都是公平存在一场冲突中，只要我们是以纯粹的旁观者在场，我们立即就会到正义事业的一边去，而不采取这样的态度：只要我们从中得到好处，对邪恶的行为就可以不动声色。但是如果触犯了我们的利益，我们的感情立即就会脱离正轨，只有在这种场合我们才会喜恶，因为它给我们好处，而宁愿把那自然赋予我们的善丢掉。事情发展的必然后果变成这样，恶人从自己的不正义和别人的正直，得到双层好处。还有什么对他更有利的契约呢?

他要求一切人是公正的，唯独他本人是例外。因此每个人的一举一动对他都应该是善意的，而他对别人却不承担同样的义务。毫无疑问，他爱美德但他爱的是别人的美德，为的是想从中沾光，而他自己就不需要，因为美德对他代价太大。他在演剧中看见什么？他想看到的是这样的情景：给所有的观众进行美德教育，只有他自己不在内，给所有的观众表演那些正在为大众献身的人，而对他则不要拿出什么来。

十二、悲剧通过恐怖引起怜悯

据说悲剧通过恐怖引起怜悯。就算这样罢，那么这怜悯又是什么？这是一种瞬息即逝的、空洞的感情波动，引起它的那种幻象一经消失，它也就立即消失，这是刚被激情压倒的自然感情的残余。这是无用的、只满足于流几滴眼泪的怜悯，丝毫无助于人爱的产生。照底亚根拉爱尔齐的看法，假如人心由想象的苦难引起的同情比由真实的苦难引起的还要强烈，假如戏剧的形象有对比他们在生活中的原型引我们流更多的眼泪，那么其原因不在于这里的波动较弱而没有达到真正的痛苦，像神父杜波斯所设想的那样，而是在于这种波动是抽象的，不涉及本人的利害关系。嗜血的苏拉（古代罗马的独裁者）听到讲别人的暴行时也流泪，就是例证。

又如暴君费尔在剧院里看戏时尽量躲藏起来，生怕被那些与安德洛玛克和普里阿姆一起感受痛苦的观众看见他流泪，然而他每天听到因他的命令而被处死者的惨不忍闻的哭声却无动于衷。塔西佗说，瓦列里·阿齐阿兹基（古代罗马的政治家）受到美莎琳娜（古罗马皇帝克劳狄乌斯的妻子，以荒淫著称）的诽谤，想置他于死地，就是这个人在皇帝面前非常巧妙地为自己辩护，他的辩词竟然感动了君王并使美莎琳娜本人也掉泪。

为了平息情绪，她走到邻室去，在走开之前她含泪给维台利亚耳语要他死盯住犯人不放。正当我在剧院的包厢里看见有人伤心落泪，我立即就会想起美莎琳娜为可怜的瓦列里·阿齐阿兹基流下的眼泪。当我们把眼泪献给虚构的作品时，我们就满足了人道的需要而不再问我们提出其余的要求，但是现实生活中的受苦人要求我们关心、支援、宽慰、帮忙就不同了，如满足这些要求，就会使我们陷进他们的困境，无论如何就会破坏我们的无忧无虑的生活，因此我们总想躲避它。

因为害怕受感动而遭损失，我们的心就会紧缩起来。事实上，假如一个人能为假想的善行唱赞歌和为想象的不幸流泪，还能向他要求什么呢？难道他没有理由为自己的心灵美鼓掌吗？当他对美德给予充分尊重时，难道他不就完全清偿了欠它的债吗？你还希望他拿出什么呢？要他的行为合乎道德吗？他不适于表演任何一个角色，须知他不是喜剧演员。大家都知道所有这些对于我们都是陌生的，学习舞台上的英雄的美德也正如用诗来说话和穿罗马古装一样荒谬。这就是为什么需要所有这些崇高的感情和被捧上天的大段台词。它们经常只停留在舞台上，美德变成做戏，适合于娱乐，但不适合认真在生活里照样去模仿。

因此，最好的悲剧的最积极的作用是在于把人的义务归结为某种短暂的、无效果的、不留痕迹的依恋心并迫使我们在歌颂别人的勇敢时歌颂我们自己的勇敢，哀伤别人的不幸时歌颂我们自己的人道主义，当我们向贫农说，上帝帮助你们时歌颂我们自己的仁慈。我越想越相信，戏台上的表演不是接近我们，而是远离我们。当我看《埃塞克司伯爵》时，伊丽莎白王朝好像离我们有一千年之远，而假如在舞台上表演巴黎昨晚发生的事件，我就会想这是莫里哀时代发生的。戏剧有自己的规则、自己的原理、自己的道德，正如有它自己的语言和自己的服装一样。

十三、布景和道具

诚然，有可能使布景和道具简化，使戏剧演出接近实际，但是靠这种方法不能纠正恶德，而只能把它们写得有声有色，脸丑的人总不嫌自己的脸丑。试图用漫画描写它们的方法来纠正恶德势必丧失逼真和违反自然，而绘画也就不起作用了。漫画不能使对象成为可恨之物，它只是使之成为滑稽可笑而已，由此就产生出一个很大的困难；害怕嘲笑的结果使恶德不再成为威胁，又不能用笑来纠正，同时也不鼓励恶德。

你会问为什么这个矛盾是不可避免的呢？为什么，先生，因为善对待恶不是嘲笑一下而已，而是疾恶如仇，必欲消灭之而后快。什么事都可引人发笑，而美德发怒是引不起发笑的。相反的，嘲笑是恶德惯用的伎俩。正是借助嘲笑，恶德第一步是破坏我们内心里对美德的尊敬，最终是摧毁对它的爱。

总之，所有这些都迫使我们丢开有关演戏可以给世道人心带来好处的理想境界的空论。18 世纪中叶法国启蒙学者狄德罗主编的《大百科全书》上发表了达朗贝尔写的《日内瓦》词条，文内主张在日内瓦建立一个剧院，卢梭读了这词条后很不以为然，当即用了三个星期的时间给达朗贝尔写了一封长达数万言的信，围绕戏剧和剧院该不该建立的有关问题展开争论。

卢梭的这封信自 1758 年 10 月 20 日发表之后，社会舆论哗然，赞成他的和反对他的人都有。但这封信终于起了作者所向往的作用，阻止了日内瓦建立剧院的计划的实施。译者已据俄文版《卢梭全集》第 1 卷将全文译出，长达十万字。考虑到刊物的篇幅有限，特摘录三个片段在本刊分两期发表。这期发表的片段，内容主要是关于戏剧演出与道德风尚的关系问题。其余两个片段，一个是对悲剧和喜剧的看法，特别是评论莫里哀喜剧的社会效果问题，另一个是关于演员的社会地位和道德修养问题。卢梭作为一个启蒙学者和资产阶级的民主主义者，他的艺术观点在他那个时代确有惊世骇俗的一面。同时也免不了片面性和局限性的一面。

第十八章　狄德罗——法国美学总结人

狄德罗一生著述很多，小说方面有《信女》、《发宿命论者雅克》、《拉摩的侄儿》等。文艺理论和美学著作有《美之根源及性质的哲学的研究》、《天才》、《论戏剧体诗》、《画论》、《演员奇谈》和《关于“私生子”的谈话》等。哲学方面有《哲学沉思录》、《关于物质和运动的哲学原理》、《论盲人书》等；戏剧方面有《私生子》、《一家之主》等；《美之根源及性质的哲学的研究》一文，集中反映了狄德罗关于美和美感问题的主要观点。

全文由三部分组成，第一部分分析和批判了当时流行的几种美学观；第二部分在批判的基础上提出“美在关系”说为核心的美学理论；第三部分探讨了审美判断存在分歧的种种根源，“美在关系”说是狄德罗美学思想的核心，也是他的唯物论和辩证法思想在美学上的运用。

一、生平简介

狄德罗（公元1713—1784）是法国18世纪启蒙运动思想家、唯物主义哲学家、美学家，《百科全书》的主编和主要撰稿人。他出生于乡间一个制刀匠家庭。学过神学、哲学和文学。后结识了卢梭等，逐步形成“百科全书派”。狄德罗一生著述很多，戏剧方面有《私生子》、《一家之主》等。小说方面有《信女》、《发宿命论者雅克》、《拉摩的侄儿》等。文艺理论和美学著作有《美之根源及性质的哲学的研究》、《天才》、《论戏剧体诗》、《画论》、《演员奇谈》和《关于“私生子”的谈话》等；哲学方面有《哲学沉思录》、《关于物质和运动的哲学原理》、《论盲人书》等。《美之根源及性质的哲学的研究》一文，集中反映了狄德罗关于美和美感问题的主要观点。

全文由三部分组成，第一部分分析和批判了当时流行的几种美学观；第二部分在批判的基础上提出“美在关系”说为核心的美学理论；第三部分探讨了审美判断存在分歧的种种根源“美在关系”说，是狄德罗美学思想的核心，也是他的唯物论和辩证法思想在美学上的运用。他说：“我把一切本身有能力在我的悟性之中唤醒关系概念的东西，称之为在我身外的美，而与我有关的美。就是一切唤醒上述概念的东西。”

“所谓”在我身外的美又称“真实的美”，是指可以唤起审美主体产生美感的客观存在的美，也就是事物本身应有的美的基础。所谓“与我有关的美”，又称审美主体“现列的美”，是指已经唤起审美主体产生美感的事物。换句话说，狄德罗“美在关系”说明了两个问题：一是肯定了美的客观存在性；它不是人类主观臆想的产物；二是这个客观存在的是与审美主体结成一定关系，并被审美主体观照到了的客观存在，美感就是审美主体对客观存在的美的主观反映。

所谓“关系”，一是指察知的关系；一是指实在的关系；一是指虚构的关系。这三种关系中，实在的关系是构成美的基本的、本质的关系，是决定事物美丑的，并不以人的意志为转移的。实在关系一旦“借助我们感官而被我们的悟性所注意到”，就构成察知的关系。只有这种察知的关系，才能打动人的感官，引起审美主体的美感。这种察知的关系的不同是人们审美活动中产生各种差异的根源。

二、真善美统一论者

狄德罗反对古典主义关于悲剧和喜剧的划分标准，针锋相对地提出，“喜剧和悲剧在任何等级里都会产生”。喜剧可以描写人的美德和责任，悲剧也可以。狄德罗是个真善美统一论者，他说，“真、善、美是些十分相近的品质。在前面的两种品质之上加以一些难得而出色的情状，真就显得美，善也显得美。”由此可见，他把真善看成是美的内容，把美视为真善的形式。艺术作品的价值是由真和善决定的。

“没有伟大的思想就创造不出有价值的作品”。在戏剧理论方面，狄德罗的突出贡献是创立了介乎悲剧与喜剧之间的新剧种，名曰“严肃喜剧”。其中又分为“家庭悲剧”和“严肃喜剧”。他说，这类戏剧如果成立，就没有什么社会情境和重要的生活情节不能归到戏剧体系这部分或那部分了。

三、狄德罗很重视戏剧艺术的教育作用

狄德罗很重视戏剧艺术的教育作用，主张戏剧应以现实生活为主，戏剧要宣扬德行，要使“坏人看到自己也曾做过的坏事感到愤慨，对自己给旁人造成的苦痛感到同情”。促使人们“走出戏院之后，做坏事的倾向就比较减少”。在戏剧表演艺术上，狄德罗主张演员要凭理智去表演，而不能任凭情感奔放去驾驭表演。优秀的演员应是一个“冷静的、安定的旁观者”，时刻保持清醒的头脑，控制自己的表演，做到恰如其分。

四、天才与创作的关系

因为天才是某些人物“头脑和腑脏的某种构造、气质的某种结构”，再加上“观察精神”，就能创造出不朽的作品。在天才与创作的关系上，狄德罗认为“精神的浩瀚、想象的活跃、心灵的勤奋就是天才”。尤其是在《演员奇谈》（又译《关于演员的是非谈》）一书中，狄德罗再三劝告演员不要迷信天才，要勤学苦练。可是，有时他又说，“天才是一种纯粹的天赋，它产生的是片刻之的作品”，它是“特殊、隐秘、无从规定的心灵的品质”。缺乏这种品质的人，单凭想象、判断力、激情、敏感等，是创造不出伟大的作品来的。

五、美之根源及性质的哲学的研究

人人都讨论自然作品的美，要求艺术的制作要美、随时对这一性质加以肯定或否定，但若问一问最精赏鉴的人们什么是美的根源、性质、明确的概念、真正的观念、精确的定义，它是绝对的抑或相对的东西。有没有永恒不变的美、作为低级的美的准尺和模型，抑或美的事物也只是一时的风尚。那么立即可以看到人们所见各有不同，一些人自承无知，一些人干脆怀疑。在开始美之起源这一困难的研究以前，我和一切对美有过著作的作家一样。首先注意到人们谈论得最多的东西、每每注定是人们知道得很少的东西，而美的性质就是其中之一。

几乎所有的人都同意有美，且会有这许多人强烈感觉到它，而知道什么是美的人竟如此之少，这是怎么回事呢？为了使这些困难得到解决，假如可能解决的话，我们将以阐明一些关于美写得较好的著作者的不同见解开始，然后对这一主题提出我们的意见。最后，以人类悟性及其对此处所牵涉的问题的作用之一般考察，作为本文的结束。

六、柏拉图关于美

圣奥古斯丁写过一篇美论，但书已亡逸；圣奥古斯丁关于这一重要课题遗留给我们的，只是散见于他的著作中的一些意见。从这些意见，可以看到他以美的显著特征为一整体的部分间的正确关系构成“一”。柏拉图关于美，曾写过两篇文章：斐都篇与大希皮亚斯篇，在后一篇中，与其说他在教导什么是美，毋宁说他在教导什么是不美。在前一篇中，他谈美少而谈人对美天然的爱好多。在大希皮亚斯篇，无非要困惑一个自矜聪明的人，而在斐都篇则不过是和一个朋友在一个优雅的地方度过一些适意的时光。

假如我问一个建筑师，为什么这位大人物在房子的一侧建了一个穹门，又在另一侧也照样做，他一定回答我这是为了建筑物的各部分正好全部对称。但是为什么您觉得建筑物必须这样对称呢？为了使人愉快。但是您有什么资格擅自评断什么是会令人愉快或不愉快呢？您又从何而知对称使我们愉快呢？

这我有把握。

因为这样安排的东西端正、平整、秀雅。总而言之，因为它美。好吧，但是请您告诉我，它美是因为它使人愉快抑或它使人愉快是因为它美呢？这并不难，它使人愉快正是因为它美。我也和您一样相信这个，但是我还要问您它为什么美呢？假如我的问题使您为难，因为您这一行艺术的大师们不大谈到此，您至少不难同意您的房子各部分的相似、相等、合适，将整体都归于统一，而这统一又满足了理性了吧。物体既全都是由数不清的部分所组成，而每一部分又也是由无数的别的部分组成，那么物体中也就并没有真的统一了。

这个统一，在您所计划的建筑中指引着您，这个统一，在您的艺术中，您将它视为不可触犯的法则。这个统一，是您的建筑物要美所应当仿效的，但是既然大地上没有一样东西能够完全是“一”，这个统一也就在大地上没有一样东两能够仿效得完全。那么，您在哪里见到它呢？然则究竟如何呢？是否应该承认在我们的精神之上，有某种根本的、至上的、永恒的、完全的统一，是美的基本尺度，而为您在您的艺术实践中所寻求的呢？于是圣奥古斯丁在另一本书中下结论说：统一可以说是构成一切美的形式和本质的东西。

七、奥尔夫的《心理学》

他又说美在于“完整”，事物若具备了这种完整的力量，便可以由这种力量使我们发生愉快之感。奥尔夫在他的《心理学》一书中，有的东西使我们愉快，有的东西使我们讨厌，这种差别就是构成美与丑的东西，使我们愉快的东西叫美，使我们讨厌的东西即丑。他又将美区分为两种，真正的美和表面的美。

实在的完整产生真正的美，表面的完整产生表面的美。对美的研究，圣奥古斯丁显然远高于这个莱布尼茨派的哲学家，后者似乎认为物之美就因为它美，正如柏拉图和圣奥古斯丁已经很好地指出过的。固然，他后来又将完整加进美的观念里去，但什么是完整呢？克鲁沙说：一切自矜说话并非简单由于习惯而不假思索的人们，都会愿意反躬自问，要在他们叫出“这美呀”的时候注意其间的经过，他们思想的状态和他们所感到的东西，他们将察觉到他们是用这一个词来表示对象与适意的感觉或赞许的观念的某种关系，并会同意于说“这美呀”，就是说我察觉到某种为我所赞许或使我愉快的东西。

克鲁沙并未给他所谓的美下定义。他所谓的似乎是一切部分与一个唯一目标的关系。他所说的整齐，在于各部分间相似的位置。他所指的秩序，是各部分由此及彼过渡时所应遵守的递降的层次。他为比例所下的定义，是每一部分中有竞争与秩序相辅而行的统一。

这个美的定义所包含的含混不清的事物，我只要我不来攻讦这个美的定义所包含的含混不清的事例，我只要指出它是特殊的、仅仅适用于建筑，或至多适用于其他种类的大的整体，如一篇散文、一出戏等，但不适用于一句话、一桩思想、一件事物的片段。可以看出克鲁沙这一定义并未抓住美的性质而只是抓住了面对美时所体验的效果。这和奥尔夫的定义有同样的毛病。克鲁沙也感觉得到这个，于是他从事确定美的特性。他的五种特性：变化、统一、整齐、秩序、比例。由此可知，或是圣奥古斯丁的定义不完全，或是克鲁沙的定义太烦冗。假如统一的观念不能包括变化、整齐、秩序、比例等观念，而这些观念于美又是很基本的。奥古斯丁就不该省掉它们，假如统一的观念是包括它们的，那么克鲁沙就不该添上它们。

八、对美的理解

人们所理解的可见之二就是作为可以用肉眼察觉的东西；而哈奇生所理解的美，就是作为可以被美的内部感官所把握的东西。他的美的内部感官，就是我们用以识别美的事物的一种官能，正如视觉是用以取得颜色和形象的概念的官能。这位著作者及其信徒们尽一切努力来证明这种第六感官的实在与必要。

以下就是他们的说法：

1．他们说我们的心灵感受愉快和不快时是被动的。事物所加于我们的影响，并不恰恰是我们所期望的：有些使我们的心灵必然有愉快的印象，而另一些则必然使我们不快。我们的一切意志力量都只能寻求前一类的事物而躲避另一类。这是我们天生的体质，有时是个人的，它使我们觉得一些东西适意而另一些不适。

2．任何能影响我们心灵的事物，都不能不有一个必然使我们愉快或不快的时机。一尊造像、一座建筑物、一幅图画、一曲首乐、一个动作、一种情感、一样特征、一种表情、一篇演说，这一切东西都以某种方式使我们愉快或使我们不快。由于注视当时呈现于我们精神中的观念及其一切情况，就必然会引起愉快或不快之感。虽然在通常所谓可感觉的和某些观念之中，在来自感觉的观念之中，什么都没看，但还是产生了。随着这些观念而来的愉快或不快是由于人们注意到对象中之井然有序或杂乱无章，安排齐整或缺乏对称，有所施法或离奇怪诞，而并非由于联结起来考虑的颜色、声音、广延等简单观念。

3. 哈奇生说，既如上述，所以观察某些形状或某些观念时感到愉快或不快的心灵的性质，我称之为内部感官。为了区别肉体官能的内部感官也是同一名字，我称在整齐、秩序、和谐中识别出美的内部感官；赞许有理性、有品德的代表者的感情、行为、品性的官能。

既然观察某些形状或某些观念时会感到愉快或不快的心灵的性质，是除痴子之外在一切人身上都可看到的，而在一切人中都确有一种适宜于这种对象的天然感官，他们都同意在形状中发现了美，这和在靠近太烈的火，在为食欲所迫而吃饭时尽管其间口味可以万殊，如同感到愉快一样地普遍。我们一诞生下来，我们的感官就开始操作，将可感觉的对象的知觉传达给我们，这就无疑使我们相信它们是天然的。但是我所称的内部感官，或说美和善的内部感官之对象，其呈现于我们的精神，却不是那样早。

在孩子们关于比例、相似、对称等，关于感情和品性加以思索或至少有思索的征兆之前，是要经过一段时间的；他们只是在稍后时才知道那些引起嗜好或内心厌恶的东西，正是为此，使人想象我所谓的美和善的内部感官仅仅是从训练和教育而来。不论人们对德行和美有什么样的概念，但是一个有德或善的事物，其为受赞许或使人愉快的机会是和佳肴之为食欲对象同其自然的。前一类事物出现之迟早有什么要紧呢？假如我们的感官只是逐一渐渐发展，难道其感官与官能相比差一些吗？

因为我们需要时间和联系去察觉，并且在我们大家之中没有两个人用同样的方式去察觉（可见的物件的颜色与形状），假如我们因此就认为可见物既无颜色又无形状，难道这是妥当的吗？所谓感觉是外物出现时对我们的器官所造成的印象而在我们心灵中所引起的知觉。当两种知觉彼此完全不同而相同者只是感觉这一类名之时，我们用以获得这些不同知觉的官能就称为各种感官。例如视觉与听觉就指不同的官能，其中之一给我们以颜色的观念，另一则给我们以声音的观念；无论声音和颜色自身有何不同，而一切颜色附丽于同一感官，一切声音皆附丽于另一感官；似乎我们的每一感官皆各有其器官。

假如您将上述说法应用于善和美，您看到情形正好相同。内部感官的主张者所谓美，是某些对象在我们的心灵中所引起的观念，所谓美的内部感官，是我们具有获得这种观念的功能，他们说动物有与我们外部感官相似的功能，甚至有其优越度还超过我们，但是并无一个动物有此处所谓内部感官的征兆，他们接着又说，一个生物尽可以完全有我们所感受的同样的外部感觉，而并未看到事物间的相似和关系，它可以识别这些相似和关系而并不感到多大愉快，再者，单是形象和形式等观念本身是和愉快是两样的东西。在并未考虑或不知道有比例的地方，也可以获得愉快；而极尽着意于秩序和比例，愉快也可以。

这种在我们身上起作用而我们并不知其所以然的功能，我们叫它什么呢？内部感官。这种名称是基于它所指的官能与其他功能的关系。这种关系主要在于内部感官使我们感受到愉快，它与对起因的知识不同。对起因的知识可以增加或减少愉快；但这种知识并非愉快，也非其原因。这种感官具有必然的愉快，因为一物之美丑，无论我们可以有什么样的意图来对它做出别样的判断，对我们总是一样的。不惬意之物不以有用而对我们影响较美，美好之物不以有害而对我们显得较丑。

向我们提议用整个世界来强逼我们以丑为美、以美为丑作为交换，对这种代价再加上最可怕的威胁，你也办不到使我们内部感官的知觉和判断有任何改变，我们可以承诺您的意旨而抑扬，但是内部感官仍旧是贿买不了的。这些拘执体系的论者又说，于是有些对象似乎是直接地、由它们自身即为美所给予愉快的原因，而我们有一适宜的感官去品味它。这种愉快是个人的，与利害无丝毫共同之处。事实上不就有成百次人们为了美而放弃有用吗？在最受轻鄙的情况下不也有时看到这样慷慨的吗？一个诚实的手工艺者宁肯使他破产而制造出杰作的满足而不愿制作一件使他发财的劣品。

假如不将“有用”和不同于知性与意志的官能的某种特殊的感情、某种微妙的效应联结起来考虑，那么人们就只会以用途来评价一所房屋，以肥沃程度来评价一座花园，以舒适来评价一套衣服。但是这种对事物狭隘的评价，连小孩子和野蛮人也不是如此任其自然，内部感官便将治理它的王国，或者它也会把对象搞错，但是愉快的感觉并不因此而少真实。一种为敌视奢侈的哲学，会摧毁雕像、推倒华表、化宫阙为茅舍、变园囿为茂草，它在这些对象中所感到的真实的美也并不较少，内部感官就会使它造反，它将只好以勇敢为业绩。总之，哈奇生及其信徒所努力说明美的内部感官之必要，就如此。

但是他们只不过指出使我们愉快的美，其中有某种隐晦难以索解的东西，这种愉快像是独立于关系及知觉的知识，它使许多热心人不能以威逼利诱发生动摇，而用途的观点在此处一点儿也掺不进去而已。此外，这些哲学家还在有形之物中区别绝对的美与相对的美，他们并不将绝对的美理解为事物中那样固有的性质，它自身就事物美，与看事物和下判断的心灵毫无关系。相对的美，他们将它解作为人们在对象中所察觉的美，是与它们为某些其他对象的模仿和影像合并起来考虑的。所以他们分类的基础，与其说是在于影像，毋宁说是在于美使我们愉快的不同泉源，因为常常是绝对美之中。也可以说，有相对的美，而相对的美之中也有绝对的美。

至于美这一名词，与感觉的其他名词相似，据他们说来，原是指精神的知觉，正如冷热、甜、苦是我们心灵的感觉，而在引起这些感觉的对象中，无疑有与此相似的东西，尽管通俗的臆测所作的判断并不如此。他说：“假如不是一种精神赋有品藻对象的美的感官，那就不能明白以对象能够被称为美。”这样，他们便将绝对的美仅仅理解为人们某些对象中所认识的美，并不将对象与其所仿造和绘制的任何外物相比较。他们说，这就是我们在自然物中，在某些人为的形象、固体、平面中所察觉的美。

九、哈奇生及其信徒论绝对的美

现在我们就看一个对象为了激动这种感官，应该有些什么样的性质。他们说，我们已经使人感到有一种特殊感官之必要，它通过愉快而告知我们出现了美。他们又说，不要忘记此处所牵涉的性质，只是与人有关，因为确实有许多对象使人有美的印象，但是反而使其他动物不快。这些动物既另有相宜的感官和器官而与我们的不同，假如它们也是美的裁判者，它们就会将美的观念加于完全不同的形式之上。

熊可以觉得它的洞穴很舒服，但是它既不觉其美，也不觉其丑。它若有美的内部感官，它会将它的洞穴视为优雅的隐居之所。附带要注意假如有一种很不幸的生物，那就是它有美的内部感官，却从来只在对它有害之物内才看出美来。上天在这方面照顾我们，一个真美的东西通常也是好的东西。哈奇生的信徒们为了发掘人间的美的观念发生的一般原因，便着手考察最简单的东西，例如形状，他们发现人们所称为美的形状，是对我们的感官显出了变化中的一致的。他们认为一个等边三角形不如一个正方形美，一个五角形不如一个六角形美，以此类推，因为彼此一致的对象，变化越多，也就越美；可比较的边越多也就越多变化。他们说，诚然，边数增加太多，就会迷茫于边与边间和边与半径间的比例，因此这些形状并非总是以边数增加而更美

他们对自己提出了这样反对意见，但是并没有用什么心思去回答。他们仅仅指出七角形和其他畸形多角形的边以缺乏平行而减少美，但他们还是主张假如其他一切相等，一个有二十条边的规则形状，其美是超过一个仅有十二边的形状的，十二边形的美超过八边形，而后者又超过正方形。他们对于平面和立体也作了同样的推论。他们以为在一切有规则的立体中，面数越多的也越美，越少则美也递减，直至规则的三角形体。在他们看来，假如对象之一致性相等而更多变化者为更美，以之对象之变化相等而更一致者也就更美。所以等边三角形、等腰三角形也就比不等边的三角形更美，正方形比斜方形、菱形更美。

对有规则的立体物或一般说一切有某种等一性的立体物为圆柱体、三棱柱体、顶为三角形的四方柱体等，也都作了同样的推论。这些立体物比较那些既看不出一致性，也看不出对称、统一的粗朴的形状确乎悦目得多，这是应该同意他们的。为了既一致与变化的复合比例，他们将圆形、球形与椭圆形、稍为离心的类似球形相比较，以为前者的完全一致性为后者的变化性所抵偿，他们几乎是一样美。

看来，美在自然物中也有同样的基础。假如您仰观天体的形状、运行、景象，假如您又从天到地，俯察覆盖地上的植物、花朵所着的颜色，动物的构造、种类、运动、其各部分的比例、机构作用与适于生存之关系。假如您横空而览飞鸟、陨星，潜水而览游鱼，到处您都会遇到变化中的一致，到处您都会看到在美相等的天然物中其所具有的这两种性质可以相互抵偿，而在美不相等的天然物中两者的复合比例也就不相等。总而言之，在地壳内层、在海洋深处、在大气高空、在全部自然及其每一部分，您都会看到变化中的一致，假如仍旧许可说几何的言语，那美就总是在这两种性质的复合比例

之中。

十、艺术之美

他们尽力将这些也隶属于他们的“变化中的齐一”法则之下。他们继而讨论艺术之美，如建筑、工艺、天然的和声等艺术制作物，不能视为真正的模仿。假如他们的证明很不济事，那并不是由于缺少列举事例。他们倒是从最巍峨的宫殿直到最偏僻渺小的房舍，从最名贵的作品直到最无聊的作品，都指出缺乏一致的地方之偏颇，缺少变化的地方之乏味。但有一东西与上述者不相同，使哈奇生的信徒们很为难。因为人在那里也认识到美，而变化中的一致的那条规则却应用不上，那就是抽象的、一般的真理之证明。

假如一条定理包含无穷的、仅仅是派生的特殊真理，那么这条定理原来只有一项公理的符号，从这公理衍出无数其他的定理。可是人们却说这影响一条美的定理，却不说这里有一条美的公理。我们将在以后用其他原则解决这一困难。现在先考察美，按照哈奇生及其信徒的原则说来，就是在的模仿的对象中所见到的那种。他的体系这一部分毫无特别之处。按照这位作者的意见，也就是按照一般人的意见，这种美只能存在于范本与抄本的符合中。由此就有了关于相对美的说法，以为原物之中并不必须有美。

森林、山岳、巉岩、混沌、老年的皱纹、死人的苍白、疾病的后果，在绘画中使人愉快，在诗中也使人愉快。亚里士多德所谓道德角色，一点儿也不是有德行的人的角色。人们所理解的长言咏叹的故事，不外是行为、感情、言语都和好或坏的角色相吻合的叙事诗或戏剧。可是我们也不能否认一幅按照具有某种绝对相关的实物而画成的图画，在通常情况下，要比一幅依照没有这种美的实物而画成的图画更讨人喜欢得多。这条规则唯一可能的例外，就是下列的情况：由于图画与观者身份的结合赢得了实物被画成图画时所损失的绝对的美，图画因而更饶有兴趣，这种从缺陷中产生的兴趣，便使人们愿意承认史诗或颂诗中的主人公并非没有缺点的理由。

十一、诗与雄辩

哈奇生的体系就是如此，它无疑地显得奇特有余而真实不足。诗与雄辩的大部分其他的关系，真实的结合，使得对比、譬喻和寓言都美起来了，即它们所代表的事物毫无绝对美。然而我们不能过分推荐他的著作，尤其是他的原书，其中关于美术实践中如何达到完美虽有大量的细致的意见。我们现在来阐述耶稣会神父安德烈的见解。他的“论美”是我所知的最有条理、最广泛而又连贯得很好的体系。

我敢说这书在同类的著作中的地位亦如“美术归于一元论”之在它那一类著作中那样重要。哈奇生强调我们喜欢对比的倾向。看来情欲在动物身上发生的动作，几乎总是和我们身上发生的相同，而自然界的无生物往往有些形态和在某些思想情况下的人体的姿态相似，在分析的作者又说，不需要找更多的理由，即此已足以令狮子成为愤怒的象征，老虎成为残暴的象征，凌云直上不可一世的橡树是大胆的标志，波浪滔天的大海是愤怒骚动的画图。淋几滴雨水便垂头丧气的软弱的罂粟花枝又是奄奄待毙者的形象。

这是两本好书，只差一章就可以成为极佳之作，这两位作者省略了那一章，这是尤其令人遗憾。巴窦修道院院长以模仿美的自然为一切美术原则，而什么是美的自然却毫未告诉我们。安德烈神父以高度的明智和哲学，将一般的美分配到它的形形色色的种类之中，他对一切种类的美都下了精确的定义，但在他的书中哪里也找不到类别的定义，即一般的美的定义，除非他像奥古斯丁一样将它也包括于统一之中。他不停地谈秩序、均衡、和谐等，但对这些观念的根源却一字不提。安德烈神父将一般概念和给我们美的永恒规则的纯精神区别开来，把自然的判断和心灵区别开来，在心灵中情操与纯精神的意念相混，但不毁坏这些意念，又将成见从教育与习惯上区别开来，后者似乎有时将成见彼此颠倒错置。

他将他的书分为四章。第一章为可见的美，第二章为习俗中的美，第三章为制作物中之美，第四章为音乐的美。他对以上的每个对象都提出三个问题，他以为在那些对象中都可以发现一种本质的、绝对的美，不依赖任何设施，甚至上帝的措施。一种天然的美，依赖创造者的设施，但不依赖我们的意见及口味，一种人为的美，多少有些臆断，但多少也依赖永恒的法则。他将本质的美包括于一般的整齐、秩序、比例、对称之内。丰满的美可以从天然物观察到的整齐、秩序、比例、对称之内，人为的美则在从我们的手工艺制作物、装饰、房屋、园圃中观察到的整齐、秩序、比例、对称之内。

他说后一种美混合有臆断与绝对。例如在建筑中他就看出两类规则，一类来自不依赖我们的概念，本质美的概念它要求柱子的垂直、楼层的平行、部分的对称、图案的洒脱和漂亮、整体中的统一，而且缺一不可。另一类则基于大师们在各时代所作的特殊观察，他们以这些观察而决定建筑中，部分的比例之五种安排。由于这些规则，多斯堪式圆柱的高度为其底基直径的七倍，多丽式为八倍，依阿尼式为九倍，柯林特式为十倍，混合式也是十倍，柱子从起点加大至柱身三分之一止；其余三分之二即逐渐减小而没入柱檐，柱与柱间相隔至多八个尺度至少三个尺度，廊庑、穹门、门、窗的高度为其宽度之二倍。这些规则只是基于肉眼的观察和模糊的范例，总有不精确的地方，也并非完全不可缺少的。我们有时也看到大建筑师们并不依照这些规则，随环境而有所增减，并想出新的安排。

十二、艺术的制作中有本质

艺术的制作中有本质的美，人类创造美中质的美就在秩序之中，人类创造的美要靠艺术家对秩序的法则的自由应用，更明白地说，就是对某种秩序的选择，体系由于观察而来，这在最高明的艺术家之间，所见也各有不同，但永远不可损及本质的美，那是一道永远不该逾越的堤防。如果有时大师们让自己的天才把自己拖出这道堤防以外，是偶尔他们估计到这样出轨对美的所得比起所失的更多，但是这也并不减其为犯了允许的错误。

十三、臆断的美

赏鉴的美根据对自然物和大师们的作品的知识，指导对本质的美的应用及使用；偏好的美毫无所本，那里就不该容许存在。臆断的美，依照上述著者看来，天才的美、赏鉴的美、纯偏好的美。在安德烈神父体系之中，吕克莱士和皮隆派的体系又变成了什么样子呢？

被遗弃于偏执独断之手的这一体系，还剩下了什么呢？几乎什么也没有。因此，对于那些认为美产生于教育和成见的人们的反对意见，作为全部的回答他只满足于阐述教育与成见论者的错误的根源。他说他们是这样来推理的，他们在较好的作品中去寻找偏好的美的例子，这当然不难遇到，便以此证明在其中所认识的美，他们采取赏鉴的美的例子，也很能证明这种美中也有臆断，既不更进一步，又看不出所列举的例并不完备，他们就下结论说所谓美是臆断而出于偏好的。

他们的结论只有对于人为的美的第三项才是正确的，而他们的推理既没有碰到这种美的其他项，也没有碰到天然的美和本质的美，这也是容易知晓的。安德烈神蔚然后又将他的原则，应用于习俗、精神的作品、音乐。他指明在这种美的对象中，也有本质的、绝对的、不依赖任何设施甚至上帝的设施的美，它使事物为“一”，天然的美，要依赖造物者的设施，他是并不依赖我们，臆断的美依赖我们，但是损及本质的美。习俗、精神的作品、音乐等之中的本质的美，秩序、整开、比例、正确、端正、和谐，这在一出好戏、好的意旨从中都会显现出来，并使道德、智慧、和声合成成为“一”。

天然的美在习俗中就是我们在行为中所巡守的本心的义，这种行为是与找自然界有生物间所占地位的影响，在作品中，不外乎是一切天然物的忠实模仿或描绘，在和声是顺从能作声的物体。人为的美在习俗中，在适合的民族习惯中，在国人的天赋法则中，在精神作品中，在于尊重说话的规则、通晓文字、注重占统治地位的赏鉴在于作品与气势，既定的音阶相适合。按安德烈神父看来，由此可知那里也没有美。

宇宙中出现那么洋溢繁多的本质的美和真理，像是督教哲学那样多的道德的本体，像在伴有音乐和装饰的悲剧中那样多智慧的美。给我们写了《论功与德》一书抛弃了这一切美的区别和许多别的人一样，认为美只有一种，其基础就是用这样凡是安排得可以最完满地产生人们所期望的效果的东西。那么您若是问他什么是一个美好的人，他会回答您说，那就是很匀称的肢体使其完成人的动作功能最为有利。他又说男、女、马和其他动物皆在自然中占有地位，这地位只决定了应完成的义务，这些义务决定了组织完善之多少要看动物为了尽其功能所得的便利有多少。这种定理并非逞臆独断。因此，构成这种定命的形式和依赖这些形式的美，也都不是随意的。

随后又安置下了最普通的事物，如椅、桌、门等，他力图向您证明这些事物的形式只是在它较好地适合我们所派定的用途时，才使我们愉快。假如我们经常换花样，就是说，我们对于我们所赋予事物的形式，欣赏很不固定，那么他就会说这是因为关于用途最完美的适合很难遇到，这是因为那里有一个最大的限度，天然的、人为的几何学无论怎么精细，测量不到我们不断绕着它转。我们接近它或走过它，觉得异常清楚，但我们永远不能准确知道是否已经达到。由此形式就经常在革新，或是我们为了另一些形式而放弃这些形式，或是我们为了保存一些形式而无尽无休地争执。再者，这一点并非到处皆在同一场所，这个最大的限度在成千的时机中有各种广狭不同的限制。举几个例就足以说明他的思想。他会说，不是一切人都能够有同样的注意力，有同样的智力，他们的耐性有多有少，他们的教养有多有少，等等。产生这种差异的是什么呢？那就是文人学士所组成的观众会觉得赫拉克留士的情节很妙，而一般人会以为很糊涂，那就是一些人要把喜剧长度限制到三幕，而另一些则主张可以延伸到七幕，如此等等。这个体系的说明虽有似真之处，可是我不可能承认它。我同意作者说，在我们的一切判断之中，都免不了对我们自己有微妙的瞥视，一种察觉不出的转向我们自己，我们也在等待时机，相信我们仅仅是以美的形式而欢乐，其实那只是我们赞叹的主要原因，但非唯一原因，我也同意这种赞叹并不总是如我们所想象的那样纯洁。

不管我们对上述著者的意见，以前曾有过留恋，但既然一桩事实就够推翻一套体系，我们也就不得不放弃他的体系了。以下是我们的理由。假如将一扇门做成棺材的形式，它的形式或许比人们所采用的任何形式，似乎还更适合人的形状。仿效自然及其产物在建筑中的用处是什么呢？在只须搁上一根木头或一个石礅的地方而画栋雕梁，这是什么用意呢？那些檐下浮雕的人像又有什么好呢？在前堂墙角是一根木柱被派定干部的职务，还是曾经有过人被派定干一根柱子的事儿吗？为什么在屋檐之处要模仿自然物呢？模仿中的比例照应得好坏又有什么要紧呢？假如有用是唯一基础，那么浮雕、暗纹、花盆，总而言之，一切装饰都变成可笑而多余的了。无人不曾体验过我们的注意主要放在事物中各部分的相似上，尽管这种相似对用途并无补益。

椅子脚要相等而坚固，形状相同有什么要紧呢？在这方面它们很可以不同而用处并不少些。一只脚可以是直的，另一只可以像母鹿脚向外弯，另一只向里弯。但在这些事物中可以感到模仿的趣味，而模仿的唯一目的就在于使人愉快。我们常常赞美形式而并不注意到用途。一匹马的主人当他将这头走兽的形式与他所要取得的服务相比较时，他绝不会觉得它美，而对于和马不相干的过路人，却不一样了。最后，人们天天在花、树和成千的自然物中辨识出知而不知其用途。我知道方才我为攻击这个体系而举的困难，没有一个是不能答复的，但是我想那些答复将只是灵巧机智而是站不住脚的。

十四、智力官能

我们的智力官能之运用和发明、机器等供应我们之所需，在我们的知性中创出秩序、关系、比例、联系、安排、对称等概念时，我们就会发现，周围全是存在物，而同样概念在这些存在物，不妨说，早已重复了无数次。我们在宇宙中不能走一步而没有某物品唤醒这些概念。它们随时随地、四方八面进入我们的心灵。是在我们心中经过的，凡是在我们身外存在的，凡是逝去岁月保留下的，凡是我们同时代人的工业、思考、发现等在我们眼前所产生的，都不断以秩序、关系、安排、对称、适合、不适合等概念注入们的心灵。

或许除了存在的概念而外，就没有一个概念像这里涉及的概念能够那样为人所熟悉。无论美是绝对的或相对的，是一般的或特殊的，假如美的概念之中只有秩序、关系、比例、安排、对称、合适、不合适等概念，而这些概念的来源，除去存在、数、长、宽、深以及无数其他并不引起讨论的概念之外，又没有别的来源，那么我以为将前者用于美的义，也就不致被斥责为以一名词代替另一名词，兜无益的圈子了，这是一个我们应用于无数存在物的名词。

存在物之间纵有异，若非我们错用了美的名词，便是这些存在物皆有一种性质而这一名词即其标记，二者必居其一。这种性质不能够属于那些构成存在物种类差别的性质。因为那样就会只有一件美的存在物，或至多只有一类美的存在物。但是在我们称为美的一切存在物所共有的性质之中，我们选择哪一种性质来适应以美这一名词为标记的东西呢？哪一种我以为很明显，那只能是它一出现，就使一切存在物质的性质，这种性质的常有或稀少，假如它可以常有或稀少的话，就使这些存在物有较多或较少的美，而没有这种性质，就使它们不再有美。它不会改变本性，而不改变美的种类，其相反的性质会使最美的东西也成了不愉快的、丑的。

总而言之，由于这种性质，发生、增加、变化无穷、衰谢、消失。而且这只有不变的概念才能产生这样的效力。所以我把一切本身有能力在我的悟性之中唤醒关系概念的东西，称之为在我身外的美，而与我有关的美，就是一切唤醒上述概念的东西。一切唤醒这种观念的东西之时，就该仔细区别一下对象中的各种方式与我对各种形式具有的概念的不同。我的悟性没有给事物添一点儿东西进去，没有去掉一儿点东西。不管我想到或一点儿也没有想到罗浮宫的门面，其一切组成部分照旧有这种或那种形式，其各部分间也照旧有这种或那种安排。不论有人无人、罗浮宫的门面并不减其美。但这种美仅仅是对于身心构造和我们一般的可能有的人们说的，因为对于别的人们罗浮宫的门面可能既不美也不丑，质是丑的。由此可见，虽然没有绝对的美，对我们来说却有。

一种美，一种是朴实存在的美，一种是见到的美。当我说关系观念的东西时，我并不这样。我说一切，但却除去了有关味觉和嗅觉的性质，这些性质虽然也能唤醒我们心中关系的观念，人们却并不将这些性质所依存的对象本身称为美的对象，因为人们只能把它们和那些性质联系起来考虑。人们说一碟精致的菜肴、一种平静的气味，却不说一碟美的菜肴、一种美的气味。所以当人们说这一条比目鱼，这一桌玫瑰花美时，都考虑玫瑰花和比目鱼的其他性质，而不是有关味觉、嗅觉感官的性质。就应当鉴别在那里有哪一种关系求证主旨。我并不要求看某一部分的人，能够断言连建筑师自己也可以茫然的这一部分和另一部分的关系。犹如某一个数和另外的数的关系一样。我也不要求听音乐会的人懂得比音乐家的东西还多。例如，某音和某音的关系是二至四拍或四至五拍的关系。他须见到并感到这所建筑物的各部分和这一曲音乐的各种声音，或与其他东西之间有关系便够了。

正由于这些关系确定，掌握这些关系又容易，看出它们来就感到愉快，人才以为是感情的事，而非理智的事。我敢断言，我们从孩提时期便知晓一项原则，我们通过习惯，把它方便而又迅速地用到我们身外的成像上，就常常以为是靠感情判断它关系复杂、事物新奇，我们中止了这项原则的应用，就不得不承认我们的错误，于是想感到愉快，就想等待悟性出来宣布对象美才行。其实在这类状况下，判断几乎总是属于相对的美，不是属于实在的美。在某一对象中或者就习俗考虑关系，那就有了道德的主见或者就文学作品考虑关系，就有了美，或者就音乐曲调考虑关系；或者就自然物考虑关系，或者就人类的机械物考虑关系，就有了人为的美，或者就自然物的表现考虑关系，就有了模仿的美。

不管在什么对象上，不管从一方来考虑同一对象的关系，美有不同的名称。但是一对象不管它是什么，都可以孤立地、就它本身来考虑，或者就它与其他对象的关系来考虑。当我声称一朵花美，或一条鱼美，我意味着什么呢？假如我孤立地考虑这朵花或这条鱼的话，我所意味的没有别的东西，不过是我在组成它们的各部分之间，看到秩序、安排、对称、关系，因为所有这些字眼只是不时形式来观察关系本身而已。在这意义之下，凡此皆是美。

然而是什么美呢？那就是我所谓的实在的美。假如我考虑花、鱼，就它们与其他花、其他鱼的关系来考虑的话，我说它们美，意思就是在同类的存在物之中，花中这一朵，鱼中那一条，在我心中唤醒最多的关系观念和最多的某些关系，因为我马上要让大家看见，由于各种关系性质不同，它们对美的贡献，也就彼此有多有少。

我可以断言，在这种新方式之下考虑对象，就有了美和丑，但是什么美，什么丑呢？那就是所谓相对的了。假如不采取一朵花或一条鱼而一般化，采取一种植物或一种动物，假如特殊化而采取一朵玫瑰花或一条比目鱼，都将会做出相对美和实在美的区分。由此可见，相对美有好几种，一株郁金香可以在郁金香中或美或丑，在花中或美或丑，在植物中或美或丑，在自然物中或美或丑。但是人们知道须要见过好多玫瑰花、好多比目鱼，才能在玫瑰花中懂得哪些是美的或丑的，谁见过好多植物、好多玫瑰花、比目鱼在植物和鱼类中是美或丑，更须对自然有知识，才能说出它们在自然物中是美或丑。

十五、模仿美的自然

当人对一个艺术家说，“模仿美的自然吧”，这意味着什么？或是他不知所云，或是他在说。假如您要画一朵花，而画什么您又没有什么关系，那么您就采用花叫最美的吧；假如您先画一棵树，而您的主题又不是一株栎树，您就画树中最美的吧；假如您要画一自然物，而什么样的自然在于您的选择又无关系，那么您就采用那最美的吧。由此可知：

1. 模仿美的自然的原则，要求对任何种类的自然有最深刻、最广泛的研究。

2. 即使对自然及自然所规定的每一存在物的界限有最完善的知识，在模仿艺术中，可能使用美最多的东西的机会比起宁可用美最少的东西的机会来，次数一样。至少，正如无限之于单位，不见得就不真实。

3. 每一自然物，虽然就其本身看来，确实有一个最高限度的美，或举一个例来说，虽然最美的玫瑰花永远不会生得像栎树那样高大、那样宽阔，但就其可以使用于模仿艺术的关系看来，是既美也不丑的。依一物的本性而言，依它激起我们对最大量关系的知觉而言，依它所引起的关系的本性而言，它是好看、美、更美、很美或丑？是低、小、大、高、崇高、过度、诙谐或有趣？若细说，那就要写部大书而不是写辞典中的一条项目。

我们只将原则指出便够了，对于后果及应用就委托读者自去留心。但是我们能够对他断言他从自然中采用例子，或从绘画、道德、建筑、音乐中借取他总可以发现那本身具有唤起关系观念的东西，而他称之为实在的美，也总可以发现那唤起他将其他事物加以比较的适当关系的东西，而他称之为相对的美。我现在只想从文学中引用一个例子。大家都知道贺拉斯剧中的妙语。假使一个人对高乃依这个剧本毫无所知，对老贺拉斯的回答也没有一点观念，我若问他对“他就死”这句警句如何想法，我所询问的人，既不知道“他就死”是怎么回事，也猜不出这是一个整句，或是一句话的片段，也难以知晓这三个字之间的文法关系，显然他就将回答他觉得这既不美也不丑。假使我对他说这是一个人被询问到另一个人在战斗中应该做什么时的回答，他便开始明白这样答话的人有一种勇气，使他并不总是相信生比死好，而“他就死”这句话渐使他感到兴趣。假使我又说那是关乎祖国荣誉的战斗，战士是被询问者的儿子，这个儿子是他所剩下的唯一的儿子，这个青年人所周旋的有三个敌人，他们已使他的两个弟兄丧命，老者是在对他的女儿说话，他是个罗马人，等。

于是，原来不美不丑的答话“他就死”以我逐步揭露其与环境的关系而更美，终于成为绝妙好词。若是您改换了环境和关系，将“他就死”这句话从法国剧院搬到意大利的舞台，从老贺拉斯的剧中移到史嘉本的嘴里，“他就死”就变成了打诨。您若改换环境，假定史嘉本是在服侍一个严厉、悭吝而易激怒的主人，他们在大道上遭到三四个强盗的袭击，史嘉本溜走了，他的主人起而自卫，但由于寡不敌众，他也只好溜走，而别人告诉史嘉本他的主人已逃出了危险，史嘉本的期待落了空，他将说什么，他溜走了吗？这个懦夫！别人回答说，一个挡三个，你要他怎么办呀？

他回答说：“他就死”。这个“他就死”便成为可笑了。所以美确乎如我们以上所说，是随关系而开始、增长、变化、衰落、消失的。人们会问我，您所谓的关系是什么意思？那不是改变美这一名词原有的含义，把从来没有人当作美的东西叫作美了吗？似乎在我们的语言中，美这个观念总是与伟大的观念相连；将美的种类差别放在一种适于既不伟大，也不崇高，而又永无穷尽的存在物性质中，并非给美下定义。

克鲁沙将他的美的定义加上那样多特性，使它限于极少数的存在物，固然糟糕，但是将它弄得这般化，像是包括了一切，连偶然抛在石矿边沿的一堆乱石头也不例外，难道这又不是陷入相反的毛病吗？人们又会说，一切对象它们彼此之间、在它们的部分之间、在与其他存在物之间，都可有关系，没有什么东西不可以使其有安排、有秩序、有对称。美是一种可以适用于一切存在物的性质，而美不是如此，它属于少数对象。

十六、关系是悟性的一种作用

一般地说，关系是悟性的一种作用，它考虑一个存在物，或某种性质时，把这存在物或这性质作为假定有另一个存在物或另一种性质同时存在的东西而考虑。

例如我说，皮尔是一位好父亲，便在他身上考虑到一种假定有另一性质存在的性质，其他可能有的关系，依次类推。由此可知，虽然就知觉而言，关系只存在于我们的悟性之中，但在事物中仍有毫不因此而减少关系的基础存在着，每当一件事物具有某些性质时，我将要说物在它本身含有实在的关系，但它的那些性质是像我这样的身体构造的人所不能考虑的，倘若不假设在这事物本身或身外还有些别的存在物或别的性质，并且我把关系分为实在的和察知的类。但是还有第三种关系，那就是智力的或虚构的关系，这种关系好像是被人类的悟性放到事物中去的。

一位雕刻家瞥见一块大石，他的想象力比他的凿石还快，去掉一切多余部分，在那里看了一个形象，但这形象恰恰是想象的、虚构的，于是他就在一段智力的线条规定好了的空间上，把这块不成形的大理石雕刻成想象出来的东西。一位哲学家瞥一眼一堆乱抛的石头。就从思想上消灭了这堆产生不规则情形的石头的一切部分，进而使其成一个球体、一个立方体、一个有规则的形象。这是什么意思呢？这意思是虽然一个艺术家的手只能在一个有抵抗力的平板上画出图案，但是他可以用思想将意象移植到任何物体上去。我说的是什么呢，我说的是可以移植到空间、真空的任何物体，意象或由思想移植到空中，或由想象从最不成形的物体中提炼出来，可以是美的，也可以是丑的，但并非意象所在的理想画幅，也非意象所自出的不成形体的美或丑。所以我说一个存在物，由于我们注意它的关系而美，我并不是说由我们的想象力移植过去的智力的或虚构的关系，而是说那里的实在关系，借助于我们的感官而为我们的悟性所注意到的实在关系。

十七、关系的知觉是美的基础

假如某人有耐性汇集一切我们叫作美的存在物，他立刻便可看出其中有无数东西与大小丝毫无关。一个存在物是孤立的或虽是一个为数甚多的种类的个体而被孤立起来考察时，大小就丝毫不相干了。再者，不论关系是什么，我认为组成美的，就是关系。那不是就好看与美相对的狭隘意义而言，而是就一种我敢说是更为哲学的、更适合于一般的美的概念与语言及事物的本性的意义而言。人说第一只钟或第一只表美，他除了它的机构或其部分间的关系而外，难道注意过别的东西吗？今天人说这只表美时，他除了它的用途及机构而外，难道还注意到别的东西了吗？所以假如美的一般定义定当适合一切被给予这一形容词的存在物的话，这一观念就不包括在内。

我赞同将美这一概念分开，因为我觉得人们通常最爱拿它和关系联在一起。美学中，是指一个难以解决的问题，美的解答，是指困难复杂问题的简易解答。在这些使用美这一名词的场合，根本没有伟大、崇高、高的概念的地位。我们用这种方式周览所有叫作美的存在物，就见一个排除伟大、另一个排除用途、第三个排除对称。有些甚至排除表现秩序和对称的现象，如狂风、暴雨、混沌等图画。人们将不得不同意，唯一共同的、可以适用于全部存在物的性质，就是关系的概念。对于哲学家，他考察出美的含义在一切文字中有变化，发现同类存在物，在一个地方可以用美这一字眼形容，在另一个地方就不相宜，但是不论所习用的是什么成语，仍然假定以关系的知觉为前提，这不也就够了吗？英国人说一种美的气味，一个美的女人。

假如一位英国哲学家非谈美不可，打算注意一下他的语言的这种古怪地方，又何去何从呢？创造语言的是人民，而发现事物根源的是哲学家，如果后者的原理不和前者的习惯自相矛盾，那才是够奇怪呢。但是关系的知觉的原理，用到美的本性上，即使在这里，也没有这种不利，它是如此普遍，很难有什么东西逃得了它。但是，当人们要求美的一般概念适用于一切称为美的存在物时，只用说话人自己的语言说呢，还是用语言说呢？这个定义只应适于法文所谓的存在物呢，抑或也适于希伯来文、叙利亚文、阿拉伯文、卡尔都文、希腊文、拉丁文、英文、意大利文，以及一切已有的、现存的或将有的一切文字所谓美的一切存在物呢？为了证明在如此广泛的领域使用了剔除法之后，留下来的只有关系概念，哲学家就不得不学完一切文字吗？任何民族、任何地点、任何时代都有一个名字叫一般的颜色，另外还有名字叫特殊的色彩与色彩的变化。

假如请一位哲学家来解释什么是美的颜色，他就要指出美这个字眼用到一般颜色（不管是什么颜色）上的根源，继而指出能使喜爱某一色彩变化为另一色彩变化的原因。他不这样，他将怎么办呢？所以由于关系的知觉，才有美这个字眼的发明。随人的关系和精神之变化，而造作了有关地理和道德的名词，如好看、美、可爱、伟大、崇高、神圣和其他无数的名词。这就是美的变化，这种思想还要说当人们要求美的一般概念须适用于一切美的存在物，所说的是此地今日具有这个形容词的东西呢？还是指在世界诞生时曾被称为美的东西呢？还是五千年前、三万里外都被称为美的东西，并且在将来的世纪也仍要被称为美呢？是我们在童年、成年、老年都认为美的东西呢？

是开化的民族所赞赏的东西呢？还是野蛮人所喜爱的东西呢？这个定义的真理是地方性的、特殊的、一时的呢？抑或将扩张到任何存在物、任何时代、任何人、任何地点呢？假如人们采取后一种立场，那就将与我的原则很接近，并且差不多再也找不出其他方法来调和小孩与成人间、已开化的人与野蛮人间的判断。对于小孩，只须有对称及模仿的痕迹便足以使其赞叹娱悦，对于成人，要使他惊异，却须宫殿和篇幅巨大的作品。野蛮人看到一串玻璃珠、一枚铜指环、一只铜铁臂钏就可以，而开化的人却只对最完美的东西才注意，上古的人对茅屋、草舍、谷仓都滥用美、瑰丽等名词，今天的人却把这些称谓限制在人的才能的最高努力上。将美放到关系的知觉中，你就有了从世界诞生起直到今天它的进步史，任你所喜欢的另一性质，作为一般的美的微分特性，你的注意便立即集中在时空的一点。

所以关系的知觉是美的基础，在各种语言中，以无数不同的名词来指关系的知觉，而全部名词只是标示各种不同的美。但是在我们的语言中，也几乎是在其他一切语言中，美这一名词常被看成与好看相对。在这种新的观点下，似乎美的问题不过是文法的事情，不过是涉及如何精确地规定与这一词相关的观念（参看“与好看相对的美”）。在尝试说明美的根源何在之后，余下的只是追寻人们对美有不同意见的根源了。这种研究最后将使我们的原则得到确定，因为我们将证明，所有这些分歧都是自然物和艺术品中所见到或增加的关系的差异的结果。

由知觉一种关系而来的美，比由知觉几种关系而来的美，通常要少些。一副美的容颜或一张美的图画，要比一种颜色更能动人些，繁星的天要比天蓝的帷幕更能动人些，一片风景要比一段开阔的田野更动人些，一所建筑要比一块无变化的土地更动人些。音乐要比一种声音更动人些。可是也不应当将关系的数目增多到无限。美不是依随这样的级数的。在事物中，我们只承认有见识的人能明白而容易掌握的关系。但是有见识又是什么呢？作品中有一点，不及此点则作品以缺乏关系而无变化，过了此点则作品又以关系过多而负担太重，这一点究竟在何处呢？这是判断分歧的第一个根源，争执由此而起。

人人同意有美，也同意美是所知觉的关系的结果，但是人们根据知识、经验之多寡，判断、思索、观察习向，加以精神的天然幅度的不同，就说一个对象是贫乏的或丰富的、是混乱的或充实的、是简陋的或堆砌的。但是艺术家从事于创作，被迫使用大多数人所不能掌握的关系，成品的全部价值也只有同行，即对他最难公平的人们认识，这类创作又有多少呢？于是美变得怎样了呢？或是美出现在一群无知者之前，没有能力感受，或是少数嫉妒者感觉到了，却沉默不语，一曲伟大的音乐，其全部后果往往如此。达朗贝尔先生在《百科全书》序言中说过，在造成一曲学音乐的艺术之后，还应缔造一种听音乐的艺术。

这篇序文很值得本文征引，不过我要补充一句，就是在造成一种诗和画的艺术之后，再造一种读诗看画的艺术并无济于事。判断某些作品，总有其表面的一致，这对艺术家来说，确实比意见分歧较为体面，但总是很难过的。在关系之中，可以区分出无数的种类：有的相互增强，有的相互减弱，有的相互调剂。在人们想到一个对象之美，掌握了一切关系，或只掌握了一部分关系时，其间是什么样的差别呀。这是判断分歧的第二种根源。关系有不确定的，有确定的。有些关系，我们认为多少是基本的，如关于男人、女人、幼童的高低关系。我们说一个小孩子美，尽管他矮而一个美男子却必须绝对高大，我们对一个女人就不大要求这种性质，一个矮小的女人，比一个矮小的男子可以承认是美的。

所以我以为我们考虑存在物，不仅就它们自身考虑，并且还考虑到它们在自然中，在伟大的全体中所占有的地位，按照人对这一伟大的全体所知或多或少，人对存在物大小所作的尺度，其精确性也有多有少，但是我们永远不很完全知道，什么时候这种尺度正确。这是模仿艺术中鉴赏及判断分歧的第三种根源。大师们总喜欢他们的尺度太大一点儿而不喜欢太小。但是他们中无一人有同样的尺度，或许也没有自然的尺度。只要确定这些关系并非科学或艺术的直接的、唯一的目标，我们就根据前者，给予美这一名词。但是假使这种确定就是一科学或一艺术的直接的、唯一的目标的话，我们不仅要求关系，而且也要求其价值。就是为了这个理由，我们说一条美的定理而不说一条美的公理。

虽然我们不能否认，表述一种关系的公理也有其实在的美。当我说数学中全体大于部分时，我当然是说出了关于被分的量的无数特殊命题。但是我却丝毫没有确定全体对其部分究竟超过了多少。这差不多就像我说圆柱体大于其中所画的圆球体，而圆球体大于其中所画的圆锥体一样。但是数学固有的、直接的目标是要确定这些物体中一个比另一个大多少或小多少。假如一个人证明了这些物体之间关系总是和 3、2、1 等数字不一样，那么他就做出了一项可赞美的定理。

永远存在于关系之美，在这个时候就将是关系的数目及看出这些关系而有的困难之复和比例。一项定理宣称凡是等腰三角形的顶点垂直其底边中点的直线，将所垂之角分为两个相等的角，这并不稀奇。若一项定理说一条曲线的各渐近线不断接近此曲线而永不与它相交，由轴的一部分、曲线的一部分、渐近线及经线的延长等所成的各面，其间关系就如某数对某数一样。在这个时候，或在许多其他时候，一种美并非无足轻重的情况，正是惊奇与关系的联合行动。每当一项定理以前被认为是错误的命题而被证明其为真理的时候就是这样。

十八、判断分歧的第四种根源

个人虽然从未凭借感官直接看出实质来，但是先前曾借感官却也分别获得一切简单观念，而这些简单观念又参与特定实质的复杂观念的组成，那么，这类定义就能够在他的心中激起一种关于实质的相当明白的观念。利害、感情、无知、成见、习惯、风俗、气候、习俗、政府、教派、事故等，对于环绕我们的存在物，阻止它们或使它们能在我们心中唤起或完全不唤起几个观念，消灭其中很自然的关系，而在那里建立起偏私的、偶然的关系。这是判断分歧的第四种根源。人们是将一切都联系到他的艺术和知识上去的。我们多少都在扮演亚拍耳的批评家的角色，尽管我们只知道鞋，而我们也要评判腿，或是我们只知道腿，而又要下及于鞋。可是我们不仅对艺术品的判断，于细节带有或是唐突或是夸耀，就是对自然物也不免。心灵有能力将分别取得的观念统一在一起，借它对对象所有的观念来比较对象。

观察观念间的关系，可任意扩张或缩小其观念，分别考虑自得感觉而在感觉中是联结起来的每种观念。这种心灵作用就叫作抽象。物体的实质观念由各种简单观念组成。当物体的实质出现于我们的感官之时，这些简单观念共同形成它们的印象。正是要详细明确这些可感觉的观念，才可以对实质下定义。

假如他对组成这种实质的简单观念之一缺乏概念，又假如他没有认识这些观念所必需的感官，或是这种感官坏到恢复不了的程度，那么，就没有任何定义能够在他的心中激起他先前不曾凭借感官认识到的观念。这是人们对一种描述的美所作的判断的分歧的第六种根源，因为在人们之间，对同一对象，有多少错误的概念，有多少个正确的概念。在一个花园里的郁金香之间，对于一个好奇者，最美的将是他所注意到的一种广延，多种颜色、一片叶子、很不寻常的品种。但是专心致志于有关其艺术的光、色、明暗、形状的画家，则将忽略一切为花者所赞赏的特性，而把甚至为好奇者所鄙视的花园做范例，才能与知识之分歧是判断分歧的第五种根源。

十九、判断分歧的第七种根源

假如字典编得很好，逻辑和形而上学将更接近于完善，可是字典还是一种缺点很多的著作。但是在知识界的人和事物上，判断不见得更趋一致。那些判断是用符号来代表的，而且这些符号之中没有一个有足够正确的定义，在它的含义不至于在这个人看来比那个人看来更宽广些或更狭窄些。又因为字眼是一套彩色，而形状与论文是用这些彩色写成的，在人们对于这些彩色和细微的差别不知如何对付的时候，对于一幅绘画的判断又能期待什么一致呢？这是判断分歧的第七种根源。

二十、判断分歧的第八种根源

不管我们所判断的是什么存在物，训练、教育、成见，或我们的观念中某种人造的秩序所激起的爱好或厌恶，根据的全是我们对这些对象具有的性质是完满的或是有缺点的意见，而我们有适当的感官或官能来认识这些性质。这是分歧的第八种根源。

二十一、判断分歧的第九种根源

我们的感官经常在变迁状态之中：天会没有了眼睛，又一天会听得很坏，而从这一天到另一天所见、所感、所闻会又不一样。这是同样年龄的人们和同一人在不同年龄判断分歧的第九种根源。人们可以肯定，同一对象在不同的人的心中所激起的观念，其不同也和人们对它们爱好和厌恶之不同一样。这在感觉上同样也是一个道理，几个人之间在同一时刻对简单观念之间不同，并不同于一人自身在不同瞬刻之不同。

二十二、判断分歧的第十一种根源

由于偶然，不愉快的观念也会联系到最后的对象上去。假如人们喜爱西班牙酒，那么只须将它和着呕吐剂一起喝，就会使人讨厌它。看到它就感到反胃，对于我们并非是自由的。西班牙酒总是好的，而我们对它的情况则不相同了。同样，这个前厅总是瑰丽的，但是我的朋友却在那里丧失了生命。这座剧院并未失其美，但是自从我在那里得了倒彩之后，我就不能看到它而耳中不响着倒彩的噪声。

我在这个前厅，只看见我那濒于气绝的朋友，我就不再感到它的美。这是判断分歧的第十种根源。当所涉及的对象是复合的，同时表现着天然的形式和人为形式，如建筑物、花园、装饰等之时，赏鉴是基于半合理、半偏私的另一种联想，凡是与一坏对象的步伐、叫喊、形状、颜色，与我们的国家的舆论，与我们的同胞的成规等有些微相似，都会影响我们的判断。

是这些原因会倾向于使我们将鲜艳生动的颜色视为虚荣或其他恶劣精神状态与心情的标记吗？某些形状是农民所习用的，抑或是其职业、职司、性格为我们憎恶、蔑视的人们所习用的吗？这些特殊的观念，不由我们自主，与颜色和形状的观念一起回到我们心中，而我们就声言反对这种颜色和这些形状，尽管它们本身可以丝毫没有不愉快的东西。这是分歧的第十一种根源。

二十三、分歧的第十二种根源

那么自然中的对象，其美为人们完全同意的，是什么呢？植物的构造吗？动物的机体吗？世界吗？统治着在这伟大整体的各部分之间的关系、秩序、对称、联系。虽然最引起人们的注意，但是他们不知道造物主造成这一整体的目的。会不会受到来自神明的观念的牵引，说它是完全美的呢？他们不将这件作品视为杰作，主要是因为作者完成这样的作品既不缺乏力量也不缺乏意志吗？但是有多少时候，我们并没有同样的权利来推究作品的完美，单凭作者的名字，我们不是只有赞仰吗？这幅画是拉斐尔的，那就够了。

这假如不是判断的分歧，至少也是分歧的第十二种根源。纯想象的存在物，如人面狮身怪、人鱼怪、羊脚、半人的牛头怪、理想的人等，其美似乎较少异议。这血并不奇怪。这些想象的存在物其实是按照我们在实有的存在物中观察到的关系而形成的，但是它们应当是相似的标本，却散处在不同自然物中。这标本正是到处皆有，也正是哪里也没有。我们判断的分歧，尽管有这原因但是并不成为理由。设想一种关系知觉中的实在的美是虚妄的。这种原则的用法可以变化无穷，而其偶然的改变也会引起议论和文字上的战争，但是原则仍不失为固定。在地球上或许就没有两个人对同一对象刚刚看到一样的关系，在同一程度上判断它美。假如有一人不受任何关系的影响，那就是一个完全的白痴。假如他只是对几种漠无感觉，这种现象正表露他有动物生理的缺点，而由于同种的其余成员的一般状况，我们总是会脱离怀疑主义的。

二十四、美不总是一种理智原因的结果

美不是一种理智引起的结果。运动往往是在被孤立地对待的存在物之中，或在加以比较的几个存在物之中，建立起极其繁多惊人的关系。自然史馆就对此提供了大量的例子。这时的关系，至少对我们说来，是偶然配合的结果。自然在许多时候，不费气力，模仿艺术的产物：人们可以问，我不说一位哲学家被风涛抛到一座荒岛上，一看见几个几何形状，是否就有理由喊道，“放大胆吧，朋友们，这里有人的脚印”，而是问，完全确定一件存在物为艺术家的作品，就该注意其中有多少关系呢。

在什么时候，仅仅对称的一个缺陷就会比已有的全部关系总和还更能证明呢，属于意外原因的动作的时间与在所产生的后果中观察到的关系之间又如何呢，除了全能者的业绩以外，关系的数目永远不能被已发出的行动的数目所抵消，这样的情形是否有呢。

二十五、美的概念

我说愉快，为了适应美这一词的一般与普通意义，但是我相信，就哲学观点来说，一切能在我们心里引起对关系的知觉的。美，相对词，是在我们心里引起对愉快关系的知觉的效力或者能力。参看美的一条。美不是全部感官的对象。就嗅觉和味觉来说，就既无美也无丑。耶稣会教士安得烈神父，在他的《论美》一书中，甚至于把触觉也和这两种感官放在一道。但是我相信他的学说可以在这一点上驳倒。

依我看来，一个瞎子有关系、次序、对称的观念，这些概念通过触觉进入他的悟性，就像通过视觉进入我们的悟性一样，不过也许欠完美和准确，但是这最多证明了比起我们眼睛好的人来，瞎子少受美的影响罢了。总而言之，宣称双目失明的雕刻家，塑造拟真的半身像，对美竟然没有丝毫观念，我觉得过于胆大。

二十六、天才

精神的浩瀚、想象的活跃、心灵的勤奋就是才华。人们用什么样的方式接受观念，就用什么样的方式回忆它们。心灵先前被事物本身所感动，事后回忆起来还要感动，但是在有天才的人这里，想象走得还要远。他回忆这些观念，情感比接受时还要强烈，因为有成千上万的观念和这些观念连在一起，更适宜于产生情感。被投在宇宙里的人，带着或强或弱的感觉，接受万物的观念。大多数人只在感到和他们的需要、趣味等有直接关系的事物的印象时，才会感觉强烈。和他们的激情无关的东西、一切和他们顺序的方式不相似的东西，他们不是根本看不到，就是无所感地看到一刹那，随后就忘了个一干二净。

有天才的人的心灵更为浩瀚，对万物的存在全有感受，对自然里的一切都有兴趣，他不接受一个观念，除非它唤起一种情感，一切激动他，一切在他这里保存下来。事物环绕着天才，它关心它们，它不回忆，它看见，它不止于看见，它激动，它在寂静、阴暗的斗室里，观赏着悦目的富饶的田野，狂风的吼号使它身冷如冰，烈日炙它，暴风雨使它畏惧。心灵往往喜爱这些转瞬即逝的意味，它们给它一种它所贵重的快感。凡能增加这种快感的，它无不为之，它未尝不想借助真实的色彩、不可磨灭的线条，赋予它制造出来的、感动或者欢娱它的影和形体。它企图描绘几件使它激动的事物，事物就立刻去掉自己的特点。

它只在它的画幅上放置崇高、洽意，这时像美里描画，它有时候只在最悲惨的变故里看到最可怕的情况，天才便在这一期间散布最阴暗的色彩、怨恨和痛苦的有力地表现，它给物质以生命，给思想以颜色。它在热情的兴奋中，它不理会自然，也不理会它的观念的连贯性，它被安置在它使之行动的人物的处境，它取得他们的性格，如果它感到高度的英雄激情，例如感觉自己具有一颗伟大心灵的藐视一切危险的信心，例如发展到忘我境地的爱国心。

它就产生崇高，美狄亚的“我”、老贺拉斯的“让他死”、布鲁图斯的“我是罗马的执政”，受到其他激情的刺激，它就让艾尔米奥娜说出“谁叫你这样做的?”让奥罗斯曼说出“当时我被爱着”，让提厄斯忒斯说出“我认出了我的兄弟”。这种热情的力量使人说出恰当的字，恰当来一句表现力，它常常借大胆的比喻，它使人想出拟真的和谐、各种各样的意象、最鲜明的标记、拟真的声音以及有特色的字句。趣味往往不和天才在一起。天才是一种纯粹的天赋，它产生的是片刻之间的，趣味是研习和时间的作品，它来自对大量确立或者假定的法则的知识，因之产生的只是一些惯例的美。

按照趣味的法则，一件东西想要美，就必须是娴雅的、完整的、经过细雕细琢而不露痕迹的。在莎士比亚这里熠耀着崇高，如长夜中的闪电。拉辛永远美，荷马才华横溢，而维吉尔则文笔娴雅。趣味的法则和规矩可以成为举手的桎梏。为了飞向崇高、激动、伟大的境界，它予以粉碎。有才华的人的趣味就是对作为自然的特征的永恒之美的喜爱，使他的画幅符合于他创造的，我不知道是什么样的范例，根据这种范例，他才形成对美的观念感。

出现使他激动的激情的需要不断受到文法和惯例的困扰。他用的语言往往表现不出用另一个成语就会成为崇高的形象。想象采取不同的形式，它从构成心灵特点的不同的品质借取这些形式。某些激情、情况的变异、某些精神品质，赋予想象以一种特殊样式，想象回忆它的全部观念，并不都带情感，因为在它和事物之间，不是永远有联系的。天才不会永远是天才，有时候它是可爱多于崇高，它在事物中感到美少于雅，它感受和使人感受的，激昂少于柔情。有天才的人的想象有时候是快活的，它注意到人们的小“缺点”，在它看来，秩序的对面只是滑稽，然而程式这样新颖，好像是有天性的人一眼望去，就把在事物发现的滑稽放进事物似的。

扩大滑稽的空间，凡夫俗子在违反通行的习俗的事物中看见并感到滑稽，而平常却在损伤普遍秩序的事物中发现并感到它。荷马用一种方言不能找到他的天才所必需的表现，弥尔顿有时破坏他的语法，在三四种，不同的成语中，寻找强有力的表现。总之，力、丰盈、粗糙、紊乱、崇高、激动正是疯子在艺术里的特征。它的感动不是软弱无力，它取悦时一定令人震惊，它的过失也令人震惊。研究哲学，也许永远需要一种审慎的注意力、一种谨小慎微的态度、一种思考的习惯，它们和炽热的想象不相容，所赋予的信心更不相容，但是在哲学里，如同在艺术里一样，它的步伐清晰可见。

在那里，它经常散布光辉的错误，有时候又取得巨大的成功。在哲学里，必须热心寻求真理，而又能耐心等待。人们必须善于掌握自己的观念的层次和连贯性，顺着脉络求得结论，或者打断脉络加以怀疑，必须探索、讨论、缓步行进在激情的纷乱中，在想象的炽热中，人是缺乏这些品质的。这些品质共同占有这一广阔的精神，它冷静自持，接受一种知觉，一定和另一种知觉作比较，寻找各种事物的共同点和不同点为了使距离遥远的观念接近，就使它们一步一步跋涉中间遥远的距离，为了领会某些邻近的观念的奇特的、细致的、捉摸不定的联系，或者对立和对比的情形，善于从同类或不同类的大量事物中提出一个特殊的事物，用显微镜观察觉察不到的东西，而且只在长久观察之后，才认为自己仔细看过。

也正是这些人，经过一次又一次的观察，达到正确的结论，仅仅找到天然的类似，好奇心是他们的原动力，爱真理是他们的激情，发现真理的愿望是他们持久的意志。这种意志激励他们，而不使他们热血沸腾，引导他们前进，而这前进按说应该由经验予以保证才是。运动虽然是出于自然，有时候却极其细微，差不多就看不出来。但是最多的时候，这种运动引起风暴，只见观念的急流把它带走，就不能自由进行冷静的思考。

想象活跃的人，观念通过情况和情感互相联结起来，它常常只是从抽象观念与可感觉观念的关系里看见抽象观念。它赋予抽象以一种存在，独立于制造力的精神之外，它实现它的幻影，面对着它的创造。他说出他的新想法，然后人进行的唯一创造，他就热情高涨了。不计其数的思想推动它，它轻易就把它们组合起来，不由自主地就在生产，尽管它找到万千形似的证据，可是对一个也没有把握，它大胆建筑一些谁都不敢居住的房屋，它喜欢它们的规模，并不喜欢它们的坚固。它欣赏自己的体系，正如赞赏一首诗的概略一样，由于体系美，它予以采纳，还以为是作为真理喜爱的。

二十七、真伪在哲学著作里决不是天才的显著的特点

真伪在哲学著作里决不是天才的显著的特点。然而天才以最幸运和最令人意想不到的发现加速哲学的进展，它像鹰一样飞向光辉的真理、真理的泉源，大群胆怯和谨慎的观察者匍匐前行，来到这些真理跟前。洛克的著作很少谬误，夏夫兹博里伯爵的著作极少真理，然而前者只是一种广阔、深刻、正确的精神，而后者却是第一流的天才。洛克看见，夏夫兹博里的创造、构造、建筑，我们从洛克那里得到他冷静地观察、有条不紊地追寻、铁面无情地宣布的巨大的真理。从夏夫兹博里那里得到的，往往是理由不足但却充满崇高真理的光辉的体系，在他错误的时刻，他的魅力照样让人喜爱、信服。但是它把自己想象的产物放在这一光辉真理旁边，它不能沿着跑道行走，一段又一段跑完路程，它从一点出发，直奔终点而去，它很少遵循论证的逻辑性。

它想象的多于它看见的，它生产的多于它发现的，它引起来的多于他指导的，它激励柏拉图、笛卡儿、马勒伯朗士、培根、莱布尼茨，根据想象控制这些伟大人物的程度或强或弱，它建立光辉的体系或者发现伟大的真理。冷静是治理国家的人们所必需的品质，缺乏这种品质，人们就很少能把方法正确用在实际情况上，就会反复无常、就会缺乏应变的才能，冷静使心灵的活动服从于理智，遇到任何变故的时候，就出来防止恐惧、沉醉、急促。难道这不是一种不能在想象力异常旺盛的人们这里存在的品质吗？

这种品质难道不正好和天才完全对立吗？它的根源是一种极端的敏感，这种敏感使它能感受大量的新印象，因而背弃主要目的，被迫泄露机密，放弃理智的法则，并且由于举止忽前忽后，就丧失了优越的智慧应当为它赢得的威望。有天才的人们被迫感受，为自己的爱恶所左右，被万千事物所分心，他们猜测过多，预见太少。他们的愿望、他们的希望漫无节制，不断增删万物的真实性，所以在我看来，他们更宜于推翻或者建立国家，不宜于维持国家，更宜于恢复秩序，不宜于遵守秩序。在治理国家这门浩繁而又尚欠钻研的学问中，天才的特点和效果犹如艺术和哲学中一样易于识辨。虽然天才常常知道应该在一定的时期以什么样的方式来指导人，但是它本身是否宜于指导他们，我却表示怀疑。某些精神品质，正如某些情感品质一样，依靠一些品质，排除另外一些品质。即使是在最伟大的人物身上，也要现出一些不方便处或者一些局限。

二十八、天才不是无所不能的

在艺术、科学、政务中，天才似乎改变了事物的性质。它的特点扩散在它接触的一切事物上，它的光辉超越过去和现在，照耀到未来。天才在政务方面，不为局势、法律和习俗所俘虏，正如在美术方面，不为鉴赏的法则所俘虏，在哲学方面，不为方法所俘虏一样。它走在跟不上它的世纪的前面，它把有理由批评它的才学远远抛在后面，尽管才学的进行是平稳的，决不迈出自然的一致性。

想给它下定义的人，对它的感受多于对它的认识，谈它自己的应当是它自己，这一条按说不该由我来写，应该由为本世纪增光的杰出人物之中的一位来写，因为想知道天才是什么，只要看一眼他本人也就行了。有时候，它救下了祖国，可是继续执政的话，跟着就会断送祖国。体系在政治方面比在哲学方面更为危险，使哲学家迷失方向的想象，只不过使他错误而已，使政治家迷失方向的想象，却就使他铸成大错，给人们制造灾难。

所以在战争中和在协议中，仿佛上帝那样，眼看多种的可能性，而且看出最好的办法，付诸实行，可是别让它长期料理政务，因为这里需要专心、策划、恒心。让亚历山大和孔戴成为变故的主宰，在交战那天表现出灵感！因为在这紧要关头，不但没有时间仔细考虑，而且必须头一个想法就是最好的想法，让他们在这期间做出决定来吧，因为这期间必须一眼看出他的兵力的位置与运动和敌军的位置与运动之间的关系，以及既定的目标，但是在需要指挥整个战役的期间，还是让杜栾和马尔包鲁来吧！

二十九、论天才

热烈的人激动了半天，什么有价值的事也没有做出来。是敏感吗？不是。有天才的人、诗人、哲学家、画家、音乐家都有一种我不知道是什么的特殊、隐秘、无从规定的心灵的品质，缺乏这种品质，人就创作不出极伟大、极美的东西来。是想象吗？不是。我见过一些丰富的想象，似乎大有可为，实际上却一无所成，或者成亦无多。是判断力吗？不是没有比判断力强的人们更寻常的了？他们的作品是无力、柔韧而又乏味。是才情吗？不是。请说些漂亮话，做出来的一些事是热烈、敏捷，甚至于热狂吗？不是。

我见过一些人，心灵一来就被深深地打动，听见崇高的故事，就不由自主起来，又是兴奋，又是沉醉，又是疯狂，听见动人的词句，就要沥泪，然而，无论是说话，还是写文章，都像孩子一样结结巴巴。是趣味吗？不是。趣味与其说是创造美丽，不如说是弥补缺陷，这是人或多或少勉力获得的一种才能，然而不是天赋。是头脑和腑脏的某种构造、气质的某种结构吗？我同意，不过有一个条件，就是，大家公认，无论是我或者任何人，对这一点都没有确切的概念，并且还添上观察精神。我说观察精神，指的不是日常那种对字句、动作神色的琐碎的斟酌，这是种为妇女所熟悉的手法，她们对它的掌控胜过最有才干的人、最伟大的心灵、最雄健的天才。我不妨把这细巧的能耐比作让小米通过针眼的技术。

这是一种可怜的猥琐的日常研习，它的全部功用是家庭的、细微的，仆人用它来欺骗他的主人，主人又用它来欺骗他的上司，而不被发觉。我说起的观察精神、不用费力气、不用专心致志就能进行，它决不注视，然而看见、受教、不经研习就往里扩展，它不注意当前的现象，现象却使它感动在它这里留下来的，是别人没有的一种感觉。这一个稀奇的机器，它说这事能成果然就成，那事不能成果然不成也对，这错果真就和他说起的一般。无论事大、事小，它都与众不同。在种种生活情况下，这种预见性精神也各个不同。这种情况都有自己的预见性精神。它不能永远保证自己不失败，但是它所引起的失败永远不惹人鄙视，而犹豫不决。有天才的人知道自己出乎不稳，他知道这种情形，却不算计成功、失败的机会，这种算计原来就在他的脑子里。狄德罗有两篇谈天才的文章。第一篇见于他自编的《百科全书》，据说是敞·朗拜（Saint Lambert）写的，经过狄德罗尽力修改（1757），收入他的文集，因为不但风格是他的，而且见解也是他的。

第二篇《论天才》，可能写于1772年左右，是从他的遗稿中找到的。他不赞成爱尔维修的教育与习惯的说法。依他看来，天才是一种非理性的精彩活动。不过在他认为伏尔泰是世纪天才范例的时候，无意之中又推翻了他这种看法，因为伏尔泰是一位理智极强的作家。他在《关于演员的是非谈》里主张勤学苦练，看来又把灵感贬低了。天才和创作的关系，尽管他辩证地谈了许多，并没有谈到关键处。而另一方面，又很容易让人感觉到，他在给浪漫主义开辟道路。真是矛盾之至。

The history of Western Aesthetics

第五篇

启蒙运动——英国经验主义美学

由于过分重视审美的感性和直接性以及情欲和本能的作用，就忽视了审美活动的理性方面。英国经验主义美学的最大缺点在于缺乏历史发展的辩证观点，由于过分重视生理和心理的基础，把人只看作动物性的人而不看作社会性的人。霍布士和博克都把美感溯源到满足人类情欲和本能的快感。这种片面的机械的观点往下发展，第一步就成为达尔文的美起于“性的选择”（美是为着吸引异性的）说，再进一步就成为佛洛伊德派的艺术起源于“欲望升华”说。英国经验派美学家对近代西方美学反理性一方面的发展也是“始作俑者”。

英国经验派美学家一直着重生理学和心理学的观点，把想象、情感和美感的研究提到首位，并且企图用观念联想律来解释审美活动和创造活动，用生理观点的有利于生命发展与否来区别美与丑，这样就把近代西方美学的发展指引到侧重生理学研究特别是心理学研究的方向。休谟和博克所提出的同情说为近代德国移情说打下了基础。立普斯在早期著作里仍用同情说，后来才把它发展为移情说，而移情说的法国代表巴希则始终把移情看作象征性的同情。

第十九章　培根——英国唯物主义和现代实验科学的始祖

哲学家不应从概念出发而应从感性经验出发。感官带有欺骗性。把感性认识看作知识的基础，信任根据观察和实验的归纳法，以及强调认识的实践功用，这是培根思想中的两大基本概念。培根（Francis Bacon，公元 1561—1626）在《学术的促进》、《新大西洋》和《新工具论》这一系列的著作中奠定了英国经验主义哲学的基础。他是文艺复兴精神在英国的体现。他初步认识到认识与实践的密切关系。知识就是力量，要借服从自然去征服自然。马克思和恩格斯说过："英国唯物主义和整个现代实验科学的始祖是培根。"

培根主要贡献奠定了科学实践观点和归纳法的基础，将美学研究由玄学思辩的领域转到科学的领域。发现形象思维和抽象思维的区别，并将诗归为想象，开创美学对想象的研究。强调动态美，优雅适度的动作的美才是美的精华，是绘画所无法表现出来的。培根还不赞成美在比例，以艺术家创作不应该纠缠于调整比例，而在于灵心妙运。艺术要对自然加以理想化，借提高自然来提高人的心灵，具有娱乐和教育的双重作用。诗是想象的产品，所以它是一种"虚构的历史"。人类学术历史涉及记忆人类的知识。

一、生平及著作

培根的美学思想体现了英国资产阶级上升时期的文艺复兴精神。培根（Francis Bacon，公元 1561—1626）出身于新贵族家庭，12 岁进剑桥大学读书，十八岁进入律师界和政界，曾连续多年被选为国会议员，担任封建王朝的各种官职。1617 年被詹姆士国王任命为掌玺大臣，第二年又出任大法官。1621 年被指控接受贿赂而退出政界。以后就专门从事著述活动。他是英国著名唯物主义哲学家。培根竭力反对中世纪经院哲学，是英国唯物主义和整个现代实验科学的始祖。

培根的主要著作《伦理学与政治学随笔》（1597）、《学术的促进》（1605）和《新工具论》（1620）。在这些带有神学的残迹的著作中，他深信人在自己的活动中应该依靠自身的而不是《圣经》和上帝的力量。他号召人们投身于大自然，依靠人的经验和实验这些认识的主要手段去掌握自然。他的主要贡献在于奠定了科学实践观点和归纳方法的基础，使美学从玄学的思辨转入真正科学的领域。

二、美学思想

培根在《论美》一文中用纤丽隽永的文字表述了一些独特的见解。他一方面继承了文艺复兴的传统，另一方面又脱离了这个传统；他认为美只是现象和事实的特征，而是“优雅适度的动作的美才是美的精华，是绘画所无法表现出来的”。他还认为，美不在部分而在整体以及美与品德的关系。他还认为幻想是艺术创造的必不可少的前提，艺术则是造福人类的一种工具。

三、论美

最美的人很少具有超人的才德，自然界在创造他们的时候，显然是更加热衷于追求整体的正确比例而不是高度的完美。才德犹如一颗宝石，宝石镶嵌在不加修饰的典雅的框架中时，它变化多端惹人喜爱，同样，才德放在一个合乎比例的，在其中更多的是令人肃然起敬的长处而不是只作用于眼睛的姣丽的女性美的身体上，也会更加显得突出。正因为如此，他们往往是容颜可观而却胸无大志，缺少崇高的心灵，他们更热衷于以外在的魅力来炫耀自己，而不是真正的才德。但这条规则也有例外，如恺撒、奥古斯丁、提图斯·维斯帕西亚努斯、法国国王腓力普四世（绰号“美男子”）、英国国王爱德华四世、雅典人阿尔西巴阿底斯、波斯王伊斯迈耳，所有这些人都具有崇高远大的心灵，同时他们又都是当代的美男子。

所以，在美中最诱人的东西，不可能由绘画表现。绘画同样没有能力传达生动的脸的任何感人表情和乍一看就产生的强烈印象。同时也没有一个整个说来无疵可摘的美丽的完人。很难说，谁更聪明，是阿派莱斯或是阿伯列希特·杜勒，其中一个希望依靠几何学的比例的协助，画出理想的和完善的美。而另一个则通过结合好几个不同面孔中采取最美的特征，以合成一个至善至美的画面。我认为，这样画出来的美人，除了画家本人以外，恐怕很难博得谁的欢心。我不相信，画家有朝一日能够创造出在美的程度上超过所有现实的面孔的理想的面孔，而如果他能够做到这一点，那么这将是一种纯粹的机遇，正如音乐家写作一首优美的歌曲，除了自己的情感和趣味以外不应听命于任何规则一样。平常的观察表明，有许许多多的人，他们的肢体单独分开来看丝毫也不美，但放到一块儿，就产生出令人愉悦的印象。

如果我们上述的意见是正确的，美的实质的确存在于动作的美中，那么，有一些上了年纪的人反而比年轻人更惹人喜爱，也就不足为怪了，这一点有欧里庇得斯的话可以佐证："美人的秋天也是美的。"青少年不可能像成年人那样循规蹈矩地举止行动，他们特有的典雅部分地受到他们的年龄的制约。美犹如夏天的第一批水果，容易腐烂，不易保存。通常美使人有少年时代的轻浮和老年时代的悔恨。但如果它在人身上落的得当，那么，就能使美德更添光辉，迫使恶习变得更加汗颜。

四、论残废与丑

残废和丑陋的人通常向自然报复，自然欺负他们，他们也欺负自然，一报还一报。他们中间的大多数，正如《圣经》中所说，是天性凉薄的，所以他们对自然进行报复肉体与灵之间的确存在着自然的比例关系，而如果自然在一个地方犯了错误，那么，很有理由担心，它在另一个地方也会冒险。但由于人享有选择自己的精神结构形式的权利，那么在他的肉体缺陷还没有变化的条件下，那些决定气质的星宿有时会被科学和美德的光辉所遮掩，正如星星的弱光被太阳的强光所遮掩一样。

因此，最好不要把残疾和丑看成是凶恶的自然的不可避免的特征，而应把它仅仅看作一个很少不引起后果的原因。凡是身体招致轻蔑的缺点（它是无法摆脱的）的人，都经常会努力去抵御这种鄙视。古时的君主（在某些国家里现在仍然如此）对太监非常信任，因为备尝鄙视的人，通常十分忠于唯一的庇护者。但是，给予的信任只是一些带屈辱性质的嘱咐，不是把当作大臣和才华出众的将军，而是叫他们充当很好的奸细和机灵的密探。貌丑的人也是这样，由于我们已经指出的同一原因，如果他们是有魄力的人，那么他敢于去做出一切，以摆脱鄙视，不管是通过建立德行还是犯下罪行的途径。

因此，不必感到惊讶，这些被自然欺负了的人们有时成了伟大的人物，像阿盖西劳斯、索利曼之子杉格尔、伊索、秘鲁的总统加斯喀都是这样，苏格拉底以及许多别的人也可以归入此列。正因为如此，残疾人往往是非常勇敢的。

起初是为了自卫，后来则成了习惯。同一原因使他们比别人聪明，对缺陷更有洞察力，以便随时准备反击和报复。其次，残疾本身也预先防止了在这方面自然条件比较优越，认为永远有权随心所欲地鄙视他们的人对他们的妒忌。他们天生的不利条件使竞争角逐的对手失去警惕，以为他们永无升迁之可能。因此，对于大智者来说，残疾反倒成了一个升迁的工具，使人飞黄腾达的条件。

五、论建筑

为了悦目而故弄玄虚的做法，只适用于诗人的魔法城堡，因为他们建造这些魔堡花费不多。在不方便的不毛之地上建造美丽的楼房，等于把自己囚禁在监牢里。造房子是为了在里面居住，而不是为了欣赏它们的外表。所以，如果二者不可得兼，应当先考虑实用，然后再去追求整齐对称。请注意，我说的“不方便的地方”不仅是指空气污浊的地力，而且也指许多分布在群山环抱、四面阳光普照的美丽的山坡上的凹凸不平的地方，在那里狂风大作，结果变化急骤强烈，以致使你觉得仿佛生活在几个冷热截然不同的地方。但是，当然，对房屋来说最糟糕的因素，是恶劣的气候。再加上远离市场，交通不便。

如果你喜欢生活得热热闹闹，那么，还会发现不好的邻居更使你处境糟糕。我不想再提许许多多会使住所变得不愉快的事情，诸如缺少水源、树木、绿荫以及没有水果，土地贫瘠，还有土地高低不平，缺少悦目的风景，附近缺少可以带着猎狗打猎或者捕捉飞禽的场所。也要注意到别让房屋靠大海太近，但也不要离海过于遥远，要让它位于通航的河流之旁但又无河水泛滥之虞。如果它离大城市太远，那么，这对你的事务可能有所不便，而离大城市太近，又会感到缺少粮食，用品昂贵。

尽管不可能一下子诸事俱备，记住这一切毕竟还是有助于选择最佳方案的。倘若有几所房子，那么，就应该这样来分配它们，使之取长补短，互通有无。我记得，当庞拜欣赏鲁库拉斯的宅第的一间房子中的一些出色的桂廊和房间（它们宽敞明亮，再也想象不出比这更好的了）时，问鲁库拉斯，“当然，这是一所出色的消夏的住处，可是，冬天你怎么办呢?”鲁库拉斯回答得很妙：“怎么办？你不会认为我比禽鸟还笨吧？当天生的感觉提示它们冬天即将来临的时候，它们还会变换自己的住所呢。”

现在我们再来谈谈房屋本身的布置，我们想学学西塞罗的榜样。他写过几本论演说术的书，却又写了一本《演说家》，在前几本书中他叙述演说术的道理，而在后一本书中则记述演说术的最高成就。因此，我们也来描绘一下君主的宫殿，提供一个简略的范例，因为叫人奇怪的是如今在欧洲可以见到一些高大的建筑物，例如，梵蒂冈、埃斯科里阿尔以及许多别的，都见不到多少宽敞宜人的大厅。正因为这个原因，非常完善的宫殿应由两个单独的部分构成：一半是供宴饮用的，正如《圣经以斯帖》书中所描写的那样，另一半则是供住家用的。二者配合既可以举办豪华的宴会又可以供生活起居之用。

但我认为，从正面看，建筑物的两半应该构成一个整体，尽管里面各不相同，在外表上却应保持完全一致。同时，我希望首先在中央筑起一个圆拱形状的漂亮的塔台，而在供宴会用的那一半中能有一个高 40 英尺的大厅。它的底下应当有几间内室以供节日和庆典演员化妆和存放演出道具之需。至于另外一半是住家的用房，我希望它首先是由宽大而又美观的大厅和家庭教堂（二者之间有隔断）组成。为了进一步装饰布置，这所建筑物的尽头必须有两个相当美观的办公室，一个冬季使用，另一个夏季使用。在这些房子的下面将是厨房、大地窖、杂用房、库房，等。回过头来说那个塔台。它最好是两层的，每层高 18 英尺，四周都有柱形楼梯，为了美观还可以放上几尊雕像。如果这两半互相隔开，有一个螺旋形的贯穿各层的楼梯从底层一直通到楼上，将是非常之好。

楼梯上也可以陈列若干饰金的木制雕像，顶端可以建造一个漂亮的梯顶。如果需要，它也可以成为一个房间，不过这要不把底层的任何一间房子用作仆役的餐室才行，否则你只好让仆役在你吃饭之后再吃饭，因为厨房的气味会借助这楼梯像顺烟囱道似的上升到楼上来。关于房子的前部就是这么些，不过，我认为第一层的楼梯应该高 16 英尺，也就是说跟底层一般高。房屋的后部应该有一个庭院。三面有屋，而且它们要比前部的建筑物低矮得多。院子的四个角落都应有漂亮的楼梯通往角楼，而角楼则突伸于楼房行列之外，与底层的各个部分保持比例关系。这个庭院不应该用砖石砌成，以便免除夏天的暑气和冬天的寒气的反射。它的两侧可以有几条林荫小径，而在中央则可用砖石砌出几条小路，小路与小路之间种上绿草，把它们剪齐，但不要剪得太短。供宴会和节庆用的那一部分应该由窗户众多、饰有不同图案，从外部看来彼此距离相等的华丽的廊子构成，环抱着仆役的房间。

在这一半中将有接待宾客、同他们交谈的会客室，它们应该建造得冬暖夏凉。常常见到一些很美的房子，它们是如此敞开，窗户如此之多，以致你不能一下子找到你上哪儿才能躲开寒冷和阳光。尽管我非常赞扬凸窗，但我觉得直窗更好，由于形状单一而适用于临街一面。前者对于交谈确实有用，并且它们还可以防止日晒风吹。然而，我想，向庭院开的窗户最好不要多于四个，分设两边，一边两个。在这第一个庭院的后边，必须再有另一个内院，它面积不大合乎比例，四周最好有花木环抱，在其中建造拱廊和亭阁。夏天可以在里面遮阴。它的窗户应该朝向花园，而庭院本身应该用砖石砌得平整，以防止潮湿。与此同时，在庭院的中央，应该安装一个喷泉或者某个美的雕像。

两侧的建筑物可以用作单独的卧房，像回廊一般。国王或者哪一位大臣如果突然病倒，那么，假设近处有几间房间——前室、卧房、办公室以及衣帽间，就可以把病人安顿在这些房间里。这是第二层的情形。至于底层，那么，在那里应该有立柱支撑的回廊的美观、开阔的阳台。三层还应该有另一个开阔的以柱子支撑的阳台或悬楼，以供观赏风景和呼吸花园的新鲜空气。在最远的一端的两个角落里，应该有两个厢房式的优美的小阁，铺上地板，糊上壁纸，窗上要有晶莹的玻璃。如果情况允许的话，还可以在顶层的墙壁里安装处喷泉，从那里往四面八方喷洒清水，并且应当有巧妙的排水设备。这就是我关于王宫的模型的全部设想。

但是，为了进一步装修，我还建议，在宫门口建造三个庭院，第一个是朴素的草地，四面有着普通的墙壁围绕第二个与第三个差不多。只是围以犬牙形的围墙，上面有若干角楼，而第三个庭院则与王宫的正面合成一个正方形，三面都有阳台围抱，顶上覆以铅皮，而里面则用柱廊和拱门来支撑它。至于说到仓库，那么，它们应该离王宫远一些，附有低矮的长廊，以便由此走进宫中去。

第二十章 哈奇生——内在感官提出者

人的视、听感官只能接受简单的观念，只能产生“快感”，只有“内在感官”才能对“美、整齐、和谐的东西”引起复杂观念，产生更为强烈的快感，激起美的观念。哈奇生的《论美和德行两种观念的根源》是为夏夫兹博里辩护的。哈奇生继承了夏夫兹博里的主要观点，认为美感与道德感是相通的，而且是天生的。他是夏夫兹博里的门徒，继承了夏夫兹博里的主要观点，认为美感与道德感是相通的、一致的而且是天生的。

一、生平及著作

哈奇生（Francis Iutcheson，公元1694—1747）的《论美和德行两种观念的根源》是为夏夫兹博里辩护的。哈奇生继承了夏夫兹博里的主要观点，认为美感与道德感是相通的，而且是天生的。

人的视、听感官只能接受简单的观念，只能产生“快感”，只有“内在感官”才能对“美、整齐、和谐的东西”引起复杂观念，产生更为强烈的快感，激起美的观念。他是夏夫兹博里的门徒。

二、主要美学思想

哈奇生的基本出发点是唯心主义的。他所谓的“内在感官”是缺乏心理学和生理学的根据的。他把它归因于“上帝所具有的智慧的恩典”。

哈奇生认为，美有本原的（或绝对的）和比较的（或相对的）两种。本原美并非对象本身就是美的，与认识主体或心不发生关系，而是指在对象中见到的与外界任何事物没有比较的美。比较美是我们在对象中见到的与另一些事物相关或者是对另一些事物的模仿。

三、论美和德行两种观念的根源

许多哲学家似乎认为感官只有一种快感，那就是伴随着知觉所产生的简单观念。但是叫作美、和谐的东西所引起的复杂观念却带有更为强烈的快感。例如就音乐来说，一首优美的呻吟所产生的快感远胜过任何一个单音所产生的快感，尽管那个单音也很悦耳、完满和洋溢。我很想把接受这些观念的能力叫作内在感官。

就普通意义来说，许多人都具有相当健全的视、听感官。他们能分别接受所有声音，享受它们所带来的快感。但是他们也许无法从乐曲、绘画、建筑和自然风景中得到快感，或是纵然得到，也比旁人享受到的较微弱。把这种较高级的接受观念的能力称为感官是恰当的，因为它和其他感官在这一点上相类似，快感并不起于任何关于某一对象的原则、体积、原因或效用的知识，而是首先在我们心中激起美的观念。美有两种，或如有人认为绝对的和相对的这两个称呼更合适。

只是要注意到，绝对美或本质的美是对象所固有的任何属性。这对象本质的旋律是美的，与认识它的心毫无关系，因为美像其他表示感觉观念的名称一样，严格地只能指某个人的心所得到的一种东西。因此我们所了解的绝对美只是在对象中见到的，与任何外界事物没有比较的美，客体只被看作这种美的模仿或再现，例如从大自然的产物、人工制造的各种形式、人物形体、科学定理中看到的美。比较美或相对美即我们在对象中认识到的，这种美通常被看作对另一些事物的模仿或与另一些事物相类似。

四、关于美

我们所谓对象中的美，用数学的方式来说，仿佛在于一致性与多样化的复比率。这样，假如诸物体在一致性上是相等的，美就随多样化而异。而假如诸物体在多样化上是相等的，美就随一致性而异。机械运动中产生的美，显然与动物活动的特点和必然性相适应。

尽管我们自己不会从这种美里直接有所得，它依然使我们感到愉悦，并以相对美或构思的名义来认识它。至于人的面部表情、姿态、姿势以及动作里强有力的美，我们将在第二篇论文中谈到。这种美起于想象中的内心道德上良好品质的显现。

在动作中也有一种自然美，就像手势和步履在固定的间歇内有规律地重复那样。假如能用和谐、音色美这样的名称，我们可以把它们归于本原美的项下，因为和谐通常不被看作其他事物的模本。和谐经常在那些不知其所以美的人心中引起快感。但是人们知道，这种快感的根源却是某种一致性。

五、关于蓝本与抄本

这种美基于蓝本与抄本之间的符合，或某种统一。如果仅仅只须得到比较美，并不一定在蓝本里原来就有美。由于我们具有喜欢类似这一奇怪的倾向，自然中的每一件事物就被用来代表其他的，甚至于差别很大的事物，特别是用来代表我们最关心的人性中的情绪和境遇。

六、有关设计、智慧的推理

由于世上有着无数可以囊括任何秩序的形式，以及无数可以安置各类动物的地方，所以，这些动物的声音也就可能各不相同。而在广袤的空间，任何一头动物会恰好被置于适合它性情的秩序之中，这就像无数与单一之比那样不可能。

那这里就有了另一种美，我们就从美的范畴里取出智慧与设计，归于原因的项下。这一结构具有无可比拟的美，远胜于我们设想中的上帝，尽管它有非凡的决断力，能造成特殊的效果，并能够阻止从普遍法则中偶然产生的次要的美。

七、论人类审美感官的普遍性

我们既然不知道动物中有多少不同的感官，就不可能说大自然的哪种形式之中“没有美”，因为某种动物的感觉力，它也可能产生快感。不过我仅仅限于人类。没有哪一种形式本身就必然对人是不愉快的，只要我们不感到它有害而生畏惧，或是将它与同类中更好的形式相比。结果不至引起不愉快的简单观念，没有哪一种事物的形状结构是断然不愉快的。我们的审视感官似乎是经过设计造出来的，使我们享受到断然是愉快的感觉。而非断然痛苦，或讨厌的感觉，这种痛苦或讨厌的感觉不过是起于失望。

八、论习俗、教育和典范对内在感官的作用

对于事物的视觉力或美感是天生的，先于习俗、教育或典范。它们原已存在，提高人心记住复杂结构的各部分并且加以比较的能力。而后，如最美的东西呈现于我们面前，我们所感觉到的快感就远远高于通常程序所能产生的。但是这一切都须先假定美感是天生的。

九、论内在感官在生活中的重要性

论内在感官在生活中的重要性，以及它们决定性的根源。在观照中，从变化中看见一致的对象比起不规则的对象较易清晰察觉到并且记住。由此可以看出我们所假定的。这样对于那些凡人心的频率，我们观照就能够得到快感。

第二十一章 荷迦兹——新古典主义的质疑者

一、生平及著作

荷迦兹（公元1696—1760）以画滑稽画和社会讽刺画而蜚声于世。荷迦兹对当时流行的所谓正统的新古典主义美学基本上持否定态度。在美学方面，著有《美的分析》等。他是英国18世纪画家、艺术理论家。他反对当时所谓的“鉴赏家”，认为在一些绘画拍卖行里，“最不高明的艺术家经常被认为是最优秀的鉴定家”，这些人“为了完成深造而去罗马”，“愿追踪影子而丢掉现实”，“草率地效法诱人的范例”，一切都以欧洲大陆的理论为根据，对新古典主义的法则奉为圣典，妄图以这种“先入为主的成见和偏见”来指导人们的鉴赏活动与艺术创作。

尽管如此，荷迦兹并不反对艺术家们师法古典名著，只是反对新古典主义者那种拘泥于古典，奉古希腊罗马的作品为神明的学院式做法。《美的分析》全书共十七章。前六章着重论述构成美的六项原则，从第七章起分别论述线条、色彩、构图、姿态、动作等绘画艺术的具体规则。

二、主要思想

《美的分析》一书中心议题，是要尽力说明我们究竟凭着自然界的哪些原则，把某些物体形状叫作美，把另一些物体形状叫作丑，把某些叫作秀美，把另一些叫作粗俗。为了回答这个问题，他对美的形体的诸因素进行了分析，把构成美的原则概括为：“适宜、变化、一致、单纯、错杂和量，所有这一切彼此矫正、彼此偶然也约束、共同合作而产生了美。”适宜产生美，荷迦兹把它视为构成美的诸因素中起决定作用的因素。

因为“每一件个别的物体，不论是出自艺术还是自然，其各部分是否适合于形成整个物体的目的，是首先必须考虑到的问题”。物体的大小和各部分之间的比例也是由适宜和妥当所决定的，正是这一个目的性的适宜原则规定着椅子、桌子、器皿、家具等物体的大小和比例的。至于整齐、一致或对称，也只有在它们能用来表示适宜性时，才能取悦于人。

不过，荷迦兹不同意美在于整齐、一致或对称的传统美学观点，因为所有这一切都很少符合给人以视觉美感的要求。在他看来，这些原则运用得不当，不但不能给人以美感，反而给人带来单调乏味之感。荷迦兹还提出一条著名的原理，即蛇形线是最美的线条，因为“蛇形线赋予美以最大的魅力”。诸如变化、单纯、错杂和量等原则，它们只有符合目的性，用它们来表示适宜性时，才能成为美的因素。

例如，量必须用得适宜，“不合适或不相合的过量出现时，总会引人发笑”。它生动灵活，同时朝着不同的方向旋绕，这种线条能引导着眼睛做一种变化无常的追逐，给予人们的心灵以快乐。他并且指出在最优美的形体上。直线最少，因为所有的直线只是在长度上有所不同，所以缺乏装饰性。

三、美的分析

在这篇短文中，我要尽力说明我们究竟凭着自然界的哪些原则，把某些物体形状叫作美，把另一些物体形状叫作丑，把某些叫作秀美，把另一些叫作粗俗。我也要比以前所做的更要细致地来考虑那些线条的性质和它们的种种不同的组合，这些线条和组合可以用来在人心中引起凡是能想象得出的形状的一切的变化的表象。

也许乍一看，我的整个的计划和这两张版画，与其说是供人娱乐和提供知识，倒不如说是想胡拉乱扯把事情弄得混淆。但是，我相信，如果能按照文中所申述的原则适当地考虑并检查这里所提到的这些例子，读者就会认为这是值得仔细而留心地探索的，我毫不怀疑，就是这两张画本身，如果读者发现几乎其中每一个形状（尽管把它们都放在一起是多么不伦不类）都在文中单独地提过，为的是在艺术中和自然中的原始例子不在眼前时，有助于读者的想象力，那么，读者也会仔细地观察它们。

并且我希望读者能以这样的眼光来观察它们，就是说，绝不要以为我把其中所提到的形状放在这里就作为美或秀美的例子本身，而应了解到我只是读者指出来，他将要在自然界或伟大画师的作品中寻找什么样的物体来观察。因此，要拿观察一个数学家所画的图形的那种眼光来观察它们，数学家的图形中虽然没有一条线是直的，或者是合乎他所讨论的那种特别的曲度的，但是却表示了他的论证的思想。

是的，我非但不想追求优美的效果，甚至在读者认为应该画得最美的地方，我故意画得最不准确，为的是不在这些形状上用力，以致使读者反而忽视了作品本身。因为，我必须承认，对那些在谈论绘画与雕刻艺术上已获得了一些更为时髦的入门知识的人们，我并不指望他们对我的一般计划表示有好意的注意。

我更不指望，或者说真正希望，那些人的支持，他们生怕别人会学会用自己的眼睛观察，所以每逢提出任何此类原则，总想竭力把它推翻。也许用不着说明，这些人中有一些不仅是前者的随从，而且还常常是前者的老师和领袖。

但是，外国人是以什么样的眼光来这样看待他们，可由给他们画的滑稽画中看出几分，这幅画是由庞德先生出版的版画中选择出来的，是卡尔哥依茨在罗马设计的。对那些持有没有偏见的论断的人，我最高兴献上这本小册子，因为，直到现在为止，就是从这些人手中，我获得了最大的恩惠，所以现在我也有理由从他们这里得到最公平的论断。因此，我乐意使我的这些读者们相信，尽管他们可能曾经被夸大的艺术术语、外表上堂皇的绘画和雕刻的珍藏的夸示所压服，实际上，只要他们肯用系统的同时也是他们所熟悉的方法来考察人工和自然形体的优雅和美，他们（不分男女）就大有可能获得有关这问题的完整知识，使那些先有许多教条（而且纯粹从艺术创造中归纳出来的教条）盘踞良心中的人们望尘莫及。

是的，我敢说，他们甚至比受这些偏见感染的、相当有才能的画家，获得知识还要快、还要懂道理。认为只有画家和鉴赏家是这类事物的有资格的裁判的这种看法越普遍，也就越有必要尽可能说清楚和证实上面所说的这段，免得任何人因为缺少这种先入为主的知识，就不敢进行这方面的探索。那些好研究关于绘画的知识的先生们，他们之所以比别人更不合乎我们的要求的原因，就是因为他们把自己的思想全部地、继续不断地应用在和局限在考虑和记住各种绘画的作风、画家的经历、姓名、性格和许多属于艺术的机械部分的其他琐事上。

因此，他们就很少有时间，或者说就根本没有时间，使他们心中应该有的自然界中物体本身的表象，达到完美的程度。因为，他们不是根据别的东西而只是根据仿造品，来采纳和采取他们最初的看法，而且对这些仿造品的缺点与优点的看法都经常是十分固执的，以致到后来，在某种程度上，他们就完全忽视了，或者至少是没有看见大自然的作品，仅仅是因为这些作品与他们心中这么强烈地先入为主的东西不相符合。如果真实的情况不是这样的话，许多装饰着各国的珍品陈列馆的著名的、上好的绘画，应该在很久以前就被付之一炬了，维纳斯与丘比特的像，也不会进入一座宫殿的主要厅堂了。

也很显然，一个画家如果也这样地太为艺术作品所迷，也可能一点儿也不适于接受这些新的印象，因为他也是易于追踪影子，而丢掉了实质。这种错误在那些为了在学习上有所成就而去罗马的人们身上最为显著，因为，除非他们百倍警惕，不然准会受到传染，走上鉴赏家而不是画家的路子。应用这些方法，他们在本门艺术上越变得不高明，在作为一个鉴赏家的本领上就越变得重要。

为了证实这种看起来似乎是矛盾的说法，可以举出在一切绘画拍卖所一向见到的情趣为例，正是那些最不高明的画家坐在那里被以为是最高深的鉴定人，我猜想，大家信任他们，仅仅是因为他们的大公无私。我知道我所说的这些话中有许多话看起来更像气愤之词，像是一种计划，想使凡有可能不用最有利的眼光来看待这作品的缺点的人所提出的反对意见失效，而不像我上面所说的，仅仅是对我的那些既非画家亦非鉴赏家的读者的鼓励。

我可以足够坦白地承认，这种情况也有几分是真的。但是，同时我不能承认就仅仅这一个想法就足以使我冒险去触犯任何人，除了上面已经讲过的以外，如果没有另一个与我手中的计划更有重要关系的想法使我非做不可的话，我绝不会这样做。

我的意思就是要用强烈的色彩来说明，由于人们受到各种先入为主的成见和偏见的感染，似乎变得多么惊人的不同。凡是要学习看物体的真相的人，都是坚强地防御这些谬论！虽然上面已经举出的一些例子是相当恶名昭著的，然而，各种身份的画家，比起无论什么人来，都能用来更有力地证明见的那种几乎不可避免的力量，这也是千真万确的（我说这话是为了进一步证实这点，也为了安慰那些听了刚才的话而有些生气的人）。他们所谓的这一切的作风，又是怎么回事呢？就连那些最伟大的大师也算上，大家都知道他们的作风不但彼此不同，而且也都与自然不同，其实这些所谓“作风”还不就是有力的证据，说明他们坚决背真趋伪，因为他们勇于自信，在自己看来，“伪”已经变成颠扑不破的“真理”了吗？

鲁本斯很可能非常不喜欢的枯燥无味的作风，正像浦桑不喜欢鲁本斯的放肆不羁的作风一样。比较低级的艺术家们支持他们自己创作中的缺点时所持的偏见，就越发惊人了。他们的眼睛在挑剔别人的错时是那么快，而对他们自己的错却那么盲目。

假如能把格列佛的一个拍击物放在我们左右，每当一拍时，就提醒我们，偏见和个人成见是怎样带坏我们的眼力，那确实对我们所有的人都有好处。从上面所说的看来，我希望，似乎是那些无论在自己的实践还是别人的教训中都没有获得偏见的人，最适合于来观察下面各篇章中所定下的原则的真理。

但是，既然不是每一个人都有机会对其中示例有充分的认识，我愿意提出一个大家所熟悉的事情作为例子，以备他们再去观察其他无数的东西时应用。人的眼睛怎么会慢慢地看惯了那些一天天变为时新样式的不顺眼的衣服，当它一旦时兴过了，另一种新的样式又占有人心时，眼睛又多么快地觉得它讨厌呢？没有坚定的原则作为根据的趣味，就是像这样的含糊不明。虽然，我已经告诉你们，我的计划是要仔细地探讨线条的各种变化，用它们在人心中引起各种物体的表象，而且这些线条无疑地是仅仅画在实体或不透明体的表面上的。

但是，如果能尽力对这些表面的内在（如果可以允许我这么说的话）有一个尽可能正确的概念，那将对我们探索这个问题有很大的帮助。为了使大家很好地理解我的话，让我们把我们所观察的每一件物体，想象成把它内部所含的内容全倒了出来，倒到除了一层薄薄的空壳以外别无他物，以致它的内里和表面都确实与物体本身的形状相符合，同时，让我们同样地假设这个薄壳是由许多非常细的线构成的，连接得非常紧密，而且不论假设我们的眼睛是从外面还是从里面来观察它们，都一样看得见，我们将要发现这个壳的两面的表象是自然而然地相符的。“壳”这个字本身，使我们仿佛看到了两个面是相似的。

在这个著作，可以看出来，这种狂想（也许有人会这样称呼它）的用处是非常大的。我们越是经常地把物体想成是像壳似的这种样子，由于我们对个别部分所依附的整体，已经获得了更为全面的知识，我们也就越容易对我们正在观察的物体的表面的任何个别部分具有固定的概念。

因为想象力会很自然地进入这个生壳内的空虚的空间，在那里仿佛从一个中心出发，可以同时从里面看到整个的形状，而且把那些相对的相当部分记得那么清楚，以致随之能保留住整体的表象，而使我们在围绕着它走，从外部来观察它时，也能够掌握这个物体每一种样子的意义。因此说，我们最可能获得对一个球体的最全面的概念的办法，就是设想有无数条等长的直线，由中心发射出来，像从眼睛射出一样，向四面八方同样地发散出去，在它们的另一端用紧密的、连接在一起的圆圈束起来，或缠绕在一起，形成一个真正的球形的壳。

但是，当我们用普通的方法观看任何一个不透明的物体时，朝着我们的眼睛的它的这个表面部分，最容易抓住我们整个的思想，而它的反面，甚至它的任何别的部分，我们当时就完全不会想到。只要我们稍微采用一点儿办法来侦察这个物体的其他的面，就会把我们最初的概念弄混乱了，因为我们缺乏那种把两种概念联系起来的能力。如果我们按着先前所讲的另一种办法来观察，因为我们具有对整体的全面的知识，自然我们就会具有这种能力。

把物体像这样地当作一个由线条构成的壳来看待，还有另外一种好处，就是，通过这种方法，我们可以对一个形状的所谓轮廓获得一个真正而全面的概念，因为过去只是从画纸上的东西来理解它，总是把它限制在太狭隘的范围内，因为在上面举的关于球体的例子中，每一条想象的圆圈都有权利被看成是球体的轮廓，就和那些把看得见的一半和看不见的一半分开的圆圈一样，而且如果假设眼睛是有规律地围绕着它转，这些线条每一个都依次相继充当了轮廓（按这个字的狭意的、有限的意义而言），并且当眼睛这样围绕着它看时，在这些线中的任何一条进入视线时的一刹那，与它相对的那条线就看不见了，而消失在那一边。

女人如果有十个人对各种最不规则的形状的表面上的一些具体的点与线的距离、方位和对立关系能尽力去获得全面的概念，她却渐渐地能够当物体本身不在她眼前时，也会熟能生巧地回忆起它们来。

它们会像最普通、最规则的，像立方体或球体那样的形状一样的固定和完全，这对那些以臆造和幻象为题材的画家来说，是有无穷的用处的，同时也能使那些由生活中取材的人画得更确切。因此，我很希望读者在观察每一件物体时，能尽量应用这种方法来帮助他的想象力，就仿佛他的眼睛是放在物体里面一样。因为直线是最容易设想的，应用这种方法去观察最简单和最规则的形状时所遇到的困难，就不会像最初想象的那么大。

在观察更为复杂的形状时，它的用处也就更大。在我们谈到作品时，还要更全面地说明这一点。但是，因为铜版中左侧第二图对青年设计者研究人体（一切形状中最复杂、最美的）来说，特别有用，它向它们指出，这是了解人体表面的相对各点的一种机械的方法，而且这些点绝不能从一个同一的角度看出来，那么，在这里来说明这个图的结构，应该是恰当的，同时，也许还可以给刚才说过的话加上一些分量。这幅图表现的是一个用柔软的蜡所铸成的人的躯体，有一条金属线垂直，洞穿过它的中心，另外一条与第一条线垂直的线，由前面插进去由背后中间出来。

可以设想有无数条与这些线平行并与它们保持相等距离的线，它们彼此之间也是平行的、等距离的，像图中人体上的诸点所表明的那样。让我们设想这些线都是很松的，可以随意挑出来的。把线露在蜡体外面的部分和穿过蜡体内部的部分，仔细地分别染上不同的颜色，露在外面的部分一直染到紧靠蜡的地方为止。这些方法，可以确切地知晓这些线穿过人体的这些部分的水平和垂直的内容（我是指这些部分表面上相对的点与各点之间的距离），并且可以将它们彼此比较，而当线穿过蜡体时所形成的小洞，留在表面上，这也就帮助我们、引导我们对所有夹在当中的部分具有一个更现成的概念。

就是在石像的表面上也可以适当地标明这些相对的点。大家所熟悉的、多年来应用的方法，就是把大型的绘画或版画缩小得更精确、更方便的办法。或是为了在天花板上或者屋顶上绘画，将图形放大的方法（画许多彼此垂直的线，在作为设计的样本的纸上形成许多四方形，这些四方形的数目与原来那幅画上所画的相等。这就可以很机械地看出原画的每一部分的部位，就很容易把原画转到放大画上来），老实说，就有些类似这种方法，不过，一个是画在平面上，一个是画在立体上而已。而且，这种新方法在应用上也不同，可能在实质上比老方法更有用、更应用得广泛。但是，现在应该结束这篇导言了。我就要着手探讨这些基本原则，这些原则一般地被认为如果能恰当地混合在一起，就能使无论什么样的作品变得优雅和美。

我要给读者指出来，在那些似乎是最惹人喜欢、最悦人耳目，也提供出秀美与美的、天然的和艺术的作品中，每一条原则所表现的特殊力量。美正是现在所探讨的主题。我所指的原则就是适宜、变化、一致、单纯、错杂和量。有这一切彼此矫正、彼此偶然也约束、共同而产生了关系。

四、关于适宜

假如用得不恰当往往会看起来很讨厌。因此说，螺旋形的圆柱虽然无疑地是一手装饰，但是，因为它们传达了一种软弱的表象，所以把它们不恰当地作为任何庞大或看来笨重的东西的支持物时，总是不讨人喜欢。每一件个别的物体，不论是出自艺术还是自然，其各部分是否适合于形成整个物体的目的，是首先必须考虑到的问题，因为这对整个物体的美与否有着极为重要的关系。

这个追溯是非常明显的，人的视觉官能（也就是美的重要的入口）就那么强烈地因它的关系而持有偏见，以致有的形状虽然在所有其他方面都并不美，而如恋人的心因为它具有这种价值就认为它美时，眼睛也渐渐看不出缺乏美，甚至还会开始感到快感，尤其是当眼睛对这个形状已经是一个相当时期的熟识以后，就越发会如此。反之，大家也都很清楚，就是极优美的形状。

物体的大小和各部分的比例是由适宜与妥当所左右的。就是这种适宜规定了椅子、桌子、所有的器皿与家具的大小和比例。就是这种适宜决定了支持很大重量的柱子、拱门等的尺寸，规定了建筑学中的一切体系，甚至门窗等的大小。因此，不论一个建筑是多么大，楼梯的梯级，窗户的窗台，必须保持它们原有的高度，否则它们在适宜这一点上就失去了美。

在造船时，船的每一部分的尺寸，都是按它是否适合于航行而规定的。当一只船航行得顺流时，水手们常称它为一个美人，这两种概念是有着这样的联系的。葛利空所雕刻的赫克里斯，他的幻象部分常合于表现人体的组织所能产生的，最大的有巨大的骨胳和肌肉，适合于所设想的他的身上，人的活力，但是因为下身需要较小的力量，贤明的雕刻家，一反现代那种把那部分按比例扩大的规律，使肌肉的尺寸逐渐减小一直到脚部为5：1。

而且，由于同样的理由，使颈的周围比头的任何部分都大，否则，这个人体就会负担上不必要的重量，就会减少了它的特殊的美。这些看起来仿佛是缺点的地方，正说明古人的更为高明的解剖学知识和判断力。

这些缺点在海德公园附近的死板的仿制中已经看不出来了。那些笨拙的天才们自以为知道如何矫正这些显而易见的不均衡。人体各部分的一般尺寸，是适合于它们所具有的用途的。躯体因为它的容量最大，所以最宽阔，大腿比小腿粗，因为它要带动腿和脚，而小腿只需带动脚就可以了，诸如此类，都是如此。各部分的适宜在很大程度上也组成或说标志出来物体的亮点，例如，赛马的马与战马在体质或个性上，与形状上一样地有区别，就像赫克里斯与麦考莱不同一样。赛马的马的周身上下的尺寸，都最适宜于跑得快，因此也获的了一种美的一贯的特点。

为了证明这一点，让我们设想把战马的美丽的头和秀美的弯曲的颈放在赛马的马的肩上，用来代替它的笨拙的直脖子，看起来一定不好看，不但不能增加美，反而显得更丑了。因为，大家的论断一定会说这是不适应的。以上几个例子可能足以把我所说的（我所了解的）话的美的含义，做了个大致的介绍。

五、关于变化

人的各种的感官也都喜欢变化，同样的，耳朵因为听到一种相同的继续的音调会感到不舒适。由自然界中属于装饰的部分里，可以看出变化具有多么重要的意义。各种植物、花卉、叶子的形和颜色、蝴蝶翅膀的彩色花纹，除了以变化的乐趣爽心悦目以外的用途。

然而，当眼睛看了连续不断的变化时，再看那些在某种程度上是一律的东西，也会感到轻松愉快，没有任何装饰的空白，如果能与变化穿插得合适与变化形成对比，看起来也顺眼，并且在变化之上更加一层变化。我的意思是指一种有组织的变化，我在这里这么说，无论在哪里我都要这么说，因为没有组织的变化，没有设计的变化，就是混乱，就是丑陋。注意，逐渐地减少也是一种变化，也产生美。

金字塔由它的塔基到塔尖慢慢形成尖顶，还有漩涡形或螺旋形，逐渐缩小到它的中心，都是美的形状。还有那些看起来是如此，虽然实际上并不如此的物体，也具有同等的美。就像远景，尤其是建筑物的远景，总是悦目的。

六、关于一致、整齐或对称

有人或许以为美的印象的最大部分，是由于美的事物各部分的对称所产生的结果。但是，我确信，这种普遍的看法立刻就会显得没有什么根据，或者完全没有根据。确实，对称还可以有更为重大的特性，例如妥当、适宜和用途等。

然而，在仅仅美的范畴内，这些都不能有助于达到悦目的。我们天性自幼就喜爱模仿，我们的眼睛常常对仿制品感到有趣，也感到惊讶，我们对两个东西的确实相似感到满意。但是，这种情况其后总会被对变化的那种较高级的爱好所代替，这种情况不久就令人生厌。

七、一致

因为，当一个美丽的头稍微向一方偏时，就失去了两个半边脸的丝毫不差的相似之点，把头稍靠一靠，就更能使一张拘谨的正面面孔的直线条和平行线条有所变化。这种姿态一向是被认为最讨人喜欢的。因此，被称之为头部的一种秀美的风度。如果说各个部分或各个线条的一致真正是美的主要原因，那么，它们的外表越保持一致，眼睛就越感到快感。

但是，实际情况却远非如此，当人对各部分的彼此对称一经感到满意，这些部分所具有那么确切的一致，在站立、行走的人、浮沉、飞行等情况中均保持着全部的适宜性的特点，眼睛就高兴看到这个物体转动、变化，为的是改变这些一致的样子。

因此，大多数物体（人的面孔也是如此）的侧面总比它们的正面，要可爱得多。由此可见，显然，快感不是由于看到这面与那面的丝毫不差的相似而产生的，而且由于知道它们之所以如此是因为表现出一种适宜、是有计划的，而且是有用的。

八、整齐

绘画创作中有一条惯例，就是要避免整齐。当我们观察一个建筑物，或任何有生命的物体时，我们可以按着自己的意思来安排，我们可以换地方，可以采用我们最喜欢的景色。就因为这个，假如允许一个画家有所选择，他宁愿画建筑物的角而不愿画它的正面。因为这个看起来最好看，这样的线条的整齐就在渐渐进入远景时消失了，而且并不丢失适宜的特点。

当他不得不画一个建筑物的正面、不得不画它所有的对称和平行的部分时，他总要打破（他们就是这么说）这种讨厌的样子，在它前面画上一棵树，或一片云彩，或者某些凡是触摸合乎增加变化的要求的东西，这与取消整齐就是一回事。假如说，整齐的物体是适人意的，为什么在雕刻人像的时候要使肢体各部分形成对比有所变化呢？假使要力求整齐，亨利第八的像就要胜于哥伊多或科瑞古奥的显然有对比的人像，安提纳斯身体的自在的倾斜必然是不如舞蹈教练的笔直生硬的样子，由阿尔伯特·居瑞论比例的书中所选出的人体的肌肉的整齐的轮廓，也应比米开朗琪罗在与现秀美的技巧上大获救益的古代雕像的著名部分的轮廓，更具趣味。

九、对称

总之，不论什么东西看起来若是适宜的，而且能适合于伟大的目的，就总能令人满意，因此也就可以取悦于人。一致就是属于这一类的情况。我们发现它在某种程度上必要白皙，它表现静止和动作的意思，而没有跌倒的可能。

但是，如果能用较为不整齐的部分来达到任何这样的目的，因为有了变化，眼睛往往更能感觉快感。一个具有三个精美的桌子，一个三足的茶灯或是著名自古人用的青铜鼎，都多么惹人喜欢地把站立中的坚固的表象传入我们的眼帘。这样，你就明白了，整齐、一致或对称，只有在它们能用来显示适宜性时，才能取悦于人。

十、关于单纯

单纯而没有变化，是完全枯燥无味的，充其量也不能使人不生反感，但是，若与变化配合在一起，就使人喜欢了，因为它使眼睛欣赏时感到很容易，这就提高了变化所给予人的快感。

没有一件由直线构成的物体，能像金字塔那样，虽具有这么少的部分，却具有这么多的变化，这是因为它从塔基逐渐向上发散。一直不断地变化着，从哪个角度看都是如此（当眼睛围着它转着看时，就不会感到它的样子总是一样），这就使它受到世世代代的人的尊重。圆锥体就不能这样，因为由各方面来看它样子都差不多一样，仅仅随着光与影有所变化而已。

尖塔、纪念碑和大多数绘画和雕刻的构图，往往不超出圆锥形或金字塔形，由于它们的单纯和变化，被视为最适当的标准。骑马人像比单身人像更使人喜欢，也是由于同样的原因。有史以来最好的人群雕刻像的作者们（这里是指拉奥孔和他的两个儿子的雕像，参与制作这组雕像的有三个人），宁愿被人误认为犯了荒唐的错误，使两个儿子的身材只有父亲的一半（虽然他们在其他所有方面都可明显地看出来是设计为成人的），而不愿使他们的构图超出一个金字塔的范围。

同样的，如果叫一个有头脑的工人做一个木头盒子，要它不受风雨的摧残，或要携带起来方便，他只要一眼看去，就会发现这样一个盒子采用金字塔形状最合适，也最节省。尖塔等一般是由圆锥变化中来的，摆脱了它们那种太单纯的样子，用各种多边形（边的数目是偶数）的底代替了圆底。无论怎样，我们可以说，建筑家在选择这些形状时，心目中有一个圆锥形，因为全部构图可以受着它的限制。然而，我认为，奇数比偶数更为有利，因为变化比整齐更为悦目，虽然说二者都能符合同一的要求，就像在这个例子中，两种多边形都可以被限制在同一的圆圈内。或者，换句话说，两种构图都是在同一的锥形内。

而且，我不能不说，大自然在创作她一切珍奇的作品时（如果可允许我这么说的话），似乎在分成奇数或偶数都不足轻重的时候，她常常是采用奇数，例如，叶子、花朵、果树花的锯齿就是如此。椭圆形也是因为它在单纯上有所变化，要比圆形好得多，就像三角形比四方形或是金字塔形比立方体要好得多一样。这种形状在一端缩小，像一个鸡蛋一样，因此也具有更多的变化，造物主挑选出它来，用来限制一个美丽的面孔的容貌。

使椭圆比鸡蛋再多加一些圆锥形，就更清楚地看出来，它是由这两种变化最简单的形状组成的。这就是菠萝的形状，大自然还赐予与它丰富多彩的剪嵌花样的装饰在它上面，这是由交叉的蛇形线组成的，而园丁们把它叫作果仁的那种东西，因为它具有两个空洞和一个圆形隆起物，就显得变化更多了。如果能找到一个比菠萝更精美的单纯的形状，那位有头脑的建筑家，克利斯托弗·汝安爵士，就很可能不选择它来装饰圣彼得教堂正面两边的顶端了，教堂圆顶顶端的球和十字架，虽然是具有美好的变化的形状，但是，若不是出于宗教思想的动机，也许不会占有这么好的位置。由此，我们看出来，单纯甚至可使变化显得美，因为它使变化更容易为人所理解，在艺术作品中经常要探讨这一原则，因为可以用它来使美丽的形状不显得混乱。

十一、关于错杂

每一件发生的困难，一时都会使追求中断，却给予人心一种活力，加强了快乐的感觉，使那不然会显得辛苦劳累的事，变成娱乐和消遣。一个勤勉的人总愿意有事可做。追求是我们生活的本分，甚至抛开别的不谈，它能给予我们快乐。若不是在每日的追逐中经常寻到各种转折、困难与失望，那么打猎、射击、钓鱼和许多别的大家所喜爱的游戏，又有什么乐趣可言。如果野兔打得一点儿不费事，猎人回来时觉得多么没有意思。

如果一只老奸巨滑的兔子使追赶的人扑了个空，它比猫狗都跑得快，打猎的人感到多么起劲、多么兴高采烈。这种对追逐本身的喜爱，是我们天性中生来就有的，无疑的，也是为了必要的、有用的目的而设的。动物显然也是天生具有这种嗜好。猎狗不喜欢它热切追踪的猎品，甚至猫也愿意冒着失去它猎物的危险而重新捕捉它。

解决最困难的问题是人的一种愉快的劳动，比喻与谜语虽是小事，却可以供人消遣。人们又以多么大的兴趣来追随着一出戏或一部小说的有很好的联系的线索，看它随着情节的逐渐复杂而发展着呢？到结尾时，当情节得到了解决时，人们也感到最满意。曲折的小路、蛇形的河流和各种形状，主要是由我所谓的波浪线和蛇形线组成的物体（在后面我们就可看到），眼睛在观看这些时，也会感到同样的乐趣。人的头发是另一个显著的例子，这个主要是用来作为装饰品的头发，按照它天然形成或人工造成的样子，多多少少也证明了以上的情况。

以头发本身论，最可采用的是下垂的卷发，许多卷发自然地形成了许多波浪和交叉的曲线，使眼睛由于追逐的乐趣而感到极端高兴，尤其在一阵微风将它们吹动的时候，诗人像画家一样，懂得它的美，他们常描写令人眼花缭乱的卷发在风中飘扬？但是，像其他每一条原则一样。在这里也亟须说明，在错杂中也应该如何来避免过分。就是上面所说的这一头美丽的头发。

如果束在一起，乱蓬蓬的，就会使人的样子最难看，因为，眼睛会感到混乱，感到为难，没有办法来追踪这么些混在一起的、不静止的、缠结在一起的线条，然而，尽管这种情况是如此，现在妇女所流行的新发型是：把她们脑后的头发从后面编起来，像许多条蛇缠在一起，下面最粗，越往上越细，很自然地符合于它所扣住的其余的头发的形状，看起来极端雅致。

她们这样以不同量的头发编在一起，是保持既错杂又显得美丽的一种艺术方法。因此，我给形状上的错杂所下的定义是，它是组成这种形状的线条的特点，它引导着眼睛作一种变化无常的追逐，由于它给予心灵的快乐，可以给它冠以美的称号。可以公平地说，除了变化以外，这条原则比其他五条原则，都更能直接秀美的感觉。“变化”这条原则实际上包括这一原则和其他所有的原则。

十二、关于量

巨大的、无定形的岩石本身具有一种惹人喜欢的恐怖，广阔的海洋以其巨大的容量使我们敬畏，但是，当大量的美的形状呈现在眼前时，心中的快乐增加了，而恐怖则缓和下来变成了崇敬。宏大的形状，纵使样子难看，然而由于它们的巨大，无论如何会引起我们的注意，激起我们的赞美。

高大的树林、雄伟的教堂和宫殿，是多么庄严、多么可爱？甚至仅仅一棵枝叶广茂的橡树，当它长成时，不是也赢得了“神奇”的声望？巴黎的罗浮宫的正面，也是以其量惊人。这部分建筑物被公认是法国建筑中最美好的一个，虽然有许多建筑物，纵使不比它高，在所有其他方面都可与它媲美，就是在量上比不上它。温莎城堡是表示量的效果的一个高尚的例子。它的少数的、清楚的部分的巨大形状，从远处就以一种不普通的宏大庄严引起我们的注意。

就是由于量与单纯的结合，使它成为全国最美的建筑物之一，虽然它没有任何正规的建筑样式。有哪个人描绘着那精心装饰过的埃及的庞大建筑，想象到它的整体和装饰着它的许多巨大雕刻时，会不感到快乐呢？大象和鲸鱼以它们笨重的巨大讨我们欢喜。甚至身体高大的人物，仅仅因为他们高大，就令人感到尊敬。

是的，量加在一个人身上，常常会补足他身体上的缺陷。国王的皇袍总是做得又宽又大，因为这使他看起来很庄严，适合于他那最显著的职位。法官的礼服由于它们所容的量，使人感到一种可敬畏的庄严，当那衣裾被拉起来的时候，从法官的肩头下来一直到拉衣裾人的手，有一条宏大的波浪形线条。

当衣裾被轻轻地放到旁边的时候，它总是形成各种的折痕，这些折痕也很显眼，引人注意。远胜过欧洲的东方人所着的衣服的庄严，不仅是由于华贵，同样也是由于它们的量。总之，量能在秀美之上加上伟大。但是，要避免过量，否则量就变成笨拙、沉重，甚至可笑了。底部尽量张开的假发，像狮子的鬃毛，具有一种高贵的样子，不仅增加人容貌的庄严，而且使人显得聪明，如果戴上一个再大一倍的假发，就会变得诙谐了，如果一个不合适的人戴上，也会变得可笑。不合适或不相合的过量出现时，总会引人发笑。

尤其是当这些过量的形状并不优雅时，也就是说，它们是由没确定变化的线条组成时，那样更会引入发笑。例如，栏外注释中所提到的人像，有着一个成年人肥胖的脸，头上戴着一顶婴儿帽，全身穿着小孩的衣服，这套衣服穿右下巴底下是那么合适，就好像是属于这张面孔的一样。这是在巴多罗买节的市集上看到的一件创制品，这件东西总是让人哈哈大笑。另一个人是一个小孩子戴着一个大人的假发和帽子，也一样惹人大笑。在这些人像中，你就看出来这是把青年和老的表象掺混在一起，用不笑的形状表现出来。同样的，一个罗马大将由一个现代的裁缝和做假发的人打扮起来，去做一出悲剧，是一个好笑的人物。各时代的衣服混合在一起，组成它们的线条是直线或仅仅是圆圈而已。

舞蹈大师在伟大的芭蕾舞场面中表现神时，也是同样的，可请看朱庇特的样子。但是，时间一久，风俗和时尚似乎能使每一件荒谬的东西都看起来顺眼，或者使人忽视它的荒谬。也是由于同样地把两种相反的表象结合在一起，使我们看猫头鹰和驴子时总会发笑，因为在它们那种笨拙的样子中，它们仿佛很严肃地在沉思默想，就好像它们具有人类的感觉一样。一只猴子也是如此，它的形状和它大部分的动作，都像人像那么出奇，也是非常可笑的。如果给它穿上一件上衣，就越发可以因为它变成是对人的一种更大的戏谑。

粗毛、乱毛蓬蓬的狗，看起来极端的奇怪和可笑。这是因为一个拖把或毛皮筒的不雅观而无生气的样子，与一只动物的表象结合在一起的缘故。这是对狗的戏谑，就像猴子穿上衣服是对人的戏谑一样。在《浮士德博士》一剧中，观众一看到磨坊主穿麻袋跳蹦着穿过舞台就全场大笑，不就是因为这个东西既不好看又不适合这种动作吗？一个形状很美的花瓶，如果也蹦跳起来，不是也一样奇怪吗？但是，它不会引得每一个人发笑，因为它的样子如此美丽可以制止人的笑声。因为，像这样结合而来的形状，如果它们的每个部分都是优美的，并且由适合人意的线条组成的，它们非但不会引得我们发笑，它们还会使我们的想象力感到愉快，同时也使我们的眼睛觉得好看。斯芬克司和海妖被世世代代的人所赞美，认为是一种装饰。

表现了力与美的结合，后者以悦目秀美的形状表现了美与迅速的结合。半狮半鹫的怪物，一种现代的有神秘意味的东西，表征着力与迅速，把狮子或鹫的高贵形状结合在一起，是一件壮丽的东西。古代的半人半马的怪物也是如此，它具有一种野蛮的、伟大的美。这些都可以叫作怪物，一点儿也不错，但是它们能表达这样高尚的思想，具有这样优美的样子，这已经大大补偿了它们是不自然地结合而来的这一点。在这方面，我只要再提一个例子，这也是所有例子中最突出的，那就是一个大约两岁的婴儿的头，下巴底下有一双鸭子的翅膀，被假设为总是四处飞翔，并且歌唱着赞美诗篇。

一个画家在表现天堂时，若没有一群这样的四处飞翔于云彩之上的、不合理的小东西就不行。然而，在它们的形状，着实有这么适合人意的地方，以至看起来令人感到很顺眼，也就会忽略它们的荒谬，在差不多每一座教堂的绘画和雕刻中，我们都可以看到它们。

第二十二章　休谟——英国经验主义的集大成者

休谟在《论审美趣味的标准》一文中认为人的口味因人而异，趣味更是如此，因为趣味远比口味复杂得多，审美趣味具有差异性是不可抹杀的事实，所以，对于审美趣味“不必作无谓的争论”。在哲学上，休谟继承和发展了贝克莱的主观唯心主义，走向怀疑论和不可知论，提出“感觉是由我们所不知的原因开始产生于心中”。他认为在人的意识中只不过是一连串的心理知觉，科学只是单纯地描述这一连串的知觉，它不能发现什么规律。

他对人的知觉、观念以外的任何客观存在，都持怀疑态度，甚至怀疑上帝是否存在。基于上述哲学观点，休谟在美的本质问题上，曾断言“美就不是客观存在于任何事物中的内在属性，它只存在于鉴赏者的心里，不同的心会看到不同的美，每个人只应当承认自己的感受?”然而，休谟又认为事物确实有某些属性，由于安排恰当而适合于产生美感。

对秩序和结构等，由于适合于“我们天性的原始组织，或是由于习惯或是由于爱好、适于使灵魂发生快乐和满意”。因此，他认为“快乐和痛苦不但是美和丑的必然伴随物，而且还构成它们的本质”。此外，休谟还认为美大多起源于效用观念，例如一片田野之所以能使人产生快感，就由于它和丰产的效用观念连在一起，因此，美的价值必然和效用有关。

一、生平及简介

休谟（公元1711—1776）出生于英国苏格兰地主家庭。1723 年进入爱丁堡大学学习，后因家境不佳，中途辍学。休谟曾学过法律，当过教师、秘书、图书管理员。1767 年任副国务大臣，1776 年 8 月逝世。休谟是哲学家、经济学家、心理学家、伦理学家和美学家，一生著述很多，主要有《人性论》、《人类理解研究》、《伦理、政治、文学论文集》等。

其中《伦理、政治、文学论文集》中收有《论审美趣味的标准》、《论悲剧》、《论情感》、《论趣味》和《欲望的奥妙》等多篇美学论文。在哲学上，休谟继承和发展了贝克莱的主观唯心主义，走向怀疑论和不可知论，提出“感觉是由我们所不知的原因开始产生于心中”。他认为在人的意识中只不过是一连串的心理知觉，科学只是单纯地描述这一连串的知觉，它不能发现什么规律。

他对人的知觉、观念以外的任何客观存在，都持怀疑态度，甚至怀疑上帝是否存在。基于上述哲学观点，休谟在美的本质问题上，曾断言“美就不是客观存在于任何事物中的内在属性，它只存在于鉴赏者的心里，不同的心会看到不同的美。每个人只应当承认自己的感受?”然而，休谟又认为事物确实有某些属性，由于安排恰当而适合产生美感。

对床的形式（秩序和结构等），由于适合于“我们天性的原始组织或是由于习惯或是由于爱好、适于使灵魂发生快乐和满意”。因此，他认为“快乐和痛苦不但是美和丑的必然伴随物，而且还构成它们的本质”。此外，休谟还认为美大多起源于效用观念，例如一片田野之所以能使人产生快感，就由于它和丰产的效用观念连在一起，因此，美的价值必然和效用有关。休谟在《论审美趣味的标准》一文中认为人的口味因人而异，趣味更是如此，因为趣味远比口味复杂得多，审美趣味具有差异性是不可抹杀的事实，所以，对于审美趣味“不必作无谓的争论”。

不过，休谟又说：“尽管趣味仿佛是变化多端，难以捉摸，终归还有些普遍性的褒贬原则，这些原则对一切人类的心灵感受所起的作用是经过仔细探索可以找到的。”假使不同的人对同一事物有一千种不同意见，其中只有一种，也只能有一种，是正确的，真实的，唯一困难在于如何找出并且认识这种正确意见。

二、审美判断

休谟力图给审美趣味确定一个标准，想借此来协调人们审美活动中的歧异，但又不得不承认某些人的个人偏爱是难免的。休谟还认为，真正有资格对任何艺术作品进行审美判断，并且把自己的审美感受作为共同的审美标准的人并不很多，甚至可以说寥寥无几。其原因在于，多数人的内心感官很难达到如此完善的程度。例如，甲喜欢崇高，乙喜欢柔情，丙喜欢戏谑。人人都认为自己所偏嗜的体裁高于其他体裁。在这种情况下，如果让某些人摆脱自己的天然倾向，以求进入他人的感受，只能是徒费心力。

因为选择自己所喜爱的作家，如同选择朋友一样，其性格和脾气必须相投。明明适合某些人性格和气质的作品，硬要他不感到有所偏爱几乎是办不到的。最后，休谟只好承认："这种偏好是无害的、难免的，按理说也无须纷争，因为根本没有解决此种纷争的共同标准。"在他看来，只有在器官健全的状态下，人们的感受完全相同或基本相同，才能为我们提供一个审美趣味和审美感受的真实标准。

多数人之所以对美缺乏正确的感受，最显著的原因之一是想象力不够敏感，而想象力敏感与否正是传达较细微情绪的必不可少的因素。一个人如果他的某一感官能够精确地感受到极微小的对象，我们就承认它达到了完美的境界。不过，人们之间想象力敏感程度的差异是很大的。此外，审美趣味的差异还来自某些人的偏见，因为偏见对审美极为有害，足以败坏我们的美感。所以，必须有高明的见识才能抑制偏见。理性尽管不是趣味的基本组成部分，对趣味的正确运用却是不可缺少的指导。

三、论美与丑

不论我们把身体认为自我的一部分，或同意那些把身体看作外在物体的哲学家们，我们仍然必须承认身体与我们有足够近的关系，足以形成骄傲与谦卑的原因所必需的（如我所想）这些双重关系之一。因此，只要我们发现了另一个印象关系和这个观念关系联结起来，那么我们随着那个印象是愉快的或不快的，就可以可靠地预期这些情感之一的发生。

但是各种各样的美都给予我们以特殊的高兴和愉快，正如丑产生痛苦一样，不论它是寓存于什么主体中，也不论它是在有生物或无生物中被观察到。因此，美或丑如果是在我们的身体上，那么这种快乐或不快必然转化成骄傲或谦卑，因为在这种情形下，它已具备了可以产生印象和观念的完全转移的一切必需的条件。这些对立的感觉是和对立的情感互相关联着的。美或丑与自我这种情感的对象密切地关联着。

因此，无怪乎我们自己的美变为一个骄傲的对象，而丑就变为谦卑的对象了。容貌和体态的性质的这种作用，在具备我所要求的全部条件以后才能在这种情形下发生，从而证明我现在这个体系，而且这种作用还可以用作更有力的、更有说服力的论证。如果我们考察一下哲学或常识所提出来用以说明美和丑的差别的假设，我们就将发现，这些全部归结到这一点上。

美是一些部分的那样一个秩序和结构，它们由于我们天性的习惯或是由于习惯或是由于爱好、适于使灵魂发生快乐和满意。这就是美的特征，并构成美与丑的全部差异，丑的自然倾向乃是产生不快。因此，快乐和痛苦不但是美和丑的伴随物，而且还构成它们的本质。的确，如果我们考虑到、我们所赞赏的动物的或其他对象的大部分的美是由方便和效用的观念得来的，那么我们便将毫不迟疑地同意这个意见。

在一种动物方面产生体力的那个体形是美的，而在另一种动物方面，则表示轻捷的体形是美的。一所宫殿的式样和方便对它的美来说，正像它的单纯的形状和外观同样是必要的。同样，建筑学的规则也要求柱顶应比柱基较为尖细，这是因为那样一个形状给我们传来令人愉快的安全观念，而相反的形状就使我顾虑到危险。

这种顾虑是令人不快的。根据这一类无数的例子，并由于考虑到美和机智同样是不能下定义的，而只能借着一种鉴别力或感觉被人辨识。我们就可以断言，美只是产生快乐的一个形象，正如丑是传来痛苦的物体部分的结构一样，而且产生痛苦和快乐的能力既然在这种方式下成为美和丑的本质，所以这些性质的全部效果必然都是由感觉得来的。这些效果中主要有骄傲与谦卑，这在其他效果中乃是最通常而最显著的。这个论证我认为是正确而有决定性的，但是为了使现在的推理具有更大的权威起见，我们可以权且假设其为虚妄，并看看什么结果产生。

产生快乐和痛苦的能力，即使不形成美和丑的本质，这些感觉和这些性质确实至少是不可分离的，而且我们甚至难以分别加以思考。可是自然的美和道德的美（两者都是骄傲的原因）所共有的因素，只有这种产生快乐的能力，而共同的效果既然总是以一个共同的原因为前提，那么显然，在两种情形中，快乐必然是那种情感的实在的、有影响的原因。其次，我们的身体的美和外在对象的美所唯一原始差异只是一种美和我们有亲近的关系，另一种则没有。

因此，这种原始差异必然是它们的其他所说差异的原因，其中尤其是两种美在骄傲情感上之所以有不同影响的原因，骄傲情感可以被我们的美貌所刺激，但是丝毫不受外界对象的美所影响。如果把这两个结论结合起来，我们就发现两者综合起来组成了前面的体系，即快乐作为一个与这种情感相关的或类似的印象寓存于一个与自我相关的对象上时，就借着一种自然的推移产生了骄傲，而它的反面就产生了谦卑。

因此，这个关系似乎已被经验充分加以证实，虽然我们的全部论证还不止这些。不但身体的美产生骄傲，而且体力和智力也产生骄傲。体力是一种能力，因此，要想在体力上超过别人的那种欲望可以认为是一种较低一级的野心。因为这个缘故，在说明那个情感时，现在这个现象也就得到了彻底的解释。关于身体方面所有的其他优点，我们可以概括地说，凡我们自身所有的有用的、美丽的，或令人惊奇的东西，都是骄傲的对象，与此相反的，则都是谦卑的对象。

显而易见，凡有用的、美丽的或令人惊奇的事物的共同点，只在于各自产生一种快乐，此外再无其他共同之点。因此，快乐和它对自我的关系，必然是骄傲情感的原因。有人或许会问，美是否是一种实在的东西，是否不同于产生快乐的能力，不过我们决不能争论，惊奇只是由“新奇”所发生的一种快乐，所以恰当地说，惊奇不是任何对象的一种性质，而只是灵魂中的一种情感或印象。因此，骄傲必然是借一种自然的推移由那个印象而发生的。

骄傲是那样自然地发生起来的，凡我们自己的或属于我们的任何事物，只要产生了惊奇之感，没有不同时刺激起那一种情感来的。例如，我们因为我们所遇到的惊险事情，因为我们曾经逃脱险境，因为我们曾处于危难之中而扬扬得意。一般人之所以爱好撒谎的原因，就在于此。人们往往并无任何利害关系，而纯粹是因为虚荣，就制造一大批的离奇事迹，那些奇事有的是他们头脑中的虚构，有的即使是真实的，至少也与他们没有任何联系。

他们的丰富想象供给了他们一大批的惊险事迹，而当他们没有那种编造的才能的时候，他们就冒用别人的事迹，以满足自己的虚荣心。这个现象中包括了两个奇特的实验，我们如果以我们在解剖学、自然哲学和其他科学方面判断因果时所依据的已知规则来比较这些实验，那么这两种实验对于上述双重关系的影响，将是一不可否认的论证。

通过这些实验之一，我们发现，一个对象只是因为有快乐作为中介才可以刺激起骄傲，这是因为那个对象所借以刺激起骄傲的那种性质，实际上只是一种产生快乐的能力。借着另一种实验我们又发现，那种快乐由于两个相关的观念之间的推移，才产生了骄傲，因为当我们把那种关系切断时，那个情感便立刻消灭了。一个惊险事迹，如果我们曾经亲自参加，就对我们有了一种关系，因此就产生了骄傲。但是别人的惊险事迹，虽然可以刺激起快乐，可是因为缺乏这种观念的关系，永远刺激不起那种骄傲情感来。

对于现在的这个体系，还要求什么进一步的证明呢？关于我们的身体方面，对于这个体系只有一种反驳的理由，就是健康虽然是最令人愉快的东西，疾病虽然是最令人痛苦的东西，可是人们普通既不因前者而感到骄傲，也不因后者而感到耻辱。我们如果考虑到前面给我们的体系所提出的第二和争吵两条限制，这种现象便很容易加以说明。我曾经说过，任何对象如果没有一种为我们自己所特有的东西，就不能产生骄傲和谦卑，还有那种情感的每个原因都必须是相当恒久的，并且与构成骄傲对象的“自我”的存在时期成某种比例。

健康与疾病对一切人既是不断地变化的，而且也没有人是确实地固定于两种状态之一的，所以这些偶然的幸福和灾难就可说是与我们分离的，仇人不被认为是与我们的本身和存在关联着的。这个说明的正确性，可以由下面一种情形看出来，就是如果有任何一种疾病在我们的身体中成为根深蒂固，使我们不再抱有痊愈的希望，从那个时刻那种疾病便成为谦卑的对象，这在老年人方面可以明显地看到，因为老年人一想到自己年老多病时，总是感到极大的耻辱。

他们总要尽力掩藏他们的耳聋眼花，他们的风湿病和痛风症，他们即使在承认这些疾患的时候，也总是带着十分勉强和不快的心情。青年人虽然对于他们所患的每次头痛或伤风并不感觉耻辱，可是倘使我们一生时时刻刻都受到这种疾病的侵袭，那么没有任何话题更能够那样挫伤我们骄傲的心，使我们对自己的天赋抱有那样的自卑感。这就充分地证明，身体的痛苦和疾患本身就是谦卑的恰当原因，不过因为我们习惯于借比较而不借事物的内在价值来评价一切事物，这就使我们忽略了我们为每个人可以遭遇这些灾难。

而对自己的优点性格形成一个观念。对于传染别人并危害别人或使人不快的那些疾病，我们感到羞耻。我们因癫痫症而感到羞愧，因为它使在场的人都感到恐怖；我们因疥癣而感到羞耻，因为这种病是传染的，我们因劳累而感到羞耻，因为每种病通常是遗传的。人们在判断自己时，总是要考虑到别人的意见。在前面某些推理中，这一点已经显得很明白了，往后将显得更为明白，并将得到更加充分的说明。

四、论趣味的标准

我们往往把一切与自己的趣味和鉴赏力大相径庭的看法贬斥为“野蛮”，但转眼就发现别人也把同样的贬义词加在我们身上。世人的趣味，正像对各种问题的意见，是多种多样的，这是人人都会注意到的明显事实。即使极端狭隘的人也就可以在正常来往的小圈子里发现趣味的不同，甚至在那个小圈子里的人所受到的教养和早年吸收的偏见都完全相同的情况下，也不例外。至于那些能够扩大眼光纵观异国和远古的人，对这方面的千奇百怪就更会感到惊异了。

最后，就连最傲慢自信目空一切的人也会出乎意外地觉察到，各方面都是同样自以为是，面对纷纭争斗的好恶，不再敢肯定自己是一定正确的。虽说这种趣味的差异是漫不经心的观察者也会注意到的，但只要仔细考虑一下就会发现实际上的差异比看起来的还要大得多。人们一般对各种类型的美和丑议论往往相同，而具体感受则互有歧异。

每种语言里都有些表示谴责和表示称许的名词，这些名词在用同一语言的人们手里必然会得到一致的应用。优美、恰当、简明、生动，这些是众口交赞的虚夸、造作、平庸、浮艳，这些是齐声申斥的，但一遇到具体例子，批评家之间这种看似一致的情况就消失了。我们发现他们赋予同一说法的意义是远不相同的。

科学和理论问题情况则恰恰相反。在那些领域里，人们意见的歧异往往是对一般，而不是对具体；往往看来悬殊，而其实不然。把名词解释清楚之后时常就没有什么可争的，结果论辩双方会惊愕地发现，其实意见是完全一致的。有一派人认为道德的基础是感受而不是理智，他们倾向于把伦理学归入前一类，坚持人们对一切有关行为和风尚问题看法上的歧异实际上比看起来还要大。

显而易见，无论何时何地的作家都懂得赞扬正义、仁慈、慷慨、慎重和诚实，并且谴责与之相反的各种品质。就连以娱悦读者想象力为主的诗人和其他文艺创作者，从荷马一直到费奈隆，也都教导相同的道德信条，称许和谴责相同的美德和恶习。依照一般解释，这种一致性是在纯理智影响下产生的，因为理智能在一切人心里培养对那些道德品质的类似感受，从而就消除了抽象科学容易引起的争辩。

在这种一致性确属真实的限度内，我们不妨承认上述解释足以令人满意。但是我们也应当看到在道德方面这种表面上的协调有一部分也是语言本质所造成的结果。“美德”这个词，不管在不同语言里用什么形式表现，总归称恶习。意味着谴责，除非一个人硬要犯大不韪，颠倒黑白，他就绝不会把普通人都理解为好意的词用作恶意，或者用明明是表示责备的词来表示赞扬。

荷马偶尔也作些一般性的道德议论，对这些议论的内容，谁也不会有所非难。但显然当他描绘具体人物的行为，企图说明阿喀琉斯如何英勇，俄底修斯如何足智多谋的时候，他使前者所透露的凶狠和后者所表现的奸刁欺诈都是费奈隆所决不会容许的。荷马笔下的智多星俄底修斯仿佛天生就喜欢说谎和欺骗，常常在既无必要也无好处的场合也要施用那套伎俩，

费奈隆所塑造的太雷马克就更为洁身自好，他宁可使自己遭受临近目前的险难，也决不肯离开最严格的真理和诚实的道路。但是假使我们想知道那位冒牌的先知是否有正确的道德感情，只需读一遍书中的叙事部分就够了。在那里，不管是怎样与文明社会水火不相容的背叛、凶暴、残酷、报复和冥顽不灵都大为赞赏，根本没有任何固定的是非标准。

对一件事的褒贬完全取决于它对“真实信仰者”是有利还是有害。把《古兰经》奉为神明的人们强调在那本荒谬可笑的书里有不少极有价值的道德条文，但是我想在阿拉伯语言里那些英语的“无私”、“公正”、“节制温和”、“仁爱”等相当的词，由于经久运用，约定俗成，一定也总是具有好意，如果提到这些词，不加以赏扬和肯定反而给予其他评语，那不仅是对道德，就连对语言，也可以说是完全愚昧无知。所以说伦理学上的一般议论，即使正确，价值也很微小。

颂扬任何美德其实只不过是发挥原词的含义。最初创造“仁爱”这个词并且用它来表示好意的民族，比起那些只会在著作里高谈待人仁恕。自封的立法家和先知，应该说把这番道理阐述得更为清晰。至于效果更是不可同日而语了。本来，在全部语言当中不容易受到歪曲和误解的正是那些除了其他意义之外还含有一定程度褒贬含义的词。我们想找到一种“趣味的标准”，一种足以协调人们不同感受的规律，这是很自然的，至少，我们希望能有一个定论。

可以使我们证实一种感受，否定另一种感受。然而有一派哲学却认为我们这种企图全是妄想，因为“趣味的标准”永远无法找到。据那些哲学家说，判断和感受截然不同，一切感受都是正确的，因为感受全是以自己为准。只要一个人意识到有所反映，那就是真实的。但是理智上的决定不能认为都是正确的，因为它们需要以外物即实际为准，这样一衡量，显然它们不可能都符合。假使不同的人对同一事物有一千种不同意见，其中只有一种，也只能有一种，是正确的、真实的，困难在于如何找出并且认识这种正确意见。

相反，同一事物引起的不同感受则都是正确的；因为感受并不体现任何事物的内在属性，它只标志事物与人的心灵（器官或功能）中间的一种合拍状态或联系，如果这种合拍状态实际不存在，那么根本就没有产生任何感受的可能。美就不是客观存在于任何事物中的内在属性，它只存在于鉴赏者的心里，不同的心会看到不同的美，每个人只应当承认自己的感受，不应当企图纠正他人的感受。

想发现真正的美或丑，就和妄图发现真正的甜或苦一样，纯粹是徒劳无功的探讨。根据不同的感官，同一事物可以既是甜的，也是苦的，那句流行的谚语早就正确地教导我们，关于口味问题不必作无谓的争论。把这个道理从对饮食的“口味”引申到对精神事物的“趣味”是很自然的，甚至极为必要的，这样一来，我们就发现常识尽管在多数情况下与哲学（特别是怀疑派哲学）相互抵触，至少在这问题上，二者竟得出一致的结论。虽然上述道理，由于成为谚语，仿佛已经获得常识的认可，但还有一种常识的表现却是肯定与它截然对立，至少是足以修改和制约它的。

谁要是硬说奥基尔比和弥尔顿、本扬和艾迪在优雅方面完全均等，人们就一定会认为他是在大发谬论，把丘垤说成和山陵一样高，池沼说成和海洋一样广阔。即使真有人偏嗜两位作家，他们的“趣味”也不会得到重视，你毫不迟疑地宣称像那样打着批评家招牌的人的感受是荒唐而不值一提的。遇到这种场合，我们就把“趣味天生平等”的原则丢在脑后了。如果相互比较的事物原来近乎平等，我们还可以承认那条原则，当其中的差距是如此巨大的时候，它就成为不负责任的怪论，甚至显而易见的胡说了。

写作规律都不是靠因果推断制定出来的，都不能算理性的抽象结论，这点只需与那些永恒不变的观念形态和关系比较一下就不言自明，写作规律的基础也就是一切实用科学的基础经验，它们不过是根据在不同国家不同时代都能给人以快感的作品总结出来的普遍性看法。诗歌中甚至雄辩中的美常常是依靠捏造和虚构、依靠夸张、譬喻和使文辞违反天生意义的歪曲和滥用。

但若想制止这种想象力的奔放，让一切表现手法符合几何真理和精确性，那就和批评法则完全背道而驰，理由是普遍经验早已证明这样做法的结果只会产生最枯燥的令人起厌的作品。因此诗歌永远不能服从精确的真理，但它同时必需受到艺术规律的制约，这些规律是要靠作家的天才和观察力来发现的。的确，有些不拘细节，不守绳墨的作家也可以给人快感，但他们决不是因为破坏了规律或定式才给人快感。

相反，是尽管破坏了规律或定式而仍然给人快感，他们一定有其他符合公正批评的优点，足以掩瑕，因此才使读者感到满意，从而把由那些缺陷而产生的厌恶，心情压抑了。阿里奥斯托是个讨人欢喜的作家，但那不是因为他凭空编造些牛鬼蛇神、把严肃风格和喜剧风格乱扯在一起，故事布局不讲先后呼应，时常打断叙述、节外生枝。他的魅力在于语言明朗生动、才思喷涌变幻，善于摹写感情，特别是欢笑和恋爱的感情。

前面那些毛病虽然减弱了我们的快感，却不能完全把它抵消。即使退一步说，假定我们的快感果真是由于上文认为是毛病的那些部分所造成的，这也不足以证明一般批评都是毫无用处。它只能证明把上述各点列为毛病并且断言它们永远应该受到谴责的具体批评条例不能成立。既是给人快感就不能算毛病，不管快感的产生是如何突如其来，难以解释。

但是艺术的一般规律虽然都不过是根据经验和对人类普遍感受的观察，我们却不可因此以为在所有情况下人的反映都自然会与这些规律吻合。有些较细致的感情是非常娇嫩、非常柔脆的，要在许多有利条件的结合之下才能根据普遍既定的原则自在发挥，精确无误。它们仿佛是机器里的细小发条，只要有些微外部干扰或内部振荡，开动就会受阻，使全盘机器因而不能操作。我们若要做这方面的实验，借以鉴定任何美或丑，一定先要选择合宜的时间和地点，使想象处于一种适当的环境和状态，心情要平静，思想要集中，注意观察对象。

这些条件当中只要有一项不具备，实验结果就会错误，我们也就无法判断真正具有普遍意义的美。至少，自然在形体和感受之间所建立的关系就会因此变得模糊不清，需要更大的准确性才能发现和认识。我们若想确定它的作用，不能只根据个别的美所产生的效果，主要还应该根据那些历尽一切风气和时髦的变化，一切无知和嫉妒的误解而仍然存留下来的作品在我们心中唤起的经久的爱慕。同一个荷马，两千年前在雅典和罗马受人欢迎，今天在巴黎和伦敦还被人喜爱。

地域、政体、宗教和语言方面的千变万化都不能使他的荣誉受损。偶尔一个糟糕的诗人或演说家，以权威和偏见做靠山，也会风行一时。但他的名气决不能普遍或长久。后世或外国读者仔细考察他的作品，虚幻的魔法就消散了，使他的毛病呈现出本来面目。真正的天才情况恰恰相反，作品历时越久，传播越广，越能得到衷心的敬佩。在一个狭隘的圈子里，羡妒之情往往会占突出地位，应当给予他创作的赞赏。

但是一旦这些障碍没有了，本来可以动人心魄的优点就会立刻发挥力量，它们在读者中间的威信，便会与世界永垂不朽。由此可见，尽管趣味仿佛是变化多端，难以捉摸，终归还有些普遍性的褒贬原则，这些原则对一切人类的心灵感受所起的作用是经过仔细探索可以找到的。按照人类内心结构的原来条件，某些形式或品质应该能引起快感，其他一些引起反感，如果遇到某个场合没有能造成预期的效果，那就是因为器官本身有毛病或缺陷。

发高烧的人不会坚持自己的舌头还能品尝食物的味道，害病的人也不会硬要对颜色作最后的判断。一切动物都有健全和失调两种状态，只有前一种状态能给我们提供一个趣味和感受的真实标准。在器官健全的前提下，如果人们的感受完全或者基本相同，我们就能因之得出“至美”的概念。这正和颜色的情况一样，虽然一般认为颜色只不过是官觉的幻想，我们还是做出如下的规定，只有事物在白昼中间对一个眼力健全的人所呈现出的才可称为是它正确真实的颜色。内心器官有许多不断发生的毛病，足以抑止或削弱那些指导我们美丑感受的普遍原则，使之不能起正常作用。

虽说某些对象，由于人类内心的特殊结构，天然能够引起快感，我们不能因此期望每个人都会同样意识到这种快感。往往有些特殊事或场合会笼罩在虚幻的光亮里，或是使我们的想象不能感受或觉察到真实的光亮。多数人所以缺乏对美的正确感受，最显著的原因之一就是想象力不够敏感，而这种敏感正是传达较细致的情绪所必不可少的。每个人都自称具有这种敏感，谈起来滔滔不绝，想把各式各样的趣味和感受都归纳到这一个标准之下。但是既然本文的宗旨就在对这个感受问题做出一定程度的理性解释，给所谓“敏感”一个比历来各家所作出的更准确的定义应该说是必需的。

我们不必祈求于任何高奥艰深的哲学，只要引用《堂吉诃德》里面一段尽人皆知的故事就行了。桑科对那位大鼻子的随从说：“我自称精于品酒，这决不是瞎吹。这是我们家族世代相传的本领。有一次我的两个亲戚被人叫去品尝一桶酒，据说是很好的上等酒，年代既久，又是名牌。头一个尝了以后，咂了咂嘴，经过一番仔细考虑说：酒倒是不错，可惜他尝出里面有那么一点儿皮子味。第二个同样表演了一番，也说酒是好酒，但他可以很容易地辨识出一股铁味，这是美中不足。你绝想象不到他俩的话受到别人多大的挖苦。可是最后笑的是谁呢？等到把桶倒干了之后，桶底果然有一把旧钥匙，上面拴着一根皮条。”

由于对饮食的口味和对精神事物的趣味非常相似，这个故事就很能说明问题。尽管美丑，比起甘苦来，可以更肯定地说不是事物的内在属性，而完全属于外部的感受范围，我们总还得承认对象中有些东西是天然适用这些东西，占的比重很小，或者彼此混杂纠缠在一起，结果我们的趣味往往不能感到过于微小的东西，或者在混乱呈现的状态下把每种个别的味道都辨别出来。如果器官细致到连毫发异质也不放过，精密到足以辨别混合物中的一切成分，我们就称之为口味敏感，不管是按其于饮食的原义还是引申义都是一样。

在这里关于美的一般规律就能起作用了，因为它们是从已有定论的范例和观察一些集中突出体现快感和反感的对象里得出来的，当同样品质散见于一篇首尾完整的文章里，所占比重又很小时，有些人的器官就不能清楚地起快慰或嫌恶的反映，像这样的人我们就不该允许给他敏感的称号。把这些一般规律或创作的公认楷模拿出来就可以比作找到那把钥匙。桑科的亲戚之所以能够证明自己正确，使那些耻笑他们的所谓“行家”大受其窘，也就是因为找到了那把钥匙。

当然，即使不把酒桶倒干，那两个亲戚的“口味”还不失为敏感，讥笑他们的人的“口味”还是迟钝糊涂，但想要说服所有在旁边看热闹的群众前者确比后者高明，就困难得多了。同样，虽然写作的美还没有条理化，没有归纳成为一系列普遍规律，虽然公认完美无缺的典范还没有找到趣味有高有低，一个人的鉴赏能力比另一个人强，这还是不可抹杀的事实，但想叫不对头的批评家噤若寒蝉却不那么容易，因为他满可以坚持以自己的感受为准，拒绝接受对方的判断。

只有当我们拿出一条公认的艺术法则给他看，并且用一些根据他自己的趣味他也承认能够依照这条法则发生作用的例子来说明该法则，然后再证明，虽然他在当前讨论的对象里觉察感受不到任何反映，同样的法则其实还在起作用，只有在这时，他才会被迫承认（总的来讲）毛病在于他自己，因为他缺乏那种能够使他在任何作品、任何言论中辨识出一切美和丑的必不可少的敏感。

如果某种机能或感觉能够精确地感到最微小的对象，不让任何东西逃脱它的注意和观察，我们就承认它已经发达到完美境界。眼睛所看到的事物越小，视觉器官就越好，或者说构筑得越复杂精密。要测验舌头的鉴别力不能靠强烈的“味道”，应该把各种微细的“作料”混合起来，使得分量虽少并且掺混在一起，我们仍有可能辨别其中每两部分。同样，迅速而敏锐的审美感也正标志着精神趣味发达到了完美境界。只要一个人怀疑自己把某篇文章里的优点或缺点漏过去了，他就应该明白自己的趣味还有问题。

在这点上，官觉或感觉的完美和为人的完美是统一的，一个人如果舌头十分敏感常常会不止给自己，也给自己的朋友惹来许多麻烦。但对才华或美的敏感却永远是一种令人向往的品质；因为它是人类天性所能享受的一切最高尚而纯洁的欢乐的泉源。关于这点，全人类的看法完全一致。只要你能确定某人有敏感的口味，它就一定能博得赞许。而最好的确定方法就是把不同国家不同时代的共同经验所承认的模范标准当作衡量尺度。

还需要指出虽然人和人之间敏感的程度可以差异很大，要想提高或改善这方面的能力最好的办法无过于在一门特定的艺术领域里不断训练，不断观察和鉴赏一种特定类型的美。任何对象初次出现在眼前或想象当中时，引起的感受总不免是模糊的、混乱的。因此，在很大程度上，我们无法对它们的美或丑做出判断。我们的趣味感觉不到对象里的各种优点，更不要说辨别每种优点的特性，确定它的质量和程度了。

假使能就整体作一个大致的评语：是美还是丑，这已经是至矣尽矣，而就连这样一个判断，一个人如果缺乏训练，做起来也会是踌躇的，有保留的。

但在他关于这种对象获得一定经验之后，他的感觉就会更精细更深入了。他将会不止看到每一部分的美和丑，而且能分别不同类型，各给予恰如其分的褒贬。在整个观察对象的过程中，他的感受是明晰肯定的，对每一部分应该唤起的快感或反感究竟到何种程度，属于何种类型，他都能看得一清二楚。

本来仿佛遮掩着对象的迷雾消散了，器官由于经常运用也就日趋完美，以至最后可以判断一件作品的优点，不必害怕会犯错误。一句话，完成任何作品和判断任何作品所需的巧妙和敏捷，都只有通过训练才能获得。由于训练对审美感极端有利，我们在评论任何重要作品之前应该永不例外地把它一读再读，仔细地全神贯注地从不同角度对它进行观察。初读任何作品，心情上总不免有些忙乱，从而使对美的真实感受到干扰。

我们会看不到各部分中间的联系，分辨不清风格变化的真正性质，不同的优缺点仿佛糅杂在一起，模糊地呈现于我们的想象力当中。还不用说另外一种肤浅涂饰的美，初看便叫人喜欢，经过考察就发现和理性或激情的正常表达方式完全不相容，因此使我们的口味厌腻，这时我们就会鄙弃地把它丢开，或至少大大降低对它的估价。只要我们不断坚持任何审美方面的训练，总不免要常常在不同类型和程度的完善中间进行比较，并估计其分量上的差异。

一个人如果没有机会比较不同类型的美，就根本没有资格对任何对象下断语。只有通过比较，我们才能确定褒贬的言辞，才能知道怎样褒贬得恰如其分。信笔乱涂的画也会有些鲜艳彩色和大致类似之处，在有限的意义下讲来，也可以算美，让一个种地的或印第安人看见了说不定会拍手叫绝。最下流的小调里也会有和谐自然的片段。只有熟悉更高级的美的人才能指出它的调子刺耳，词句庸俗。一个习惯于美的最高形式的人看到极端低级的美一定会感觉痛苦，也正是由于这个原因，我们才称之为丑。

但既然我们每个人都自然地会以为自己所知道的最完整无憾的对象就代表尽美尽善的顶峰，应该得到最高的称许，那么真正有资格估计眼前对象的优点并在历代天才的产物当中给予它以适当位置的，应该只是那些对不同时代不同国家交口赞美的各个作品经常进行观察、研究和比较的人。但是一个打算很好地完成这桩任务的批评家还必需能够摆脱一切偏见，除了研究放在眼前的对象之外，不作任何其他考虑。应该指出。一切艺术作品为了产生应有的效果，必须从一定的角度来观察。

如果观察者的立足点（实际的或想象的）和作品所要求的不一致，他对作品就无法欣赏。演说家面对的是一些特定的听众，他一定要照顾到他们特有的脾气、喜好、看法、感情和偏见，不然就休想左右他们的决定，燃起他们的热情。甚至说不定他们会对他抱有一种先入为主的嫌忌，那么对这个不利条件（不管是如何荒谬无理），他也不能忽视，在谈到正题之前，总得说些使他们心平气和的话，争取他们的好感。

后世或异国的批评家在阅读他的演况时，只有把自己放在和当时听众相同的立足点才能做出正确的判断。同样，我和某作家可能是敌或友，但在阅读他献给公众的作品时，一定要抛弃这种立足点，把自己当作一般群众，如果可能的话，忘掉我“个人”和我的特殊情况。听任偏见驱使的人就不符合这个条件，也总是死抱住自己原来的立足点，不肯换到作品所要求的角度。

假使原作品的对象是不同时代不同国度的人，他对他们的特殊看法和偏见也毫不考虑，相反，他一脑子装满的全是自己这个时代和国家的习俗，从而就冒然谴责原来作品所针对的读者认为是佳妙的东西。假使作品是面对公众的，他从不肯放宽自己的眼界，忘掉自己作为敌、友、竞争者或评论家的个人利益，这样一来，他的感受就变质了。原来如果给自己的想象以适当推动，能够暂时忘记自己，对美和丑应该做出的反映，现在也做不到了。

因此，他的趣味显然是离开了真实的标准，结果也就不能具有任何权威和分量。在阅读任何作品的时候，我们心目中一定要经常保持着它的目标；同时判断所采用的手段对达到目标是否合适。此外，各种类型的作品（包括诗歌在内）其实都不过是一系列命题和推断。当然这些命题和推断有时并不是最科学最精确的，但至少得能说得通，不管是怎样经过了想象的加工和装点。

悲剧和史诗里的人物推断、思考、决定和行动的方式应该符合他们的性格和处境，像这样一桩细致的工作，除了需要正确趣味和才华之外，如果缺乏判断力，也决无成功的希望。最后，我们当然都知道：有助于提高理性活动的各种因素，像官能完善，思维清晰，区别精确，感受灵活等对正确趣味的应用也是同样必需和不可分割的。

一个见识高明同时对某门艺术又有经验的人竟然不能判断那种艺术的美，

这是绝无仅有的事。趣味高尚而智力庸劣的现象也是同样少见。在一切诉诸理智的问题上，偏见对审判极为有害，足以败坏一切智力活动，这点是众所周知的。其实，它对高尚的趣味也同样有害，同样足以败坏我们的审美感。必需有高明的见解才能抑止它在上述两种情况下发生作用。因此在这个问题上（正像许多其他问题上一样）理性尽管不是趣味的基本组成部分，对趣味的正确运用却是不可缺少的指导。

在所有崇高的天才作品当中，各部分总是紧密联系和吻合的人的思想若是不够广阔，不能容纳所有部分，彼此比较，以便发现整体的一致性和完善，当然就谈不上感受其中的优点或缺点。其次，每个艺术作品又都有一个特别为自己规定的目的或目标，判断作品完美的程度应该以它达到目标程度为准。

雄辩的目标是说服，历史的目标是教导，诗歌的目标是用移情动魄的手段给人快感。因此虽然趣味的原则是有普遍意义的，完全（或基本上）说是人同此心，心同此理。但真正有资格对任何艺术作品进行判断并且把自己的感受树立为审美标准的人还是不多。内心感官很难发展到完美状态，使上述的一般原则可以充分发挥作用，并且唤起与那些原则相应的感觉。它们不是本来有缺陷，就是一时发生了什么毛病；因而所能激起的感受只能说是错误的。

缺少敏感的批评家往往是随意论断，不作区分，只着眼于对象中那些比较粗陋显著的品质，细致一些的笔触他就一眼看过，视而不见。大多数人总不免要犯以上几种毛病中的一种，因此即使在风气最优雅的时代能对高级艺术做出正确判断的人也是极少见的。

只有卓越的智力加上敏锐的感受，由于训练而得到改进，通过比较而进一步完善，最后还清除了一切偏见，只有这样的批评家对上述称号才能当之无愧。这类批评家，不管在哪里找到，如果彼此意见符合，那就是趣味和美的真实标准。如果缺乏训练，他的评语又会有混乱和迟疑的弊病。

不运用比较的结果会使他对浅薄可笑，其实应该算作缺陷的“美”佩服得五体投地。偏见的影响会败坏他的自然感受。没有高明的见识，他就不能看到在一切美当中最优越的应居首位的布局和推断的美。但是到哪里去找这样的批评家呢？他们有什么可以辨识的特征呢？怎样能区别真伪，使冒牌者不能滥竽充数呢？这些问题相当使人为难，乍一看仿佛我们全文主旨就在想摆脱的疑惑如今又再一度降临到我们头上了。

不过只要认真考虑，我们就会发现这些是事实而不是感受的问题。某人是否有高超的见识，敏锐的想象，不受偏见的沾染，这往往值得争辩意见分歧各持一说，势所难免。但这样一个人是难能可贵应受尊敬的，对这一点则全人类的看法绝无二致。遇到怀疑争竞的时候，我们只能采取处理一切理性争端的办法。每一方面都要尽量举出自己所能想到的最有力的论据，都要承认的确存在一个真实肯定的标准。

这里指的是实际的客观存在，都要容许别人在诉诸同一标准时和自己的看法有所差异。如果我们已经证明人的趣味有高有低，并非均等，证明通过公众舆论的承认，某些人（不管实际找到他们是如何困难）可以具有压倒其他人的权威，那么这对本文要说明的问题已经是足够了。

五、具体的趣味标准

抽象的哲学论点，深奥的神学体系，在某个时期可能风靡 一时；随后一个时期立刻就烟消云散了。实际上，即以发现具体的趣味标准而论，困难也不是像有些人想的那样大。尽管我们从理论上只承认科学有明确的是非而感受没有，但实践证明前者常常比后者更确定。

它们的谬误一旦受到揭发，其他论点和体系就会取而代之，等到又有新论点和新体系来到，这些又得让位。他们所受到的普遍推奉使他们给予任何天才作品的赞语能够广泛传播，在群众中占据优势。许多人，如果只依靠自己，美感就非常薄弱模糊，但一旦经人指出，不管是怎样的神来之笔，他们也都能欣赏。

货真价实的诗人或雄辩家每获得一个爱好者，就会通过他争取到更多新的爱好者。尽管各式各样的偏见可能暂居上风，它们决不会联合起来推出一个敌手和真正的天才竞争；相反，它们迟早总要对自然和正当感受的力量投降。因此，虽则一个文明国家在哲学家中作孰优孰劣的选择时选错的情况屡见不鲜，在喜爱某一篇脍炙人口的史诗或某一个悲剧作家之类的问题上发生长时期的错误则是从来没有的事。看来这些所谓科学的定论反而比任何其他事物都更容易随偶然的风气而转移，雄辩和诗歌的美则完全两样。

对感情和自然的恰当描绘经过一段短短的时期就一定能获得公众的赞赏，而这种赞赏一旦获得，是永不会失去的。亚里士多德和柏拉图、伊壁鸠鲁和笛卡儿不妨新陈代谢，此起彼灭，但台伦斯和维吉尔则能永远地不容争论地掌握人类的心灵。西塞罗的抽象哲学早就没有价值了，但他的雄辩的力量至今仍受到我们的赞赏。

不错，趣味敏感的人确实很少，但由于他们见解高明、才能出众，在社会里也很容易辨识出来。到此我们已经尽力给趣味确定一个标准，借以协调人类歧义百出的反映了。但是还有两个差异的来源，虽说不能完全抹杀美丑之间的界限，却可以影响我们褒贬的程度，使之有所不同。一个是个人气质的不同；另一个是当代和本国的习俗与看法。

趣味的普遍原则是人性皆同的，如果不同的人做出不同的判断，一般总可以在鉴别力的缺陷和败坏里找到根源，产生的原因可能是偏见，或缺乏训练，或不够敏感，最后终归还可以举出正当理由肯定一种趣味，否定另一种趣味。但如果内部结构和外部环境都截然不同，而双方又都没有毛病，因此没有抑此扬彼的根据。在这种情况下，一定程度的看法不同就无法避免，硬要找一种共同标准来协调相反的感受是不会有结果的。

六、情绪感染

我们总要费一番力气才能接受"淳古之俗"，才能对公主自己去溪边打水，英雄和国王自己烹调食物不感觉别扭。我们可以笼统地承认描写这种风俗不应归咎于作家，也不该算是作品的缺陷，但我们读了确实不会深深感动。情绪旺盛的青年比较容易受到恋慕和柔情等描写的感染；年龄老大的人则比较喜爱有关立身处世和克制情欲的至理名言。20 岁的人可能最爱奥维德，40 岁可能喜欢贺拉斯，到 50 岁多半就是塔西佗了。

遇到这种情况，一定要摆脱我们自己的天然倾向以求"进入"他人的感受，只能是徒费心力：因为选择喜爱的作家和选择朋友是一个道理，性格和脾气必需相符。欢笑或激情，感受或思考，这些因素不管哪个在我们的气质中占首要地位，都会使我们和与我们最相像的作家起一种特殊的共鸣。同样理由，我们在阅读当中总是更喜爱那些类似我们时代和国家的描写和人物，对体现不同风俗的描写和人物则比较冷淡。

甲喜欢崇高，乙喜欢柔情，丙喜欢戏谑。丁对缺陷特别警觉，力求打磨光净，毫无瑕疵。戊则对佳妙之处更热心，为了一个雄伟或动人的形象以宽恕二十处荒谬的"败笔"。己的耳朵只能听简明洗练的文句，庚却偏嗜华美缤纷、韵调铿锵的辞藻。辛主张要求雕饰。喜剧、悲剧、讽刺诗、颂诗各有其拥护者，人人都认为自己所偏嗜的体裁高于其他体裁。显然，就一个批评家而言，只称许一个体裁或一种风格，盲目贬斥其他一切是不对的；但对明明适合我们的性格和气质的作品，硬要不感到有所偏好也是几乎不可能的事。

这种偏好是无害的、难免的，按理说也无须纷争，因为根本没有解决此种纷争的共同标准。写到这里我又想起一点，可能对尽人皆知的古今学术之争有所帮助。因为在那场论争里，一方面总是用时代习俗来辩解古人作品里一切荒谬难通的地方；另一方面则总不肯接受这种辩解，或者认为接受了也只能宽恕作家，不能宽恕作品。唯其如此，喜剧从一个时代或国家移植到另一个时代或国家，才那样困难。法国人或英国人不会欣赏台伦斯的《安德罗斯的妇人》或马吉阿维利的《克丽蒂亚》，因为在那两篇剧本里，作为全剧关键的女主人公连一次也不对观众露面，总是躲在幕后，而这样正符合古代希腊人和现代意大利人的矜持脾气。

有学识肯思考的人对这种特别的风俗可能毫不介意，但是显然不能要求普通观众也全把他们习惯的想法和感情丢开，欣赏像这样与他们自己毫无共同点的场面。某些古代诗人（有时连荷马和希腊悲剧作家也是如此）刻画的性格惨酷无理到骇人的程度，这不能说不大大降低了他们杰作的价值，在这点上应当承认现代作家更为优长。我们不会关心像那样粗鲁野蛮的英雄的命运和感情，我们不愿意看到善恶之间的界限被蹂躏得一塌糊涂。

不管我们怎样宽恕作者的偏见，也决不可能真正进入他们的感受，或真正喜爱我们明明觉得是应受指责的人物。据我看，论争双方常常没有把正确界线划定下来。凡是所描写的习俗虽然古怪却无害处（如上文所举的例子），那么肯定应该容许；对这类描写也表示震惊嫌厌只能证明鉴赏者自己的“敏感”和“高雅”分文不值。假使人类对风俗习惯的演化全不考虑，只肯接受符合当前风气所趋的作品，诗人“比黄铜更经久的纪念碑”就早会和破砖烂瓦一样地坍倒了。

难道因为我们的祖先上衣有绉领、裙子，就把他们的画像也都当废物抛弃吗？但凡是遇到道德和体面的观念也随世迁移，描写邪恶的习俗而不予以正当的谴责和申斥，这就得承认是损害了诗篇。应当算作真正的丑，我不可能也不应该使自己进入这种感受，不管我怎样考虑时代习俗而原谅诗人，要我欣赏他的诗作却办不到。

七、道德原则和理论主张完全不同

应该看到，道德原则和理论主张完全不同。理论主张总在经历一个不断流动变革的过程，儿子信仰的体系和父亲就会两样。甚至就一个人说来，能够自少至老恒久不变的情况也是绝无仅有。但不管何时何地的文艺作品中如果发现这种持论的错误，对作品价值总不会发生多大影响。我们只需把脑筋和想象略作调整就可以。

当时所信奉的那些论点，然后欣赏从中产生的感受和结论；但要我们改变对人类行为的判断，脱离我们所长久习惯的标准，分析一套全然不同的褒贬或爱憎，则必需付出九牛二虎的气力。如果一个人深信自己判断所依据的道德标准完全正确，那么他就有正当理由对这种标准谨加护持，拒绝为了照顾任何作家的“情面”而歪曲自己的内心感受。所以一切企图公正估价古代诗歌的批评家必需把那套神道设教的荒谬之谈置之不论，对我们自己的后代，我们也得要求同样的宽容。不管什么样的宗教信条都不该归咎于诗人，只要仅仅是信条，而不是把他弄得神魂颠倒以至达到顽固或迷信的地步。

一旦达到那种地步，道德观念就会陷入一团漆黑，善恶的天然界限也就随之改变。在一切持论错误当中，有关宗教的错误，如果发生在天才作家手里，最不宜于苛求，事实上，我们也从不认为应该根据任何民族甚至任何个人所信奉的神学道理或精或陋来判断他们的文明或智慧。原因是指导我们日常生活的见识在宗教问题上无法施展，因为宗教历来被认为是完全超乎人类理性之上的。因此，根据上述原则，这就应该算是不可磨灭的缺点，当代的偏见和错误看法并不足以为这种缺点做辩护。

罗马天主教的一条中心教义就是叫人痛恨一切其他信仰，把异教徒、回教徒和旁门左道都说成是神怒天罚的对象。这种看法按其实质自然是应当谴责的，但是那个宗教团体里的虔信者却把它视为美德，并且当作一种神圣的英雄主义写进他们的悲剧和史诗里。这种顽固态度损害了两篇本来十分美好的法国悲剧——《波利约克特》和《阿塔利》，它们都大肆渲染对某些特殊的疯狂热情，并且把它作为主人公性格的突出一面。

当器宇庄严的若阿发现若萨贝和巴里祭司马当交谈的时候，他这样大声咆哮：“怎么大卫的女儿竟然和这个叛徒谈话吗？你不怕这些神圣的墙垣会崩倒把你俩都压死吗？你不怕大地会裂开喷吐火焰把你俩都吞下去吗？他是抱着什么目的？为什么这个上帝的敌人要来到这儿，是他的丑形恶貌毒化我们呼吸的空气？”像这类的感情可以在巴黎舞台上博得热烈喝彩，但是对伦敦的观众说来，其效果和听到阿喀琉斯骂阿伽门农“面目像狗，胆量像鹿”，以及丘比特恐吓朱诺，再不闭嘴就要老实揍她一顿，是一样地叫人皱眉摇头。宗教信条一旦“上升”为迷信，不管什么与宗教风马牛不相及的情感都要加以附会。

这也是文艺作品的缺陷。固然本国习俗可能特别注重宗教礼节和仪式，以至生活各部门都不免受到它限制，但诗人却不能以此为自己辩解。佩脱拉克把情人萝拉比作耶稣基督总归是可笑的，薄伽丘那讨人喜欢的放浪作家一本正经地感谢“威力无边的上帝”和其他贵妇人保卫自己免受仇敌陷害，也是同样荒唐。

第二十三章　柏克——崇高与美的界限的划分者

他把人的基本情欲分成两类，即“自我保全”和“社会交往”。前者是崇高感的生理心理基础，后者是美感的生理心理基础。他把英国经验主义哲学应用于美学领域，并采用培根所制定的经验归纳法，从经验的事实入手来论证其美学观点。他认为崇高与美两个观念的起源是和人类的生理、心理功能密不可分的。柏克的主要美学著作《关于崇高与美的观念的根源的哲学探讨》中，首次划分崇高与美的界限。

全文共分五部分：（1）崇高与美所涉及的快感和痛感以及人类的基本情欲；（2）论崇高；（3）论美；（4）论崇高美的成因；（5）论文学的作用与诗的效果。1757 年再版时，又加进一篇《论审美趣味》，作为该书的导论。柏克充分析了崇高与美的观念形成的主观因素外，还详细地探讨了崇高与美所具有的客观性质。就崇高来说，柏克认为所有称之为崇高的对象，其本身都有一个共同因素，即对象的可恐怖性。

构成崇高事物的感性因素，一般说来在体积方面是巨大的，在力量方面是无限的，表面上是凹凸不平和奔放不羁的，色调是朦胧晦暗的，线条是径直的。这一切都令人产生恐怖而成为崇高的。不过，对象的可恐怖性，仅仅是“崇高的一个本源”，只有对象的可怖性与主体保持一定的距离，即人身安全不受威胁的情况下，才能成为崇高的对象。

一、生平及简介

柏克（公元1729—1797）是英国经验主义哲学家、政治家和美学家。他把英国经验主义哲学应用于美学领域，并采用培根所制定的经验归纳法，从经验的事实入手来论证其美学观点。柏克的主要美学著作《关于崇高与美的观念的根源的哲学探讨》中，首次划分崇高与美的界限。全文共分五部分：(1）崇高与美所涉及的快感和痛感以及人类的基本情欲；(2）论崇高；(3）论美；(4）论崇高—美的成因；(5）论文学的作用与诗的效果。1757年再版时，又加进一篇《论审美趣味》，作为该书的导论。柏克充分分析了崇高与美的观念形成的主观因素外，还详细地探讨了崇高与美所具有的客观性质。

他认为崇高与美两个观念的起源是和人类的生理、心理功能密不可分的。他把人的基本情欲分成两类，即“自我保全”和“社会交往”。前者是崇高感的生理心理基础，后者是美感的生理心理基础。就崇高来说，柏克认为所有称之为崇高的对象，其本身都有一个共同因素，即对象的可恐怖性。构成崇高事物的感性因素，一般说来在体积方面是巨大的，在力量方面是无限的，表面上是凹凸不平和奔放不羁的，色调是朦胧晦暗的，线条是径直的。这一切都令人产生恐怖而成为崇高的。

不过，对象的可恐怖性，仅仅是“崇高的一个本源”，只有对象的可怖性与主体保持一定的距离，即人身安全不受威胁的情况下，才能成为崇高的对象。“自我安全”的观念是由痛苦和危险引起的，当一个人的生命受到威胁的时候，心理上必然产生恐怖与惊惧的情感。对实际生命的威胁所产生的是“最强烈的情欲”，即痛感，其原因在于“危险或痛苦太紧迫”，不可能引起人们任何愉悦，而只能使人感到恐怖。只有那些和人保持一定的距离，不至于威胁到人的生命，人们不感到危险，才能引起崇高感。崇高感是夹杂着快感的痛感，是一种消极的快感，是由痛感转化来的快感。

“社会交往”的观念是由“爱”引起的，是美感产生的基础。柏克认为人们之所以喜欢美，并且从美的观照中获得美感，是由于人生来就具有一种维系种族生命的生殖欲，以及要求两性相互交往的本能所决定的。动物并不凭美感去选择异性，而人爱异性固然是以异性为先决条件，但同时也由于对象的“美”，这种“复合的情欲”，叫作爱，美感就是爱所引起的快感。

二、美的对象

就美的对象来说，柏克认为：“美大半是借助于感官的干预而机械地对人的心灵发生作用的物体的某种品质”。他虽然把美归结为事物本身所具有的某些属性，但他不同意传统的美学观，把比例、适宜、效用作为构成事物美的因素。

“我认为美指的是物体中能够引起爱或类似的感情的一种或几种品质。”他把这些品质概括为下述七点。第一，美的对象比较小，在大多国家的语言，爱的对象争用“小”这个词来称呼；第二，美的对象都是光润的，经验证明竟想不起任何美的东西不是光润的；第三，美各个部分的方位要有变化；第四，美的对象各部分不露棱角，而融为一体；第五，美的对象其形体是纤弱的，粗壮而有力的体魄对美是有害的；第六，美的对象的色彩是洁净明快的，但又不强烈刺眼；第七，如果不得不突出一种色彩，也要配上其他色彩，使其在变化中得到冲淡。在审美趣味或鉴赏力方面，他认为人的心理功能、感官、想象力和判断力，具有普遍的一致性，这是形成审美趣味或鉴赏力具有共同性的生理基础。

只要人的感觉器官没有毛病，美的事物对任何人来说都会是众口交赞的。他反对审美趣味或鉴赏力是天赋的，也不同意夏夫兹博里的“内在感官”说。不过柏克从生理心理学的角度，离开人的社会性去解释审美趣味或鉴赏力的共同客观标准问题，仍未脱离唯物主义者的窠臼。

三、论美

我们对于一个人或物的感应，有时不是由于它被我们看见时所具有的直接力量，而是由于我们其他次要的考虑，如果我们把产生这种感应的原因也包括进去的话，这个题目就一定会把我们搞糊涂。作者把这个定义限制在事物可感觉的性质上面，目的是为了尽量保持这个题目的单纯性。

我同样地也把爱，我认为爱指的是在观照任何一个美的东西（不论其本性如何）的时候心灵上所产生的满足感和欲望或情欲加以区别，欲望或情欲是我们心灵中驱使我们去占有某些对象的一种力量，而这对象之所以打动我们，并不是由于它们美，而是依靠完全不同的手段。我们可能对一位姿色平平的妇女产生强烈的欲望，而最美的男人或其他动物虽然可能引起我们的爱，但却完全不会勾起我们的欲望。这一切说明美和美所产生的情感，我称之为爱和欲望有所不同，尽管有的时候欲望是和美一同发生作用的。

我们必须把某些通常意义上的所谓爱所产生的强烈利骚动的情感和肉体上的冲动，归诸欲望而不归诸美的作用。作者的打算是把美作为与崇高有区别的东西加以考虑，并在进行探讨的过程中考察美与崇高之间究竟有多少一致的地方。但在这样做之前，我们必须简单地回顾一下现在已经存在的关于美这种品质的各种看法，而认为这些看法几乎不可能归结为任何固定的原理，因为人们总是习惯于采用形象的方法，即极其不明确和不肯定的方法来谈论美。我认为美指的是物体中能够引起爱或类似的感情的一种或几种品质。

四、比例

美的出现引起我们一定程度的爱，就像冰块或烈火之产生冷或热的观念一样的灵验。比例不是植物美的原因，美通常被说成是存在于整体各部分间的一定的比例。在考虑这个问题的时候，我有充分的理由可以怀疑美究竟是否是一个属于比例的观念。比如同一切关于秩序的观念一样，几乎是完全和方便联系在一起；因此，它必须被认为是理智的产物，而不是作用于感觉和想象力的最根本原因。

我们发现一个物体美，并不是靠长时间的注意和探究，美不需要借助于我们的推理，它甚至和意志无关。为了在这个问题上得出比较圆满的结论，可以考察一下什么是比例，因为好多使用这个字眼的人看起来并不都很明白这个名词的意义，而且对于这件事情本身也缺乏明确的概念。

比例是衡量相对数量的尺度。既然所有的数量都是可分的，任何数量所分出的每一部分显然都必须和其他部分或者和整体保持一定的关系。这些关系就是产生比例观念的根源。它们是靠测量的办法发现的，它们是数学研究的对象。但不论一定数量的一部分是整体的四分之一，或五分之一，或六分之一，或二分之一，不论它和其他任何一个部分是一样长，或两倍长，或一半长，对于心灵来说都是无关紧要的。在这个问题上，心灵是处于中立地位的，数学思考的最大的优越性即来自这种心灵上的绝对冷漠和平静，因为这里不存在使想象力发生兴趣的东西，判断力可以自由地、毫不偏颇地判断问题。

一切比例和各种数量排列，对于理智来说都是一样的，因为各种比例，无论是较大或较小的比例、相等的或不相等的比例，都产生出同样的真理。但美确实不是一个属于测量方面的观念，它同计算和几何学也没有什么关系。如果比例是美的要素之一，它的这种能力一定来自机械地发生作用的某些尺寸的自然特性，或者来自习惯的作用，或者来自某些尺寸适宜于满足特殊的便利的目的。

因此，我们的任务就是要弄明白。植物界或动物界中被发现为美的对象的各个部分，是否经常按照这种一定的尺寸组成，而能使我们相信它们的美是根据自然的机械作用的原理由这些尺寸产生的，或者是由习惯产生的，或者归根结底是由于这些尺寸适宜于某些特殊的目的而产生的。我打算按照这些项目的次序来考察这个问题。假定它同几何学有关系的话，就有可能提出一些我们可以证明为美的一定的尺寸，无论是单独地或者和其他尺寸联系在一起加以考虑，我们就有可能按照这个巧妙的标准举出一些我们无法证明为美而只能感觉为美的自然物，并且用我们理性的判断来肯定我们情感的呼声。

但既然我们得不到这种帮助，那就让我们看一看比例究竟在什么意义上能够像一般人所认为和某些人所极自信地肯定的那样被视为美的原因。但在我继续进行探讨以前，我要订出我在进行这一探讨时所遵循的几条规则，如果我误入歧途的话，也就是由于这些规则把我引导错了，我希望这样想并没有错。这几条规则是：如果两个物体对人的心灵产生同样的或相似的效果，而且经过考察后发现它们在某些特性上是相同的，在某些特性上是相异的，那么它们所产生的共同效果将归诸它们相同的特性，而不归于它们相异的特性。不用人造物的效果去说明自然物的效果。

不用我们理性对于一个自然物的用途的推断去说明这个物的效果，只要有可能找出自然的原因去说明的话。不承认任何一定数量或任何一种数量关系是产生某种效果的原因，只要这种效果是由不同的或相反的尺寸和关系产生的，或者只要这些尺寸和关系虽然存在而却不产生这种效果。这几条便是我在研究被当作一种自然原因的比例的作用时所主要遵循的规则。如果读者认为这几条规则是正确的话，我请求他们在下面整个讨论过程中记住它们。玫瑰花有着这样一种形状和这样一种花瓣的排列，但如果从斜面来观察玫瑰花的话，它这种形状基本上就不见了，花瓣的排列就显得紊乱了，但尽管如此，玫瑰花却仍然保持它的美。

玫瑰花在开花以前，在含苞未放的时候，也就是当它精确的形状还没有形成的时候，甚至显得更加美丽。这并不是可以用来说明条理性和精确性——比例的灵魂——是不利于而非有助于说明美的原因的唯一例子。我们在花茎和花瓣之间或者在花瓣与花蕊之间发现什么比例呢？玫瑰花长的花茎怎样能够和把它压得下垂的硕大的头状花相协调呢？然而玫瑰却是一种美丽的花。我们是否断言玫瑰的美在很大程度上不是这种不协调的比例？玫瑰花是一种大的花，但却长在小灌木上。苹果花很小，却长在大树上。

然而玫瑰花和苹果花这两种花都是美丽的花，而开着这两种花的树木尽管存在这种比例不协调，却仍然非常可爱。按照一般的看法。还可能有什么植物比叶子和花果同时盛长的橘子树更为美丽？但如果我们想从橘子树的身上寻找高度与宽度之间的一定比例，或者去寻找整个树木的一定大小和各个部分之间的一定关系，那是徒劳无益的。不错，我们在许多种花卉中都可能看到一些有规则的形状和有条不紊的花瓣的排列。我们要探究一下我们是从什么事物中发现这种美的品质的，然后，要看一下我们是否能够从这些事物中找到一些能够说明问题的比例，而使我们相信我们关于美的观念就是由这些比例产生的，我们将要研究在植物、低等动物和人类身上所出现的这种使人愉快的力量。

当我们转而观察植物的时候，我们发现植物中间没有比花卉更美的东西，但花卉却有各种各样的形状和各种各样的排列方式，它们化为形式的无限多样性，植物学家根据这无数种形式，给它们安上了几乎同样繁多的名目。

五、比例不是动物美的原因

在动物界同样可以明显地看出比例对于美的形成所起的作用很小。动物形状的繁多和躯体各部分排列的多样性非常适合于说明这一点。天鹅是众所公认的一种美丽的鸟，它的颈部就比它身体其余部分长，而它的尾巴却非常短。这是否是一种美的比例？我们必须承认这是一种美的比例。但是另一方面关于孔雀我们将怎么说？孔雀的颈部是比较短的，而它的尾巴却比颈部和身体其余部分加在一起还要长。

有多少种鸟都和这些标准以及你所规定的其他任何一个标准有着极大的不同，有着不同的而且往往正相反的比例。然而其中许多种鸟都是非常美的。我们在研究这些鸟的时候，从它们身上任何一部分都找不到一种东西，可以使我们先验地说出其他鸟应该是什么样子，或者对其他鸟进行一些揣测。经验证明这样做的结果会造成失望和错误。关于鸟类或花卉的颜色（鸟类和花卉在颜色方面存在相似之处），无论从颜色的范围或从颜色的色调方面考虑，都发现不了什么比例。

有一些鸟或花只具有一种颜色，另外一些鸟或花却是有各种各样的颜色，有一些鸟或花的颜色属于原色，另外一些鸟或花的颜色属于混合色。再来看一只狗、一只猫或其他任何动物，看一看头部和颈部之间，颈部和躯干之间这些比例究竟相差多远。我想我们这样说准没错：这些比例在每一种动物的身上都是不一样的，而许多种动物都有个别动物由于长得特别不一样而具有非常突出的美。

现在如果承认差别极大的，甚至完全相反的形状与躯体各部分的排列是和美不相矛盾的话，我认为这等于承认，至少就兽类的情况而言，美的产生不需要一种根据自然原理起作用的尺度。总之，一位细心观察的人很快就可以得出结论：花鸟的颜色如它们的形状一样，不存在什么比例。下面谈一谈兽类。可以先考察一匹美丽的马的头部，找出头部与躯干之间以及与四肢之间的比例，并且列出这些比例之间的关系，在你把这些比例确定为美的标准以后。

六、比例不是人类美的原因

人体有一些部分可以看出互相之间有一定的比例，但如果证明产生美的真正原因就是这些比例，那么必须先证明：在任何场合下只要发现这些比例是正确的话，具有这些比例的人便是美的。我的意思是指身体的一个单独部分或者整个身体对于视觉所产生的效果。同时还必须证明身体这些部分之间存在这样一种关系：它们之间很容易进行比较，而且进行比较的结果能够很自然地对心灵产生作用。

就我本人来说，我曾经多次仔细观察上述比例中的许多比例，发现这些比例在许多对象的身上都是非常相似的或者是完全相同的，虽然这许多对象彼此长得很不一样，有的长得非常美，有的长得一点儿也不美。至于身体上具有这些比例的一些部分，它们在位置、性质和观感上往往也相差得非常远，找不出能把它们进行什么比较，因而也看出从它们身上能够产生任何一种属于比例方面的效果。假定说美的身体的颈部应该和腿肚子一样粗，它同样也应该等于手腕的周长的两倍。在许多人的著作和谈话中都可以找到无数这一类的看法。但是腿肚子和颈部有什么关系？无论腿肚子或颈部又与手腕有什么关系？

这些比例的确可以在漂亮的身体上找到，但任何人只要肯花功夫的话，就可以发现这些比例同样存在于丑陋的身体上。不仅如此，我还知道在一些最美的身体上这些比例可能是最不准确的。你可以随意规定人体每一部分的比例，我可以肯定一位画家可以非常严格地遵照你所规定的这些比例，只要他愿意的话，就能画出一个非常丑的人像，同一个画家也可以大大违背这些比例而画出非常美的人像来。

让我们在这一点上多谈一些，我们可以想一想，仅仅就人类的两性而言，身体上许多相同部分的尺寸就存在多么大的不同。如果你确定了一个男人的腿的一些比例而又把人类的美限制在这些比例上，那么，当你发现一个女人的身体几乎每一部分的构造与尺寸都和男人不同的时候，你只得说她不美，而不管你的想象力反映如何。不然的话，如果你听从自己的想象力，你就只好抛弃这些规则，躺在计算尺和罗盘旁边设法探寻其他美的原因。假定美是和某种根据自然原理起作用的尺度有关系的话，为什么我们发现身体上许多相同部分虽然有着不同比例，却同样是美的而且这种情况也恰巧存在于同一类的动物中。

我们的确可以从古代和现代的雕像名作中，见到有一些雕像的比例。若干非常突出和重要部分的比例很不同于其他雕像的比例，也很不同于活人中间我们所见到的极其动人和令人喜爱的形体的比例。而美的拥护者彼此之间对于人体的比例究竟有多么一致的看法呢？他们之中有人主张人体的长度应该等于七个头，有人认为应该等于八个头，有人甚至把它延长到十个头。在这样小的幅度中居然存在这么大的差别！另一些人采用其他方法计算比例，也同样成功地计算出比例来。但这些比例是否在所有美男子身上都完全一样呢？它们究竟是不是美女身上的比例？没有人会说它们是这样的。

男女两性无疑都可能是美的，而女性可能是最美的，但我认为女性的这一优越性不大可能是由于女性在比例上特别准确的缘故。但只要稍微扩大一下眼界，我们就立刻会发现一个值得注意的情况：几乎所有的动物的躯体都有些性质相似、作用几乎一样的部分。比如头、颈、躯干、足、眼、耳、鼻和嘴，但上帝为了最好的满足它们的各种需要和为了在他的创造物中表现他的丰富智慧和仁慈，而使这些相同器官及其各部分在排列、尺寸和互相的关系上具有无限的多样性。

但正如我们前面所观察到的一样，在这无限多样性之中，有一点对于许多种动物来说是共同的组成成分。个别动物之中，有一些动物能够带给我们一种可爱的感觉，它们虽然在产生这种效果上是一致的，但是在这种效果的那些部分的相对尺度方面却有极大不同。美存在于每一类动物在不脱离它们的共同形式的条件下所能采取的一切比例之中，这一点在人类的身上已经得到证明，在野兽身上也同样可以得到证明。各部分间的比例之所以受到注意，就是由于这个共同形式的观念的存在，而不是由于任何自然原因的作用。

的确，稍加考虑之后就可以看出，一切属于形体方面的美不是尺度创造的，而是式样创造的。当我们研究装饰性图案的时候，我们从那些夸大的比例中可以得到什么启发？我感到奇怪的是，如果艺术家这些考虑足以使人们否定关于任何个别的比例能够自然而然产生愉快感的看法。但有一些人虽然在个别比例的问题上同意我的看法，却先入为主地强烈地赞成一种比较不确定的比例。他们认为，虽然美一般说来是和某几种令人喜爱的植物和动物的某种共同的尺度无关，但是每一种生物都有它的美所绝对不可缺少的某种比例。

如果我们对动物界作一般的考察，我们发现美并不受某种尺度的限制。但由于每一类动物都有它们所特有的特殊的尺度和各部分之间的关系，每一类动物中的美的动物合乎这种尺度和比例，否则就会脱离它们的同类而多少变成畸形。可是没有一类动物是严格地受到某种比例的限制，以至于个别动物之间不存在很大的差别。

真正相信而不是装着相信比例是主要原因，为什么他们并没有随时对各种美的动物进行精确地测量。以便当他们在创作一个优美的形象的时候，特别是当他们像他们自己所经常说的那样，用自己对于自然界的美的观察来指导自己的创作实践的时候，可以有助于他们去掌握适当的比例。我知道关于建筑物的比例是取之于人体的比例的说法流传了很久，而且被一个又一个作家重复了千百遍。这些作家为了使这种牵强附会的类比更加完善起见，在提到一位举起和伸直手臂的人的时候，便把他描写成一个正方形，因为这个，正方形是靠着这个奇怪形状的四肢两条交叉直线构成的。

但在我看来这一点是非常清楚的，建筑师的任何想法从来都不是由人体提供的。首先，我们很少看到一个人摆出这样一种紧张的姿势，这种姿势对于人来说，是不自然的而且一点儿也不像样。其次，看到这样一种姿势的人形，并不会自然联想到一个正方形，倒会使人想到一个十字架，因为两只手臂与地面之间空着一大块地方，必须有东西填满它，才能使人想到一个正方形。

第三，有些建筑物决不属于那样一种正方形的形状，但却出于最优秀的建筑师的设计而且产生了同样好的效果，也许还产生了更好的效果。既然没有任何两种东西会令房屋或庙宇之间更加缺乏相同或类同之处，那么，让一位建筑师按照人的模型去从事建筑，当然是最离奇古怪的事了。我们是否还必须看到，两者的目的是完全不同的？我倾向于认为这些类比，是为了通过指出艺术品与自然界最杰出的作品之间的一致性而给艺术品增添光彩，而并不认为与自然界最杰出的作品对于艺术品的完美能够有什么启示。

我更加相信比例论者不是向自然界借用他们作品中所使用的比例，而是把他们人为的观念转移给自然界，因为每当讨论到这问题的时候，他们总是尽快地脱离自然美的广阔领域（动物界和植物界），而坚守在建筑学的人为的线条和角度里。姑且不谈别的，我的花园就明白我们开始认识到数学概念是美的真正尺度。数学概念对于动物界来说，正如对于植物界一样，当然也不是什么美的尺度。

这是因为在一些优秀的描写文章中，在世界各地传诵的数不清的歌赋中，其中许多是世世代代所欣赏的作品，在一些以炽热的情感表达爱情并以无限丰富的情调描绘爱情对象的文章中，没有一句话谈到比例，即所谓美的主要因素（正如许多人所坚持的那样）。人类有一种不好的倾向，喜欢把自己本身，自己的见解和自己的作品当作衡量任何一种事物是否美好的尺度。所以，当他们看到州果他们的房屋造成整齐的形状，使房屋各部分互相对称，住起来最舒适最牢固以后，他们便把这些观念转移到花园中去。

他们把树木弄成柱形、尖头形和方尖碑形，把树篱变成许多绿色的墙，把散步场隔成方形、三角形和其他准确而对称的数图形。我们认为他们这种做法如果不是模仿自然的话，也至少是对自然进行加工，让自然懂得它。但自然终于摆脱了他们的宗规和镣铐。而另一方面，比例以外的其他一些品质却经常而热烈地被提到。但如果比例不具有这种力量的话，人们一开始就对比例发生如此好感，看起来倒是很奇怪的事。

我猜想这可能是由于我前面所提到的人类对自己的什么品味和见解的突出爱好，是由于人们对于动物通常形状的雕刻所做的错误推理，是由于柏拉图关于适宜性与适应性的理论而产生的。为了建立这种缘故，我在下一节中将考察习惯对于动物的形状所起的作用，然后再考察适宜的观念。既然比例不是通过伴随着某些尺度的自然力发生作用的，它必定是通过习惯或者通过效用观念发生作用的，除此以外，没有其他的可能性。

七、对于比例的进一步考察

美真正的对立面不是比例不协调或畸形，而是丑，而由于丑产生于美的原因，我们非等到研究这个问题的时候，不能对它进行考察。介乎美与丑之间存在着一种平凡状态，而规定的比例最常在这里。平凡状态下见到，但这对于情感不发生什么影响。如果作者没有想错的话，许多赞成比例的偏见的产生，不是由于对美的物体的某些尺寸进行观察的结果，而是由于对畸形与美之间的关系抱有错误的看法，即把畸形看成是美的对立面，并根据这个断言说，任何地方只要消除了造成畸形的原因，美就会自然地而且必然地出现，我相信这种看法是错误的。

因为畸形不是别人的短，他就是畸形的。这是因为对于我们成人来说，这个人身上是缺少一些东西的，这对于自然的过错的影响和对于不测事件所造成的残废和毁损的影响是一样的。因此，如果一个人驼背，他就是畸形的，因为他的背具有一种不寻常的形状，能够引起一种疾病或不幸的观念。如果一个人的颈部比寻常人长得多或者短得多，我们便说他的颈部是畸形的，因为人通常不是那种形状的，但是每时每刻的经验确实都可以促使我们相信。一个人尽管两条腿长得一样齐，一切方面都很相像，颈部的长度也合适，背也很直，同时却可以是最不美的人。

的确，美和习惯的观念之间是没有什么关系的，因而现实生活中以这种方式感动我们的情形是极少和极不寻常的。一个美的事物以它的新奇引起我们的注意，不亚于一个畸形的事物引起的注意。因此，在我们所熟悉的动物中间，假定忽然出现了一种新奇的动物，我们决不会等待习惯确定了一个比例的观念以后才去断定它是美还是丑。

这就证明美的一般观念不仅与自然的比例无关，与习惯的比例也没有什么关系。畸形的产生是由于缺少通常的比例的缘故，但任何一个物体存在这种通常的比例并不必然产生美。老实说，我对于这个地方不仅感不到什么乐趣，反而感到一种厌烦。我每天往那里走去，从那里走回来，回来的时候没有什么愉快的感觉。然而怎样，只要我在通常去那里的时间内忘记去的话，我就会感到非常不舒服，一直到我又往老路上走去的时候，才会感到平静下来。吸鼻烟的人在吸的时候并不感觉到他在吸，敏锐的嗅觉变得迟钝了，因而对于这样一种强烈的刺激物几乎没有什么感觉，但如果把他的鼻烟盒取走，他就成了世界上最难受的人。

习惯和习性确实不是产生快感的原因，经常使用的结果使任何一种事物变得完全不感动人。这是因为习惯最后取消了许多事物产生痛苦的效果，同样也减少了其他一些事物产生快感的效果，而使两者多少变成平凡的、不产生什么感觉的东西。习惯被称为第二天性是很合适的，我们所处的自然的和普通的状态是一种绝对漠不关心的状态，不管对于痛苦或对于快乐来说都是同样漠不关心的，但一旦当我们脱离了这种状态或者被剥夺使自己维持在这种状态中所必须具备的东西，当这种意外情况并没有由于某种机械的原因而产生快感的时候，我们就会感到不痛快。如果我们假定物体的比例是以习惯和效用为准，效用和习惯的本质将证明它不可能产生美这种正面的和强有力的品质。

我们人类就是如此奇怪的动物：一方面热烈地企求新奇；另一方面却又深深地依恋着习性和习惯。但是以习惯的力量把我们掌握住了的那些事物的本质就是这样：当我们占有它们的时候，它们对于我们所起的影响很小，但是当我们没有占有它们的时候，它们的影响便很强烈。我记得经常去一个地方，每天都在那个地方待很长一段时间。对于第二天性的习惯来说，对于与它有关的一切事物来说，情况就是如此。

因此，虽然人类与其他动物身上存在着通常的比例决不是产生真正快感的原因，但一旦缺少这种比例便必定会引起厌恶。不错，作为人体美的原因而规定下来一些比例常常可以在美的人体上见到，因为这些比例在人类的身体上一般都可以见到。但如果我们能够证明在不存在美的情况下照样可以见到这些比例，而美常常是在不具备这些比例的情况下存在的，而且这种美的存在总是可以归诸其他比较明确的原因，那么我们自然可以断定比例和美不是同样性质的观念。

八、适宜性不是美的原因

人类最常想到的一个关于比例的观念，就是手段对于某种目的适宜性，而在不涉及这个问题的场合下，则很少为事物的不同尺寸的效果问题费神。有人说效用观念，即关于整体的一个部分符合于它的目的观念，是美的原因或者就是美本身。若不是由于存在这种看法的话，比例论就不可能这样长久地守住自己的立场，人们早就会对谈论一种与一切都无关，既不关系到自然原理，又不关系到对于目的适宜性尺度问题。

因此，比例论就必须坚持。不仅人造物而且连自然物都是由于整体各部分适宜于它们的某些目的而得到美的。但我怕在确定这个原理时并没有足够地考虑到经验。因为根据这个原理，猪的楔形大鼻子加上鼻尖强韧的软骨，它的深陷进去的小眼以及整个头部的形状，既然非常适合于用鼻子挖地、掘地找东西吃的职能，就该是非常美了。垂在鹈鹕嘴下的大囊袋，对于这种水禽是非常有用处的，在我们看来也该同样是美的了。倘若躯体各部分的适宜性是使它们形式可爱的因素，那么这些部分的实际使用无疑地应该大大提高这种可爱的程度，但情况却远不是经常如此，虽然根据另一个原理，有的时候确实是这样的。

鸟飞的时候如它栖息的时候一样美丽。不仅如此，有一些很少看到它们起飞的家禽并不因此而稍减其美。鸟类在形式上同兽类和人类有着极大的不同，除非考虑到鸟类躯体各部分是为了其他完全不同的目的，你就不可能根据适宜性的原理承认鸟类的身上有什么令人愉快的东西。用满布针刺的厚皮来保护自己抵御攻击的刺猬，以及长着剑一般的长刺的豪猪，也该被认为是很美的动物的躯体各部分：有比猴子的躯体各部分长得更灵巧；猴子有着人一般的手和野兽一般的轻快的后腿；猴子长得小常适合于奔跑、跳跃、抓扭和爬行，但在人类的眼里很少动物看起来比猴子更不美了。

我需要谈谈大象的鼻子，大象的鼻子有着各种各样的用途，但对于大象的美却不起任何作用。狼长得是多么适合于奔跑和跳跃？狮子为了格斗而武装得多么好？但难道有人会因此而把大象、狼和狮子称之为美的动物吗？我相信不会有人认为人的双腿是和马、狗、鹿和其他一些动物的腿一样适合于奔跑，至少认为在外形上就不是这样的，但我相信长得匀整的人腿在美的方面将被认为远远胜过所有这些动物的腿。我猜想造成这种混乱的原因可能是因为我们时常见到人类和其他动物的躯体的一些部分既美丽又适合于它们的目的，我们受到一种诡辩的欺骗，这种诡辩把这种适合性说成一种原因，而实际上它只是一种附随物。

下面是苍蝇的诡辩：苍蝇认为自己带起了一大片尘埃，因为它站在一辆真正带起尘埃的战车上面。但实际上却是尘埃把它举起。胃、肺、肝等器官都最适合于它们的目的，然而它们决没有什么美。我生平从来没有见过孔雀起飞，但远在我考虑孔雀的形式是适合于以前，我就被它那异常的美所迷住了，它这种美使它胜过世界上最出色的飞禽，尽管据我所看到的，它的生活方式很像猪的生活方式，猪便是和孔雀一起养在院里的。公鸡和母鸡以及其他一类家禽也同样存在这种情况，它们在体型上属于飞禽类，但在行动方式上却同人类和兽类没有很大的区别。

撇开这些人类以外的例子不谈，可以考虑一下，倘若我们人类本身的美是有效用的，男人就该比女人更加可爱，强壮和敏捷就该被认为是唯一的美。但是，用美这个名词去称呼强壮，只用一种名称去称呼几乎在一切方面都不同的女神维纳斯和大力士赫克里斯所具有的品质，这必然是一种不可思议的概念混乱和名词的滥用。此外，有许多非常美的东西也无法从它们身上找到任何效用观念。在见到一双美丽的眼睛、一张漂亮的嘴和两条匀整的腿的时候，不论关于它们适合于任何观念出现与否，我都要诉诸人类最初的和自然的情感。

花卉是植物界最美的一个部分，它又引起我们什么效用观念呢？的确，无限英明和善良的造物主，由于他的慷慨，时常把美和他所创造的对于我们有用的东西联结在一起，但这一点并不证明效用观念和美是同一个东西，或者无论如何它们两者是互相依赖的。

九、适宜性的真正效果

每逢我们的造物主的智慧想使我们受到任何事物的感动时，他决不信赖我们理性的无力而靠不住的作用去实行他的计划，他把这个任务赋予领导理智甚至领导意志的那些力量和特质，它们利用感觉和想象力，在理智决定赞同它们或反对它们之前就使人神魂颠倒了。当我认为比例和适宜性对美不起任何作用的时候，无论如何我决不是想说它们是没有价值的，或者应该在艺术作品里忽视它们的艺术作品是它们本来的势力范围，这里它们可以发挥它们充分的效果。我们要通过长久的推论和花费很多的研究功夫，才能发现上帝表现在自己作品里的值得崇拜的智慧。

当我们发现这种智慧的时候，其效果不仅在求得它的方式上，而且在它本身的性质上，都和我们毫无准备地被崇高或美所感动时的效果不相同。比例和适宜性的效果，至少就它们仅仅来自对作品本身的考察而言，只能产生称赞和理智的默认，而不能产生爱或者任何这一类的情感。当我们检验一只表的结构时，当我们充分了解它的每一部分的效用，从而确信整个表的适宜性的时候，我们决不是在这只表本身之中感觉到任何像美那样的东西。但是，让我们来看一下这样的情况，某些奇妙的艺术家的雕刻的劳动，虽然很少或根本没有效用的观念，它使我们得到的美的观念却比我们从表本身（即使是格雷汉的杰作）所可能得到的更生动得多。

我已经说过，美所产生的效果是先于任何有关效用的知识的，但对比例下判断，我们却必须知道任何作品预定要达到的目的。比例是随目的而变的。因此，塔有一种比例，马有另一种比例，走廊有一种比例，大厅有一种比例，会议室又有另一种比例。要对它们的比例下判断，你必须首先了解它们预定的用途。见识和经验相结合，就能发现在每个艺术品里怎样做才算适宜。一个解剖学家所感到的满足是多么不同，他发现肌肉和皮肤的效用，发现前者适合于身体的各种运动的卓越的设计，以及后者的奇妙的组织，一会儿是一般的覆盖物，一会儿又是一般的排泄孔和入气孔。

这和一个普通人看到纤细光滑的皮层以及不需要研究就能感觉到的其他一切美的部分时所具有的感情，又是多么不同？在前一个场合下，当我们以钦佩和赞美的心情仰望着造物主的时候，引起这种心情的对象却可能是讨厌而令人不承认；而后者则经常凭借它对想象力的巨大作用而感动我们，但我们很少去检查它的设计的巧妙，而且我们需要依靠我们理性的巨大努力，使我们的心灵摆脱对象的诱惑，不去考虑发明这样有力量的机器智慧。

十、扼要的重述

总而言之，假如我们发现人体的各个部分合乎比例也就常常能发现美的话（事实上它们当然不是如此），假如它们处于这样的状态下就可以从比较中产生一种快感的话（事实上它们难得如此），假如无论在植物界或动物界能发现任何一种永远伴随着美的特定的比例的话（事实却从来不是这样），假如在各个部分很好地适合于它们的目的场合下它们常常是美的，并且在没有效用的时候也就没有美的话（这是和全部经验相矛盾的），那我们就可以推断，美包含在比例或效用中。但因为在一切方面事实却完全不是那样，所以我们可以确信，美并不依赖于这些东西，就让它起源于另一个。

十一、圆满不是美的原因

烦恼中的美是最动人的美。羞涩之态也有差不多同样的力量。而被人默认为不圆满之表现的一般的质朴，它本身也被看作一种可爱的品质，并确实使每个具备这种品质的人有所提高。还有一个同前面这个概念密切相连的概念颇为流行，即认为圆满是美的构成原因。这种意见还被人进一步扩及到感性对象。在这些对象里，圆满本身却决不是美的原因。美这种本质在女性身上是最高级的，但它却几乎总是伴随着柔弱和不圆满的观念。

妇女们很懂得这一点，正因为这样，所以她们学习娇声娇气咬着舌头讲话，扭扭捏捏地走路，装得弱不禁风甚至装出病态。在这样做的时候，她们都是由天性支配的。我知道，每个人口里都说，我们应该去爱圆满。在我看来，这恰恰充分证明它不是爱的本来的对象。谁说过我们应该去爱一个美女或甚至任何一种使我们喜欢的美的动物呢？在受感动的场合，是不需要使我们的意志求得一致的。

十二、在什么范围内美可以被应用于心灵的品质

打动我们的心、使我们得到可爱之感的印象的，是那些比较柔和的美德，如性情平易近人、富有同情心、仁慈和蔼、宽大磊落，虽然它们对社会的关系确实不那么直接及不那么高贵。这个意见一般地也同样适用于心灵的品质。引起人们敬仰的属于崇高一类的美德，与其说产生爱，倒不如说产生恐怖。例如刚毅、正义、智慧以及诸如此类的东西就是这样。从来没有任何人靠了这些品质而成为可爱。那些博得大多数人的心，被选为他们的平安时期的伴侣，使他们免除悬念和忧虑的人，从来不是具有卓越超群的品质的人，也不是具有坚强美德的人。

我们的眼睛观看炫耀夺目的对象已经感到疲劳，我们宁愿把我们的眼睛停留在不刺目的灵魂上。值得注意一下，当我们在萨鲁斯特的著作里看到描写得这样好并且组成对比的恺撒和卡托两人的性格时，我们自己有些怎样的感受。一个人是宽宏大量，另一个人是铁面无情。一个人是可怜人的庇护者，另一个人是对罪恶的惩罚者。但正因为如此，所以它们才这样可爱。伟大的美德主要是用来对付危险、惩罚和困难的，它们与其说是讨人喜爱，倒不如说是为了防止最坏的灾难。

因此它们不是可爱的，虽然它们是非常值得尊敬的。次等的美德则用作安慰、酬谢和施恩，因此它们更可爱些，虽然在高贵的程度上略逊一筹。在后者身上有许多东西值得我们钦佩和崇敬，也许有某些东西使我们惧怕，我们尊敬他，但我们却站在一定的距离之外尊敬他。前者则使我们和他亲近，我们爱他，而且他可以把我们随便引到哪里去。

为了使事情更接近于我们最初的、最自然的感情，我将要补充一点由一个头脑机敏的朋友在阅读这一节时所提出的意见。父亲的权威对我们的幸福来说是这样有益，并且无论如何是值得我们尊敬的，可是它却妨碍我们对他抱有我们对母亲所抱的那种纯粹的爱。在母亲眼里，长辈的权威几乎是消融在母亲的溺爱和纵容里的。但是我们一般却非常爱我们的祖父，在祖父身上，这种权威离我们更上一层，而年龄所造成的衰弱则使它变成某种近乎女性偏爱了。

十三、在什么范围内美可以被应用于美德

从前节所述，我们可以容易看出，在什么范围内把美应用于美德才能做得恰当。把这种品质一般应用于美德，会造成一种使我们关于事物的观念陷于混乱的强烈倾向，它引起了无数种胡思乱想的理论。因为把美这个名称加在比例、协调和圆满上，如把它加在和我们关于美的自然观念上，它离得更远并且彼此也离远的那些事物的品质不一样，都会使我们关于美的观念陷于混乱，使我们在进行判断时没有标准或规则可以遵循，那是和我们个人的嗜好同样不确定和不合理的。

因此，这种模糊而不精确的说法，就使我们在有关鉴赏和道德的理论方面误入歧途并诱使我们把有关我们义务的科学脱离它们本来的基础（我们的理性、我们的关系和我们的需要），而把它建立在完全虚幻的不牢固的基础上。

十四、美的真正的原因

在努力说明美不是什么以后，我们还应该至少同样注意考察一下美究竟包含在什么里面。美是不得不依靠某些实在的品质而感动人的东西。而且因为它不是理性的创造物，因为它在打动我们时与效用无关，甚至在根本不可能看出效用的场合下打动我们，因为自然界的秩序和方法一般说来与我们的尺度和比例大相迥异，所以我们必须断定，美大半是借助于感官的干预而机械地对人的心灵发生作用的物体的某种品质。

因此，我们应该用心地考虑一下，在我们凭经验而发现美的那些东西里，或者在激起我们的某种与之相当的情感的东西里，这些感性的品质是以什么方式配置起来的。

十五、美的对象是小的

在人们认为美的物体里，究竟何等的体积占有优势地位，这点可以从日常关于它的表达方式中推断出来。在考察任何一个对象时它呈现给我们的最明显一点就是它的体积或量。有人告诉我，在大多数语言里，爱的对象都是用小词来称呼的。在我所知道的所有语言中，情况也同样如此。在希腊文化里和其他的小词尾，差不多总是被用作表示爱情和温柔的词尾。这些小词尾通常被希腊人加在他们用友好和亲昵的措辞而谈到的那些人的名字后面。

虽然罗马人是一个感觉较不敏锐和较不精细的民族，可是他们也自然而然不知不觉地在同样情况下使用词尾。在除了我们人类以外的动物中间，我们倾向于喜爱小动物，如小鸟和某几种小兽。“一个庞大的美的东西”这种表达方式是极少使用的，但是一个庞大的丑物这种说法却是很平常的。

在崇敬和爱之间有极大的区别。崇高作为崇敬的原因，总是发生在庞大而可怕的对象上；而后者则发生在小而惹人喜欢的对象上，我们屈服于我们所尊敬的东西，但我们却屈服于我们爱的东西，在前一种场合，我们被迫依从，而在后一种场合则我们因受奉承而依从。简言之，崇高和美这两个观念建立在如此不同的基础上，甚至很难设想，我几乎要说简直不可能设想，使它们在同一个对象里得到调和而不大大地削弱前者或后者对情绪的影响。因此如果注意到它们的量，那么美的对象比较地说是小的。古时在英语里，ling是加在作为爱的对象的人和东西的名字之后的。某些名词我们还一直保留着，如“亲爱的”（darling 或 littledear）和少数其他的名词。但是直到目前在日常谈话里，通常在我们所爱的每个东西上加上爱称 little（小），法国人和意大利人使用这些爱称的小词甚至比我们还多。

十六、光滑

随便哪一个美的对象，假如它的表面凹凸不平，那么不管它在其他方面可能样子很好，它也不再能使人喜爱。反过来说，就让它缺少其他许多要素，但假如它不缺少这种要素的话，那它就会比缺乏这种要素的几乎其他一切事物更可爱些。在美的对象里经常可以看到的其次一个特性是光滑。这一品质对美来说是必不可少的，甚至我现在竟想不起任何美的东西不是光滑的。树木和花卉的光滑的叶子是美的，花园里平滑的斜坡，风景里的平滑的小溪，动物中的鸟类和兽类美的光滑的毛皮，美女的光滑的皮肤，以及某几种装饰家具的平滑光亮的表面，都是美的。

美的相当大的一部分效果应归功于这一品质，它确实是最不可忽视的。这一点在我看来是这样明显，因此我感到非常诧异，为什么讨论这个问题的人竟没有一个曾经在列举形成美的那些因素时提到过光滑这种品质。因为确实任何凹凸不平、任何意想不到的突出部位、任何锐角都是和那一观念极其格格不入的。

十七、渐次的变化

但是因为圆满的美的物体不是由带棱角的部分所组成的，所以它们的各部分从不沿着同一条直线一直向前延伸。它们每时每刻都在变换着方向，它们在人眼前通过不断地偏离而发生变化，但你却很难确定一点作为这种偏离的起点或终点。看一只美丽的鸟，就可以说明这种观察。

在这儿我们看到头部缓慢地扩大到中部，从那里它又逐渐缩小直到它和颈部相融合，颈部消失在更膨胀的部分里，它一直伸展到身体的中部，然后整个身体又重新缩小直到尾巴，尾巴采取了一个新的方向，但它很快就改变了它的新方向，它又重新和其他各部分混合在一起，而那线条则不断地向上、向下、向每一边发生变化。通过这一描写，在我面前浮现出一只鸽子的表象，它符合于大多数美的条件。它是光滑而柔软的，它的各个部分是互相融合（姑且用这个说法）在一起的，通过整个身体你看不到一个凸出部分，然而整个身体又是在不断地变化。

但是，他没有精确地注意到变化的方式，因此变化观念就引导他认为带棱角的图形是美的，的确，这些图形变化很大，然而它们是以突然剧变的方式变化的，我突然发现任何一个带棱角的自然对象同时又是美的。观察一下一个美女身上的或许最美的部分，即颈部和胸部，就可以看到光滑、柔软、舒畅而缓慢的膨胀，皮肤表面的变化甚至在最小的空间里也从不相同，还可以遇到骗人的迷津，通过它不安定的眼睛轻率地到处滑动，简直不知道固定落在什么地方或者被带到什么地方。难道这不是构成美的重大要素之一的那种连续不断，但又难以在任何一点上感觉到的表面变化的一个证明吗？

我很高兴地发现，在这一点上我可以用头脑机敏的荷迦兹先生的意见来加强我的理论，我认为他关于美的线条的思想一般地说是极为正确的。诚然，只有很少的自然对象完全是带棱角的。但是我想最接近于这种样式的东西也就是最丑的东西。我还必须再加一句，在我可以观察到的自然界的范围内，虽然只有在有变化的线条里才能找到完美无缺的美，可是没有一条特殊的线条永远是最完全无缺地美的，从而比其他一切线条更美。至少我就从来也没有能观察到这样的线条。

十八、娇柔

无论谁去调查一下植物界和动物界的万物，那他就可以发现这种观察在自然界里是有根据的。我们认为美的，并不是橡树、棉树或榆树，也不是森林里任何一种粗壮的树木，它们是严肃而庄严的，它们引起一种崇敬之情。粗壮有力的气派对美是很有损害的。一种娇柔的外貌，甚至纤弱的外貌，对美来说几乎是不可缺少的。被我们看作植物美的，是娇柔的桃金娘，是橘树，是扁桃，是素馨，是葡萄树。花类最显著的是它的柔弱和转瞬即逝的持续期，但它却给予我们以最生动的美和优雅的观念。

在动物界，猎犬要比猛犬更美些，而一匹西班牙小马、巴布利马或阿拉伯马的娇柔的体态，也比某些战马或挽马的强劲有力和稳重的体态更可爱些。这里我只需要稍为说几句关于女性的话，我相信在这一点上是完全允许我这样做的。妇女的美在颇大程度上是由于她们的纤弱或娇柔，甚至由于她们的羞涩而更加增强，因为羞涩是与娇柔相类似的一种心灵的特质。这里我说的话不应被人理解为表示健康情况很坏的那种纤弱也可以分享到美，但是这种恶劣的效果并不是因为纤弱，而是因为恶劣的健康状况产生了这样一种纤弱，改变了美的其他条件；在这种情况下各个部分都衰弱了，明亮的颜色，青春的光辉都消失无踪，美的变化则消失在皱纹、突然的转折和直线条里了。

十九、颜色之美

至于在美的物体里通常可以看到的颜色，那么在确定它们时也许稍微有点困难，因为自然界的某些部分有着无限的多样性。然而，即使在这种多样性里，我们也能指出可以作为依据的某几点。第一，美的物体的颜色不能晦暗浑浊，而必须明快洁净；第二，它们不能是最强烈的颜色。似乎最适合于美的是每种颜色中较柔和的颜色，如浅绿、浅蓝、淡白、粉红和紫罗兰色；第三，假如颜色是强烈鲜艳的，那么它们总是有变化的，而且美的对象也从来不能只有一种强烈的颜色。几乎总是有若干种颜色混在一起（例如杂色的花朵），使每种颜色的强度和显眼的程度大为减弱。

美的脸色不仅有着某种颜色的变化，而且无论红色和白色都不是强烈夺目的。此外，它们是以这样一种方式混合起来，色彩这样地逐渐变化，使人不可能去确定它们之间的界线。根据同样的原理，孔雀颈上和尾巴上的斑驳的颜色以及公鸭头上的颜色因此也就令人感到非常愉快了。实际上，形体之美和颜色之美的关系之密切，达到了我们关于这两种不同性质的事物的关系所能设想的程度。

二十、相貌

相貌在美特别是在我们人类的美这方面起着相当大的作用。现存举止使容貌具有某种确定性，一个人的容貌按常规是言行举止相一致的，它能够把心灵的某些令人愉快的品质的效果和肉体结合起来。因此，要形成完美的人体美，并使它发挥充分的影响，面部必须表现出一些同外部形式的柔软、光滑娇柔相一致的文雅可爱的品质。

二十一、眼睛

迄今为止我故意略去眼睛不谈，它在动物美这方面起着这样大的作用，所以不能轻易地把它归入以前的条目，虽然事实上它也归结到同样的原理。我认为，眼睛的美首先在于它的明亮，什么颜色的眼睛最使人喜欢，这在很大程度上取决于各种特殊的爱好，没有一个人会喜欢水色（姑且用这个字眼）、阴暗混浊的眼睛。这样看来，我们喜欢眼睛时所根据的原则，就是我们喜欢钻石、清水、玻璃和诸如此类的透明物所依据的原则。其次，眼睛的动作由于不断变换它的方向而对它的美有所增益，但是一个缓慢而疲倦的动作要比一个活泼的动作更美，后者只是富有生气，而前者则十分可爱。再次，关于眼睛和邻近部分的结合也必须遵守适用于其他美的事物的同样规则，它既不能强烈地偏离邻近部分的线条，也不能接近于任何一种严格的几何图形。除了这一切之外，眼睛之所以感动人，是因为它表现心灵的某些品质，并且一般它的主要力量就是由此产生的。因此，我们刚才关于相貌所说的话在这里也是适用的。

二十二、丑

如果在这里坚持要谈丑的本质，看来也许像是重复我在前面已经说过的话。因为我想丑的本质在一切方面都恰好和人们提出作为美的要素的那些品质相反。但是，虽然丑是美的对立面，它却不是比例和适宜性的对立面。因为很可能有这样的东西，它虽然非常丑，但却合乎某种比例并且完全适合于某种比例，我想丑同样可以完全和一个崇高的观念相协调。但是，我并不表示丑本身是一个崇高的观念，除非它和激起强烈恐怖的一些作品结合在一起。

二十三、优美

优美的全部魔力就包含在这种姿势和动作的悠闲自若、圆润和娇柔里，也就是所谓它的我不知道的东西，对任何一个观察者来说，只要他注意考察一下麦迪西的维纳斯像、安提纳斯像或任何一个一般公认为高度优美的雕像，这一点都将是非常明显的。这个观念和美没有多大区别，优美这个观念是属于姿态和动作的。在这两方面，要做至美就必需毫无困难的表现，这要求身体微屈，身体的各个部分姿态自若，要既不互相妨碍，也不表现出被急剧而突然的棱角所展开。

二十四、优雅和美观

对于触觉来说引起快感的一切物体，都是由于它们所产生的阻力微小。阻力或者是对于沿着表面的动作而言的，或者是对于各个部分相互间的压力而言的，假如前一种阻力微小，我们就把这物体称为光滑，假如后一种阻力微小，我们就把这物体称为柔软。当任何一个物体是由平滑光亮的部分所组成，不互相抑制，也不表现出任何凹凸不平或混乱，我就把它称为优雅。它和美非常接近，它和美的区别仅在这种规则性，但是，这种规则性在产生的影响上造成了一种完全不同的区别，所以它很可能组成另一类事物。

我把那不是模仿自然界的一定对象的精美而有规则的艺术，如优雅的建筑、家具等，列入这个项目。当任何一个对象具有上述的品质，或者具有美的物体的品质，而同时又有很大的体积，那它就和单纯的观念大不相同。我把它称之为丰匀。我们由感觉所获得的主要快感，就来自这种品质之中的任何一种，假如两者结合在一起，则我们的快感就大为增加。这是如此明白，因此与其用任何例子来说明它，倒不如说它更适合于说明其他事物。在这种感觉里，如像在其他每一种感觉里一样，快感的其中一个源泉就是不断地提供一些新东西，我们发现，表面不断变化的物体，对感觉来说是最能引起快感的，或者是最美的，这是任何一个得到快乐的人都曾体验过得。

这种对象的第三个特性是：虽然它的表面不断地变换方向，但却从来不突然变换方向。任何一个东西突然出现，总是叫人不愉快，尽管它所给予的印象本身只有一点点或根本没有暴力因素。没有通知而使手指迅速地触及比平常更热或更冷的东两，会使我们出乎意料地在肩头上轻轻一拍，也会产生相同的结果。前面对于美的描述，在用眼睛看的范围内，可以通过描写对象的本质而得到很好的说明，这些对象通过触觉也能产生相似的效果。我把这称之为美。它和对视觉引起同类快感是惊人地一致的。所有的感觉里有着一种联系，它们都是感觉，但却种类不同，它们适合于接受不同种类对象的影响，但却都以同样的方式来接受影响。

因此，带棱角的物体，突然改变外形的方向的物体，只能给感觉以极大的快感。这样的每个变化都是一种缩小了规模的攀缘或坠落，所以方形、三角形和其他带棱角的图形，无论对视觉或者对感觉来说都不是美的。无论谁把他感觉到柔软、光滑、有变化而无棱角的物体时的心灵状态，同他自己在看到一个美的对象所处的心灵状态作一比较，那他就会发觉两者的效果有着非常明显的类似之处，这也可以有助于发现它们的共同原因。在这里面，感觉和视觉仅仅在很少点上有所不同。

触觉感受到柔软感，而柔软却原来并不是一个视觉的对象，另一方面，视觉可以把握颜色，而颜色对于触觉来说却很难感觉得到，触觉还享有一种便利，能从适度的温暖得到一种新的快感的观念，可是眼睛却以它的对象无限宽广多样而取胜。但是，在这些感官的快感里有着一种类似之处，使我易于想象，假如可能有人能靠感觉去辨别颜色（据说有些盲人可以做到这点），那么视觉认为美的那些相同的颜色和相同的颜色配制，对触觉来说也将会是同样最愉快的。

但姑且把这种推测放在一旁，让我们来谈另一种感觉，即听觉。声音的美在这种感觉里，我们可以发现一种以柔和纤细的方式来感受的同样倾向；甜蜜的或美的声音究竟和我们对于其他感觉中的美的描述契合到什么程度，这必须由每个人的经验来判定。弥尔顿曾经在他少年时代的一首诗里描述过这一类音乐。我不必说，弥尔顿精通这种艺术也不必说，没有一个人有更好的耳朵，以更巧妙的方式用借自另一种感觉的隐喻来表达出某一感觉的感受。

这一段描写如下：

永远提防着伤人的忧虑，用柔婉的音乐将我萦绕，调子抑扬顿挫，妙趣无穷，余音袅袅，漫不经心，巧夺天工，销魂的声调曲曲传情，解除束缚的锁链，放出和谐的灵魂，让我们把这和其他美的事物的柔软、起伏的表面、继续不断的连绵和叫人看着舒服的色调作一对比，这一种感觉的全部多样性以及它们的所有这几种影响，将有助于互相说明而得出一个明晰的、首尾一贯的整体观念，而不会因它们错综多样而使这个观念朦胧不明。

实际上，美所激起的情绪更接近于一种忧郁，而不是更接近于欢乐和愉快。这里我并不是说要把音乐限制于任何一个音符或音调，而且我也不能说我在这门艺术方面有什么了不起的技能。我提出这个意见的唯一企图，就是要建立一个首尾一贯美的观念。人的感情的无限多样性，将启发完好的头脑和熟练耳朵去认识这种声音的多样性，就像适合于引起它们一样。把同一类的互相一致的少数几个特殊观念，从一大堆被人庸俗的列为美的标准的不同的，而且有时是互相矛盾的观念中清理和分出来，对这点是不能存什么偏见的。

而我的目的就在于仅仅表明听觉和其他一切感觉在它们的快感方面相一致的一些主要观点上。我还要对以上的描述提出一两点补充。第一，音乐里的美不能忍受响亮而有力的声音（这种声音或许能用来引起其他的情感），也不能忍受尖利刺耳或深沉的音调，它最赞同的是那些清晰、平稳、圆润和柔弱的音调；第二，巨大的变化和从一种拍子或调子到另一种拍子或调子的迅速变调，是和音乐之美的特质相矛盾的。这种变调往往激起快乐或其他突然爆发的激昂的情绪，但它不能使人沉醉、感动和慵倦，而这却是美对每一种感觉所造成的特有的效果。

二十五、味觉和嗅觉

在详细地考察味觉和嗅觉时，各种感觉的这种一般的契合表现得更为明显。我们用比喻把甜的观念应用于视觉和声音，因为在这些感觉里借以激起快感或痛感的那些物体的品质，不如它们在其他的感觉里那样明显，所以我们将在我们进而考虑与一切感觉有关美的共同有效原因的那一部分里，去说明它们之间非常接近的相似之点。

我并不认为，建立一个清晰的、固定的视觉美观念，比这种考察其他感觉的类似快感的方法更为合适。因为有时某一部分在这些感觉之中的一种感觉里是明显的，但在另一种感觉里却是模糊的，只有在一切都明显地同时发生的地方，我们才可以更确实地谈论任何哪一种感觉。这意思就是说，它们可以互相证明；自然界可说是被人在详细查究着，而我们关于它的报道，只不过是我们从它自己的报道中所获得的东西。

二十六、崇高与美的比较

因为崇高的对象在它们的体积方面是巨大的，而美的对象则比较小；美必须是平滑光亮的，而伟大的东西则是凹凸不平和奔放不羁的。美必须避开直线条，然而又必须缓慢地偏离直线，而伟大的东西则在许多情况下喜欢采用直线条，而当它偏离直线时也往往作强烈的偏离，美必须不是朦胧模糊的，而伟大的东西则必须是阴暗朦胧的，美必须是轻巧而娇柔的，而伟大的东西则必须是坚实的，甚至是笨重的。

在结束这个对于美的一般考察就自然而然地要求我们必须把美和崇高作一比较，而进行这种比较就形成了一个显著的对照。它们确实是性质十分不同的观念，后者以痛感为基础，而前者则以快感为基础，尽管它们在以后可能发生变化，违背它们的起因的直接本性，可是这些起因却仍然使它们保持着永恒的区别，这种区别是任何一个以影响人们的情绪为职业的人所永远不能忘记的。假如黑与白可以有一种方式混合、融合、联合在一起，难道就没有黑与白了？假如有时我们发现崇高和美的品质结合在一起，这是否证明它们是相同的呢？这是否证明它们无论如何总是联合在一起的呢？

这是否证明它们甚至不是互相对立和矛盾的呢？黑与白可以融合，可以混合，但它们并不因此而成为相同的东西。但是当它们互相融合混合或者和其他颜色融合混合起来的时候，黑作为黑、白作为白的力量，也就不像它们各自单独分开时那样强烈了。在自然组合的无限多样性里，我们必须指望去发现结合在同一对象里的那些彼此大不相同的事物。我们还必须指望在艺术作品中去发现同样的组合。但是，当我们考虑一个对象对我们的情绪所发生的力量时，我们必须知道，当任何一个事物打算借助于某种主要的特性去影响心灵时，假如该对象的其他一切特性或品质是属于同一种类的，并和主要的特性一样倾向于同一个目的，那么它所产生的影响就大概会更加一致和更加完满些。

二十七、美的身体方面的原因

从美和敏感的最高点直到平庸和感觉麻木不仁的最低点的这种顺序，以及它们所造成的相应的效果，都是我们应该记在心里的，否则以上这种描写就似乎有点过分夸张了，但实际上它的确并不夸张。而从这种描写中就几乎不可能不得出这样的结论，即美是使整个坚实的身体松弛舒畅而起作用的。当我们面对引起爱和满足爱的对象的时候，就我观察而论，身体受感动时大都采取以下这种姿态。

头靠在一旁的什么东西上，眼睑较往常略闭，眼睛斜斜地、沉静地在对象上溜转，嘴巴微张，呼吸放慢，不时发出低叹，整个身体都处于安定状况，两手则舒坦垂向两边。这一切都伴随着一种内心的感动和慵倦感。这些姿态往往同对象里的美和观察者的敏感的程度成正比例。牛顿爵士在《光学》第三卷里所奠定的贤明法则所可能产生的例外。假如我们可以证明我们已经观察过的那些东西是美的真正的要素，并且它们各自分别具有使身体组织松弛舒畅的自然趋向，那么在我看来，我们的立场就将是坚定可靠，不容任何合理的怀疑。假如我们必须承认，当所有这些要素在感官面前联合在一起的时候，人体的姿态进一步证实了这种主见。那么，我相信我们可以大胆地推断，那种称之为爱的情感就是由于这种松弛舒畅而产生的。

根据我们在探究崇高的原因时所用过的同样的推理方法，我们可以同样地推断，因为呈现在感觉面前的一个美的对象，由于引起身体的松弛舒畅而在心灵里产生爱的情感，所以假如情感无论如何必须首先在心灵里有着它的根源，那么外部器官的松弛舒畅的程度也就当然会和这个原因成正比例。以上所述全都是这样一种松弛舒畅的姿态。在我看来，略次于自然健康状态的松弛舒畅状态乃是一切积极的快感的原因。在一切时代和一切国家，由于得到快感而变得温柔、松弛、软弱和融化的人所采取的这种共同的表现方式，难道还有谁不熟悉吗？人类的普遍意见是忠实于他们的感觉的，它在肯定这种普遍一致的效果上是相一致的，虽然也许可以找到个别奇特的例子，说明有相当程度的积极的快感而并没有松弛舒坦的一切特征，但我们决不能因此拒绝我们从许多实验的一致结果中所得出的结论，我们必须仍然保留它，同时补上相关根据。

二十八、为什么光滑是美的

在解释视觉美的真正原因时，我要求助于其他的感觉。假如光滑看来是对触觉、味觉、嗅觉和听觉造成快感的主要原因，那它就很容易被承认为视觉美的一个要素，特别是因为我们在前面已经证明，在一切公认为美的物体里几乎可以无例外地发现这种特质。

毫无疑问，粗糙而带棱角的物体刺激感觉器官使它们发生痉挛，引起一种痛感，这种痛感即在于肌肉组织极度紧张或收缩。相反的，光滑的物体则使人松弛舒畅，柔滑的手轻轻抚摩可以消除剧痛和痉挛，并使患部免除不自然的紧张而感到松弛舒畅。因此它常常在消肿止痛方面具有很好的效果。光滑的物体使感觉获得高度的满足。一张平滑柔软的床，也就是睡在上面所受到的阻力完全微不足道的一张床，能够给人很大的愉快，使人全身松弛舒畅，并且比其他任何东西都更有诱惑力，这一类愉快就叫作睡眠。

二十九、为什么变化是美的

没有一个长久保持同一个样子的东西能够是美的，也没有一个突然发生变化的东西能够是美的；因为两者都与令人愉快的松弛舒畅相对立，而松弛舒畅却是美所特有的效果。美的对象的另一个主要的特性是它们的各个部分的线条不断地变换它的方向，但它是通过一种非常缓慢的偏离而变换方向的，它从来不迅速地变换方向使人觉得意外，或者以它的锐角引起视觉神经的痉挛或震动。在所有的感觉里都是这样。

我们走和缓的下坡路时遇到的阻力最小，沿着直线运动则是仅次于它的活动方式；然而走直线在使我们感到最不疲劳这方面却不是仅次于走下坡的活动方式。休息当然使人松弛舒畅，可是还有一种运动比休息更使人松弛舒畅，那就是一种时上时下的和缓的摇摆的运动。摇动比绝对的静止更易使孩子入睡。在那种年纪，确实几乎没有任何东西比轻轻地举上降下给人更大的快感了，保姆和孩子们的玩耍方法，以及孩子们自己后来视作心爱的娱乐的荡秋千，都充分地证明这一点。

大多数人一定曾经注意到他们坐在一辆舒服的马车里，在和缓地上下起伏的平坦的草地上疾驰时所体验到的那种感觉。这给人以一个更好的美的观念，并且几乎比其他任何东西都更好地指明美的可能的原因。但是，让我们把这种感觉的类似再回过来应用于眼睛，假如呈现在那感官面前的物体具有这样一种波浪形起伏的表面，使从它反射出来的光线连续不断缓慢地从最强的光向最弱的光偏移（在表面逐渐起伏的情况下总是这样），那么它对眼睛或触觉的效果一定是完全相似的；在这两者之中，它对一个是直接起作用的，对另一个则间接起作用。

假如构成这个物体的表面的线条，不是始终不变或者以一种方式变化从而可能叫人厌倦或使注意力涣散的话，那么这个物体就是美的。变化本身也必须继续不断地变化着。相反的，当一个人坐车在一条崎岖的、铺碎石的、起伏不平的道路上疾驰的时候，由于这些突然的崎岖不平而感到的痛苦，则说明为什么类似的视觉、感觉和声音同美如此格格不入。对于感觉来说，无论譬如说我把我的手沿着具有一定形状的物体的表面移动，或者这样的物体沿着我的手移动，在其效果上是完全相同的，或者差不多是相同的。

第六篇

启蒙运动——德国美学

德国“理性主义”美学，又称新古典主义，在文艺复兴的基础上，此美学进一步重视人的研究，形成“理性派”“经验派”；哲学研究从“本体论”转向“认识论”。从美学出现之日到今，从西方到东方，对于什么是美学，各种权威性的美学家、美学论著、美学辞典、百科全书，真可谓言人人殊。

对各种不同的定义进行归纳，基本的有五部分：1. 美学是关于美的科学；2. 美学是艺术哲学；3. 美学是以审美经验为中心研究美和艺术的科学；4. 美学是关于对美学词汇进行语言分析的科学；5. 美学是关于审美价值的科学。

以文艺运动而言，法国的“古典主义”其继承了文艺复兴反对中世纪盲目信仰，把人的理性提高到首位，然后把理性规则教条化，引起18世纪启蒙思想家反对。美学产生以来的历史表明，给美学下定义而能让大家都同意是困难的，然而，美学作为一门学科，一种理论，又必须有一个定义。

第二十四章　康德——德国古典主义美学奠基人

康德概括出天才的特征，除以往的“创造性、典范性、自然性和限于艺术领域”四点外，还新增了两点：一是强调想象力和知解力的协调；二是与其说天才见于审美意象的形成，不如说见于审美意象的表达，即非胸中之竹，而是手中之竹。

他把人的快感分为三种：感官上的快感，18 世纪末到 10 世纪初引起的快感，道德上的赞许引起的快感和欣赏美的所引起的快感。他认为，感官的快适和道德上的尊敬，都联系于客体；都是由客体的性质决定的，是由客观存在的对象而引起的。只有审美快感不受客体性质的限制，对客体的存在持淡漠态度。所以前者都和利害感结合在一起，是不自由的，后者不受利害关系的限制，是“唯一的自由的愉快”。

一、生平简介

康德（公元 1724—1804）是德国唯心主义哲学家、德国古典美学的奠基人。他的主要著作有《纯粹理性批判》（1781）、《实践理性批判》（1788）和《判断力批判》（1790）。其中《判断力批判》一书的上半部分专门论述美学问题，集中反映了他的美学思想。他出生于东普鲁士的哥尼斯堡。父亲是马鞍匠。父母皆是虔敬派的教徒。他于 1740 年进入大学，先后学过物理学、数学、地理学、哲学和神学，毕业后当过家庭教师、大学讲师和教授，教过数学、物理学、逻辑学、形而上学、伦理学、人类学和自然神学等。

二、判断力批判

《判断力批判》的第一部分，即“审美判断力的批判”，其中又分为两部分：“审美判断力的分析”，“审美判断力辩证”。“审美判断力的分析”又分为“美的分析”和“崇高的分析”。

三、美的本质

关于美的本质问题，康德是根据他在《纯粹理性批判》中对理解力所规定的四组范畴：质、量、关系和方式四个方面来进行分析考察的。从质的方面来看，审美不是一种理智的判断，而是一种情感的判断。审美判断不涉及观念、概念，是凭借完全无利害观念的快感和不快感对某一对象或其表现方法的一种判断力。在康德看来，审美判断是超功利的，与审美主体的欲念无关，是审美主体抱着一种“纯然淡漠”的态度对物体形式美的静观。

他把人的快感分为三种：感官上引起的快感，道德上的赞许引起的快感和欣赏美的比率构成所引起的快感。他认为，感官的快感和道德上的尊敬，都联系于客体；都是由客体的性质决定的，是由客观存在的对象而引起的。只有审美快感不受客体性质的限制，对客体的存在持淡漠态度。所以前者都和利害感结合在一起，是不自由的，后者不受利害关系的限制，是“唯一的自由的愉快”。从关系方面来看，审美判断是没有目的合目的性。康德认为事物的合目的性有两种：一是客观上的合目的性；二是主观上的合目的性。审美判断既然不涉及概念，与功利无关，从客观上的合目的性来说，审美判断是没有目的，审美主体对对象进行审美判断，既不是从对象的“外在目的”（事物的有用性）出发，也不着眼于对象的“内在目的”（事物的完满性）。

然而，他又认为主观上又是合目的性的（即形式上的合目的性），“审美的判断只把一个对象的表象联系于主体，并且不让我们注意到对象的性质，而只让我们注意到那决定与对象有关的表象诸能力合目的形式”。康德又把美分为两种：自由美，不以对象的概念为前提的美；附庸美，以该对象的完满性为前提的美。从方式上看，美是不依赖概念而被当作一种必然的愉快的对象，审美判断是普遍的合目的性的，所以审美客体引起审美主体产生审美快感，是一种必然性的快感。

不过，这种审美判断的必然性，既不是来自概念上的推演（逻辑上的必然性），也不是出于实践上的道德必然性，而是一种“范例的必然性”。这种“范例的必然性”，是建立在人类皆具有的“共同感觉力”的设想上的。从量的方面来看，审美判断是不凭借着概念而普遍令人愉快的。人所共知，只有概念才具有普遍性。康德认为审美判断也只是局限于他个人范围内，“每一个人有他独自的（感官的）鉴赏”，是所谓单称判断，它不具有普遍性的品格。然而审美快感又不同于感觉上的快适，感觉上的快适因人而异，而审美判断却要求普遍承认。在他看来，这种普遍性又不能来自概念，因为美和概念无关，只能来自主观，来自审美主体的“人同此心，心同此理”，即审美主体共同的“心意状态”，主观上的共同感觉力。

四、对崇高的分析

在崇高的种类问题上，康德把崇高分为两种：一是数学上的崇高；二是力学上的崇高。所谓数学上的崇高，是指对象的体积的无限大，或无比的大，大到感官和想象力不能把握的程度。在对崇高的分析中，康德把美和崇高视为两个同等重要的美学范畴。就其同属于审美判断的范围来说，二者有不少共同点，如它们都不涉及概念与欲望，都具有主观的合目的性，质、量、关系、方式四组范畴对美的分析，同样也适用于对崇高的分析。这时，必须借助于超感官的认识能力，即靠理性在内心唤起无限大的观念。

所谓力学上的崇高，一方面是指对象所具有的巨大威力，足以引起审美主体产生恐惧；另一方面，它又对审美主体没有支配力，因此人们又不感到恐惧。自然，在审美的评赏里看作力，而对我们不具有威力，这就是力学的崇高。他说崇高的快感，就像美一样，必须在量上是普遍有效的，在质上是与利害无关的，在关系上是主观的合目的性，而在情状上又是必然的。

然而，美与崇高又有许多不同点：就对象来看，美只涉及对象的形式，而崇高的对象既无形式又无限制，就主观心理状态来看，美感是直接单纯的快感，崇高则是由痛感转化而来的快感，就主体的把握方式来看，美可以在对象的形式中找到，而崇高在自然的事物中找不到，它只能在我们自己的观念中找到。在艺术与天才问题上，康德认为艺术是通过以理性为活动基础的意志活动的创造，它不同于一般的自然产品，艺术创作如同人类的游戏一样，其精髓在于自由创造。

美的艺术是天才的艺术，“天才是一种天赋的才能，它给艺术制定规律”。在他看来，天才是一种天生的心灵禀赋，不是靠后天培养的。

他还把天才的特征归结为四个方面：

（1）天才不是循规蹈矩，他具有独创性；（2）天才的作品都具有典范性，可作为他人模仿的范本，或评价其他艺术作品的评判标准；（3）天才是不能传授的只能从天才作品中窥见其法则，不是通过公式去把握，而是通过作品的自然流露；（4）天才仅限于艺术领域，自然通过天才只把规律赋予艺术，而不赋予科学。

此外，康德还谈到天才与鉴赏力在艺术创作中的作用问题、自然美与艺术美的问题、审美意象与典型问题，等等。康德的美学思想具有明显的主观唯心主义和形而上学的色彩，但康德的美学思想在美学史上的影响却是不能低估的，德国古典美学的代表——席勒、谢林、黑格尔都不同程度地受到康德美学思想的启迪。

五、鉴赏判断

在一个判断里面的一定表象可能是从经验得来的（因此也是审美的），但是因此而下的那个判断若在判断时只是联系于客体，那么这个判断就是逻辑方面的了。为了判别某一对象是美或不美，我们不是把它的表象凭借悟性联系于客体以求得知识，而是凭借想象力（或者想象力和悟性相结合）联系于主体和它的快感和不快感。鉴赏判断因此不是作为关于鉴赏定义的根据，鉴赏乃是判断美的一种能力。判定一个对象为美时所要求的是什么呢，这必须从分析鉴赏判断才能发现，至于这种判断力在反省时所要注意的诸契机，我是遵从判断的逻辑功能的指导去寻求的（因为在鉴赏判断里永远含有它对于悟性的关系）。我首先探讨关于质的契机，因为对于审美的判断。

与此相反，如果这些一定的表象尽管是属于纯理性的，而在一个判断里却只是联系于主体（它的情感），那么它们就因此在任何时候都是审美的了。首先应该考虑到质这方面的判断，从而不是逻辑的，而是审美的。至于审美的规定根据，我们认为它只能是主观的，不可能是别的。但是一切表象间的关系，甚至于感觉间的关系，却能够是客观的（在这场合，这种关系就意味着一个经验表象的实在体），但快感与不快感就不能是这样了，在这里完全没有表示着客体方面的东西，而只是这主体因表象的刺激而引起自觉罢了。

用自己的认识能力去了解一座合乎法则和合乎目的建筑物（不管它是在清晰的或模糊的表象形态里）和对这个表象用愉快的感觉去意识它，这两者是完全不同的。在这里，这表象是完全联系于主体，并且是在快感或不快感的名义下联系于主体的生活情绪，这就建立了一种十分特殊的判别力和判断力，但并无助于认识，而只是在主体里使得一定的表象和那全部表象能力彼此对立，使得心灵在情感里意识到它的状态。凡是我们把它和一个对象的存在之表象（译者按：即意识到该对象是实际存在着的事物）结合起来的快感，谓之利害关系。

因此，这种利害感是常常同时和欲望能力有关的，或是作为它的规定根据，或是作为和它的规定根据必然地联结着的因素。现在，如果问题是某一对象是否美，我们就不用知道这对象的存在与否对于我们或任何别人是否重要，或仅仅可能是重要，而是只要知道我们在纯粹的观照（直观或反省）里面怎样地去判断它。我们对这个很重要的命题不能有更好的说明，除非我们把那和利害感联结着的快感来和这鉴赏判断中纯粹的、无利害关系的快感相对立：首先如果我们同时能够确定，除掉现在所应指出的那种利害关系以外，就没有别种关系了。一个对于愉快的对象所下的判断，可能是完全无利害感，但却可以很有兴趣，那就是说，它不建立于任何利害感之上而却产生出一个兴趣。

一切纯粹的判断就是这一类。但鉴赏判断本身也并不建立任何利害关系，只是在社会里具有鉴赏力是很兴奋的事。如果有人问我，对于在眼前看到的宫殿我是否发现它美，我固然可以说：我不爱这一类徒然为人们瞠目惊奇的事物，或是，像那位伊诺开的沙赫姆那样来答复，他在巴黎就没有感到比小食店使他更满意的东西；此外我还可以照卢梭的样子骂大人物们的虚荣浮华，不惜把人民的血汗浪费在这些无用的东西上面，最后我还可以很容易地理解，假使我在一个无人住的岛上，没有重新回到人类社会里的希望，只要我一想念就会幻出一座美丽的宫殿，我也不愿为它耗费这种气力，假使我已经有了一个住得很舒适的茅屋。人们能够对我承认和赞许这一切，但现在不谈这问题。

人只想知道，是否单纯事物的表象在我心里就夹杂着快感，尽管我对于这里表象的事物的存在绝不感兴趣。人们容易看出：若说一个对象是美的，以此来证明我有鉴赏力，关键是我自己心里从这个表象看出什么来，而不是系于这事物的存在。每个人必须承认，一个关于美的判断，只要夹杂着极少的利害感在里面，就会有偏爱而不是纯粹的欣赏判断了。人必须完全不对这事物的存在存有偏爱，而是在这方面纯然淡漠，以便在欣赏中，能够做个评判者。

六、愉快是和利益兴趣结合着

在感觉里面使诸官能满意，这就是快适。关于通常对感觉这一词可能发生的双重意义的混淆，这里就有着一个机会来加以指摘和唤起对它的注意了。

一切的愉快（人们说的或想的）本身就是一个（快乐的）感觉。于是凡是令人满意的东西，正是因为令人满意，就是快适的（并且依照着各种程度或和其他快适感觉的关系，如：优美，可爱，有趣，愉快等），承认了这一点，那么，规定着倾向性的诸感官的印象，规定着意志的理性诸原则，或规定着判断力的单纯的反省的直观诸形式，有关情感上的快乐的效果，这一切便是同一的。

因为这是它的状况的感觉里面的快适，又因为最后我们的一切能力的使用毕竟是为着实践的，而且必须在这里面结合为它们的目的，所以人们就不能期待他们对事物及其价值的品评，除了依凭它们所许的愉快以外还要有什么。至于以怎样的方式来达到这一点，到底是完全无关重要的。但是我们在上面的解说里把感觉这名词了解为感官的客观表象。并且，为了避免陷于常被误解的危险，我们愿意把那时必须只是纯粹主观的而且根本不能成为一件事物的表象的感觉，用通常惯用的情感一词来称呼它。草地的绿色是属于客观的感觉，作为对于感官对象的觉知，而这绿色的快适却是属于主观的感觉，它并不表示什么事物，这就是说它是隶属于情感，借赖它，事物被看作愉快的对象（而不是对于它的认识）。

再则，只有方法的选择在这里能有所区分，所以人们能够相互指摘愚蠢和无知而不能指斥卑鄙和凶恶：因为究竟个人照着自己的方式观看事物，都是奔赴一个目的，这对于每个人是一种快乐。如果快乐及不快的情绪的一个规定被称为感觉，那么这个称号是和我把一件事物的表象（经由感官，作为隶属于认识的感受性）命名为感觉是完全两回事。因为在后一个场合表象是联系于客体，而在第一个场合只是联系于主体，而且完全不是服务于认识，也不是服务于使主体所赖以自觉的这种认识。当我对一对象的判断表明了我把它认为快适时，这里也就表现了我对于它感到有兴趣。

这从下面事实可以看出来，那就是经由感觉激起一种趋向这个对象的欲求，说明这种愉快不仅仅是对这对象的判断而且是假定当我受着这样一个对象的刺激时它的存在对我的状况的关系，因此对于快适，人们不仅是说它使我满意，而是说它使我快乐。我献给它的不仅仅是一个赞许，而是对于它发生了爱好，至于极其泼辣的快适，就不再容有何等批判它的客体性质的余地，专一从事寻找享受的人们（享受这一词指说快乐的内心化），是乐于放弃一切批判的。

对于善的愉快是和利益兴趣结合着的。我们称呼某一些东西对于什么好(那有用的)，它只是作为工具（媒介）而给人满意，另一些东西却是本身好，它自身令人满意。善是依着理性通过单纯的概念使人满意的。在两种里面都含有一个目的概念，这就是理性对于意欲（至少是可能的）的关系，因此是对于一个客体或一个行为的存在的一种愉快，这也就是一种利害关系。去发现某一对象的善，我必须时时知道，这个对象是怎样一个东西，也就是说，从它获得一个概念。去发现它的美，我就不需要这样做。

花的素描，无任何意图地相互缠绕着的、被人称作簇叶似的纹线，它们并不意味着什么，并不依据任何一定的概念，但却令人愉快满意。对于善的愉快必须依据关于一个事物的反省，这反省导致任何一个（不确定那一个）概念，并且由此把它自身和那建立于感觉上面的快适区别开来。那快适好像和善在许多场合是一致的。人们通常说一切（主要是那经久性的）快乐本身就是善的，这就仿佛是说，作为经久性的快乐或作为善，这是一样的东西。

但人们不久便觉察到，这只是一种错误的字义的换置，而隶属于这字上面的概念是不能相互交换的。那快乐本身就表示事物对官能的关系，固然必须通过一个目的概念而放在理性的原则之下，以致把它作为意欲的对象而称作善。但这对于愉快却完全是另一种关系，如果我把使我快乐的东西同时称作善，从这里可以看出，在善那里永远有这问题，即是否仅是间接的善还是直接的善（是有益还是本身好)，而在快乐这里就根本不能有这问题，因为这个字时时意味着那直接使人满意的东西（正因这样它是和我所称为美的相接近)。

就在最通常的言谈里人们也把快适同善区分开来。对于一种由于香料和其他作料而提高了口味的菜肴，人们毫不踌躇地说，它是令人快适的，并且同时也承认，它并不是善；因为它直接地能使官能享受，但间接地通过理性而考虑它的后果，它就不使人满意了。快适是享受。如果仅只是为了享受，那么对于达到目的手段而有所踌躇，就是愚蠢的了，不论这手段是被动地接受大自然的恩赐，或是经由自动的和我们自己的作用而获得它。至于一个人，只是为了享受而生活着（在这目的之下他那么忙碌着)，甚至于他对一切只以享受为生活目的别人，也作为手段来竭力帮助的，因为他在同情中也同他们享得一切快乐，这种人的生存自身也可能有一种价值。

然而理性对这个也不让自己被说服的。只有人不考虑到享受而行动着，在完全的自由里不管大自然会消极地给予他什么，这才赋予他作为一个人格的生存的存在以绝对的价值而幸福着，它的快适的全部丰富性还远不是绝对的善。甚至于在判断健康时，人们也觉察到这种区别。每个健康的人，他是直接感到快适的（至少是消极地远离了一切身体的痛苦）。但是要说出健康是善，人们必须通过理性而注意到目的，那就是说，健康是一种状态，它能叫我们对于一切事物兴致勃勃。关于幸福，那就人人相信，生活里的最大总数的（就量和持久来说）快适，可以称为真实的、甚至最高的善。

但是对于这一层，理性还是抗议的。但不管快适和善中间这一切的区别，双方在一点上却是相一致的：那就是它们时时总是和一个对于它们的对象的利害结合着，不仅是那快适和那间接的善（有益的），它是作为达到任何一个快适的手段而令人满意的，并且还有那根本的存在于任何目标里的善，这就是那道德的善，它在自身里面带着最高的利害关系。因为善是意欲的对象（这就是一个通过理性规定着的欲求能力的对象）。欲知一个事物和对于它的存在怀着愉快之情，就是说，对它怀有利害兴趣，这两者是一回事。

七、三种不同特性的愉快之比较

快适也适用于无理性的动物。美只适用于人类，换句话说，适用于动物性的又具有理性的生灵，因为人不仅是有理性（就是说，有灵魂）的，且同时也是一种动物。快乐、美、善，这三者表示表象对于快感及不快感的三种不同的关系，在这些关系里我们可以看到其对象或表现都彼此不同。而且表示这三种愉快的各个适当名词也是各不相同的，快适，是使人快乐的；美，不过是使他满意；善，就是被他珍贵的，赞许的，这就是说，他在它里面肯定一种客观价值。

善却是一般地适用于一切有理性的动物，这个命题要留待下文才能予以充分地证实和说明。人可以说，在这三种愉快里只有对于美的欣赏的愉快是唯一无利害关系的和自由的愉快。因为既没有感官方面的利害感，也没理性方面的利害感来强迫我们去赞许。因此人们关于这三种愉快可以说。

一个偏爱的对象或一个受理性规律驱使我们去欲求的对象，是不给我们以自由的，不让我们自己从任何方面造出一件快乐的对象来的。一切利害关系是以需要为前提，或带给我们一种需要，而它作为赞许的规定根据是不让我们对于一个对象的判断有自由的。快适和善二者对于欲求能力都有关系，并且前者本身就带着一种受感性制约的（因刺激而生的）愉快，后者带着一种纯粹的实践的愉快，而这不单是受事物的表象，而同时是受主体和对象存在的表象关系所决定。不单是这对象也是它的存在令人满意。与此相反，鉴赏判断仅仅是静观的，这就是这样的一种判断。它对一对象的存在是淡漠的，只把它的性质和快感及不快感结合起来。

然而，静观本身不是对着概念的，因为鉴赏判断并不是知识判断（既不是理论的，也不是实践的），因此既不是以概念为其基础也不是以概念为其目的。因为在照风俗的规则而施行的场合，客观上对于举止就不让人有自由选择的余地。而在满足时（或在评判别人的满足时）表示你的鉴赏力（口味）和表示你的道德的思想态度，这两者是完全不同的，因为表示后者是包含着一个命令和产生一个需要，而与此相反，道德的鉴赏却仅仅是玩弄愉快的对象而已，而并不执着于任何一个对象。

关于快适方面的偏爱心，每个人会说饥饿是最好的美食，对具有健康食欲的人们一切都有味，只要是能吃的东西，因此一个这样的愉快是不能证明它的选择是照着鉴赏力的。只有在需要满足后，人才能在许多人里面分辨出谁人有鉴赏力，谁没有鉴赏力。同样也有无道德的风俗行为，无善意的礼貌，无真诚的绅士风度，等等。

美是不依赖概念而作为。因为人自觉到对那愉快的对象在他有无任何利害关系时，他就不能不判定这对象必具有使每个人愉快的根据。一个普遍愉快的对象被表现出来的这个关于美的说明是能从前面的说明引申出来，即美是无一切利害关系的愉快的对象。因为它既然不是植根于主体的任何偏爱（也不是基于任何其他一种经过考虑的利害感），而是判断者在他对于愉快时，感到自己是完全自主的，于是他就不能找到私人的只和他的主体有关的条件作为这愉快的根据，因此必须认为这种愉快是根据他所设想人人共有的东西。

结果他必须相信他有理由设想每个人都同感到此愉快。他将会这样谈到美，好像美是对象的一种性质，而他的判断是逻辑的（凭借概念以构成的对于对象的知识），虽然这判断只是审美的，并且仅仅包含着对象对于主体的一种关系：然而因为它究竟和逻辑的判断相似，人们能够设定它适用于每个人。但是从概念也不能产生这普遍性来，因为从概念是不能过渡到快感及不快感的（除非在纯粹的实践诸规律里面，而这却自身伴着一种利害关系，这又是和纯粹的鉴赏判断无关）。所以鉴赏的判断，既然意识到在它内部并没有任何的利害关系，它就必然只要求对于每个人都能适用，而并不要求客体具有普遍性，这就是说，它只是和主观普遍性的要求联结着的。

八、依上述的特征比较美和善

关于快适，每个人只须知道他的判断只是依据他个人感觉，并且当他说某一对象令他满意时，也只是局限于他个人范围内，那就够了。在美这方面，那是完全两回事。如果某人，自满于他自己的鉴赏力，他以下面的话想来替自己辩解。这个对象（我们看着的这建筑，那个人穿的衣裳，我们倾听着的乐奏，正在提供评赏的诗）对于我是美的。这是可笑的。如果那些对象使他满意，他就不能称呼它为美。

许多事物可能使他觉得可爱和快适，这是不用别人管的事，但是如果他把某一事物称作美，这时他就假定别人也同样感到这种愉快：他不仅仅是为自己这样判断着，他也是为每个人这样判断着，并且他谈及美时，好像它（这美）是事物的一个属性。他因此说这事物是美，并且不是因为他见到别人多次和他的意见相同，而把别人的同意也计算进他的关于愉快的判断之内，反过来他是要求别人同意他。说个人具有他的特殊的鉴赏力，这就等于说完全没有所谓鉴赏力，那就是说审美判断是没有权利要求人人都同意的。所以当他说康拉列酒是快适的，这时若有别人改正他的说法，说他应该说这酒对于我是快适的，他一定是会满意的，这不仅是对于舌、腭、咽喉是这样，对于眼和耳等所感的快适也是这样。对于一种人紫色是温和可爱，对另一种人是无光彩和无生气的。有人爱吹乐，有人爱弦乐。

在这方面争辩，把别人和我不同的判断认为是不正确，说它是违反逻辑而加以斥责，这就是蠢事。关于快适，下面这一原则是妥当的，即每一个人有他独自的（感官的）鉴赏。但是就关于快适方面的判断也能在人们里面见到意见的一致，在这意义下人们否认某些人有鉴赏力，肯定另一些人有鉴赏力，并且不是就官能感觉来说，是就关于一般快适的评定能力来说；所以人可以称某人有鉴赏力，知道怎样拿许多快适的事（各种官能的享受）来款待他的客人们，而使他们全都满意。

但是在这里这普遍性也只是从比较里得来的并且只有一般普通的（像一切经验性的）而不是普遍性的规律，而关于美的鉴赏判断却是从事于和要求这种普遍性规律的。就善的方面而言判断固然也有理由要求对于每个人的有效性，但是善只经由概念作为一普遍的愉快的对象被表示出来的，在快适和美的场合却都不是这样。

九、鉴赏判断里愉快的普遍性

只作为主观的被表象出来的，在鉴赏判断里所能见到的直观判断之普遍性的特殊规定，是一件难解之事，这固然不是对于逻辑家而是对于先验哲学家而言，它要求着他付出不少辛劳去发现它的源泉，但是也因此说明了我们认识能力里的一个特性，这种特性若不经过细密的分析恐怕是难以觉察的。首先我们必须完全相信人们通过（对美的）鉴赏判断来断定每个人对于这一对象都感到愉快时，却不是依据一个概念（要这样那就是善了）。

一个宣称某一事物为美的判断，本质包含着这种普遍性的要求。没有人运用这一名词时不想到这一点的，一切不依赖概念而使人愉快的东西便算做快适，而关于快适，每人头脑里可以有他自己的一套看法，不须期待别人同意他的鉴赏判断，在对于美的鉴赏判断里却时时必须这样做。现在却使人诧异的是，关于感官鉴赏，不但是经验表示它的判断（对于某一事物的快感及不快感）不是普遍有效，而是每个人自己那样谦虚，不期待别人和他取得一致（尽管事实上在这些判断里常常会有很广泛的一致性）。

在反省的鉴赏里，如经验所示，其（审美）判断对每个人的普遍性要求仍往往会被拒绝，尽管它觉得自己能够提出（事实他也是这样做）要求别人与之一致的判断，并且事实上也期待它的每一个鉴赏判断都博得别人的同意，而那些评判的人们不因这种要求的可能性而争吵，只是在特殊场合的表现。我把第一种称作感官的鉴赏，第二种称作反省的鉴赏。第一种仅是个人的判断，第二种却主张普遍的有效性，而两者都是直观的（不是实践的）判断，是对一个对象仅仅就其表象对于快感及不快感的关系所下的判断。

十、判断能力的正确运用可能是不一致的

在这里首先要指出：凡是不基于对事物的概念（哪怕仅是经验概念）的普遍性，绝不是逻辑的，而是审美的。也就是说，它不含有判断的客观量，而只是含着主观量，对于这种量我用共同有效性这一词来称呼它，这名词不是指表象对认识能力的关系，而是指表象对每个主体的快感及不快感的关系，人们也可以运用这一个词来指判断的逻辑性的量，只要人们加以说明这是“客观的”普遍有效性，以区别于仅仅是主观的普遍有效性，而后者是审美的。

但一个具有客观的普遍有效性的判断也往往是在主观上有效而已，那就是说，假使这判断对于包含在某一概念里的一切是有效的，那么它对于每个用这概念来表示一个对象的人也是有效的。然而，从一个主观的普遍有效性，那就是说，审美不基于任何概念的普遍有效性，是不能引申出逻辑的普遍有效性的。因为那种判断完全不涉及客体。正因为这样，这赋予判断审美的普遍性，必须是特殊样式的普遍性，因为它不是把美的宾语同客体的概念（就这概念的全部逻辑范围来观察）联结起来，但是它仍然涉及评判的人们的全部范围。就逻辑的量的范畴方面来看，一切鉴赏判断都是单个的判断。

因为由于我必须把对象直接保持在我的快感或不快感上，而且不是通过概念，于是那些判断就不能像客观普遍有效性的判断那样的量。尽管，如果这鉴赏判断的对象的单个表象依据规定着这鉴赏判断的条件，通过比较，这单个表象转换为一个概念，也会从这里成为一个逻辑的普遍判断。譬如，我眼前看着这玫瑰，我通过鉴赏判断称它为美。与此相反，那通过比较许多单个判断产生出来的判断。比如，玫瑰花一般是美的，这就不仅是作为审美的，而且是作为一个基于审美判断之上的逻辑判断而说出来的了。

现在那判断：玫瑰是（在香味上）快适的，固然也是审美的和单个的判断，但不是鉴赏判断，而是官能的判断。它在这点上和第一种判断有区别：鉴赏判断本身就带有审美的量的普遍性，那就是说，它对每个人都是有效的，而关于快适的判断却不能这样说。只是关于善的判断，它虽然也规定着对一个对象的快感，却具有逻辑的，不仅是审美的普遍性，因为它是涉及客体的，作为对它的知识的，而因此对每个人都有效。如果人只依据概念来判断对象，那么美的一切表象都消失了。

那么也不会有法则可依据来强迫别人承认某一事物为美。至于一件衣服、一座房屋、一朵花是不是美，就不能用理由或原则来说服别人改变他的评判了。人要用自己眼睛来看那对象，好像他的愉快只系于感觉；但是，当人称这对象为美时，他又相信他自己会获得普遍赞同并且对每个人提出同意的要求，与此相反，每一个人的感觉却只靠这位欣赏者和他的快感来决定。从这里可以看出，在鉴赏判断里除掉这不经概念媒介的愉快方面的这种普遍赞同以外，就不设定什么；这就是一个审美判断的可塑性，能视为同时对于每个人都有效。

鉴赏判断本身并不假定每个人的同意（只有逻辑的普遍判断才能这样做），因它能举出理由来鉴赏判断只设想每个人的同意，照它所期望的常例来说，这不是以概念来确定，而是期待别人赞同。这普遍的赞同之所以只是一个观念（它基于什么，这里还不加研究）。至于那个自以为下了鉴赏判断的人，事实上是否符合这个观念而下判断那是不能断定的。但是他仍然把它联系到这观念上面来，认为他的判断应该是一个鉴赏判断，他以美这词语来表示着。对于他自己，他只须意识到他已经把属于快适和善的东西从剩下的愉快分离开来，那他就确知使他自信的获得每个人的赞同就是这一切。在这些条件下他有权利提出这个要求，只要他不常违反这些条件以致下一个错误的鉴赏判断。

十一、先于对对象的判定还是判定先于前者

先于对对象的判定还是判定先于前者。这个问题的解决是鉴赏判断的关键，因此值得十分注意。如果对于某一物象的快感先出现了，但是当对此物象下鉴赏判断时却仅仅承认它的普遍传达性，这样的说法就自相矛盾了。因为这样的快感除掉单是官能感觉里的快适之外不是别的，并且因此依照它的本质来说只能具有个人有效性，因为它直接系于对象所呈现的表象。所以某一表象里面的心意状态的普遍传达能力，作为鉴赏判断的主观条件来说，必然是最基本的，并且其结果就必然对这对象发生快感。但是除知识及属于知识的表象以外，是没有东西能够被普遍传达的。

因为只有知识才是客观的，并且以此具有普遍的对证点，由此证明一切人的表象能力不得不彼此一致。如果现在我们断定这种表象的普遍传达性的规定根据，仅仅是主观的，即不依存于对象的任何概念，那么这种规定根据除心意状态外不能是别的了。这心意状态是在各表象能力的相互关系间见到的，在这诸表象能力把一个一定的表象联系到一般认识的限度内。

在鉴赏判断里，表象样式的主观的普遍传达性，因为它是没有一定的概念为前提也可能成立，所以它，除掉作为在想象能力均自由活动里和悟性里（在它们相互协调，以达到一般认识的需要范围内）的心意状态外，不能有别的，而我们知道，这种对于一般认识的主观关系，必须是对于每个人都有效的，并且因此必须能够普遍传达，就像一切一定的知识，常常依据那项作为主观条件的关系。这表象所牵涉的各种认识能力，便取得了自由活动余地，因为没有一定的概念把它局限在一个特殊的认识规律里。在这个表象里的心意状态必须是诸表象能力在一定的表象上向着一般认识的自由活动的情绪。

但是一个表象，如果某对象是依赖它而被认识的，那就是说，依赖它而达到一般认识——这个表象就必须具有想象力，以便把多样的直观集合起来，也必须具有悟性，以便由概念的统一性把诸表象统一起来。这个认识能力的自由活动状态，在一个对象所赖以被认识的表象里，必须使自己能普遍传达，因为认识作为客体的规定，那些一定的表象（不论在哪个主体里面）必须与之协调，这才是唯一一种对于每个人都有效的表象。对于对象或它所凭借的表象只是主观的（直观的）判断，是先于快感而生的，并且它是对诸认识能力之谐和性的快乐的根源。但是和我们称之为美的对象的表象相结合的愉快的普遍主观有效性，只是建筑在判定对象的主观条件的普遍性上。至于人们能够把心意状态传达出来，纵然只是关于诸认识能力的这一点上，这种能力本身就带有快乐，这一层可以从人类爱交际的天然倾向（经验的和心理学的）来说明。

但是这对于我们的企图是不够的。我们所感到的快乐，我们就推断它在个别人的鉴赏判断里必然具有，好像当我们称为美时，就把它看作对象的一种属性，这属性是依照诸概念来决定它。因为美若没有对于主体情感的关系，它本身就一无所有。但是这问题说明我们要待下列问题解答以后，即先验的审美判断是否以及怎样可能。然而鉴赏判断在愉快及美的称谓的关系里规定客体是与概念无涉的。因此那关系的主观统一性只能经由感觉表示出来。两种能力（想象力和悟性）之所以成为不确定的，但经由一定表象机制的媒介成为协调的活动，而这活动隶属于认识，一般其推动力是感觉，这感觉的普遍传达性要求鉴赏判断。

一个客观的关系固然可以被设想，但是，在按照它的条件是主观的范围内，它仍将在对于心意的影响中被知觉觉察到并且在一种不以概念做基础的关系（像想象力对一般认识力的关系）里也是除掉因感到下述影响在通过相互调协推动着的心意诸力（想象力和知性）的活泼活动中的影响以外，是没有别项的对于它的意识的。一个表象，它作为单个的及没有和别的比较仍然有着对构成悟性的事业的诸条件的一种协和去判断的。

从第二个总结出来的，对美的说明，美是那不凭借概念而普遍令人愉快的。鉴赏判断的第三个契机按照在它们里面观察到的目的关系。我们现在还是从事于较次的问题，即我们在鉴赏判断中是怎样觉察诸认识能力彼此之间的主观的协合，是否直观地通过内在感官和感觉，或是知性地通过我们的有计划的活动意识，依靠这活动把那些诸认识能力推动起来呢？假使那引起鉴赏判断的一定表象是这样一个概念：它在判断对象时把悟性和想象力结合起来使之成为关于对象的一个认识，那么这种关系的意识将是知性的（像在纯粹理性批判里判断力的客观图式论中所述）。但是这样所下的判断将不是在和快感及不快感的关系中判断了，因此不是鉴赏判断。

十二、论合目的性一般

如果人们按照目的先验的诸规定来解说一个目的是什么（而不以经验的或快乐的情感等为前提），那么在概念被视为目的原因（它的可能性的现实根据）的范围内，目的就是一个概念的对象，一个概念的因果性就它的对象来看就是合目的性，所以当不单是一个对象的认识，而是这对象本身（它的形式或存在）只有作为效果，即通过对它的概念才有可能想象时，这时人们自己便在思维一个目的。

效果的表象在这里是效果原因的规定根据，并且是先于原因的。意识到一个表象对于主体状态的因果性，企图把它保留在后者里面，于此就可以一般地指出人们所称为快乐这东西。与此相反，不快感是那种表象，它的根据在于把表象的状态规定到它们的自己的反对面去（阻止它们或除去它们）。欲求能力，在它只通过概念来决定，即符合一个目的表象而发生作用时，它就是意志。要是我们不把这种形式的原因放在一个意志里面，合目的性因此可能没有目的，但是关于它的可能性解释，又只在我们把它说明是出自一个意志的时候，才能使我们理解。

再则，我们对于我们所观察的东西不是常常必要通过理性（依照它的可能性）来领悟的。所以我们对于一个形式上的合目的性，尽管我们对它不设想一个目的（作为目的关系的素质）作为它的根基，仍至少能够观察到并在一些对象上见到，虽然这只是通过反省。可是，一个对象，或心意状态甚或一个行为，尽管它们的可能性不是必要地以一个目的表象为前提，也称作合目的，仅仅因为它们的可能性能够被我们说明和理解，当我们假定它的根据是依照目的因果性，这就是说，一个意志，按照一定规则的表象来安排它。

十三、合目的性的形式

合目的性的形式作为根据外没有别的，一切被视作愉快的根据目的，总是在本身带着一种利害感，作为判定快乐对象的规定根据。所以对于鉴赏判断不能有主观的目的作为根据。但也没有一个客观的目的表象，这就是说，对象本身依照其目的之联系原则的可能性，能够规定鉴赏判断，从而善的概念也不能来规定它，因为它是一审美而不是认识判断。

判断不涉及对象关于性质的概念和内在的或外在的可能性，无论是经由此或彼原因，而仅是涉及表象当其被一个表象观定时的相互关系。规定一个对象为美时的这种关系，现在是和快感结合着的，而鉴赏判断却声明这种快乐是对于每个人都有效，所以绝不是一个举着表象的快适，也不是对于这对象的完美的表象，也不是善的概言所含有的那种规定根据。所以除掉在一个对象的表象里的合目的性而无任何目的（既无客观的也无主观的目的）。因此当我们觉知一定对象的表象时，那个我们判定为不依赖概念而具有普遍传达性的单纯形式，就构成鉴赏判断的规定根据。

十四、鉴赏判断基于先验的根据

固然我们在实践理性批判里实际上曾把感情从先验的普遍道德概念引导出来（这种感情作为情感特殊的和独特的情感样式，既不和我们从经验对象得来的快感也不和不快感真正彼此一致）。把快感或不快感当作和任何一个作为它的先验原因的表象感觉或概念相结合的结果，是决不可能的；因为这样就会是一种因果关系，而这因果关系（在经验的事物内）只能时时是后天的和借经验才能被认识的。

但是甚至在这里我们也能够超越经验的界限并且把一个筑基在主体的超感性的性质上面的因性，即自由的性质，导引出来。这种感情只是把意志的规定从道德的观念导引出来作为它的源泉。一个从任何方面规定的意志的心意状态，本身却已经是快乐情感并且和它同一，所以不是作为结果从它导引出来。后者只是被假定，假使道德的概念作为一个善的概念通过规律先于意志而被规定，那么和这概念联结的快乐就不可能从它只作为一个认识而导引出来。

在审美判断里对于快乐也在类似情况中，只是它在这里仅是静观的，并且不是对于对象发生一种利害感，而在道德判断里却是实践的。对于主体里诸认识能力的活动中仅是形式的合目的性的意识，在一定的对象的表象上，就是快乐本身。因为在一个审美判断里，它具有一个有关于主体诸认识能力之激动的主体活动的规定根据，从而使具有那有关于一般认识而不是局限于某一种认识的内在因果性（即合目的因果性），因此仅具有表象的主观目的性的形式。这种快乐也绝非在任何样式里是实践的，既不像是由于快适的、感官的理由，也不像是由于所代表的善的理智的理由。

但这快乐本身仍含有因果性，即维持着表象本身的状态及诸认识能力的活动而无其他意图。在观察美之时我们依依不舍留恋着，因为这种观察不断地自行加强并且反复再现，就类似当对象的表象中的一种物质的、魅力的刺激反复地唤醒注意时使你留恋那样，这时你的心情却是被动的。

十五、纯粹鉴赏判断是不依存于刺激和情感

当刺激和情感没有影响一个鉴赏判断（尽管它们仍然和这对于美的愉快结合着），后者仅以形式的合目的性作为规定根据时，这才是一个纯粹的鉴赏，通过引例来说明一切的利害感都败坏鉴赏判断并且剥夺了它的无偏颇性，尤其是当它不是像理性的利害观念把合目的性安放在快乐的情感之前，而是把它筑基于后者之上，这种情况常常在审美判断涉及一事物给予我们以快感或痛苦的场合时出现。

因此这样被刺激起来的判断完全不能要求或仅能要求那么多的普遍有效性，这要看有若干此类感情混在鉴赏的规定根据之内。当鉴赏为了愉快仍需要刺激与情感的混合时，甚至于以此作为赞美的尺度时，这种鉴赏仍然是很粗俗的。魅力的刺激往往不仅作为协助审美时的普遍的愉快而计算在美之内（美却实际上只应涉及形式），它本身还会被认为美，即愉快的素材被认做形式，这是一种误解，像许多其他的误解一样，常常具有一些真理做根据，而经过细致地分析了这些概念才可以把它们消除。

十六、美判断论理

因为不能设想感觉本身的性质能够对于一切主体里是彼此一致的，或者说，一种颜色的快适超过别一种，或一种乐器的声音的快适超过另一种乐器，凡此判断都能够同样适合于每个人。审美判断恰好像论理的（逻辑的）判断那样，可以分为经验的和纯粹的两类。第一类说明什么是快适及不快适，第二类说明一个对象或它的表象是怎样的美。前者是感官的判断（质料的审美的或译直感的判断），唯独后者（形式的判断）是在固有意义里的鉴赏判断。但是人们仍将同时注意到，颜色和音调的感觉只在下述限度内才能够正当地称为美，即二者是纯粹的。

美判断已经是一个涉及形式的规定，并且也是从这些表象里能够肯定地普遍传达的。一个鉴赏判断之所以仅在下述限度里是纯粹的，即当没有单纯经验的愉快混合在它的规定根据里面的时候。如果在一个声明某事物为美的判断里有着魅力的刺激或情感参加其间，这时候混合的情况就发生了。此处有种种反对意见提了出来，它们表示魅力的刺激毕竟不仅是作为美的必然成分，而且本身已足够称为美。一种单纯的颜色，譬如一块草地的绿色，一个单纯的音调（别于音响及噪声），譬如一种提琴的音，被大多数人认为它们本身就是美。

尽管二者仅仅是以表现的资料，即只是以感觉为其基础，并且因此只合称为快适。但是单纯的感觉样式的纯粹性，意味着这感觉样式的同形性不被别样的感觉扰乱和中断，并且仅是属于形式方面，因为人们在此只能够从那感觉样式的性质概括出来（不论那感觉样式是否能表象和表象着何种颜色及音调）。因此一切单纯的颜色，在它们的纯粹的范围内，被视为美。混合的颜色就没有这优点；正因它们不是单纯的，人们没有评定它们是否称为纯粹或不纯粹的标准。

至于一个对象由于它的形式而具有的那种美，当人们以为凭借魅力的刺激能够提高它，这种想法是一个庸俗的错误，是对于真正的、纯洁的、有根据的鉴赏力很有害的谬误，固然除了美外仍可以加上魅力的刺激，使心意通过对象的表象除了空洞的愉快以外还感到兴趣，鼓励着鉴赏和培养趣味，尤其是当鉴赏还是粗俗和未精练之时。可是，它们实际上破坏了鉴赏，假使它们吸引了注意而以之作为美的判定根据。

因它们远不能对此有所贡献，除非在它们不骚扰那美的形式而且当趣味还微弱和未精练时，它们是被当作异分子而宽大地被容纳而已。如果人们同意倭拉尔所说（我对此仍很怀疑），颜色是以太的等时相续的振动（脉搏），音响里的声音是波动着的空气，并且主要是心意不仅是由于通过感觉使器官前进，而且是由于通过反省而达到印象的有规律的活动（因此在不同的诸表象的结合形式），所以颜色及声音不单是感觉而已，而且是感觉的多样统一在形式上的规定，并因此本身也能算入美之内。

十七、其他艺术

一切感官对象的形式（外在的感官的及间接的内在感官的）不是形象便是表演，在后一场合是形象的表演（在空间里的模拟及舞蹈），或单纯是感觉《在时间里的表演》的魅力或乐器的，使人快适的音响能参加进来，但在前一场合的素描和在后者的构图形式是构成纯粹鉴赏判断的本质的对象。在绘画、雕刻艺术，以至一切造型艺术中，在建筑，庭园艺术，在它们作为美术这范围内，素描是十分重要的，在素描里，对于鉴赏重要的不是感觉的快感，而是单纯经由它的形式给人的愉快。

渲染轮廓的色彩是属于刺激的，它们固然能使对象本身给感觉以活泼印象，却不能使它值得观照和美。它们往往受美的形式的要求所限制，就是在刺激被容纳的地方，也仅是由于形式而提高它的品格。情感，这是一种感觉，当快适只由于瞬间的阻碍和接着来的生活力更蓬勃的迸发所引出的，它完全不屈于美。崇高（感动的情绪和它结合）却要求另一种和鉴赏所引以为依据的不同的判定标准，所以一个纯粹的鉴赏判断是既不以魅力的刺激，也不以情感，一句话说来，不以作为审美判断的质料的感觉，为规定根据。如果说颜色和音响的纯粹性，或者它们的多样性及其彼此对照，似乎对于美有所增添，那并不意味着因为它们本身是快适的，所以就仿佛在形式方面同样也增添了愉快，反之，却是因为它们使得形式更精细些、更精确些、明确些、完整些。

并且此外由刺激而使表象生动，唤起和保持着对于对象本身的注意。就是人们所称作装饰的东西，那就是说，它非内在地属于对象的全体表象作为其组成要素，而只是外在地作为增添物以增加欣赏的快感，它增加快感仍只是凭借其形式；像画幅的框子，或雕像上的衣饰，或华屋的柱廊。假使装饰本身不是建立在美的形式中，而是像金边框子，拿它的刺激来把画幅推荐给人们去赞赏，这时它就叫作“虚饰”，从而破坏了真正的美。

十八、鉴赏判断完全不系于完满性的概念

美，它的判定只以一单纯形式的合目的性，即无目的合目的性为根据的，那就是说，是完全不系于善的概念，因为后者是以一客观的合目的性，即一对象对于一目的关系为前提。客观的合目的性是为外在的，即有用性，或为内在的，即对象的完满性。我们从上面两章（美的第一及第二契机）可以看到。我们对于一对象所感到的愉快，我们因之称为美的，不能基于它的有用性的表象，因为那样就会不是直接对于这对象的愉快，而这却是关于美的判断的主要条件。

但客观的内在的合目的性，即完满性，却已接近美的称谓。客观的合目的性只能经由多样性对于一定目的关系，所以只能经由概念，而被认识，单从这点就可以明了。评定客观的合目的性总是需要目的概念和内在目的概念（如果那合目的性不是外在的正有用性，而是内在的话），这内在目的包含着对象的内在的可能性的根据。目的一般就是它的概念能被视作对象的可能性的根据，所以若我们想在事物上表现出客观的合目的性，那就必须先有一个指明这事物应成为什么的概念。

而在这事物里其多样性与概念的协调（这概念赋予它结合的规则）正是一事物的质的完满性。因此也被有名的哲学家视为美，却附带声明在这完满性不是清楚地被思维的场合。在一个鉴赏批判里确定美是否真正能归入完满性这概念里，这是极重要的事。至于量的完满性，它乃是事物在它的种类里的完整，所以和它完全不同，这是单纯量的概念（全量性）。在这里，事物应该成为什么已经是作为预先规定的，问题只在于什么是达到目的所需要的东西。一个事物的表象里的形式方面，即它（不定它是什么）的多样性与一物的协调，它本身完全不给我们看出它的客观的合目的性。因为，若把这一事物作为目的抽掉了，那么，留在观照者心意中除掉表象的主观合目的性以外，便没有剩下别的。

这种诸表象的主观的合目的性固然指示出在主体内一定的表象状态的合目的性，并且在这主体里把它的一种快适性想象力把握到这一定的形式，但是没有指出任何对象的完满性，这对象在这里不是借由一目的概念被思维的。譬如，我在森林里遇到一块草场，周围树木环立，而我在此并不想一个目的，以为这草场可以用作郊外舞蹈场，这就绝少会由于单纯形式而获得完满性的

概念。

去设想一个形式的客观合目的性而没有目的，即一个完满性的单纯形式。(没有一切质料及使之协调的概念，哪怕仅仅是一个合一般规律的观念）这是一个真正的矛盾。可是，我已经讲过，一个审美判断是判断中独特的一种，并且绝不提供我们对于对象的认识（哪怕是一模糊的认识），只有逻辑的判断才能提供认识。与此相反，审美的判断只把一个对象的表象联系于主体，并且不让我们注意到对象的性质，而只让我们注意到那决定与对象有关的表象诸力合目的形式。

这种判断正因为这缘故被叫作审美的判断，因为它的规定根据不是一个概念，而是那在心意诸能力的活动中的协调一致的情感（内在感官的），在它们能被感觉的限度内。但是鉴赏判断是审美判断，这就是说，它基于主观的根据，它的规定根据不可能是概念，因此也不能是一定目的概念。因此若把美作为一个形式的主观的合目的性，就绝不能设想对象的完满性作为假定形式的但仍然是客观的合目的性。美与善的概念中间的区别，若以为只是按逻辑的形式区分，前者只是一个混乱的而后者却是一个清晰的关于完满的概念，此外按内容和起源来说却是同一的，这话是全无意义的。因为这样它们之间就没有特别区别了，而鉴赏判断就会是认识判断，也是用它来指出某事物为善的判断了。

就像一个普通人，如果他说欺骗是不对的，他的判断的根据是模糊的，而哲学家的根据却是清晰的，但是两者都是基于同一的理性原则之上。与此相反，假使人们愿意把模糊的概念及以这些概念作为根据的客观判断唤作审美判断。那么，人们必须有凭感性来判断的悟性，或凭概念来表象其对象的感觉，而这两者是相互矛盾的。概念的一种功能是悟性，不管它是模糊的或清晰的。并且纵使审美判断（像一切判断那样）也含有悟性，可是悟性参与在这里面究竟不是作为对于一个对象的认识的功能，而是作为这判断和它的表象（不依赖概念）的规定的功能，依照着这表象对主体的关系和主体的内在情绪，并且在这个判断按照普遍法则而有可能的限度内。

十九、美这个鉴赏判断是不纯粹的

花是自由的自然美。一朵花究竟是什么，除植物学家外很难有人知道。就是这位知道花是植物的生殖器的人当他对之作鉴赏判断时，他也不顾到这种自然的目的。有两种美，即自由美和附庸美。第一种不以对象的概念为前提，说该对象应该是什么。第二种却以这样的一个概念并以按照这概念的对象的完满性为前提。第一种唤作此物或彼物的（为自身而存的）美；第二种，是作为附属于一个概念的（有条件的美），而归于那些隶属一个特殊目的概念之下的对象。

这个判断的根据就不是任何一个种的完满性，不是内在的多样之总和的合目的性，许多鸟类（鹦鹉、蜂鸟、极乐鸟），许多海产贝类本身是美的，这美绝不属于依照概念按它的目的而规定的对象，而是自由的自身给人以愉快的。所以希腊风格的描绘，框缘或壁纸上的簇叶饰品等本身并无意义。它们并不表示什么，不是在一定的概念下的客体，是自由的美。人们也可以把音乐里的无标题的幻想曲，以至缺歌词的一切音乐都算到这一类里。在判断自由美（单纯依靠式而判断）时，那鉴赏判断是纯粹的。这里没有假定任何目的概念作为前提，使多样的服务于这一定的客体并且表明这客体是什么，以静观一个形象而自娱的想象力之自由因此受到限制。人们会把在观照里直接悦目的东西装置到一个建筑上去，假使那不是一所教堂。人们会把一些螺状线和轻快而合规则的线状将一个形体美化起来，像新西兰岛人的纹身，假使那不是一个人。

而这个人可能具有优美得多些和悦人的温柔的面容轮廓，假使这不是表象一个男子，更不是一个战士。一个人的美（即男子或女子或孩儿的美），一匹马或一座建筑物（教堂、宫殿、兵器厂、园亭）的美，是以一个目的概念为前提的，这概念规定这物应该是什么，即它的完满性的概念，因此仅是附庸的美。就像快适（感觉的）和美的结合（美本来只涉及形式）妨碍鉴赏判断的纯粹性那样。善（即多样性，它对于物本身按照它的目的是好的）和美的结合破坏它的纯粹性。对于一物的多样性所感到的愉快和规定它的可能性的内在目的，这两者之间的关系，是筑基于一个概念上的愉快。然而对于美的愉快却是不以概念为前提的，而是和对象所赖以表示的表象直接地（不是通过思想）相结合着的。

假使关于后者的审美判断却被做成系于前者的目的而作为理性判断从而被约制，那么，这一鉴赏判断便不再是一自由的和纯粹的判断了。一个关于具有一定内在目的对象之鉴赏判断，只有在下列情况才是纯粹的，即判定者或是对于这目的毫无概念，或是在他的判断里把它抽象掉。但是这个人，虽然当他把这对象判定为自由美时是下了一个正确的鉴赏判断，他却会被别人谴责，指摘他的鉴赏力是谬误，因为后者把那对象的美作为附庸的属性来看待（从对象的目的来看），虽然这两个人在他们的判断里都是正确的。一个人是依照他眼前的东西，另一个人是依照着在他思想里面的东西。

经过这种区分人们可以消除鉴赏评判者们中间关于美的争吵，人可以指出这个人是抓住了自由美，那个人抓住了附庸美，前者下了一个纯粹的，后者下了一个应用的鉴赏。固然鉴赏因审美的愉快和理智的愉快相结合而有所增益，因为它变成固定的了；固然它不是普遍的，可是对于一定有目的地规定的客体来说，就能给它指示出法则。但这些法则也不是鉴赏的法则，而仅仅是鉴赏和理性的统一而已，即美和善的统一，通过这统一就能够被运用为后者的企图的工具，使这自己持续着和具有主观普遍有效性的心意情调从属于下述的思想方式，这种思想方式只能经由努力的决心被持续着，但却是普遍有效的。

本来完满性并不由于美而有所增益，美也不由于完满性而有所增益。但是如果我把一对象所赖以表示的表象和这客体通过概念来比较，说它应成为什么，我们就不免要把它们同时跟主体的感觉一起予以考虑，如果两方心意状态协调的话，想象力的全部能力就有所获益。

二十、论美的理想

寻找一个能以一定概念提出美的普遍标准的鉴赏原则，是毫无结果的辛劳，因为所寻找的东西是不可能的，而且自相矛盾。凭借概念来判定什么是美的客观的鉴赏法则是不能有的。因为一切从下面这个源泉来的判断才是审美的，那就是说，是主体的情感而不是客体的概念成为它的规定根据。从这里得出结论：最高的范本，鉴赏的原型，只是一个观念，这必须每人在自己的内心里产生出来，而一切鉴赏的对象、一切鉴赏判断范例，以及每个人的鉴赏，都是必须依照着它来评定的。

观念本来意味着一个理性概念，而理想本来意味着一个符合观念的个体的表象。因此那鉴赏的原型（它自然是筑基于理性能在最大限量所具有的不确定的观念，但不能经由概念，只能在个别的表现里被表象）更适宜于被称为美的理想。因此，我们纵然未占有了它，仍能努力在我们心内把它产生出来。但这仅能是想象力的一个理想，正因为它不是基于概念，而是基于表现，而表现的能力是想象力。现在我们是怎样达到一个这样的美的理想的？先验的还是经验的？同样，哪一种的美能成为一个理想呢？感觉（愉快或不快的）的普遍传达性，不依赖概念的帮助，即不顾一切时代及一切民族关于一定对象的表象这种感觉的尽可能的一致性。

虽然微弱地仅能达到盖然程度的评判标准，即从诸事例中证实了的鉴赏之评判标准，这鉴赏是来源于深藏着的、在判定诸对象所赖以表现的形式时，一切人们都取得一致的共同基础。所以人们把鉴赏的某一些产物看作范例，并不是人们模仿着别人就似乎可能获得鉴赏力。因为鉴赏必须是自己固有的能力。一个人模仿了一个范本而成功，这表示了他的技巧，但是只有在他能够评判这范本的限度内他才表示了他的鉴赏力。首先应注意的是若要给它找得一个理想，就必须不是变化的，而是被一个具有客观合目的性的概念固定下来的美，因此不隶属于一个完全纯粹的，而是属于部分的理智方面的鉴赏判断的客体。

这就是说，不论一个理想是在何种评判的根据里，必须有一个理性的观念依照着一定的概念做根据。这观念先验地规定着目的，而对象的内在的可能性就奠基在它上面。美的花朵、美的家具、美的风景等的理想（典范）是不可想象的。但是一个附庸于一定目的美，譬如一座美的住宅、一棵美的树、美丽的花园等也无理想可以表象；大概是因为其目的没有充分经由它们的概念规定着和固定着，因此那合目的性几乎是那么松散自由地像在空洞的美那里一样。

只有人本身就具有生存目的，凭借理性规定自己的目的，或从外界知觉里取得目的场合，他仍然能比较一下本质的和普遍的目的，并且直感地（审美地）判定这两者的符合：所以只有“人”才独能具有美的理想，像人类尽在他的人格里面那样；他作为睿智，能在世界一切事物中独具完满性的理想。这里有两点：第一，是审美的规范观念，这是一个个别的直观（想象力的）代表着我们对人工的判定标准，像判定一个特殊种类的动物那样；第二，理性观念，它把人类的不能感性地被表象出来的诸目的作为判定人类的形象的原则，诸目的通过这形象作为它们的现象而被启示出来。

一个特殊种类的动物的形象的规范观念必须从经验中吸取其成分，但是这形象结构的最大的合目的性，能够成为这个种类的每个个体的审美判定的普遍标准，它是大自然这巨匠的意图的图像，只有种类在全体中而不是任何个体能符合它——这图像只存在于评定者的观念里，但是它能和它的诸比例作为审美的观念在一个模范图像里具体地表现出来。为了能多少理解这个过程（谁能从自然完全诱导出它的秘密来呢?），我们试作心理学的说明。应该注意的是，想象力在一种我们完全不了解的方式内不仅是能够把许久以前的概念的符号偶然地召唤回来，而且从各种的或同一种的难以计数的对象中把对象的形象和形态再生产出来。

甚至于，如果心意着重在比较，很有可能是实际地纵使还未达到自觉地把一形象合到另一形象上去，因此从同一种类的多数形象的契合获得平均率标准，这平均率就成为对一切的共同的尺度。人都曾经见到过成千的成人男子。如果他要判定用比较的方法以测算的规范的尺寸，那么（照我的意见）想象力让一个大数目的（大概每一千人）形象相互消长，如果允许我在此地运用视觉的表现来类推，在那大多数形象集合的空间里和在那最强色彩涂抹的轮廓线之内，这里就会显示出平均的大小，它在高和阔的方面是和最大的及最小的形体的两极端具有同样的距离，这是对于一个美男子的形体。

人们因此能机械地把它计算出，如果人们测量每一千人，把他们的高和阔（和厚）各自加起后，各把总数用千来除。但是想象力做这事却是凭借一种力学的效果，这效果是由这诸形态的复合的印象对于内在感觉器官生出来的。如果我们现在以同样的方法对于这个平均的人寻找平均的头，对于那个平均的人寻找平均，那么这样的形体，就可以作为我们进行比较的这个国度的美男子的这个规范观念之基础。一个黑人在这些经验的条件下较之白人必然具有另一种的规范观念。一个中国人比欧洲人也具有另一种。

关于一匹美马或狗（一定的种类的）的模范也是这样。这规范观念不是从那自经验取得的诸比例作为规定的规律导引出来的；而是依照它（按指规范观念）评定的规律才属可能。它是从人人不同的直观体会中浮沉出来的整个种族的形象，大自然把这形象作为原始形象在这种族中做生产的根据，但没有任何个体似乎完全达到它。它绝不是这种族里美的全部原始形象，而只是构成一切美所不可忽略的条件的形式，所以只是表现这种族时的正确性。它是规则准绳，像人们称呼波里克勒的持戈者那样（米龙的牝牛在他的种类里也可做例子)。必须把美的规范观念和美的理想加以区别。

美的理想，由于上述的理由，我们只能期待人的形体。在人的形体上理想是在于表现道德，没有这个这对象将不普遍地且又积极地（不单是消极地在一个合规格的表现里）令人愉快。内在地支配着人的道德观念的可看见的表现固然只能从经验获得，但是它和一切我们的理性与道德的善在最高合目的性的联系中相结合着，即那心灵的温良，或纯洁或坚强或静穆等在身体的表现（作为内部的影响）中使它表现出来，谁想判定这，甚至于谁想表现它，在他身上必须结合着理性的纯粹观念及想象力的巨大力量。

一个这样的美的理想的正确性是这样得到证实的，那就是自己不允许任何官能刺激混合到他对于对象所感到的愉快里去，但却仍然对它（按指对象—译者）有巨大的兴趣，这却证明，按照这样的标准的评判绝不能是纯粹审美的，按照一个美的理想的评判不单单是鉴赏的判断了。正因为这样它也不能含着何等种别的特性的东西；否则它就不是对于这种类的规范观念了。它的表现也不是由于美令人愉快，只是因它不和那条件相矛盾，这种类中的一物只在这条件之下才能是美的。

这表现只是合规格而已。从第三个契机总结出的对美的说明美是一对象的合目的性的形式，在它不具有一个目的表象而在对象身上被知觉时。审美判断里所指的必然性却只能被称为范式，这就是说，它是一切人对于一个判断不同的必然性，这个判断便被视为我们所不能指明的一普遍规则的适用例证，因为审美判断不是客观的和知识的判断，所以这必然性不是从一定的概念引申出来的，从而也不是定言的判断。它更不能从经验的普遍性（对某一对象的美的诸判断的彻底一致）推论出来。

因为不仅是经验很难提供足够的多的证据，在经验诸判断的基础上不容建立这些判断的必然性的概念。鉴赏判断的第四个契机，即按照对对象所感到的愉快的情状上来看，从每一个表象我可以说：它（作为认识）是和快乐结合，这至少是可能的。关于我所称之为快适的表象。我说，它在我内心里产生真实的快乐。至于美，我们却认为，它是对于愉快具有必然的关系。这种必然性是属于特殊的种类。不是一个理论性的客观的必然性，在那里能够先验地认为每个人对于这个被我称为美的对象的这种愉快，也不是一个实践。在这里，经由一个纯粹的理性意志的诸概念，这理性意志对于自由行为的存在者是作为规则的——这愉快是客观规律的必然结果，并且除掉意味着人们应该（没有其他意图）在一定的方式内行动外没有别的。

二十一、鉴赏判断的主观的必然性是受制约的

鉴赏判断期望着每个人的赞同谁说某一物为美时，他是要求每个人赞美这当前的对象并且应该说该物为美。所以，在审美判断里的应该是依照一切为了评判所必需的资料论据而说的，可是仍然仅能是有条件的。人们争取每个人的同意，因为人们要为它找出人人所共同的根据，人们也能够期待这种同意，只要人们常常确知当前的场合是正确地包含在那个作为赞同的规则的根据之下。

二十二、条件是共同感的观念

假使鉴赏判断（像知识判断那样）具有一个一定的客观原理，那么谁要是依据这原理下了判断，他将会宣称他的判断具有无条件的必然性。假使鉴赏判断没有任何原理，像单纯感官的趣味的判断，那么人们就完全不会想到它们的必然性。所以鉴赏判断必需具有一个主观性的原理，这原理只通过情感而不是通过概念，但仍然普遍有效地规定着何物令人愉快，何物令人不愉快。

一个这样的原理却只能被视为共通感，这共通感是和人们至今也称作观念，一般理解本质上有区别：后者一般理解是不按照情感，而是按照概念，固然通常只按照不明了地表示的原理判断着。所以只在这个前提下，即有一个共通感（不是理解为外在的感觉，而是从我们净化的结果），在一个共通感的前提下，才能下鉴赏判断。

二十三、人们能不能有根据假定共通感

知识与判断，连同那伴着它们的确信一起，必须能够普遍传达，否则它们与客体之间便不能一致。它们结合起来将仅仅是表象诸能力的主观的活动，正像怀疑论所要求的。但如果知识能够传达，那么那心意状态必须能够普遍传达，那就是说，认识能力与一般认识之间的一致，以及为了可以从其中获得认识而适合于（对象所赖以表现的）表象的这两者之比例，是必须能够普遍传达的。因为没有这个作为认识的主观条件便不能产生作为结果的知识。这种情形实际上随时实现，如果一定的对象凭借感官把想象力推动去集合多样的东西，而想象力又把理智推动去统一多样的东西使之成为概念。

但是这认识诸能力的调协依照已知的客体的各异性而具有不同的比例。但仍然必须有一个比例，以便两种心意力量所赖以彼此推动的这种内在关系，就（一定对象的）认识来说，对于这两种心意力量总是最有利的，而这调协只能经由情感（而不是依照概念）所规定。然而现在这调协本身必须能够普遍传达，从而我们对它的情感（在一定的表象里）也必须能够普遍传达，一种情感的普遍传达性却以共通感为前提。所以这共通感是有理由被假定的，而且不是根据心理的观察，而仅仅是作为我们知识的普遍传达性的必要条件，这是在每一种逻辑和每一非怀疑论的知识原则里必须作为前提被肯定的。

二十四、共通感是一种主观的必然性

在一切我们称某一事物为美的判断里，我们不容许任何人有异议，而我们并非把我们的判断放在概念之上，而只是根据情感。我们根据这种情感不是作为私人的情感，而是作为一种共同的情感。我们确实是设想一个共通感，这种不确定的规范为前提的，我们之所以敢于下鉴赏判断就证明了这一点。至于实际上是否有一个这样的共同感作为经验的可能性的构成原理，或是有更高级的理性的原理把它对我们仅仅做成节制的原理，以便在我们内部产生一个为了更高目的共通感，鉴赏力是原始的和自然的，抑或单是一种获得的和人为的能力的观念，以致鉴赏判断，连同它的普遍赞同的要求。

事实上仅是一种理性要求，是一种要求产生感性形式的一致性，而那“应该”，就是说，每个人的情感和每个另一个人的个别的情感彼此符合的客观必然性只意味着彼此一致的可能性，而鉴赏判断只是这个原理的应用之一的实例。关于这些我们在此尚不愿也不能加以研究，而我们现在只从事于分解鉴赏能力直到它的成分和最后把诸成分统一于一个共通感的观念中。因此而假设的共通感，就不能建立在经验的基础上。

因为它将赋予此类判断以权利，即其内部含有一个应该。它不是说，每个人都将要同意我们的判断，而是应该对它同意。所以共通感，根据它的判断而提出我的鉴赏判断作为一个例子，并且因此我赋予它范例的有效性，它是一理想的规范，在它的前提下人们就能够把一个与它协和的判断和在这判断里表示出对一对象的愉快颇有理由地对每个人构成法则：因为那原理固然是主观的，却仍然被设想为主观而普遍的（对每个人必然的观念），它涉及不同的诸判断者的一致性，就像对于一客观的判断一样，能够要求普遍的赞同，只要人确信它是正确地包含在那原理之下。

二十五、对于分析论第一章的总注

如果现在鉴赏判断里想象力必须在它的自由性里被考察的话，那么它将首先不被视为再现，像它服从着联想律时那样，而是被视为创造性的和自发的（作为可能的直观的任意的诸形式的创造者）。从以上的分析引申出来的总结，可以见到一切都归宿于鉴赏的概念。鉴赏是关联着想象力的自由的合规律性的对于对象的判艺能力。固然它在把握眼前某一对象时是被束缚于这客体的一定形式，而且在这限度内没有自由活动之余地（像在作诗里），而我们仍然可理解：对象正是能给予它这样一个形式，这形式含有的统一，正像想象力在自由活动时，在和悟性的合规律性一般中可能设想出来的一样。

这将成为一个没有规律的合规律性和想象力对悟性的主观性的协调一致而并非有客观性的（协调一致），因表象是对于对象的一定的概念联结着，将能和悟性的自由的合规律性（这也被称为没有目的合目的性）及和一个鉴赏判断的特异性单独地共同存在着。几何学合规则的形象，一个圆形、正方形、正六面体，等等，被鉴赏评判家通常引来作为美的最单纯的和毫无疑问的例证，但是它们之所以被称为合规则，正因为它们除了这样不能用别的方法表象出来，亦即它们被视为是一个概念的单纯表现，这概念给那形象指定了规律（唯有依这规律它才有可能）。

所以在这里必有一方面是错误的，或是那些鉴赏评判家的判断，赋予所设想的形象以美，或是我们的判断，认为美必须要不依赖概念的合目的性。但是说想象力是自由的却又是本身又有规律的。也就是说，它是自主的，这是个矛盾。唯独悟性能体会规律。如果想象力却被迫按照一定的规律去进行，那么它的群臣将在形式方面被概念规定着，照它应该的那样。但是这样一来我们上面所述的那种愉快却不是对于美，而是对于善（对于完满说，自然只是形式方面的）的愉快，而这判断不是通过鉴赏的判断了。导向一个对象的概念的合规则性，是不可缺少的条件，来把这对象掌握在一个单一的表象里并将多样性在这表象的形式里来规定。这个规定就认识来说是个目的

在这个关系里它也时时和愉快结合着（这愉快伴随着每一纵然只是可疑的意图的实现）。这却满足了一个课题的解决的赞许，而不是心意诸力和我们称之为美的东西的一个自由的无规定而合目的性的娱乐，在这里悟性对想

象力而不是想象力对悟性服务。没有人能够轻易地下一个判断，说一个具有鉴赏力的人在一个正圆形上较之在一个歪曲的轮廓上，在一个等边等角正方形上较之在一倾斜的、不等边的，即歪曲的四方形上获得更多的愉快，因为对于这只要常识而不需要任何鉴赏力。在企图判定例如一个场所的广大，或明白各部分相互间及对全体的关系时，那就只需要合规律的形象，并且要其中最简单的种类，而愉快不是直接基于形象的观照上，而是基于形象对于各项目的有用性之上。

一个房间，它的墙壁构成斜角，一个同样的庭园场子，以至一切破坏了形象对称的，如在动物（譬如独狼）中，在建筑或花床，是令人不愉快的，因为它违反目的，不仅是实践地在这些动物的一定的应用里，而且也对于在一切可能试图的评判里；在鉴赏判断的场合就不是这样了，当鉴赏判断是纯粹时，愉快或不愉快是不顾及用途或目的，而是直接地和对象的单纯观照接合。一切僵硬的合规则性（接近数学的合规则性）本身就含有那违反趣味的成分。它不能给予观照它时持久的乐趣，而是当它若不是显著的以认识或一个一定的实践目的为意图时令人厌倦。与此相反的是，那能使想象力自在地和有目的地活动的东西，它对我们是时时新颖的，人们不会疲于欣赏它。马尔斯顿在他关于苏门答腊的描绘曾指出，在那里大自然的自由的美处处包围了观者，而因此对他不再具有多少吸引力。

在一个只通过意向才有可能的物件，在一个建筑，甚至于在一个动物，那建立于对称里的合法性必须表现出观照的统一性来。这观照的统一性伴着目的概念而同样隶属于认识。但是在仅是表象诸能力的自由活动，却在这样的条件下，即悟性在此不受到打击，被持续着的场合，在娱乐园里，室内装饰里，一些有趣味的等，强制的合规则性便尽可能地避免掉，关于庭园。

对于家具的巴洛克趣味竟驱使想象力的自由达到光怪陆离的程度，而在这摆脱一切规则的强制中恰好肯定这场合，在这场合里鉴赏力在想象力的诸设计中能够表示它的最大的完满性。与此相反，一个胡椒园，藤萝蔓绕的枝干在其中构成两条平行的林荫路，当他在森林中忽然碰见这胡椒园时，这对于他便具有很多的魅力。他由此得出结论：野生的、在现象上看是不规则的美，只对于看饱了合规则性的美的人以其变化而引起愉快感。

但是只要他做一个试验，一整天停留在他的胡椒园里，使他内心感到，如果悟性经由合规则性把自己置于他处处所需要的秩序井然的情调里，那对象将不会长久地令他感到有趣，甚至于对他的想象力加上了可厌的强制。与此相反，那富于多样性到了豪奢程度的大自然，它不服从于任何人为的规则，却能对他的鉴赏不断地提供粮食。甚至于我们不能纳进任何音乐规则的鸟鸣，好像含有更多的自由，并因此比起人类的歌声来是更加有趣，而歌声是按照音乐艺术的一切规则来演唱的。因为这后者，如果多次并长时间重复着，早就会令人深深厌倦。但是此地我们恐怕是把对于一个可爱的小动物的欢乐的同情和它的歌的美互易了。

它的歌，如果被人们完全准确地模仿出来（像今天对于夜莺的鸣声所做的那样），这对于我们的耳朵将是十分没趣的。还要区别美的对象和对于对象的美的眺望（这对象常常因遥远的距离不再能认识得清晰）。在后者里面似乎鉴赏力不单是抓住想象力在这视野里所把握到的，而更多地是在于想象力有机会去作诗，那就是说它把握着真正的幻想，心意保持着这些幻想，当它经由冲击着眼帘的多样性连续地唤起来的时候，就像看见一个壁炉火焰的流动不停的或一小溪流的形象，二者并不是美，但对于想象力却带来了一种魅力，因为它们保持着它们的自由的活动。

第二十五章　歌德——德国唯物主义美学者

歌德在哲学上基本倾向于唯物主义，同时也受到康德唯心主义“目的论”的影响，这种矛盾现象，在其论述美的本质问题上更为突出。

歌德承认美是客观存在的，美无疑在自然本身，它是“一种本原现象，它本身固然从来不出现，但它反映在创造精神的无数不同的表现中，都是可以目睹的，它和自然一样丰富多彩”。然而歌德又认为，并非所有的自然都是美的，在众多的自然事物中，只有那些“事物的各部分肢体构造都符合它的自然定性，也就是说，符合它的目的”才是美的。例如，一个已达到结婚年龄的姑娘，她的自然定性是养育孩子，如果她的骨盘不够宽大，胸脯不够丰满，她就不美，其原因在于她不符合目的要求。

一、生平及简介

歌德（Johann Wolfgang von Goethe，公元1749—1832）是德国18世纪杰

出的作家和古典主义美学家。他出生于法兰克福一个富裕的市民家庭。他1765年入莱比锡大学学习法律，开始文学创作。1770年又到史特拉斯堡大学学习，在赫尔德的影响下，他发起了狂飙突进运动，倾向于浪漫主义。后定居意大利，接触古希腊和文艺复兴时期的艺术，受到温克尔曼的影响，转变为古典主义者。歌德一生著书很多，全集共达一百四十三卷，其中文学方面有《浮士德》、《伊菲格尼》、《少年维特之烦恼》、《哀格蒙特》等，美学方面留下的专著不多，其美学思想较为集中的有《艺术格言和感想》、《歌德谈话录》《爱克曼辑录》等著作。自然只为艺术创作提供丰富的材料，艺术家从这些材料中，选择对人有意义有价值的部分，经过艺术处理，给人们提供“一种第二自然”，一种感觉过的、思考过的、按人的方式使其达到完美的自然。在艺术家与自然的关系上，歌德认为艺术家既是自然的奴隶，又是自然的主宰。所谓“自然的奴隶”，是指艺术家要尊重自然、研究自然、摹仿自然，并创造出一个毕生自然的作品，艺术家必须用人世间的材料去进行工作；所谓“自然的主宰”，是指艺术家“本着自由精神站得比自然要高一层，按照他的更高的目的来处理自然”，使人间的材料服从他的较高的意旨。他认为“艺术家努力创造的并不是一副自然作品，而是一种完整的艺术作品”。歌德在他晚年着手编辑与席勒的通信集时，曾论及与席勒在艺术创作问题上的分歧。他说：“诗人究竟是为一般而找特殊，还是在特殊中显出一般，这中间有一个很大的差别。”他认为艺术创作就是“在特殊中显出一般”，只有在特殊中显现出一般，才特别适宜于诗的本质。在歌德看来，席勒所主张的“从一般中找特殊”，就是在诗人的心目中先形成一种普遍性的概念，然后到现实生活中找个别的具体形象，作为一般概念的注解和诠释。歌德在哲学上基本倾向于唯物主义，同时也受到康德唯心主义“目的论”的影响，这种矛盾现象，在其论述美的本质问题上更为突出。歌德承认，美是客观存在的，美无疑在自然本身，它是“一种本原现象，它本身固然从来不出现，但它反映在创造精神的无数不同的表现中，都是可以目睹的，它和自然一样丰富多彩”。然而歌德又认为，并非所有的自然都是美的，在众多的自然事物中，只有那些“事物的各部分肢体构造符合它的自然定性，也就是说，符合它的目的”才是美的。例如，一个已达到结婚年龄的姑娘，她的自然定性是养育孩子，如果她的骨盘不够宽大，胸脯不够丰满，她就不美，其原因在于她不符合目的要求。

在古典主义和浪漫主义的区别问题上，歌德认为其区别不在于古与新，而在于前者是“健康的”，后者是“病态的”。他说：“最近一些作品之所以是浪漫的，并不是因为新，而是因为病态、软弱。古代作品之所以是古典的，也并不是因为古老，而是因为强壮、新鲜、愉快、健康”。歌德这里所说的健康，就是我们现在所说的“积极的”，所谓“病态的”，相对于我们现在所说的“消极的”。歌德晚年发表上述言论时，正值浪漫主义由积极变化成为消极。消极的浪漫主义的是“回到中世纪去”，与歌德的“诗应采取从客观世界出发的原则”相违背。纵观歌德整个美学观，他并非反对一切浪漫主义，而是渴望建立既有古典主义的现实性，又有浪漫主义的理想性的德国民族的文学。

二、关于天才和创造力的关系问题

关于天才和创造力的关系问题，歌德几次谈话前后不尽一致，有时他认为天才是超自然的天生能力，是先天固有的。有时又认为天才是后天勤奋学习的结果，尤其是他谆谆教导青年，不要相信天才。他在临终前的一次谈话中说，“一个人凭个人的天才不能成就伟大事业，个人的智慧和才能，只不过是群众集体智慧的结晶，就算最大的天才，如果想单凭他所特有的内在自我去对付一切，他也决不会有多大成就”。并且认为他自己的成就是微乎其微的，他一生所做的一切，“不过是伸手去收割旁人替我播种的庄稼而已”。

三、作家和时代的关系问题

在作家和时代的关系问题上歌德认为当时代处于衰退和解体的状态中时，艺术创作倾向于主观，当时代处于前进的状态中时，艺术创作“都具有一定的客观性”。在艺术分类问题上，他提出“造型艺术对眼睛提出形象，诗对想象力提出形象”。在艺术家个人修养与艺术创作的关系问题上，他认为：只要人越来越堕落，文学也就一落千丈，等。在天才问题上，歌德有时又强调天才的产生和形成，必须有一定的生理基础。他以拿破仑一家为例，说明“天才虽然不是天生的，不过要有一种适当的身体基础”。

四、形象

直到今天还没有人能够发现诗的基本原则，它是属于精神世界，太缥缈了。绘画这种艺术可以眼见目睹，可以用感官步步探求的，似乎比较适合于原则的发现。英法两国人对造型艺术已经有过理论探讨，人们便以为，通过一种比较，就可以解释诗的本质了。造型艺术对眼睛提出形象，诗对想象力提出形象，因此诗中的各种形象，首先要受到注意。人们从比喻开始，其次是描绘，对一切可能感受到的因素都加以讨论，那么，就谈谈形象吧！但除了自然之外，形象又从何处取得呢？很明显，画家是在模仿自然，那么，为什么诗人不也去模仿自然呢？但本来存在的自然是不能模仿的，本来的自然含有许多不重要、不合适的东西，我们必须有所选择，然而又是什么决定这选择呢？我们必须选择重要的，然而什么又是重要的呢？为了回答这些问题，瑞士作家们大约考虑了不少时间。因为他们得到了一个虽然奇怪却也巧妙有趣的念头，他们认为凡是新的总是最重要的，他们考虑的结果发现，凡是奇妙的东西总是较新于其他一切的东西。看来他们已抓住了诗的本质了。只是他们还考虑到，奇妙的东西也可能是空洞的，与人类无关的东西。这样一种不可或缺的关系，他们又认为必须是道德性的，显然有助于人类的改善。因此，诗除了其他应有的优点之外，必须具有功利性，才算达到诗的最后目的。他们根据以上这些要求标准，来衡量各种文艺。凡是模仿自然，既奇妙又含有道德目的和效用，他们认为就是最好最高的一类。经过长久的斟酌，他们终于坚信不移地把第一锦标送给了《伊索寓言》。

五、跟随自然

我们应该看到这两人对于艺术已经起着什么影响。他们指出了自然，并劝我们离开艺术，而跟随自然。每一种艺术的最高任务即在于通过幻觉，产生一个更高真实的假象。但如果企图促使这幻觉实现，直至最后只剩下一个平凡惯见的现实，那么这种企图也是错误的。

六、重要问题的言论

我过去研究了麦克，现在又研究哥特尔，想找出一些原则来指导一切创造性的努力。但和他们一样，我也失败了。麦克是个怀疑派、折中派，哥特尔拘泥与自己见解符合的一些例如苏尔采的理论已经宣布，但是他的说法比较适合于业余作用，无助于艺术性。和苏尔采观点相同的人首先要求是作用，因此创作者和利用者之间立刻产生了分歧的意见，因为一件优良的艺术作品能够而且也将会发生道德的后果，但向艺术家要求道德目的，等于是毁坏他的手艺。古代人对于这些重要问题的言论，我曾花了好几年的功夫加以研究，虽然并没有系统地阅读亚里士多德、昆体良、朗加纳斯、西塞罗。我都注意到了，但是他们对我毫无帮助，因为我缺乏他们具有的经验。我对于古代作家成就的认识，还是依靠钻研和阅读，而不是从生活经验中得来的。然而这些古代人，尤其是最有名的演说家，显然都是从实际生活中得到锻炼的。讨论他们的艺术特征，而不同时提到他们的个人爱憎取舍，乃是不可能的事。

就诗人而论，上述情况也许少些，然而在每一个场合，好像都只有通过生活，自然和艺术才取得联系。所以经过了我种种思考和努力，我回到了我的老主意，那就是研究身内身外的自然，让自然绝对通行无碍，用热爱的心情模仿自然，并在这模仿中跟随自然。

七、莎士比亚纪念日的讲话

我觉得我们最高尚的情操是当命运看来已经把我们带向正常的消亡时，我们仍希望生存下去。先生们对我们的心灵来说，这一生是太短促了。理由是：每个人无论是最低贱或最高尚，无论是最无能或最尊贵，只有在他厌烦了一切之后，才对人生产生厌倦，同时没有一个人能达到他自己的目的，尽管他渴望着这样做，因为他虽然在自己的旅途上一直很幸运，往往能眼看到自己所向往的目标，但终于还要掉入只有上帝才知道是谁替他挖好的坑穴，并且被看成一文钱不值。

一文钱不值啊！我（自己却不然）！我就是我自己的一切，因为我只有通过我自己才了解一切！每个有所体会的人都这样喊着，他（高视）阔步走过这个人生，为（踏上）彼岸无尽头的道路做好准备。当然个人按照自己的尺度（来做）。这一个带着最结实的旅杖动身，而另一个却穿上了七里靴，并赶过前面的人，后者的两步就等于前者一天的进程。不管怎样，这位勤奋不倦的步行者仍是我们的朋友和伙伴，尽管我们对那一位的（高视）阔步表示惊讶与钦佩，尽管我们跟随着他的脚印并以我们的步伐去衡量着他的步伐。

先生们，请踏上这一征途！对这样的一个脚印的观察，比起参观那国王入城时带来的千百个驾从的脚步更会激动我们的心灵，更会开阔（我们的胸怀）。

今天我们来纪念这位最伟大的旅行者，同时也为自己增添了荣誉。（因为）在我们身上也蕴藏着我们所公认的那些功绩的因素。

你们不要期望我写许多像样的（东西）！心灵的平静不适合作为节日的

盛装，同时现在我对莎士比亚还想得很少，在我的热情被激动起来之后，我才能臆测出，并感受出最高尚的（东西）。我读到他的第一页，就使我这一生都属于了他。当我首次读完他的一部作品时，我觉得好像原来是一个先天的盲人，这时的一瞬间（有）一只神奇的手赋予了我双目的视力。我认识到，我很清楚地体会到我的生活是被无限地扩大了，一切对于我都是新鲜的、陌生的，还未习惯的光明刺痛着我的眼睛。我慢慢学会看东西，这要感谢天资使我具有了识别能力！我现在还能清楚地体会到我所获得的是什么东西。

我没有踌躇过一刹那，放弃那遵循格律的戏剧。地点的一致对我犹同牢狱般地可怕，情节的统一和时间的一致是我们想象力的沉重桎梏。我跳进了自由的空气里，这才感到自己（生长了）手和脚。现在，当我认识到那些讲究规格的先生们从他们的巢穴里给我硬加上了多少障碍时，以及看到有多少自由的心灵还被围困在里面时，如果我再不对他们宣战，再不每天寻找机会以击碎他们的堡垒的话，那么我的心就会愤怒地碎裂。

法国人用作典范的希腊戏剧，按其内在的性质和外表的状况来说，就是这样的。让一个法国侯爵效仿那位亚尔西巴德却比高乃依追随索福克勒斯要容易得多。

开始是一段话补插，然后悲剧庄严隆重地以完美的单纯朴素（风格），向人民大众展示出先辈们的各个惊魂动魄的故事情节，在各个心灵里激动起完整的、伟大的情操，因为悲剧本身就是完整的、伟大的。

在什么样的心灵里啊！

希腊的！我不能说明这意味着什么，为简明起见，我在这里根据的是荷马、索福克勒斯及忒奥克里托斯，他们教会我去感觉。

同时，我还要连忙接着说：小小的法国人，你要拿希腊的盔甲来做什么，它对你来说是不是太大了，而且太重了？

因此所有的法国悲剧本身就变成了一些模仿的滑稽诗篇。不过那些先生们已从经验里知道，这些悲剧如同鞋子一样，只是大同小异，它们中间也有一些乏味的东西，特别是经常都在第四幕里，同时他们也知道这些又是如何按照格律来进行的，这方面我就无须多花笔墨了。

我不知道是谁首先想出把这类政治历史大事题材搬上舞台的。对这方面有兴趣的人，可以借此机会写一篇论文，加以评论。这发明权的荣誉是否属于莎士比亚，我表示怀疑，总而言之，他把这类题材提高到至今似乎还是最高的程度，眼睛向上看（的人）是很少的，因此也很难设想，会有一个人能比他看得更远，或者甚至能比他攀登得更高。

莎士比亚，我的朋友啊！如果你还活在我们当中的话，那我只会和你生活在一起，我是多么想扮演配角匹拉德斯，假如你是俄来斯特的话，而不愿在德尔福斯庙宇里做一个受人尊敬的司祭长。

先生们，休想停笔，明天再继续写下去。因为现在滋长在我内心里的这种心情，你们也许不容易体会到。

莎士比亚的戏剧是个美妙的万花镜，在这里面，世界的历史由一根无形的时间线索串联在一起，从我们眼前掠过。他的构思并不是通常所谈的构思，但他的作品都围绕着一个神妙的点（还没有一个哲学家看见过这个点并给予解释），在这里我们个人所独有的（本性），我们从愿望出发所想象的自由，同在整体中的必然进程发生冲突。可是我们败坏了的嗜好是这样迷糊住了我们的眼睛，我们几乎需要一种新的创作来使我们从这暗影中走出来。

所有的法国人及受其传染的德国人，甚至于维兰也在这件事情上和其他一些更多的事情一样，做得不太体面，连向来以攻击一切崇高的权威为职业的伏尔泰在这里也证实了自己是个十足的台尔西特。如果我是尤利西斯的话，那他的背脊定要被我的王笏打得稀烂！

这些先生当中的大多数人对莎士比亚的人物性格表示特别反感！

我却高呼（要）自然（的真实），自然（的真实）！没有比莎士比亚的人物更自然的了！这样一来，于是乎他们一起来扭住我的脖子松开手，让我说话！

他与普罗米修斯竞争着，以对手做榜样，一点一滴地刻画他的人物形象，所不同的是赋予了巨人般的伟大（性格）——正因为如此，我们才认不出他们是我们的兄弟——然后以他的智力吹醒了他们的生命，他的智力从各个人物身上表现出来，因此大家看出他们之间的亲属关系。

我们这一代凭什么敢于对自然加以评断？我们（又能）从什么地方来了解它？我们从幼年起在自己身上所感到的以及在别人身上所看到的，这一切都是被束缚住的和矫揉造作的东西。我常常站在莎士比亚面前而内心感到惭愧，因为有时发生这样的情形。在我看了之后，我就想到：要是我的话，一定会把这些处理成另外一个样子！接着我便认识到自己是个可怜虫，从莎士比亚（的笔下）描绘出的是自然（的真实），而我所塑造的人物却都是肥皂泡，是由虚构狂所吹起的。

虽然我还没有开过头，可是我现在却要结束了。

那些伟大的哲学家们关于世界所讲的一切，也适用于莎士比亚。我们所称之为恶的东西，只是善的另外一个面，对善的存在是不可缺少的，与之构成一个整体，如同热带要炎热，拉伯兰要上冻，以致产生了一个温暖的地带一样。莎士比亚带着我们去周游世界，而我们这些娇生惯养、无所见识的人遇到每个没见过的飞蝗却都要惊叫起来。先生，它要吃我们呀！

先生们，行动起来吧！请你们替我从那所谓高尚嗜好的乐园里唤醒所有的纯洁心灵，在那里，他们饱受无聊的愚昧，处于半睡半醒的状态，他们内心里虽充满激情，可是骨头里却缺少勇气，他们还未厌世到致死的地步，但是又懒到无所作为，所以他们就躺在桃金娘和月桂树丛中，过着他们的萎靡生活，虚度光阴。

八、文学上的暴力主义

柏林的《时代及其鉴赏趣味文库》杂志今年3月号上发表了一篇论《德国人的散文和辩才》的文章。发行人自己承认，刊用这篇文章不是没有顾虑的。我们，就我们这方面而言，并不因为他们接受了这样一件不成熟的作品而提出指责，因为既然文库的任务是保存一个时代的特色，那么它也有责任使该时代的糟粕留传后世。那种妄想借以将自己装扮成博学多才的绝对口吻和态度，在我们批评界固然不是什么新现象，然而，个别人士退回到野蛮时代去的开倒车行为，在人们无法阻拦的时候，还是应该提出来谈一下的。因而我们希望《时代女神》杂志，与此相反，能以我们要说的话，哪怕别人已经时常说过，而且也许还说得更好一些作为一个凭据保留下来，证明除了那些对我们作家不公道的和过分的苛求之外，也还有人在静悄悄的，以公正的态度和感激的心情，看待这些费力多而酬谢少的作家。

那位作者为德国人缺乏卓越的古典散文作品感到遗憾，于是他高高地抬起腿来，迈出一大步，跨过了十来个我们最好的作家。这些作家的姓名他避而不谈，却以泛泛的称赞和严厉的指责来刻画他们，以致读者从他所画的歪曲图像中很难认出他们来。我们深信，没有哪个德国作家自封为古典作家，他们每人对自身的要求都比一个挺身反对一群可敬的人士的台尔西特的含糊主义来得严格。这些人士绝不硬要人家无条件地钦佩他们的努力，是他们有权利希望人家懂得怎样尊重他们的辛勤劳动。我们绝不想为面前这篇不怀好意、文笔拙劣的文章作评注。我们的读者在翻阅到上述文章时，不会不感到愤慨。对于那种缺乏教养的骄横态度，想借此钻进优秀者的行列中来，甚至排挤优秀者并取而代之的企图，对于这种真正的暴力主义，我们的读者是会知道怎样加以批判、加以惩罚的，我们只想针对这种粗野的蛮闯态度约略说几句。在谈话中或写作时使用的词句必须同一定的概念相连接。

凡是把这点看成是不可免除的义务的人，他必然极少使用这样一些字眼：古典作家、古典作品。何时何地才能产生民族古典作家呢？他需要具备下列条件：他能在自己民族的历史中看到伟大事件及其结果形成幸运而有意义的统一体，他并不感到自己同胞们的思想缺乏伟大性，情感缺乏深度，行动缺乏坚强性与一贯性。他为民族精神所渗透，通过内蕴的财富，感到自己能够同过去和现在的事物发生共鸣，他的民族处在高度的文化水平，以致他自己的培养变得容易，他能收集到许多材料，能得到前人已完成的或未完成的试验，能看到许许多多外界的和内在的情况汇合在一起，使他不必付出昂贵的学费就能在一生中最美好的岁月预见到一项伟大的工作，加以安排，并在某种意义上予以实行。只有在这些条件下，才可能产生一个古典作家，特别是散文作家。拿这些条件来同本世纪最优秀的德国人的工作环境对照一下，眼光清晰、思维公正的人就会对他们的成就表示敬畏赞赏，而对他们失败之处感到衷心惋惜了。

一篇有意义的文字就同一段有意义的讲话一样，作家同一般有作为的人一样，很少能制造自己诞生与活动的环境。每一个人，包括最伟大的天才在内，都在某些方面受到时代的束缚，正如在另一些方面得到时代的优惠一样。一个杰出的民族作家，只能求之于民族。地理环境将德国民族紧密联系在一起，而政治环境却将德国民族割裂得支离破碎。但这也不能归咎于德国民族，我们并不希望发生可能为德国准备古典作品的革命。因此，最不公道的责难就是排除这种观点的责难。看看我们过去与当前的环境，打量一下产生德国作家的个人环境，那就很容易找到评价他们的立场了。

在德国，从未有过这样的情况，作家可以相聚一堂，根据一种方式、一个目标，培养个人所从事的社会生活教育中心。他们东分西散地诞生在各地，受到悬殊的教养，大多数被放任自流，随意去接受各种极不相同的环境影响，他们偏爱国内或国外某个典范，从而受到束缚，他们被迫去进行一切尝试，甚至不惜粗制滥造，以求在没有指导的情况下检验一下自己的力量。直到后来通过思考，逐渐确信自己应该做什么，通过实践了解自己能够做什么，他们一再被大量的没有鉴赏趣味的读者引入歧途，因为这些读者是带着同样的兴趣去吞噬优秀作品和拙劣作品的，而后他们又由于结识了有修养的分散在全国广大地区的人士而受到鼓励，为一道工作，共同努力的同代人所鼓舞。这样，一个德国作家终于到达成熟年龄，这时他必须为自己的生计操心，为他的家庭操心，这些事逼迫他去环顾外界，常常不得不带着最悲哀的感觉去做自己轻视的工作，以求换取促成自己事业的手段，这是他竭力想以培养出来的才智专心致志地去从事的事业。哪位受人敬重的德国作家不在这幅画像中认出了自己呢？哪一位会不带着谦逊的悲哀情绪承认他曾经多次叹息，希望得到机会，更早地使自己独创天才的特性隶属于一种可惜他未能遇见的共同的民族文化之下呢？因为上层阶级受的是异邦习俗与外国文学的教育，不管这种教育给我们带来了多少裨益，它却阻碍了德国人更早地作为德国人来发展。

现在查看一下有定评的德国诗人与散文作家的工作吧！他们怎样兢兢业业、诚心诚意地在他们的道路上追随着一种澄清了的信念前进啊！因此，举个例子来说，这也不算多话，我们认为一个有判断力的、勤奋的文学工作者，通过对我们的维兰的全部作品版本的比较，仅是从这位孜孜不倦以求更臻完善的作家的一次又一次的修改稿中，就能发展成整套培养鉴赏趣味的学习。尽管一切斯默尔封会嘀咕不满，我们仍可带着自豪的欢乐来颂扬维兰这位作家。但愿每个用心的图书馆主任都设法收集这样一套藏书，这在现在还是办得到的事，而下一世纪的读者是会以怎样的感激心情来使用它。

也许我们将来敢于把我们最优秀的作家的培养历史，像他们在作品中表现的那样，公之于世。尽管我们对作家的自白要求不高，但如果他们自己愿意随意告诉我们一些对他们的教育起过最大作用的时机，介绍一些对此危害最甚的障碍的话，那么他们给予大家的贡献就更为广泛了。因为笨拙的指责者最少注意到的是：有才华的青年人现在可以更早地培养自己，能更早地获得一种成熟的与题材相当的风格，享受到他们的幸福，所有这些要归功于谁呢？还不就是他们的前辈吗？他们的前辈曾在这世纪的上半叶，在重重障碍下不断努力，各以各的方式培育着自己。通过前人的工作，无形中设立了一种学校，现在进这学校的青年人踏进了比前辈远为广阔、远为光明的天地，在那里，前辈作家必须自己先在朦胧的光亮中摸索，才能逐渐地，同时只是偶然地起扩大范围的作用。要想用他的小灯来给我们照亮的半吊子批评家来得太迟了，白昼已经降临，而我们不会再去关上百叶窗。在上流社会里，人们是不肯显露自己的坏脾气的。那位作者想必脾气太坏，以致在几乎人人都善于写作的时刻，否认德国有杰出的作家。

要找一部优秀的长篇小说，一篇成功的短篇小说，一篇纯正的论说文章，并不需要跑得很远。我们的评论报纸、杂志、手册不就是常常提供一种协调的、优良的风格的明证吗？德国人的专业知识逐渐在扩大，远景日益清晰。哪怕有一些动摇的意见在竭力反抗，有价值的哲学能使他更加熟悉自己的精神力量，并减轻他运用这些力量的困难。优良风格的许多典范，相当多人的先驱工作和辛勤劳动，使年轻人能更早地把他从外界汲取来的和内心蕴育的东西，根据题材的需要，清晰而优美地呈现出来。因此，乐观的、公道的德国人把他的民族的作家看为正处在一个美好的阶段。他确信，读者群众是不会受一个坏脾气的吹毛求疵者迷惑的。让我们把这样的人驱逐出这社会之外去吧，在这社会里不应容纳这样的人。他们的毁灭性努力只能使有作为的人气馁，使参加的人懈怠，使旁观的人疑惑、冷漠。

第二十六章　席勒——法兰西共和国荣誉公民

席勒的美学者作品主要有：《论悲剧题材产生快感的原因》、《论崇高》及《美育书简》、《论朴素的诗和感伤的诗》等，以后两部最为重要。学过法律和医生，早期与歌德同为狂飙运动的主要人物。所写剧本《强盗》触犯权贵，逃出卢森堡公国。他写成《尼德兰独立史》和《三十年战争史》后，任耶拿大学教授。在魏玛时，他开始接近歌德，并研究康德的著作，深受两人的思想影响。除《强盗》外，还写有《阴谋与爱情》、《威廉·退尔》、《华伦斯坦》等剧本。他强烈反对德国封建制度，表现了当时欧洲民族解放运动和德国市民阶级的政治理想。由于他青年时代的作品符合法国资产阶级革命精神，曾获得法兰西共和国荣誉公民的称号。

一、生平简介

席勒（Johann Christoph Friedrich Von Schiller，公元 1759—1805）是德国启蒙运动时期的剧作家、历史学家和美学家，其父为军医。他学过法律和医学，早期与歌德同为狂飙运动的主要人物。因所写剧本《强盗》触犯权贵，逃出卢森堡公国。他写成《尼德兰独立史》和《三十年战争史》后，任耶拿大学教授。在魏玛时，他开始接近歌德，并研究康德的著作，深受两人的思想影响。

除《强盗》外，还写有《阴谋与爱情》、《华伦斯坦》、《威廉·退尔》等剧本。他强烈反对德国封建制度，表现了当时欧洲民族解放运动和德国市民阶级的政治理想。由于他青年时代的作品符合 1789 年法国资产阶级革命精神，曾获得法兰西共和国荣誉公民的称号。他的美学著作主要有：《论悲剧题材产生快感的原因》、《论崇高》及《美育书简》、《论朴素的诗和感伤的诗》等。《美育书简》是 1794 年写给丹麦王子的二十七封信。法国 1789 年革命开始时，席勒把它看作他的理想的自由的实现，当革命深入下去，雅各宾党人实行专政，路易十六被送上断头台后，他对革命大为失望。他认为改革社会、实现自由不应当采取革命的暴力手段，而应当“让美走在自由之前”，采取他所认为的审美教育的手段。

同时，他所理解的自由不是政治经济权利的行使和享受，而是精神的解放和完美人格、人的完整性的形成，因而审美又成为理想和目的。这就是席勒写作《美育书简》的历史背景和目的。康德把人性分成感性和理性两个部分，席勒从这个命题出发，认为人具有两种对立的因素：一是“人本身”或“人身”（Person）；二是“情境”或“状态”（Zustand）。“人本身”持久不变，“情境”则不断变化。因而人有两个相反的要求，一个是要求实在性，使“人本身”中一切内在的东西变成外在的；另一个是要求形式性，使一切外在的东西具有形式。与这两个要求相适应，人有两种相反的“冲动”，即推动实现两个要求的力量：一种是受时间空间限制，属于现象范围的“感性冲动”（这是自然、物质）；另一种是来自“人本身”的先天理性的“形式冲动”（也叫“理性冲动”，这是自由、形式）。前者把“人本身”的必然的东西转化为现实，变成物质的存在；后者则使“情境”中实在的东西获得理性的形式。

二、感性冲动

席勒认为，“感性冲动”的对象是最广义的生活，也就是一切物质存在和呈现于感官的东西；“形式冲动”的对象是形象，包括一切形式和理性法则。而把“感性冲动”和“形式冲动”，结合起来的另一种“冲动”，便是“游戏冲动”，因而“游戏冲动”的对象是生活和形象的统一，这种对象，叫作“活的形象”，就是最广义的美。它既有感性的内容，又有理性的形式，它是感性和理性的统一。

在这“活的形象”里，它既不像“生活”那样受需要的支配，也不像“形象”那样受规律的支配，唯有在这里，才有真正的自由，因为它避免了来自两方面的强制。在这个意义上说，正是与美打交道的游戏，才使人成为真正自由的人。席勒指出：“人应该和美只是做游戏，而且他只应该和美做游戏。”因为只有当人是完全意义上的人的时候，他才游戏也只有当人游戏的时候，他才是完全的人。

席勒认为，无论个人或民族，都要经历自然、道德和审美三个阶段或时期。在自然阶段中，人受到物质力量的限制，是力量的可怕的王国；在道德阶段中，又受到道德意志的限制，是法则的神圣的王国；在审美阶段中，既摆脱了自然的限制，又摆脱了道德的强制，客观和主观、感性和理性取得了和谐，是愉快的王国。在这个阶段，使人既在自然方面又在道德方面获得自由，因而也是平等的。政治革命所不能取得的自由和平等，就这样在审美阶段中实现了。由此可见，席勒是把审美阶段当作理想的目的来看待的。

三、审美的心境产生自由

“事物的实在，是事物的作品，事物的外观，是人的作品，一个以外观为快乐的人，就不再以他所接受的为快乐，而是以他所产生的为快乐。”席勒指出：只有审美的心境才产生自由，而这种心境却不能从自由产生，只能是自然的产物。只有幸运的机缘才打破自然状态的束缚，把野蛮人引向美。野蛮人摆脱了动物状态而达到人性的状态的标志，就在于对“外观”的喜悦，对装饰和游戏的爱好。所谓“外观”，是不同于实在的。

这就是说“外观”是由人所创造的形式。它是感性的，却不受事物存在的限制，它既不力求代替实在，也不需要为实在所代替和人不发生利害关系。因而审美就是摆脱了物质的束缚的非功利的自由状态。它是理性的，但不同于抽象的思维，它是人的视觉和听觉直接感知的对象。这种外观，实际上就是艺术的形象，所以席勒认为外观就是艺术的本质。

四、审美作为过渡阶段

对上述个人或民族经历的三个阶段，席勒有时把道德阶段作为最高阶段，而把审美作为过渡阶段。他认为在自然阶段里，人服从自然的力量，被动地接受感性世界，仍和这个世界完全统一，就不可能有什么自由。在审美阶段里，人不过摆脱了自然的力量，把世界放到自己以外去观照，把自己与世界分开，但是还不能控制自然的力量，只有再前进到道德阶段，才能控制自然的力量，实现真正的自由。

但是要进入自由的道德阶段，必须改变近代资本主义社会劳动分工所造成的人性分裂的状况才有可能，只有通过审美阶段，用审美教育的方法，克服了人的片面性，恢复完美的人性才有可能。因而，美本身并不是最终目的，只是为人类从感觉进到思维搭起桥梁，把人从质料引向形式，从感觉引向规律的一种手段。这样，美又成了达到自由的手段。席勒通过在《美育书简》中的抽象晦涩的论证，达到他想得出的逃避现实、实现幻想的结论。书简里所使用的术语极不固定，例如，他不加区别地使用“神性”、“绝对”、“无限”、“必然”，等。所用术语含义也有不同，例如在“素材”（“材料”）与“形式”一对术语中的“形式”，指的不是事物的外在形式，而是指想象力所掌握的完整的具体的形象。这形象不受“材料”的限制，使材料消融在被模仿的对象的形式里。在“形式”与“内容”一对术语中，“形式”就是一般的含义了。“自然”有时指大自然，有时又指自然本性，这也增加了理解书简的困难。

五、第二封信

然而，除了把您的注意力吸引到美的艺术舞台之外，我如何还能更好地利用您给予我的这种自由呢？当道德世界的问题使人产生更大的兴趣，时代状况又迫切要求哲学探讨精神去从事于一种最完美的艺术作品，去建立一种真正的政治自由的时候，却在为审美的世界物色一部法典，这是否至少是不合时宜的呢？我不愿意生活在另一个世纪，也不愿意为另一个世纪而工作。

正如每个人都是国家的公民一样，他同样也是时代的公民，如果不可能甚至不允许他与自己生活圈子的习俗隔绝开来，那么为什么没有义务在他活动的选择中使他的抉择包含时代的需要和审美趣味呢？但是这种抉择似乎对艺术不利，它至少不利于我的探讨所涉及的那些艺术，事件的进程使时代的创造精神朝着越来越远离理想艺术的方向发展。艺术必须摆脱现实，并以加倍的勇气跃出需要，因为艺术是自由的女儿，她只能从精神的必然性而不能从物质的欲求领受指示。

然而在现时代，欲求占了统治地位，把堕落了的人性置于它的专制桎梏之下，利益成了时代的伟大偶像，一切力量都要服侍它，一切天才都要拜倒在它的脚下。在这个拙劣的天平上，艺术的精神贡献毫无分量，它得不到任何鼓励，从而消失在核世纪嘈杂的市场中，甚至哲学家的探索精神把想象力也撕成了碎块，艺术的领域在逐渐缩小，而科学的花园却在逐步扩大。我抵制了那种富有魅力的诱惑，把美的问题放在自由的问题之前，我相信它的正确性不仅可以用我的爱好来辩解，而且也可以通过各种原理加以证明。我希望使您相信，这个题目不仅关系到时代的鉴赏力，而且更关系到这个时代的需求。我们为了在经验中解决政治问题，就必须通过审美教育的途径，因为正是通过美，人们才可以达到自由。只有我使您想起把理性引入政治立法的那些原理，才能做出这种证明。

六、第三封信

人摆脱了自己的感性混沌状态，认识了作为人的自身，环顾四周并在国家中发现了自己。自然界对待人并不比对待它的其他作品更恩惠些：自然界为人所做的，还不能使人本身作为自由理智而行动。但是，使人成其为人的正是人不停留在单纯自然界所造成的样子，而有能力通过理性完成他预期的步骤，把强制的作品转变为他自由选择的作品，把自然的必然性提高到道德的必然性。在他能够自由地选择这种地位以前，他要受到需要的强制。在能够按照理性法则建立国家以前，需要按照单纯的自然规律建立了国家。

但是，作为道德的人始终不会满足于这种需要的国家，这种国家只是由它的自然规定产生的，并且只是在这一点上才是合理的。如果他可以说的话，这种国家对他是一种灾难！作为人，他有权利去摆脱盲目必然性的统治，正如他在其他许多方面通过他的自由而摆脱了这种统治那样，例如通过道德性使性爱的需要所驱使的那种卑俗特性消失了，并通过美使之高尚化了。

因此，人以一种人为的方式从他的成年返回到他的童年时代，在人的观念中构成一种自夸。这不是由经验得出来，而是他的理性的必然结果，是由他的理性规定必然构成的。从一种理想状况中到一个终极的目标，这在人的实际自然状态中早他所不能达到的，他在当时还不能作出这种选择，这就好像他从未开始并以具有明确见解和自由抉择的独立状态来取代制约状态。不论那种盲目的力量多么巧妙地和牢固地为它自己的作品打下了基础，不论它多么蛮横地维护这一作品并为其披上任何尊贵外衣。

在这一过程中人可以把这一切看作根本没有发生，因为盲目力量的作品不具有权威，在它面前自由无须屈从。所有的事物都要服从于最高的终极目标，这一目标是理性在人的人格中树立起来的，一个达到成熟的民族必定会产生并确证这意图，即要将自然的国家转变为道德的国家。这种自然的国家（正如每一种政治实体那样，它的建立最初是基于力量，而不是基于法则）与道德的人是相互矛盾的。对于道德的人说来，单纯合法性，应该使人服务于法则，而自然的国家却完全适合于自然的人，他为自己制定法则只是为适应于力量。因此，理性要以它自己的国家取而代之，它就必然地要废除自然的国家，它就要敢于把自然的、现实的人变为令人置疑的、道德的人，它就要敢于用具有可能性的（即使在道德上是必然的）理想的社会取代现实的社会。

理性从人那里只能取得那些人所实际具有的东西，却不能取得人所不具备的东西，并分配给人那些他能够并应该占有的东西。如果理性对人的期望过高，它为了一种人性（这是人还缺少的并且由于缺少而无损于他的生存的，甚至于夺去了人作为物性的手段）那么就等于是夺去了他的人性存在的条件，这就等于在他把他的意志固定为法则之前，理性由人的脚下撤去了自然的蜕变。因此，这里特别要考虑的是，在观念中没有建成道德的社会之前，现代的自然社会就一刻也不能中断，为了人的尊严不允许把人的生存推到危险的境地。当机械师在修理钟表零件时，他还要让轮盘运转。但是国家这一活的钟表机构在它的运转中需要修理了，这里同样要在它的运转中去更换旋转着的轮盘。

因此，我们必须寻找社会持续下去的某些支柱，使这些支柱不依存于我们所要废除的自然国家。这种支柱不会在人的自然性格中找到，自私和残暴的特性与其说有助于维持社会，不如说是破坏社会。这种支柱也不能在人的道德性格中找到，按照前提说来它是有待形成的。因为它是自由的并从未出现过，立法者决不会根据它来行事，决不会顾及它。它取决于由自然的性格中分离出任性，由道德的性格中分离出自由。重要的是使自然的性格与法则相一致，使道德的性格从属于印象，进一步使前者远离物质，以便使后者更接近物质。由此产生出第三种性格，它与以上两种性格相关，为由单纯力量的统治转变为法则的统治开辟道路，不阻碍道德性格的发展，而是作为不可见的道德性的感性保障。至少这一点是肯定的，只有这第三种性格在一个民族中占优势，才能毫无损害地完成按照道德原则对国家的改造。

只有这种性格才能保障道德原则持久的建立道德国家，把伦理的法则视为推动力，而自由意志则进入因果的领域，在这一领域，一切事物都以严格的必然性和稳固性相互联系着。然而我们知道，人的意志规定总是偶然的，只有在绝对的存在物那里，自然的必然性才与道德的必然性相一致。如果把人的伦理态度看作自然的结果，它必然是本性，他就必然会通过他的本能达到这样一种生活方式，而产生一种道德的性格。

但是，人的意志在义务和爱好之间是完全自由的，在他的人格的无上权力中，不可能也不允许具有自然的强制。因此，如果人具有这种选择的能力并尽管如此而成为在各种力量的因果联系中可靠的一环，那么也只能由此实现这一点，即在现象的领域中这两种本能推动力的作用完全相同。除了在形式上的不同之外，人的意愿的实质仍然是相同的，从而他的本能与他的理性的一致就足以适应普遍的立法了。我们可以说，就其天赋和素质而言，在每一个个体的人的身上都具有纯粹理想人的成分，在各种变化中与这种不变的统一体保持和谐，这是他的生存的伟大使命。

每一个主体身上都可以或多或少清晰地看到这种纯粹的人，他可以由甲来代表，力图以这种客观的仿佛标准的形式把主体的多样性结合在一起。但是，如何使现代的人与理想中的人相一致？因此，同样的如何使国家可以在个体中维护自己，这里可以设想两种不同的方式：或者通过纯粹的人压制经验的人，使国家消除个体，或者通过将个体变成国家，把现时代中的人到理想中的人。在片面的道德评价中固然抹杀了这种区别，因为若理性法则无条件地适用，则理性就可以满足，但是在全面的人类学评价中，既要考虑形式，也要考虑内容，活生生的感觉也有发言权，这种区别就更加明显了。理性虽然要求统一，但是自然却要求多样性，因此人需要这两种立法。

前者（理性）的法则通过不受诱惑的意识作用于人，而后者（自然）的法则却通过无法排除的情感作用于人。如果道德的性格只能通过牺牲自然的性格才能保持，那么就证明人还缺乏教养。如果国家的宪法只有通过排除多样性才能达到统一，那么就说明它还很不完善。国家不仅应该重视个体身上客观的和一般的性格，而且应该重视个体身上主观的和特殊的性格。在国家扩大不可见的道德领域的同时，它也不应该缩小现象的领域。由于国家是一个通过它自身并为了它自身而建立的有机的组织，因此，它只有使各部分协调到整体的观念上才能成为现实的。因为国家在它的公民的心目中是作为纯粹和客观人性的代表，所以国家对待它的公民的态度必定如同公民们对待国家的态度那样，因此，国家尊重他们的主观的人性也只能达到这种程度，即如同这些人性提高到客观性时那样。

如果内在的人性与他本身是同一的，那么他在自己态度的最大普遍化中将保持自己的独特性，而国家只是成为公民美的天性的解释者，成为他内在立法的更明确表现形式。如果与此相反，在一个民族的性格中，主观的人与客观的人仍如此对立，只有压制前者才能使后者取得胜利，那么国家对于公民也只能保持法律的严肃性，为避免成为它的牺牲品，就必须毫无顾忌地把敌对的个体性踩在脚下。人能够以这种双重方式对立起来，或者当他的情感支配了他的原则时，成为一个原始人；或者当他的原则破坏了他的情感时，成为一个野蛮人。

原始人忽视艺术，并把自然作为至高无上的情侣野蛮人嘲弄和蔑视自然，然而他比原始人更为丢脸，他进而成了自己的奴隶。有教养的人把自然当作自己的朋友，他尊重自然的自由，而只是抑制了自然的专横。因此，当理性把它的道德的统一引入自然的社会时，它不可以损害自然的多样性。当自然在社会的道德建设中试图坚持它的多样性时，由此不可以破坏道德的统一。单调和混乱取得胜利的形式之间相隔是同样的遥远。在有能力和资格把强制的国家转变自由的国家的民族中，人们将会找到性格的完整性。

七、第六封信

或许我对于时代的描述已经过分，我期待的不是这种指责，而是另一种指责，说我由此要证明的东西太多。您会对我说，这幅景象肯定类似于现代的人性，但它也完全像处于文化途程中的所有民族，因为一切民族在他们通过理性而归复自然之前，必然毫无例外地由于理智的过分敏感而脱离了自然(本性)。但是当我们多少注意到时代性格的时候，把人性的现今形式与以前的、特别是古希腊人的性格加以对比，就会使我们感到惊讶。

我们针对任何其他单纯本性所显示的文化教养的荣誉，对希腊人的本性而言却不适用。希腊人的本性把艺术的一切魅力和智慧的全部尊严结合在一起，不像我们的本性成了文化的牺牲品。希腊人不仅以我们时代所没有的那种单纯质朴使我们感到羞愧，而且在由此可以使我们对习俗的违反自然（本性）而感到慰藉的那些优点方面也是我们的对手和楷模。他们既有丰满的形式，又有丰富的内容，既能从事哲学思考，又能创作艺术。既温柔又充满力量。在他们的身上，我们看到了想象的青年性和理性的成年性结合成的一种完美的人性。在那时，在精神力量的那种美的觉醒中，感情和精神还没有严格地区别而成相互敌对又界限分明的不同领域。诗还没有去追求诙谐，思辨还没有堕落为诡辩。它们必要时可以互换其职，因为两者都只是以其自身的方式推崇真理。

尽管理性高扬，它总是亲切地使物质的东西紧跟在它的后面。尽管理性划分得如此精细，但绝不会残缺不全。理性虽然把人性分解开来，并把它分别在众神的身上加以扩大，但并没有因此把人性撕成碎片，而是以不同方式把它组合起来，使每一个神的身上都表现出完整的人性，在我们现代人这里情况是多么不同！我们这一类的图像在个体中被分别扩大了，但却成了碎片，而不是构成不同的组合，以致我们要看到类的完整性，就必须对个体作逐个盘查。

我们这里，人们总是试图相信，各种精神能力是分别地表现在经验中的，如同心理学把它们分解成概念，我们看到的不是单个的主体，而是由只发展了他们某一部分天赋的人所组成的阶级。而其余的人就像畸形的植物，只表现出它的本性的微弱的痕迹。我不否认，作为一个统一体和从知性的天平上看来，现代人比古代世界最优秀的人物更具优势。但是，这场竞赛应该包括每个成员，用整体的人与整体的人来衡量。哪一个现代人能站出来个人对个人地与单个的雅典人比试一下人性的价值？这里是说，个体的这种不利条件是怎样产生的，为什么单个的希腊人可以成为他的时代的代表，而单个的现代人却不敢呢？

因为希腊人所获得的形式是来自把一切联合起来的本性，而现代人所获得的形式是来自把一切分离开来的本性。正是教养本身给现代人性造成了这种创伤。只要一方面积累起来的经验和更明晰的思维使科学更明确地划分成为必然；另一方面国家的越来越复杂的机构使等级和职业更严格地区别成为必然，那么人的本性的内在纽带也就断裂了，致命的冲突使人性和力量分裂开来。直观的知性和思辨的知性现在敌对地占据着各自不同的领地，互相猜忌地守卫着各自的领域。

人们的活动局限在某一个领域，这样人们就等于把自己交给了一个支配者，他往往把人们其余的素质都压制了下去。不是这一边旺盛的想象力毁坏了知性辛勤得来的果实，就是那一边抽象精神熄灭了那种温暖过我们心灵并点燃过想象力的火焰。如果社会把职务作为衡量人的尺度，它只重视它的公民中某个人的记忆力，而对另一个人只重视图解式的知性，对第三个人只重视机械的熟练技巧，如果在这里只追求知识而对性格的要求则无所谓，在那里相反只要求遵守秩序的精神和守法的态度而把最大的无知视为优异，如果同时要求各种能力的发展达到使主体失去其允许范围的程度，为了个别受重视和最值得的天赋而忽视了心灵的其他能力，这怎么不使我们惊异。由艺术和学术在人的内心所开始造成的这种混乱失调，又由近代统治的精神贯彻下去并普遍化了

不能期望早期共和制的那种简单组织会随着早期的道德习俗及社会关系的消亡而继续存在，然而它没有提高成高级动物的生命，却下降到一种平庸而笨拙的机构。在希腊城邦中，每个人都享受着一种独立的生活，到了必要时可以变为一个整体。希腊城邦的这种水蛭式的本性现在却变为一种精巧的钟表机构，其中由无限众多的但却无生命的部分组成一种机械生活的整体。现在，国家与教会、法律与习俗都分裂开来，享受与劳动脱节，手段与目的脱节，力和报酬脱节，永远束缚在整体中一个孤零零的断片上，人也就把自己变成一个断片了，耳朵里所听到的永远是由他推动的机器轮盘的那种单调乏味的嘈杂声，人就无法发展他生存的和谐，他不是把人性印刻到他的、自然（本性）中去，而是把自己仅仅变成他的职业和科学知识的一种标志。

就连把个体联系到整体上去的那个细微断片也不是取决于人性所自发选择的形式（人怎么可能把他的自由托付给这样一种人为的、盲目的钟表机械呢），而是由一个公式无情地、严格地规定出来的，这种公式就把人的自由智力捆得死死的。死的字母代替了活生生的知性，熟练的记忆比天才和感觉更能起到可靠的指导作用。诚然，我们知道，充满才智的天才人物不会由于他的事业的范围而限制了他的活动，但是中等的天资在他从事的事业中却耗尽了他的全部贫乏的精力，这已经不是普通的头脑了。为了不妨碍他的职业还要放弃他的爱好和追求。如果具有超出职务的精力或者天才的人有更高的精神需要，除了他的职务还想从事别的事业，国家很少做出良好的推荐。

国家对它的职员的个人占有是如此嫉妒，以致它轻而易举地决定（谁能责怪它呢）让它的职员们分享感性的美神而不是精神的美神。这样逐渐消灭了个人的具体生活，由此以整体的抽象来苟延国家的卑劣存在。国家始终是异己于它的公民的，因为他们对于国家不会有任何感情。鉴于国家公民的多种多样，它不得不用划分等级来统治并通过代表间接地来感受人性。统治阶层最后完全看不到人性，把它混同于知性的单纯制成品，对于那些不太为他们本身讲话的法律他们则漠然置之。终于不愿再维系那种使人性与国家不能缓解的纽带，于是积极的社会（正像欧洲大多数国家的命运已经是这样的）分解成道德的自然状态。

在这里公开的权力只是一个多数的政党，它受到使人性成为必要的那些人的憎恨和回避，而只受到缺少人性的人的尊重。人性在这两种内在和外在压力下能否采取与它实际上所不同的路线呢？当思辨精神在观念的王国中追求不可丧失的占有物时，它在感性世界中就必定成为不速之客，并且为了形式而失去实质。由于各种形式而变得更狭窄，职业精神陷入在对象的单调圈子里，这样自由的整体必然从职业精神的眼中消失，同时使这一精神领域更加贫乏。

所以，当前者（思辨精神）试图按照可以设想的东西改造现实的东西，并把它的想象力的主观条件上升到事物存的构成法则时，后者（职业精神）却走向相反的极端，按照一种特殊的局部经验来评价一般的全部经验，企图使各种职业毫无区别适合于它自身职业的规则。一个必定成为徒劳的精明的牺牲品，而另一个成为迂腐的局限性的牺牲品。因为前者在考察个别的东西时站得太高，而后者在考察整体的东西时站得太低。这种精神倾向不仅会危害到知识和创造，而且扩大到感觉和行动。

我们知道，心灵的感受性就程度而论与想象力的活泼性相关，就范围而论与想象力的丰富性相关。分析能力占主导地位必定剥夺了想象的激发和威力，对象领域的进一步限制必定减少了它们的丰富性。爱抽象思维的人往往具有一颗冷峻的心，因为他把印象分解了，而印象只有作为一个整体才能打动人的心灵。专业的人往往具有一颗狭隘的心，因为他的想象力限制在他的单调的职业圈子里，而不能扩大到陌生的表现方式中。只有把人身上的各种力量隔离开来并冒领单独的立法权，使它们与事物的真实相矛盾，才能迫使一般安于事物外部现象的常人见解深入到对象的深处。

纯粹知性在篡夺感性世界的权威时，经验知性却忙于使纯粹知性服从于经验的条件，这两种素质达到尽可能成熟并占据了其领域内的全部范围。当一方面想象力敢于通过它的恣意放纵去瓦解世界秩序时；另一方面，它就迫使理性上升到认识的最高源泉，并求助于必然性的规律来对抗这种想象力。我这里只是要揭示现时代性格的不良倾向及其根源，而不是要指出自然所酬报它的好处。我可以向您担保，在对人性存在的这种肢解中，个体虽然得不到什么好处，然而非此方式类就不能取得进步。希腊人的人性无疑表现得最充分，它既不可能维持在这一阶段，也不可能进一步提高。其之所以不能维持下去，是因为知性通过已经积累的储备必定要由感觉和直观中分离出来并力图达到认识的明确性，所以不能进一步提高，是因为一定程度的明确性只能与一定程度的丰富和热情相适应。

希腊人达到了这种程度，如果他们要向前达到更高的教养，那么他们必须像我们一样，放弃他们生存的完整性，分别在不同的道路上去追求真理要发展人的多种素质，除了使它们相互对立之外，别无他法。各种能力的这种对立是文化教养的重大手段，但也仅仅是手段而已，因为只要存在这种对立，人就只是处于通向文化教养的途中，片面地训练这些能力当然不可避免地会导致个体的谬误，但是却使达到真理。由此只是把我们精神的全部能量集中在一个焦点上，把我们全部的本质汇合到一种个别的能力上，如同我们为这个个别的能力插上翅膀，使它人为地远远飞越自然似乎已经为它确定好的界限。

诚然，就整体而论，任何个人都不可能用自然赋予他的目力观测到用天文望远镜才能发现的木星卫星。如果不是理性分散到个别承受它的主体身上，人的思考力决不会提出对无限的分析或对纯粹理性的批判，就好像把它从各种素材中取出用高度的抽象来加强观察无限的能力。但是，这样一种分解成纯粹知性和纯粹直观的精神是否能够用想象力的自由活动来替代逻辑的严密束缚，用真诚纯洁的感官来领会事物的个性。

在这里自然也为全面的天才确立了一个不可逾越的界线，只要哲学家还把反对谬误当作他的最高尚的职责，真理就成了殉道者。不论世界作为一个整体由这种人的能力的分隔培养中获得多么大的好处，但仍然不能否认，接受这种培养的个体在这种以世界为目的灾难中仍要蒙受痛苦。通过体育训练虽然培养了强壮的身体，但是只有通过自由而匀称的游戏才能培养肢体的美。同样，个别精神能力的紧张活动可以培养特殊人才，但是只有精神能力的协调提高才能产生幸福和完美的人。如果人性的培养必须做出这种牺牲，那么我们将与过去和未来的时代处于什么关系中呢?

我们曾经是人性的奴仆，我们为了它从事了几千年长的奴役劳动，我们的被摧残的本性印下了这种服役的屈辱的痕迹，以便让后世盼到幸福的安乐和道德的康健，并使他们的人性自由地发展。但是，人为此而注定会错过某一目标吗？难道自然会由于它的目的而夺走理性本身规定给我们的完整性吗?为了培养个别能力而必须牺牲它的整体，这样做肯定是错误的，抑或当自然规律还力图这样做时，我们有责任通过更高的教养来恢复被教养破坏了的我们的自然（本性）的这种完整性。

八、第十一封信

人格和状态，即自我和他的规定性，只有在必然的存在物中我们才能把这两者看作统一的，而在有限的存在物中永久则是两个东西。若尽可能地加以高度抽象，就达到两个终极的概念，它们使抽象终止并见出其区分的界限。在人的身上可以区分出一种持久的东西和一种经常变动着的东西，持久的东西称为人格，变动着的东西称为状态，状态在人格的不变中变化，人格在状态的变化中不变。从休息到活动，由慷慨激昂到漠不关心，从和谐到矛盾，我们始终保持着我们自己的样子。

在绝对的主体中，是以人格保持着他的全部规定性的不变，因为这些规定性就是人格。神性所具有的一切，人格也都具有，人格之所以具有永恒的一切，因为它就是永恒的。作为有限存在物的人，人格与状态是不同的。因此，既不能以人格作为状态的基础，也不能以状态作为人格的基础。如果是后一种情况，人格就变化了；如果是前一种情况，则状态就不变了。在这两种情况下，就不存在人格和有限性了。不是因为我们有思维、欲望和感觉，我们才存在；不是因为我们存在，我们才有思维、欲望和感觉。

我们有感觉、思维和欲望，是因为在我们之外还存在着别的东西。因此，人格必然有它自己的根据，因为不变的东西不能由变化中产生，这种对我们第一位的东西就是绝对的、以自身为基础的存在的观念，即自由。状态必然也有它的根据，它不是通过人格去实现的，所以不是绝对的，这种对我们第二位的东西就是一切赖以存在或形成的条件，即时间。“时间是一切形成的条件”，这是同一个命题，因为它所说明的无非就是“生成是某些事物产生的条件”。人格只显示在永恒不变的自我中，它是不能形成的，不能在时间中开始。

因为正好相反，时间是在人格中开始，因为必须有固定不变的东西才能作为变化的根据。如果存在着变化，那就必须有一些东西在变动，这些东西本身不能已经变完了。当我们说花开花落时，那么我们是把花看作这种变化中不变的东西，用它来比作人格，在它身上表现出（花开、花落）两种状态。

毫无疑问，人是形成的，因为人不单纯是一般的人格，而是处于一定状态下的人格。然而，所有的状态、所有确定的存在物都是在时间中形成的，因此人作为一种现象必然有一个开始，尽管他身上的纯粹理智是永恒的。没有时间即没有形成，人就不会是确定的存在物，他的人格就只能存在于天赋中，而不会实际存在。只有通过他的持续不断地表现才能显现出不变的自我。因此，人首先要感觉到最高智慧由它本身所创造的活动素材或实在，而且人们只有通过知觉把它们当作在空间上存在于自身之外、在时间上在自身之内变化着的东西，人才能感觉到它们。在他自身之内变化着的东西伴随着他的不变的自我，在各种变化中保持他的自我的始终不变。

把各种知觉转化成经验，即转化成认识的统一体，把他在时间中的各种表现方式构成适用于一切时间的规律，是通过他的理性本性所给予他的规则。

只有当人变时，他才存在，只有当人不变时，他的人格才存在。被想象成完美应该是在变化的潮流中本身永远保持不变的统一体。诚然，现在不能形成一种无限的存在物，即神性，我们只能称之为神性的倾向，这种倾向的无限使命是神性最富特征的标志，即能力（所有可能的现实性）的绝对体现和表现（所有现实事物的必然性）的绝对统一。毫无疑问，人在他自身的人格中具有达到神性的天赋，达到神性的道路，如果我们可以把这条永远不能达到目标的路称作道路的话，在感性中已经为我们打开。

人的人格离开一切感性素材而就其本身看来只不过是一种可能具有无限表现的素质，只要人不观照和感觉，他就不过具有一种形式和空洞的能力。人的感性如果离开一切精神主动性而就其本身看来，只不过是一种素材，因为没有感性人就只是形式，但决不会把人与素材结合在一起。如果人只感觉、只有欲望、只按照欲求行动，人就仍然不过是作为世界而存在，这里我们把世界理解为时间的无形式的内容。人的感性只是使他的能力成为起作用的力量，他的人格只是使人的作用成为他自身的作用。

因此，为了不仅作为世界而存在，人必须赋予素材以形式，而为了不仅仅是形式，人必须赋予自己身上的素质以现实性。当人创造时间，并使变化与不变相对立，使人的自我的永恒统一与世界的多样性相对立时，他就实现了形式，当人再去排除时间，维持变化中的不变性，使世界的多样性服从人的自我的统一时，他就使素材具有了形式。这就在人身上产生了两种相反的要求，它们是感性本性和理性本性的两种基本法则。前者要求绝对的实在性，它应该把一切凡只是形式的东西转化成世界，使人的一切素质表现出来，后者要求有绝对的形式性，它要把凡只是世界的存在消除在人的自身之内，使人的一切变化处于和谐中。换句话说，人要外化一切内在的东西，赋予外在的事物以形式，这两项任务的充分实现就可以归结为我们开始时提到的神性概念。

九、第十二封信

为了完成这两项任务，即把其中必然的东西转化为现实，并使现实的东西服从必然性的规律，我们受到两种相反力量的推动。因为它们推动我们去实现它们的目标，所以我们可以把它们恰如其分地称为“冲动”。前者称为感性冲动，产生于人的自然存在或他的感性本性。它把人置于时间的限制之内，并使人成为素材。不是给人以素材，因为这已经属于人格的一种自由活动，这种活动承受素材并与不变的自身区别开来。

素材在这里无非是在时间中完成的变化或实在。因此，这种冲动要求时间具有内容，要求有变化。单纯占有时间的这种状态称为感觉，它只是由它本身表明人的自然存在。因为所有在时间中的存在都是相继的，由此，一些事物的存在就排除了其他一切事物的存在。当人在感受现实时，他规定的全部无限可能性就只限于这种个别的存在方式。当人在乐器上弹奏一个乐音时，在所有可能发音的音符中只有这个音符是现实的。在只有这种冲动起作用的地方就必然存在最大的局限。

在这种状态下，人就只是一个数量统一体，一种时间被占有了的瞬间或者甚至可以说他不存在了，因为只要感觉统治着他，把他夺走了，他的人格也就被取消了。只要人是有限的存在物，感性冲动的领域就会不断扩大。因为所有的形式只有在素材上才能表现出来，所有绝对的事物只有通过限制的媒介才能表现出来。因此，整个人性的表现都固定在感性冲动上。虽然感性冲动只唤起和发展了人性的素质，但它却不能单独地完成这种素质。

感性冲动用无法割断的纽带把精神捆绑在感性世界上，它把抽象从通向无限的自由行程上现时的界限之内。虽然思想可以暂时摆脱这种冲动，坚强意志也得以成功地抵制它的要求，但是不久被压抑的本性就会重新要求它的权力，要求存在的实在，要求我们认识的内容以及我们行动的目的。这二种冲动我们称为形式冲动。它产生于人的绝对存在或理性本性，致力于使人处于自由，使人的表现的多样性处于和谐中，在状态的变化中保持其人格的不变。因为人格作为绝对不可分割的统一体决不会与自己本身相矛盾，因为我们永远是我们自己，所以那种要求人格不变的冲动除了要求永久性之外并不要求别的。

因此，它为永远决定的东西和它为暂时决定的东西一样，它为现在听命令的东西和它为永久所命令的东西一样。因此它包括了整个的时间序列，这就是说它取消了时间和变化，它要使现实的事物成为必然的和永恒的，并且使永恒的和必然的事物成为现实的。换句话说，这种冲动要求真理和正义。如果第一种冲动只提供事件，那么第二种冲动就提供准则，当它涉及认识时，就是各种判断的法则，当它涉及行动时，就是各种意志的法则。

不论是我们认识一个对象，我们赋予我们主体的状态以客观有效性，或者是我们根据认识来行动，我们把客观事物作为我们的状态规定的根据，在这两种情况下，我们由时间的权限中夺去了这种状态，并使这种状态对一切人和一切时间都成为实在，也就是说具有普遍性和必然性。情感只能宣告：对于这一时刻，它是确实存在的。而对其他主体和其他的刻，则可能取消当前感觉的这一判断。但是当思想宣告，那么它是永久的裁决，它的判断的有效性是通过人格本身来担保的，人格抵制了一切变化。

爱好只能宣告：这对你个人和你现在的需要是好的。但你个人和你现在的需要将随着变化而消失，你现在所强烈追求的有一天会成为你所厌恶的对象。但是如果道德的情感宣告。这应该存在，因此它成为永恒的裁决，你是在认识真理，因为它就是真理；你是在执行正义，因为它就是正义。那么，你就是把个别的事实转化成适用于一切事实的法则，把你生命的一瞬间作为永恒来对待。因此，在形式冲动支配一切和纯粹对象在我们内心起作用的地方，存在就无限地扩大，失去了一切限制，人由贫乏的感性所限定的数量统一体提高到容纳整个现象领域的观念统一体。在这一过程中我们不再处于时间内，而时间则以其整个无限的序列处于我们之中。我们就不再是个体，而是类。一切精神的判断都是通过我们自己做出的，一切内心的选择都是由我们的行动表现出来的。

十、第十四封信

人的人性概念就术语的原义说来是无限的，人只能在时间的过程中不断地接近它，但却永远不能达到。我们现在接触到这两种冲动相互作用的概念。在这里一种冲动的作用同时就奠定和区分了另一种冲动的作用，每一种冲动正是通过另外一种冲动的活动而达到它的最高表现。两种冲动的这种相互关系确实只是理性研究的课题，这一课题只有在人的生存的完善状态中才能完全解决。人不应该为了追求形式而牺牲他的存在，也不应该为了追求实在而牺牲形式。人应该通过确定的存在寻求绝对的存在，通过无限的存在来寻求确定的存在。

人应该面对世界，因为他是人格；并且人应该是人格，因为他面对着世界。人应该感觉，因为他意识到自己，人应该意识到自己，因为他有感觉。只要人孤立地去满足这两种冲动的某一种，或者只是一个接着一个地满足这两种冲动，那么他决不会懂得，他按照这个概念怎么样才是充分意义上的人。因为只要他仅仅感觉，他的人格或他的绝对存在对于他就仍是一种秘密。只要他仅仅思考，他在时间中的存在或他的状态对他就仍是一种秘密。

但是如果有这种情况：当人同时具有这两种经验，当他同时意识到他的自由并感觉到他的存在，当他同时作为素材感觉到而又作为精神认识到，那么在这些情况下并且只有在这些情况下，人才具有自己的人性的完整的直观，而为人提供了这种直观的对象对人说来就成了他所完成的使命的象征。因此成为无限存在的表现（因为只有在时间的全体性上才能达到）。假如这种情况能在经验中出现，它们就会在人的身上唤起一种新的冲动，其之所以是新的冲动，因为另外两种冲动在人身上同时在起作用，它与其中每一种单独看来都是不同的，所以有理由看作一种新的冲动。感性冲动要有变化，使时间具有一个内容，形式冲动要消除掉时间，使之没有变化。

在这种新的冲动中那两种冲动的作用结合在一起（在我们没有论证这一名称以前，请允许我暂时把它称作游戏冲动）。游戏冲动的目标是在时间中消除时间，使形式与绝对存在相协调，使变化与统一相协调。感性冲动要被规定，它要感受自己的对象。形式冲动要由本身规定，它要产生自己的对象。游戏冲动将致力于像它自己所产生的那样来感受，并像人的感官所感受的那样来产生。感性冲动由自己的主体中排除了一切主动性和自由，形式冲动由它自身排除了一切依从性和一切受动。但是自由的排除是自然的必然性，受动的排除是道德的必然性。

因此，两种冲动都抑制着精神。前者通过自然规律，后者通过理性的法则。在游戏冲动中两种冲动的作用结合在一起，它同时在道德上和自然上强制精神，因为它排除了一切强制，从而也就排除了一切偶然性，使人在物质方面和道德方面都达到自由。当我们怀着热情去拥抱一个我们理应鄙视的人时，我们就痛苦地感到自然（本性）的强制。当我们敌视一个值得我们尊敬的人时，我们就痛苦地感到理性的强制。

只要一个人既能引起我们的喜爱，又能博得我们的尊敬，那么情感的压力和理性的压力就同时消失了，我们就开始爱他，也就是说，同时让尊敬和爱好在一起游戏。此外，当我们在物质上受到感性冲动的强制并在道德上受到形式冲动的强制时，那么前者使我们的形式特性成为偶然，后者使我们的物质特性成为偶然。也就是说，我们的幸福是否与我们的完整性相一致，或者我们的物质特性是否与我们的形式特性相一致，都成了偶然的。因此，将两种冲动结合在一起的游戏冲动，将同时使我们的物质特性和我们的形式特性成为偶然，同时使我们的完整性与我们的幸福成为偶然。正因为游戏冲动使两者成为偶然的，因为偶然性随着必然性的消失而消失，所以它将排除掉两者中的偶然性，把形式纳入素材，把实在纳入形式。它越对情感和感觉产生动态影响，它就越使感觉和情感符合理性的观念，它越从理性的法则中排除道德的强制，也就越使理性的法则与感性的兴趣相协调。

十一、第十五封信

感性冲动的对象用一个普通的概念来说明，就是最广义的概念。这个概念指全部物质存在以及一切直接呈现于感官的东西。冲动的对象也用一个普通的概念来说明，就是同时用本义与引申意义的形象，这个概念包括事物一切形式方面的性质以及它与各种思考力的关系。游戏冲动的对象用一个普通的概念来说明，可以做活的形象。这个概念指现象的一切审美性质，总之是指最广义的概念。按照这种解释，如果美是这样的话，那么它就既不扩大到整个生物界，也不只限于生物界。一块大理石，尽管是而且永远是无生命的，却能由建筑师和雕塑家把它变为活的形象。一个人尽管有生命和形象，却因此就是活的形象。

要成为活的形象，那就需要他的形象就是生命，而他的生命就是形象。只要我们只想到他的形象，那形象就还是无生命的，还是单纯的抽象，只要我们还只是感觉到他的生命，那生命就还没有形象，还只是单纯的印象。只有当他的形式活在我们的感觉里，他的生命在我们的知性中取得形式时，他才是活的形象。

凡是我们判断人是美的时候，情况总是如此。我们知道了在其结合中产生美的那些组成，但由此还不能说明美的产生。因为我们还需要懂得那种结合本身，这种结合对于我们正如在有限与无限之间的各种相互作用那样还缺乏研究。理性由先验的理由提出要求，在形式冲动与物质冲动之间应该存在某种联系即游戏冲动，因为只有实在与形式的统一、受动与自由的统一、偶然性与必然性的统一才完成了人性的概念。它必定提出这种要求，因为它就是理性。

因为它就其本质说来要求完满和排除一切限制，这一种或另一种冲动的单独活动不能完成人性的完整，并会造成人性的一种限制。因此只要理性表明：人性应该存在，那么它就同样由此提出这一规律，应该有美存在。经验可以回答我们美是否存在：只要理性告诉我们有人性存在，我们就知道有美存在。但美可能是这样的，人性可能是怎样的，则不论是理性还是经验都不能告诉我们。我们知道，人不只是物质，也不只是精神。所以作为人的人性的完美实现，美不能像那些过分执着经验证据的敏感的观察家所认为的那样单纯只是生命，现时代的鉴赏力总是想把美降低。

生命也不能像那些远离经验的艺术家和在解释美时过分受艺术需要影响而爱玄想的艺术家所认为的那样只是形象。美是游戏冲动的对象，也就是这两种冲动的共同对象。这个名称是完全符合语言习惯用法的，游戏这个名词通常说明凡是在主观和客观方面都不是偶然而同时又不受外在和内在强迫的事物。在美的直观中，心灵是处于规律与需要之间恰到好处的中点，正因为它介于这两者之间，它才避免了规律和需要的强制。物质冲动和形式冲动在它们的要求上都是真切的，因为在认识上前者关系到事物的实在性，后者关系到事物的必然性，而在行动上，前者旨在生命的维持，后者旨在尊严的维护，两者都旨在真实与完美。

当尊严与生命混为一体时，生命就无足轻重了。只要爱好开始起作用，义务就不再是强制的了。同样的，只要事物的现实、物质的真理与形式的真谛和必然性的规律相结合，心灵就更冷静地、自由地接受它们。只要直观能够伴随真理，就不再感到抽象不易接受了。

总之，当与观念相结合时，所有现实的东西就失去了它的难度，因为它变化了，当与感觉相接触时，必然的东西就失去了它的难度，因为它变早了。但是，你可能早就想要反驳我，说我把美当成单纯的游戏，将它与“游戏”一词通常所指的那些轻薄对象等量齐观，这不是降低了美吗？如果我们把它局限为单纯的游戏，那不是与作为教养工具的美的理性概念和尊严相矛盾吗？那不和游戏的经验概念相矛盾吗？这种游戏可以排除一切审美趣味而存在，还单纯限于美吗？在人的各种状态下正是游戏，只有游戏，才能使人达到完美并同时发展人的双重天性，但为什么把它叫作单纯的游戏呢？按照您的概念，您把这看成是限制，但是按照我已经证明的概念，我却把这看作扩展。

所以我倒宁可反过来说，只有对于愉快的、良好的衔接的东西，人才是认真的，但是对于美，人却和它游戏。当然，我们在这里不能想到现实生活中流行的那种游戏，它通常只是针对真正物质的对象。但是，我们在现实生活中去寻找这里所谈的美也是徒劳的。现实存在的美配得上现实存在的游戏冲动，但是理性提出的美的理想也给出了游戏冲动的理想：这种理想应该显现在人的一切游戏中。如果人在满足他的游戏冲动的这条道路上去寻求人的美的理想，那么人是不会迷路的。

希腊人是在奥林匹克运动会进行力量、速度、灵巧的非流血竞赛中以及才能的高尚竞技中才感到欢欣，而罗马人却对被杀死的角斗士或他的利比亚对手的决死角斗感到欣慰，我们由这唯一特征就可以理解，为什么我们不从罗马那里寻求维纳斯、阿波罗和朱诺的理想形象，而却要从希腊那里来寻求这些形象。理性现在要说，美不应只是生命，也不应只是形象，而是活的形象。也就是说，只要美向人暗示出绝对形式性和绝对实在性的双重法则，美就存在。因此理性也在说人应该同美一起。

终于可以这样说，只有当人在充分意义上是人的时候，他才游戏，只有当人游戏的时候，他才是完整的人。这一命题暂时看来似乎不合情理，当我们把这一命题用于义务和命运这两种严肃事情时，它将获得巨大而深刻的意义。我可以向您担保，它将会支撑起审美艺术和更艰难的生活技艺的整个大厦。然而只有在科学中这一命题才是意想不到的，在艺术以及希腊人的情感中，在他们最优秀的大师们那里，这一命题早就存在并在起作用。只是他们把本来应该在人间实现的东西移到了奥林匹斯山上。

由这一命题的真理所引导，他们不仅使世人面颊上由辛勤和劳作所增添的皱纹以及使空洞面孔上展现的轻浮笑靥从幸福的额头消失，并且摆脱了各种目的义务、烦恼的困扰而获得永恒的满足，使游手好闲和漫不经心成为诸神的令人羡慕的命运。只有更具有人性的名字才是最自由和崇高的存在。只要同时既消除了道德法则的精神强制又消除了自然规律的物质强制，在同时围绕这两个世界必然性的更高概念以及由两种必然性的统一中，他们才能获得真正的自由。

在这种精神的鼓舞下，他们由自己理想的特征和爱好中同时去掉了一切痕迹。更恰当地说，他们使这两者不能被分别见出，因为他们知道如何使两者结成紧密的联盟。由朱诺告诉我们的，既不是优美也不是尊严，也不是单独的这两者，因为它同时是这两者。女神要求我们的景仰，而仙女般的女性则激起我们的爱好。

然而，当我们陶醉在天上的仁慈时，天上的自满自足又把我们吓住了。整个形象安息在自己本身之中，它是一个完整的创造物，当它在空间的彼岸时，没有屈从，没有反抗，它没有与这种力量相搏斗的能力，没有尘世所产生的弱点。通过优美不可抗拒的引诱以及通过尊严保持的距离，我们同时处于极大的安宁和激烈的运动状态中，它产生了那种令人惊异的激情。知性没有任何概念，语言没有任何名称可以用来表达这种激情。

十二、第十六封信

我们已经看到，美是从两种对立冲动的相互作用中，从两种对立原则的结合中产生出来的，所以美的最高理想要在实在与形式的尽可能完善的结合与平衡里去寻找。这种平衡永远只是一种理想，它在现实中决不可能完全达到。在现实中总是某一种因素比另一种因素占优势，经验所能达到的最高成就只是在这两个原则之间摇摆，时而实在占优势，时而形式占优势。

因此，理想中的美永远是不可分割的、独特的，因为平衡只能有一个，而经验中的美却不然，它永远是双重的。因为在摇摆中会以两种方式破坏平衡，不是偏于这边就是偏于那边。我在前面的信中已经指出，由上面的论述也能以严格的必然得出，由美可以同时期待产生紧张和松弛两种作用。紧张的作用可以使两种冲动都保持其力量，松弛的作用可以使感性冲动和形式冲动安分守己。但是从概念上讲这两种作用应该根本上只是一种。它应该通过维持两种本性均匀的紧张去达到松弛，它也应该通过维持它们均匀的松弛去达到紧张。它是由两种冲动相互作用的概念中产生的。

由于相互作用，这两种冲动彼此制约着对方并同时受对方的制约，其最纯粹的产物就是美。但是，经验界不能给我们提供这样完美的相互作用的范例，而是或多或少以一方的优势造成另一方的不足，或以一方的不足造成另一方的优势。所以，凡是在理想美中只是由想象区别开的东西，在经验美中以实际存在而彼此不同。理想的美，尽管是不可分割的和单一的，但在不同的关系中却显示出融合性和振奋性。在经验界中存在一种融合性的美和一种振奋性的美。凡是把绝对纳入时间的界限，把理性观念实现于人性之中的时候，情况就是如此，而且永远会是如此。

因此，爱思索的人只是在心里思索道德、真理和幸福，而爱行动的人却只去做道德的事，只运用真理，只享受幸福的生活。把后一种人引导回到前一种人，使道德代替道德行为、知识代替所知道的事物，幸福代替幸福的体验，这就是体育和德育的任务，由美的对象产生美，这就是美育的任务。振奋性的美并不能使人抵制粗暴和僵化的某些残余，同样融合性的美也不能使人防止某种软弱和无能。

前者的作用是使精神既适应物质方面也适应道德方面。并且为了加强它的敏捷性，以便轻而易举地减少气质和性格对感受印象的阻碍，使温良的人性也会受到一种只有粗野本性才应遇到的压抑，这种粗野本身也具有一种仅仅自由的人格才会有的力量，因此我们在力量和充实的时代发现了与巨大和奇异相联系的观念的真正伟大以及与热情的极大进发相联系的志向的崇高，人们在规则和形式的时代发现了本性经常地受到支配和压抑以及被超越和凌辱。

因为融合性美的作用是使精神在道德领域以及自然领域都得到松弛，所以同样容易遇到这种情况，由于欲望的干扰而把情感的力量窒息了，性格也受到只是情欲才会遇到的力量消耗。因此，在这种所谓有教养的时代，人们往往看到把温情变成柔弱，把坦率变成肤浅，把精确变成空虚，把自由性变成随意性，把敏捷变成轻浮，把安详变成冷漠，而最令人鄙视的讽刺与最美好的人性直接相邻。

对于在规则与形式两方面都受到强制的人需要融合性的美，因为在他对和谐与优美开始敏感之前，他早已为伟大的力量所激励。对于沉醉在审美趣味中的人，需要振奋性的美，因为他在有教养的状态很容易失去他由粗野状态所带来的力量。我相信，这已经解释和回答了在人们对美的影响和审美价值的判断中经常遇到的矛盾。如果我们考虑到在经验中有两种美，美的整个类的这两个方面能够证明，每一个只是其中特殊的一种，那么这种矛盾就可以得到说明了。

只要我们对与这两种美相对应的人性的两种需要加以区分，也就解决了这一矛盾。只有当人们在思想上所具有的那种美和那种人性的形式相互融合时，它们才变得合理。我将沿着自然在与人的审美关系方面开辟的道路继续我的探讨，并把各种美提高到美的类概念。我将检验融合性的美对紧张的人所产生的影响以及振奋性的美对松弛的人所产生的影响，以便最后把两种对立的美消融在理想美的统一体中，就像人性的那两种对立形式消融在理想的人的统一体中那样。

十三、第二十一封信

正如我在上一封信开头所指出的，有一种双重规定可能性的状态双重被规定的状态，现在我可以对这一命题加以阐述。只要精神一般还没有被规定，那么它就是可以被规定的。只要精神没有完全被规定，也就是说，只要它的规定没有被限定，那么它也是可以被规定的。前者是单纯的无规定性（它未加限制，因为它没有现实性）。后者是审美的规定可能性（它没有限制，因为它结合了一切实在）。只要精神一般只是被限定，它就是被规定了。

只要精神本身由自己的绝对能力限定了，它也就被规定了。当心灵在感觉时是处于前一种情况，当心灵在思维时是处于后一种情况。因此，如同思维属于规定性一样，审美状态属于规定可能性。前者是由内在无限力量引起的限定，后者是由内在无限丰富性产生的一种否定。精神被限定在感觉和思维这两种状态中，人就单独地只是个性或人格的某一种，在这点上思维和感觉是一致的，在所有其他点上则迥然不同。

同样，审美规定可能性与单纯的无规定性只有在排除了被规定的存在这一点上才一致，而在其他从“无”到“所有”的各点上则是迥然相异的。若后者产生于缺乏的无规定性，表现为一种空虚的无限性，那么与现实地相对独立审美规定的自由就被看作充实的无限性。这种观点正好与前面的探讨所告诉我们的那些结果完全吻合。只要我们仅仅注意单独一种结果而不注意它的全部规定，并只考虑到在人身上缺乏各种特殊规定，那么人在审美状态就是零（无价值的）。

因此，我们必须承认那些人是完全有道理的，他们说美是指我们处于一种心境中，这种美和心境在认识和志向方面是完全无足轻重并且毫无益处。他们是完全有道理的，因为美不论在知性方面还是在意志方面完全不会给人以任何结果。它既不能实现道德目的，也不能实现智力目的。它不会发现任何真理，丝毫无助于我们完成任何义务。

总之，它既不能启发头脑，也不能确立性格。因此，人的个人价值和他的品格如若可以仅仅取决于他个人的话，那么通过审美教养仍然不能完全被规定。它只能使人恢复由本性即由自己本身所完成的东西——人所应有的存在自由，除此之外其他什么也达不到。正因为如此而获得了某些无限的东西。因为只要我们考虑到，在感觉中由于自然的片面强制以及在思维中由于理性的全面立法，恰恰是剥夺了人身上的这种自由。

因此，我们应该把使人处于审美心境的能力看作一切馈赠中最高贵的礼品，是人性的馈赠。当然，人在进入各种特定的状态之前，就已经具有了这种人性的素质，但事实上人随着自己进入各种被规定状态而丧失了这种人性。如果人能够过渡到一种相反的状态，那么他就能通过审美的生命力而重新恢复这种人性。如果把美称为我们的第二造物主，这不仅从哲学上看来是允许的，而且从诗歌角度来说也是恰当的。因为美虽然只是使人性成为我们的可能，把其余问题，即我们想使人性在什么程度上成为现实，留给我们的自由意志去决定。在这一点上美与我们原来的造物主，大自然也是相同的。大自然也无非是赋予我们人性的能力，而这一能力的应用则取决于我们自己的意志了。

十四、第二十三封信

要使感性的人成为理性的人，除了首先使他成为审美的人，没有其他途径。从感觉的受动状态到思维和意志的能动状态的转变，只有通过审美自由的中间状态才能完成。虽然这种状态本身并不完全决定我们的见解或信念，不会由此否定道德和智力的价值。然而，这种状态仍然是我们获得见解和信念的必要条件。

然而您可能提出异议说，这种中介难道是完全必要的吗？真理和义务其本身难道不能为自己找到抵达感性的人的途径吗？对此我必须回答，这里已经清楚地证明，美并不给知性和意志以任何结果，美也不干预思维和决断。真理和义务依靠它们本身不仅能够而且也应该找到这种决定的力量。看起来这里好像隐含着相反的见解，其实与我前面的观点并不矛盾。美只是给这两者提供能力，却不决定这种能力的实际使用。

这里不需要丝毫局外的帮助，纯粹逻辑形式、概念必然直接诉诸知性，纯粹道德形式、法则必然直接诉诸意志。我认为，这一点之所以可能，感性的人之所以能有一个纯粹的形式，只有通过审美的心境才能做到。真理并不像现实或事物的感性存在那样从外部就能把握，它要靠思维能力自动地在自由状态中取得，而这种自动性和自由却是感性的人所没有的。感性的人（在物质方面）已经是被规定了的，因此再没有任何自由的被规定的可能性。他必须首先恢复这种失去的规定可能性，才能把受动的规定变换成能动的规定。

然而他之所以能重新获得这种规定可能性，不外乎以下两种情况：或者在他自身包含着他应该转变成的那种能动的规定，或者他失去了已经具有的受动规定。如果他仅仅丧失了受动的规定，那么与此同时他也失去了能动规定的可能性，因为思想需要躯体，形式要在一定的素材中才能成为现实。因此，他应该在自身包含能动的规定，他应该既是受动地又是能动地被规定的，也就是说，他应该成为审美的。因此，通过审美的心境，理性的自动性可以在感性的领域中显示出来，感觉的力量在自身的界限内已经丧失，自然的人已经高尚化，以致现在只要按照自由的规律就能使自然的人发展为精神的人。

因此，由审美状态到逻辑和道德状态（即由美到真理和义务）与自然状态到审美状态（即由单纯盲目的生命到形式）相比，其步骤要容易得多。前一个步骤人通过他单纯的自由就能完成。因此只需为自己取得而不需付出，只需使他的本性分化而不需去扩大它。处于审美心境的人只要他愿意的话，就可以普遍有效地进行判断，普遍有效地行动。他的本性使他容易完成由粗陋向美的转变，这时他的内心将表现出一种全新的活动。他的意志对于意志本身赖以存在的心境是无能为力的。

我们只要给他以重大的推动，就能使审美的人获得理智和高尚的情操。而要使感性的人获得同样的东西，我们就得改造他的本性。在前一种情况下（对审美的人说来），为了使人成为英雄和贤能只要有崇高局势的促进（它直接作用于意志力）。而在后一种情况下（对感性的人说来），则须把人放到另一个天地中去。因此，教养的最重要任务之一就是使人在其纯粹自然状态的生活中也受形式的支配，使他在美的王国所及的领域中成为审美的人。

因为道德的人只能从审美的人发展而来，不能由自然状态中产生，如果人要在各种场合下都能使自己的判断和意志成为类的判断，如果他要从每一有限存在中找到通往无限存在的道路，从依存状态迈向独立和自由，他就要设法使自己不再只是单纯的个体，只受自然规律的支配。如果他要能够并准备好从自然目的狭窄圈子提高到理性的目的，他就必须还在前者支配下的时候准备去适应后者，从某种精神自由，即按照美的规律完成他的自然使命。然而，他做到这一点丝毫不会与他的自然目的相矛盾。

自然对他的要求只是与他所做的事情，与他行动的内容有关。至于他做的方式，即其形式，则完全不是由自然目的所规定的。理性的要求却与此相反，它是严格地指向人的活动形式。为了实现人的道德规定，他必须成为纯粹道德的，表现出绝对的自动性。然而对他的自然规定说来，他是否是纯粹自然的或是否绝对受动地行动，反正毫无区别。就其自然的规定而言，究竟他是作为感性存在、作为自然力（即只作为受动的作用力）来完成，还是他同时作为理性存在、作为绝对力量来完成，这就完全取决于他的意愿了。这两种方式中，哪一种更符合他的品格是显而易见的。

根据感性动机来完成那些应该由纯粹义务的动机决定的事情，就使他卑微而屈辱。同样地，当普通人只是满足自己合理要求时，对于合规律性、和谐和绝对的追求，就使他富有尊严并高尚起来。总之，在真理和道德的领域，感觉是没有支配权的，而在幸福的领域则可以存在形式，游戏冲动可以占支配地位。因此，在生活的中性领域里，人必须开始他的道德。在人的受动状态下，就必须开始他的自动性。在他的感性范围内，就必须开始他的理性自由。他必须把自己意志的法则加到自己的爱好上，如果您允许我用这个说法的话，他必须把对素材的战斗在素材的领域内进行下去，以免他在自由的神圣疆域里对这个可怕的敌人作战。他必须学会更好地向往，以便无须去做无谓的欲求。这一点可以通过审美教养来实现，审美教养使一切事物服从于美的规律，使自然规律和理性法则都不能束缚人的自由选择，并且在它赋予外在生命的形式中显示出内在的生命。

十五、第二十五封信

观照（思索）是人对他周围世界的第一种自由的关系。如果说欲望是直接抓住它的对象，那么观照就是把自己的对象推到远处，使其不受热情的干扰，从而把它变成自己真正的和不会丧失的财富。只要人在他最初的自然状态中只是受动地承受感性世界，只是感觉到它，人就仍然与这个世界完全是一体的，正因为他自身仅仅是世界，所以对人说来还不存在世界。只有当他在审美状态中把世界置于自身之外或观照世界的时候，他的人格才与世界区分开，世界才出现在他面前，因为他不再与世界是统一的了。

在思索的时候，那种在单纯感觉状态中绝对支配着人的自然必然性脱离开了人，在感官中出现了瞬息的平静，永远变化的时间本身停止不动了，分散的意识之光集中在一起，形式——对无限事物的描写，反映在短暂的背景上。只要人的内心点燃起烛光，身外就不再黑夜茫茫。只要人的内心平静，世界上的风暴就不再喧响，自然中斗争的力量也会平息在静止的边界上。上古诗歌把人内心的这一伟大事件描绘成外在世界的一次革命，并用那灭亡了撒旦王国的宙斯形象来体现这种战胜时间法则的思想，这就毫不足怪了。

当人只是感觉到自然的时候，他是自然的奴隶，一旦他思考自然的时候，人就成了自然的立法者了。自然原来是作为一种力量支配着人，现在在人的眼前却成了一个对象。成为他的对象的东西就不再具有支配他的力量，因为对象要承受他的力量。人赋予素材以形式，只要他给出形式，自然的影响就无法侵犯他。因为除了剥夺精神的自由之外，没有别的方法可以侵犯精神。人给无形式的东西以形式，就证明了他自己的自由。

只有在素材沉重地无定形地支配一切的地方，以及模糊的轮廓在不确定的界限内摇摆的地方，恐惧才能存在。自然界中任何可怕的东西，只要人能赋予它以形式并把它变为自己的对象，人就能战胜它。正如面对作为现象的自然人开始维护自己的独立性一样，面对作为力量的自然人也维护自己的尊严，并以高贵的自由去反对他的众神。众神脱下了曾经使童年的人类感到惧怕的幽灵的面具，在变为人的观念时，使人惊奇地发现众神具有人自身的面貌。

曾经以猛兽的盲目威力统治世界的东方的神圣怪物，在希腊人的想象中却有着和蔼可亲的人性的面孔。泰坦的王国毁灭了，无限的威力被无限的形式所制伏。然而，在我只是寻找素材世界的出口和精神世界入口的时候，我的想象力的自由翅膀已经使我飞到精神世界的中心了。我们所寻求的都已经被我甩在后面，当我们从单纯的生命直接转到纯粹的形象和纯粹的对象时，我们越过了它。这种飞跃不是人的本性所有的，而为了和人的本性步调一致，我们应该回到感性世界。

美是自由观照的作品，我们同它一起进入观念世界，然而应该说明的是，我们并不会像认识真理时那样抛弃感性世界。真理是脱离开一切物质材料和偶然的东西得出的纯粹抽象的产物，是不附带主观限制的纯粹对象，真理也是不混杂任何感受的纯粹自动性。然而，从最高度的抽象也有一条回到感性的道路，因为思想会引起内在的感觉，逻辑和道德相统一的概念会转化成感性上和谐的情感。但是当我们以认识为快乐的时候，我们就十分严格地把我们的概念和我们的感觉区别开来，我们把感觉看作某种偶然的东西，忽略了它并不会使认识中断、真理不称其为真理。但是要把美的观念和感觉能力的联系分开却是徒劳的。

因此，我们把前者只看成是后者的结果是不够的，必须把两者看作互为因果。在我们享受认识的快乐时，我们不难区分从活动到受动的推移，并且清醒地意识到，后者开始时前者就结束了。与此相反，当我们获得审美的快感时，活动和受动的这种交替就无法区分了。在这里思索和情感是完全交织在一起的，以致我们认为自己直接感受到形式。因此，美对我们是一种对零，因为思索是我们感受到美的条件。情感是我们获得美的观念的条件。

美是形式，我们可以观照它，美又是生命，因为我们可以感知它。总之，美既是我们的状态也是我们的作为。正因为美同时是这两者，所以它为我们成功地证明了，受动丝毫不排斥能动，素材丝毫不排斥形式，有限丝毫不排斥无限，所以人的道德自由决不会被他的必然的自然依存性所消灭。美可以证明这一点，我应该补充一句，只有美才能为我们证明这一点。因为在我们享受真理或逻辑统一的快乐的时候，感觉不一定和思想是结合成一体的，而是偶然地随之产生的。它只能为我们证明，感性的本性只能跟随着理性的本性，反之却不能证明；两者是并存的，是相互作用的，两者绝对必然地结合在一起。

恰恰相反，在思考的时候要排除情感，在感觉的时候要排除思想，由这一情况可以推论出两种本性是互不相容的。的确，进行分析的思想家们对于纯粹理性在人身上的存在，除了说明它存在之外，实际上不能提供更好的证明。但是由于在享受美或审美统一的时候，产生素材和形式的实际的统一和交替，受动和活动的实际的统一和交替，所以这两种本性之可以结合，无限之可以出现在有限中。

最崇高人性之可能实现，就都得到了证明。美证明了感性依存性和道德自由完全可以并存，还证明人为了表现出精神并不需要抛弃素材。因此我们不再为找到从感性依存性到道德自由的过渡而感到惶惑不安。如果像美的事实所证明的，人在与感性的结合中是自由的，正如自由的概念本身所说明的，自由是某种绝对的和超感性的东西，那么人如何从有限上升到绝对、在他的思维和欲望中与感性相对立，就不再成为问题了。因为在美中已经发生过这一切。总之，人怎样从美达到真理就不再成为问题了，因为真理就其能力而言已经包含在美中了。问题在于人怎样开辟一条道路，使他从一般的现实达到审美的现实，从单纯的生命达到美感。

十六、第二十六封信

在奢侈的自然解除了人去努力的地方，在吝啬的自然剥夺了人的快乐的地方，在迟钝的感官感觉不到需求的地方，在强烈的情欲得不到满足的地方，美的幼芽都不会萌发。如前所述，只有审美的心境才产生自由。显而易见，这种心境不会借由自由产生，因而也不能由道德起源。它一定是自然的赠品，有偶然的幸运才能摆脱自然状态的羁绊，使野蛮人走向美。在人像穴居人那样隐藏在洞窟中，永远单独过活，在自身之外找不到人性的地方，在自身之内找不到人性的地方，美的幼芽都不会萌发，在人成群结队过着漂泊的生活，永远只是充数。只有人安静地在自己的茅舍同自己交谈，一走出去就能和同类交谈的地方，美的可爱的幼芽才能生长。当清新的气息使感官向微弱的感触开放，强烈的温暖使丰富的素材活跃起来的地方，那里盲目的素材王国在无生命的创造中崩溃，成功的形式甚至使最微不足道的自然高贵起来。

在欢乐的状态和幸福的区域中，只有在想象力永远摆脱了现实，却不背离自然的朴素的地方；只有活动导致享受而享受导致活动的地方，只有从生命本身产生神圣的秩序以及由秩序的法则发展起生命的地方；只有在这些地方，感官与精神、感受力和创造力才能在难能可贵的平衡中发展，这正是美的灵魂和人性的条件。什么现象标志着野蛮人达到了人性呢？不论我们对历史追溯到多么遥远，在摆脱了动物状态奴役的一切民族中，这种现象都是一样的。即对外观的喜悦，对装饰和游戏的爱好，在极度的愚蠢和最高的知性之间存在某种相似之处。即两者都只寻求实在，并对单纯的外观毫不介意。只有对象直接出现在感觉中才能打破愚人的平静，只有使人的概念重新回到经验的事实上才能让知性平静下来。总之，愚蠢不能超出现实，知性不能停止于真实。

因此，对实在的需求和对现实的东西的依附只是人性缺乏的后果，对实在的冷漠和对外观的兴趣是人性的真正扩大和达到教养的决定性步骤。首先这是外在自由的证明，因为在受必然和需求的支配时，想象力就被牢固的绳索捆绑在现实的事物，只有需求得到满足时，想象力才能发挥毫无拘束的能力；其次也是内在自由的证明，它使我们看到一种力量，这种力量不依赖外在素材而由自身产生，并有防范素材侵扰的充足能量。事物的实在是事物的作品，事物的外观是人的作品。

一个以外观为快乐的人，不再以他感受的事物为快乐，而是以他所产生的事物为快乐。不言而喻，这里指的是区别于现实和真实的审美外观，而不是与现实和真实相混淆的逻辑外观。我们之所以喜欢审美外观，因为它仅仅是外观，而不是因为我们把它当成什么别的更好的东西，只有审美外观才是游戏，而逻辑外观则只是欺骗。我们尊重审美外观，这绝不会损害真实，因为不存在用外观冒充真实的危险，而冒充真实才是唯一能损害真实的。轻视外观也就是轻视一切美的，艺术的本质就是外观。

知性在追求实在中竟达到这样不能容忍的地步，以致对全部具有美的外观的艺术做出轻蔑的判断，因为它只是外观而已。然而，这只是在知性想到上述（视美外观与逻辑外观）相似性时才出现的情况。我还要在适当的机会特别谈一下美的外观的必要界限。自然赋予人两种感官，这两种感官使人只通过外观就能认识现实的事物。由此自然本身使人从实在上升到外观。在眼睛和耳朵里，已经由感官中排斥掉素材的侵扰，在动物性感官中要直接触知的对象现在远离了我们。我们用眼睛看到的东西不同于我们感觉到的东西，因为知性随着目光达到对象。触觉的对象是我们承受的一种作用力。

眼睛和耳朵的对象是我们创造的一种形式。当人还是野蛮人的时候，他就只享受到触觉的快乐，在这个阶段外观的感觉只是为触觉服务的。他或者不满足于视觉，或者并完全没有提高到视觉。当他开始用眼睛来享乐时，视觉对于他获得了独立的价值，他也就具有了审美自由，使游戏冲动得到了发展。以外观为快乐的游戏冲动一出现，立刻就产生出模仿的创造冲动，这种冲动把外观作为某种独立的东西来对待。只要人能够区别外观与现实、形式与物体，他就能够把它们分开。

因此他区别它们，也就做到了这一点。模仿艺术的能力一般是与追求形式的能力一起产生的。对艺术的追求是以另一种素质为基础的，至于这种素质在此就不用谈了。审美的艺术冲动发展的或早或迟，只是取决于人们对专注于单纯外观的那种热爱的程度。因为一切现实的存在都起源于作为外界力量的自然，一切外观都起源于作为具有想象力的主体的人，所以当人把外观由现实存在中取出并按照自身的法则安排外观的时候，他不过是行使自己的特权而已。

人能以无限的自由把自然所分离开的东西结合起来，只要他能结合在一起来思考。他也能把自然所结合的东西分开，只要他能在他的知性中把它们分离开来。在这里唯一神圣的东西是他自身的法则，只要他注意区分出他的领域与对象存在或自然领域的界限就行。人在外观的艺术中行使人的支配权。他在这里越严格地区分出我的和你的，越仔细地分割形象与实质，越知道给形象以更大的独立性，那么他就不仅越发扩大了美的王国，而且越发保护了真实的疆界。

他若不能使现实摆脱外观，就不能清除外观。然而他只是在外观的世界，在想象力的非实体的王国里，才据有这种至高无上的权力。这只有当他在理论上真心实意地否定它的存在，在实践上拒不由此给出存在时才行。由此可以看出，如果诗人要赋予他的理想以存在或他以一定存在为目标，那么他也会超越自己的界限。因为他只有按以下办法才能实现两种情况：放弃诗人的权利，让经验取代理想的领域，把可能性局限在现实的条件之内，或者超越诗人的权利，用自己的理想取代经验领域，用单纯的可能性规定现实的存在。只要外观是真正的（明确放弃对实在的一切要求），而且只要它无须任何实质性的帮助，那么外观就是审美的。

它是虚伪的并捏造实在，只要它是不纯粹的并须借助实在发挥作用，那么外观就无非是素材目的低下工具，并且也丝毫证明不了精神的自由。我们发现美的外观的那种对象无须失去实在，只要我们关于对象的判断不注意这种实在就行了。因此判断注意到实在，它就不是审美的了。与描画出来的女性美相比，我们当然同样喜欢甚至更加喜欢活的女性美，但只要我们更喜欢后者，那么我们就不仅把她作为独立的外观，我们喜欢她就不仅是由于纯粹的审美感了。

纯粹的审美感把活的对象也只能作为外观，把现实的东西也只能作为观念来欣赏。但是，把活的对象只当作纯粹的外观来感受，比对待没有生命的外观则要有更高的审美教养。不论在任何个人或整个民族那里，只要我们在那里找到真正和独立的外观，我们就能推断出精神、趣味以及与此相近的优异之处。只有在那里我们才能看到理想支配现实生活，思想战胜享乐，荣誉战胜财产，不朽的梦想战胜存在。只有在那里民众的呼声才是唯一令人畏惧的，诗人的橄榄花环比当权者的紫色锦袍更受人尊敬。

只有软弱无力与乖戾反常才逃避到虚伪和贫弱的外观中，而个人和整个民族“借助外观粉饰实在或借助实在粉饰（审美的）外观”。这两者喜欢彼此相连，就证明他们在道德上毫不足取，在审美上无能为力。对于这个问题的回答是简单明确的，也就是说，外观既不要代替实在，实在也不须代替外观。审美的外观决不会危及道德的真理。哪里情况不是这样，在哪里就很容易指出，这种外观不是审美的。例如，只有不熟悉美的交往的人才把普通形式的礼貌的确看作个人爱好的标志，他一旦失意就抱怨起它的虚伪来。

但是对美的交往什么也不懂得的人为了礼貌才求助虚伪，为了讨人喜欢才求助于阿谀。前者（不熟悉美的交往的人）仍然缺乏对它外观的理解，因此只有通过真理才能赋予外观以意义，后者（完全不懂美的交往的人）缺乏实在，他想用外观来弥补。往往会听到当代一些平庸的批评家的抱怨：实在性从世界上消失了，本质由于外观而被忽视。

我丝毫不感到有责任为当代辩护而反对这种指摘，但是从这些严厉的习俗评论家的指摘所具有的广大范围就十分清楚，他们之所以抱怨当代，不仅是因为虚伪的外观，而且也是因为真正的外观，甚至他们为美着想所做出的例外，与其说是与独立的外观相关，倒不如说是与贫弱的外观相关。他们不仅攻击那些掩盖真理和代替现实的欺骗的粉饰，而且还嫉妒那填补空虚和遮盖贫穷的有益的外观，也嫉妒使普通现实高贵化的理想的外观。

世俗的虚伪性不无理由地嘲弄了他们严厉的真实感，只可惜他们把礼节也算作虚伪性。他们不喜欢外部浮华的虚饰损害真正的贡献，但他们竟然不喜欢人们也向贡献要求外观，赋予内在的内容以爽心悦目的形式。他们不满于缺乏往昔时代的诚恳、英勇和真挚，但他们也希望重见原始习俗的笨拙和粗野、古老形式的沉重以及以前哥特式的浮华。由于这种判断表明他们对材料本身的重视与人性尊严是不相称的。

美的严峻的审判官责难我，不是在于我们重视审美外观（我们做的还远远不够），而是在于我们还没有达到纯粹的外观；我们还没有完全使存在与外观分开，并由此永远确定两者的界限。人重视素材只是由于素材可以容纳形象并扩大观念的领域。该世纪的趣味无须听从这种意见，如果它能在更好的判决中经受住考验。只要我们没有渴望而不能享受活的自然的美，只要我们没有由于重视它的作品而指出它的尊严，只要我们没有问明目的而不能欣赏模仿艺术中的美，只要我们还不承认想象力有它自己绝对的立法权，那么我们就应该受到这种责难。

十七、第二十七封信

追求独立的外观与局限于实在相比，要求人有更大的抽象力、更大的心灵自由、更大的意志力。如果我在以上书简中所阐释的审美外观的高尚概念可以成为普及的，那么您就不用为实在和真实担心。只要人还没有足够的教养而在滥用这一概念，它就不会成为普遍的。如果要使它成为普遍的，就要靠教养的作用来达到，从而使滥用这一概念成为不可能。

人要达到外观，就要远远超越实在。如果他走上达到理想的道路是为了省略走向现实的道路，那他就打错了主意。我们不必顾虑外观对现实有什么危害，然而我们要顾虑现实对外观的危害。由于被束缚在物质上，人长期以来都让外观只为他的各种目的服务，后来才在理想的艺术中给外观一种独特的身份。为此人的整个感受方式必须经过一次全面的革命，否则人就连通向理想的道路也找不到。

在我们发现对纯粹外观进行无利害关系的自由评价的痕迹时，我们就能推测出他的本性已经经历这种变革，他的人性真正开始了。这种痕迹实际上在人最初美化他的生存的粗陋尝试中就已经看到了，他们这样做甚至不怕由此损害了生存的感性内容。只要人开始偏爱形象而不偏爱素材，并为了外观（他必须认出是外观）而舍弃实在，他才突破了他的动物的圈子，走上一条无止境的道路。不满足于自然和他所欲求的事物，人要求有所盈余。起初当然还只是一种物质的盈余，这是为了免使欲望受到限制，保证不仅限于目前需要的享受。

但后来就要求在物质的盈余上有审美的补充，以便能同时满足他的形式冲动，以便使他的享受超出各种约束。当他还只是为了将来的使用在积累储备，在想象中预先享受它们时，他当然已经超越现时，但是并没有越出时间界限。他只是享受得更多，而不是享受得不同。但是当他把形象也放在享受之列，对满足他的欲望的对象注意到形式时，他就不仅在范围和程度上提高了他的享受，而且在种类上也使他的享受高尚化了。诚然，大自然给予非理性生物的也超出它们的绝对需要，并在幽暗的动物生活中也投下了一束自由的微光。

当狮子不受饥饿所迫，无须和其他野兽搏斗时，它的剩余精力就为本身开辟了一个对象，它使雄壮的吼声响彻荒野，它的旺盛的精力就在这无目的使用中得到了享受。昆虫享受生活的乐趣，在太阳光下飞来飞去。当然，在鸟儿的悦耳的鸣啭中我们是听不到欲望的呼声的。毫无疑义，在这种运动中是有自由的，但这不是摆脱了一般需要的自由，而只是摆脱了某种外在需求的自由。当缺乏动物活动的推动力时，动物是在工作。

当精力的充沛是它活动的推动力，盈余的生命力在刺激它活动时，动物就是在游戏。甚至在没有灵魂的自然界中也可以看到这种力量的浪费和使命的松弛，就其物质意义来说也可以叫作游戏。树木生长出无数的、没有长成就凋落了的幼芽，它们为了吸收营养伸展出比维持其个体和种属所需更多的树根和枝叶。生物在快乐的运动中浪费掉树木还给大地的大量没有使用和享受过的东西。因此，自然在它的物质王国中已经预示出无限的前奏，在这里已经部分地解除了在形式的王国中它将完全解除的枷锁。

由需要的强制和自经过盈余的强制和游戏，才能转变到审美的游戏。在它还未超越各种目的束缚上升到美的高尚自由境界之前，它就已经在逐渐走向至少是在某种距离上，这种独立性、这自由运动本身同时是目的也是手段。像人的身体器官一样，人的想象力也有它的自由运动和物质游戏，在这里它还不涉及形象，只是以其自身的力量和无拘无束也快乐。

因为形式还没有参与这种幻想的游戏，它的全部魅力还只是在一种意象的无控制的承续。这种游戏虽然是人所特有的，完全属于他的动物性生活。它只说明人已从各种外在的感性强制下解放出来，还不能推断他已有一种独立的创造形象的能力。由自由等所构成的这种游戏还完全是素材的，只要根据单纯的自然规律就可以得到解释。从这种游戏出发，想象力在它的追求形式的尝试中，终于飞跃到审美的游戏。这应该叫作飞跃，因为在这里出现了一种全新的力量，一种立法的精神初次干预盲目本能的活动，使想象力的任意活动服从于它的永恒不变的统一，把它的独立性纳入变化的事物中，把它的无限性纳入感性的事物中。

但是只要粗野的自然还过于强大，除了不断地从一种变化走向另一种变化之外不知道有别的规律，那么它就用自己不可抑制的任意活动来对抗必然性，用自己的不安定来对抗恒定性，用自己的依赖性来对抗独立性，用自己的不满足来对抗崇高的朴素。在这种最初的尝试中还几乎察觉不出审美的游戏冲动，因为感性冲动不断地以其恣意的癖好和粗野的欲望进行干预。

因此，我们看到粗野的趣味首先抓住新鲜的和令人惊异的、五光十色的和稀奇古怪的事物以及激烈的和粗野的事物，而却回避开朴素和平静。这种趣味创造出风格奇异的形象，喜爱迅速的变化、鲜明的对比、华丽的形式、夺目的色彩和令人感伤的歌曲。在这个时代只有激情，这种趣味并给它以素材的事物才叫作美的，然而激发起来。为了进行独立的抵抗，赋予素材是为了可能的创造，否则它对于这种趣味也不会是美的。因此，他的判断的形式产生了引人注目的变化，他之所以寻求这些变化，并不是因为它们给予他什么东西，而是因为它们使他行动起来，他之所以喜欢这些对象，不是因为它们可以满足需求，而是因为它们可以满足从他内心道出的一种法则，虽然这一法则的作用还很微弱。不久他就不再满足于事物使他喜欢，他想由自身取得快乐，最初是通过属于他的事物，后来就通过他本身。

他所拥有和创造的事物，不能再只具有用性的痕迹，只具有他的目的过分拘谨的形式，除了有用性以外，它还应该反映那思考过它的丰富的知性，制造了它的抚爱的手以及选择和提出了它的爽朗而自由的精神。这时，古德意志人为自己寻找更光泽的兽皮、更华美的鹿角、更雅致的角杯，而古苏格兰人为自己的庆宴寻找更美丽的贝壳。甚至武器这时也不仅能成为恐怖的对象，而且能成为享乐的对象。工艺精美的剑带也像能够格斗的剑刃一样要引起人们的注目。

不满足于把审美的盈余纳入必然的事物，自由的游戏冲动终于完全挣脱了需要的枷锁，从而美本身成为人所追求的对象自己。自由的乐趣纳入了他的需求之列，非必要的东西不久就成了他最大的快乐。正如形式逐渐地由外部深入到他的住宅、家具、服装，后来开始掌握人本身那样，形式起初改变人的外部，然后改变人的内部喜悦的无规则跳跃成为舞蹈，无定型的手势成了优美而和谐的手势语言，情感产生的混杂音响发展到服从节奏而编成歌曲。特洛伊军队的尖叫像群鹤那样冲入战场，而希腊军队则以高雅的步伐悄悄地接近战场。

前一种场合我们只是看到盲目力量的奋勇，在后一种场合我们看到形式的胜利和规律的纯朴庄严。一种更美的必然性现在把两性结合在一起，内心的关注有助于维持喜怒无常的欲望所结成的这一关系。摆脱了疑虑的枷锁，安详的目光可以把握住形象，心灵直观心灵，高洁的相互倾慕可以取代自私自利的互相享乐。随着人性出现在自己的对象中，欲望扩大并发展成爱。为了取得对意志的更高贵的胜利，人们轻蔑对感官的卑微的利益。

对需求的快乐使强者听从趣味的温良判决，他可以掠夺快乐，而爱却必须是一种馈赠。他只有通过形式，而不是通过素材才能取得这个更高的奖赏。他必须不再以力量干预情感，并以现象出现在知性面前。他要想取悦于自由，就必须听任自由的作用。正如美在它最简单、最纯粹的例证，即两性的永恒对立中解决不同本性的争端一样，它在错综复杂的社会整体中解决这一争端至少力争把它解决，并按照男性的强大和女性的温柔之间所缔结的自由结合的范例，力求在道德世界中使柔和的事物与激烈的事物调和起来。

现在，软弱的成为神圣的，不可驾驭的强大成为可耻的，自然界的不公平为骑士风尚的宽宏大度所矫正。不惧怕任何威力的人可以在羞怯的温柔红晕之前解除武装，眼泪可以平息任何鲜血不能满足的复仇心。甚至憎恨也要倾听荣誉的柔和声音，胜利者的刀剑也要饶恕解除了武装的敌人，慷慨好客的炉灶也会为凶险海岸边的不速之客冒起炊烟，而从前这种人只有被杀害的危险。在力量的可怕王国中以及在法则的神圣王国中，审美的创造冲动不知不觉地建立起第三个王国，即游戏和外观的愉快的王国。

在这里它卸下了人身上一切关系的枷锁，并且使他摆脱了一切不论是身体的强制还是道德的强制。在权力的力量的国度里，人和人以力相遇，他的活动受到限制。在安于职守的国度中，人和人以法律的威严相对峙，他的意志受到束缚。在有文化教养的圈子里，在文明国度中，人就必须以形象显现给别人，只作为自由游戏的对象而与人相处。无自由去给予自由，这就是审美王国的基本法则。力量的国度只能通过自然去驯服自然的方式，使社会成为可能。伦理的国度只能通过使个人的意志服从公共意志的方式，使社会

（在道德上）成为必要。

只有审美的国度才能使社会成为现实，因为它通过个体的本性去实现整体的意志。需求使人进入社会，理性在他心中树立起社交的原则。只有审美的趣味能够给社会带来和谐，因为它把和谐建立在个人一切其他形式的观念都使人分裂，因为它们或者单独地以人的存在的感性部分或者单独地以人的精神部分为基础，只有美的观念才使人成为整体，因为它要求人的两种本性与它协调一致。

一切其他形式的交流都使社会分裂，因为它们或者只是涉及社会个体成员的私人感受，或者只是涉及他的私人能力，即涉及人与人之间不同的东西。只有美的交流才使社会统一起来，因为它涉及大家共同的东西。感官的快乐我们只能通过个体来享受，而不能通过我们生存来享受。我们不能把我们的感官快乐普遍化，因为我们不能把我们的个体普遍化。认识的快乐我们只能作为类来享受，因为在我们的判断中我们精心地排除了个体的任何痕迹。我们不能把理性的快乐普遍化，因为我们不能像在我们自己的判断中那样，由其他人的判断中清除掉个体的痕迹。而只有美，当我们同时既作为个体又作为类，也就是作为类的存在时才能享受到它。

感性的善只能使一个人幸福，因为它是以独占为基础的，而独占总是排他的。它只能使人片面地幸福，因为个性没有参与其中。绝对的善只有在一般无法假定的条件下才能使人幸福，因为真理只是忘我的代价，只有纯洁的心才相信纯洁的意志。只有美才能使全世界幸福，谁要是受到美的魔力的诱惑，他就会忘掉自己的局限。只要审美的趣味占主导地位，美的王国在扩大，任何优先和独占权都不能容忍。这个王国向上一直伸展到理性以绝对必然性统治着，一切素材消失不见的地方，这个王国向下一直伸延到自然冲动以盲目的力量支配着，形式还没有产生的地方。即使在这些极端的范围，当它的立法权被剥夺时，审美趣味也不允许剥夺它的执行权。

个人的欲望必须放弃它的自私自利，只吸引感官的那种愉快也必须把它的魅力之网撒向精神领域。必然性的严厉声音——义务必须改变它只为反抗申辩的非难的公式，用更高贵的信任来尊重驯顺的本性。审美趣味在常识的公开天地中由科学的神秘中引出知识，把所有各学派的知识变成整个人类社会的共同财富。在审美趣味的领域，甚至最伟大的天才也得放弃自己的高位，亲切地俯就儿童的理解。力量要受娴雅美丽的女神们的约束，高傲的狮子也要服从爱神的钳制。

为此，审美趣味以自己轻柔的面纱覆盖着肉体的欲求，以免这种欲求在赤裸裸的形态下会辱没自由精神的尊严。审美趣味还用自由的可爱幻影把同素材的有失体面的关系对我们隐藏起来。甚至那摇尾乞怜的、充满铜臭的艺术，如果让审美趣味加上翅膀，也会从地上飞升起来。只要审美趣味的手杖一碰，奴役的枷锁就会从有生命和无生命的东西上脱落。在审美的国度中，一切事物——甚至使用的工具都是自由的公民，同最高贵者具有同等的权利。在这里，使驯顺的群众服从自己目的那种知性，也要去征求他们的同意。这里，在审美外观的王国中，实现了平等的理想，这种理想是那些醉心于此的人早就愿意看到其实现的。

如果确实是在王座附近美的音调成熟最早、最完善，那么在这里也必然看到仁慈的命运，它好像是在现实中限制人，推动进入一个理想的世界。但是，这样一种美的外观的国度是否存在？在什么地方可以找到？作为一种需求，它存在于每个优美的心灵中作为一种行为，它像纯洁的教会和纯洁的共和国那样，也许只能在少数优秀的社会圈子里找到。在那里，人以勇敢的单纯和宁静的天真走入最复杂的关系网，既无须以损害别人的自由来保持自己的自由，也无须牺牲自己的尊严来表现优美。在那里，指导行动的不是对外来习俗的呆板模仿，而是人们自己美的本性。

十八、诗的精神是不朽的

诗的精神是不朽的，它也不会从人性之中消失。除非人性本身消失了，或者人作为人的能力消失了，诗的精神才会消失。实际上，人虽然由于想象和理解的自由，而离开了素朴，离开了真理，离开了自然的必然性，然而，不仅有一条经常敞开着的路，让他回到自然，并且有一种强有力而又不可摧毁的本能，道德的本能，不断地把他拉回自然，正是诗的能力以最亲密的关系和这一本能结合在一起。

因此，人一经告别了自然，并不就丧失诗的能力，而只不过是这种能力向着另一方向活动罢了。即使在现在，自然仍然是燃烧和温暖诗人灵魂的唯一火焰。唯有顺从自然，它才得到它全部的力量，也唯有向着自然，它才在人为地追求文化的人当中发出声音。任何其他表现诗的活动的形式，都是和诗的精神相去甚远的。只要当人还处在纯粹的自然（我是说纯粹的自然，而不是说生硬的自然）的状态时，他整个的人活动着，有如一个素朴的感性统一体，有如一个和谐的整体。感性和理性，感受能力和自发的主动能力，都还没有从各自的功能上被分割开来，更不用说它们之间还没有相互的矛盾。这时，人的感觉不是偶然性的那种无定型的游戏，人的思想也不是想象力的一种空洞的游戏，毫无意义。他的感觉出发于必然的规律，他出发于现实。

但是，当人进入了文明形态，人工已经把他加以陶冶，存在于他内部的这种感觉上的和谐就没有了，并且从此以后，他只能够把自己显示为一种道德上的齐一。也就是说，向往着统一。前一种状态中事实上所存在的和谐，内部和感觉的和谐，现在只能存在于一种形态中了。它不再存在于他，而是外在于它只是作为一个思想的概念而存在，他必须开始在他的自身里面去实现它，它不再是事实，不再是他生活的现实了。现在，让我们谈一下诗的观念，那无非也表现人性。

将这一观念应用到前面所说的两种状态，我们就会正引向这样的推论一方面，在自然的素朴状态中，由于人的全部能力作为一个和谐的统一体发生作用，结果，人的全部天性就在现实的本身中表现出来，诗人的任务必然是尽可能完善地模仿现实。总之，在文明状态中，由于人的天性这种和谐的竞争只不过是一个观念，诗人的任务就必然是把现实提高到理想。实际上，一般说来，诗的天才也只有通过这两条道路，才能显示它自己。它们之间的重大差别是十分明显的，然而，纵使它们极其相交，却有一个较高的观念包蕴了它们二者，如果这个观念是与人性观念相一致的话，这也不足为怪。如果我们只把现代诗人和古代诗人，不根据他们所可能采取的偶然形式，而根据他们精神，加以比较，我们将会易于相信这一想法所含的真理。

古代诗人打动我们的是自然，是感觉的现实，是活生生的，当前现实近代诗人却是通过观念的媒介来打动我们。因为素朴的诗人满足于素朴的自然和感觉，满足于模仿现实世界，所以就他的主题而论，他只能有一种单一的关系；在处理主题的方式上，他没有选择的余地。如果素朴的诗产生不同的印象，当然，我所说的不是与主题的性质相关联的印象，而只是依存于诗歌手法的那些印象——这种不同印象的全部差别也只在程度方面。这里，只有一种感觉的方式，而差异只在于感觉的由多到少。甚至外部形式的多样变化，也并不改变审美印象的实质。

无论形式是抒情诗的或史诗的，戏剧的或描述的，我们所得到的印象可以较强或较弱，但是，如果我们撇开主题的性质不谈，我们的感受都将经常是一样的。我们所经验到的感情是绝对的统一的，它完全从一个单一的和同样的因素出发，以致我们很难加以区分，甚至语言的差异和时代的差异，在这里都不会产生任何分歧，因为素朴诗的一个特点，正在于它的起源和效果都具有严格的一致性。

十九、感伤诗

感伤诗就完全不同了。感伤诗人沉思客观事物对他所产生的印象。只有在这一沉思的基础上，方才奠定了他的诗歌的力量。结果是感伤诗人经常都要关心两种相反的力量，有表现客观事物和感受它们的两种方式，也就是，现实的或有限的，以及理想的或无限的；他所唤起的混杂感情，将经常证明这一来源的二重性。因此，感伤诗由于容许了一个以上的原则，就需要知道谁将在诗人身上占主导地位。在他的感情中，以及在他所表现的客观事物方面，谁将占主导地位。这样，就可能采取不同的处理方式。

于是，一个新的课题被提出来了：诗人是把他自己附丽于现实呢，还是附丽于理想？是把现实作为反感和嫌恶的对象而附丽呢，还是把理想作为向往的对象而附丽？因此，每个诗人在处理同一主题时，或者是讽刺的，或者是哀伤的，这只是大概而言，以后将详论。在这两种感情方式中，每一个感伤诗人都必然会附丽于这一种或那一种。自然给予素朴诗人一种恩惠，他经常都是以一个不可分割的统一体去行动，随时都是同一的、完满的，并把人性最高的价值在现实世界中予以再现。反之，自然给予感伤诗人的却是一种强大的能力，或者毋宁说自然把一种热烈的感情印在他身上，这就是要代替抽象给他摧毁了的那种初次的统一，要在他身上完成人性，要一个有限的状态走入一个无限的状态。

素朴诗人和感伤诗人都企图充分表现人性，否则他们就不是诗人，但是比起感伤诗人来，素朴诗人经常具有感觉的真实这一优越性，从而把感伤诗人所只能向往的东西，当作一个现实的事实。这一点，每个人读素朴的诗而感到快乐时，都会体验到。这里，我们感到人的各种能力都被投入活动中去，不感到空虚。

我们有了统一的感觉，对我们所经验的产物，并不加以区分，我们既享受到我们的精神活动，也享受到我们的感性生活的丰富性。感伤诗人所引起的心情，却十分不同了。在这里，我们只是感到一种活跃的感情，要在我们身上产生一种在素朴的情况下所有的意识和现实之间的和谐，使我们自己成为一个单一而又统一的整体，把人性的观念在我们自身全部实现出来。因此，在这里，精神完全处在运动中、紧张中，徘徊于相反的感情中；至于在此以前，则是宁静而平息的、自身和谐的、得到充分满足的。

二十、素朴诗人与感伤诗人

我们都知道，所有的现实都要低于理想，所有存在的事物都有种种限制，而思想却是无限的。然而，如果素朴诗人在现实性方面优越于感伤诗人，如果使感伤诗人只对之引起强烈冲动的事物，乃是生存于现实之中，那么，作为弥补，感伤诗人却有大大胜过素朴诗人的地方。他处在这样一种地位，能给这一冲动提供一个比他的对手所提供的更为伟大的目的，而且这也是他所能够提供的唯一目的。处于感觉的现实中的每一种事物都要受到这一限制，因此对素朴诗人来说，这一限制是一种不利。

至于理想方面那种绝对的、无条件的自由，对于感伤诗人来说，却是有利的。没有疑问。前者完成他的目的，但这一目的是有限的。后者，我承认，没有全部完成他的目的，但他的目的是无限的。此外，我想诉之于经验。素朴诗人把我们安排在一种心境当中，从那里我们愉快地走向现实生活和现实事物。可是，另一方面，感伤诗人除少数时刻外，却经常会使我们讨厌现实生活。这就是因为无限的特性在一定程度上把我们的心灵扩大到它的自然限度之外，以致它在感官世界中找不到任何事物可以充分发挥它的能力。我们宁可回到对自身的冥想中，在这里，我们会给这个觉醒的向往理想世界的冲动找到营养。

至于在素朴诗人那里，我们则要努力从我们自身向外流露，去找寻感性的客观事物。感伤的诗是隐逸和恬静的子孙，这一方面素朴的诗则为生活的景象所激动，它把我们带回到生活中去。

二十一、论悲剧艺术

对大自然来说，快乐只是一个间接的目的；对艺术来说，它却是至高无上的目的。在一切目的整个体系中，只能称为次要环节的那种目的，艺术把它从总的联系中隔离出来，当作主要目的来追求。因此，重视包含在悲剧感动之中的崇高快乐，尤其是艺术的目的特别把同情的快乐作为自身目的艺术，是在最一般意义之下的悲剧艺术。艺术通过模拟自然来实现自己的目的，它完成了实际上使快乐得以产生的条件，并为这一目的，把自然中四分五裂的设施，按照一幅一目了然的蓝图结合起来，以便把自然仅仅视为次要目的东西，当作最终的目的来完成。

所以悲剧艺术是在那些特别能引起人们的同情与感动的情节中模拟自然。如果要一般地规定一下悲剧艺术的处理过程，首先必须知道，按照惯常的经验，在哪些条件下，感动的快乐最有把握产生，产生最为强烈，不过同时也须注意，哪些情况限制或者甚至于破坏这种快乐。从经验得知，有两种相反的原因阻挠感动的快乐。不是被激起的同情心太弱，便是太强，以至于由感染而来的感动转变到最初感动的活跃状态。同情心太弱，还可以是由于我们从最初的痛苦中得到的印象太弱，在这种情况下，我们说，我们内心漠然，既不感到痛苦，也不感到快乐；或者是由于有别的更强烈的感受，压抑从痛苦得到的印象。由于这些感受在心灵中占了优势，便削弱了或者完全窒息了同情的快乐。按照上面《论悲剧题材产生快感的原因》一文的论述，任何悲剧性的感动，都含有一种违反常理的观念，而这种观念如果要使触动产生快乐，又必须过渡到一种更高级的合情合理的观念。

这两种相反的观念，彼此的关系如何，决定感动的时候，突出的究竟是快感，还是不快之感。倘若违反常理的观念比合情合理的观念更为活跃，或者被破坏的目的比达到的目的更为重要，那么任何时候，不快之感总占上风，不管这是客观的人性通例，或者只是由于主观的个人特性。倘若对导致一件不幸的事情的原因，不快之感过于强烈，那么它也会削弱我们对身遭不幸的人的同情心，两种迥乎不同的感情不可能同时高度存在于心灵之中。对引起苦难的肇事人怀有的愤怒变成主宰一切的激情，任何其他感情都得为它让路。

所以我们应该同情受难的人，如果由于自身不可原谅的过失而惨遭不幸，或者原来可以免于不幸，然而由于智力薄弱或者胆小怕事，不能免于不幸，都会削弱我们对他的同情。不幸的李尔王受尽忘恩负义的女儿们的百般虐待，但是这位稚气的老人却那样轻率地放弃他的王冠，并且那样令人难以理解地把他的感情分给他的女儿们，就大大损害了我们对他的同情。在克罗纳格的悲剧《奥林特和索夫罗妮亚》里，我们即使看见这两个殉道者为他们的信仰遭到最可怕的痛苦，也不能使我们对他们太表同情，而他们崇高的英雄气概，也很难使我们拜服，因为奥林特的行为把他和他整个的民族推向毁灭的边缘，这样的行为只能归诸疯狂。我们照理应该同情一件不幸事件中的无辜的牺牲者，但是倘若不幸事件的肇事者使我们的灵魂深恶痛绝，也会大大削弱我们的同情。

悲剧诗人如果不得不在剧中安排一个恶棍，如果他被迫穷凶极恶的事件中引出大痛苦不可，那么，这总会损害他的作品的高度完美。莎士比亚剧中的埃古、麦克佩斯夫人，《强盗》一剧中的弗朗茨摩尔，《萝多古娜》中的克莱奥巴特拉，都可以为这一论点作证。一个诗人为了自己真正的好处，不要把灾难写成旨在造成不幸的邪恶意志，更不要写成由于缺乏理智，而应该写成环境所迫，不得不然。倘若灾难并非出自道德的根源，而是由于一曲自身本无意志又不顺从人的意志的外界事物，那么，同情心便会纯洁些，至少不会由于道德上违反常理的观念而遭到削弱。可是这样一来，表示同情的观众的心里，不能不对自然界中违反常理的事物产生不快之感：这种违背理性只有借助道德上的合理性，才能挽救过来。

假如受难的人和引起苦难的人都是同情的对象，那么，同情的程度便会更加强烈。只有在这种情况下，才能产生导致受难的人不引起我们的憎恨，也不引起我们的轻蔑，而是违反自己的心意，被迫做了不幸的肇事人。德国的伊非格妮，一个出色的优点就在这里。那位陶里亚的国王是唯一阻挠俄瑞斯忒斯和他姐姐的愿望不能实现的人，可是他从来没有丧失我们对他的尊敬，最后还迫使我们非爱他不可。

还有一种感动超过这种感动，那就是灾难的原因不仅不和道德相悖，甚至于还正因为合乎道德，才可能发生这场灾难，而双方遭受的痛苦只是由于感到自己引起了对方的痛苦。在高乃依的《熙德》一剧里，希梅娜和罗得黎格两个人的处境就属于这一类，毫无疑问，论到错综复杂性，这应该算是悲剧中的杰作了。荣誉感和孝心武装了罗得黎格的手，使他横下心来和他的情人的父亲为敌，英勇无畏地战胜了仇人。荣誉感和孝心又使被杀者的女儿希梅娜，变成罗得黎格的可怕的控告者和迫害者。

他们两个人的行动都违反自己的心意，他们的心意看见被迫害的对象遭遇不幸、惊惶，而他们的道德本分又使他们努力引来这场灾难。两个人都牺牲了自己的心意，完成一桩道德本分，因而博得我们最高的敬意，两个人都是自愿受苦，而受苦的动机又使他们极度为人尊敬，因而也把我们的同情心激动到最高的程度，在这里我们的同情心不全受到不快之感的干扰，反而会在双倍的火焰中熊熊燃烧，仅仅由于我们不能想象为什么这样高度值得有幸福的人却遭逢不幸，仅这一点还能以一层痛苦的轻云，使我们同情的快乐稍有逊色。

尽管我们对这种违反常理的事件的憎恨并不涉及任何具有道德意志的生物，而是引到最无害的地方即引向必然性，尽管这样做，赢得了许多好处，然而对于自由，自己主宰自己的生物来说，向命运盲目屈服，总是使人耻辱、有伤尊严的。就是这个缘故，哪怕是希腊舞台上最杰出的戏剧，我们依然感到美中不足，因为在所有这些戏里，都需要必然性协助，而对我们要求一切都合理的理性来说，便始终留下一个解不开的纽结。然而在受过道德教养的人所能攀登的最高、最终的阶段，同时感动人的艺术也能到达的阶段上，即使是这样的纽结，也能解开，而且这个纽结一解开，任何一种不快之感的阴影就都随之消逝。

在下述情况下，才可能如此：就是这种对命运的不满也会全然消除，散失于预感之中，或者更好地说，散失于一种明确的意识之中，知道事物之间有一种合乎目的联系，有一种崇高的秩序和善良的意志。于是我们感到在自然的宏伟整体之中，一切都无比适宜、极其妥协，这种愉快的感觉和我们因道德上的协调而产生的快乐合在一起。

从表面看来，似乎有些地方违反常理，在个别情况下引起我们的痛苦，其实只是对我们理性的一种刺激，让它在普遍规律之中，探寻这种特殊情况存在的理由，并在巨大的和声之中，消除这一个别的噪声。希腊艺术从来没有能达到悲剧感动的这种纯粹的高度，因为无论是希腊人的民族宗教也罢，或者甚至于是他们的哲学也罢，都没有能这样又广又深地照耀他们的道路。现代艺术有这样的好处，它从经过提炼的哲学，获得更为纯净的素材，能实现这最高的要求，因而就能发展艺术的全部道德尊严。倘若我们现代人由于时代的哲学精神和现代文化对诗歌的不利影响，不得不放弃恢复希腊艺术的企图，那么，这些因素对于悲剧艺术的影响并不很不利，因为悲剧艺术是更多以道德为基础的。

我们的文化从整个艺术夺到的东西，说不定都会还给悲剧艺术。由于不快的观念和感觉混杂起来，悲剧的感动遭到削弱，从而使来自悲剧的感动的快乐也为之减少。另一方面，悲剧的感动由于十分接近最初的感动，又能扩张到痛苦占主要地位的程度：我们已经说起，激情中的不快之感，起源于激情的对象对我们感情的关系，而从激情中得来的快感，则来自激情本身对我们道德的关系。

事情的前提是在感情和道德之间存在着某种特定的关系，这种关系决定悲剧的感动中不快之感与快感的关系，感情与道德的关系改变或者倒转过来，也就必然使感动中快乐和不快的感觉倒转过来，或者转变成自身的反面，感情越活跃，道德的影响就显得越弱，反之，感情力量越小，道德的影响就越大。

因而一切使我们心灵中感情占优势的东西，必然减少我们对感动的快感，因为它限制我们的道德，而使我们感动的快感却纯粹是从道德来的。正如一切使道德在我们心灵中蓬勃高涨的东西，甚至于使最初的激情也失掉痛苦的芒刺。倘若痛苦的想象上升到这样一种程度，我们简直不可能区分由感染而来的感动和最初的感动，区分我们自我和受苦的人，区分真实与虚构，那么，我们的感情便的确占了上风。

若感情的对象比比皆是，被激起的想象力发出一阵令人目眩神迷的光芒，使感情得到滋养，那么，感情也会同样占到上风。想要束缚感情，没有比借助超感情的、道德的思想更聪明的办法了，受到压抑的人性，凭着这些思想，像靠着精神的支柱一样挺立起来，超越感情的沉迷，进入一个更其明朗的境界。因而在戏剧对白遇到合适的地方，就插进一些普遍真理或者道德箴言。对所有文明民族都有极大的魅力，这种办法早被希腊人采用，并且简直用得有些过分。

很长一段时期内，尽是处于受苦的状态。其后，能摆脱这种感情的情况，进行自我活动，重新进入自在的情况：对于一个心灵来说，没有比这更受欢迎的了。关于限制我们的同情、阻挠我们从悲哀的感动得到快乐的原因，只谈这些。现在该计算一下，在哪些条件下，并能万无一失、最强烈地引起感动的快乐。一切同情心都以受苦的想象为前提，同情的程度，也以受苦的想象的活泼性、真实性、完整性和持久性为转移。想象越生动活泼，也就更多引起心灵的活动，激起的感情也就更强烈，也就更要求它的道德功能起来反抗。

受苦的想象可以通过两条不同的途径得到，这两条途径对于印象的活泼性并不同样有利。我们亲眼看见的痛苦，比起经人叙述或者描写而知道的痛苦来，激动我们的程度要强烈得多。前者取消了我们想象力的自由翱翔，直接击中我们的感情，因而通过最短的道路，进入我们的心的深处。听人叙述就不同，特殊事物应当上升为一般事物，然后再从一般事物认出特殊事物来，也就是说，印象经过理智这番必要手术，力量已经大大削弱，然而薄弱的印象不可能把心灵全部控制住，必然会给其他的想象留下余地，搅扰它的效果，分散对它的注意力。旁人的叙述也往往把我们由正在行动的人物的心灵状态放进叙述人的心灵情况中，这就中断了产生同情心所必不可少的幻觉。

只要叙述者以自己的身份插入所述的事情中去，故事的情景立即静止，因而不可避免地也就使我们息息相关的感情中断。遇到戏剧诗人在对白中忘其所以，让他的人物说出一些有冷眼旁观的观众才可能产生的看法时，这种情况也会出现。我们现代悲剧很难不犯这种错误，只有法国悲剧却已经把它变成一条规律。由此可见，想使我们对苦难的想象具有产生高度感动所需要的强烈程度，身历其境和亲身感受是完全必要的。然而即使我们能得到对苦难的最为生动活泼的印象，倘若这些印象缺乏真实性，也照样不可能产生相当程度的同情心。我们所要参与的苦难，我们必须对它有所了解；这就需要这种苦难和我们心里本来已有的东西互相吻合。

产生同情的可能性建立在这一基础上，即我们意识到或者假定在我们和受苦的对象之间具有相似之处。任何地方，只要能看到这种相似之处，同情便必然产生，如果没有这种相似之处，就不可能产生同情。相似之处越明显、越巨大，同情心也就越活跃，前者越少，后者也就越弱。我们如想感受别人身受的激情，我们自己心里必须具备一切产生这种感动所必需的内部条件，以便和这些内部条件结合起来产生的那种外在原因，也能对我们产生同样的效果。我们必须能毫不勉强地和受苦的人调换一下角色，把我们自己临时置在他的地位。

要是我们事先没有在别人身上发现我们自己，我们又怎么可能在我们心里感受别人的处境呢？这种相似之处涉及心灵的整个基础，只要这一基础是普遍的、必然的。但是只有我们的道德本性才特别具有普遍性。我们的感情功能可以经过偶然的原因而改变，即便我们的认识功能也会因条件改变而转移，只有我们的道德确定不移，因而它就最宜于给这种相似之处以一种普遍的稳定的尺度。只要我们觉得一个观念和我们的思维和感觉的方式一致和我们自己的思想程序有某种关系，它就很容易为我们的心灵所理解。这种观念，我们就说它是真实的。

倘使这种相似之处只关系到我们心灵中的特殊之处，我们心中普遍人性的特别情况，这些情况又可以撇开不顾而对于普遍人性，那么，这一观念只对我们具有真实性，倘若这种相似之处涉及全人类都该具有的普遍的和必然的形式，那么，这种真实性就可以和客观真理同样看待。对于罗马人来说，布鲁图斯的判决书和加图的自尽都有主观的真实性。产生这两个人的行动的想象的观念和感情，并非直接来自普遍人性，乃是间接从特定人性而来。要想和他们共有这些感情，必须具有罗马人的思想。

相反，只要是人，就会被烈阿尼达的英勇牺牲，亚里士多德的泰然自若，苏格拉底的视死如归所深深感动；只要是人，看到大流士惨遭厄运，都会感激流泪。这种想象和前述的想象不同，我们说有客观内容的真实性，因为它和每个人的本性都相一致，这样一来，就获得了同样严格的普遍性和必然性，仿佛它和任何主观条件都没有关联似的。话说回来，这种主观真实的描述，虽然涉及偶然的情况，但是不能把它和随意的描述混淆起来。

说到最后，这种主观真实的事物，也来自人们心灵中普遍的禀赋。这种普遍的禀赋，遇到特殊的条件，便有了特定的情况。二者同样是心灵的必不可少的前提。加图的决定，倘若违反人性的普遍规律，就也不可能有主观真实性。只是这种方式的描述，影响的范围较小，因为除去一般的情况以外，它还需要别的情况作为先决条件。

悲剧艺术如愿放弃外延的效果，可以采用这种描述，得到巨大的内向的效果，不过它的最丰富的题材，始终是绝对真实的东西，在人和人的关系中纯粹人性的东西，因为悲剧只有采用这种东西，才能保证产生的印象具有普遍性，而且不至于削弱印象的强烈程度。悲剧描述除了活泼性和真实性以外，第三还要求完整性。凡是使心灵按照预定的目的活动所需要的一切外部条件，必须在想象中全部具备。无论这位观众具有多么罗马式的思想，如果要他把加图的心境变成自己的心境，叫他把这位共和主义者下的最后决心变成自己的决心，他必须感到，不但在罗马人的心里，而且在客观环境下，这一决心都站得住脚，他必须充分体会到这个人的外部情况和内心情况，以及它们整个的联系。凡是使这个罗马人下这最后决心所必需的原因，一个也不可缺少。

如果没有这种完整性，对于描述的真实性也根本不可能做出判断来，因为我们必须充分认识环境的相似之处，只有这样，我们才能对感觉的相似做出正确的判断，也只有外部和内部的条件结合起来，才能从中产生激情。如果要决定我们是否也会像加图一样行动，我们首先必须设想自己处于加图的全部外在情况之中，只有这样，我们才能把我们的感觉和他的感觉对比，才能对相似之处做出结论，对这种相似之处的真实性来下判断。这种描述的全盘性，只有把若干个别的观念和感受结合起来，才可能获得。这些个别的观念和感受彼此互为因果，联系起来，对我们的认识来说，是一个整体。

所有这些观念，如想生动地感动我们，必须对我们的感情产生直接的印象，因为叙述的形式总是削弱这种印象的，所以必须用一个亲身目击的行动来激起这些观念。所以悲剧描述的完整性必须有一系列个别的目睹的行动，这些行动结合起来组成一个整体，即悲剧的行动。倘若痛苦的观念要在我们心里激起高度的感动，这些观念最后还应持续不断地对我们发生作用。别人的痛苦在我们胸中引起的激情，对我们说来，是一种强制的状况，我们急于从中摆脱，于是产生同情必不可少的幻觉便十分容易消逝。

所以必须把心灵牢牢缚在这些观念上面，并剥夺它过早挣脱幻觉的自由。想达到这个目的，单靠想象活泼，刺激我们感性的印象强烈是不够的，因为我们感受的功能受到的刺激越猛，我们灵魂为了战胜这种印象而发出的反作用也就越强。诗人如想感动我们，切不可削弱这种自动的力量；因为悲剧感动给予我们的高度享受，正在这种力量和感情的痛苦展开的搏斗之中。虽然有心灵这种反抗的自动作用，如果要使心灵持续缚在痛苦的感受上面，就必须把这种感受非常聪明地隔一时打断一下，甚至于用截然相反的感受来代替，使这种感受再回来的时候威力更大，并且不断恢复最初印象的活泼性。

感觉转换是克服疲劳、抵抗习惯影响的最有力的手段。感觉转换，使精疲力竭的感情重新精力充沛，印象的层层加深使自动作用的功能进行相应的反抗。这种反抗的力量必须毫不间断地进行活动，反抗感情的束缚、争取自身的自由，但是不到最后，决不能过早获得胜利，更不能在战斗当中遭到失败。因为过早胜利，痛苦便结束了，中途失败，便丧失了行动，只有二者相结合起来，才能激起感动。

悲剧艺术的极大秘密正在于灵巧地处理二者之间的这场战斗。在这场战斗中，悲剧艺术的表现最是光彩夺目。要达到这一目的，需要一系列经常变换的观念，也就是说，需要把一些和这些观念相适应的情节有目的地和主要情节连贯起来。并且通过主要情节，使预期的悲剧印象完全从这些情节中展开出来，就像从纺锤上放出来的一个线团，最后把心灵像用一张撕扯不破的罗网包裹起来。请允许我在这里做这样一个比喻，艺术家选定一个事物，作为达到他悲剧目的工具，他首先把这个事发的所有个别的光线都十分节省地收集起来，这些光线在他的诗里就变成点燃众人心灵的闪电。

一个新手就会把惊心动魄的雷电，一撒手，全部朝人们心里扔去，结果毫无收获，而艺术家则不断放出小型的霹雳，一步一步向目的走去，正好这样完全穿透别人的灵魂，只有逐渐推进、层层加深，才能感动别人的灵魂。我们总结上面所进行的研究，可以知道，悲剧感动的基础是下列条件。我们同情的对象必须完完全全和我们同类，而要我们参与的行动，必须是一种道德的行动，也就是说，一种自由领域内的行动。

痛苦的根源和逐渐推进的程度，必须通过一系列的事件，完整无缺地传达给我们；还必须用感情的目睹的形式，不是间接通过描写，而是直接通过行动来表现。悲剧艺术把所有这些条件结合起来，并加以实现。所以说，悲剧是对一系列彼此联系的事故（一个完整无缺的行动）进行的诗意的模拟，这些事故把身在痛苦之中的人们显示给我们，目的在于激起我们的同情。第一，悲剧是一个行动的模仿。模仿这个概念就使悲剧有别于其他单靠叙述或者描写的艺术。在悲剧中，个别的事件在其发生的瞬间，必须作为现在的事情，直接陈诸观众的想象力和感官之前，不容第三者插入。

史诗、长篇小说、短篇故事，凭它们的体裁，把人物的行动移到远方，因为在读者和进行行动的人物之间，横插进来一个叙述者。但是谁都知道，远方的事情或者过去的事情是削弱印象和削弱人们的关切和激情的。而现在的事实则使之加强。一切叙述的体裁使眼前的事情成为往事，一切戏剧的体裁又使往事成为现在的事情。第二，悲剧是一系列事件的模仿，即一个行动的模仿。它不仅模仿地表现悲剧人物的感受和激情，还表现出了产生这些感受和激情并促使它们表露出来的事件：这就使悲剧有别于抒情的文学形式，这些抒情的形式虽然也诗意地模拟心灵的某些状态，然而不模仿行动。

一首悲歌、一首短歌、一首颂歌可以把诗人（不管是诗人本人的或者是理想人物的）目前的、由特别情况所决定的心灵状态模拟地展现在我们眼前，在这意义上，它们虽然也包括在悲剧的概念之内，然而它们还没有完全符合悲剧的概念，因为它们只局限于表现感情。更为本质的区别在于这些文学形式具有不同的目的。第三，悲剧是一个完整无缺的情节行动的模仿。一件个别的事故，无论它多么含有悲剧性，还不能构成悲剧。必须把若干互为因果的事件，按照目的，构成一个整体，只有这样，才能使我们感到真实性，才能使表现出来的激情、性格等和我们灵魂的本性彼此吻合，而我们的同情就完全建立在这种吻合的基础上面。

倘若我们在同样情况下感觉不到也会这样受苦、这样行动，我们的心情就永远不会觉醒。所以关键在于我们必须全盘看到表现出来的行动，看它如何在外部情况的作用下，从产生这个行动的人的灵魂里，逐步自然而然地、层层推进地涌现出来。俄狄浦斯的好奇、奥赛罗的妒嫉就这样在我们眼前萌芽、发展、完成。也只有这样，一个无辜灵魂的平静心情和成为罪犯后的良心谴责之间的距离、一个幸福的人的骄傲自信和他的可怕的毁灭之间的距离，简言之，读者在开始时的平静的心理状态和行动结束时他的感受的猛烈激动之间的广大距离才会充实。必须要有一系列彼此联系的事件，才能使我们产生心灵活动的变化，这种变化刺激注意力，唤起我们精神的一切力量，鼓舞逐渐衰疲的行动的冲动，这种冲动由于迟迟得不到满足，就燃烧得更为猛烈。

心灵如想克制感情的痛苦，只能乞助于道德。悲剧艺术家必须延长感情所受的折磨，才能更迫切地向道德提出要求，但是他也必须使感情得到满足，才能把道德得到的胜利变为光荣，上述二者只有通过一系列的行动才可能得到，这些行动是明智的选择，为这一目的连接起来。第四，悲剧是一个值得同情的行动的诗意的模仿，因而和历史性的模仿正相对立。如果它遵循一个历史的目的，旨在叙述已经发生的事情，以及这些事情如何发生，就变成历史了。在这种情节下，它必须严格遵守历史的真实性，因为唯有把确实发生过的事情忠实地表现出来，才能达到它的目的。

然而悲剧的目的是诗的目的，这就是说，它表现一个行动，为的是感动别人，并且通过感动使人快乐。倘若它根据这个目的来处理给它的素材，那么，模仿的时候，它就有它的自由，它有权利，甚至于可以说它有责任使历史的真实性屈从于诗艺的规则，按照自己的需要，加工得到的素材。可是因为悲剧只有在和自然法则高度吻合的条件下，才能达到它的使人感动的目的，所以在保留自由地处理历史事件的权利下，依然需要遵守严格的自然真实性的法则：这种自然真实性和历史真实性对照，称为诗意真实性。

由此可见，严格注意历史真实性往往损害诗意真实性，反之，严重破坏历史真实性，就会使诗意真实性更能发挥，这种情况就很可理解了。因为悲剧诗人，其实任何诗人都是如此，只服从诗意真实性的规则，对历史事件极其认真的注意，不能使他免除诗人的本分，也不能原谅他违反诗意真实性写得平淡乏味的过失。因而谁若想把悲剧诗人召唤到历史的法庭之前，并想向他学习知识，真是对悲剧——其实对全部诗艺都是如此极其缺乏了解。悲剧诗人顾名思义，只负责使人感动，使人快乐。

甚至于如果诗人有时候畏惧地屈从于历史真实性，放弃了他艺术家的特权，默不作声地承认历史有裁判他作品的权利，这时候艺术就完全有权利把诗人叫到它的审判席前。赫尔曼之死、米诺娜、福斯特、封斯特洛姆贝尔克，倘若经受不起艺术的考验，不管服装如何丝毫不差，民族性格和时代特点如何正确无误，仍然是悲剧。第五，悲剧是一个行动的模仿，这个行动把受苦中的人展示在我们面前。人这个词在这里并不是多余的，它是用来确切地表明，悲剧选择自己对象的界线。只有像我们自己这样的有感情有道德的生物，才能激起我们的同情。

那些脱离一切道德的物体，民间迷信或者诗人幻想所描绘的凶恶精灵，以及和这些精灵相仪的人，再有那些摆脱感情束缚的物体，就像我们所设想的灵秀之士，以及一些高度地摆脱了感情束缚的凡人，这种高度不是具有人的弱点的人所能达到的，凡此种种，都不宜成为悲剧的人物。我们应该参与一种苦难，这个苦难的概念决定：只有在“人”这个字的全部意义上的人，才能做受苦的对象。一个纯粹的灵秀不会痛苦，一个凡人，要是异乎寻常地接近这种纯粹的灵秀之士。

那么，在他心里也从来不可能激起巨大的痛苦，因为他从自己的道德本性中很快就能找到力量，抵御脆弱的感性所受的痛苦。一个没有道德的彻头彻尾的感情生物，以及和他相似的人，能产生可怕的痛苦，因为他们身上的感情占了上风，但是没有任何道德感情作为内心支柱，因而完全成了痛苦的俘虏——看到这样一种全无指望的痛苦，看到理性根本失去行动，我们便感到厌恶、掉头不固守，所以悲剧诗人特别喜欢善恶交织的性格是有他的道理的，他想的主人公正是介乎完全堕落和完美无缺的人物之间。

最后，悲剧把所有这些特质结合起来，引起人们同情的激情悲剧诗人所作的准备工作，有些完全可以用于另外的目的，譬如道德的目的、历史的目的和其他等，然而悲剧诗人恰恰给自己规定这样一个目的而不是任何别的目的，这就使他无须理会与一切目的无关的要求，但同时也要求他在每次具体运用上面列出的这些规则时，必须以这种最终的目的为转移。所有对某一文艺种类有效的规则，都牵涉到一个最终的基础，这一基础即该文艺种类的目的。这种文艺种类用来达到它的目的所采用的各种手段结合起来，就叫作该文艺种类的形式。

所以目的和形式之间，关系极为密切，形式由目的决定，并由目的规定。必须如此，而目的得以实现，则是形式相宜的结果。任何一种文艺种类都遵循一种特殊的目的，正因为如此，它才不过一种特殊的形式和其他文艺种类有所区分，因为形式是文艺种类用以达到自己目的的手段。文艺种类必须凭着自身特有的本质，进行那些别的文艺种类不能做的事情。悲剧的目的是感动；它的形式是模仿一个导致痛苦的行动，好几种文艺种类都可以和悲剧一样，以同一行动作为它们的对象。

好几种文艺这类都可以遵循悲剧的目的、感动，虽说并不当作主要目的。区别悲剧与其他种类的是形式和目的关系，这就是说文艺种类考虑到自己的目的，并用某种方式来处理自己的对象，以及通过它的对象来达到自己的目的。在一部文艺作品中，它的种类所具有的特殊形式，倘若充分得到发挥，使它最好地达到这种文艺种类的目的，这部作品就算是十全十美。所以一部十全十美的悲剧的形式，应当是对人的行动的模仿，必须充分发挥它引起别人的同情的激情的作用。

如果一部悲剧激起别人的同情，不是由于题材的功效，更多是由于充分发挥悲剧形式的力量，这样一出悲剧，大概可以说是最完美的了，它可以算作理想的悲剧。如果说悲剧的目的是激起同情的激情，形式是赖以达到这个自然的手段，那么对动人的行动的模仿，必须包含最强烈地激起同情的激情的全部条件，即最有利于激起同情的激情的形式。有许多悲剧，倒也充满了诗意之美，然而从戏剧的角度来看，却大可非难。因为它们不是试图通过最好地发挥悲剧形式的力量，达到悲剧的目的。

此外，有些悲剧，通过悲剧形式达到了另外的目的，而不是悲剧的目的。不少最受我们喜欢的剧本之所以感动我们，全凭题材取胜，我们宽大为怀，或漫不经心，就把题材的特点算作拙劣的艺术家的功劳。而在看另外一些戏的时候，我们似乎完全没有想起诗人邀集我们到剧院里来的意图，看了一些幻想和机智的杰出的游戏，得到消遣，便心满意足，根本没有觉察到离开这位诗人的时候，我们心情冷漠。这种高贵的艺术（它的确是这样一种艺术，因为它诉诸我们心灵中神圣的部分）难道能让这样的一些战士在这样的一些裁判官面前进行它的事业吗？观众要求不高，易于满足这种只能对平庸的作家是欢欣鼓舞的事，而对于天才，则是屈辱可怕的事。

第二十七章　黑格尔——德国唯心主义美学家

精神继续发展，开始不能通过艺术的具体形象来表现，因此，艺术要让位于哲学，即通过概念的形式来认识理念。随着艺术的发展，物质因素越来越少，精神因素越来越多。但黑格尔同时认为，艺术并非绝对会灭亡，小说是种具有无限生机的新艺术形式。

黑格尔艺术史发展看法的进步性在于肯定艺术的发展以及与一般社会情况相联系，但局限性则在于将艺术的发展看作精神克服物质的过程，并且带有狭隘的民族主义观点，如东方为西方做准备，西方又为普鲁士做准备。

一、生平简介

只有审美快感不受客体性质的限制，对客体的存在持淡漠态度。所以前者都和利害感结合在一起，是不自由的，后者不受利害关系的限制，是“唯一的自由的愉快”。黑格尔（Georg Wilhelm Friedrich Hegel，公元 1770—1831）是德国古典哲学的集大成者。其著作有《精神现象学》、《逻辑学》、

《哲学全书》、《法哲学原理》等。死后由他的门徒整理出版的著作有：《哲学史讲演录》、《历史哲学》和《美学》等。

他于1788年进图宾根神学院学习，毕业后当家庭教师。1800年，他任耶拿大学讲师，1807年当报纸编辑。1808年以后担任了纽伦堡中学校长。1816年以后任大学教授。1830年担任柏林大学校长。

二、思想概述

黑格尔的美学是他的哲学体系的组成部分。为了理解他的美学，就应当先对他的哲学体系有个概括的了解。他把人的快感分为三种：感官上的快感、道德上的赞许引起的快感和欣赏美起的快感。他认为，感官的快适和道德上的尊敬，都联系于客体，都是由客体的性质决定的，是由客观存在的对象而引起的。只有审美快感不受客体性质的限制，对客体的存在持淡漠态度。

所以前者都和利害感结合在一起，是不自由的，后者不受利害关系的限制，是“唯一的自由的愉快”。“绝对理念”在逻辑阶段，突破纯粹概念的形式而外化为自身相异的反对方面去，即外化为自然界。“绝对理念”在自然阶段中表现为感性事物的形式，经过“机械性”、“物理性”到“有机性”阶段的第三个小阶段的最后，出现了人，标志着“绝对理念”超出自然阶段而进入精神阶段，才回复到同自己相适合的精神形式。

精神阶段经过主观精神（指个人意识）、客观精神（指社会意识）而进入两者统一的绝对精神阶段。绝对精神阶段又经过艺术、宗教和哲学三个阶段。在艺术中，绝对理念通过形象来认识自己。在宗教中，它通过表象来达到目的，只有到了哲学，通过概念才能充分全面地认识绝对理念。哲学是绝对理念发展的最高阶段和最后阶段。美学是研究艺术的，因而属于绝对精神的低级阶段。艺术的任务在于用感性形象来表现理念。由于它受到感性形象的限制，不能充分全部地认识理念，它不得不让位于宗教和哲学。

《美学》分三大部分：

第一部分讲美的概念和美学的一般原理；

第二部分讲象征、古典、浪漫三种艺术类型的发展过程和特点；

第三部分讲与三种艺术类型相应的各种艺术门类，其中重点在诗，即我们所说的语言艺术、文学。黑格尔的美学是建立在理念与感性形象的矛盾统一之上的。由于理念与感性形象的矛盾，也就是精神内容和物质形式的矛盾推动了艺术的发展变化。象征主义艺术是物质形式压倒精神内容、直到精神内容与物质形式相互均衡的时候，便发展成为古典主义艺术。

随着精神内容愈益超过物质形式，古典主义艺术又让位于浪漫主义艺术。黑格尔认为人以认识的和实践的两种方式来认识自己。认识的方式就是从理论上思想上来认识自己；实践的方式就是人通过实践，改变外在事物，在外在事物上面“刻下他自己内心生活的烙印，而且发现他自己的性格在这些外在事物中复现了”。从而在外在事物的形状中，欣赏他自己的“外在现实”。黑格尔所说的实践，只是一种思维的活动或者理念的“显现”。

因此，所谓“感性显现”，不是具体的感性事物，只是“感性的存在”，它必然要排除一切欲望，只应满足心灵的旨趣。黑格尔认为，“美是理念的感性显现”。实际上，他所说的美也就是艺术。所谓理念，指的是“概念与实在的统一”，“只有出现于实在里面而且与这实在结成统一体的概念才是理念”。一方面它具有概念的普遍性，是内容本质和意蕴；另一方面又有实在的具体性，是形式、现象和表现。

当符合理念本质的理念，当自己实现自己在具体的感性形象之中的时候，对理念来说，它取得了客观存在的感性形式，对形象来说，它符合理念的要求，表现了理念的本质意蕴。因此，黑格尔把这种理念称为“理想”，即通过个别的感性存在，来表现本质的具有普遍性的意蕴，相当于我们所说的典型。

三、美是理念的感性显现

“美是理念的感性显现”。黑格尔从这一定义出发，认为理念在自然中的显现不充分、不完善，尽管有美，但不是真正的美。自然是理念显现的最低阶段，所以自然美是最低级的美。理念通过感性形式得到了显现的艺术形象，由于它是心灵的产品，所以它能充分地显现理念，成为真正的美。艺术美高于自然美。

因为，第一，艺术的取材，不是来自外在的自然，而是来自于观念。艺术是艺术家根据他的观念，所制作或创造出来的自然，而不是生造的自然。第二，个别的自然事物不具有普遍性，观念却具有普遍性，因而艺术具有普遍性。第三，在艺术中，自然的东西不再是自然的直接存在，不再是自然物，而是经过心灵的渗透和影响，是经过心灵观念化了的东西，心灵的内容（意蕴）出现在自然的形式之中，所以艺术就有生气有表现力。黑格尔认为，整个人类的艺术都是理念的显现。

随着理念在自生发、自实现的过程中，艺术也在发展。理念的本身把它自己显现为不同的艺术类型。在象征主义艺术里，美的理念不仅没有得到充分地显现，而且受到物质的歪曲和阻碍。物质不是作为内容的形式来表现内容，而只是象征内容的某一个或某些方面。这是早期的低级艺术。理念还不能给自己找到恰当的表现形式，内容得不到真正的表现。古典主义艺术把理念自由地、妥当地体现于在本质上就特别适合这理念的形象，精神内容方才与物质形式达到了高度的统一，这才是最理想的艺术，它是人类艺术发展中的黄金时代。

古典主义达到了艺术的顶峰，但不是理念发展的顶峰。理念还必须向前发展，使精神内容超过物质形式。这样，古典主义就必然过渡到浪漫主义。在浪漫主义艺术中，因为精神内容压倒了物质形式，而精神内容是主观的、内在的，所以浪漫主义艺术的基本特点，就是“绝对的主观性”、“绝对的内在性”。从艺术的角度看，它没有古典主义那样完美，从理念的自我发展过程来看，它高过了古典主义，因为它更多地表现了精神的胜利。理念既然已超过了物质形式，它用不着再通过物质形式来显示自己，这样，它最后必然完全抛弃物质形式，回到它自身，即向着宗教和哲学发展下去。

四、艺术分类

黑格尔把理念看作艺术的内容，显现理念的感性材料是各不相同的，同一理念通过不同的感性材料显现出来，就形成了不同的艺术种类。黑格尔美学中各门艺术的体系，事实上就是艺术分类的问题。同时，并不是所有的感性材料，都同样适合于显现理念。例如建筑，它的物质材料超过了精神内容，不适于充分地显现理念。而诗，则差不多去尽了物质材料的痕迹，变成了语言，最适于显现理念。

这样，根据它们显现理念的功能的不同，各门艺术就有了高低的差别，这种高低的差别，复又与艺术类型发展的历史过程相适应。最低级的艺术建筑，基本上是代表象征主义的，雕刻代表古典主义，绘画、音乐和诗则代表浪漫主义艺术。诗分为以客观性为特点的史诗和以主观性为特点的抒情诗，以及客观性与主观性相统一的剧诗三种。

剧诗又分为悲剧、喜剧和正剧三种。诗是黑格尔所认为的最高级的艺术。诗，通过想象，塑造出不仅在空间上完整而且在时间上延续的形象，这是它胜过绘画的地方，它内容丰富而且清晰明确，这又是它胜过音乐的地方。论诗这一部分，在黑格尔美学里占有特别重要的地位，也是《美学》这部著作的精华所在。在这一部分里，悲剧的地位又十分重要。因为黑格尔把悲剧看作一切艺术形式中最适合于表现辩证法规律的艺术。

五、美学序论

这些演讲是讨论美学的，它的对象就是广大的美的领域，说得更精确一点，它的范围就是艺术，或则毋宁说，就是美的艺术。对于这种对象，“伊斯特惕克”，这个名称实在是不完全恰当的，因为“伊斯特惕克”的比较精确的意义是研究感觉和情感的科学。就是取这个意义，美学在沃尔夫学派之中，才开始成为一种新的科学，或则毋宁说，哲学的一个部门，在当时德国，人们通常从艺术作品所应引起的愉快、惊赞、恐惧、哀怜之类情感去看艺术作品。

由于“伊斯特惕克”这个名称不恰当，说得更精确一点，很肤浅，有些人想找另外的名称，例如“卡力斯惕克”。但是这个名称也还不妥，因为所指的科学所讨论的并非一般的美，而只是艺术的美。因此，我们姑且仍用“伊斯特惕克”这个名称。因为名称本身对我们并无关宏旨，而且这个名称既已为一般语言所采用，就无妨保留。我们的这门科学的正当名称却是“艺术哲学”，或则更确切一点儿，“美的艺术的哲学”。

六、美学的范围和地位

我们在这里姑且不去争辩在什么程度上可以把美的性质加到这些对象上去，以及自然美是否可以和艺术美相提并论，不过我们可以肯定地说，艺术美高于自然。自然美和艺术美根据“艺术的哲学”这个名称，我们就把自然美除开了。从一方面看，我们这样界定对象的范围，好像有些武断，好像以为每一学科都有权任意界定它的范围。但是我们把美学局限于艺术的美，并不应根据这种了解。在日常生活中我们固然常说翠绿的颜色、蓝的天空、美的河流，以及美的花卉、美的动物，尤其常说的是美的人。

因为艺术美是由心灵产生和再生的美，心灵和它的产品比自然和它的现象高多少，艺术美也就比自然美高多少。就内容来说，例如太阳确实像是一种绝对必然的东西，而一个古怪的幻想却是偶然的，一纵即逝的，但是像太阳这种自然物，对它本身是无足轻重的，它本身不是自由的，没有自由意识的，我们只就它和其他事物的必然关系来看待它，并不把它作为独立自为的东西来看待，这就是，不把它作为美的东西来看待。从形式看，任何一个无聊的幻想，它既然是经过了人的头脑，也就比任何一个自然的产品要高些，因为这种幻想现出心灵活动和自由。如果我们只是普遍地说心灵和它的艺术美高于自然美，这就等于还没有说出什么，因为所谓“高于”还是完全不确定的说法，还是把自然美和艺术美并列地摆在同一观念范围里，所指的还只是一种量的分别。

因此，还只是一种表面的分别。心灵和它的艺术美“高于”自然，这里的“高于”却不仅是一种相对的或量的分别。只有心灵才是真实的，只有心灵才涵盖一切，所以一切美只有在涉及这较高境界而且由这较高境界产生出来时，才真正是美的。就这个意义来说，自然美只是属于心灵的那种美的反映，它所反映的只是一种不完全不完善的形态，而按照它的实体，这种形态原已包含在心灵里。此外，把美学局限于美的艺术也是很自然的，因为尽管人们常谈到各种自然美古代人比现代人谈得少些，从来却没有人想到要把自然事物从美中单提出来看，就它来成立一种科学，或做出有系统的说明。

人们倒是单从效用的观点，把某些自然事物提出来研究，成立了一种研究可用来医病的那些自然事物的科学，即药物学，描绘对医疗有用的矿物、化学产品、植物和动物，但是人们从来没有单从美的观点，把自然界事物提出来排在一起加以比较研究。

我们感觉到，就自然美来说，概念既不确定，又没有什么标准，因此，这种比较研究就不会有什么意思。以上这番话讨论自然美和艺术美，它们之间的关系，以及我们何以要把自然美排除于美学范围之外，这番话的用意在消除一种误解，以为我们对美学作这样的界定是任意武断。目前我们还不能就这些关系加以证明，因为这就是美学本身所要做的事，所以只有待将来再去讨论和证明。

七、对一些反对美学的言论的批驳

在回到我们的本题之前，我们有必要先解决一个任务，就是对上述那些见解和顾虑作一番简短的初步的讨论。第一，关于艺术值不值得作为科学研究的对象。毫无疑问，艺术确实可以用来作为一种飘忽无常的游戏，为娱乐和消遣服务，美化我们的环境，给生活情况的外表蒙上愉快的气氛，把一些其他事物装饰得更辉煌。就这个意义说，艺术确实不是无所依赖的、自由的，而是服从于某种目的。但是我们所要讨论的艺术无论是就目的还是就手段来说，都是自由的艺术。

艺术一般固然可以服从其他目的，可以只是一种游戏，但是这种情形是艺术与一般思考所共同的。因为从一方面看，科学，作为服从其他目的的思考，也是可以用来实现特殊目的，作为偶然手段的。在这种场合，它就不是从它本身而是从对其他物的关系得到它的定性。从另一方面看科学也可以脱离它的从属地位，提升到自由独立的地位，达到真理，在这种地位，它就无所依赖，只实现它自己所特有的目的。

只有靠它的这种自由性，美的艺术才成为真正的艺术，只有在它和宗教与哲学处在同一境界，成为认识和表现神圣性，人类的最深刻的旨趣以及心灵的最深广的真理的一种方式和手段时，艺术才算尽了它的最高职责。在艺术作品中各民族留下了他们的最丰富的见解和思想；美的艺术对于了解哲理和宗教往往是一把钥匙，而且对于许多民族来说，是唯一的钥匙。这个定性是艺术和宗教与哲学所共有的，艺术之所以异于宗教与哲学，在于艺术用感性形式表现最崇高的东西。因此，使这最崇高的东西更接近自然现象，更接近我们的感觉和情感。

思想所穷探其深度的世界是个超感性的世界，这个世界首先就被看作一种彼岸，一种和直接意识和先前感觉相对立的世界；正是由于思考认识是自由的，它才能由“此岸”，即感性现实和有限世界，解脱出来。但是心灵在前进途程中所造成的它自己和“此岸”的分裂，是有办法弥补的。心灵从它本身产生出美的艺术作品，艺术作品就是第一个弥补分裂的媒介，使纯然外在的、感性的可消逝的东西与纯粹思想归于调和，也就是说，使自然和有限现实与理解事物的思想所具有的无限自由归于调和。

至于说到一般艺术的要素，即显现（外形）和幻象是无价值的，这种指责只是在把显现看成无实在性时，才有些道理。但是显现本身是存在所必有的，如果真实性不显现于外形，让人见出，如果它不为任何人，不为它本身，尤其是不为心灵而存在，它就失其为真实了。所以一般显现（外形）是无可非议的，所可非议的只是艺术表现真实时所取的那特殊形式的显现（外形）。如果说艺术用来使它的意匠经营的东西具体化为客观存在的那种显现（外形）就是幻象，这种非议也只有在拿显现和外在现象世界的直接的物质性作比较，并且考虑到显现和我们自己的情感的，即内在的感性世界的关系时，才有意义。

在经验生活中，在我们自己的现象生活中，我们把这外在现象世界和内在感性世界通常称之为“现实”、“真实”和“实在”，以为艺术却不然，它就没有这种实在和真实。但是这整个的外在和内在的经验世界其实并不是真正实在的世界，比艺术还更名副其实地可以称为更空洞的显现和更虚假的幻想。只有超越了感觉和外在事物的直接性，才可以找到真正实在的东西。

因为真正实在的东西只有自在自为的东西，那就是自然和心灵中的有实体性的东西，这种有实体性的东西虽是现前的客观存在，而在这种客观存在中仍然是自在自为的东西，所以只有它才是真正实在的。艺术所挑出来表现的正是这些普遍力量的统治。日常的外在和内在的世界固然也现出这种存在本质，但它所现出的形状是一大堆乱杂的偶然的东西，被感性事物的直接性以及情况事态性格等的偶然性所歪曲了。

艺术的功能就在使现象的真实意蕴从这种虚幻世界的外形和幻象之中解脱出来，使现象具有更高的由心灵产生的实在。因此，艺术不仅不是空洞的显现（外形），而且比起日常现实世界反而是更高的实在，更真实的客观存在。也不能说艺术的描绘比起历史著作的所谓更真实的描绘，显得是一种较虚幻的显现。因为历史著作所描绘的因素也并不是直接的客观存在，而是直接的客观存在的心灵性的显现，它的内容也还是不免于日常现实世界以及其中事态、纠纷和个别事物等的偶然性。

至于艺术，它给我们的却是在历史中统治着的永恒力量，抛开了直接感性现实的附赘悬瘤以及它的飘忽不定的显现（外形）。又有人说，比起哲学思想，以及宗教的和道德的原则，艺术形象的表现方式就是一种幻象。思想领域中一种内容所获得的表现方式固然是最真实的实在，但是比起直接感性存在的显现以及历史叙述的显现，艺术的显现却有这样一个优点：艺术的显现通过它本身而指引到它本身以外，指引到它所要表现的某种心灵性的东西，至于直接的现象虽不是看作虚幻而是看作真实的，不过这真实却被直接的感性因素所污损了、隐蔽了。

比起艺术作品，自然和日常世界有一种坚硬的外壳，使得心灵较难以突破它而深入了解理念。我们一方面虽然给予艺术以这样崇高的地位；另一方面也要提醒这个事实，无论是就内容还是就形式来说，艺术都还不是心灵认识到它的真正旨趣的最高的绝对的方式。按照艺术的形式来说，艺术不免要局限于某一种确定的内容。只有一定范围和一定程度的真实才能体现于艺术作品，这种真实要成为艺术的真正内容，就必须依它本有的定性转化为感性的东西，使这感性的东西能恰好适合它自己，例如希腊的神就是这样。

此外，对真实还有一种较深刻的了解，在这种了解中，真实对感性的东西就不再那样亲善，不再能被这种感性的材料很适合地容纳进去而且表现出来。基督教对于真实的了解就是属于这一种，特别是我们现代世界的精神，或则说得更恰当一点，我们的宗教和理性文化，就已经达到了一个更高的阶段，艺术已不复是认识绝对理念的最高方式。

创作以及其作品所特有的方式已经不再能满足我们最高的要求，我们已经超越了奉艺术作品为神圣而对之崇拜的阶段；艺术作品所产生的影响是一种较偏于理智方面的，艺术在我们心里所激发的感情需要更高的测验标准和从另一方面来的证实。思考和反省已经比美的艺术飞得更高了。

欢喜抱怨谴责的人可以把这种现象看成一种衰颓，把它归咎于情欲和自私动机的得势，说这种情欲和自私动机使艺术丧失了它原有的严肃和喜悦。人们也可以把现时代的困难归咎于社会政治生活中的繁复情境，说这种情境使人斤斤计较琐屑利益，不能把自己解放出来，去追求艺术的较崇高目的，连理智本身也随着科学只服务于这种需要和琐屑利益，被迫流放到这种干枯空洞的境地。

不管这种情形究竟是怎样，艺术却已实在不再能达到过去时代和过去民族在艺术中寻找的且只有在艺术中才能寻找到的那种精神需要的满足，至少是宗教和艺术联系得最密切的那种精神需要的满足。希腊艺术的辉煌时代以及中世纪晚期的黄金时代都已一去不复返了。我们现代生活的偏重理智的文化迫使我们无论在意志方面还是在判断方面，都紧紧抓住一些普泛观点，来应付个别情境，因此，一些普遍的形式、规律、职责、权利和规箴就成为生活的决定因素和重要准则。

但是艺术兴趣和艺术创作通常所更需要的却是一种生气，在这种生气之中，普遍的东西不是作为规则和规箴而存在，而是与心境和情感契合为一体而发生效用，正如在想象中，普遍的和理性的东西也须和一种具体的感性现象融成一体才行。因此，我们现时代的一般情况是不利于艺术的。

至于实践的艺术家本身，不仅由于感染了他周围盛行的思考风气，就是爱对艺术进行思考判断的那种普遍的习惯，而被引入歧途，自己也把更多的抽象思想放入作品里，而且当代整个精神文化的性质使得他既处在这样偏重理智的世界和生活情境里，就无法通过意志和决心把自己解脱出来，或是借助于特殊的教育，或是脱离日常生活情境，去获得另一种生活情境，一种可以弥补损失的孤独。

从这一切方面看，就它的最高的职能来说，艺术对于我们现代人已是过去的事了。因此，它也已丧失了真正的真实和生命，已不复能维持它从前的在现实中的必需和崇高地位，毋宁说，它已转移到我们的观念世界里去了。现在艺术品在我们心里所激发起来的，除了直接享受。还有我们的判断，我们把艺术作品的内容和表现手段以及二者的合式和不合式都加以思考了。所以艺术的科学在今日比往日更加需要，往日单是艺术本身就完全可以使人满足。

今日艺术却邀请我们对它进行思考，目的不再把它再现出来，而在用科学的方式去认识它究竟是什么。在愿意接受这种邀请的时候，我们就碰到上文已经提到的那种顾虑，就是认为艺术虽或可供一般哲学思考，但是作为系统科学研究的对象却不适宜。这种顾虑首先就包含一个错误的观念，仿佛以为哲学思考可以是非科学的。关于这一点，只能说不管旁人对于哲学和哲学思考怎样看，我却认为哲学思考是完全不能和科学性分开的。

因为哲学要按照必然性去研究一个对象，当然不仅是按照主观方面的必然性或是表面的序列和分类等，而是要按照对象的内在本质的必然性，去就对象加以阐明和证明。一般来说，只有这样的阐明才能使一种研究具有科学价值。但是因为对象的客观必然性基本上在于它的逻辑的和形而上学的性质，对艺术所进行的孤立的研究就不免要放松科学的谨严，因为艺术在它的内容方面和在它的媒介因素方面，都须假定许多先决条件，这就使艺术常落到偶然现象的边缘。

因此只有揭示艺术内容和表现手段的内在本质的发展，才能见出艺术形象构成的必然性。有人说，美的艺术作品不能作为科学思考的对象，因为它们起源于无规律的幻想和心情，而且以无限错综复杂的方式，专门对情感与想象发挥它们的作用。这种说法好像也有些道理，因为艺术美实际上是用一种显然和抽象思考相对立的方式来表现，抽象思考为着要按照它所特有的方式去活动，对这种艺术美的形式就不得不破坏。

这个看法和另一个看法是一致的，就是认为一般实在界，即自然和心灵的生命，通过理解就会遭到损坏。理解性的思考不但不能使实在界和我们更接近，反而使它和我们更疏远，所以人用思考为手段去理解生命，简直就不能达到目的。关于这种看法，我们在这里不能详细讨论，只指出一个论点来消除这个困难，这个麻烦。

人们至少要承认，心灵能观照自己，能具有意识，而且所具有的是一种能思考的意识，能意识到心灵本身，也能意识到由心灵产生出来的东西。构成心灵的最内在本质的东西正是思考。在这种意识到自身又意识到自身的产品的能思考的意识里，心灵就是按照它自己的本性在活动，尽管这些产品总不免有很大的自由性和任意性，只要它们里面真正有心灵存在，情形就是如此。艺术和艺术作品既然是由心灵产生的，也就具有心灵的性格，尽管它们的表现也容纳感性事物的外形，把心灵渗透到感性事物里去。照这种看法，艺术比外在的无心灵的自然就较接近于心灵和它的思想，在艺术作品里心灵只是在做它本身的事。

艺术作品虽然不是抽象思想和概念，而是概念从它自身出发的发展，是概念到感性事物的异比，但是这里面还是显出能思考的心灵的威力，不仅以它所特有的思考认识它自己，而且从它到情感和感性事物的异化中再认识到自己，即在自己的另一面（或异体）中再认识到自己，因为它把异化了的东西转化为思想，这就是使这异化了的东西还原到心灵本身。

能思考的心灵这样忙于思索它自己的另一面，并非不忠实于自己，忘去自己或是自己，它也并非那样无能，认识不到和它自己相异的东西，而是认识到自己，又认识到自己的对立面。因为概念就是普遍性，这种普遍性就含在它自己的特殊事例里，统摄了它自己和自己的另一面，所以它有能力活动，去取消它所转入的界化。

艺术作品是由思想异化来的，所以也属于领悟的思考领域，而心灵在对艺术作品进行科学研究时，其实只是满足自己的最基本的本质的需要。因为心灵的本质和概念就在思考，所以只有当心灵用思考深入钻研了自己活动的一切产品，因而把它们第一次真正变成它自己的东西时，它才终于得到了满足。但是，我们将来还会看得更清楚，艺术还远不是心灵的最高形式，只有科学才真正能证实它。此外，艺术也不因为它具有无规律的任意性，就不能作为哲学研究的对象。

因为像上文已经说过的，艺术的真正职责就在于帮助人认识到心灵的最高旨趣。从此可知，就内容方面说，美的艺术不能在想象的无拘无碍境界飘摇不定，因为这些心灵的旨趣决定了艺术内容的基础，尽管形式和形状可以千变万化。形式本身也是如此，他们也并非完全听命于偶然现象。不是每一个艺术形式都可以表现和体现这些旨趣，都可以把这些旨趣先吸收进来而再现出去；一定的内容就决定它的适合的形式。

根据上述理由，我们在好像多至不可驾驭的艺术作品和形式中，仍然可以按照思考的需要而找到正确的方向。我们这样就已说明我们所要专门讨论的这门科学的内容了，同时也就说明了美的艺术并非不配做哲学研究的对象，而且这种哲学研究也并非不能认识到美的艺术的本质。

八、题材的划分

我们既已把艺术看成是由绝对理念本身生发出来的，并且把艺术的目的看成是绝对本身的感性表现，我们在这鸟瞰中就应该至少能概括地说明本课程中各个部分如何从艺术即绝对理念的表现这个总概念推演出来。因此，我们应该先使读者对这总概念有一种很概括的认识。在以上一番序论之后，我们现在就可以进一步讨论我们的研究对象本身了。

但是我们的序论还没有完，而在说明对象这方面，序论只能对我们将要做的科学研究全部进程作一种鸟瞰。上文已经说过，艺术的内容就是理念，艺术的形式就是诉诸感官的形象。艺术要把这两方面调和成为一种自由的统一的整体。这里第一个决定因素就是这样一个要求：要经过艺术表现的内容必须在本质上适宜于这种表现，否则我们就会只得到一种很坏的拼凑，其中内容根本不适合于形象化和外在表现，偏要勉强被纳入这种形式，题材本身就枯燥无味，偏要勉强把一种在本质上和它敌对的形式作为它的表现方式。

第二个要求是从第一个要求推演出来的；艺术的内容本身不应该是抽象的。

这并非说，它应该像感性事物那样具体——这里所谓“具体”是就它和看作只是抽象的心灵性和理智性的东西相对比而言。因为在心灵界和自然界里，凡是真实的东西在本身就是具体的，尽管它有普遍性，它同时还包含主观性和特殊性。例如，我们说神是单纯的“太一”，是最高的存在本身，我们就是根据非理性的理解把神看成一种死的抽象品。

这种不是按照神的具体真实性来理解的神就不能作为艺术的内容，尤其不能作为造型艺术的内容。犹太人和土耳其人的神还说不上是这种根据理解力所形成的抽象观念，所以他们就不能像基督教那样用艺术把他们的神很明确地表现出来。基督教的神却是按照他的真实性来理解的，所以就是作为本身完全具体的，作为人身，作为主体，更精确地说，作为精神（或心灵）来理解的。作为精神的神把他自己显现为三身于宗教的领会，而这三身却同时是一体。这里有本体，有普遍性，有特殊性，也有这三者的和解了的统一，只有这种统一体才是具体的。

一种内容如果要显得真实，就必须这样具体，艺术也要求这样的具体性，因为纯是抽象的普遍性本身就没有办法转化为特殊事物和现象以及普遍性与特殊事物的统一体。一种真实的也就是具体的内容既然应该有符合它的一种感性形式和形象，这种感性形式就必须同时是个别的，本身完全具体的，单一完整的。

艺术在内容和表现两方面都有这种具体性，也正是这种两方面同有的具体性才可以使这两方面结合而且互相符合。拿人体的自然形状为例来说，它就是这样一种感性的具体的东西，可以用来表现本身也是具体的心灵，并且与心灵符合。鸟的五光十彩的羽毛无人看见也还是照耀着，它的歌声也在无人听见之中消逝了，昙花只在夜间一现而无人欣赏，就在南方荒野的森林里萎谢了，而这森林本身充满着最美丽最茂盛的草木和最丰富最芬芳的香气，也悄然枯谢而无人享受。

艺术作品却不是这样独立自足地存在着，它在本质上是一个问题，一句向起反映的心弦所说的话，一种向情感和思想所发出的呼吁。因此，我们就应该抛弃这样一种想法：以为采取外在世界中某一实在的现象来表达某种真实的内容，这是完全出于偶然的。艺术之所以抓住这个形式，既不是由于它碰巧在那里，也不是由于除它以外，就没有别的形式可用，而是由于具体的内容本身就已含有外在的、实在的，也就是感性的表现作为它的一个因素。但是另一方面，在本质上是心灵性的内容所借以表现的那具体的感性事物，在本质上就是诉诸内心生活的，使这种内容可为观照知觉对象的那种外在形状就只是为着情感和思想而存在的。

只有因为这个道理，内容与艺术形象才能互相吻合。单纯的具体的感性事物，即单纯的外在自然，就没有这种目的作为它的唯一的所以产生的道理。就以上这一点来说，艺术的感性化虽不是偶然的，却也还不是理解心灵性的具体的东西的最高方式。比这种通过具体的感性事物的表现方式更高一层的方式是思想，在相对的意义下，思想固然是抽象的，但是它必须不是片面的而是具体的思想，才能成为真实的，理性的思想。

如果拿希腊的神和基督教所了解的神来比较，我们马上就可以看出一种既定的内容还是可以用感性的艺术形式恰当地表现出来，还是在本质上就需要一种更高的更富于心灵性的表现方式这二者之间的分别。希腊的神不是抽象的，而是个别的，最接近人的自然形状的；基督教的神固然也有具体的人身，但是这人身是看作纯粹心灵性的，他须作为心灵（或精神）而被认识，而且须在心灵中被认识。

他所借以存在的基本上就是内心的知识（领悟），而不是外在的自然人体形状，用这种形状就不能把他完全表现出来，就不能按照他的概念的深度把他表现出来。因为艺术的任务在于用感性形象来表现理念，以供直接观照，而不是用思想和纯粹心灵性的形式来表现，因为艺术表现的价值和意义在于理念和形象两方面的协调和统一，所以艺术在符合艺术概念的实际作品中所达到的高度和优点，就要取决于理念与形象能互相融合而成为统一体的程度。艺术科学各部分的划分原则就在于这一点，就在于作为心灵性的更高的真实得到了符合心灵概念的形象。

因为心灵在达到它的绝对本质的真实概念之前，必须经过植根于这概念本身的一些阶段的过程，而这种由心灵自生发的内容的演进过程就和直接与它联系的艺术表现的演进过程相对应，在这些艺术表现的形式中，艺术家的心灵使自己能认识到自己。这种在艺术心灵以内的演进过程，按照它的本质来说，又有两方面。

第一方面就是这种内在的艺术演进须使自己有直接感性存在，而各种确定形式的感性的艺术存在本身就是一整套的必然的艺术种类差异——这就是各门艺术。

第二方面就是：这种演进本身就是一种心灵性的、普遍的演进，因为先后相承的各阶段的确定的世界观是作为对于自然、人和神的确定的但是无所不包的意识而表现于艺术形象的。艺术表现以及它的种类差异从一方面看，即从它们的心灵性看，固然都有一般性，不限于某一种材料，而感性存在本身也是千差万别的，但是由于感性存在本身，正如心灵一样，以概念为它的内在灵魂，所以从另一方面看，某些感性材料却与某种心灵性的差异和艺术表现种类有密切的关系和内在的一致。

我们的科学总共分为三个主要的部分：

第一，它的内容和对象就是艺术美的普遍的理念，艺术美是作为理想来看的——以及艺术美对自然和艺术美对主观艺术创造这双方面的更密切的关系；第二，从艺术美的概念发展出一个特殊的部分，即这个概念本身所包含的本质上的分别演化成为一系列的特殊表现形式；第三，它所要讨论的是艺术美的个别化，就是艺术进展到感性形象的表现，形成各门艺术的系统以及其中的类与种。

九、艺术美的理念或理想

关于第一、第二两部分，为着便于了解下文，我们首先就要提醒一个事实：就艺术美来说的理念并不是专就理念本身来说的理念，即不是在哲学逻辑里作为绝对来了解的那种理念，而是化为符合现实的具体形象，而且与现实结合成为直接的妥帖的统一体的那种理念。因为就理念本身来说，理念虽是自在自为的真实，但是还只是有普遍性，而尚未化为具体对象的真实，作为艺术美却不然，它一方面具有明确的定性，在本质上成为个别的现实；另一方面它也是现实的一种个别表现，具有一种定性，使它本身在本质上正好显现这理念。

这就等于提出这样一个要求：理念和它的表现，即它的具体现实，应该配合得彼此完全符合。按照这样理解，理念就是符合理念本质而现为具体形象的现实，这种理念就是想这种符合可能形式地了解成为这样的意思：理念不拘哪一个都行，只要现实的形象（也不拘哪一个都行）恰好表现这个既定的理念，那就算是符合。如果是这样，理想所要求的本身就会与单纯的正确相混，所谓单纯的正确是指用适当的方式把任何意义内容表现出来，一看到形象就可以直接找到它的意义。

理想是不能这样了解的。因为任何内容都可以按照它的本质的标准很适当地表现出来，但不因此就配称为理想的艺术美，比起理想美，这种情形就连在表现方面也显得有缺陷。关于这一点，我们先要提到一个到将来才能证明的道理：艺术作品的缺陷并不总是可以单归咎于主观方面的技巧不熟练，形式的缺陷总是起于内容缺陷。

例如中国、印度、埃及各民族的艺术形象，例如神像和偶像，都是无形式的，或是形式虽明确而却丑陋不真实，他们都不能达到真正的美，因为他们的神话观念，他们的艺术作品的内容和思想本身仍然是不明确的，或是虽明确而却低劣，不是本身就是绝对的内容。就这个意义来说，艺术作品的表现越来越优美，它的内容和思想也就具有越深刻的内在真实。

在考虑这一点时，我们不应只想到按照当前外在现实来掌握自然形状和模仿自然形状所表现的技巧熟练的程度。因为在某些发展阶段的艺术意识和艺术表现里，对自然形状的歪曲和损坏并不是无意的，并不是由于技巧的生疏和不熟练，而是由于故意的改变，这种改变是由意识里面的内容所要求和决定的。从这个观点来看，一种艺术尽管就它的既定的范围来说，在技巧等方面是十分完善的，而作为艺术，它仍然可以是不完善的，如果拿艺术概念本身和理想来衡量它，它仍然是有缺陷的。

只有在最高的艺术里，理念和表现才是真正互相符合的，这就是说，用来表现理念的形象本身就是绝对真实的形象，因为它所表现的理念内容本身也是真实的内容。前已提过，这个原则还包含一个附带的结论；理念必须在它本身而且通过它本身被界定为具体的整体，因而它本身就具有由理念化为特殊个体和确定为外在现象这个过程所依据的原则和标准。

例如基督教的想象只能把神表现为人的形状和人的心灵面貌，因为神自身在基督教里是完全作为心灵来认识的。具有定性好像是使理念显现为形象的桥梁。只要这种定性不是起于理念本身的整体，只要理念不是作为能使自己具有定性和把自己化为特殊事物的东西来了解的，这种理念就还是抽象的，就还不是从它本身而是从本身以外得到它的定性，也就是从本身以外得到一个原则，去决定某种显现方式对它才是唯一适合的。

因此，如果理念还是抽象的，它的形象也就还不是由它决定的，而是外来的。本身具体的理念却不如此，它本身就已包含它采取什么显现方式所依据的原则，因此它本身就是使自己显现为自由形象的过程。从此可知，只有真正具体的理念才能产生真正的形象，这两方面的符合就是理想。

十、理念和形象的三种关系

象征型艺术、古典型艺术与浪漫型艺术理念既然是这样具体的统一体，这个统一体就只有通过理念的各特殊方面的伸展与和解，才能进入艺术的意识，就是由于这种发展，艺术美才有一整套的特殊的阶段和类型。我们既已把艺术作为自在自为的东西研究过了，现在就要看看完整的美如何分化为各种特殊的确定形式。这就产生出本书第二部分，即关于艺术类型的学说。这些类型之所以产生，是由于把理念作为艺术内容来掌握的方式不同，因而理念所借以显现的形象也就有分别。

因此，艺术类型不过是内容和形象之间的各种不同的关系，这些关系其实就是从理念本身生发出来的，所以对艺术类型的区分提供了真正的基础。因为这种区分的原则总是必须包含在有待分化和区分的那个理念本身里。我们在这里要研究的是理念和形象的三种关系。第一，理念在开始阶段，自身还不确定，还很含糊，或则虽有确定形式而不真实，就在这种状况之下它被用作艺术创造的内容。既然不确定，理念本身就还没有理想所要求的那种个别性；它的抽象性和片面性使得形象在外表上离奇而不完美。

所以这第一种艺术类型与其说有真正的表现能力，还不如说只是图解的尝试理念还没有在它本身找到所要的形式，所以还只是对形式的挣扎和希求。我们可以把这种类型一般称为象征艺术的类型。在这种类型里，抽象的理念所取的形象是外在于理念本身的自然形态的感性材料，形象化的过程就从这种材料出发，而且显得束缚在这种材料上面。

一方面自然对象还是保留它原来的样子而没有改变；另一方面一种有实体性的理念又被勉强黏附到这个对象上面去，作为这个对象的意义，因此这个对象就有表现这个理念的任务，而且要被了解为本身就已包含这理念。这种情形之所以发生，是由于自然事物本有能表现普遍意义的那一方面。但是既然还不可能有理念与形象的完全符合，理念对形象的关系就只涉及某一个抽象属性，例如用狮子象征强壮；另一方面，这种关系的抽象性也使人意识到理念对自然现象是自外附加上去的，理念既然没有别的现实来表现它，于是就在许多自然事物形状中徘徊不定，在它们的骚动和紊乱中寻找自己，但是发现它们对自己都不适合。

于是它就把自然形状和实在现象夸张成为不确定不匀称的东西，在它们里面昏头转向，发酵沸腾，勉强它们，歪曲它们，把它们割裂成为不自然的形状，企图用形象的散漫，庞大和富丽堂皇来把现象提高到理念的地位。因为这里的理念仍然多少是不确定的，不能形象化的，而自然事物在形状方面却是完全确定的。由于两方面互不符合，理念对客观事物的关系就成为一种消极的关系，因为理念在本质上既然是内在的，对这样的外在形式就不能满足，于是就离开这些外在形状，以这些形状的内在普遍实体的身份，把自己提升到高出于这些不适合它的形状之上。

由于这种提升，自然现象和人的形状和事迹就照它们本来的样子接受过来，原封不动，但是同时又认为它们不适合它们所要表现的意义，这种意义本来是被提升到远远高出于人世一切内容之上的。一般地说，这些情形就是东方原始艺术的泛神主义的性格，这种艺术一方面拿绝对意义强加于最平凡的对象；另一方面又勉强要自然现象成为它的世界观的表现，因此它就显得怪诞离奇，见不出鉴赏力，或是凭仗实体的无限的但是抽象的自由，以鄙夷的态度来对待一切现象，把它们看成无意义的，容易消逝的。

因此，内容意蕴不能完全体现于表现方式，而且不管怎样希求和努力，理念与形象的互不符合仍然无法克服。这就是第一种艺术类型，即象征艺术，以及它的希求，它的骚动不宁，它的神秘色彩和崇高风格。在第二种艺术类型里，我们把它叫作古典型艺术，象征型艺术的双重缺陷都克服了。象征艺术的形象是不完善的，因为一方面它的理念只是以抽象的确定或不确定的形式进入意识；另一方面这种情形就使得意义与形象的符合永远是有缺陷的，而且也纯粹是抽象的。

古典型艺术克服了这双重的缺陷，它把理念自由地、妥当地体现于在本质上就特别适合这理念的形象，因此理念就可以和形象形成自由而完满的协调。从此可知，只有古典型艺术才初次提供出完美理想的艺术创造与观照，才使这完美理想成为实现了的事实。古典型艺术中的概念与现实的符合却也不能单从纯然的意义去了解为内容和外在形象的协调，就像理想也不应这样去了解一样。

否则每一件模仿自然的作品，每一个面容、风景、花卉、场面之类在作为某一表现的内容时，只要达到这种内容与形式的一致，就算是古典艺术了。相反地，古典型艺术中的内容的特征在于它本身就是具体的理念，唯其如此，也就是具体的心灵性的东西；因为只有心灵性的东西才是真正内在的。所以要符合这样的内容，我们就必须在自然中去寻找本身就已符合自在自为心灵的那些事物。

必须有本原的概念，先把适合具体心灵性的形象来，然后主观的概念，在这里就是艺术的精神，只需把那形象找到，使这种具有自然形状的客观存在（即上述形象）能符合自由的个别的心灵性。这种形象就是理念，作为心灵性的东西，即作为个别的确定的心灵性——在显现为有时间性的现象时即须具有的形象，也就是人的形象。

人们固然把人格化和拟人作用谴责为一种对心灵性的屈辱，但是艺术既然要把心灵性的东西显现于感性形象以供观照，它就必须起到这种拟人作用，因为只有在心灵自己所特有的那种身体里，心灵才能圆满地显现于感官。从这个观点看，灵魂轮回说是一个错误的抽象的观念，生理学应该建立这样一条基本原则；生命在他的演进中必然要达到了人的形象，因为人的形象才是唯一的符合心灵的感性现象。形状用在古典艺术里，并不只是作为感性的存在，而是完全作为心灵的外在存在和自然形态，因此它没有纯然感性的事物的一切欠缺以及现象的偶然性与有限性。

形象要这样经过纯洁化，才能表现适合于它的内容；另一方面如果意蕴与形象的符合应该是完满的，作为内容的心灵性的意蕴也就必须能把自己完全表现于人的自然不越出这种用感性的人体形状来表现的范围。因此，心灵就马上被确定为某种特殊的心灵，即人的心灵，不只是绝对的永恒的心灵，因为这后一意义的心灵只能作为心灵性本身来认识和表现。

这最后一点又是一种缺陷，使得古典艺术归于瓦解，而且要求艺术转到更高的第三种类型，即浪漫艺术。浪漫型艺术又把理念与现实的完满的统一破坏了，在较高的阶段上回到象征型艺术所没有克服的理念与现实的差异和对立。古典型艺术达到了最高度的优美，尽了艺术感性表现所能尽的能事。

如果它还有什么缺陷，那也只在艺术本身，即艺术范围本来是有局限性的。这个局限性就在于一般艺术用感性的具体的形象，去表现在本质上就是无限的具体的普遍性，即心灵，使它成为对象，而在古典艺术里，心灵性的存在与感性的存在二者的完全融合就成为二者之间的符合。

事实上在这种融合里，心灵是不能按照它的真正概念达到表现的。因为心灵是理念的无限主观性，而理念的无限主观性既然是绝对内在的，如果还需以身体的形状作为适合它的客观存在，而且要从这种身体形状中流露出来，它就还不能自由地把自己表现出来。由于这个道理，浪漫型艺术又把古典型艺术的那种不可分裂的统一取消掉了，因为它所取得的内容意义是超出古典型艺术和它的表现方式范围的。

用大家熟悉的观念来说，这种内容意义与基督所宣称的神就是心灵的原则是一致的，而与作为古典型艺术的基本适当内容的希腊人的神的信仰是迥然不同的。在古典型艺术里，具体的内容是人性与神性的统一，希腊的神是观照和感性想象，以他的形状就是人体的形状，他的威力和存在的范围是个别的、特殊的，而对于主体，他是一种实体和威力，主体的内在心灵和这种实体和威力只是处于自在的统一，本身还不能在内在的主观方面认识到这种统一。

古典型艺术的内容只是自在的统一，可以用人体来完满地表现，比这较高的阶段就是对这种统一有了知识。这种由自在状态提升到自觉的知识就产生了一个重大病毒，正是这种非常大的分别才把人和动物分开。人本是动物，但是纵然在他的动物性的机能方面，人也不像动物那样停留在自在状态，而是意识到这些机能，学会认识它们，例如把它们的消化过程提升到自觉的科学。就是由于这个缘故，人才消除了他的直接的自在状态的局限，由于他是一个动物，他就不再是动物，而是可以自知的心灵。

如果人性与神性是这样由前一阶段的自在的统一提升为可以意识到的统一，能够表现这种内容现实的媒介就不再是人体形状，即心灵的感性直接存在，而是自己意识到的内心生活了。基督教把神理解为心灵或精神，不是个别的特殊的心灵，而是在精神和实质上都是绝对的心灵。正因为这个缘故，基督教从感性表象退隐到心灵的内在生活，它用以表现它的内容的材料和客观存在也就是这内在生活而不是身体形状。

人性与神性的统一也成为一种可以意识到的统一，只有通过心灵知识而且只有在心灵中才能实现的统一。这种统一所获得的新内容并不是被束缚在好像对它适合感性表现上面，而是从这种直接存在中解放出来了，这种直接存在必须看作对立面而被克服，被反映在心灵性的统一体里。从此可知，浪漫艺术虽然还属于艺术的领域，还保留艺术的形式，却是艺术超越了艺术本身。我们因此可以简略地说，在这第三阶段，艺术的对象就是自由的具体的心灵生活，它应该作为心灵生活向心灵的内在世界显现出来。

从一方面来说，艺术要符合这种对象，就不能专为感性观照，就必须诉诸简直与对象契合成为一体的内心世界，诉诸主观的内心生活，诉诸情绪和情感，这些既然是心灵性的，所以就在本身希求自由，只有在内在心灵里才能找到它的和解。就是这种内心世界组成了浪漫艺术的内容，所以必须作为这种内心生活，而且通过这种内心生活的显现，才能得到表现。

内在世界庆祝它对外在世界的胜利，而且就在这外在世界本身以内，并且借这外在世界作为媒介，来显现它的胜利，由于这种胜利，感性现象就沦为没有价值的东西了。但是从另一方面来说，这个类型的艺术，也像一切其他类型一样，如同在象征型艺术里那样，是看作非本质的容易消逝的东西而被接受和表现的主观方面的有限的心灵和意志，包括个别人物、性格行动等，以及情节的错综复杂等也都是这样接受这样表现的，仍然要用外在的东西来表现。由于心灵生活从外在世界以及它和这外在世界的直接的统一中退出来，退到它本身里，所以感性的外在的具体形象

客观存在方面被看成偶然的，全凭幻想任意驱造，这幻想随一时的心血来潮，可以把现前的东西照实反映出来，也可以歪曲外在世界，把它弄得颠倒错乱，怪诞离奇。因为这外在的因素已不像在古典型艺术里那样自在自为地具有它的概念和意义，而是要从情感生活里去找它的概念和意义，而这种情感生活要从它本身而不是从外在事物及其现实形式里找到显现；并且这种情感生活可以从一切偶然事故里，一切灾难和苦恼里，甚至从犯罪的行为里维持或恢复它与它自身的和解。从此就从新产生出象征艺术的那里，理念与形象之间的漠不相关，不符合分裂，但是有一个本质上的分别，在象征型艺术里，理念的缺陷引起了形象的缺陷，而在浪漫艺术里，理念需显现为自身已完善的思想情感，并且由于这种较高度的完善，理念就从它和它的外在因

素的协调统一中退出来，因为理念只有从它本身中才能找到它的真正的实在和显现。概括地说，这就是象征型艺术，古典型艺术和浪漫型艺术作为艺术中理念和形象的三种关系的特征。这三种类型对于理想，即真正的美的概念，始而追求，继而到达，终于超越。

十一、理念

一般说来，理念不是别的，就是概念，概念所代表的实在，以及这二者的统一。我们已经把美称为美的理念，意思是说，美本身应该理解为理念，而且应该理解为一种确定形式的理念，即理想。单就它本身来说，概念还不是理念，尽管概念和理念这两个名词往往被人用混了。

只有出现于实在里而且与这实在结成统一体的概念才是理念。这种统一不应了解为概念与实在的单纯的中和，其中两方面的特性与属性都因而消失了，有如钾与酸化合为盐，这两种远视眼的对立在盐里因互相冲淡而中和了。与此相反，在概念与实在的统一里，概念仍是统治的因素。因为按照它的本性，概念本身就已经是概念与实在的统一，就从它本身中生发出实在，作为它自己的实在，这实在就是概念的自生发，所以概念在这实在里并不是把自己的什么抛弃了，而是实现了自己。

因此，概念在它的客观存在里其实就是和它本身处于统一体。概念与实在的这种统一就是理念的抽象的定义。尽管在艺术理论中"理念"这个名词也往往被人使用，有些声望很高的艺术鉴赏家却很讨厌这个名词。一个最近的最有趣的例子就是吕莫尔先生在他的"意大利研究"里所作的争辩。这部书是从艺术的实践兴趣出发的，与我们所说的"理念"本来毫不相干。吕莫尔先生不懂得新哲学所说的理念，把理念和不确定的"观念"以及著名的艺术理论和艺术学派所主张的那种抽象的无个性的"理想"混淆起来。

这些抽象的观念和理想是和实质上是确定的轮廓鲜明的自然形式相对立的，吕莫尔却把理念和艺术家所臆造的抽象的观念和理想一律看待，以为理念也是和自然形式相对立的。如果按照这种抽象的观念和理想去进行艺术创造，这当然是不正确的，而且是徒劳的，就像思想者按照不明确的观念去思想，总是纠缠在完全不明确的内容里一样。

但是这种指责却不能适用于我们所说的理念，因为这完全是具体的，是一种统摄各种定性的整体，其所以美，只是由于它（理念）和适合它的客观性相直接结成一体。吕莫尔先生在意大利研究里说："按照最一般的意义，或则说，按照近代所了解的意义，美包含一件事物的足以使视觉得到愉快的刺激，或则通过视觉而与灵魂契合，使心境怡悦的一切特性。"

这些特性分为三种："一、只通过视觉起作用的；二、只通过假定是与生俱来的对于空间关系的那种特别感觉起作用的；三、首先通过理解力起作用，然后通过认识才对情感起作用的。"这第三种最重要的特性要依靠的"形式完全不靠感官的快感和体量的美而能引起一种明显的伦理的和精神的快感，这种精神的快感一部分起于对上述（还是伦理的和精神的，黑格尔原注）那些观念的欣赏，一部分直接起于只要有清晰的认识活动就会感到的那种满足"。按照这位重要的艺术鉴赏家的看法，美的基本特性就是如此。

对于某种文化程度来说，这种看法也许可以过得去，但是从哲学观点来看，它却是很不圆满的。因为这种看法的基本论点只是视觉、心灵，或理解为感到快乐，情感受到激发，引起了一种快感。整个论点都环绕着引起快感这一点。

但是这种把美的作用归结为情感，快感和欣喜的看法早就由康德批驳掉了，康德已比美感说前进一步了。如果我们从这番辩论回到它所没有能推翻的理念，我们记得前面已说过，理念就是概念与客观存在的统一。关于概念本身的性质，单就它本身来说，概念并不是一种抽象的统一和实在中各种差异相对立，而是本身已包含各种差异在内的统一，因此它是一种具体的整体。

例如"人"、"绿"等观念原来并不是概念，而只是抽象的普通的观念，只有证明了这些观念把各差异方面都包含在统一体里，它们才变成概念。例如"绿"颜色这个观念就以明与暗的统一种特别的统一组成。"人"这个概念包含感性与理性，身体和心灵这些对立面，但是人并不是由两两并立互不相关的对立面混合而成的。按照人的概念，人就是这些对立面所结成的具体的经过调和的统一体。但是概念是它的各种定性的绝对统一，这些定性在概念里原来不是彼此分裂各自独立的东西，否则它们就会脱离了统一，就不能实现它们自己。因此，概念包含它的全部定性于这种观念性的统一体和普遍性里。

观念性的统一体和普遍性组成了它之所以有别于客观现实的主观性。例如金子具有一定的重量、颜色，以及对各种酸所起的某些反映关系。这些都是不同的定性，但是都完全化为一体。连极细微的一个金粒也必须把这些定性包含在不可分割的统一体里。对于我们人来说，这些定性是可以分析开来的，但是按照它们的概念，它们本身却处于不可分割的统一体。凡是真正概念本身所含的各种差异面也是这样不能彼此分立地处于统一体里。一个更切近的例子是人对他自己的观念，即有意识的“我”。

所谓“灵魂”或“我”就是概念本身处在它的自由的客观存在里。这个“我”包括一大堆最不同的观念和思想，这些简直就是整个世界的观念，但是这种无限繁复的内容既然都在“我”以内，就还是无身体、无物质，好像挤塞到这种观念性的统一体里，作为“我”在我自身的纯粹的完全透明的显现。概念包含各种不同的定性于观念性的统一体里，其情形就是如此。按照它的本性，概念具有三种较切近的定性，即普遍的、特殊的和单一的。这三种定性之中每一种，如果拆开来孤立地看，就会是一种完全片面的抽象的东西。如果还是片面的，它们就还没有出现在概念里，因为它们的观念性的统一才组成概念。

因此，概念在这个意义上才是普遍的，这普遍的一方面自己把自己否定了，于是才成为有定性的特殊的东西；另一方面也把这种特殊性，作为普遍性的否定，也取消掉了。因为特殊的就是普遍的本身的一些特殊方面，普遍的之转化为特殊的，并不是成为绝对的另一体，所以普遍的在特殊之中，只是恢复到它与原来单是普遍的时候的自己所结成的统一。在这种恢复到自己之中，概念是无穷的否定，不是对另一体的否定，而是自确定，在这自确定之中，概念只是自己对自己的肯定的统一。

所以概念就是真正的单一体，就是在它的特殊存在之中自己仅与自己结合在一起的那种普遍性。我们在上文所已约略提及的心灵的本质就是概念的这种性质的最高例证。由于它的这种无限性，概念本身就已经是整体。因为概念：是在它的“另一面”里和它本身的统一，所以它是自由的，它的一切否定都是自确定，而不是由另一体所外加的限制。作为这种整体，概念就已包含一切由实在本身所显现的现象，使理念恢复到经过调和的统一。凡是认为理念和概念完全不同的人就是对于理念和概念的性质一无所知。

但是同时概念也确有不同于理念的地方，概念只有在抽象意义上才是向特殊性的转化，因为概念里的定性还是包含在统一和观念性的普遍性（这是概念的因素）里。所以在这种情形之下，概念本身还不免于片面性。还有一个缺点，这就是它本身虽然是整体，却只有在统一和普遍方面才有自由发展的可能。这种片面性并不符合概念的本质，所以概念按照它的本质就要取消（否定）这种片面性。

概念因此就否定自己作为这种观念性的统一和普遍性，使原来禁闭在这种观念性的主观状态里的东西解放出来，转化为独立的客观存在，这就是说，概念通过自己的活动，使自己成为客观存在。所以单就它本身来看，客观存在就是体现概念的实在，但是原来概念还只是主观的时候，它的一切因素还只是处于观念性的统一，现在概念却取得另一形式，在这形式中原来它的一切因素都转化为独立的特殊性和实在的差异面了。

但是因为只有在客观存在中获得存在，变成实在的才是概念，所以客观存在在它本身就应该使概念变成实在。但是概念是它的各种特殊因素的经过调和的观念性的统一。所以在它的实在的差异面的范围之内，原来那些特殊因素的符合概念的观念性的统一还要在它们本身（实在的差异面）中重新建立起来。在它们里面应该存在的不仅有实在的特殊因素，而且还有它们（实在的特殊因素）的经过调和所成的观念性的统一。

概念的威力就在于此，它在分散的客观存在里并不抛开或丧失它的普遍性，它就通过实在而且就在实在里，把它的这种统一显示出来。因为概念的本质就在于它能在它的另一体里保持住它与它本身的统一。只有这样，概念才是真正的实在的整体。这种整体就是理念。理念不仅是概念的观念性的统一和主观性，而同时也是体现概念的客观性，不过这客观性对于概念并不是对立的，在这客观性里，概念其实是自己对自己发生关系。从主观概念和客观概念两方面看，理念都是一个整体，同时也是这两方面的接体永远趋于完满的而且永远达到完满的协调一致和经过调和的统一。只有这样，理念才是真实而且是全部的真实。

十二、理念的客观存在

一切存在的东西只有在作为理念的一种存在时，才有真实性。因为只有理念才是真正实在的东西。这就是说，现象之所以真实，并不由于它有内在的或外在的客观存在，并不是由于它一般是实在的东西，而是由于这种实在是符合概念的。只有在实在符合概念时，客观存在才有现实性和真实性。而且这真实性当然不是就主观的意义来说，即是说，只要一种存在符合我的观念，它就是真实的，而是就客观的意义来说；即是说，“我”或是一种外在的对象，行动事迹或情境在它的实在中实现了概念，它才是真实的。

如果这种统一不发生，客观存在的东西就只是一种现象，在这种现象里不是完整的概念而是概念的某一抽象方面得到客观化（对象化）了。这抽象的方面由于脱离了整体与统一而独立分立，就可以退化到与真实的概念对立。所以只有符合概念的实在才是真正的实在，因为在这种实在里，理念使它自己达到了存在。

十三、美的理念

美本身必须是真的。我们前已说过，美就是理念，所以从一方面看，美与真是一回事。但是从另一方面看，说得更严格一点，真与美却是有分别的。说理念是真的，就是说它作为理念，是符合它的自在本质与普遍性的，而且是作为符合自在本质与普遍性的东西来思考的。所以作为思考对象的不是理念的感性的外在的存在，而是这种外在存在里面的普遍性的理念。

但是这理念也要在外界实现自己，得到确定的现前的存在，即自然的或心灵的客观存在。真，就它是真来说，也存在着。当真在它的这种外在存在中是直接呈现于意识，而且它的概念是直接和它的外在现象处于统一体时，理念就不仅是真的，而且是美的了。美因此可以下这样的定义；美就是理念的感性显现。感性的客观的因素在美里并不保留它的独立自在性，而是要把它的存在的直接性取消掉（或否定掉），因为在美里这种感性存在只是看作概念的客观存在与客观性。

这种实在把这种客观存在里的概念体现为它与它的客观性相处于统一体，所以在它的这种客观存在里只有那使理念本身达到表现的方面才是概念的显现。根据这个原则，理解力是不可能掌握美的，因为理解力不能了解上述的统一，总是要把这统一里面的各差异面看成独立自在的分裂开来的东西，因而实在的东西与观念性的东西，感性的东西与概念，客观的与主观的东西，都完全看成两回事，而这些对立面就无从统一起来了。

所以理解力总是困在有限的、片面的、不真实的事物里。美本身却是无限的、自由的。美的内容固然可以是特殊的，因而是有局限的，但是这种内容在它的客观存在中却必须显现为无限的整体，为自由，因为美通体是这样的概念，这概念并不超越它的客观存在而和它处于片面的有限的抽象的对立，而是与它的客观存在融合成为一体，由于这种本身固有的统一和完整，它本身就是无限的。此外，概念既然灌注生气于它的客观存在，它在这种客观存在里就是自由的，像在自己家里一样。

因为概念不容许在美的领域里的外在存在独立地服从外在存在所特有的规律，而是要由它自己确定它所赖以显现的组织和形状。正是概念在它的客观存在里与它本身的这种协调一致才组成美的本质。但是把一切结合成一体的绳索以及结合的力量却在于主观性、统一、灵魂、个性。所以如果从美对主观心灵的关系上来看，美既不是困在有限里的不自由的智力的对象，也不是有限意志的对象。用有限的智力，我们去感觉内在的和外在的对象，观察它们，从感性方面认识它们是真实的，让它们进入我们的知觉和观念，成为我们能思考的理解力的抽象概念，因而具有抽象形式的普遍性。

这种智力活动是有限的、不自由的，因为它把看到的事物都假定为独立自在的。因为根据这种假定，我们就去适应这些事物，让它们自由活动，或是让它们影响我们的观念等，相信这些事物都是实在的，只要我们被动地接受，把全部活动限于形式的注意和消极地避免幻想和成见的作用，就可以正确地了解这些事物。在这里，对象的这种片面的自由是与主观了解方面的不自由密切联系着的。

因为按照这个看法，对于主观了解，内容是既定的，主观的自确定便不起作用，只是按照存于客观世界的原状去接受和发现当前的事物。这就好像是说，只有克服主观作用，我们才能获得真理。有限的意志也有这种情形，不过方式是颠倒过来的。这里旨趣、目的、意图都属于主体，主体要使这些旨趣、目的、意图等发生效力，就要牺牲事物的存在和特性。主体要实现它的决定，就只有把对象消灭掉，或是更动它们、改造它们、改变它们的形状、取消它们的性质，或是让它们互相影响，例如让水影响火，火影响铁，铁影响木，等。

这样，事物的独立自在性就被剥夺掉了，因为主体要利用它们来为自己服务，把它们作为有用的工具看待，这就是说，对象的本质和目的并不在它本身而要依靠主体，它们的本质就在于对主体的目的有用。主体和对象交换了地位，对象不自由而主体却变成自由了。实际上有限智力与有限意志的两种关系在主体与对象两方面都是有限的、片面的，而它们的自由也只是假想的。主体在认识的关系上是有限的、不自由的，由于先已假定了事物的独立自在性。

在实践的关系上它也是有限的，不自由的，由于目的和自外激发的冲动与情欲既有片面性，冲突和内在矛盾，而对象的抵抗也没有完全消除。因为对象与主体两方面的分裂和对立就是这种关系的假定条件，而且被看成这种关系的真实的概念。对象在上述两种关系上也是有限的、不自由的。在认识的关系上，它的先已假定的独立自在性只是一种表面的自由。因为客观存在就它本身而言，只是存在着，它的概念（即主观的统一和普遍性）对于它并不是内在而是外在的。

因此，每个对象在这种概念外在于客观存在的情况之下，只是作为单纯的特殊事物而存在，本着它的丰富复杂性转向外在世界与许多其他事物发生千丝万缕的关系，显出它受许多其他事物的影响而生长、改变、壮大和毁灭。在实践的关系上，对象的这种依存性是已明白假定了的，事物对意志的抵抗也只是相对的，本身没有能力维持彻底的独立自在性。但是如果把对象作为美的对象来看待，就要把上述两种观点统一起来，就要把主体和对象两方面的片面性取消掉，因而也就是把它们的有限性和不自由性取消掉。

因为从认识的关系方面看，美的对象不是只看作这样的存在着的个别的事物，这个别事物的主观概念外在于它的客观存在，因在它的特殊实在之中，它朝无数不同的方面分散破裂为千丝万缕的外在的关系。美的对象却不如此，它让它所特有的概念作为实现了的概念显现于它的客观存在，而且就在它本身中显出主观的统一和生动性。

因此，美的对象从向外界的方向转回到它本身，消除了它对其他事物的依存性，对于观照，就把它的不自由和有限变为自由和无限了。自我在对对象的关系上也不只是注意、感觉、观察以及用抽象思考去分解个别知觉和观察的那些活动的抽象作用了。自我在这对象里本身变成具体的了，因为它为自己成就了概念与实在的统一，以及原来分裂为我与对象两个抽象方面的统一。

关于实践的关系，我们前已详论，在审美中欲念也退隐了，主体把他对对象的目的抛开，把对象看成独立自在，本身自有目的。原来在一般对象的纯然有限的关系中，对象用作有用的实现手段，所以只有外在的目的，而在实现这种目的过程中，对象或是不自由地抵抗，或是被迫服从外在的目的，现在在美的对象中，这种一般对象的纯然有限的关系就消失了。

同时，实践主体的不自由的关系也消失了，因为主体不再把主观意图等和实现这种主观意图的材料和手段分开，而在实现主观意图之中也不再处于只是服从“应该”原则的那种有限的关系，而是面临着完满的实现了的概念的目的。因此，审美带有令人解放的性质，它让对象保持它的自由和无限，不把它作为有利于有限需要和意图的工具而起占有欲和加以利用。所以美的对象既不显得受我们人的压抑和逼迫，又不显得受其他外在事物的侵袭和征服。

因为按照美的本质，在美的对象里，无论是它的概念以及它的目的和灵魂，还是它的外在的定性，丰富复杂性和实在性，都显得是从它本身生发出来，而不是由外力造成的，其所以如此，是因为像我们已经说过的，美的对象之所以是真实的，只是由于它的确定形式的客观存在与它的真正本质和概念之间见出固有的统一与协调。

还不仅此，概念本身既然是具体的体现它的实在也就完全显现为一种完善的形象，其中个别部分也显出观念性的统一和生气灌注作用。因为概念与现象的协调就是完满的通体融贯。因此，外在的形式和形状不是和外在的材料分裂开来，或是强使材料机械地迁就本来不是它所能实现的目的，而按其本质，它是实在本身固有的形式，而现在从实在里表现出来。

最后，美的对象里各个部分协调成为观念性的统一体，而且把这统一体显现出来，这种和谐一致却必须显现成这样；在它们的相互关系之中，各部分还保留独立自由的形状，这就是说，它们不像一般的概念的各部分，只有观念性的统一，还必须显出另一方面，即独立自在的实在的面貌，美的对象必须同时现出两方面：一方面是由概念所假定的各部分协调一致的必然性；另一方面是这些部分的自由性的显现是为它们本身的，不只是为它们的统一体。

单就它本身来说，必然性是各部分按照它们的本质即必须紧密联系在一起，有这一部分就必有那一部分的那种关系。这种必然性在美的对象里固不可少，但是它也不应该就以必然性本身出现在美的对象里，应该隐藏在不经意的偶然性后面。否则各个实在的部分就会失去它们的地位和特有的作用，显得只是服务于它们的观念性的统一，而且对这观念性的统一也只是抽象地服从。无论就美的客观存在，还是就主观欣赏来说，美的概念都带有这种自由和无限，正是由于这种自由和无限，美的领域才解脱了有限事物的相对性，上升到理念和真实的绝对境界。

十四、诗序论

古典建筑的庙宇要有一个神住在里面，于是雕刻就把具有造型艺术美的神放在庙里，供雕神所用的材料获得在本质上并非外在于精神的形式，即既定内容本身所固有的形象。但是雕刻形象的躯体和感性外貌以及观念性的普遍理想既不宜于表现主体内心生活，又不宜于刻画个别事物的特殊面貌，因此就必须有能运用这两方面因素的新型艺术，才能体现宗教生活和世俗生活的内容意蕴。

这种既能表达内心生活又能刻画个别事物特征的表现方式，按照造型艺术的原则来说，就要由绘画提供，因为绘画把形象的实在外表转化成为观念性较强的颜色现象，而且把内在心灵当作描绘的中心。以上三种艺术，第一种是象征型的；第二种是造型艺术中的理想型（即古典型）的；第三种是浪漫型的，它们都在精神和自然界事物的感性外在形象这个共同范围里活动。但是精神性内容在本质上介于意识界内心生活，对于这种内容，外在形象提供观照的一些纯然外在现象的因素却是一种异质的东西，所以艺术必须把它的构思从这种异质的东西解脱出来，移到一种在材料内容和表现方式两方面都较为内在即观念性较强的领域里去。

我们前已说过，这就是音乐在艺术发展中向前迈进的一步，因为音乐把单纯的内心生活和主体情感，不是表现为可以眼见的形象，而是表现为专供心领神会的震动的声音图案。但是音乐也因此走到另一极端，走到未经明确化的主体凝神状态，其内容在音调里只获得一种仍然是象征式的表现。

因为音调本身并无内容意义，它的定性只能从数量比例上见出。而精神内容的质的方面虽然也大体适应这种数量关系及其展现出的重要差异，矛盾对立与和解，而它的质的定性却仍不能通过音调而完满地表现出来。为着表现这种质的定性，为着克服音乐的片面性，就必须求助于文字的较精确的陈述，就要有一种歌词，才能表达内容中特殊的和见出特征的方面，才能使进发于音调的那种主体因素得到较明确的充实。

由于这种借助文字来表达观念和情感的方式；音乐所抽象地表现的内心生活固然得到一种较清楚和较明确的展现，但是由音乐这样构成的却不是观念本身及其符合艺术的形式，而是观念所伴随的内心生活；另一方面音乐也经常抛弃它和文字的结合，以便无拘无碍地在自己所特有的音调领域里自由发展。

因此，观念的领域也分离删去，不再与单纯的抽象的内心生活结合在一起，而要形成它所特有的具体的现实世界，这样它也就离开了音乐，让自己在诗的艺术里获得一种符合艺术的存在。诗是语言的艺术，是第三种艺术，是把造型艺术和声音这两个极端，在一个更高的阶段上，在精神内在领域本身里，结合于它本身所形成的统一整体。一方面诗和音乐一样，也根据把内心生活作为内心生活来领会的原则，而这个原则却是建筑、雕刻和绘画都无须遵守的；另一方面从内心的观照和情感领域伸展到一种客观世界，既不完全丧失雕刻和绘画的明确性，而又能比任何其他艺术都更完满地展示一个事件的全貌，一系列事件的先后承续、心情活动、情绪和思想的转变以及一种动作情节的完整过程。继绘画和音乐之后，诗更确切地形成了浪漫型艺术的第三方面。

这一部分是因为诗的原则一般是精神生活的原则，它不像雕刻那样把精神的自然形象作为占空间的外在事物刻画到实在的物质上去；也不像建筑那样用单纯的有重量的物质，以象征的方式去表现精神生活，即造成内在精神的环境或屏障，而是把精神（连同精神凭想象和艺术的构思）直接表现给精神自己看，无须把精神内容表现为可以眼见的有形体的东西。

另一部分也是因为比起音乐和绘画来，诗不仅在更丰富的程度上能把主体的内心生活以及客观存在的特殊细节都统摄于内心生活的形式，而且能把广泛的个别细节和偶然属性都分别铺陈出来。但是从另一方面看，诗作为统摄绘画和音乐的整体，也应和它所统摄的两种艺术在本质上区别开来。从这个观点来看绘画，凡是要按照外在现象去把这种内容提供观照的地方，绘画总是占优势。

诗固然也能运用丰富多彩的手段去使事物成为可供观照的鲜明形象，因为艺术想象的基本原则一般都是要提供可供观照的形象，但是诗特别要在观念或思想中活动，而观念或思想是精神性的，所以诗要显出思想的普遍性，就不能达到感性观照的那种明确性。此外，诗为使一种内容成为可供观照的具体形象，所使用的那些不同的项目细节却不能像在绘画中那样统摄于一个平面整体，使一切个别事物都同时并列地完全呈现于眼前，而是分散开来的，以致观念中所含的许多事物，须以先后承续的方式，一件接着一件地呈现出来。

不过这只是从感性方面看才是一个缺点，而这个缺点是可由精神（心灵）来弥补的，因为语言在唤起一种具体时，并非用感官去感知一种眼前外在事物，而永远是在心领神会，所以个别细节尽管是先后承续的；却因转化为原来就是统一的精神中的因素而消除了先后承续的关系，把一系列形形色色的事物统摄于一个完整的形象里，而且在想象中牢固地把握住这个形象而对它进行欣赏。

此外，如果拿诗和绘画来对比，在感性现实和外在定性方面的这种欠缺在诗里却变成一种无可估计的富饶，因为诗不像绘画那样局限于某一定的空间以及某一情节中的时刻，这就使诗有可能按照所写对象的内在深度以及时间上发展的广度把它表现出来。真实的东西只有在一种意义上才是具体的，那就是它统摄许多本质的定性于一个统一体。

但是就显现出来的来说，这些定性不仅展现为空间上的并列，而且展现为时间上的先后承续，成为一种历史，而这种历史的过程如果让绘画来表现，却只能使用不适合的方式。就连每一棵树或每一个枝条在这个意义上都有它的历史，都有一种转变和先后承续，都有许多不同情况结合成的完备的整体。精神领域的情况尤其是如此。

精神只有作为实在的，显现于现象的精神，才可以完备地表现出来，要做到这一点，就必须使它的历史过程呈现于我们的观念里。上文已经说过，诗所用的外在材料（媒介）是音调，这是诗和音乐所共同的。随着各门艺术逐渐上升的次第，那些外在的东西，即就坏的意义来说的客观物质，在逐渐消失，以至最后消失在声音这里，主观因素里，声音摆脱了可以眼见性，用外在的东西（媒介）去使内在的东西（内容）成为可以感知的。音乐的基本目的是把音调仅仅作为音调去构成形象。

心灵在乐调及其和谐的基本关系发展中所感受的尽管是对象的内在的东

西或是心灵自身的内在的东西，使音乐具有它的独特性格的却不是单纯的内在的东西，而是与音调最密切地交织在一起的心灵，是音调这种音乐的表现手段所构成的形象。由于这个缘故，在音乐里占主要地位的是由内在的东西灌注生气的音调，而不是单纯孤立的内在的东西，音乐也就越是音乐，越是独立的艺术。但是正是由于这个缘故，音乐只是在相对的或有限的程度上才能表现丰富多彩的精神性的观念和观照以及广阔的意识生活领域，而且就表达方式来说，不免停留在它所采为内容的那种对象的抽象普遍性上，只表达出模糊隐约内在心情。

等到心灵越能把这种抽象的普遍性展现为具体的观念、目的、动作和事件的整体，而且在这种展现中逐步加上个别化的认识，它也越要抛弃单纯情感的内心生活，凭着想象把这种单纯情感的内心生活转化为客观现实世界，而且由于这种转化，它也就越要放弃完全用音调为媒介的办法去表达由转化而获得的新的精神财富。

正如雕刻所用的材料（媒介）太贫乏，不足以表达出绘画能表达得很生动鲜明的那种较丰满的现象，音调关系和乐调的表达方式也不能完全体现诗凭想象所创造出来的那些形象。因为这些形象不仅具有意识到的观念的明确性，而且是用外界现象铸成来供内心观照的。因此，心灵不用单纯的音调而用文字作为表达工具。文字固然没有完全抛弃声音因素，但是已把音调降低为只供传达用的单纯外在的符号。

这就是说，由于受到精神性观念的充实，音调变成了语调，而文字也从本来有自在目的东西变成失去独立性的表现精神的工具。像我们前已确定了的，这就是音乐和诗的基本区别。语言艺术的内容是由丰富想象所造成的全部观念（思想）领域，这个领域如果单就它本身来看，纯粹是精神性的，而且从来不越出精神性范围，但是当这种精神性的东西表现于一种外在的东西上面时，它也只把这种外在的东西当作一种与内容本身有别的符号。

在音乐里艺术已不再让精神性的东西湮灭在一种感性的可以眼见的就在目前的形象里去（像在绘画里那样），在诗里艺术也放弃了音调这个对立因素及其感觉，至少是不把音调当作适合的外在媒介或表达内容的唯一工具。在诗里内在的东西当然也表现出来了，但是它不愿在虽然也是观念性的而同时却也是感性的音调里去找它的真正的客观存在（体现），它的真正的客观存在只有在它本身才找得到，这样才能把精神内容，按照它在纯粹想象中的模样去表现出来。

十五、从诗与音乐、绘画以及其他造型艺术的区别来看诗的特性

如果我们从诗与音乐、绘画以及其他造型艺术的区别来看诗的特性，那就可以看出诗的特性就在上文提到的感性表现方式的降低以及一切诗的内容的明确展现。这就是说，如果在诗里声音不能像在音乐里那样，颜色也不能像在绘画里那样，用来表达全部内容，音乐按照拍子和声与旋律去处理内容的方式就不适用于诗了，剩下来的大体上就只有字和音节的时间长短的配合以及节奏和声韵之类，这些因素并不是特别适合于表达诗的内容的，而是一种偶然的外在因素，但仍采取艺术的形式，只是因为艺术不能让作品的外在方面任意采取任何偶然的形式。

这样把精神内容从感性材料（媒介）中抽回来，马上就要引起一个问题：诗所特有的外在客观因素既然不是音调，它究竟是什么呢？我们可以简单地回答说：那就是内心中的观念和观感本身。这些精神性的媒介代替了感性的媒介，成了诗的表现所用的材料，其作用就像大理石、青铜、颜色和音调在其他艺术里一样。我们在这里不应发生误解，认为观念和观感应该看作诗的内容。

这种看法当然也有正确的一面，下文还要详谈，不过同时却要指出一个要点：观念、观感和情感等是诗用来掌握和表达任何内容的特有的形式，既然传达所用的感性媒介（声音）只起辅助作用，这些形式就提供要由诗人加以艺术处理的独特的材料（媒介）。在诗里，主题或内容固然也要成为对心灵是客观的或对象性的东西，不过这种客观对象是用内在于心灵的东西代替其他艺术所用的外在现实中的事物，它只有意识本身中作为心灵所观照出和想象出的纯然精神性的东西，才获得一种客观存在。

这样，心灵就在它的主位变成自己的对象，把语言因素只当作工具，既用来传达，又用来直接显现于外在事物，这种外在事物仿佛是一种单纯的符号，心灵一开始就要从这种外在事物中抽脱出来而回到它本身。因此，对于真正的诗来说，接受诗作品的方式是听还是读，并无关宏旨，诗可以由一种语言译成另一种语言或由韵文改成散文，尽管音调变了，诗的价值却不会受到严重的损害。其次，还有一个问题：在诗里这种作为材料和形式的内在理念究竟运用到什么上去呢？

回答是应该运用到一般精神旨趣方面的绝对真实的东西上去。这不仅包括绝对真实事物的实体性，即象征型艺术所暗示的或古典型艺术所加以具体化的那种普遍性（理念），而且还要包括体现这种实体性的一切特殊的和个别的东西，因而几乎全部包括凡是精神（心灵）所关心和打交道的事物。

因此，语言的艺术在内容上和在表现形式上比起其他艺术都远较广阔，每一种内容，一切精神事物和自然事物、事件、行动、情节、内在的和外在的情况都可以纳入诗，由诗加以形象化。但是这样最丰富多彩的材料并不因为一般都可形成观念而就成为诗的，因为日常的意识也能用完全同样的内容来形成观念和个别具体化为一些零星的知觉，但不能因此就成为诗的。我们在上文就是着眼于这一点，才把观念称为材料和因素。这种材料只有通过艺术才获得一种新的形象，一种适合于诗的形式。

这就像颜色不直接成为绘画的颜色，声音也不直接成为音乐的声音一样。这种区别可以概括为一句话，使一种内容成其为诗的并不是单作为观念来看的观念，而是艺术的想象。这就是说，如果艺术的想象把观念掌握住，用语言、用文字及其在语言中的美妙的组合，来把这观念传达出去，而不是把它表现为建筑的雕刻的或绘画的形象，也不是使它变成音乐的音调而发出声响。

由此必然要产生的最迫切的要求就只有两方面：一方面内容既不应理解为韧性的思辨性的思想，也不应理解为未经语言表达的情感或纯然外在事物的鲜明和精确；另一方面内容也不应以有限事物的那种偶然的、零散的和相对的形式呈现于观念。因此，诗的想象有两个特点：首先，它应该介乎思维的抽象普遍性和感觉的具体物质性这二者之间，像我们在论造型艺术作品时已经说明过的；其次，诗的想象应该满足我们在第一卷里对每一种艺术作品所提的要求，这就是：诗的想象在内容上必须有独立的自觉的目的，把它表现成为从纯粹认识的兴趣来看是一种独立自足的完整的世界。内容只有这样通过适合它的表现方式才形成艺术所要求的有机整体，其中各部分显出紧密的联系和配合。它和相对的有限世界相反，是独立自由的，只为它本身而存在的。

十六、关于诗和其他各门艺术的区别

我们最后还要讨论的一点是诗的想象把它所造的意象表现于外在材料

（语言媒介）时所处的与其他艺术不同的情境。此前所讨论过的那些艺术都极其认真地对待它们所运用的感性因素（媒介），因为它们给内容所造的形象只能是用青铜、大理石、木材之类有体积和重量的物质，以及颜色和声音所能表现的。在某种意义上，诗要完成的任务当然也与此类似，因为在诗的创作过程中诗人也必经常考虑到所创造的传达给心灵领会的。但是整个情境就因此改变了。

这就是说，在造型艺术和音乐里，感性媒介起着重要的作用，而这种材料（媒介）又各有特殊定性，能完全靠石头、青铜、颜色或声音去获得具体的实际存在获得表现的东西就要在比较小的范围里了，所以此前所讨论过的那些艺术在内容上和感性上不免局限在一种框子里。因此我们此前曾把每一门艺术和一定的艺术类型紧密地联系起来，每一类型所特有的表现方式只对某一门艺术才适合，对其他各门艺术却不适合，例如建筑与象征型艺术，雕刻与古典型艺术，绘画和音乐与浪漫型艺术，都是紧密联系在一起的。

当然，每门艺术在它的这一边缘或那一边缘，也有越界侵犯到其他艺术类型里去的情况，因此我们曾有可能谈到古典型和浪漫型的建筑，象征型和基督教型（浪漫型）的雕刻，乃至还必须提到古典型的绘画和音乐。但是这些反常越界的现象并不能达到各门艺术所特有的最高成就，时而只是某门艺术开始分出旁支时一种准备性的探索，时而标志某门艺术的转变的开始，这门艺术所掌握的内容的处理材料的方式只有等待艺术的进一步发展，才可以形成完全适合于它的艺术类型。

大体说来，在内容的表现方式上最贫乏的是建筑，雕刻已较丰富，而绘画和音乐的范围则可能推广到很大。随着外在材料的观念性日益上升，随着每门艺术向多方面专门化的倾向日益增长，内容本身以及表达内容的形式也就日益多样化了。至于诗则一般力求摆脱外在材料（媒介）的重压，因而感性表现方式的明确性并不至迫使诗局限于某一种特定的内容以及某些特定构思方式和表现方式的窄狭框子里。

因此，诗也可以不局限于某一艺术类型，它变成了一种普遍的艺术，可以用一切艺术类型去表现一切可以纳入想象的内容。本来诗所特有的材料就是想象本身，而想象是一切艺术类型和艺术的共同基础。在另一部分讨论各种艺术类型结束时，我们就已得过与此类似的结论：艺术类型发展到了最后阶段，艺术就不再局限于某一类型的特殊表现方式，而是超然于一切特殊类型之上。在各门艺术之中，只有诗才有可能这样向多方面发展。

这种可能性在诗的创作过程中以两种方式得到实现，一种是通过对每一种特殊类型的实际加工，使其尽量发展；另一种是通过解放束缚，不再受某一类型的特殊内容和构思方式的限制，无论它是象征型的、古典型的，还是浪漫型的。从以上所说的看来，我们所已确定的诗在科学发展中的地位也可以得到证实。诗比任何其他艺术的创作方式都要更涉及艺术的普遍原则，因此，对艺术的科学研究应从诗开始，然后才转到其他各门艺术根据感性材料的特点而分化成的特殊支派。

但是根据我们在各种艺术类型方面所已见到的情况来看，哲学过程就应分两方面，一方面是对精神内容的深入研究；另一方面要证明艺术开始只在寻找适合的内容，然后找到它，最后就要越出它的范围。美和艺术的这种概念或原则也应在各门艺术本身得到证实。所以我们曾经从建筑开始，建筑还只是在努力寻求怎样用一种感性材料来充分表现一种精神内容，只有通过雕刻，艺术才达到内容与形式的真正的统一，到了绘画和音乐，由于要显出内容意蕴的内在性和主体性，已经达到的统一又开始分裂了，无论从构思方面看还是从感性表达方面看，都是如此。

这种情况在诗里显得最突出，因为诗在它的艺术体现中基本上要脱离和降低现实感性因素，决不是还不敢贸然进入外在现实去施展身手和体现艺术的一种创作态度。如果要对这种解放进行科学的解释，首先就要弄清楚艺术所要设法摆脱的究竟是什么。这个问题和诗能采取一切内容和一切艺术形式这一情况是有密切联系的。

我们也应把这种情况看作争取整体的成就，从科学眼光来看，这种成就只应看作对局限于个别特殊这一情况的否定或扬弃。要理解这一点，我们就必须先研究由整体所否定冒充为唯一有效的那些片面性的表现。只有通过这样的研究，才可以看出诗也是这样一种特殊的艺术；到了诗，艺术本身就开始解体。从哲学观点来看，这是艺术的转折点，一方面转到纯然宗教性的表象；另一方面转到科学思维的散文。

我们前已说过，美（艺术）这世界的界线之外一边是有限世界和日常意识的散文，艺术力求从这种散文领域里挣脱出来，走向真理；另一边是宗教和科学的更高的领域，到了这里艺术就越界转到用一种尽量不涉及感性方面的方式去掌握绝对。因此，尽管诗用精神的（观念性的）方式把美的事物的整体再现得很完满，这种精神性毕竟也造成诗这最后一个艺术领域的缺点。为说明这一点，我们从艺术体系中挑出建筑来与之对比。

建筑艺术还不能使精神内容统治客观材料，还不能用客观材料造成适合于精神的形象。诗却不然，它在否定感性因素方面走得很远，把和具有重量占空间的物质相对立的声音降低成为一种起暗示作用的符号，而不是像建筑那样用建筑材料造成一种象征性的符号。因此，诗就拆散了精神内容和现实客观存在的统一，以至于开始违反艺术的本来原则，走到脱离感性事物的领域，而完全迷失在精神领域的这种危险境地。

在建筑和诗这两极端之间，雕刻以及绘画和音乐站在一种不偏不倚的中间地位，因为这几门艺术还能把精神内容充分体现于一种自然因素（感性材料）里，而且既可以用感官去接受，也可以用精神去领会。尽管绘画和音乐，作为浪漫型艺术，已经运用较富于观念性的材料，它们毕竟还显出客观存在的直接性（使客观存在直接显现于感官），而这种直接性随着观念性的强化，就开始消失。

这两门艺术由于运用颜色和声音，比起建筑所用的材料来，能更丰富地显示出特殊细节的全貌和多种多样的形状构造。诗当然也要找出一个弥补缺陷的办法，这就是使客观世界呈现到眼前，达到连绘画（至少是单幅画）也不能达到的广度和多样化。不过诗所表现的永远只是一种内在于意识的现实，如果诗也要凭艺术的体现去产生强烈的感性印象，它就只有两条路可走，一条是借助于音乐和绘画，运用不屈于它本行的手段；另一条是坚守真正的诗的地位，只用音乐和绘画这两门姊妹艺术作为助手，把精神的观念，即向内心的想象说话的那种诗的想象，作为诗应特别关心的主要任务，提到突出的地位。诗和其他艺术的基本关系大致如上所述。

关于诗艺本身的较详尽的研究，我们须按照下列几个观点来进行。上文已经说过，内在观念本身既提供了诗的内容，又提供了诗的材料（媒介）。但是在艺术范围以外，观念已是意识活动的最通常的形式，所以我们首先要把诗的观念和散文的观念区别开来。诗也不能停留在内心的诗的观念上，而是要用语言把臆造的形象表达出来。

在这方面诗又有两件事要做，首先，诗必须使内在的（心里的，形象适应语言的表达能力，使二者完全契合；其次，诗用语声，不能像日常意识那样运用语言，必须对语言进行诗的处理，无论在词的选择和安排上还是在文字的音调上，都要有别于散文的表达方式。尽管诗用语言的表达方式，诗却最不受其他各门艺术所必受的特殊材料所带来的局限和约束，所以诗具有最广泛的可能去尽量运用各种不同的艺术的表现方式，却不带任何一门其他艺术的片面性。

十七、戏剧体诗的种类及其主要历史阶段

回顾一下我们已走过的研究过程，我们已讨论过三个问题。

第一，按照各种戏剧的一般性和特殊性以及它们对听众的关系，把戏剧体诗的原则定下来了。

第二，戏剧的任务是按照它的实际发展把一个完整自足的动作（情节）在我们眼前展现出来，所以它在本质上需要一种完全的感性表现，这只有通过艺术性的实际舞台表演才能达到。但是要把动作（情节）纳入这种外在现实里，就有必要在诗的构思和创作中已经把这动作完全想好了，写定了，然后才能拿出来表演。

第三，要达到这个结果，就要把戏剧体诗的种类区别开来。这些种类或是互相对立，或是从差异中达到对立的统一。这些差异不仅要表现于动作目的和人物性格，也要表现于冲突斗争和整个动作的结果。从这些差异产生出来且经过多方面历史发展的主要剧种是悲剧和喜剧以及这两种掌握方式的结合。

这三个剧种提供了戏剧分类的基础，所以对于戏剧体诗是最重要的。现在就这几个剧种进一步进行较具体的研究。第一，提出悲剧喜剧和正剧的一般原则；第二，指出古代戏剧和近代戏剧的不同性质；第三，在结尾部分研究各剧种（特别是悲剧和喜剧）在古今对立中可采取的具体形式。

十八、悲剧、喜剧和正剧的原则

各种史诗的基本分类的基础只在一个区别上，即史诗所描述的那种本身具有实体的内容是就它的普遍性表现出来的，还是用人物性格、行动和事迹的客观形式报告出来的。抒情诗却根据内容与由内心生活表现出来的主体性格之间的结合是紧密的还是松散的程度来划分为一系列的不同的表现方式。

至于戏剧体诗则以目的和人物性格的冲突以及这种斗争的必然解决为中心，所以它的分类基础只能是个别人物及其目的与内容主旨这两方面之间的关系。这就是说，这种关系的具体情况对于戏剧的冲突及其解决的特殊方式也起着决定性作用，因此提供了全部剧情进程在生动的艺术表现中所具有的基本类型。这里所要研究的就是找出通过和解而形成每个真正的动作内容中的本质性的因素。

这有两方面，一方面是在实质上合乎道德的伟大的理想，即在人世中实际存在的那种神性的基础，亦即个别人物性格及其目的中所包含的绝对永恒的内容意蕴；另一方面是完全自由自决的主体性格。绝对真理在戏剧中当然也要显示出来，不管戏剧用什么样形式把动作情节（这是一切戏剧所特有的因素）表现出来，但是把真理的作用显示出来的具体剧种却有不同的，甚至对立的形状，要看在个别人物、动作和冲突中起决定作用的是实体性的因素还是主观任意、愚蠢和怪癖。

十九、关于悲剧

我在这里只粗略地提到它的最普遍的基本定性，至于这些定性的较具体的分化只有从历史发展阶段中所现出的差异才见得出来。形成悲剧动作情节的真正内容意蕴，即决定悲剧人物去追求什么目的出发点，是在人类意志领域中具有实体性的本身就有理由的一系列的力量。

首先是夫妻，父母，儿女，兄弟姊妹之间的亲属爱；其次是国家政治生活，公民的爱国心以及统治者的意志；再次是宗教生活，不过这里指的不是不肯行动的虔诚，也不是人类胸中仿佛根据神祇的判别善恶的意识，而是对现实生活的利益和关系的积极参与和推进，真正的悲剧人物性格就要有这种优良品质。他们完全是按照原则所应该做到而且能做到的那样人物。

他们不是像在史诗里那样只是许多分散因素并列在一起的整体，而是每个人物尽管本身是活的具有个性的，却只代表这种人物性格的某一种力量，凭这种力量，他按照他的个性把自己和真实的生活内容的某一特殊方面紧密结合成为一体，而且负责维护它。在这样高度上，直接的（原始自然的）个性中纯粹的偶然性都已消失。戏剧艺术中的英雄才仿佛提高到雕刻作品的地位，无论是把他们作为实体性生活领域的活的代表来看，还是把他们作为凭自由信任自己而显得伟大和坚定的人物来看。

所以本身抽象的雕刻中的人像和神像，比起任何其他方式的阐明和解释，都更好地说明希腊悲剧的人物性格。所以大体上可以说，原始悲剧的真正题旨是神性的东西，这里指的不是单纯宗教意识中那种神性的东西，而是在尘世间个别人物行动上体现出来的那种神性的东西，不过在这种实际体现里他的实体性的性格既没有遭到损害，也还没有转化到对立面上去。在这种形式里意志及其所实现的精神实体就是伦理性的因素。

这种伦理性的因素就是处在人世现实中的神性的因素，如果我们对伦理性的因素是按照它的直接的真正意义来理解，而不是按照主观思索作为形式的道德教条来理解，这种神性的因素也就是实体性，其中本质的方面和特殊的方面都对真正的人类动作提供引起动作的内容，同时也就在动作本身中展现出它的本质，使自己达到实现的目的。一切外化为实际客观存在的概念都要服从个别具体化的原则。

根据这个原则，各种伦理力量和名利发出动作的人物性格，无论在内容意蕴上还是个别显现形式上，就得互相区别开来，各不相同。按照戏剧体诗的要求，这些互相区别开来的力量就须显现于活动，追求某一种人类情致所决定的某一具体目的，导致动作情节，从而使自己获得实现。在这个过程中，所涉及的各种力量之间原有的和谐就被否定或消除掉，它们就转到互相对立、互相排斥。

从此每一动作和具体情况下都要实现一种目的或性格，而这种目的或性格在所说的前提之下，由于各有独立的定性，就片面孤立化了，这就必然激发对方的对立情绪，导致不可避免的冲突。这里基本的悲剧性就在于这种冲突中对立的双方各有它那一方面的辩护理由，而同时每一方拿来作为自己所坚持的那种目的和性格的真正内容的却只能是把同样有辩护理由的对方否定掉或破坏掉。因此，双方都在维护伦理理想之中而且就通过实现这种伦理理想而陷入罪过中。

关于这种冲突的必然性及其一般辩护理由，我在上文已经提到了。作为一个具体的统一体，伦理性的实体是由各种不同的关系和力量所形成的整体，而这些不同的关系和力量还只是处于寂然不动的状态，作为有福的神们，在享受平静生活中完成精神的工作。但是另一方面，也正是这种整体概念本身要求这些不同的力量由抽象概念转化为具体现实和人世间的现象。由于这些因素的性质，个别人物在具体情况下所理解的各有不同。

这就必然要导致对立和冲突。只有在神们住在奥林匹斯山上那种想象和宗教观念的天空中，我们才可以认真地把他们当作神来对待，而现在他们下凡了，每个神体现为一个凡人个性中某一种情绪了，尽管他们各有辩护的理由，他们也就由于各有特性或片面性，也必然要和他们的同类处于矛盾对立，要陷入罪过和不正义之中了。与此同时也就产生了一种未经调解的矛盾冲突，这个矛盾尽管成为实际存在的东西，却不能作为实体性的和真正实在的东西而保持住自己，它只有在作为矛盾而否定自己，才能获得它的存在权，悲剧的目的和人物性格各有辩护的理由和必然性。

悲剧的第三个因素，即悲剧的冲突导致这种分裂的解决也是如此。这就是说，通过这种冲突，永恒的正义利用悲剧的人物及其目的来显示出他们的个别特殊性（片面性）破坏了伦理的实体和统一的平静状态，随着这种个别特殊性的毁灭，永恒正义就把伦理的实体和统一恢复过来了。悲剧人物所定下的目标，单就它本身来看，尽管是有理可说的，但是他们要达到这种目标，却只能通过起损害作用的片面性引起矛盾的悲剧方式。

因为真正实体性的因素的实现并不能靠一些片面的特殊目的之间的斗争（尽管这种斗争在世界现实生活和人类行动中可以找到重要的理由），而是要靠和解，在这种和解中，不同的具体目的和人物在没有破坏和对立的情况中和谐地发挥作用。所以在悲剧结局中遭到否定的只是片面的特殊因素，因为这些片面性的特殊因素不能配合上述和谐，在它们的活动的悲剧过程中不能抛开自己和自己的意图，结果只有两种，或是在实现目的过程中（假如它可实现），或是完全遭到毁灭，至少要被迫退让罢休。

关于这一点，像众所周知的，亚里士多德曾认为悲剧的真正作用在于引起哀怜和恐惧而加以净化。他所指的并不是对自我主体性格协调或不协调的那种单纯的愉快或不愉快的情感，即好感和反感。这是最肤浅的一种看法，只有到近代才有人把快感或不快感看成悲剧成功或失败的原因。艺术作品的任务只是把精神的理性和真理表现出来。在这方面如果要研究出一个原则来，就必须抛弃上述肤浅的观点而把注意力引到正确的方向。

因此，对于亚里士多德的说法，我们必不能死守着恐惧和哀怜这两种单纯的情感，而是要站在内容原则的立场上，要注意内容的艺术表现才能净化这些情感。人感到恐惧不外乎两种原因：一是认识到自在自为的绝对真理的威力，二是碰到外界有限事物的威力。人应该感到恐惧的并不是外界的威力及其压迫，而是伦理的力量，这是人自己的自由理性中的一种规定，同时也是永恒的颠扑不破的真理，如果人要违反它，那就无异于违反他自己。像恐惧一样，哀怜也有两种对象。一种就是真正的哀怜，这就是对受灾祸者所持的伦理理由的同情，也就是对他所必然显现的那种正面的有实体性的因素的同情。这种哀怜当然不是流氓恶棍所能引起的。另一种是对于旁人的灾祸和苦痛的同情，这是一种有限的消极的平凡感情。这种怜悯是小乡镇妇女们特别容易感觉到的，高尚伟大的人的同情和怜悯却不应采取这种方式。因为就只突出灾祸的空虚的消极方式，其中就含有贬低受灾祸者的意味。所以悲剧人物的灾祸如果要引起同情，他就必须本身具有丰富内容意蕴和美好品质，正如他的遭到破坏的伦理理想的力量使我们感到恐惧一样，只有真实的内容意蕴才能打动高尚心灵的深处。

因此，对于悲剧结局所感到的兴趣是一回事，对于一种单纯灾祸或一个悲惨故事所引起的同情时那种单调的满足感却另是一回事，不应把这二者混淆起来。这种单纯灾祸不是由受害人招致的或应负责的，而是外在的偶然事故与环境的凑合，例如疾病、财产损失、死亡等，无辜地碰到他身上的，这种场合所应引起的兴趣只是一种设法营救和援助的迫切愿望。如果救援不可能，那种苦痛和灾难的情景只能使人痛心。

真正的悲剧苦难却不然，它落到剧中人物身上，只是作为他们自己所作所为的后果，他们是全心全意投入这种动作的，既有辩护的理由，又由于导致冲突而有罪过。因此在单纯的恐惧和悲剧的同情之上还有调解的感觉。这是悲剧通过揭示永恒正义而引起的，永恒正义凭它的绝对威力，对那些各执一端的目的和情欲的片面理由采取了断然的处置，因为它不容许按照概念原是统一的那些伦理力量之间的冲突和矛盾在真正的实在界中得到实现而且能站住脚。按照这个原则，悲剧情感主要起于对冲突及其解决的认识，所以只有戏剧体诗才能凭它的全部表现方式，把悲剧性的情节按照它的完整的范围和展现过程，作为艺术作品的原则，把它完全表现出来。

因此我到现在才有机会来讨论悲剧的观照方式，尽管这种观照方式在较小程度上也多方面推广到其他艺术领域去发挥作用。如果在悲剧里永恒的实体性因素以和解的方式达到胜利，它只从进行斗争的个别人物方面剔除了错误的片面性，而对于他们所追求的正面的积极因素则让它们在不再是分裂的而是肯定的和解过程中表现为可以保存的东西；在喜剧里情况就相反，无限安稳的主体性却占着优势。

在戏剧体诗的分类中只有这两种动作情节的基本根由（实体性因素和主体性）才是互相对立的。悲剧人物由于坚持善良的意志和性格的片面性而遭到毁灭或是被迫退让罢休，做出从实体性观点看是他们自己所反对的事；喜剧人物却单凭自己而且就在自己身上获得解决，从他们的笑声中我们就看到他们富有自信心的主体性的胜利。所以喜剧的一般场所就是这样一种世界：其中人物作为主体使自己成为完全的主宰，在他看来，能驾驭一切本来就是他的知识和成就的基本内容，在这种世界里人物所追求的目的本身没有实质，所以遭到毁灭。

例如在一个实行民主制度的民族中，如果公民们都自私，爱争吵，轻浮，好虚荣，没有信仰和知识，爱说闲话，说大话，这样一个民族就是不可救药的，它只有由于愚蠢而土崩瓦解。这并不是说，每一个没有实体性的动作单凭它的这种空虚就变成喜剧性的。在这方面，人们往往把可笑性和真正的喜剧性混淆起来了。

任何一个本质与现象的对比，任何一个目的因为与手段对比，如果显出矛盾或不相称，因而导致这种现象的自否定，或是使对立在实现之中落了空，这样的情况就可以成为可笑的。但是对于喜剧性却要提出较深刻的要求。例如人的罪恶行为并没有什么喜剧性。讽刺在这方面提供了一个枯燥的例证，尽管它用刺眼的颜色描绘出现实世界与善良人应该有的样子之间的矛盾，它毕竟见不出喜剧性。笨拙或无意义的言行本身也没有多大喜剧性，尽管可以惹人笑。一般来说，没有比惯常引人笑的那些事物显出更多的差异对立。

人们笑最枯燥无聊的事物，往往也笑最重要最有深刻意义的事物，如果其中露出与人们的习惯和常识相矛盾的那种毫无意义的方面，笑就是一种自矜聪明的表现，标志着笑的人够聪明，能认出这种对比或矛盾而且知道自己就比较高明。此外也还有一种笑是表现讥嘲、鄙夷、绝望，等。喜剧性却不然。主体一般非常愉快和自信，超然于自己的矛盾之上，不觉得其中有什么辛辣和不幸；他自己有把握，凭他的幸福和愉快的心情，就可以使他的目的得到解决和实现。头脑僵硬的人却做不到这一点，在他的行为仪表显得最可笑的地方，他自己却一点儿也笑不起来。

二十、关于可以成为喜剧动作对象内容

关于可以成为喜剧动作对象内容，我在这里只约略谈几点带有普遍性的项目。第一，个别人物们本想实现一种实体正面目的和性格，但是为着实现，他们作为个人，却是起完全反作用的工具。因此那种具有实体性的目的和性格就变成一种单纯的幻想，对他们自己和对旁人却造成一种假象，仿佛所追求的确有实体性的外貌和价值。

但是正因为这是假象，它就造成了目的和人物以及动作和性格之间的矛盾，这就使所幻想的目的和性格不能实现。阿里斯托芬的喜剧《妇女专政》就是一个例子，在这部作品里，想建议建立一种新政体的妇女们还照旧保留妇女们的全部情趣和情欲。其次是一种与此相反的情况，喜剧的目的和人物性格绝对没有实体性而却含有矛盾，因此不能使自己实现。例如贪吝，无论就它所追求的目的来看，还是就它所采取的卑鄙手段来看，都显出它本身根本是无意义的。

贪吝者把财产的死的抽象标志即金钱看作再现实不过的东西而死守着它，而且放弃一切其他具体的使人满意的东西，去追求这种无聊的享受，同时因为他在目的和手段上都毫无力量去防御阴谋诡计和拐骗之类，也就不能达到他的目标。但是贪吝者如果认真地把这种本身空虚的内容看作他的生活的全部意义，把自己的主体性和这种内容紧密结合成为一体，以至如果这块垫脚石从他脚底下被抽掉，而他越要坚守这块垫脚石，他也就会越痛苦地倒塌下去，像这样一种情况就缺乏真正的喜剧核心。

凡是一方面情况应引起痛感而另一方面单纯的嗤笑和幸灾乐祸都还在起作用的地方，照例就没有喜剧性。比较富于喜剧的情况是这样，尽管主体以非常认真的样子，采取周密的准备，去实现一种本身渺小空虚的目的，在意图失败时，正因它本身渺小无足轻重，而实际上他也并不感到遭受到什么损失，他认识到这一点，也就高高兴兴地不把失败放在眼里，觉得自己超然于这种失败之上。

此外还有第三种情况，即运用外在偶然事故，这种偶然事故导致情境的错综复杂的转变，使得目的的实现，内在的人物性格和外在情况都变成了喜剧性的矛盾而导致一种喜剧性的解决。但是喜剧性既然一般都自始至终要涉及目的本身和目的内容与主体性格和客观环境这两方面之间的矛盾对立，喜剧动作情节比起悲剧动作情节就更为迫切地需要一种解决了。这就是说，在喜剧动作情节里绝对真理和它的个别现实事例之间的矛盾显得更突出、更深刻。

在这种喜剧性解决之中遭到破灭的既不是实体性因素，也不是主体性本身。因为作为真正的艺术，喜剧的任务也要显示出绝对理性，但不是用本身乖戾而遭到破灭的事例来显示，而是把绝对理性显示为一种力量，可以防止愚蠢和无理性以及虚假的对立和矛盾的现实世界中得到胜利和保持住地位。例如，阿里斯托芬对雅典人民生活中真正符合伦理的东西，真正的哲学和宗教信仰以及优美的艺术，从来就不开玩笑，他开玩笑的对象只是雅典民主制度下的一些流弊，例如古代信仰和古代道德的败坏、诡辩、悲剧中的哭哭啼啼，无聊的闲言碎语和争辩之类。

这些正是与当时政治、宗教和艺术的真理相抵触的。阿里斯托芬所描绘出来的也正是这些东西，他使我们看到这类蠢人所干的蠢事，以自作自受的方式而得到解决。只有到了我们这个时代才有考茨布这样的喜剧家把卑鄙写成美德，使应该毁灭的东西得到涂脂抹粉而维持住地位。但是单纯的主体性在喜剧里也不应遭到破灭。

尽管喜剧所表现的只是实体性的假象，而其实是乖戾和卑鄙，它却仍然保持一种较高的原则，这就是本身坚定的主体性凭它的自由就可以超出这类有限事物（乖戾和卑鄙）的覆灭之上，对自己有信心而且感到幸福。喜剧的主体性对在实际中所显现的假象变成了主宰。实体性的真正实现在喜剧世界里已消失掉了。如果本身没有实质的东西消灭了它本身的假象存在，主体性在这样的解决中就仍然是主宰，它自己仍然存在着，并没有遭到损害，所以徜徉自得。

二十一、戏剧体诗

处在悲剧和喜剧之间的是戏剧体诗的第三个主要剧种。这个剧种没有多大的根本的重要性，尽管它力求达到悲剧和喜剧的和解，或至少是不让这两方完全对立起来，各自孤立，而是让它们同时出现，形成一个具体的整体。例如，古代的林神戏就属于这一类，其中主要动作虽不是悲剧让的却仍然是很严肃的，至于林神的合唱却是用喜剧的方式来处理的。悲喜混杂剧也可以列入这一种。

普劳图斯在《安斐屈若》里提供了一个实例，这在序曲里由交通神向观众念出这样一段诗："你们为什么皱眉头呢？因为我预告过演的是一部悲剧吗？我是一位神，如果你们情愿，我可以把悲剧彻底改掉，把悲剧改成喜剧，还用完全同样的诗句，我要把它改成一种悲喜混合剧。"他对这种混合找到了一个理由，说一方面走上舞台发出动作的角色之中有神们也有国王们；另一方面奴隶莎西亚却是一个喜剧性的人物。

在近代戏剧里，悲剧性和喜剧性就更多地交错在一起了，因为原来在喜剧是自由发挥作用的主体性原则在近代悲剧中也一开始就成为首要的原则，而伦理力量的内容中的实体性因素反而被挤到次要地位了。但是把悲剧的掌握方式和喜剧的掌握方式调解成为一个新的整体的较深刻的方式并不是使这两对立面并列地或轮流地出现，而是使它们互相冲突而平衡起来。

主体性不是按喜剧里那种乖戾方式行事，而是充满着重大关系和坚实性格的严肃性，而同时悲剧中的坚定意志和深刻冲突也削弱和刨平到一个程度，使得不同的旨趣可能和解，不同的目的和人物可能和谐一致。特别是近代戏和正剧就是从这种构思方式产生出来的。这种原则的深刻处在于它根据的观点是：尽管各种旨趣、情欲和人物性格显出差异和冲突，通过人类的行动，终究可以变成一种协调一致的实际生活。

就已有过一些悲剧，采取了与此类似的结局，其中个别人物们并没有被牺牲，而是把自己保全住了。例如，埃斯库罗斯的《复仇的女神们》里，最高法庭判决了阿波罗和复仇的女神们都有受到崇拜的权利。在《斐罗克特》里情形也是如此。尼阿托勒牟斯和斐罗克特之间的冲突也由于赫库勒斯的神诏和劝告而得到了解决，言归于好，同去攻打特洛伊。不过这次和解不是由于双方的内因而是由于神诏之类外来力量。

在近代戏剧里和解的根源却在个别人物们本身，他们通过自己的动作过程，就达到冲突的解决以及目的和性格的妥协。在这方面歌德的《伊菲琪尼》就是近代戏的典范，比他的《塔梭》还更典型。在《塔梭》里，一方面塔梭与安东尼的和解毋宁说是感情方面的事，起于塔梭的主观认识，他承认安东尼有他自己所没有的对人生的真正认识；另一方面塔梭和现实生活和社会习俗发生冲突中所坚持的那种理想生活的权利获得观众的赞许主要地也只是主观的，至多也只是诗人对塔梭的宽恕和同情。但是大体说来，这种中间剧种的界限有时比悲剧和喜剧的界限较为摇摆不定，有时有越出真正戏剧类型而流于散文的危险。

由于须通过分裂对立而达到和平结局的冲突双方开始就不像在悲剧里那样尖锐地对立，因此诗人就很容易倾向于尽全力去描绘人物性格的内心生活，把情境的演变过程变成只是这种描绘的手段，否则就是过分重视时代情况和道德习俗之类外在因素。如果这两种办法都太难，诗人就要单凭紧张情节的错综曲折来吸引注意力。大批的近代剧本都属于这一类，它们不大要求写好诗，而更多地要求戏剧性的效果。

结果不外乎两种，或是不大经心诗的好坏而努力打动单纯的情感，或是一方面提供娱乐，一方面着眼对听众的道德教益，从而在绝大多数情况之下对演员们提供了显示熟练技巧的机会。在这一切悲剧冲突中我们首先必须抛弃关于有罪和无罪的错误观念。悲剧英雄们既是无罪的，也是有罪的。如果认为一个人本来有选择余地而他却任意选上了他所做的那件事，只有在这种情况下他才是有罪的。如果这个看法正确，古代那些造型人物就是无罪的；他们从这种性格和这种情绪发出动作，因为他们正是这种性格和这种情致，这里并无所谓犹疑和抉择。

伟大人物性格的力量正在于他们并不进行选择，他们自始至终就完全是他们所愿望和要实现的那种人物。他们本来是什么样的人，就是什么样的人，而且永远如此。这就是他们的伟大处。事实上动作方面的软弱完全由于单纯的主体性和它的内容割裂开来了，因此使性格、意志和目的就不像绝对作为一个统一体生长起来的。这样的个别人物既然没有一个坚定的目的作为他个性中的实体，作为他的全部意志中的情致和力量，而活在他的灵魂里，所以他就左右摇摆，犹豫不决，他的选择也就会是随意任性的。

造型人物决没有这种摇摆不定，对他们来说，主体性格和意志的内容之间的联系是不可分割的。推动他们去行动的正是他们自己的在伦理上有辩护理由的情致，而他们辩护这种情致时，就连在他们在互相交锋的动人的雄辩中，也从来不运用倾吐心曲的主观语调和由情欲支配的诡辩，而是作为有修养的客观人物，义正词严地进行辩论。最擅长于描绘这种人物的塑造，节制和生动优美形象的是索福克勒斯。

但是另一方面，这种孕育冲突的情致却仍把悲剧人物推向破坏性的有罪的行动。对于这种罪行，他们并不愿推卸责任。反之，他们做了他们实际上不得不做的事，这对他们还是一种光荣，说这种英雄犯了不能由他们负责的罪行，这就是莫大的诽谤。对自己的罪行负责正是伟大人物的光荣。他们并不愿引起怜悯和感伤。事实上使人感动的并不是具有实体性的东西，而是主体方面的人格深化，即主体的苦难，他们的坚强性格和本质性的情致是处于统一体的。这种不可分割的协调一致所引起的并不是感伤而是惊羡。

悲剧引起感伤是从欧里庇得斯才开始的。最后，悲剧纠纷的结果只有一条出路：互相斗争的双方的辩护理由固然保持住了，他们的争端的片面性却被消除掉了，而未经搅乱的内心和谐，即合唱队所代表的一切神都同样安然分享祭礼的那种世界情况，又恢复了。真正的发展只在于对立面作为对立面而被否定，在冲突中互相否定对方的那些行动所根据的不同的伦理力量，得到了和解。

只有在这种情况之下，悲剧的最后结局才不是灾祸和苦痛而是精神的安慰，因为只有在这种结局中，个别人物的遭遇的必然性才显现为绝对理性，而心情也才真正地从伦理的观点达到平静，这心情原先为英雄的命运所震撼，现在却从主题要旨上达到和解了。只有牢牢地掌握住这个观点，才能理解希腊悲剧。因此，我们也不应把这种结局理解为一种善有善报、恶有恶报那种单纯的道德上的结果，如常言所说的“罪恶在呕吐了，道德坐上宴席了”。

这里的问题绝对不在反躬自省的人格的主体方面怎样看待善和恶，而在冲突如果已完全发展了，人们就会认识到互相斗争的两种力量获得了肯定的和解，双方还保持住原有的价值或效力。这种结局的必然性也不是一种盲目的命运，即古代人常提到的那种无理性的不可理解的命运主宰；而是命运的合理性（尽管这种合理性还没有显现为自觉的神旨，神对世界及个别人物所预定的终极目的对神和人都还没显现出来），这种合理性就在个别的神和人之上还有一种最高的权力，它不容许片面的、孤立化的、越出自己权力界限的力量以及它们所产生的冲突可以长存下去。

盲目的命运却不然，它把个别人物推回到他们的局限去，把他们毁灭。这是一种无理性的强迫力量，一种无辜的灾祸，它在观众心灵中引起的不是伦理的平静而是愤怒。因此，悲剧的和解和史诗的和解也有分别。例如，在荷马的两部史诗里，主角阿喀琉斯和俄底修斯都达到了各自的目标，这是理所当然的，但这并不是由于他们的好运气，他们也曾经历过有限生存的苦楚，遭遇过许多困难、损失和牺牲，然后才完成了他们的斗争过程。

事实上真理一般都要求在生活过程和事态的客观演变中，就连有限事物的空幻也要跟着显现出来。阿喀琉斯的狂怒平息了，他从阿迦门农那里要回了被夺去的女俘，他向赫克忒报了仇，替挚友帕屈罗克鲁斯举行了葬礼，他被人推尊为最光荣的英雄，但是他的狂怒及其平息却使他失去了最亲爱的朋友，为帕屈罗克鲁斯的丧命，要向赫克忒报仇，他不得不抛开愤怒，重新投入攻打特洛伊城的战斗。他虽然被尊为最光荣的英雄，自己却有早死的预感。

俄底修斯也是如此。他终于回到伊特卡故乡，偿了他的心愿，但是他是孤零零一个人回去的，在多年期待和奋斗之后，精疲力竭，他的伙伴和特洛伊的胜利品都丧失得干干净净了。从此可见这两个史诗英雄都为有限生存的罪过而付出了代价，而在特洛伊的毁灭与希腊英雄们的厄运中司命女神都显示了她的威权。

但是司命女神所体现的是一种古老传统观念的公道，她一般只把太高的降低，通过灾祸来恢复福与祸的抽象的平衡，只触及有限生存而没有更深的伦理意义。这就是史诗在人世遭遇中所显示的公道，即由单纯的平衡而达到一般的和解。但是更高的悲剧的和解却是一些明确的伦理上的实体性因素摆脱矛盾对立所达到的真正的和谐。这种和谐一致是通过多种方式达到的，我在这里只指出一些主要的。首先应该特别提出：说情致的片面性是冲突的真正基础，就等于说这片面性的情致已进入了生动的动作情节而成为某一具体人物的唯一的情致。

要否定这种情致的片面性，就必须消除那个具体人物，因为他只根据这一个情致发出动作。事实上那个具体人物就只代表一种生活，就不可能作为这一种生活而单独地获得实现，所以他这个人物也就要遭到毁灭。最完备的发展方式在下列情况下就有实现的可能：互相斗争的个别人物按照他们的具体生活，每个人都作为整体而出现，所以各自要碰到斗争对方的势力，要损坏对方按照他的生活方式所应尊重的对象。例如，安蒂贡生活在克里安政权之下，自己就是一个公主，而且是克里安的儿子希蒙的未婚妻，所以她本应服从国王的命令。另一方面克里安也是父亲和丈夫，他也本应尊重家庭骨肉关系的神圣性，不应下违反骨肉恩情的命令。所以这两个人物所要互相反对和毁坏的东西正是他们在各自生活范围以内所固有的东西。安蒂贡还没有欢庆自己的婚礼就遭到死亡，而克里安则丧失了自己的儿子和妻子，儿子因为未婚妻的死而自杀，妻子又为儿子的死而自杀。我对古代和近代的优美的戏剧杰作几乎全都熟悉，每个人也都能够而且应该熟悉，我认为从冲突这一方面来看，《安蒂贡》是其中一部最优秀最圆满的艺术作品。但是悲剧的结局也不应总是通过有关人物的毁灭而消除双方的片面性，使双方获得同等的尊敬。例如人所周知的埃斯库罗斯的《复仇女神》在结局时俄瑞斯忒和复仇的女神们双方都没有死亡。

这些要惩罚弑母罪行和维护骨肉恩情的女神们是和阿波罗对立的，阿波罗要维护家长和国王的尊严和应得的崇敬，曾唆使俄瑞斯忒弑母。但是这部悲剧并没有使俄瑞斯忒受到惩处，却使阿波罗和复仇的女神们都受到崇敬。从这个裁决的结局中，我们也看得很清楚，希腊人在描绘神们互相争斗时是怎样看待神的。

对于实际生活的雅典人来说，神只是维护完全和谐的伦理秩序的力量。当时最高法庭的投票结果，双方的票数相等。代表雅典实体性理想的女护神雅典娜投了最后的决定票，赦免了俄瑞斯忒，但是允许了复仇的女神们和阿波罗双方都可以设立祭坛，受人礼拜。其次，在这种来自客观方面的和解之外，平衡也可以是来自主体的，这就是发出动作的人物们终于放弃了自己的片面性。但是既然放弃了他们的实体性的情致，他们就会显得没有性格了，这正是与造型人物的坚定性不相容的。

所以个别人物在这里只能屈服于一种更高的力量的意旨和命令，因而就他本人来说，他还是坚持了他的情致，不过遭到一种神把它破坏了。在这种情况下，结并没有打开，而只是用一种“机械降神”的方式把它抛开了，像在《斐罗克特》悲剧里那样。最后，比这种凭外因达到的结局较好的是内在的和解，动因就是主体自己，所以已接近于近代悲剧的和解方式了。最完善的古代例证是永远令人惊赞的《俄狄普在柯洛诺斯》。

俄狄普在无意中杀了自己的父亲，取得了忒拜国的王位，娶了自己的母亲，这些不自觉的罪行没有使他感到痛苦。但是这位善解谜语的老人终于窥测到自己的从前在暗中发生的遭遇，以恐怖的心情认识自己所处的境地。自己的谜语既已解出，他就像亚当，正当他认识到善恶之分时，他就失去幸福了。这位预见者把自己的眼睛弄瞎了，离开了忒拜国，像亚当和夏娃被逐出乐园一样，从此这位伶仃孤苦的老人就过着流浪生活了。怀着沉重的心情他到了柯洛诺斯，服从一位神的命令，不听他儿子请他回到忒拜的央求，宁愿让复仇的女神们陪伴他。

因此他使自己身上从前的分裂达到和解，净化了自己。他的瞎眼睛又重见光明了，他的肢体疾病也痊愈了，成了接待他做客的城邦的安全保障。这种在死亡中的大彻大悟，对于他自己和对于我们来说，都显得是在他的个性和人格本身中所达到的和解。有人想在这里发现一种基督教的色彩，把俄狄普看作一个天神保佑的罪人，他在有限生存中所遭到的厄运凭神恩在死亡中得到赔偿了。

但是基督教式的和解却是一种灵魂上的大彻大悟，灵魂已在永恒幸福的圣泉中受过洗礼，就把自己提升到超越自己的实际生活和所作所为之上，把心本身转化为心的坟墓（这是精神所能办到的事），用自己在尘世间的个性来赎偿自己在尘世间所犯的罪过，然后确信自己处在纯洁的永恒精神幸福中，受不到尘世罪过的侵袭。至于俄狄普的大彻大悟却不是这样，它只是从伦理力量互相冲突和破坏中恢复到这些伦理力量的统一与和谐那种古代人的和解意识。

在这和解里还有一个因素，就是主体方面的满足感，从此我们就可以转到与悲剧对立的喜剧领域。我们已经说过，喜剧性一般是主体本身使自己的动作发生矛盾，自己又把这矛盾解决掉，从而感到安慰，建立了自信心，因此喜剧用作基础的起点正是悲剧的终点。这就是说，它的起点是一种绝对达到和解的爽朗心情，这种心情纵使通过自己的手段，挫败了自己的意志，出现了和自己的原来目的正相反的事情，对自己有所损害，却并不因此灰心丧气，仍旧很愉快。

但是另一方面，主体之所以能保持这种安然无事的心情，因为他所追求的目的本来就没有什么实体性，或是纵然也有一点儿实体性，而在实质上却是和他的性格相对立的，因此作为他的目的，也就丧失了实体性，所以现时遭到毁灭的只是空虚的无足轻重的东西，主体本身并没有遭受什么损害，所以他仍安然站住脚。我们从阿里斯托芬的作品里所认识到的希腊古典喜剧的概念大体上就是如此。

在这方面我们必须把这种喜剧性是由剧中人物本身感觉到的，还是由听众感觉到的，这两层区别清楚。只有前一种才是真正的喜剧性，阿里斯托芬就是处理这种真正的喜剧性的大师。按照这个观点，剧中人物只有在自己并不严肃地对待严肃的目的和意志时，才把自己表现为可笑的人物。所以对于喜剧人物自己来说，他的严肃就意味着他的毁灭。

因为他本来就没有抱定什么较高的具有普遍意义的，而且可以导致严重冲突的旨趣；如果他抱定了这种旨趣，那也只能暴露出他是这样一种性格，凭这种性格的现实存在，就已使他好像在追求的那个目的归于幻灭，从此人们就可以看出他实际上并没有真心真意地要实现那个目的。所以喜剧性更多地出现在社会下层的实际生活中，具有喜剧性的人们本来是什么样，就只能是那样，不能也不愿改变现状。

根本不能有什么真正的情致，可是对自己所作所为却毫不怀疑。他们同时却显得具有一种好像较高明的性格，对投生其中的那种有限生存并不认真重视，超然于有限生存之上，藐视一切挫折和失败，保持着坚定的安全感。阿里斯托芬让我们看到的正是这种精神上的绝对自由，这种随遇而安，逍遥自在的态度，这种主体方面爽朗心情的世界，凡是没有读过阿里斯托芬的人就很难懂得人怎能那样轻松愉快。

这种喜剧的题材范围并不必限于对立的伦理、宗教和艺术的领域，古希腊喜剧固然都谨守这些客观的实体性的范围，但是人物的主观任意性，一般情况的颠倒错乱，却使本来好像是为追求某种较高旨趣而发出的动作归于失败了。在这方面阿里斯托芬展现了丰富恰当的材料，有些是关于希腊诸神的，有些是关于雅典人民的。实际上对神加以人格化，使神具有凡人的个性。这种表现方式及其具体细节就根本不符合神的崇高性格及其意义

因为神并不是凡人，本来没有凡人所有的那些特殊面貌，现在却把这些特殊面强加于神，这就变成空洞妄诞的描绘了。但是阿里斯托芬所特别爱嘲笑的还是雅典公民的愚蠢，演说家和政治家的暴戾，战争的荒谬，特别是毫不留情地嘲笑欧里庇得斯在悲剧中所倡导的革新倾向。在这些方面他所用的方式都最滑稽而同时却有最深刻的思想。

对体现这些宏伟喜剧内容的人物，他一开始介绍他们，就用无穷无尽的幻想和幽默，把他们描写成为傻瓜，使人一看到就知道这种人干不出什么聪明事来。斯屈列什亚德就是这样一个傻瓜，为着要逃债，他去请教哲学家；苏格拉底也是这样角色，他竟接受这个逃债的和他的儿子当学生，酒神也是如此，诗人派他下阴曹地府去找出一个真正的悲剧作家把他带回人间，克里安和希腊的男男女女也都是些傻瓜，他们要从深井里把和平女神捞上来，如此等。

这些人物使我听到的一个基调就是他们越显得没有能力去实现他们在着手进行的事，也就越坚信自己有这种能力。傻瓜们都是那样天真的傻瓜，就连在有点头脑时，也要露出一点儿动机与效果的矛盾，他们都有一种自信，不管客观情况怎样，他们的那股自信心都永不会消失。这简直是奥林匹斯山上的神们的欢笑的状态，永远不起波澜的平和心境，移置到这种人物胸腑中，于是万事大吉了。在塑造这些人物中，阿里斯托芬却从来不是一个冷酷的恶意的嘲弄者，而是一位具有丰富精神修养的卓越的雅典公民，真正的爱国者，真心真意地关心雅典的福利。

所以他在喜剧中彻底揭露的，像上文已经说过的，并不是宗教和伦理的东西，而是把极端的荒谬打扮成具有实体性力量的假象，表现出一些根本没有什么真正实在货色的外形和个别现象，所以这种人物所暴露的都是赤裸裸的主体方面的游戏。在揭示诸神即政治和伦理生活的真正本质与应当实现这种本质内容的雅典公民的主体性之间的绝对矛盾中，阿里斯托芬就揭示出喜剧人物的这种主体性的胜利就是希腊衰颓的最严重的病症，而这些天真的谑浪效仿的人物实际上是多才多艺的希腊人民的诗艺所产生的最后的果实。

第二十八章　鲍姆嘉通——大陆理性主义者

鲍姆嘉通是大陆理性主义哲学家沃尔夫的门徒，他的美学基本上是建立在莱布尼茨和沃尔夫的理性主义哲学基础上的。但他不满意他们对感性认识的轻视。他认为感性认识能够成为科学研究的对象，并用“埃斯特惕卡”作为这门新科学的名称。他驳斥了反对设立美学的意见，初步规定了这门科学的对象、内容和任务，使之成为一门独立的科学。

他在《关于诗的哲学默想录》中指出：哲学应研究感性认识，以求改造感性认识的能力，增强它们，成功地应用它们以造福于人类。他在《美学》一书中说：理性事物应当凭高级认识能力作为逻辑学的对象去认识，而感性事物（应该凭低级认识能力去认识）则属于知觉的科学，或感性学。鲍姆嘉通认为美学应当包括理论和实践两个部分。理论的美学又分为研究法、方法论和符号学三个方面。他认为美学研究的规律可以应用于一切艺术，对于各种艺术有如北斗星。因此，美学不只是认识论，也是指导艺术的科学。

一、生平简介

鲍姆嘉通（Alexander Oottlieb Baumgarten，公元 1714—1762）是德国启蒙运动时期的哲学家、美学家。他的主要美学著作有《关于诗的哲学默想录》、《形而上学》、《哲学百科全书纲要》以及尚未完成的巨著《美学》。在美学史上，他第一个采用“美学”（Aesthctik）这一术语，指出美学在哲学科学体系中的地位，因而被称为“美学的教父”。鲍姆嘉通是大陆理性主义哲学家沃尔夫的门徒，他的美学基本上是建立在莱布尼茨和沃尔夫的理性主义哲学基础上的。

但他不满意他们对感性认识的轻视。他认为感性认识能够成为科学研究的对象，并用“埃斯特惕卡”作为这门新科学的名称。他驳斥了反对设立美学的意见，初步规定了这门科学的对象、内容和任务，使之成为一门独立的科学。他在《关于诗的哲学默想录》中指出：哲学应研究感性认识，以求改造感性认识的能力，增强它们，成功地应用它们以造福于人类。他在《美学》一书中说，理性事物应当凭高级认识能力作为逻辑学的对象去认识，而感性事物（应该凭低级认识能力去认识）则属于知觉的科学或感性学。鲍姆嘉通认为美学应当包括理论和实践两个部分。

理论的美学又分为研究法、方法论和符号学三个方面。他认为，美学研究的规律可以应用于一切艺术，对于各种艺术有如北斗星。因此，美学不只是认识论，也是指导艺术的科学。鲍姆嘉通还认为，美学研究感性认识的完善，而感性认识的完善也就是美。但并非任何完善都是审美意义上的完善，审美意义上的感性的完善就是“内容”、“秩序”和“表现力”三种因素的和谐统一。只要具备了这三个条件，现实中的丑的东西在艺术中也可以是美的。他把描绘对象的美和丑的描绘对象作了区分。他说丑的事物，单就它本身来说，可以用一种美的方式去想象较美的事物，也可以用一种丑的方式去想。他非常重视审美对象的个体性和具体形象性。

他在《关于诗的哲学默想录》里说：个别的事物是完全确定的，所以个别事物的观念最能见出诗的性质。这种的观念比总类的观念较富于诗的性质，而最富于诗的性质的是个别事物。鲍姆嘉通认为，先天的审美感知力是艺术创作的首要条件。它包括情感、想象、洞察力、记忆、趣味、预见以及表达个人观念的能力等基本因素。这些素质都属于感性认识的范围，但其中包含了理性的因素。他并认为，如果没有理性的指导，感性就会导致深刻的谬误。

二、感性表达

如果哲学家仅仅凭借纯粹理智，而与混乱的意识无涉，就不可能穷尽万物之奥秘。实际上，也不存在一种纯粹是科学和理智的表达，在其疆土内不掺入任何感性观念的。欲望就其源自善的混乱的表象而言，可以叫作感性欲望；另一方面，混乱的表象和含糊的衰象都来自低级的认识能力。因此，我们可以用同一个名字来称呼它们，以便和明确程度不同的概念区别开来。如果有人特意去寻求明确的意识的证据，或者能在感性表达的不同之处找到明确的表象，如同感性中存在着的抽象和理智的因素。同样，理智的表达中也具有情感因素。

相关联的感性表象，通过感性表达而为人所知。感性表达有多种不同要素，它们是：（1）感性表象；（2）它们之间的关联；（3）词语。可用字母表示并象征着词语。完善的感性表达是指其各个要素都旨在认知感性表象的表达。感性表达的各个要素越能激发出感性表象，它就愈加完善。诗就是一种完善的感性表达，诗学就是诗所要遵循的规则的总汇，诗的哲学就是诗学之科学，诗歌就是创作的一种状态，而诗人则就是享受这种状态以此为乐的人。

诗意就是有助于诗的完善化的东西。感性表象是诗的要素，因此它是富有诗意的，但由于感性表象可以是朦胧的或者清晰的，因此诗的表象也是朦胧的或者清晰的。在朦胧的表象中不包含足够的性格特征的表象，因此不足以认识它们，不足以把它们与别的区别开来，事实上也不像清晰的表象（定义）中包含那么多。所以，如果这些表象是清晰的而不是朦胧的，那么就有更多的要素可以有助于感性表象的传播。

所以，其表象是清晰的诗，要比表象是诗更完善，清晰的表象要比朦胧的表象更富有诗意。这一点有助于克服那种以为情感的流露是“富有诗意”的错误看法。由于诗的表象是清晰的表象，又由于它们不是明确的就是混乱的，并且诗的表象不是明确的表象，所以，诗的表象是混乱的。表象就是当前的变化在被表现的东西中的表象，它们是感性的，因而更富有诗意。由于情感是快乐和痛苦的比较显著的程度，它们的感觉表象是在将某物混乱。

再现为善或恶的过程中给予的。因此，它们规定着诗的表象，因此，引起情感产生是富有诗意的。同一理由也可以证实，我们当作善或恶在那些事物中再现了比如果我们不这么再现它们的话更多的东西，所以，再现那些被混乱地当作善或恶展示出来的东西，要比它们如果不这么展示出来的时候清晰得多。因而它们也更加富有诗意。既然从这些情感中产生了这类表象，所以引起情感产生也是富有诗意的。映象是感性表象，因而具有诗意的。映象不如感觉印象清晰，因而缺乏诗意。既然被激发出的情感决定着感性表象，所以，激发情感的一首诗是要比充满着僵死的映象的诗更为完善，它更富有诗意，能激发情感而不是产生出别的映象。

三、贺拉斯的一些观点

当一个局部的映象得到再现时，这个物体的映象就作为一个整体浮现，并且就其构成整体的一个复合的概念而言，如果它是混乱的，那么就会比单一的概念更富有诗意。我同意贺拉斯的观点，“最劣等的工匠也会把人像上的指甲，鬈发雕得纤微毕肖，但是作品总效果却很不成功，因为他不懂怎样表现整体。我如果想创作一些东西的话，我决不愿仿效这拘泥的工匠，正如我不愿意我的鼻子是歪的，纵然我的黑眸乌发受到赞赏。”所以，以局部映象再现整体和再现为广延的更为清晰的映象一样，都是很有诗意的。

幻想中的表象是映象，因而具有诗意。在维吉尔、奥维德梯波鲁斯的作品中我们见到了这些映象，可是在纯粹诗歌的批词家的作品中呢？他们决不会放弃这种映象，即使是我们被诗人的“疯癫病或月神病”所激怒。映象再现得越是明晰，它们也就越与感觉印象接近，以致往往与相当微弱的感觉等值。尽可能清晰地再现映象是富有诗意的，所以，使它们十分接近于感觉也是富有诗意的。

再现某个带有诗意的混合物是画的功能，画的表象十分接近于要描绘的那个感觉想法，这是诗意的。所以，一首诗和一幅画是相似的，“诗歌就像图画”。这里需要说明的是必须让人们承认，诗和画的结合，不能从有关艺术的方面而只能从结合所产生的效果中来予以表现。由于画仅能在表面上再现某个映象，而不能再现映象的每一个方面，更不能表现运动；但是，这样做是很有诗意的，因为当这些东西也被再现时，在对象中再现出来的东西要比当它们没有被再现时更多，因此，在诗的映象中具有更广泛的清晰性。所以，在诗的映象中比在画中有更多的东西趋向整一。

也就是说，诗比画更加完美。尽管映象凭借词和表达的方式从而使那些肉眼间更加清晰，然而我们并不想断言诗具有高的优越地位，由清晰（它通过词赋予在直观背后的符号认知）不能为唯一富有诗意的清晰提供些什么。诗的哲学，这是引导情感表达趋于完善的科学，由此产在谈话中我们利用了进行交际的那些表象，所以诗的哲学假使诗人具有一种较低级的认知能力。在对事物的感性认知中引导这能力，将是广义逻辑学的任务。但是，了解我们的逻辑学的人，可能不知道这块土地是多么地未经开垦利用。那么今后怎么办呢？

因此，倘若逻辑学被局限于狭窄的框子中，并且由于给它的定义而被塞进了这些框子中，它是不是被看作一门关于对某个事物进行哲学认识的科学，或者说一门在认识真理时指引更高级的认知能力的科学呢？要是这样，哲学家们就有可能不无巨大地同样深入探讨那些可以用以改进低级认知能力的手段，为了全球的利益而去琢磨它们和运用它们。由于心理学提供了可靠的原理，所以我们中间没有人会去怀疑，可以有引导低级认知能力对某个事物感性上加予认识的科学。当有了定义，我们就可以容易地为它想出必不可少的术语。希腊哲学家和教会神父早已把感知到的事物和认识到的事物清楚地区分开，十分明显。在他们看来，是与感性的东西不等值的，因为他们也把没有感觉的东西（例如，映象）称为“感知到的”，所以，由理性认识到的，这是指由高级的能力认识到的东西，是逻辑学的对象，而“感知到的事物”则是指感性地感知到的感性符号，是美学的对象。

四、定义

与自然美学并列的艺术美学的最重要的运用有那些主要由理性来认识的科学提供良好的材料，使科学认识适合任何人的理解力，促进认识的改善，使之超出清晰可辨的东西的界限，以良好的原则武装越来越精确的活动和自由的艺术。美学（自由的艺术的理论，低级知识的逻辑，用美的方式去思维的艺术和类比推理的艺术），是研究感性知识的科学。自然状态，单纯靠运用来改善而未经任何方法论训练的低级认识能力，可以称作自然美学。如同自然逻辑一样，这自然美学可分为先天的美学（即美的天赋）和后天的美学，而后者亦可分为理论的（docens）和实用的（utens）。

在社会生活中，在其他条件相等的情况下，在实现任何事情时显示出优势。由此得出以下的局部性的运用：（1）语文学的；（2）解释学的；（3）诠释学的；（4）演说学的；（5）布道学的；（6）诗学的；（7）音乐理论的；等等。对我们这门科学，人们可能会表示以下的异议。首先，美学似乎范围太广，以致在一本书一门课中不可能加以彻底详尽地讨论。我的回答是这一点我同意。其次，有人可能说，美学同演说学和诗学是一回事呀。

我的回答是美学的领域更加广阔，美学包括的对象，是这两门学科和其他与之相类似时艺术共有的。如果在本书的一个适当的地方对美学做出探讨，那么，也有助于每一种艺术以后有效地研究各自的领域，无须不必要的重复。第三，有人会说。美学同批评是一回事呀。我的回答是还存在着另一种批评——逻辑的批评，某一类批评恰恰是美学的一个部分，对美学的这个部分来说，如果人们在对美的想法、词句和作品进行判断时，不想陷入关于趣味的空洞的争论。那么，就完全有必要事先具备对美学的其他各个部分的某些知识。

我们的科学还会遭到进一步的反驳。美学不得哲学家注意，感性经验、想象以及虚构（fabulae），一切情感和激情的纷乱，在哲学家的眼里看来，都是与哲学家的身份不相称的。我的回答是哲学家和其他人一样是同样的人，他没有权利排斥人类知识中如此重要的一个部分。

对美的思考的一般性理论考察，在这里被与个人的实践和实施混淆在一起了。还有第五种反对意见，他们说，是错误之母。我的回答是它正是发现真理必不可少的前提，因为自然界从昏暗达到清晰不是一下子跳跃过去的，只有经过黎明才能从黑夜通向正午。正因为这样，人们应该注意混乱状态，以便不会由此发生错误，错误的数量和大小，取决于我们的注意的程度。我们赞扬的不是混乱状态本身，而是要从根本上改正认识，既然它很快就有混乱认识的残余混入认识中去。

第六种反对意见可能是：清晰的认识理应有其优先的地位。我的回答是在人有限思维的范围内——这只适用于比较重要的事物上。肯定这一点并不排斥其他。根据思维清晰可辨的基本规则，我们先沿笔直的道路向那些以美的方式认识的事物迈进，然后才依靠它们更完善地揭示清晰性。第七种反对意见可能是，如果培植类比推理，就需要担心会不会给严格理性和严肃性的领域带来损害。我的回答是这一论点毋宁说是对我们研究工作的称赞，因为这种危险本身存在于每一个当需要某种复杂的完善，以激发行动，而又不倾向于忽视真正的完善的场合，如果理智的类比推理没有受到训练（incultum），或者甚至受到损害，将会在不小的程度上促进理智和严格的严肃性的发展。

五、美学是艺术，不是科学

第八种反对意见可能是：美学是艺术，不是科学。我的回答是这两种能力不是对立的；因为一度曾经是艺术的东西，今天不是有许多已经变成了科学了吗，我们的艺术能够得到证明，能证实经验，这一点是可以先验地肯定的，因为心理学和其他科学为它提供了可靠的原则基础。第九种反对意见可能是：美学家同诗人一样，都是天生的，而不是造就出来的。

我的回答是：请看贺拉斯的《诗艺》，第408行诗，西塞罗的《论演说家》，第2卷，第60章，和勃莱丁格的《论譬喻》，第6页。一种由理性的权威赞许的比较全面的、比较精确和较少含混、比较可信、比较不大动摇理论，对先天就是美学家的人只会有好处。第十种反对意见是：低级的认识能力、肉体，都应该予以抑制，而不宜唤醒和支持。我的回答是低级的认识能力需要的不是暴力，而是切实的控制。

美学接受这种控制，一般说来只要使美学仿佛掌握在我们的手中，这就能以自然的方式达到，一旦低级的认识能力败坏了，美学家就不应该唤醒和支持它，而应该控制它们，使之不再由于有害的运用而更加受到损害，或者在避免滥用的借口下，根本不去利用上天赐予的才华。我们的美学如同它的大姐逻辑学一样，分为两个部分，第一部分是理论的美学，这是一般性总论，提供以下几方面的指示，关于事物和思维对象的，即研究法，关于清晰的秩序的，即方法论，关于以美的方式思维即以美的方式分布的。

六、怎样以正确的方式去思维

作为美学家的美学家，不关心那些隐藏得如此之深的感性认识的完善，它们或者一点儿也不为我们所知，或者只有在理性的帮助之下才有可能被探讨一番。正确，指教导怎样以正确的方式去思维，是作为研究高级认识方式的科学，即作为高级认识的逻辑学的任务。美，指教导怎样以美的方式去思维，是作为研究低级认识方式的科学，即作为低级认识的美学的任务。美学是以美的方式去思维的艺术，是美的艺术的理论。作为美学家，不关心那些隐藏得如此之深的感性认识的不完善，它们或者一点儿也不为我们所知，或者只有通过理性的判断的途径才能把它们发现出来。

感性认识，按其基本含义来说，是处于严格的逻辑区分界限之下的一些表象之总和。如果我们现在如同一个具有训练有素、趣味高尚的观察者所做的那样，在凭理智或者只认识它的美和典雅，或者只认识它的丑的同时进行观察，那么，对于科学来说是必不可少的区分就会化为乌有，仿佛是被一大批处于其共性的不同等级（种的、类的和个体的等级）上的美和色块所压抑。因此，我们首先要来观察一下作为几乎为任何感性美的认识所共有的美，即无所不包的和普遍存在的但同时又是具有对立面的美。在无所不包的含义上的感性认识的美是不同思想相互一致，这种一致是与某一事物相关的，是一例现象，并且在这个场合下，我们舍弃了这些思想的顺序和符号。事物和思想的美应当既同认识本身的美（前者是后者的首先的和重要的部分），又同具体对象和物质的美（由于术语的传统含义前者往往不正确地混同于后者）区别开来，由于丑的事物本身可以被想为美的，而美的事物，也可以被想为丑的。

七、感性认识的无所不包的美

由于离开秩序就没有了完善，感性认识的无所不包的美是：秩序的一致，有赖于它，我们可以反复设想为美的事物既是内在的一致，又是与事物的一致，秩序和布局的美。由于离开了符号，我们就不能感知符号标记出来的东西，所以，感性认识的无所不包的美是各种符号的内在的一致，同时也既与秩序又与事物、现象的一致。

这个词，当符号是书面语或者说教的时候，同时又是行动，如果进一步说出来的话。认识的三个普遍的美就是如此。相反，在感性认识中有同样多的丑、缺点和污点。它们或者在思想和事物中，或者在诸思想的组合中，或者在含义中，这些都是应当避免的。（我们已在第 18—20 节中顺次作了列举）每种认识类型的完善，是由认识的丰富、伟大、真实、清晰、可信性和生动的激荡产生的。

这适用于把这些质在表象和自身内部协调起来（例如，丰富和伟大有助于清晰，真实和清晰有助于可信，其他所有一切都有助于生动），同样，这也适用于把认识的其他各个因素同这些质协调起来。如果这些质表现出来，那么，它们就会使任何认识完善，使感觉各种现象的能力具有无所不包的美，特别是对事物与思想（他们的性质和光辉、真理的生动的照耀，会有帮助。贫乏、琐碎、虚假，难以洞察的黑暗，怀疑和动摇，因循守旧，这些都是任何一种认识的缺点，它们歪曲感觉现象的能力，这是事物和思想的主要恶习。

感性认识的美和事物的美本身，都是复合的完善，是无所不包的完善。任何简单的完善对于我们不成为现象这一事实也证明了这一点。有成就的美学家的一般性特征之一是先天的美学。（贺拉斯）可是，他们与其说是艺术学者的描绘（cctypa），不如说是他们借以出发的范本（archetypa）。

一个没有受过教育的人，也可能有天赋，甚至是审美方面的天赋，相反的，一个具有博学修养的人在涉及美的方面天赋却是很长。正如莱布尼茨把音乐称作是不会计算自身的心灵的算练术习一样，与此相似，一位几乎不善于对自己进行思考的儿童，他通过观察这类情况，以后又通过由此派生的、似乎是天生的模仿，得以在美的思维上逐渐提高，而如果命运把他抛到一位艺术家的门下，那么，就有可能由这位艺术家赋予他这张柔嫩的牙牙学语的小嘴以应有的形状。

有成就的美学家的一般特征是，科学和审美的课程，即比较完善的理沦。这种理论比较直接地影响着美的认识的物质和形式，一般地说，它是只靠自然界及其在实践中的运用而获得的：这种理论必须在严格的练习的基础上运用在实践中，以便心的能力不会由于它所思考的事物的印象的影响而误入迷途，或者由于对规则及其合理的根据的不了解而胡思乱想，对美的思维完全感到厌恶，自以为自己就能看到自己的全部谬误，其实对此一无所知。

八、“理想的美，克服自然”

理想的美，又“高于自然本身”，它是通过艺术家的理智创造的有灵感的自然，是通过艺术家的“想象力中的某些概念”，把大师们的目标提高到“更为美丽、更为完善的自然”。“理想的美，克服自然”是古希腊艺术家的法规之一。理想的美，源于自然，“要小心翼翼，更美好地模仿自然”。要更美好地模仿自然，就要遵从自然的真实。

只有这种理想的美，“以理想的概念为依据”的自然，才能成为艺术家的形象原型。要想达到这一目标，就要模仿古希腊艺术家们的杰作。因为“在希腊人的艺术形象里综合或者概括了最优美的自然和理想的美的各个部分；或者，它大概是包括两者的最高概念”。艺术家所使用的画笔应得到理智地浸渍，要让人思考的东西比给人看到的东西要多。

温克尔曼认为，“绘画要扩展到不能感知的东西上去；这是它的最高目标，希腊艺术家就曾致力于达到这个目标”。所谓“扩展到不能感知的东西上去”，是指绘画艺术的寓意性，艺术家的画笔要受理智的支配，就是要通过寓意的途径，通过表示一般概念的图画，取得更好的艺术效果。

为此，这就要求艺术家们“注重学识”，要善于从古代神话体系中，优秀诗人的诗作中，哲人的神圣哲学中吸取养料，甚至要从古代文物、石刻、钱币、器皿上去“吸取在诗中变成了抽象概念的那些感知的人物和形象”，并把它们分门别类地储存起来，在适当的时机运用到艺术创作中去。通过上述办法去模仿古代艺术，“以便给我们的作品带来古代艺术的高雅趣味”。

第二十九章　温克尔曼——德国美学的发扬者

温克尔曼的《古代艺术史》是一部多卷本的巨著，这里选编的是论述古希腊艺术一卷中的第二章：关于艺术本质问题。在这一章里，温克尔曼从一系列个别特例入手，通过反复观察、反复认识、反复对比，逐渐形成一种美的认识。如果这种认识是正确的，“它们就被我们综合和归纳到人类美的最高观念之中”。他反对采用演绎的方法，在他看来，采用“从普遍到部分、到个别的几何学方法以及从事物的本质中抽出关于它们特性的结论”这种哲学推理的方法，是很难得出“美的普遍的和明确的定义”来的。

温克尔曼在这一章里，着重探讨的是人体的形式美。他认为形象的形式单纯，连续不断，在统一中丰富多样，可以把任何类型的美提高一步。因为“统一与单纯”可以增强物体的规模感，反之，零散缺乏统一的物体，就不能一眼把握，也就失去规模感。另外，从统一中衍生出最高美的另一特征，不可测定性。

所谓不可测定性，是指那些由点和线构成的形象，不是某个特定人物的表现，不表达任何心境状态和激烈的感情，因为这些异常的特征妨碍美和破坏统一。这种所谓的“纯粹美”，“颇有些像从泉中汲出来的最纯净的水，它越是无味，越是有益于健康，因为这意味着它排除了任何杂质”。

一、艺术鉴赏问题

在艺术鉴赏问题上，他要求人们“在学会认识和探究美以前，不要在艺术作品中挑剔缺点和不足”。如果一个人缺乏美学修养和必要的知识，他走到优美的雕像跟前以后，会用一般的字句赞赏它的美，可是这种赞誉毫无价值。而当他们的目光犹豫、徘徊地掠过整个雕像时，却发现不了人体各个部位所蕴藏的美。

二、美的肯定与否定概念

关于美的一般论述，这就是：关于美的否定概念；关于美的肯定概念。

前面我们讨论的是美的否定概念，也就是说，我们排除那些非美的属性，指出关于美的不正确的概念。关于美的正确概念，需要掌握有关它的本质的知识，而我们又只能在某些方面能把握其本质。因为这里我们接触到的，就像大多数哲学推论一样，不能运用从普遍到部分、到个别的几何学方法以及从事物的本质中抽出关于它们特征的结论。

我们不得不满足于从一系列的实例中引出大致性的结论。哲人们在一般地思考何处包含着美这个课题时，研究了创造对象上的美，并努力深入到最高美的源泉，确认美是在创造与其预先目的，在它的各部分相互关系以及整体与各部分之间的完善和谐中形成。但因为这一定义与完善的概念意义相同，而要达到这种完善又非人类能力所及，所以我们关于美的普遍概念仍然是不确定的，我们只能从一系列个别的认识中形成这种概念，假如这些认识是正确的，它们就被我们综合和归纳到人类美的最高观念之中；我们越是能超脱物质，这种观念也就越被我们所升华。

此外，由于一切作品的创造者赋予他们的作品以恰如其分的完善程度，而任何一种概念又都是以某种原因为依据的，以此原因为线索，可以在这概念之外的其他存在物之中去寻找存在于一切作品之中的美的原因，离开美本身，则是找不到的。由于这一点，还由于我们的知识是通过比较而获得的，而我们又不能把美和任何更为高级的东西相比较，这便是美的普遍的定义很难产生的原因所在。

神灵是最高的美，我们越是把人想象得与最高存在（即神灵）相仿和近似，那么关于人类的美的概念也就越完善，最高存在以其统一和整体的概念区别于物质。关于美的这个概念与从物质中产生的精神相似，这精神经过火的冶炼，竭力按照由神的理智设计的最早的有智慧的生物的形象和模样来创造生物。

其形象的形式单纯，连续不断，在统一中丰富多样，因而也是谐调的。以同样的方式，柔和、愉悦的声响由身体中发出来，而身体的部位却是样式划一的。统一与单纯把任何一种美提高一步，就像美把我们说的和做的一切都加以提高一样，那些本来是伟大的东西，在显示出单纯的同时却变得崇高。假如我们的智慧能立即把握对象的总貌，打量它并把它归结为一个概念，那么对象不会变得狭小和失去规模感。

相反，正是这种清晰性向我们显示对象的规模，我们的精神也在把握它时不断开阔，同时不断提高。如果我们要观照的一切是零散的部分或者组成部分很烦琐，不能一眼把握，那么就会失去规模感，这犹如遥远的路程因中途可以见到许多物体，或者有许多提供休息的庭院我们可以歇脚一样。能使我们心醉神迷的和谐，不是由支离破碎和断断续续的色调组成，而是由单纯的、头尾连贯的延续替换组成。

正因为如此，大的宫殿可以显得很小，如果它的装饰物过分烦琐堆砌，而一般的住屋可以显得宽敞，假如它的布置单纯和优雅。从统一中衍生出最高美的另一特征，不可测定性，也就是说，它的形式除了组成美的点和线之外，不可能用其他的点和线来显示。由此产生的形象不是某个特定人物的表现，不表达任何心境状态和激奋的感情，因为这些异常的特征妨碍美和破坏统一。

在这个意义上说，美颇有些像出来的最纯净的水，它越是无味，越是有益于健康，因为这意味着它排除了任何杂质。同样，怡然自得的状态，也就是说，没有痛苦和在自然中得到满足的愉悦的感情状态，是最轻松的，通向它的途径也是最为直捷和畅达的，可以不经过任何困难和阻碍。所以最高美的观念似乎是最单纯和轻松的，它既不需要哲学地认识人，也不需要研究内心的激情及其表现。

可是正如伊壁鸠鲁所说，在人的属性中不存在介于痛苦与幸福之间的状态，激情乃是推动我们尘世之船的风，扬起诗人之帆并使艺术家变得崇高，因此纯粹的美便不可能是我们观照的唯一对象。必须把美带进动作和感情的状态之中，这种状态我们在艺术中用“表现”一词来说明。这样说来，我们得先论述美的形成，而后再谈“表现”。

三、美的形成

美的形成作为某一个美的对象的模仿，始于个别的美好事物，这在描绘神灵时也是如此。当希腊的艺术家开始专心于美的观照时，已经在男性青年中知道两性的混合现象，亚洲民族的腐化生活促使他们用在美少年身上切除睾丸的方法以延长他们的青春期来达到两性的混合。美的形成可以是个别的，也就是说是以指向单个物为目标的；或者是从许多个别中选择好的部件，把它们综合成为一个我们称之为“理想的”整体。

甚至在艺术的鼎盛期，人们是按照美的妇女模样和形象来塑造女神像的，这些美的妇女甚至有的是被人们付以酬金而表现出自己的好意的。体育场和少年们裸体训练斗技和其他体育项目的场所（人们到这里来欣赏美少年），也是艺术家研究人体构造的学校。这些使艺术家获得丰富的想象力，形式美也把他熏陶得胸有成竹和得心应手。

在斯巴达，年轻的姑娘也脱掉衣服甚至几乎裸体参加斗技训练。居住在小亚细亚的伊奥尼亚的希腊人当中，这种双重的两性美在祭神和宗教的习俗中以基贝拉女神的阉割了的祭司的形式出现。

四、美的原因

由于美的身体的形式是由线决定的，这些线不断地变化着自己的中心并在不断延续，任何时候不会形成圆形，因此它们比圆形单纯和多样。艺术家在美少年身上发现了美的原因在于统一、多样和协调。不论圆形是大是小，它有固定的中心，它包含了其他的圆形或者它本身包括在其它圆形之内。

希腊人几乎在自己的所有作品中努力追求这种多样性，他们的这些观念同样表现在日用陶制器皿和彩瓶的形式中，这些制品优美、典雅的轮廓正是与这一法则相吻合，也就是说，它们由几个圆形的线条组成的。因为这些制品有椭圆的形式，所以它们包含了美。但是在形式的组合中越有统一性和从一种形式到另一种形式的转换越多，整体的美也越强。

由这些形式组成的优美的青年人体，犹如大海的表面一样统一，在离它稍远的地方，它似乎是平静和平坦的，像镜子一般，虽然它永远在运动，在掀起波澜。然而，尽管青年人身体的形很统一，但由于形的边界不明显地相互毗连，在许多形中真正的高点和轮廓线不可能是准确和肯定的。由此说来，在青年人的身体中一切都具有，一切都应该具有，但无任何突出之处，也不应该有突出之处，画青年人的身体比画成年人和老年人的身体困难得多；因为大自然已经在成年人的身体中结束了自己的创造，也就是说，它已完全定型，而在老年人的身体中，大自然则开始破坏自己的创造。

不论在成年人或老年人的身体中，各部位的构成都历历可见，所以在画肌肉很发达的人体素描时，轮廓的偏差或者说加强、夸张肌肉或其他部位的比例，都无碍大局，画青年人的身体则不一样，最微小的偏差也会成为明显的瑕疵。最细微的阴影，正如通常所说的那样，也使身体的样子受到损害。因为在这里像射箭一样“过”与“不及”，都是没有打中目标。

这一议论可以说明我们立论的正确性和给它提供根据，也可以开化那些愚昧无知的人，他们习惯于大加赞美把一切肌肉和骨骼描绘得很突出的人体，而对于描绘青年人体的淳朴形式却漠然视之。我提到的这一点的最明显的证据是那些小石刻制品和从它们上面翻制的模子，从这些作品上看出，当代的艺术家们做的老人头像比起青年人的优美头像要更准确、更出色。

鉴赏家可能不会一眼就能判断出老人的石刻头像是否系古人创作，但对于理想化的青年头像的赝品，他的判断却比较有把握。虽然杰出的当代艺术家也试图按照原尺寸仿制著名的美杜莎雕像顺便说起，它并非是最高美的体现，但不论怎么说，总可以把原作和仿制品区别开来。对于许许多多的临摹作品也可以这样说，纳泰尔和其他人都从阿斯帕西乌斯的帕拉斯雕像上临摹了与原尺寸相等的作品。

应该指出，在这里我只是狭义地讲美的感受和形成，而不是讲描绘或制作的科学，因为在描绘和制作强健的人体中所包含和表现出来的知识，要比柔美的人体为多。《拉奥孔》就比《阿波罗》需要更多知识的艺术品。《拉奥孔》中主要人体的作者阿格桑德尔，比起《阿波罗》的作者来应该是远为更有经验和更有教养的艺术家。但是《阿波罗》的作者则应该具有更高的智慧和更温存的心灵。在《阿波罗》中有一种崇高的东西，这在《拉奥孔》中则无。

五、大自然以及最美的人体结构很少完美无缺

但是，大自然以及最美的人体结构很少完美无缺，在最美的人体结构中也有一些形式和部件可能以更完美的样式在别的人体中表现出来。以此经验为基础，聪明的艺术家像园艺家一样，在一个主干上插上各种优良品种的接枝，也像蜜蜂从许多花蕊中采集液汁一样。

希腊艺术家们在美的理解上不局限于它的个别表现，古代和现代的诗人，以及大多数当代的艺术家也是这样理解的。他们力图把许许多多优美的人体的优美的部分综合到一个整体中，他们从自己的作品中剔除那些能使我们背离真正优美的个人趣味的任何表现。例如，阿拿克瑞翁的情人双眉相互之间微微隔开，是由于个人的癖好设计来的美；同理，忒奥克里托斯的情人达菲尼斯的双眉是连成一片的。

看来一个晚期的希腊诗人从后一作者中吸收了双眉的样式，他在自己的《巴里斯的审判》中用这种眉毛来突出三位女神中最美的一位女神。在涉及优美方面，我们的雕塑家们，特别是那些以模仿古代著称的雕塑家们的概念是独特的和褊狭的，他们取阿缩诺乌斯的头像为最高美的范例，这头像上的低垂的双眉赋予人物以严峻和忧郁的神情。贝尼尼认为，关于宙弗克西斯在克罗顿描绘尤卢娜女神时从五个美女中吸收各自身体最好部位的传说是虚构和臆造的。他陈述的观点是没有根据的。

贝尼尼设想，人体或肢部的每一部分，除了与自己所属的身体相适应外，不适合于其他任何身体。另外一些人，除了个性美以外，对另一种美无暇顾及，他们坚持一种看法，即古代雕像之所以优美，是由于它们像美的人体，而人体假如像美的雕像，也总是美的。第一，意见与真理相合，不过不应从个性的意义，而应从总体的意义去理解。第二种意见并不正确，因为要找到像藏在梵蒂冈的阿波罗雕像那样的人体结构是很困难甚至是不可能的。

六、有理智有思想的生物的心灵

伟大的希腊艺术家们，他们想把自己看作新的创造者，与其说是为理智而创作，不如说是为感情而创作。他们努力克服物质的艰苦，只要一旦有可能，便赋予物质以精神。生物的心灵具有从物质领域升华到概念的精神领域的天赋癖性，同时，心灵的真正乐趣则包含在创造新的和更为精细的思想之中。

他们的这种善良愿望早在艺术产生的初期，就促使产生了关于皮格马利翁的传说。他们用双手创造了宗教崇拜的对象，其目的是为了唤起虔诚之心，也必然要造成神灵世界的印象。作为宗教奠基者的诗人们为这些形象创造了崇高的观念，从而让想象力添上翅膀，使它能够自我升华和在感情领域的上空翱翔。对于想象，很可能人类关于有感知的神灵的观念比永恒的青春和生命的美好阶段更为崇高和有魅力。

这与神的本性的永恒性的概念是一致的，此外，神灵年轻优美的容貌显示出自己的柔情可爱，成功地使心灵处于甜蜜的兴奋状态，其中也包含了人类的安乐；对于这种安乐，不论理解是好是坏，所有宗教都在追求它。在所有女神中狄安娜和帕拉斯葆有永久的处女贞洁，其他女神在失去贞洁之后，还可以重新获得它。尤卢娜在伽纳特泉水中沐浴时，恢复了自己的贞洁。所以女神们和阿玛戎女人们的乳房描绘得像少女的乳房一样，卢西娜还没有给她们解开腰带，她们还没有接受爱情的种子，我想指出，她们胸脯上的乳头还不明显。

只有当女神被描绘成喂乳时例外，如伊希斯给荷鲁斯哺乳，描绘这一情态的石头雕像见于斯托塞博物馆（虽然按照神话传说，她把手指放在荷鲁斯的口中，以代替乳头，看来这与上面所说的看法相吻合）。在巴尔贝雷尼宫有一幅古代绘画，据说描绘的是真人大小的维纳斯，可是乳房上有乳头，这一点便足以证明画中人物不是维纳斯。

七、用行为的机敏来表现自然界的灵性

神灵的青春容貌因性别不同显示出细微差别，艺术在描绘他们时力图表现与每个神的身份相适应的美。此外，希腊人还用行为的机敏来表现自然界的灵性。例如，荷马把尤卢娜的神速移动与人在一瞬间的急速变化的念头相比拟，人在一瞬间可以思念许多他到过的遥远国家，从而，他在这同一瞬间可以说："我到过这里，我到过那里，女神阿塔兰忒的奔跑也是这种形象，她在沙地上迅疾地走动，不留任何足迹。"阿塔兰忒的这种轻盈的印象也表现在斯托塞博物馆的水晶石雕刻中。

梵蒂冈的阿波罗似乎两脚腾空飘动。青春在这里是一种理想，这种理想有时从优美的男人体中，有时从阉人的身体中吸收过来；前面提到过的柏拉图，以其超人的口指出，在描绘神祇时用的不是真正的人体比例，而是按照想象的最美的比例。男性原始的理想形象有几个不同的等级，它首先体现在地位低下的牧神形象中。最美的牧神雕像是健美的青年人体，比例完美。

他们的青春容貌与年轻的英雄不一样，有一种天真烂漫和纯朴的特点，这是希腊人对于这些神灵的一般公认的看法。但有时他们也把牧神刻成满面笑容和如山羊一般在颌骨下面有下垂的胡须。刻画成如此形状的小头像，在制作技术上是古代头像中最精美的一个，原为著名的马尔西里伯爵收藏，如今保存在阿尔巴尼别墅中。

收藏在巴尔贝雷尼宫中的优美的沉睡的牧神像，不是一种理想的表现，而是纯朴的自然本身的一种体现。当代有一位作家长篇累牍地发表关于绘画的高谈阔论，看来他从未见到过古代牧人的雕像，或者他对于这些雕像的知识甚为贫乏，因而，他把某些人所皆知的东西弄错了。

在他的笔下，似乎希腊艺术家描绘的牧神躯体粗拙笨重，头颅粗大，颈项短小，肩膀高耸，胸脯细窄，大腿和膝盖厚而肥，双足畸形。把古代艺术家设想得如此卑俗和虚假，真难以使人置信！这种涉及艺术的邪说是在这位作家头脑中杜撰出来的。我不晓得，是否要告诉这位作家，利塔在与西塞罗的谈话中是怎样谈论牧神的。

八、男性青年美的最高标准

男性青年美的最高标准特别体现在阿波罗身上。在他的雕像中，成年的力量与优美的青春期的温柔形式结合在一起。这些形式以其充满青春活力的统一而显得雄伟，用依毕克斯的话来说，他不是在树荫中游惰度日的维纳斯的情侣，不是在玫瑰花丛中为爱情之神抓抱的美少年，他是品德端正的青年，为从事伟大的事业而诞生。所以阿波罗被认为是神灵中最优美的神。他的青春灿烂、健美，力量犹如晴天之朝霞。

但是我并不想证明，所有的阿波罗雕像都以这高雅的美出众，因为即使被我们的艺术家们赞美和经常用云石复制的藏于美第奇别墅的阿波罗像，虽然具有优美的身材，如果选样说是可以宽恕的话，但他身体的单个部位，如膝和足，比较平庸。我想在这里描述人类本性几乎是无法创造的优美雕像，这便是藏在波尔格兹别墅中长着翅膀的神像，他是个身材匀称的青年。

假如在梦中出现了天使，他的面庞为圣光照耀，他的身材似从最高的和谐中产生，这形象提供给装满了自然的单体美的想象力，提供给从观赏衰老的神灵转向观赏有青春美的神灵的想象力，那么读者就可以设想出这件优美作品的样子。可以说，大自然在神的认可下，创造了这种美，它类似天使的美。

阿波罗的优美英俊后来逐渐运用到年龄更加成熟的神灵的描绘上。在墨科里乌斯和玛尔斯的形象上，这种优美英俊显示出刚勇的特点。可是古代没有任何一位艺术家设想过把玛尔斯刻画成像我们前面批评过的作家要描绘的那个样子，即身体中的每个细小的部位都表现出他的力量、勇气、热情和灵性。这样的玛尔斯在整个古代都找不到。在玛尔斯的三件优美雕像中，有一件藏在留多维西别墅，是真人大小的座像，足旁有站立着的小爱神。

在这件雕像上，也如在所有的神像上一样，看不到一根腱和一根血管。在巴尔贝雷尼宫收藏的杰出的云石油灯上和在卡皮托利博物馆收藏的圆形底座上，玛尔斯被刻成立身像。这三种雕像中的玛尔斯都是青年，姿势都完全平静。这样年轻的形象我们同样可以在银币上和石刻上见到。我宁可认为它描绘的是另外一个玛尔斯，即被希腊人称为坎毋利斑斯的，与前面说的玛尔斯不一样，乃是他的助手。

同样可以见到赫拉克勒斯被刻画成充满青春美的少年，雕像上的特征竟令人怀疑他是否是男性。按照宽厚仁爱的格爪茨拉的意见，这就是，年轻人的美。在斯托塞博物馆的光洁的岩石上，赫拉克勒斯的形象就是这样刻画的。但是，在多数情况下他的额头上鼓出有点圆的、肥胖的赘肉，从这些赘肉上悬挂着或者说扬起眉弓，用来表示他的力量和他在经常性工作中的愤懑感情，据诗人说，他的内心是充满着这种愤懑的感情的。

九、理想的青春美的第二种类型

理想的青春美的第二种类型是从阉割过的人们身上汲取过来的。在巴克斯的雕像中，它和刚勇的青春美相结合。这种形象见于巴克斯从少年到成年的各种雕像，在其最优秀的雕像中，他的娇嫩和圆形的四肢，肥胖和宽厚的大腿，具有女性特征。

他的形体柔和，有曲线美，像充满着温和的气流，在双膝上几乎没有刻出关节和软骨，这在最美的少年与阉人中是常见的。巴克斯被刻画成刚刚进入青春发育期的少年，在他身上最初的性欲标志开始显露于外表，像冒出来的植物的娇嫩的尖端。巴克斯处于恍惚的似梦境界和沉缅于性的幻想，他的特点在这些形象中被集中地表现出来并且给人以明确的认识。他的脸形特征充满了甜蜜，可是还没有完全反映出他欢乐的心灵。

有些阿波罗的雕像，体形结构与巴克斯相似。藏于卡皮托利博物馆的阿波罗属于这一类。他漫不经心地附于树干，脚边有天鹅，其他三件均很优美的阿波罗雕像，藏于美第奇别墅的，也属于这一类。因为有时人们凭借这两雕像同时崇拜这两位神，所以他们可以互相替代。在阿尔巴尼别墅，当我看到伤残的巴克斯，几乎忍不住要流下眼泪，他的头、胸、双手均被砍掉，他的穿着从腰部往下垂到地面，更准确地说，他白衣服（或者衣衫）比男性衣服要长。这个布满了衣褶的长衣衫，它至落地的那部分，搭到人体依傍的树干之上，在树干上绕着常青藤蛇。没有任何一件雕像能够赋予被阿拿克瑞翁称为家畜的巴克斯如此崇高的表现。

十、成年男性之美表现在年岁成熟的力量与青春朝气

成年男性神之美表现在年岁成熟的力量与青春朝气上，而青春朝气表现于不刻画骨骼和腱；在青年时期，它们往往是不易觉察的。但同时在这方面也体现了神灵的节制，他们不需要进食器官。由此可以解释埃斯库罗斯关于神灵形体的见解，他认为，神的身体只是身体的类似物，神的血液，也仅仅是血的类似物，西塞罗把这句名言看作晦涩难解的。

这些身体器官有与无的区别在两个赫拉克勒斯之间表现了出来。在赫拉克勒斯不得不与各种妖魔怪物战斗时，他还没有达到自己劳动的目的，而当赫拉克勒斯的身体用火焰洗净以后，他才获得享受奥林匹斯神山的快乐。第一种类型的赫拉克勒斯是现藏在法尔内西纳宫的雕像，第二种类型见于藏在贝尔维德雷残缺不全的躯体。

这有助于人们判断或使人们产生疑问，那些失去头部的雕像是不是描绘的另外的人体。这一思考告诉我们一件事实：那座从赫库拉努姆城出土的比真人大的座像，不应该修复成丘比特，给它加上新的头部和与这神灵相适应的道具。依靠这些概念的帮助，物质自然升华到精神的自然，艺术家之手创造出摆脱人类需求的形体，描绘出最高品质的人，这些形体看来仅仅成为有思想的灵魂与神灵的躯壳与外表。古代人从人间美逐步升华到神灵美之后，还建立了永久的美的等级。

在描绘自己的英雄，被赋予人性的最高品质的人物时，他们接近神性的边缘，但不越雷池一步混淆神灵与英雄之间的细微差别。只要给昔勒尼银币上的巴托斯添加充满温情的目光这一特征，它将变成巴克斯的形象；如果赋予他的威严这一特点，它又会变成阿波罗神像。如果把克诺索斯银币上米诺斯像上傲慢的王权的目光除掉，他将与宽厚、仁慈的丘比特相似。古代人赋予英雄以英雄气概，让某些人体的部位鼓起、加强，超过正常的尺寸。他们还强调筋肉的变幻与稳定感，并在激烈的运动中造成人体一切筋肉的活动。他们用这种方法力图达到尽可能的多样化。

据说在这方面超越了他的所有前人。同样的情况还可以在藏于波尔格兹宫的、由埃弗斯城的阿格西阿斯创作、被称作角斗士的雕像中看到。这个角斗士的脸型与某一个具体的人明显相似，但肋骨上的锯齿形的肌肉比普通人体更突出，更有动感和弹性。倘若把拉奥孔雕像的肌肉与神的或神化了的雕像，如赫拉克勒斯和贝尔维德雷宫的阿波罗的同一部位加以比较，我们就可以看得更为明显，在拉奥孔的雕像中，自然升华到了理想的高度。

拉奥孔雕像上的肌肉运动已达到极限，它们像一块块的小山丘相互紧密毗连，表达出在痛苦和反抗状态下的力量与极度紧张。在神化的赫拉克勒斯的躯体中，这部分肌肉却显示出崇高的理想形式与美的特征。它们犹如平静的大海中轻轻晃动与扬起的海浪。众神最美的阿波罗像上的这些肌肉温柔得像熔化了的玻璃，微微鼓吹波澜，与其说它们是为了视觉的观照，不如说是为了触觉享受。

十一、揭露错误观点

在女性神像中和男性神像中一样，不仅可以发现年龄上的差别，还可以发现不同的美的概念，至少在头部塑造上是如此，因为只有维纳斯一个女神的雕像是全裸的。维纳斯的雕像比其他女神的数量要多。请读者们原谅，我不得不再一次揭露那位诗人的错误观点。在杜撰了古代艺术品的许多特征的同时，他在描述古代为半神的英雄，这是在他以前即已有的名称作的作品中，看到松弛的肌肉、瘦的双足、小的头颅、细长的大腿、干瘪的肚皮、孱弱的脚趾、扁凹的脚背。不知他是在何处看到类似现象的。

其实他应该多写些他自己思考的东西。佛罗伦萨美第奇别墅的维纳斯如在日出时由于美丽的朝霞而开放的玫瑰花，这玫瑰花是在枯老、苍劲的藤上开放的，颇像没有完全成熟的果实，她的乳房比芳龄少女的乳房要发达，便说明了这一点。看她的姿态，我想到了阿匹列斯曾经钟情的拉伊丝，想象到她头一次在画家面前赤身露体地做模特儿的姿势。

在卡皮托利宫收藏的维纳斯也同样是这个姿势，它保存的情况比其他维纳斯雕像为好（因为她只有几个指头残缺，而且雕像完全没有断裂），另外藏于阿尔巴尼别墅的一座维纳斯像，还有米诺方托斯根据特罗阿达宫的收藏复制的一座维纳斯像，也都是这个姿势。只是有一点儿微小的差异，即在后一座雕像上右手靠近胸前，中指贴近胸膛，左手提着衣衫。

因为这些雕像表现了维纳斯更为成熟的发育阶段，所以它们比美第奇别墅的维纳斯形体要大。阿尔巴尼别墅收藏的等人大小的雕像，描绘了维纳斯与彼列乌斯结合时的妙龄，十分沉稳。帕拉斯却相反，总是被描绘成身材高大的成年姑娘。在尤卢娜的雕像中，可以看出她是成年妇女，又是女神。她除了身材比其他女神不同外，还显示出王权的骄傲。

在尤卢娜大而突出的眼睛所传达的目光中，指使别人的成分，则犹如女王一般，希望使唤众人并得到众人的尊重和爱戴，收藏在留多维西别墅中的尤卢娜女神优美的头像，尺寸很大；象征少女纯洁的帕拉斯女神，摆脱了一切女性弱点，甚至克服了爱情的缠绕，眼睛不那么鼓出，眼睛睁得不大，头的动态没有傲慢的气派，目光略微向着下方，似乎在静观之中。最好的帕拉斯雕像藏在阿尔巴尼别墅中。但是维纳斯的目光与这两位女神均不一样。

这是由于她的下眼睑有些向上弯曲，赋予她微微启开的眼睛以一种诱惑人的和倦怠的表情的缘故。这种表情古希腊人用这个字来形容。但她远没有近代维纳斯雕像的淫荡丑态，因为在古代艺术家的心中，爱情犹如智慧的化身而受到尊重。狄安娜女神具有女性的一切可爱的特征，但似乎就是不具备这一点，所以她被描绘成奔跑疾速走步的状态，她的目光置邻近物体于不顾，直射远方。

她总是扮成少女的模样，前面的头发编结成绺，或者散披着头发。因而她的体态比尤卢娜和帕拉斯显得更轻盈和修长，狄安娜的残缺雕像很容易与其他女神像加以区别，犹如在荷马笔下，她在许多女伴中出人一头。任何人都可以从银币、玉石器的浮雕以及从它们上面鎏制下来的图样上得到有关神灵头像的理想概念，这些东西可以传到希腊雕刻家的杰作从未到达过的地方。没有一件丘比特的云石雕刻像腓力、托勒密一世和彼鲁斯这些帝王们在塔索斯铸造的钱币上的丘比特那样威严。

收藏在那不勒斯皇家法尔内西纳博物馆两枚银币上的普罗塞彼娜的头像，可以说是绝无伦比。在希腊艺术家那里，神灵的形象是那样的明确与不容混淆，像是由某项法则所规定了似的。在伊奥尼亚或朵利亚地区希腊人铸造的银币上的丘比特头像，与西西里岛银币上的完全相似。阿波罗、墨科里乌斯、巴克斯、少年与成年的赫拉克勒斯的头像，不论是刻在银币、玉石制品上，还是在独立的圆雕中，都是按照同一思想塑造的。最伟大的艺术家们创造的优美的神灵形象成为一种法则，他们认为，他们再现的形象与神灵最为暗合。

如巴拉西乌斯自诩说，呈现在他前面的巴克斯正是他刻画这位神的样子。菲狄亚斯的丘比特、波利克列特的尤卢娜、阿尔卡美奈斯以及后来普拉克西特列斯的维纳斯，自然成为他们的后继者们的最珍贵的典范，这些形象也为全希腊人所接受和崇敬。此外，正如西塞罗与科塔谈话录中所指出的，即使神灵也不可能在同等程度上享受最高的美，同样，在由许多人物组成的最完善的画幅中，也不可能仅仅画一群美女，犹如不可能在悲剧舞台上仅仅出现一群英雄一样。

十二、美的表现

宁静对于美和大海都是最富有特征的状态。经验还表明，最优美的人们总是以宁静和品行端正的性格出众。高雅美的表现只能在脱离了任何个性化形象的、宁静和抽象的心灵观照产生，舍此别无他法。在论述了美的形成以后，有必要把话题转到表现上来。表现乃是模仿我们心灵和身体的活动的和被感受的状态，包括它们的全部的欲望和行动。

这两种状态改变着我们的脸部特征和身体的动势，改变着构成美的那些形式，这种改变越大，对美的损害越烈。伟大的诗人（指荷马——译者）在这种平静中为我们创造了众神之父的形象，他的眼睑一晃动或者头发一抖动，便使天穹震撼。大多数神灵的形象都是感情完全超脱的。由此可见，上面提到的藏在波尔格兹别墅的神像的高雅美，也只能是在这种状态之中产生的。

但是由于在运动和行为的状态中不可能表现完全的冷漠，还由于神灵的形象是以人的面貌出现的，那么，在这些描绘中不是时时都可寻求和实现美的最高表象的。一定的表情似乎要受到美的测定，所以美对古代艺术家来说似乎也成为表现的一把标尺并具有主导意义，它像大钢琴在乐队中的作用：指挥着其他乐器，尽管其他乐器的声音有时把它淹没。梵蒂冈的阿波罗像表现这位神在气愤之中用箭征服毒蛇皮，同时又表现出他对这一微不足道的胜利完全蔑视的神态。

智慧的艺术家想表现出神灵中最优美的一位神的形象，把气愤的表情放在鼻子上来表现；古代诗人们认为，气愤集中在鼻子上，蔑视的表情表现在上下嘴唇上。在这座阿波罗雕像上，蔑视的表情是通过下嘴唇的上翘的动作表现出来的，也随之上翘，愤怒的表情体现在鼓起的鼻。神态与身体的动势和神灵的尊严相一致，所以除了阿尔巴尼别墅的巴克斯和一座带翅膀的神像外，找不到一座神像的双足是相互交叉的，巴克斯的这一动作是表现他的柔弱。

因此，我并不认为在伊利斯的双足交叉和双手依在矛上的立身像描绘的是海普顿，像普萨尼认为的那样。在法尔内西纳宫的墨科里乌斯的铜像等人大小，也是那样的站立姿势，但要知道这是后期的作品描绘法乌纳的两座优美的杰作，藏于罗斯伯里宫，笨拙得像胖子似的，一只脚放在另一只脚后面，以显示他的粗毛质。

在波格兹别墅中的弗罗克顿的阿波罗（即杀蜥蜴的阿波罗）座云石雕像和在阿尔巴尼别墅中的一座铜像，也都是这一姿势。据认为这是描绘阿波罗神在国王阿德密托斯那里做牧童时的情景。古代艺术家在描绘英雄时代的人物和只有人类欲念的形象时表现出同样的智慧。智者时刻都能克服自己的欲念，不让它们爆发出来，而只显示他扑灭了的火焰的火星。

谁要崇敬和认清这些火焰，他可以去寻找它隐藏的内涵。这就是智者的语言的特色。所以荷马把乌利斯的话比作雪片，它们常常落在地面上，可是很轻很轻。艺术家在描绘英雄方面不如诗人自由。诗人可以把英雄描绘成他们的欲念还没有受法则或共同生活准则控制的那些时间里，因为诗人描绘的特点与人的年龄、状况相适应，所以可以与人的死相毫无关系。

艺术家则不然，他需要在最优美的形象中选择最美的加以表现，他在相当程度上与欲念的表现相联系，而这种表现又不能对描绘的美有所损害。可以用两件古代优美的作品来说明这一想法的正确。其中一件是表现死的恐怖；

另一件则表现巨大的苦楚与疼痛。狄安娜致命的箭正在射向尼俄柏的女儿们，她们陷入恐怖、惊愕和感情呆木的状态之中，无法避免的死亡从她们的心灵夺去任何思考的可能。这死亡的恐怖在神话中形象地表现为尼俄柏变成了山岩的石头。

埃斯库罗斯因此在悲剧中把尼俄柏表现成沉默无言的。这样的状态与一切感情、思念的停顿有联系，接近于漠不关心，可是并不改变人体和面部的任何一个特征。伟大的艺术家可以在自己的作品中按照他想象的那样表现出最高美；尼俄柏和她的几个女儿成为这种美的最高表现。拉奥孔是最剧烈痛苦的表现。在这里痛苦流经所有肌肉、神经和血管。蛇的致命咬痛造成极大的恐慌，使身体的所有部位表现出苦楚与紧张。艺术家在这里揭示出自然的一切威力，表现出自己博大的知识和艺术技巧。

可是，虽然表现了巨大的痛苦，这里仍然看到伟大人物经受考验的心灵，他在与剧痛作斗争，竭力克服和抑制痛苦的显露。这一点我在第二部分中描述这座雕像时已试图向读者指出。

十三、诗意化的形象

著名画家吉莫玛赫斯画狂怒的埃阿斯不画他杀戮被他视作希腊人首领的羊群的一瞬间，而是画他完局了这一举动之后的情景。明智的艺术家与其说是按照诗意化的形象，不如说是按照智慧的原则去描绘他的。这时他冷静下来，充满失望和愤怒，思考自己的错误。在卡皮托利博物馆中的伊利斯石板上的伊阿斯侣是这样描绘的。在吉莫玛赫斯的画幅中，美狄亚的孩子们在母亲的匕首前微笑，母亲的狂怒与她感到孩子们无辜的心情交织在一起。

描绘知名人物和王族贵人，也都要表现出他们充满尊严的动作，就像他们在全民面前出现时那样。古罗马皇后的雕像如同女英雄一般，在姿势、风度和动作上，没有任何造作。在这些雕像中，我们似乎亲眼看到那种被柏拉图认为不是感知对象的智慧。因古代哲学家们的两个著名学派在与自然相符合的生活中看到崇高的善德，而斯多葛派则在安宁中看到它，由此他们的艺术家的观点也有所不同，有的注重自然本身的各种表现，有的则注重端庄胴体。

古代艺术家们在表现方面的智慧，因在多数近代艺术家们的作品中表现出来的相反特征而占据优势。近代的多数艺术家不是用很少的手段表现出很多的内容，而是用很多的手段表现很少的内容。他们画的人体动态使人想起古代剧院中的滑稽演员。为了能使坐在最远的观众在白天的光线下看到他们的表演，这些演员不得不用失去分寸的夸张，破坏真实的界限。他们画的人物面部表情很像由于上述同一原因而歪曲了的古代面具。甚至有一本教授如何夸大表情的著作在初学的艺术家中流传，这就是爱尔勒布伦关于描绘表情的论文。

为这篇论文所附的插图素描，在面部不仅有感情的激烈表现，而且在有些插图中，感情达到不可抑制的程度。看来这种教习表情法和狄奥格涅斯生活的时代没有两样。狄奥格涅斯说，我像音乐家们一样行事，他们为了取得准确的音调，在调节音调时指示较高的调子。但是因为热情的年轻人总希望走极端，不希望适中状态，那么用这种方法就会很难在适当的状态中生活。这是我关于绘画和雕刻中模仿了希腊作品的一些见解。

十四、理想的美

理想的美克服自然观察自然的许多机会启发了希腊艺术家们走得更远。他们开始形成对于躯体各个部分和整体比例的美的某种一般概念，这概念应该高于自然本身，只有通过理智创造的有灵感的自然，才作为他们的形象原型。拉斐尔正是这样描绘他的加拉泰亚的。可以参看他致巴尔逆萨尔卡斯提里奥纳伯爵的信，他写道："妇女中的美人甚为少见，所以我就使用我的想象力中的某些概念。"希腊人根据这种超于物质常态的概念来塑造神和人。

对于神和女神的前额和鼻子都几乎赋予一种平直的线条。希腊钱币上的名媛淑女的面部具有同样的侧影，那不是随意画定，而是以理想的概念为依据。或许有人会推测，这种形态是希腊人所特有的，正如加尔梅克人的鼻子是偏的，中国人的眼睛是小的一样。石雕和钱币上的希腊人肖像的大眼睛似乎证实了这种推测。在钱币上刻画的罗马皇后的依据是这种概念。

丽维亚和阿格里彼娜的头部的侧影和阿尔特米西亚的头部侧影一样。由此可以发觉，底比斯人给他们的艺术家制定的规则："小心翼翼，更美好地模仿自然"，也同样为希腊其他艺术家视为法则。凡是不应用无损于逼真的秀美希腊侧影的地方，就要遵从自然的真实，在尤奥都斯做的提图斯皇帝公主尤利亚的美丽头像上可以看到这一点。"使肖像酷似，同时更加美丽"这一法则永远是一条希腊艺术家认为理所当然的法则，这又必然把大师们的目标提高到更为美丽、更为完善的自然上去。

波利格诺特一直遵从这一信条。有一些关于艺术家的记载，说他们像普拉克西特列斯那样地依据自己的情妇克拉蒂娜雕造克尼多的维纳斯，或者像其他画家那样，把拉伊斯作为优雅女神的模特儿，我认为这种做法都没有偏离伟大的艺术共同规律。艺术家从可以感知的美和在描绘面部高雅的特征时吸收了美好的造型。

艺术家从前者得到的是人性，从后者得到的是神性。如果有人有足够的教养，深入观察艺术的深邃之处，把希腊人像的全部残留下来的构造方法与现代大部分方法相比较，而尤其是当艺术家对于自然的遵从要多于古代的鉴赏观点的情况下，他也许会发现一些过去不为人知的美。在近代大师的大部分人像里，在那些相互密切关联的身体各部分中，细小的、明晰刻画出来的皮肤皱纹历历可见，而在希腊人像上，同样的部位，类似的皱纹，都形成一个隆起接一个隆起的柔缓的波浪形状，因此看来，这些皱纹就形成了一个整体，并造成一种高雅的印象。

这些杰作向我们所展示的皮肤不是紧张的，而是柔和地覆盖在健美的肌肉上，肌肉使皮肤充盈而没有夸张的突起，并且在肌肉部分的全部曲转之处和曲转的方向趋于一致。皮肤从来不像我们的躯体那样形成特殊的与肌肉分离的细小皱纹。

近代作品与希腊作品的区别同样还在于它造成一定数量的琐碎印象和过多的、过于令人感知的凹陷。这样的凹陷在古代作品上也有所出现，那是以一种简练的智慧处理的，其数量也与希腊人完善、充实的天性相适应，并且柔和地被表现出来，只有造诣颇深的行家才能察觉。在这里一个似乎真实的设想越来越明显地提了出来，即在雕刻优美的希腊人体时，正如在他们的大师的作品中一样，更多地存在着整体构造的统一，存在着各个部分的更为匀称的结合，更高程度的充盈，而没有我们的躯体的枯燥乏味的夸张和许多随意的凹陷。

人们不能离开似乎可信的情况而走得太远，但是这种似乎可信的情况应该受到我们的艺术家和艺术鉴赏家的注意，我们之所以必须对此予以更大注意，是因为必须使对于希腊人重大作品的崇敬摆脱强加予的许多偏见，是因为不能使人误信这些作品值得模仿仅仅是因为它们身上积满了时代的灰尘。

对于许多艺术家意见大相径庭的这一观点，需要比本文论述更为详尽的探讨。

十五、通过对希腊人的模仿更好地模仿自然

大家知道，伟大的贝尼尼是一个想就希腊人的人体在美好的自然的品格方面和理想美方面提出争议的人。除此之外，他还认为自然懂得给予人体各部分所需要的美，而艺术的任务就在于去发现这种美。他还以摆脱一种成见而自豪，这种成见最初表现在对美第奇维纳斯的美的判断之中，经过在不同情况下加以不辞劳苦地研究之后，他认定维纳斯符合自然。

就是这个维纳斯教导他发现了自然中的美，他认为是他首先在维纳斯身上发现了美，如果没有这个维纳斯，他就不会在自然中找到美。由此推论，希腊雕像的美岂不是比自然中的美更容易被发现，而前者的激动人心的十分分散的美，难道不是比后者更为集中统一吗？为了认识完全的美，对于自然的研究，比对于古代艺术的研究，也至少是一个更为漫长、更为费力的路途，可以说，贝尼尼虽然总在给青年艺术家优先指出自然中最优美的东西，却并没有指出一条捷径。

对于自然美的模仿或者专注于一个单一的对象，或者是对于各种单一对象集中起来的综合观察。前者可以称为近似的描摹，即肖像，这是通向荷兰式的形体和艺术形象的道路。后者则是通向普遍的美和对它加以理想塑造的道路，这正是希腊人所走过的道路。但是他们和我们之间的区别就是：希腊人由于他们有可能抓住每一天的机会观察自然的美，从而获得了这样的描绘，虽然这类描绘可能并不是取自更美的形体，而自然的美却不是每天向我们显示出来的，比艺术家所希望见到的更为罕见。

我们的大自然不会轻易造就一个如此完美无瑕的，像安提诺斯·阿德米兰都斯（Antinous Admirandus）所具有的那样的躯体，想象也不会超越具有美好神性的人的比例关系的梵蒂冈的阿波罗，所以，自然、天才和艺术所能够造就的，都明示于我们的眼前。我认为，模仿自然和艺术品这两者可以使人很快变得聪明起来，因为在前一种模仿中可以发现分布出整个自然界的整体的东西，在后一种模仿中，可以看到最优美的自然（指艺术品）大胆而聪明地超越自然本身。

模仿让我们学会有把握地进行思考和设计，因为在这里它看到了人性的美和神性的美的最高界限的确定的轮廓。如果艺术家根据这一条原理构思，从双手到心灵都受这一条关于美的希腊规则的引导，那么，他肯定就走向模仿自然的道路了。表现在古代艺术自然中对整体和完美的理解，将使我们的对分散于自然中各个部分的理解，变得更为清晰、更为可以感知。

艺术家在发明自然的美的时候，善于把这种美和完善的美结合为一，并且借助于经常存在于身边的优美形式，他就会制定出自己的规则。只有在这个时候，而不是早于这个时候，他，特别是画家，才能在艺术允许他的情况下投身于模仿自然，才能摆脱云石的限制，才能像普珊那样在处理穿衣服的人体时，得到更多的自由。正如米开朗琪罗所说："经常追随别人的人永远不会走在前列，自己不善于创作优秀作品的人，也能够出色地运用别人的成绩。"

自然所景慕的心灵，这样的心灵已经为将要成为独特创造者的人们开辟了道路。根据这种理解就可以相信德皮勒斯的记载死亡降临到拉斐尔床榻之前时，他还在努力摆脱云石并全然追随大自然呢？真正的古代艺术趣味在他研究一般的自然时也是他的，但对他来说，对于自然的全部观察，像通过某一种化学反映一样，变为组成他的本质，他的心灵的一切。他本来很可能赋予他的绘画更大的多样性，更多的服饰，更多的色彩，更多的光与影。

但是，通过这种手段，他的艺术形象，通过他从希腊人那里学来而绘制的高雅的轮廓和崇高的心灵，获得的价值，无论如何一定会减少。最明确显示出对古代艺术的模仿较之对自然的模仿更为优越这一点的办法，可能就是请两个具有同等高超天资的青年，一个研究古代艺术，一个只研究自然。后者可能会塑造他所见到的自然。

作为一个意大利人，他会像卡拉瓦乔那样绘制艺术形象；作为一个荷兰人，在最好的情况下，会像雅各布一样。作为一个法国人，像斯岱拉一样；前者会按照自然要求的那样表现自然，像拉斐尔那样绘制艺术形象。

十六、心灵的东西，人性的表现，高尚的简朴

正如海水表面波涛汹涌，但深处总是静止的一样，希腊艺术家所塑造的形象，在一切剧烈情感中都表现出一种伟大而镇静的心灵。希腊杰作有一种普遍的突出的标志，这就是无论在姿态上、表情上，都显出一种高尚的简朴和静穆的伟大。这样一种心灵，就显现在陷于极端痛苦之中的拉奥孔的面部，而且不仅仅在面部。

他的痛苦在周身每条筋脉上都可以看出，纵使不看面孔和其他部分，只看他疼得抽搐的腹部，我们也仿佛感觉到自己也在忍受那种痛苦，而这种痛苦，我要说，尽表现出来了，然而面孔和全身姿态却并未显出任何狂烈的激动，他没有号啕大哭，像维吉尔曾在诗里所描写的那样。他张嘴的形态不允许他大哭，他的表情倒可以说是勉强压抑住的恐怖的惊叹，像萨多莱特所描写的。

身体感受到的痛苦和心灵的伟大以同样的力量贯注于整体结构，而且好像是经过平衡了似的。拉奥孔至感痛苦，但是他的痛苦像索福克勒斯所描写的斐洛克特提斯的痛苦一样，他的苦楚打动我们的心灵深处，但是也促使我们希望自己能像这位伟大人物那样承受得住苦楚。这样一个伟大心灵的表现远远超越了美的自然的描绘，艺术家一定先在自己身上感觉到这种精神力量，然后才把它刻在岩石上。

希腊把艺术家和哲人结合在一个人身上，产生过不止一位麦特罗多罗斯。智慧伸手给艺术，把超乎寻常的心灵灌注到艺术作品里去。如果艺术家给作为司祭的拉奥孔加上一身衣装，那么隔了这一层衣服，我们可能只会感觉到他的一半痛苦。贝尼尼坚持说，在拉奥孔的一个大腿上，他看到蛇毒开始发挥作用。

希腊雕像的一切动作和姿态，如果不表现这种智慧的特点，而完全表现为火烧火燎和狂放激烈的行动，那就陷入了古代艺术家称之为“狂烈激动”的错误。身体的状态越为平静，则越能巧妙地塑造心灵的真实特征。在偏离平静状态很远的一些姿态中，心灵都不是处于他所最为固有的状态之中，而是处于一种激荡的和受到强制的状态之中。

在狂烈激奋之中的心灵更能表现特征和气质；但是心灵在和谐与宁静的状态中，才见出伟大和高尚。在拉奥孔身上，如果只表现出痛苦，那就是狂烈激动了。因此，艺术家为了把心灵的特征和高尚融为一体，便赋予他在这种痛苦中最接近平静状态的行动。但是，在这种平静中，心灵必须只通过它的，而不是其他的心灵所特有的气质表现出来，表现得平静，同时具有感人的力量；要塑造得静穆，而不是冷漠和令人无精打采。

与此相对立的实际情况，与此相对立的极端，就是今天的，特别是刚出茅庐的艺术家们的十分平庸的趣味。他们的赞许毫无价值，在那里占上风的是伴随着一种狂烈火焰的姿态和表现方法，他们神气十足地自认为表现得“很坦率”，就像他们说的那样。他们得意的用语是“对峙姿势”，他们认为这种姿势就是一件完备艺术作品全部得到塑造的特征的总和。

他们在他们的艺术形象中追求像一个偏离了轨道的彗星那样的形象的心灵，他们希望在每一个形象中都看到一个阿亚斯和一个卡帕尼乌。优美的艺术和人一样有它的青年时期，这些艺术的发端看来正如刚刚迈步的艺术家一样，只喜欢过甚其词和制造讨人喜欢的效果。埃斯库罗斯的悲剧中的缪斯具有这样的形体，他的“阿伽门农”一部分原因是由于夸张而比赫拉克利特所描写的一切大为减色。最初的希腊画家的绘画，大概无不同于他们第一位高明悲剧家的描写。

激情这种稍纵即逝的东西，起初都表现在人类的行动之中，镇静的、深沉的东西最后才会出现。但是赏识镇静而深沉的东西需要时间；这是大师的特征，他们的学生甚至都是追求强烈的激情的。艺术哲学家知道，这种看样子是可以模仿的东西是何等难以模仿。拉斐尔这位伟大的画家不可能企及古代艺术家的趣味。

在他的作品中，一切都处于运动之中。人们观看这些作品被弄得精神分散，就像在一个集会上所有的人同时都要发言一样。希腊雕像的高尚的简朴和静穆的伟大，也是鼎盛时的希腊文学著作、苏格拉底学派的作品的真实的突出的伟大，而拉斐尔之所以达到这种境界，成为了古代艺术家，也正是由于他那样一个如此美丽的躯体十分优美，适应了在近代首先感受和发现古代艺术的要求。

而且，他的最大幸福就是，在他当时的年龄，丑陋的完全定型的心灵尚无先入为主的印象而保存了下来。人们应该以一种学会感受这种美的眼睛，以对古代艺术真实的趣味，来从他的作品中汲取营养。只有这样拉斐尔的那帧在许多人看来似乎没有生气的阿提拉绘画中的主要形象的沉着和静穆，对我们才是富有意义的和崇高的。罗马主教避免把匈奴国王的计划实施于罗马，他并不以一个演说家的姿态和行动出现，而是以一个贵人面貌出现。

维吉尔给我们描述的那种人：他充满神性信心的面孔出现在怪物的眼前，两个圣徒不是像追逐的天使们那样浮现在云端，而是把怪物和圣者加以比较，正像荷马的丘比特那样。眨一下眼皮拉奥林甘斯山就能震动起来。阿尔加提在他给罗马圣彼得教堂祭坛制作的关于这一故事的浮雕中的著名表现中，并没有或者不善于把他的伟大前驱者的名副其实的静穆赋予他的两个圣徒形象。

在伟大前驱者那里，他们是上帝的使者，而在阿尔加提这里，则是佩带人间武器的尘世军曹。能够深入欣赏罗马卡普金教堂中吉多·雷尼在其优美的天使米哈尔形象上描绘的表情伟大之处的鉴赏者甚少！人们冷落此像而赞誉孔卡的米哈尔，是因为后者在面孔上表现了愤怒和仇恨，而前者在击溃神和人的仇敌之后，并无狂烈表情，而带着欣然平静的面孔在神的上方飞舞。

英国诗人同样把复仇之神描写得静穆和安然，他在不列颠岛上飞舞，诗人把战役中的英雄和布林海姆的胜利者相比拟。艺术中的抽象思维寓意为了艺术的发展，还有一大步应该迈出。开始偏离或者实际上已经偏离旧轨的艺术家，都在寻求大胆地跨出这一步，但是他的脚落到了艺术的险滩上，所以显得踟蹰不前。圣徒传寓言和变形记故事，是几百年来近代画家的永恒的和几乎是唯一的题材。

他们千方百计地加以运用、加以艺术构思，最后终于使得艺术哲学家和鉴赏家感到厌烦和嫌弃。凡是具有学会思考问题意愿的艺术家，都会认为这种做法漫无目的，从而不再刻画一个达芙妮和一个阿波罗，不再刻画普洛塞庇娜、欧罗巴以及诸如此类人物的诱拐。艺术家要致力于像一位诗人那样的刻画，要通过寓意的图画来描绘形象。绘画要扩展到不能感知的东西上去，这是它的最高目标，希腊艺术家就曾致力于达到这个目标。古代文献已于这一点以明鉴。画家帕尔哈西乌斯，像阿里斯提特斯塑造心灵那样，甚至能够表现出整整一个民族的性格。他描绘雅典人，同时表现出他们的善良和残暴，灵活和执拗，勇敢和怯懦。

这种表达之所以可能，就是因为通过寓意的途径，通过表示一般概念的图画。艺术家在这里，就如身临一片无人之境。野蛮的印第安人缺乏类似的概念，没有可以表达诸如感激情谊、空间、持续性等的词汇，他们的语言却不比近代绘画更缺少表达这种观念的符号。凡是思考得比调色板所达到的界限更为远阔的画家，都希望积累大量知识，从此出发，他就能够描绘不能目睹的事物富有含义，令人可以感知的图画。这类的完善作品，迄今的探索还不明显，还没有达到这一伟大的目标。

艺术家将会知道里帕的神像学，胡格的古代民族文物会给人带来多少愉快。最伟大的画家仅仅选择熟知题材的原因就在这里。安尼巴尔·卡拉齐，并没有像一位寓意诗人那样通过抽象的象征和可以感知的图画来表现法尔尼斯画廊中法尔尼斯家族的最负盛名的业绩和事件，在这里，仅仅在人所熟知的寓言中显示了他的全部力量。

德累斯顿皇家造型艺术画廊毫无疑问收藏了最伟大大师的作品，大概超过世界上任何画廊，陛下作为造型艺术最造诣的鉴赏家，仅仅致力于严格选择最完美的作品。然而，在皇家搜集的珍品中，历史题材作品何等少见！寓意和史诗题材的绘画则更为罕见。伟大的鲁本斯在伟大的画家中是最富特点的，他在伟大的作品中走上了这种绘画的没有先例的独创道路，像一位崇高的诗人一样。

他的最伟大的作品为卢森堡绘制的画廊，凭借技巧最为高妙的铜版画家之手，已为整个世界所熟知。在鲁本斯之后，近代不容易开创和完成更为优异的这种类型的作品，例如维也纳皇家图书馆的圆形屋顶，那是丹尼尔格朗绘画并由冯·泽德尔梅耶铜版复制。在凡尔赛勒莫旺创作的描写赫拉克勒斯事迹的画，是对勒莫安的弗勒里的赫拉克勒斯主教的暗示，法国把这作为世界上最伟大的作品加以炫耀和德国艺术家注重学识和富于智慧的绘画相比较，这类作品给人的印象不过是甚为一般没有远见的寓意而已。

这就和一首颂诗一样，其中最强烈的思想指向日历中的名称。这里本是造就某种伟大业绩的地方，令人惊异的是这种事情并没有出现。不过，应该承认，即使由于对一位大臣的崇拜和把他的事迹描绘出来装饰皇宫中最引人注目的壁板，看来画家也是难以得心应手的。艺术家需要创造这样的作品，创造从整个神话系统，从古代和近代最优秀的诗人，从许多民族神圣的哲学，从古代文物、石刻、钱币和有形象及构图的器具中，吸取在诗中变成了。

抽象概念的那些感知的人物和形象。这些丰富的材料应予某种适当分类，在全能的个别场合加以特别使用和解释，才能对艺术家有所教益。同时，通过这种办法开辟一片广阔天地，以便模仿古代艺术，以便给我们的作品带来古代艺术的高雅趣味。我们今天装饰艺术中的高雅趣味，维特鲁威均因其受到损害而提出痛切控诉，但在近代却遭受到了更多的损害，这是部分地因为一位画家——弗尔特罗的莫尔托强制推行的怪诞绘画，部分是因为推行了毫无意义的室内画。

这种趣味，通过对广寓意的认真研究仍可以得到净化，并获得真理和智慧。我们的用贝壳制作的螺旋形和典雅的装饰，现在是任何图案上不可缺少的，在许多情况下不比做成小城堡和宫殿形状的维特鲁威烛台更为自然。寓意可以把一种智慧交付人手，使最细小的装饰合乎它所在地点的要求。现在屋顶和大门上的绘画主要是为了填充明显的、镀金不易施加于上的空白。

它们不仅和房屋主人的状况以及周围环境毫无关系，而且在许多情况下还对此有所损害。人们对墙壁上的空白也很反感，而缺乏思想内容的绘画却用来填充空白。艺术家可以自由选材，是寓意画之所以缺少的原因，艺术家尽量避免那些可能被认为是讽刺而不是歌颂订件者的题材。

同时订件者大概也是为了谨慎起见，一般都请艺术家制作毫无含义的作品。寻求这类艺术家，也常常颇费力气，最后，这样也就夺取了构成绘画最大幸运的东西，即对于不可见的、过去的和未来事物的描述。这些绘画在别的什么地方可能产生印象，却由于被指定置于一个平庸的地方而丧失了它们的作用。一座新建筑的主人，可能会下令在房间的大厅门上方和柱子上设计视点和透视原理冲突的绘画。

这里指的是构成固定和不可变动的装饰的一部分的那些作品，不是在一个画廊中为位置对称而安排的作品。建筑艺术装饰的选择有时是理由不充分的：甲胄和战利品放置在狩猎房之不适，正如罗马圣彼得教堂入口处青铜大门这一杰作之下的加尼梅德和丘比特和丽达一样。艺术的目的各种艺术都具有一种双重的目的。

艺术应当给人以愉快，同时给人以教益。因此，许多伟大的风景画家认为，如果放任他们的风景画没有人物形象，那么，他们就仅使他们的艺术给人以一半的满足。艺术家使用的画笔应该得到理智的浸渍，正如有人关于亚里士多德所说的那样：他让人思考的比给人看的东西要多。艺术家如果善于在寓意中不隐蔽自己的思想，而善于给思想穿上外衣，那么他同样可以达到这个境界。

如果他自己选择或别人授予的题材是溶浸在史诗形式，或将要溶浸在史诗形式之中的话，那么，艺术就会给他带来灵感，就会在他心中唤起普罗米修斯从神那里窃来的神火。鉴赏者将要深探其奥妙。而普通的爱好者也将学会思考。

十七、如何欣赏古代艺术

一位性格温柔的画家多明尼基诺把佛罗伦萨的亚历山大和罗马的尼奥贝的头作为范本，两人的面孔的特征在他的人像中（亚历山大在圣安德烈·德拉。我把仿制别人的赝品，而不是把模仿当作本人的思维的对立面。前者是指奴隶般地盲从，而在后一种情况下由于模仿的结果，如果它进行得合理，也可以得出某种别的新颖的东西。

瓦莱教堂的约翰那种，而尼奥贝则在那不勒斯的圣杰纳罗教堂的法衣圣器室中的画像里可以辨认得出。但是，二者仍然还是不一样的。在墓碑石和钱币上常常可以见到选自普桑的画里的形象，进行裁决的所罗门是从马其顿钱币上的朱庇特借鉴来的，但这些人物在他的笔下像是移植的植物，与原来土壤上的情况相比，生长得完全不一样。不假思索地仿制别的什么，这就是说把马拉特的圣母、巴罗齐的圣约瑟夫拿来，或者从别的地方弄些别的什么人像来，用它们构成某个盘体，甚至在罗马，供桌后面的大批形象都是这样的。

除此之外，我还要说，仿制是按照一定的规定好的范本来进行工作，甚至没有意识到自己是在不假思索地行动，为一位公爵绘制他定做的《普赛克的婚姻》的那位艺术家就属于这一类。他显然除了拉斐尔在法伦津画的那幅普赛克之外，没有见过别的普赛克，而他本人画的普赛克大概可以被人当作萨夫斯卡娅王后。

罗马的圣彼得圣母院里的一批圣者的巨大雕像也都是这种样子，大块的大理石没有加工时每个重达五百斯库多，通过其中的一个，就可以想象其他的每一个了。在欣赏艺术作品时要注意的第二点，是美。对于有思维能力的人来说，艺术中的最高的情节是人，或者至少是他的外衣。画家研究后者是十分困难的，正加智者研究内在世界一样，而最困难的（不管这一点初看来是多么奇怪）是美。

因为美按其实质来说。既不能以数计量，又不能够用尺来度量。正因为如此，对整体的比例性的理解，对骨骼和肌肉的知识，不太困难，也让美更为流行广泛些，而如果假定我们渴望的美可以靠某一个一般概念来确定。那么，这一点老天爷也帮不上忙。

美在于统一东西的多样性，这就是艺术家应该孜孜以求而又只有少数人才能找到的哲理。只有亲自弄清这个观念的人，才能理解这几句话。美的线条是椭圆的，在其中有统一和经常的变化。任何圆规都不可能画它，因为它在每一个点都改变着自己的方向。这一点说来容易，但学会它却是不大可能的；多少有点椭圆的线条如何构成美的不同的组成部分，是不可能通过代数的途径来确定的。然而，古人知道它，我们也在他们那里找到过它。

从人起源一直到器皿为止都是如此。正如在人身上没有任何圆形的东西一样，古代的器皿的侧壁也没有一个不是呈半圆形的。倘若要求我提供关于美的可以感知的观念（这是非常困难的），那么，我由于缺少古代的完善的作品或者它们的复制品，不会想起去用我将要描绘的那个地区的最美的人的各个肢体部分创造出这样一个观念来。但因为在德国不能这样做，那么，我就只好以按照防止令人恶心的东西的方式叙述关于美的概念为满足（如果我还想教育别人的话）。

第三十章　莱辛——美学的规律总结人

诗是更广泛的艺术，它所描绘的对象不限于美，也可以描绘丑、悲、喜、崇高与滑稽等，所以“美不是诗的题材，而是一切造型艺术所特有的题材”。就其美学理想来看“表达物体美是绘画的使命”，美可以说是造型艺术的最高法律。因此，造型艺术往往不宜于表现激烈的情感，以免把丑陋扭曲的形体表现出来。鉴于上述原则，莱辛不同意温克尔曼在《古代艺术史》中对“拉奥孔”群的解释。他认为雕像之所以没有像维吉尔诗中去描绘拉奥孔父子号啕大哭，并非如温克尔曼所言是为了表现希腊人静穆安宁的心灵，而是为了遵循造型的法律，以免在雕像上留下“一个大窟窿”，破坏雕像的形体美。

在莱辛看来，诗人高于画家，正如生活高于绘画一样，诗能广泛而深入地描绘人生，更为重要的是诗不以静态方式描绘人生，而是以动态的方式来描绘现实生活，它所反映的是充满矛盾、充满斗争，不断发展和变化着的活生生的人生。因此，决定了诗重在“表情”，美不是诗的题材。《汉堡剧评》是莱辛的又一重要著作。它着重阐述了悲剧理论问题，批判了古典主义的悲剧观。

一、生平简介

莱辛认为，一切艺术都是对现实的再现和反映，都是“模仿自然”的结果，这就是各门类艺术之间的共同规律性。莱辛一生著述很多，戏剧方面著有喜剧《明娜·冯·巴尔赫姆》，诗体剧《智者纳旦》，悲剧《萨拉萨姆逊小姐》、《爱密丽亚·迦绿蒂》。在戏剧理论和美学方面著有《文学书简》、《汉堡剧评》、《拉奥孔》等。

然而，诗（代表一般文学）与画（代表一般造型艺术）无论在模仿的题材和模仿所使用的媒介方面，还是在其心理功能和艺术理想方面，都有各自的特殊性和显著的差异。就模仿的题材来看，画所模仿的对象是空间中并列的一般叫作“物体”的事物，它具有眼睛可见的属性，并通过对物体的描绘，以暗示的方式去描绘运动。

诗所模仿的对象是空间中先后承续一般叫作“动作”的事物，它只用暗示方式去描绘“物体”。前者在并列的布局里，只能抓取动作的某一瞬间，化动为静，以静止暗示运动，后者是在时间的序列中，把可见的特征化为运动。就模仿所用的媒介符号来看，画所用的媒介符号是“空间中的形体和颜色”等自然的符号，诗所用的媒介符号是“在时间中发出的声音”等人为的符号。

前者是在空间中并列存在的符号，只宜于用来模仿“在空间中并列的事物”，后者是在时间序列中先后承续的符号，所以只宜于表现“在时间中先后承续的事物”。《拉奥孔》是针对温克尔曼在《古代艺术史》中的某些观点，探讨诗与画的界限，进而阐述各门类艺术的特殊性和所有艺术的共同规律性。就其美学理想来看，“表达物体美是绘画的使命”，美可以说是造型艺术的最高法律。

因此，造型艺术往往不宜于表现激烈的情感，以免把丑陋扭曲的形体表现出来。鉴于上述原则，莱辛不同意温克尔曼在《古代艺术史》中对“拉奥孔”群的解释。他认为雕像之所以没有像维吉尔诗中去描绘拉奥孔父子号啕大哭，并非如温克尔曼所言是为了表现希腊人静穆安宁的心灵，而是为了遵循造型术的最难法律，以免在雕像上留下“一个大窟窿”，破坏雕像的形体美。诗是更广泛的艺术，它所描绘的对象不限于美，也可以描绘丑、悲、喜、崇高与滑稽等，所以“美不是诗的题材，而是一切造型艺术所特有的题材”。

在莱辛看来，诗人高于画家。正如生活高于绘画一样，诗能广泛而深入地描绘人生，更为重要的是诗不以静态方式描绘人生，而是以动态的方式来描绘现实生活，它所反映的是充满矛盾、充满斗争，不断发展和变化着的活生生的人生。因此，决定了诗重在"表情"，美不是诗的题材。《汉堡剧评》是莱辛的又一重要著作。它着重阐述了悲剧理论问题，批判了古典主义的悲剧观。

二、悲剧理论

莱辛继承和发展了亚里士多德的悲剧理论，认为悲剧效果是借引起怜悯与恐惧之情来净化人们的怜悯与恐惧。反对高乃依等人把净化作用解释为净化一切激情（如人的怒、嫉妒、好奇心、虚荣心等，这都是人们招致厄运的根源）。莱辛从道德教育的角度来理解悲剧的"净化"作用，认为亚里士多德所说的净化，就是要把人们的情感变成合乎道德的规范，因为"净化"只存在于激情向道德的完善的转化中，然而一种道德，按照我们学的宗旨，都有两个极端，道德就在这两个极端之间，所以，如果悲剧要把我们的怜悯转化为道德，就得从怜悯的两个极端来净化我们。

关于恐惧，也应该这样理解。莱辛不同意古典主义悲剧理论中把悲剧的主人公仅限于国王、王后、公主、王子、贵族、骑士等所谓上层人物。他说，王公和英雄人物的名字可以为戏剧带来华丽和威严，却不能为人感动。他认为只有以平民作为悲剧的主角，才能最大限度地发挥悲剧的净化作用。

因为"我们周围人的不幸自然会深侵入我们的灵魂，倘若我们对国王们产生同情，那是因为他的不幸显得重要，并非当作国王之故"。在悲剧主人公问题上，莱辛不同意高乃依以所谓"完全正直的人"作为悲剧的主角，因为以"完全正直的人"为主角，弊病在于难以引起观众的恐惧之情。

他也不同意高乃依把邪恶之徒作为悲剧主人公的观点，因为这种人只能引起人们的恐惧，而不能引起人们的怜悯。莱辛把古希腊悲剧视为现实主义的典范，并在此基础上作了进一步发展，建立起"市民悲剧"。在题材上，它打破了传统悲剧囿于王公贵族生活的框框；在体裁上，以悲喜剧的混杂对古典主义悲剧提出挑战。以高乃依和莱辛的法国古典主义戏剧，把戏剧分"高雅的"和"卑俗的"，悲剧属于前者，喜剧则平者酌者泾渭分明，不可混淆。

莱辛在通过对殉情类喜剧的具体剖析，提出“最俗气的滑稽与最庄重的严肃的巨大结合”这一喜剧性与悲剧性相结合的美学思想，并认为这样的作品“从卑微到高贵，从恶作剧到严肃，从黑到白的最荒谬的更迭，比冷冰冰的单调更能喜欢”。莱辛在《汉堡剧评》中，还阐述了可感动相结合的问题，喜剧与悲剧的人物性格问题；在历史剧方面，有历史剧的真实性及题材问题；在表演艺术方面，有情感与语言问题，演员的激情与理智问题，以及造型艺术与表演艺术的关系等。

三、美就是古代艺术家的法律

希腊艺术家所描绘的限于美，而且就连寻常的美、较低级的美，也只是一种偶尔用题材，一种练习或消遣。他们在表现痛苦中避免丑。据说造型艺术方面最早的尝试是爱情鼓动起来的，不论是传说还是历史，有一点却是确实的：爱情曾经是指古代艺术家的手腕。因为绘画作为在平面上模仿物体的艺术，在所运用的题材虽然无限宽广，而明智的希腊人却把它局限在较窄狭的范围里，使它只模仿美的物体。在他的作品里引人入胜的东西必须是本身的完美。

他伟大，所以不屑于要求观众仅仅满足于物或精妙技巧所产生的那种空洞而冷淡的快感，在他的艺术里，所最热爱和尊重的莫过于艺术的最终目的。一位古代写隽语的诗人提到一个奇丑不堪的人，“既然没有人愿意看你，谁愿意来画你?”许多比较近的艺术家们却要说：“不管你是多么奇形怪状，我还是要画你。他们固然不愿意看你，他们却仍然会愿意看我的画，这并不是因为是你，而是因为这画是我的艺术才能的一种凭证，居然能把你这佯的怪物模仿得那么惟妙惟肖。”

这种大肆夸耀没有被题材内容价值所提高的空洞技巧的倾向是很自然的，连希腊人也当然在所不免，他们也还是有他们的庇越库斯。不过希腊人尽管也有这一类画家，却严格地给他们以应得的公平待遇。此生永远停留在寻常自然美的水平下，他的低级趣味使他最爱描绘人的形体中畸形和丑陋的东西，他过着穷困潦倒的生活。

庇越库斯像一个荷兰画家那样勤勉，专画理发铺、肮脏的工作坊、驴子和蔬菜，好像这类事物在自然中是非常引人入胜的且是非常稀罕的，所以他得到一个“污秽画家”的诨号，尽管当时富豪们用重量相等的黄金去买他的作品，想用这种虚幻的价值来弥补作品本身的毫无价值。连政府本身也不认为强迫艺术家谨守他的正当范围是多管闲事，毫无价值。

例如忒拜国的法律就是人所熟知的。它命令艺术家模仿事物要比原来的更美，不能比原来的更丑，违令者就要受到惩处。这条法律并不是针对手艺拙劣者的，如过去人们（包括尤尼乌斯在内）通常所解释的。它所要惩罚的是希腊的“格粹”，是借夸大原物的丑陋的部分来达到形似的那种无价值的勾当。是讽刺性的漫画。就连赫腊诺第肯的法律也是从美的精神出发的。

每个奥林匹克竞赛的胜利者都有立一座雕像的荣誉，但只有接连获胜三次的胜利者才能立一座写真的雕像。用意是不让有太多的平庸的像列在艺术作品之中，因为写真像尽管也可以有一个理想，毕竟须服从雕像原身的要求，它是某一个人的理想，而不是一个人的理想。我们听说在常人中间，连艺术也要受民法约制，不免要笑。

一定总是对的法律不应该向科学擅施旧制，这是无可辩驳的，因为科学的目的在真理。真理对心灵是必要的，如果对迎合基本要求的满足施加尽管是最微的强制，那就会导致暴政。但是艺术的目的却在娱乐，而娱乐是可有可无的。所以立法者就应该有权决定，哪一种娱乐以及每一种娱乐在怎样的范围内是可以允许的。特别是造型艺术，除掉它们能对民族性格发生不可避免的喧响之外，还可以产生一种效果，是必须由法律严格监视的。

美的人物产生美的雕像，而美的雕像也可以反转过来影响美的人物，国家有美的人物，要感谢的就是美的雕像。我们近代人却认为母亲的温柔的想象力仿佛只能表现为牛鬼蛇神。从这个观点来看，我相信人们一听到就斥为妄诞的一些古老的故事之中，毕竟含有某种真实的因素。例如亚理斯托麦尼斯、亚理斯托德牟斯、亚历山大大帝，奥古斯都这些伟人的母亲们都在怀孕时曾梦与蛇交。

蛇原是神的象征，酒神巴克科斯、太阳神阿波罗、交通神麦库鲁斯以及大力神赫克勒斯的雕像和画像上面很少没有一条蛇。结过婚的女人在白天里饱看了雕像，夜间在梦中就回想起蛇的形象。这样我就挽救（证实）了这种梦，抛弃了儿子们由于骄傲和幸臣们由于谄媚无耻对梦所作的解释。因为总有一个理由来说明梦中奸淫的幻象为什么总是一条蛇。话说出题外了。

我要建立的论点只是在古希腊人没有美造型艺术的最高法律。这个论点既然建立了，必然的结论就是：凡是为造型艺术所能追求的其他东西，如果和它不相容，就须让路给美，如果与美相容，也至少需服从美。现在我要来谈一下表情。有一些激情和激情的深浅程度如果表现在面孔上，就要通过对原型进行极丑陋的歪曲，使个人身体处在一种非常激动的姿态，因而失去原来在平静状态中所有的那些美的线条。

所以古代艺术家对于这种激情或是完全避免，或是谈到多少还可以现出一定程度的美。狂怒和绝望从来不曾在古代艺术家的作品里造成瑕疵。我敢说，他们从来不曾描绘过表现狂怒的复仇女神。他们把愤怒冲淡到严峻。对于诗人是一位发出雷电的愤怒的。朱庇特，对于艺术家却是一位严峻的朱庇特。崖和海岬发出的声响，画里的赫克勒斯与其说是狂暴的，毋宁说是愁惨的。

里昂提弩斯所雕的菲罗克忒忒斯显得把他的痛苦传达到观众心里，但是如果有了些微的暴戾的痕迹，这种效果就会遭到破坏。人们也许要问我根据什么来断定这位雕刻家曾经作过一座菲罗克忒忒斯的雕像呢？我根据的是普里琉斯的一段话，这段话本来无须待我来校正，它的文字颠倒错乱是很明显的。

四、荷马所描绘的持续动作

我想设法从基本原则中去找出上述区别的根由。他只用暗示的方式去描绘物体。我的结论是这样，既然绘画用来模仿的媒介符号与诗所用的确实完全不同，这就是说，绘画用空间中的形体和颜色而诗却用在时间中发出的声音；既然符号无可争辩地应该和符号所代表的事物互相协调。

那么，在空间中并列的符号就只宜于表现那些全体或部分本来也是在空间中并列的事物，而在时间中先后承续的符号也就只宜于表现那些全体或部分本来也是在时间中先后承续的事物。全体或部分在空间中并列的事物叫作“物体”。因此，物体连同它们的可以眼见的属性是绘画所特有的素材。全体或部分在时间中先后承续的事物一般叫作“动作”。因此，动作是诗所特有的题材。但是一切物体不仅在空间中存在，而且也在时间不存在。

物体也持续，在持续期内的每一顷刻都可以现出不同的样子，并且和其他事物发生不同的关系。在这顷刻中各种样子和关系，每一种都是以前的样子和关系的结果，都能成为以后的样子和关系的原因，所以它仿佛成为一个动作的中心。绘画能模仿动作，但是只能通过物体，用暗示的方式去模仿动作。另一方面，动作并非独立地存在，需依存于人或物。这些人或物既然都是物体，或是当作物体来看待，所以诗也能描绘物体，但是只能通过动作，用暗示的方式去描绘物体。

绘画在它的同时并列的构图里，只能运用动作中的某一顷刻，所以就要选择最富于孕育性的那一顷刻，使得前前后后都可以从这一顷刻中得到最清楚的理解。同理，诗在它的持续性的模仿里，也只能运用物体的某一顷刻性，而所选择的就应该是，从诗要运用它那个观点去看，能够该物体的最生动的感性形象的那个属性。

由此就产生出一条规律，描绘性的词汇应单一，对物体对象的描绘要简洁。我对于上面这一套枯燥推理线索不会置信，假如我没有看到它从荷马的实践里得到证实，或则毋宁说，假如不是荷马的实践本身引导我达到这个结论。只有根据这些基本原则，我们才能确定和阐明希腊人的伟大风格，也才能正确地评价许多近代诗人的与此相反的风格。

这些近代诗人想和画家竞争，而在竞争的那个领域里，他们必然要被画家打败。我发现荷马只描绘持续的动作而不描绘其他事物，他如果描绘某一物体或个别事物，只是通过它在动作中所起的作用，而且一般只用它的某一个特点。难怪画家在荷马着笔描绘的地方，看不出或是很少看出可供他自己着笔描绘的东西，而只有在故事搜集了一系列的美的物体，处在美的姿态，而且处在对艺术有利的空间里的时候，画家才找得到他的收获，尽管诗人自己在描绘它们时也许着笔不多。

如果我们按照克路斯所草拟的那一系列的图画一幅接着一幅地检查下去，我们就会发现每一幅都足以证明这个论点。克路斯伯爵想把艺术家的颜料盘当作评判诗人的试金石，我在这里且把他放下不谈，先把荷马的风格说明得更透彻一些。我说荷马写一件事物，一般只写它的某一个特点。

在他的诗里一条船是黑色的，有时是空空的船，有时是快船，至多也只是划得好的黑色船。他就止于此，不再对船作进一步的描绘。但是对于船的起锚、航行和靠岸，他却描绘出一幅极详细的图画。如果画家想把这幅画的材料都搬到他的画布上，他就得画出五六幅画才行。如果有特殊情况逼得荷马要吸引我们的目光在某一个物体对象上注视得稍久一点儿，他也不会作出一幅可以让画家模仿的图画，而是会用许多巧妙的艺术手法，把这个对象摆在一系列先后承续的顷刻里，使它的每一顷刻里都现出不同的样子，画家必须等到最后一刻。能把诗人所陆续展出的东西，一次展出给我们看。

举例来说，荷马要让我们看天后的马车，他就让赫柏把车的零件一件一件地装配起来，让我们亲眼看见马车是怎样安装起来的。我们看到车轮、轮轴、车座、车辕、缒绳，不是从一辆现成的马车上看到的，而是从赫柏怎样用手把它们装配起来时看到的。单是在车轮上面，荷马就花了不少笔墨，让我们看到八条黄铜轮辐、金轮缘、青铜轮箍、银轮毂，每个零件都看得很详细。

我们可以说，马车既然不只有一个轮，所以描写那些轮所花的时间，就需和实际上安装那些轮所花的时间差不多：赫柏把青铜的圆轮装上马车，每个轮从铁轴伸出八条轮辐，轮缘是金镶的，围绕轮缘四周捆着青铜箍，看起来真神奇。绕轴旋转的那些毂都是白银，金带和银带交织成车的座位，四周装着两道扶手的围栏，前面伸着一条辕杆也是银制的，在辕杆尾端，赫柏系上美丽的金轭，又系上美丽的金缰绳。

再如荷马要让我们看阿迦门农的装束，他就让这位元帅当着我们面前把全套服装一件一件地穿上。从绵软的内衣到披风，漂亮的短筒靴，一直到佩刀。衣服穿好了，他就拿起朝笏。我们从诗人描绘穿衣的动作中就看到衣服。如果落到旁的诗人手里，他会件件描绘，连一根小飘带也不肯放过，我们就不会看到动作。他穿上新制的细软的衬衣，套上宽大的披风，于是在端正的脚上系上一双漂亮的鞋，把镶银的刀挂在肩上。

然后拿起国王的笏，这是他的永远不坏的传家法宝。这个在这里只被形容为“传家的”和“永远不坏的”，在另一个地方荷马提到另一个笏，也只把它形容为“镶嵌着金钉的”，如果我们需要对于这个重要的笏有一个更精密更完备的图画，荷马怎么办呢？是否在金钉之外，他还把笏的材料和雕花的笏头描绘一番呢，他会这样办，如果他有意要做出一种文章学的描绘，以便后世人可以依样仿制一个类似的笏来。我敢说，近代诗人中就有许多人会对这种典礼一本正经地进行描绘，并且天真地相信自己既然提供了足够的材料：画家去作画，就已经描绘了笏。

但是荷马才不管画家落在他后面有多么远。他不描绘笏的形状，只叙述笏的历史，首先通过火神的劳动把这个笏制造出来，接着就在天神朱庇特的手里闪烁发光，接着它标志着交通神的尊严，然后它成为勇于战斗的珀罗普斯的指挥杖，而现在它是爱好和阿特柔斯的牧羊杖，于是阿迦门农王挺身站起，手里把着朝笏，火神的艺术品，火神把这个笏交给天神宙斯，宙斯把它传给赫耳墨斯，天上的信赫耳墨斯送给善御者珀罗普斯，再传到阿特柔斯，人民的牧宰，他死之后，笏又传到忒埃斯忒斯，他是无数羊群的主子，到了现在，它传到阿伽门农手里，就成为阿耳戈斯和许多岛屿的王权的标志。

这样我看到这个朝笏，就比画家把它的形象摆在我的眼前，或是另一个火神把它放在我的手里时还更清楚。我毫不惊怪，看到一位注释荷马的古代学者把这一段诗称赞为一篇最完美的寓意诗，叙述了人间君权的起源、发展、巩固以至于最后的袭击。如同我读到的是下面的一番话，我当然就会发笑。

制造这个笏的火神，作为火的人格化，作为维持人类生活最不可缺少的东西，一般表明了原始人类须受制于某一个领袖的那种需要的满足，国王是神的儿子（克洛诺斯的儿子宙斯），是一个值得尊敬的老年人，他愿意和一个聪明的能言善道的人，一位交通神（杀死百眼巨灵的、神的使者），分享他的权力，甚至把他的权力完全让给他，这位聪明的辞令家等到这年幼的国家遭到外敌侵袭的危险，就让位给一位最勇敢的战士（御者珀罗普斯），而这位勇敢的战士在消灭敌人，保证了国家的安全之后，就让位给他自己的儿子，他的儿子作为一个爱好和平的君主，作为他的人民的一个慈善的牧羊人，使他的人民享受到富饶和奢华的生活。

因此在他死之后，就为他的最富的亲属多羊的忒埃斯忒斯铲平了道路；而后者通过馈赠和贿赂，把此前由人民信托的权柄，在有才德的人看来与其说是荣誉还不如说是负担的权柄，据为己有，并且仿佛作为买来的产业是一个很大的损失呢？谁说要从诗里排除这种图画呢？如果诗希望追踪它的姊妹艺术而描绘这种物体美，结果就只会战战兢兢地跟在她后面追赶，而永远达不到她所达到的目标，我们要鼓励诗抛弃这条路，难道我们因此也就禁止诗走另一条路，即艺术也会永远追不上诗的那条路吗？

荷马故意避免对物体美作细节的描绘，从他的诗里我们只偶尔听到说海伦的胳膊白、头发美之类的话。但是尽管如此，正是荷马才会使我们对海伦的美获得一种远远超过艺术所能引起的认识。试回忆一下他写海伦走到特洛伊国元老们的会议场里那一段诗。这些尊贵的老人看见了海伦，就彼此私语道，没有人会责备特洛伊人和希腊人，说他们为了这个女人进行了长久的痛苦的战争，她真像一位不朽的女神啊！叫冷心肠的老年人承认为她战争，流了许多血和泪是值得的，有什么比这段叙述还能引起更生动的美的意象呢？凡是不能按照组成部分去描绘的对象，荷马就使我们从效果上去感觉到它。

诗人啊，替我们把美所引起的欢欣、喜爱和迷恋描绘出来吧，做到这一点，你就已经把美本身描绘出来了！莎佛一见到她所钟情的人，就感到心荡神迷，有谁会想到这个男子丑呢？既然感觉到只有最完美的形象才能引起的情感，谁不自信亲眼看到那种最完美的形象呢？并不是因为奥维德把他的莱斯比亚的身体美按照各部分逐一指给我们看，我注视和抚摸的背和手是多么温柔啊！我拥抱的那丰满的胸脯多么像微波起伏啊！胸脯下那纤细的腰身多么窈窕啊！微曲线的臀和腿多么年轻俊俏啊！而是因为他在指出这些美点时，表现出一种令人销魂陶醉，我们才仿佛觉得自己也在欣赏他所欣赏的那个俊美形象。

五、化美为媚

诗想在描绘物体美时能和艺术争胜，还可用另外一种方法，那就是化美为媚。媚就是在动态中的美，因此，媚由诗人去写，要比由画家去写较适宜。画家只能暗示动态，而事实上他所画的人物都是不动的。因此，媚落到画家手里，就变成一种装腔作势。但是在诗里，媚却保持住它的本色，它是一种一纵即逝而却令人百看不厌的美。

它是飘来忽去的。因为我们回忆动态，比起回忆一种单纯的形状或颜色，一般要容易得多，也生动得多，所以在这一点上，媚比起美来，所产生的效果更强烈。阿尔契娜的形象到现在还能令人欣喜和感动，就全在她的媚。她那双眼睛所留下的印象不在黑和热烈，而在它们娴雅地左顾右盼，秋波流转，爱神绕着它们飞舞，从它们那里放射出他箭筒中所有的箭。

她的嘴荡人心魂，并不在两唇射出天然的银朱的光，掩盖起两行雪亮的明珠，而在从这里发出那嫣然一笑，瞬息间在人世间展开天堂，从这里发出心畅神怡的语言，叫硬汉的心肠也会变得温柔。她的乳房令人销魂，并不在它洁白如鲜乳和象牙，形状鲜嫩如苹果，而在时起时伏，像海上的微波，随着清风来去，触岸又离岸。我敢说，只把这些媚态集中在一两节诗里，就比阿里斯托芬所写的那五节诗还会产生更好的效果，他在那五节诗里把那个美的形象的一些冷冰冰的削口零星罗列开来，交织在一起，学究太重不能引人入胜。

阿那克里昂也宁愿显得不顾情理，要求画家做不可能的事，而不愿让他所钟情的人在画像上现不出媚态。让所有的美的女神都围绕着她那微凹的双腮和玉石般的颈翩翱飞舞。她的轻盈的腮和玉石般的颈都让美的女神们围绕着它们飞舞，他这样吩咐画家，怎样按照准确的字面的意义画呢？这是绘画所办不到的。

画家只能在腮上画上最美的曲线，最可爱的笑靥（“微凹”似指笑靥，即酒窝），在颈上涂上最艳丽的肉红，但是他的技巧也就止于此了。至于颈项的转动，使笑靥时现时隐的那种筋肉的活跃颤动，那种特别的媚态却是画家所无法画出的。上述诗人尽了他那门艺术的能事，用语言把美表达成可用感官接触的，以便使画家也可以在画艺中设法找到最高度的表情。这个新例证也可以证明上文所提到的原则：诗人就连在涉及艺术作品时，也不肯让自己在描绘中受到画艺的局限。

六、诗人怎样利用丑

如果某一单独部分不妥帖，它就会破坏由许多部分造成的那种和谐的效果，但是对象因此丑要有许多部分都不妥帖，而这些部分要是一眼就可看遍的，才能使我们感到美所引起的那甜，感觉的反面就显得丑。因此，按照丑的本质来说，丑也不能成为诗的题材，不过荷马却曾在特尔什提斯身上描绘出极端的丑，而且是按照这种丑的各个并列部分来描绘的。为什么荷马在描写美时所小心避免的事，在描写丑时他却肯做呢？

通过各个组成部分的先后列举，丑的效果是否受到削减，正如通过各个组成部分的先后列举，美的效果就受到破坏那样呢？当然要受到削减，荷马的道理也正在此。正因为丑在诗人的描绘里，常由形体丑陋所引起的那种反感被冲淡了，就效果说，丑仿佛已失其为丑了，丑才可以成为诗人所利用的题材。

诗人不应为丑本身而去利用丑，但他却可以利用丑作为一种组成因素，去产生和加强某种混合的情感。在缺乏纯然愉快的情感时，诗人就须利用这种混合的情感，来供我们娱乐。这种混合的情感就是可笑的和可怖性所伴随的情感。荷马使特尔什提斯显得丑，为的是使他显得可笑。但是他之所以可笑，也不单是因为丑，因为丑是不完美，要显得可笑，就须有完美和不完美来对比或反衬。这是我的朋友曼德尔生的话，我想补充一句：这种对比不宜过分尖锐或过分刺眼；用画家的术语来说，“反衬色调”必须是彼此可以融洽的。

例如聪明而正直的伊索据说是和特尔什提斯一般丑，却不因此而就显得可笑。只有愚蠢的僧侣才以伊索的丑陋为理由，把他富于启发性的寓言中的“可笑性”，移置到作者本人身上去。一个丑陋的身体和一个优美的心灵正如油和醋，尽管尽量把它们拌和在一起，吃起来还是油是油味，醋是醋味，它们并不产生一个第三种东西，那身体讨人嫌，那心灵却引人喜爱，各走各道。

丑陋的身体只有在同时显得脆弱而有病态，妨碍心灵自由活动的表现，因而引起不利的评判时，嫌厌和喜爱才融为一体，但是所产生的新东西却不是可笑的而是怜悯，那对象如果没有这种情形，本来会受到我们尊敬，因为有这种情况，就变成逗趣的了。丑陋而有病态的蒲伯对他的朋友们，一定要远比漂亮而健康的韦乔理对他的朋友们更能逗趣。但是尽管特尔什提斯不能单因为丑而就显得可笑，他要显得可笑，却也不能不显得丑。

他的丑以及这种丑和他的性格的协调，这两个因素和他的妄自尊大之间的矛盾，他的恶意的闲言蜚语只给自己丢脸而却无害。这一切必须结合在一起，才会使他显得可笑。最后的一点就是亚里士多德认为可笑事物所必不可少的无害性。我的朋友曼德尔生也认为可笑性有一个必要条件。上述完美和不完美的对比应该是不太重要的。不应引起我们考虑到利害关系。试假想特尔什提斯对阿伽门农的诋毁使他自己遭到更大的祸事，不只是被打出两道血痕而是断送了性命，在这种情况下，我们就不会再拿他来取笑。

因为这个怪物似的人毕竟还是一个人，而人的毁灭对于我们来说，比起他的一切弱点和邪恶，还是一种更大的凶事。要体会到这个道理，读者最好去读一读昆图斯·卡拉伯叙述特尔什提斯的结局的那一段文章。阿喀琉斯打死了潘提什丽亚，觉得很悲伤。她的美，浸在勇敢流出的血里，引起了这位英雄的尊敬与怜悯，而尊敬和怜悯就变成了爱。

但是诽谤成性的特尔什提斯却把这爱写成是阿喀琉斯的罪行。他痛骂那连最英勇的战士也会为之神魂颠倒的淫欲，说它会使人疯狂，连最有理智的也在所不免，阿喀琉斯动了怒火，一句话不说，就狠狠地打了他一顿耳光，打得他齿落血流，登时就断了气。这太狠毒了！这位暴戾杀人的阿喀琉斯对于我来说，比起那心怀恶意而狂吠的特尔什提斯还更可恨。希腊人看到这种残杀情景所发出的欢呼声使我生气。

特尔什提斯在抽刀对着凶手，要为他的亲属报仇，我要站在他那一边，因为我感觉到特尔什提斯也是我的亲属，也是一个人。但是假定特尔什提斯的谗言引起了叛乱，而作乱的人们果真上了船，把他们的将领背信弃义地抛在后面，让他们落到渴求报复的仇人手里，于是天神就降灾示惩，使全舰和全军都遭到覆灭，在这种情况下我们又如何看待特尔什提斯的丑恶呢？如果无害的丑恶可以显得可笑，有害的丑恶在任何时候却都是可恐怖的。我不知道还有什么能比莎士比亚的两段话更足以说明这一点。

他的《李尔王》里的爱德蒙，格罗斯陀伯爵的私生子，在大逆不道上并不亚于理查，即格罗斯陀公爵，这位公爵曾通过最凶恶的罪行，登上王位，登位时叫作理查三世。为什么比起理查来，爱德蒙不那么叫人感到毛骨悚然呢？这位私生子说，自然，您是我的女神，你的法律约束着我怎样为人处世，为什么我要听习俗那瘟神摆布，让各国的琐屑成规剥夺我的权利，只是因为比一位哥哥迟生十来个月？为什么就算私生子？为什么就卑贱？我和清白母亲的儿子身材一样结实，心灵一样宽宏高贵，容貌一样端正。为什么在我们身上打下卑贱和私生子的烙印？卑贱？卑贱？我们来自自然情欲的偷偷摸摸的发泄，就得到更多的生命和更强烈的品质，不像那些公子哥儿，是父母躺在床上，困倦无聊，在半睡半醒之间造出来的。“这里我听到的是一个恶魔在说话，但是我看到的却是一个光明天使的形象。但是当格罗斯陀公爵说，可是我呢，天生我一副畸形陋相，不适于调情弄爱，也无从对着含情的明镜去讨取宠幸，我比不上爱神的风采，怎能凭空在婀娜的仙姑面前昂首阔步，我既被卸除了一切匀称的身段模样，欺人的造物者又骗去了我的仪容，使得我残缺不全，不等我生长成形，便把我抛进这喘息的人间，加上我如此跛蹶，满叫人看不入眼，甚至路旁的狗儿见我停下，也要狂吠声。

说实话，我在这软绵绵的歌舞升平的年代，却找不到半点赏心乐事以消磨岁月，无非背着阳光下窥看自己的阴影中念念有词，埋怨我这废体残形。因此，我既无法由我的春心奔放，趁着韶光洋溢卖弄风情，就只好打定主意以歹徒自许，专事仇视眼前的闲情逸致了。我听到的是一个恶魔在说话，我看到的也还是一个恶魔，一个只有恶魔才会有的形象。

七、丑作为绘画的题材

作为模仿的技能，绘画可以用一切可以眼见的事物为题材，作为美的艺术，绘画却把自己局限于能引起快感的那一类可以眼见的事物。从此可见，诗人可以运用形体的丑。对于画家，丑有什么用途呢？就它作为模仿的技能来说，绘画有能力去表现丑；就它作为美的艺术来说，绘画却拒绝表现丑。但是经过摹仿，不愉快的情感是否也可以引起快感呢？并不是一切都能如此，一位锐敏的艺术批评家对于嫌厌说过这样的话："畏惧、忧愁、恐怖、怜悯之类表象，只有当我们把有关灾祸看作实在的时候，才会引起反感。如果我们想到它是一种艺术的假象，这些情感就会转化为快感。但是嫌厌那种反感却不如此，按照想象的规律，不管把对象看成实在的还是虚拟的，只要心里一想到嫌厌的对象，反感就立刻起来。尽管明知其为艺术虚构，这对遭到伤害的心情有什么裨补呢？这时心里之所以起反感，并不是由于假定那引起嫌厌的坏东西是实在的，而只是由于它的单纯的表象，因为那表象却是实在的。所以嫌厌的感觉的起因永远是自然，而不是模仿。"

这个道理也适用于形体的丑。这种丑看起来不顺眼，违反我们对秩序与和谐的爱好，所以不管我们看到这种丑时它所属的对象是否实在，它都会引起厌恶。我们不乐意看到特尔什提斯这种人，无论他是在自然里还是在图画里。纵使他的画像所引起的反感较轻，这也不是因为他的形体的丑在摹仿中不再成其为丑，而是因为我们有能力把他的丑撇开不想，只去欣赏画家的艺术。

但是一旦想到在这里艺术用得不得其所，这欣赏就会立刻被打断，对艺术家不免就鄙视起来。亚里士多德还提出过另一个理由，来说明在自然中引起反感的事物，在最忠实的模仿中何以会产生快感。这个理由就是人类的普通的知识欲。如果我们从模仿里可以学习到某一个事物究竟是什么，或是根据这模仿会断定那就是某某，我们就会喜悦。但是从此也不能得出结论，说丑经过艺术摹仿，情况就变得有利了。知识欲的满足所生的快感只是暂时的，对于使知识欲获得满足的那个对象来说，只是偶然的，而由看到丑所生的不快感却是永久的，对于引起不快感的那个对象来说，却是有关本质的。

前者如何能抵消后者呢？至于由看到摹本和蓝本的类似所产生的轻微的愉快的兴趣，更不足以克服丑的不愉快的效果。我拿丑的摹本和丑的蓝本比较得越仔细，我就越感到这种不愉快的效果，因此从比较得来的快感很快地就消失了，剩下来的只是这方面的丑所引起的讨嫌的印象。从亚里士多德所举的实例来看，他似乎也不愿意把形体的丑归到本来令人不愉快，而经过模仿，却变成愉快的那类事物中去。

他的例子是凶恶的动物和死尸。凶恶的动物纵使不丑，也会引起恐怖，而在模仿中转化为快感的正是这种恐怖，而不是它们的丑。死尸也是如此，它在自然中惹人厌恶，是因为它引起尖锐的怜悯的情感，以及很可怕地提醒我们自己也会终归毁灭。但是在模仿中，我们明知它是假象，这种怜悯就会变淡，而且如果穿插一些奉承死者的情境，就可以使我们不至于注意到死亡，或者和那情境密切结合在一起，使我们仿佛感觉到它与其说是可恐怖的，不如说是可愿望的。

既然形体的丑单就它本身来说，不能成为绘画（作为美的艺术）的题材，因为它所引起的感觉是不愉快的，同时也不是通过模仿就可转化为快感的那一类不愉快的感觉；那么是否可以这样说：形体的丑对绘画也像对诗一样，能够用作一个组成因素，来加强其他感觉呢？绘画是否可以利用丑的形体，去造成可笑和可恐怖的效果呢？我不愿对这个问题作一个干脆的否定的答复。

无可否认，丑在绘画里也可以变成可笑的，特别是在冒充妩媚和尊严的企图和丑结合在一起的时候。另一点也是无可辩驳的，有害的丑在绘画里和在自然里一样会引起恐怖，前一种情况中的可笑和后一种情况中的可恐怖，由于本身都是混合的情感，通过模仿，就会产生一种新的吸引力和快感。我还必须指出，尽管如此，绘画在这方面和诗并不完全相同。

上文已经说过，在诗里形体的丑由于把在空间中并列的部分转化为在时间中承续的部分，就几乎完全失去它的不愉快的效果，因此仿佛也就失其为丑了，所以它可以和其他形状更紧密地结合在一起，去产生一种新的特殊的效果。在绘画里情形却不如此，丑的一切力量会发挥出来，它所产生的效果并不比在自然里弱多少。因此，无害的丑不能长久地停留在可笑上面，不愉快的情感就会逐渐占上风，原来第一眼看去是滑稽可笑的东西，后来就只惹人嫌厌了。

有害的丑也是如此，可恐怖性逐渐消失，剩下来的就只有丑陋，不可改变地留在那里。考虑到这一点，克路斯伯爵没有把特尔什提斯的一段情节列在他所设计的《荷马史诗》画目里，倒是完全正确的。但是如果想把它排除到《荷马史诗》本身以外，这是否因而也就正确呢？我很遗憾，看到有一位审美趣味本来很精细正确的学者竟有这样的看法。我等待另一机会再详细说明我的观点。

八、汉堡剧评

标题不是菜单，它透露的内容越少越好。《叹纳尼娜》当这出喜剧于1749年最初问世的时候，所谓的艺术批评家们问道，这算什么标题？人们会怎么想呢？既不多，也不少，恰像看到一个标题应该想到的那样。作家和观众都能从中得到好处，古人除了赋予它们的喜剧毫无意义的标题之外，很少起别的名字。

《叹纳尼娜》属于感人的喜剧之列。但是它有许多引人发笑的场面，按照伏尔泰的意见，只有在引人发笑的场面和令人感动的场面互相交替的情况下，在喜剧里才允许有引人发笑的场面存在。一出完全严肃的喜剧，观众在看的时候从不发笑，甚至也不微笑，却是一味想哭，对于伏尔泰来说，这是不可思议的。相反，他认为由感动过渡到可笑，以及由可笑过渡到感动，是非常自然的。

人类生活无非是这种过渡的一根不断的链条，而喜剧应该是人类生活的一面镜子。他说：还有什么比在同一间屋子里父亲拍着桌子大动肝火，正在恋爱的女儿哭哭啼啼，儿子责怪他们父女二人，每个亲人都在同一场戏里有不同的感受更为平常的呢？人们时常在一间屋子里嘲笑发生在隔壁房间里的非常感动人的事情。同一个人在同一刻钟内对于同一件事情发出笑声和哭声，也是常有的事理。一位德高望重的贵妇人，坐在她那病在垂危的女儿的床头，全家人都站在她周围。她要把自己溶化成泪珠，她扭紧双手喊道：上帝啊！给我，给我留下这孩子，只要这个！其他的你全要去我都不管！一个跟她的一个女儿结了婚的男人走上前来，拉着她的衣衫问道：太太，连女婿也去吗？他讲话时那种冷静的态度，滑稽的声调，逗得这位伤心的妇人止不住哈哈大笑，大家都跟着她笑了起来，甚至连病人听见这话，也几乎笑断了气。

在第一处他说：当众神在决定世界命运的时候，荷马甚至让众神对于火神的举止发出笑声。赫克扎笑他小儿子的恐怖的时候，安德洛玛刻却是热泪满腮。刚好在一场厮杀的恐怖中，在一场可怕的火灾中，或者在任何一场悲哀中，忽然产生一个突如其来的思想，发生了一件偶然的趣事，不管多么惊恐，不管多么令人怜悯，仍然会引起无法抑制的笑声。在施佩耶尔战役中，上司命令部队不准手下留情。一个德国军官请求一个法国人手下留情，法国人答道：先生，您请求什么都行，只是不要请求饶命，对此我是无能为力的！这几句天真的话，立刻人口相传，人们一边笑着一边进行屠杀。

在喜剧里，笑声不是很容易随着感人的情感而产生吗？阿尔克墨涅不感动吗？索西亚不令我们发笑吗？企图驳斥经验的做法，是多么徒劳无益啊！非常正确！然而当伏尔泰先生宣布完全严肃的。也许他在写这些话的时候还没有这样做，那时候还没有《塞尼》。如果我们承认这是可能的，这位天才还必须使许多变成现实。

九、高乃依作品中伊丽莎白的性格

如果高乃依作品中伊丽莎白的性格，是历史上这位女性的真实性格的诗歌般的理想，如果我们看到在伊丽莎白身上运用真实的色彩描绘了优柔寡断、矛盾重重、担惊受怕、懊悔、绝望，伊丽莎白那颗骄傲的温柔的心，我不想说一定会在这种或那种情况下，被这些情绪所袭扰，而是说我们设想它可能被这些情绪所袭扰，作家就完成了他作为一个作家应该做的一切。

手持编年纪事来研究他的作品，把他置于历史的审判台前，来证明他所引用的每个日期，每个偶然提及的事件，甚至在历史上存在与否值得怀疑的人物的真伪，这是对他和他的职业的误解，如果不说是误解，坦率地说，就是对他的刁难。显而易见，对伏尔泰先生来说，既不是误解也不是刁难，因为伏尔泰自己也是悲剧作家，而且毫无疑问，比起年轻的远为伟大的悲剧作家。

纵然是一门艺术的大师，也难免对艺术持错误见解。至于说到刁难，如世人所知，是无损于他的作品。你们在他的文章中间或看到的那些类似的东西，无非是情绪。出于单纯的情绪，他忽而在诗学当中扮演历史学家的角色，忽而在历史学里扮演哲学家的角色，忽而在哲学里扮演机智人物的角色。伊丽莎白处死伯爵的时候，她的年龄是 68 岁，难道他知道这一点没有用处吗？

一个68岁高龄的人还搞恋爱，还嫉妒！再加上伊丽莎白的大鼻子，会给人以多么可笑的印象！自然这些可笑的印象与悲剧无关，它们不属于这里。按理说，作家有权质问他的注释者："我的注释家先生，这些笑话属于您的通史，在我的原文之内说我的伊丽莎白有61岁高龄，这是不对的，请指出我在什么地方说过这话，在我的作品中有什么妨碍不能把她设想为大约与艾塞克思的年龄相仿呢？您说她的年龄与他不相仿，这个她是谁？您那位拉潘·德杜瓦拉笔下的伊丽莎白可能是这样。

但是，您为什么要读拉潘·德杜瓦拉呢？您为什么要受这样的教育？您为什么要把这个伊丽莎白跟我混为一谈呢？您真的相信，这个或者那个曾经读过拉潘·德杜瓦拉的观众的记忆，比一位恰在当年的有教养的女演员给予他的感性印象还生动吗？他看见的是我的伊丽莎白，而他的眼睛使他相信，这不是您那位68岁的伊丽莎白。难道他更相信拉潘·德杜瓦拉，而不相信自己的眼睛吗？"

十、作家也可以说明艾塞克思的角色

如果作家在历史当中发现许多情节对于他的题材的润饰和个性化是有益的，他尽管利用就是。人们既不该认为这是他的一件功劳，也不必认为这是一桩犯罪。以此类推，作家也可以说明艾塞克思的角色。他可以说："拉潘·德杜瓦拉笔下的您那位艾塞克思，只是我的艾塞克思的胚胎。"他认为可能的，在我的艾塞克思这里则是现实的。他在幸福的情况下或许会为女王效力的，我的艾塞克思已经做过了。您不是听到女王向他承认这一点了吗？您不愿意像相信拉潘·德杜瓦拉那样相信我的女王吗？我的艾塞克思是一位有功劳的、伟大的然而也是骄傲的、刚强的人。您的艾塞克思实际上既不如此伟大，也不如此刚强：这样更有损于他的形象。对于我来说，为了使我的艾塞克思永远不失其伟大和刚强，只是从他那抽象的概念中取其姓名也就足够了。直截了当地说悲剧不是编成对话的历史；对于悲剧来说，历史无非是姓名汇编，而我们则习惯于把某些性格同它们联系起来。

十一、喜剧要通过笑来改善

喜剧要通过笑来改善，但却不是通过嘲笑，既不是通过喜剧用以引人发笑的那种恶习，更不是仅仅使这种可笑的恶习照见自己那种恶习。它的真正的、具有普遍意义的裨益在于笑的本身，在于训练我们发现可笑的事物的本领，在各种热情和时尚的掩盖之下，在五花八门的恶劣的或者善良的本性之中，甚至在庄严肃穆之中，轻易而敏捷地发现可笑的事物。

应当承认，即使莫里哀的《悭吝人》也从未改善一个吝啬鬼。雷雅尔的《赌徒》从未改善一个赌徒，退一步说，笑根本不能改善这些愚汉，甚至更不利于他们，但却无损于喜剧。假如喜剧无法医好那些绝症，能使健康人保持健康状况，也就满足了。对于慷慨的人来说，《悭吝人》也是有教益的，对于从来不赌钱的人来说，《赌徒》也有教育意义，他们没有的，跟他们共同生活的其他人却有，认识那些可能与自己发生冲突的人是有益的，防止发生那些举例的印象是有益的。

预防是一帖良药，而全部劝化也抵不上笑声更有力量，更有效果。这一天晚上，是以罗文先生的独幕喜剧《谜，或者女人最喜欢什么》而终场的。假若马蒙泰尔和伏尔泰没有创作那些小说和童话，法国剧院势必缺少一大批新颖的节目，大部分滑稽歌剧就是根据这些题材创作的。有一部夹杂着歌曲的四幕喜剧；就是取材于伏尔泰的《女人喜欢什么》，它的标题叫作《仙女郁哲蕾》，由巴黎的意大利喜剧演员于1765年12月搬上舞台。罗文先生似乎不仅看过这部作品，也看过伏尔泰这篇小说。

在评论一座柱形雕像时，同时想到它的原材料大理石块，看到由于这块石头的朴素形式，使得这一段或那一段肢体过短，这一个或那一个姿势显得过于不自然，就能够断然驳斥那些对于罗文先生剧本结构提出的批评。谁有本事，请把一篇女巫童话改编成令人置信的作品！罗文先生只是把自己的《谜》视为一部小小的诙谐作品，如果表演得好，它是可以在舞台上受到欢迎的。杂耍、舞蹈、歌曲都为了这个目的竞献绝技。

对什么都不满意，只能说明固执。佩德里洛的情趣表现得诚然不算高明，但却表演得合体。我只是觉得，一个搬运武器的侍从或者马夫，识破误入歧途的骑士们的无聊与荒唐，似乎与建立在现实的基础上并把骑士的冒险视为一个理智而勇敢的男人的光荣行动的故事不甚贴切。但是，如上所述，这是一种诙谐，对诙谐是不必细加考究的。

十二、高乃依的题材

他无论如何不愿损害这种奇妙的东西，他不愿放弃激起恐怖与怜悯的可靠的手段，因为他不懂得，这种恐怖和这种怜悯究竟是怎样产生的。而与自己的称号不符的作家则相反，他只是一个机智的头脑，一个好韵律学家，依我看，他并不觉得他的题材的不真实，或有丝毫不合理的地方，他甚至想从中发现这一题材的奇妙之处。

为了造成那种恐怖的效果，不惜大量堆砌罕见的、难以令人置信的和异乎寻常的事物；为了激起这怜悯的效果，总是错误地依靠那些非常特殊、非常残暴的事件诱发犯罪行为。他在历史中并未发现克莱奥帕特拉这个杀了自己丈夫和儿子的凶手，为了用它编写一出悲剧，便一门心思地去填补两次之间的空白，而用来填补空白的情节，至少都像这些犯罪一样是令人感到意外的。

所有这一切，他的虚构和历史资料，都被杂糅在一起，凑成一部颇为冗长、颇难感悟的故事，当他像把碎草和面粉捏作一团一样，巧妙地把它糅在一起之后，便把自己的面团串在幕和场的铁丝架上，再加上滔滔不绝的对白，风驰电掣的行动，合辙压韵的诗行，个把月以后，当他感到这些韵脚或流畅或晦涩的时候，奇迹就完成了，这就是一出悲剧。然后拿去出版，拿去公演，有人阅读，有人观看；或赏声不绝，或满场嘘声或成不朽，或被遗忘。一切都看可爱的幸运如何安排。

因为恕我不揣冒昧，把这些运用在伟大的高乃依身上吗？还是让我继续写下去呢？在文字跟人一样经历了神秘莫测的遭遇之后，他的《罗多居娜》在一百多年来，被全法国，有时甚至被全欧洲誉为最伟大悲剧作家的最伟大杰作。一百年的激扬是无缘无故的吗？在这样长时间里，人们的眼睛和感受都到哪里去了呢？1644—1767 年，只有汉堡的戏剧评论家没在太阳里看到黑斑，没把星辰看成陨石了！上个世纪就曾经有一位诚实的雨隆人坐在巴黎的巴士底监狱里。尽管生活在巴黎，仍感度日如年，为了消磨无聊的时光，他研究了许多法国诗人，这个雨隆人一点儿都不喜欢《罗多居娜》。

此后，在本世纪初，在意大利某地有一位自命博学的人，头脑里装满了希腊人和他的 16 世纪的同胞的悲剧，他发现《罗多居娜》同样有许多演员受指责之处。数年前终于又出现了一位法国人，本来他是非常尊重高乃依的鼎鼎大名的，（因为他有钱而且心地非常善良，他收养了这位伟大作家贫穷的无人照料的孙女，教她精于作诗，为她募集义捐。为了给她筹办嫁妆，撰写了一部关于她祖父的作品的巨大而赚钱的著作。）但是，他同样宣布，《罗多居娜》是一部非常乏味的作品，并对死者感到惊讶，像高乃依这样一个伟大人物，怎么会写这样荒谬的东西。毫无疑问，评者曾经跟从其中一人受过教育，很可能是跟从最后这位吧。因为据说是一位法国人给外国人打开了关于一位法国人的缺点的眼界。他肯定是盲从这个人的；即使不是他，至少也是一个异乡人，可绝不是雨隆人，反正他必须盲从一个人。因为一个德国人想鼓起勇气，怀疑一位法国人的出类拔萃，谁敢奢望？关于我的这位前辈，我将在下一次重演《罗多居娜》的时候多谈意见。我的读者希望我和他们一起换个话题。

现在关于译文再说，这出戏就是根据这个译本上演的。这不是沃尔芬比特尔图书馆珍藏的布莱桑德（Bressand）译本，而一个崭新的译本，是在这里翻译出来的，尚未复印。译文用的是亚历山大诗韵。译文同这种形式的优秀译文相比毫不逊色，其中有些有力的、成功的段落。

十三、恐惧与怜悯

事情是这样的：在他的《诗学》第十四章里，亚里士多德所探讨的是通过什么样的事件才能引起恐惧与怜悯。他说，一切事件必须或者发生在亲友之间，或者发生在仇敌之间，或者发生在不相关的人们之间。如果一个仇敌杀死他的仇敌，这种谋划和行动都不能引起较为深切的怜悯，人们面对这种痛苦和死亡，只是无动于衷。在不相干的人们之间也是如此。因此悲剧性的事件必须发生在亲友之间，必须是弟兄杀害兄长，儿子杀害父亲，母亲杀害儿子，儿子杀害母亲，或者企图杀害，或者以残酷手段加以虐待，或者企图加以虐待。

它们的发生，要么是有意的，要么是无意的，因为这种行动要么得以实现，要么不得实现，所以就由此产生了事件的四种情况，这些事件都或多或少符合悲剧的目的。第一种：行动是有意做的，人物完全了解他要杀害的人，但事情没有做成。第二种：行动是有意做的，并且真的做成了。第三种：行动是无意的，不知道对方是谁，犯罪者事后认识他所杀害的人物。第四种：无意之间的行动没有完成，有关的人物及时辨认出对方是谁。

美与这四种情况，亚里士多德认为后一种为最好；而由于他引证了《克瑞斯丰忒斯》中墨洛珀的情节作为典范，所以图奈明等人认为，他由此把这出悲剧的情节宣布为悲剧的最完美的形式。亚里士多德在稍前面一点指出，好的悲剧性情不能以幸福结尾，而必须以不幸结尾。这二者怎么能够并存呢？情节应以不幸结尾，而按照他的区分，比其他悲剧性事件优越的事件，却以幸福而告终。

伟大的艺术批评家不是公然与自己发生了冲突吗？达希埃说，维多利乌斯是唯一发现了这种困难的人；但由于他不了解亚里士多德整个第十四章的意图，因此他也从未敢于稍作尝试来排除这一困难。达希埃认为，亚里士多德在那里所谈的，根本不是情节问题，他只想教人懂得，作家可以用各种方式来处理悲剧性事件，而不必改变重要的史实。

在这几种情况之中，哪一种是最好的？假如俄瑞斯忒斯杀害克吕泰墨涅斯特拉是戏剧的内容，那么按照亚里士多德的意思，就有四种布局方法来处理这一题材，亦即要么作为第一种情况的事件，要么作为第二种情况的事件，要么作为第三种情况的事件，要么作为第四种情况的事件，在这里，作家必须考虑哪一种是最合适的和最好的布局。

把这种杀害作为第一种情况的事件来处理之所以不行，是因为根据历史，这种杀害必须实现，并且必须通过俄瑞斯忒斯来实现。按照第二种之所以不行，因为它太残酷。按照第四种也不行，因为克吕泰墨涅斯特拉会因此而得救，而她根本是不该得救的。这样只剩下第三种情况供作家选择。但是亚里士多德却认为第四种是最好的，并且不是在个别情况下视情况而定，而是普遍如此。诚实的达希埃常常把事情弄成这样：他认为亚里士多德正确，并非因为亚里士多德是正确的，而是因为他是亚里士多德。

他一方面自以为给亚里士多德掩盖了一个缺点；另一方面又给他增添了一个同样严重的缺点。如果反对者是谨慎的不指责前者，而指责后者，那么他那老前辈的话便失掉了可靠性，而他本来就认为可非性比真实性更重要。假如历史的一致性如此重要，假如作家可以从历史中减去众所周知的情节绝不改变其全貌，那么在这些众所周知的情节里，不也有必须按照第一种或者第二种布局进行处理的情节吗？照理说。

克吕泰墨涅斯特拉必须按照第二种情况来表演，因为俄瑞斯忒斯是有意地、有预谋地进行杀害的。作家可以选择第三种布局，因为它更具有悲剧性，而又不直接违背历史。好吧，假设是这样，但是比如说杀害自己孩子的美狄亚又该怎样处理呢？作家除了选择第二种布局之外，还能选择什么样的布局呢？因为美狄亚必须杀死自己的孩子，并且必须有意识地杀死他们；这两点是大家从历史里都熟悉的。在这些布局当中，哪一种是值得选择的呢？在一种情况下最好的布局，在另一种情况下则根本不适用。

为了进一步驳倒达希埃，可以不采用历史事件，而采用纯粹虚构的事件。假设对克吕泰墨涅斯特拉的杀害是按照这后一种形式实现的，这一行动的完成或者不完成，有意识地完成或者无意识地完成，可以任作家自由选择。为了由此创作一部尽可能完美的悲剧，作家必须选择什么样的布局呢？达希埃说，选择第四种。因为假如作家硬要选择第三种的话，这只不过是出于对历史的尊重。一定选择第四种吗？

一定要选择以幸福结尾的那一种吗？但是认为第四种比其他一切布局都优越的亚里士多德不是说，最好的悲剧是以不幸结尾的悲剧吗？这恰好是达希埃所要排除的矛盾，他排除了矛盾反而肯定它。这个概念必须跟为我们自己所产生的恐惧联结在一起，为什么要单独论及恐惧呢？怜悯这个词已经包括了恐惧，他只消说悲剧应该通过引起怜悯，净化我们的激情，也就够了。

加上恐惧这个节并不能多表达一层意思，反而使它要表达的意思更加暧昧而含糊不清了。我的回答是：如果亚里士多德只想教导我们，悲剧能够而且应该引起什么样的激情，他完全可以省却恐惧这个词，而且毫无疑问，他一定会省却这个词，没有哪一个哲学家在用词方面更精练。但是他想同时教导我们，什么样的激情应该通过悲剧引起的激情，在我们心中得到净化，而为了这个目的，他必须单独提及恐惧。

虽然按照他的意见，不管在剧院里还是在剧院外，怜悯情感都不能脱离为我们自己所产生的恐惧而单独存在，虽然恐惧是怜悯的一个必要的组成成分，毕竟不能认为反过来也是对的，而对别人的怜悯却不是为我们自己所产生的恐惧的组成成分。一等悲剧结束，我们的怜悯便也停止了，并非任何被感受到的感情活动都会保留在我们心中，而保留下来的，只有唯恐我们自己也会遭遇的值得怜悯的厄运所引起的真实恐惧。

我们感受了这种恐惧，正如它作为怜悯的组成成分，净化怜悯一样，现在它也作为一种持续存在的激情来净化自己。所以，为了表明它能够做到这一点，并且确实做到了这一点，亚里士多德才认为有必要单独讨论它。无疑亚里士多德根本未想给悲剧下一个严格的、准确的定义。若不是限于只讨论悲剧的重要性质，他会涉及各种各样偶然的性质，因为这些都是习惯必不可少的。假如我们抛开这些性质不管，而总结其余特征，便会得出一个十分准确的定义，简单说来，这就是：悲剧是一首引起怜悯的诗。按其性质来说，它是对一个行动的模仿，像史诗和喜剧一样；然而按其体裁来说，亚里士多德自己的论述，是违背这个假定的。

根据这两种理解，完全可以引申出很多悲剧法则，甚至可以据此确定它的戏剧形式。也许有人会怀疑后面这一点。至少我说不出哪一个艺术批评家，哪怕只是想到过对这个问题进行研究。他们都把悲剧的戏剧形式作为某种传统的东西接受下来，它现在如此，因为它从前就是如此，人们对它之所以不加更改，是因为觉得它是好的。只有亚里士多德阐明了它的原因，但是这个原因在他的解释当中，与其说是明白的，还不如说是假设的。

他说："悲剧是对于一个行动的模仿——不是借助叙述，而是借助怜悯与恐惧，使这类似的激情得到净化。"他就是这样字斟句酌地表达自己的意思的。在这里，有谁不为这例奇怪的对立"不是借助叙述，而是借助怜悯与恐惧"而感到诧异呢？怜悯与恐惧是悲剧用来达到其目的的手段，而叙述则只涉及采用或者不采用这种手段的方式方法。

在这里，亚里士多德不是要作一次跳跃吗？在这里，不是明显地缺少叙述的真正对立面，即戏剧形式吗？但是翻译家面对这个裂缝是怎样做的呢？有的人小心翼翼地绕过它去，有的人则只是用些空话来弥合这个裂缝。大家都认为这句话的毛病在于造句的粗枝大叶，无须认真对待，只要传达出哲学家的意思就行了。

达希埃译作："一个行动，无须叙述的支持，而借助怜悯与恐怖。"库尔蒂乌斯则译作："一个行动，不是透过他人的叙述，而是（通过表演行动本身）借助恐惧与怜悯，把我们从表演而来的激情的缺点中净化来。"啊，很对！两人都说亚里士多德要说的话，不过，跟他的配法不一样。也许有人会注意这"不一样"三个字，这的确只是个造句的大问题，简单说来，事情是这样的：亚里士多德解释说，怜悯必然要求一种现实存在的灾难，我们对于早已过去的灾难，要么根本不能产生怜悯，要么这种怜悯远远不如对于眼前的灾难那样强烈；所以引起我们怜悯的行动，不能当作过去的行动，即不是用叙述的形式进行模仿，而是当作现实的行动，即用戏剧的形式进行模仿。

只有这一点，即叙述很少或者根本不能引起我们的怜悯，而是几乎只有现实的直觉才能引起我们的怜悯，只有这一点才使他有理由在定义里用事物本身来代替事物的形式，因为这个事物只适于采用这种唯一的形式。假如他认为叙述也能引起我们的怜悯。当他说："不是通过叙述，而是通过怜悯与恐惧"的时候，那肯定是一个非常错误的跳跃。但是，由于他坚信只有通过唯一的戏剧形式，才能在模仿中引起怜悯与恐惧，所以为了说得简便起见，他才可以作这样的跳跃。

关于这一点，请看他的《修辞学》第二卷第九章。最后，关于亚里士多德赋予悲剧的最终的道德目的，他认为这个目的必须包括在悲剧的定义里，大家知道，特别是近些年来，这个问题争论得多么热烈。但是我敢说，所有持异议的人都并未理解亚里士多德的意思。他们在确切地弄清他的思想之前，都把自己的想法硬塞给他。他们与自己头脑里的幻想争辩，还自以为尤可辩驳地驳倒了这位哲学家，其实他们打倒的只是自己头脑里的幻影，我不想在这里深入探讨这个问题。

为了避免给人以凭空胡说的印象，我想作两点说明。他们让亚里士多德说："悲剧应该借助恐怖与怜悯，把我们从表演来的激情的缺点中来。"表演出来的？这么说，如果英雄人物通过好奇心，或者虚荣心，或者爱情，或者因愤怒而遭逢不幸，悲剧就该净化我们的好奇心，我们的虚荣心，我们的爱情，我们的愤怒，亚里士多德从来不曾想到这一点。

这些先生们就是这样争论得津津有味，他们把风车想象成巨人，抱定必胜信念，对着风车大举进攻，却不注意有着健康人的理智的桑丘，而桑丘坐在他那从容不迫的马背上，在后边召唤他们，他自己毫不造次，只是把眼睛睁得圆圆的。亚里士多德说：意思不是"表演出来的激情"，他们应该把这段话译成："这种和类似的"，或者译成："被唤起的激情"。只是指前文里的"怜悯与恐惧"，悲剧应该引起我们的怜悯和我们的恐惧，仅仅是为了净化这种和类似的激情，而不是无区别地净化一切激情。

他说的是"这种和类似的"，而不是"这种"。这说明他所理解的怜悯，不仅是狭义的怜悯，还包括一切慈悲感，犹如他所理解的恐惧，不仅是对我们眼前的灾难所产生的不快，也包括对现实的灾难产生的不快。也包括对过去的灾难、悲哀和苦闷产生的不快。悲剧所唤起的怜悯与恐惧，应该在这种广义的意义上，来净化我们的怜悯和我们的恐惧，但也只能净化这些激情，而不是什么别的激情。

固然在悲剧里也能找到对于净化其他激情有益的说教和例证，但这不是它的目的；这些都是它同史诗、喜剧所共有的东西，只要它是一首诗，是对于一个行动的模仿，而不只是悲剧，不只是单单模仿一种引起怜悯的行动的悲剧。各种体裁的文学作品都是为了改善我们，如果连这一点还须证明，那是令人痛心的，如果有些作家自己还怀疑这一点，那就更令人痛心了。但是任何体裁都不能改善一切。至少不能把每个人都改善：爱像别人一样完善，一种体裁最擅长的，正是另一种体裁所不及的，这就构成了它们的特殊作用。

十四、通过怜悯与恐惧净化心灵

亚里士多德在他的《政治学》结尾处倒用音乐净化激情的时候，答应在《诗学》里更详尽地讨论这个问题，高乃依说："因为人们在这部著作中丝毫未发现"，所以他的大部分注释者都认为，这部著作没有全部流传下来。由于亚里士多德的对手们并不关心他想通过怜悯与恐惧在我们心中净化什么样的激情，所以他们在净化这个问题上误入歧途，也就是自然的了。

依我看来，就是在我们看到的残存的《诗学》里，不论存多少，仍能发现关于这个问题的一切论述，而这些都是他认为一个并非完全不熟悉他的哲学的人应该说的。高乃依自己就发一个段落，据他说，这个段落足以能够使我们揭示清楚在悲剧里出现的净化激情的方式和方法，即亚里士多德所说的，"怜悯要一个不应遭受灾难的人，恐惧则要求一个与我们相似的人"。这段文字的确也很重要，不过高乃依把它用错了，因为他脑袋里想到了激情的净化问题，所以不能不错。

他说，"我们看到与我们相似的人遭逢厄运时产生的怜悯，引起我们唯恐自己遭逢同样厄运的恐惧；这种恐惧引起规避厄运的欲望，而这种欲望则是净化、改善，甚至根除使我们怜悯的人物在我们面前招致厄运的一切努力。理性告诉每一个人，要想避免后果，则必须消除原因。"

但是，把恐惧仅仅当成促使怜悯去净化激情的工具，这个论断是错误的，这不可能是亚里士多德的意思，按照这个论断，悲剧净化一团激情，唯独不能净化亚里士多德着重提出的那两种激情，它可以净化我们的愤怒，我们的好奇心，我们的虚伪，我们的恨和我们的爱，而这一种或者那一种激情，都是我们所怜悯的人物招致厄运的原因。它只是不让我们的怜悯、不让我们的恐惧得到净化。因为怜悯与恐惧是我们在悲剧里感受到的激情，而不行动的人物在悲剧里感受到的激情，它们是行动的人物借以打动我们的激情，而不是他们已遭逢不幸的激情、妄然。

不过我还不知道在哪一部剧本里，我们所怜悯的人物是通过误解的怜悯，或者通过误解的恐惧陷入厄运。尽管这部剧作会成为举世无双的剧作，像高乃依所理解的那样，它会像一切悲剧作品那样符合亚里士多德的主张，然而就是这样一部举世无双的剧作，也不会以亚里士多德要求的方式出现。这举世无双的剧作，仿佛两条直线的交点，是为了让我们在无限的时间里不再汇合。就连达希埃也未能如此严重地误解亚里士多德的意思。

达希埃十分注意作者的原话，而这些话又表达得肯定，即我们的怜悯与我们的恐惧，应该通过悲剧的怜悯和恐惧得到净化。然而他坚信，如果悲剧的功用仅限于此，就微不足道了。他错误地按照高乃依的解释，把均匀地净化一切其余激情也加到悲剧身上。从高乃依这方面来说，他否定了这种作用，列举事实证明，这只是一种美好的想法，并非按照通常方法可以产生的事实，达希埃也只得跟着高乃依深入探讨这些实例，结果走进死胡同。达希埃为了让他的亚里士多德跟他一起摆脱这种窘境不得不说了许多兜圈子的话。

我说亚里士多德因为真主的亚旦斯多德丝毫不需要这样兜圈子。我再重复一遍，当亚里士多德谈到悲剧的怜悯与恐惧应该净化的激情时，他没有想到激情，他想到的只是我们的怜悯与恐惧；至于悲剧净化其余的激情，多或少，在他看来是无关紧要的。照理说达希埃应该坚持那种净化作用的主张，自然这样做他得讲出一套关于这种主张的较为完整的道理，他说，“悲剧怎样为了净化怜悯与恐惧而引起怜悯与恐惧，是不难解释的。”

悲剧之所以能引起怜悯与恐惧，是因为他把与我们相似的人由于料想不到的过错而遭逢的厄运置于我们面前，悲剧之所以能净化怜悯与恐惧，是因为它让我们看到上述厄运，并借此教导我们，一旦我们真的遭逢厄运，既不至于过分恐惧又不至于过分感动。它让人们勇敢地承担最不幸的遭遇，让不幸的人们把自己的灾难同悲剧表演给他们的更严重的灾难相比较，仍然感到自己是幸福的。

因为在什么样的情况下，当一个人看见俄狄浦斯、菲罗克泰忒、奥莱斯特的遭遇时，不得不承认自己难受的一切灾难与这些人忍受的灾难是根本无法比拟的呢？的确这种解释用不着达希埃花费多少心血。他从一个斯多葛学派的习作里发现了这种解释，用词几乎都是一样的，而此人总是冷漠无情。我们对于自己的灾难的忍受是与怜悯无关的，所以一个不能引起怜悯的受难者身上，是无法通过怜悯来净化或者扭转他的悲哀来实现的。这是无须驳斥他的，我愿意承认他所说的一切都是对的。

不过我必须问问他：他的这些话表达了多少东西，除了怜悯净化我们的恐惧之外，还有些许新鲜东西吗？当然有亚里士多德要求的不足四分之一。当亚里士多德提出悲剧引起怜悯与恐惧是为了净化怜悯与恐惧的主张时，有谁看不出，这句话的含义远比达希埃自鸣得意的解释丰富得多呢？按照在这里出现的概念的不同组合，如果有人想要彻底了解亚里士多德的激励他必须逐一指出。

悲剧性的怜悯可能并且事实上是怎样净化他们的怜悯的。悲剧性的恐惧可能并且事实上是怎样净化我们的恐惧的。悲剧性的怜悯可能并且事实上是怎样净化我们的恐惧的，悲剧性的恐惧可能并且事实上是怎样净化我们的怜悯的。但是达希埃只注意到第三点，关于这一点也解释得很不像样子，而且也只解释了一半。谁在亚里士多德的净化激情的问题上，为获得一个正确而完整的观念下过一番功夫，便会发现四点中的每一点都包含着两种情形。简单说来，亦即这种净化只存在于激情向道德的完善的转化中，然而每一种道德，按照我们的哲学家的意思，都有两个极端，道德就在这两个极端之间，所以，如果悲剧要把我们的怜悯转化为道德，就得从怜悯的两个极端来净化我们。

关于恐惧，也应该这样理解。就怜悯而言，悲剧性的怜悯不只是净化过多地感觉到怜悯的人的心灵，也要净化极少感觉到怜悯的人的心灵。就恐惧而言，悲剧性的恐惧不只是净化根本不惧怕任何厄运的人的心灵，而且也要净化对任何厄运，即使是遥远的厄运，甚至连最不可能发生的厄运都感到恐惧的人的心灵。同样，就恐惧而言，悲剧性的怜悯必须对过多感觉到恐惧的人和过少感觉到恐惧的人进行控制。就怜悯而言，悲剧性的恐惧也当如此。

但是，如上所述，达希埃只是指出了悲剧性的怜悯怎样节制我们的过于巨大的恐惧，却并未指出怜悯怎样补救根本不存在的恐惧，或者在一个感觉恐惧极少的人身上，怎样把它提高到一个有益的程度，且不说他也应该指出其余各点。自他以后的人们，对于他的疏忽也丝毫未加补充，相反却按照他们的意见，把悲剧的功用完全置于争论之外，讨论一些关于诗的一般性问题，而毫不涉及悲剧之所以为悲剧的特殊问题，例如，悲剧应该培养和加强人性的本能；悲剧应该引起对道德的热爱，对罪恶的憎恨，等等。

亲爱的！哪一首诗不应该如此呢？既然每一首诗都应该如此，它就不称其为悲剧特有的标志了，因而也不是我们所寻求的东西。第八十九篇首先我必须说明，狄德罗对他的主张未加任何证明。他是把这种主张看成了无人怀疑，也不会引起怀疑的真理，只要想这种主张，便同时想到它的根据。他应该注意到悲剧人物的真实性（去发现这种根据吗？因为他们叫阿基里斯，叫亚历山大，叫卡图、奥古斯丁，而阿基里斯、亚历山大、卡图、奥古斯丁确是个别人物），于是他就应该得出结论说，作家让他们在悲剧里的一切言行须符合上述个别人物，而不能符合世界上任何别的人吗？大概真是这样的。

十五、悲剧和喜剧的共同性

然而亚里士多德早在两千年前便驳斥了这种误解，用与之相称的真理，证明了历史与诗歌的本质差别，证明了后者比前者具有很大的裨益。他以明白易懂的方式证明了这些，我只须引证他的话，以免引起丝毫诧异，在这样一个显而易见的问题上，狄德罗居然跟亚里士多德持不同意见。

亚里士多德在确定了诗歌布局的重要特性以后说：根据前面所述，显而易见，诗人的职责不在于描述已发生的事，而在于描述发生的事具有怎样的性质，什么是按照可然律或必然律发生的事。历史家与诗人不是根据韵文或散文区分的，希罗多德的著作改为韵文，但仍旧是用韵文写的一种历史，跟用散文写一样。他们的差别，在于前者叙述已发生的事，后者描述已发生的事主要产生怎样的性质。因此，诗歌比历史更富于哲学意味，诗歌着重具有普遍性的事，历史着重具有个别的事。所谓具有普遍性的事，指这样或者那样一个人，按照可然律或必然律说话、行事，诗歌在分派名字的时候，要注意这一点。

具有个别性的事则相反，指亚尔西巴德所做的事已经表现得十分清楚；按照可然律定下来以后，给人物取任意的名字，而不像写讽刺剧的诗人那样拘泥于个别人。但在悲剧里，人们采用已有的人名；理由是，可能的事是可信的，未曾发生的事，我们不可能相信，相反，发生过的事，显然是可能的，如果是不可能的，就不会发生。但也有些悲剧只有一两个熟悉的名字，其余都是虚构的，有些悲剧甚至没有一个熟悉的名字。

在这出戏里，情节与名字都是虚构的，可是并不因此而不受欢迎。我按照自己的翻译引证了这一段文字，我是尽量忠实于原文的，在这一段文字里，有几处我向注释家们请教，要么根本没弄懂，要么理解错了。这些问题都属于我要在这里加以探讨的范围。毫无疑问，鉴于悲剧和喜剧的共同性，亚里士多德根本没讲它们的人物之间的差别。喜剧人物也好，悲剧人物也好，甚至史诗人物也不例外，诗歌模仿的一切人物无例外地都应该说话、行事，不仅说他们自己应该说的话，行他们自己应该行的事，而且每一个人还将并且必须按照各自的性格，在同样情况下说话或者行为。

为什么说诗歌比历史更富于哲学意味，因而更富于教益，其根据就在于这个普遍性。如果说喜剧作家赋予他的人物以独特相貌，使世界上只有一种个性跟他们相似，从而像狄德罗说的那样，会使喜剧重返回到它的襁褓时代，返回到讽刺；那么悲剧作家只表现这个或者那个人，只按照我们知道的他们那些特性表现恺撒，表现卡图，而不表现所有这些特性怎样跟恺撒和卡图的性格发生关系，这个性格可能是他们跟许多人共同的性格，照我看来，他同样也会削弱悲剧，从而把它贬为历史。

亚里士多德曾说过："诗歌追求起名字的人物具有普遍性的事"，单一点在喜剧里表现得尤为明显。恰恰在边一点上，只满足于跟着亚里士多德鹦鹉学舌，却未加丝毫说明。因此有些人对此发表过意见，人们一眼便可以看出来，他们要么没有想出答案，要么想出了一些错误的答案。问题在于，诗歌在给它的人物分派名字时，怎样注意这些人物具有普遍性的事？而这种对人物具有普遍性的事的注视，怎么会尤其是在喜剧里早已出现了呢？

下面这段话："所谓具有普遍性的事，指这样或者那样一个人。按照可然律或必然律说话、行事，诗歌在分派名字的时候，要注意这一点。"达希埃译作"所谓具有普遍性的事，是指具有这样或者那样性格的任何人，或然地或者必然地不得不这样说不得不这样做的事。这种具有普遍性的事正是诗歌的最终目的，即使它给自己的那些人物加上不同的名字"。千尔蒂乌斯先生也照样把这一段话译作："所谓具有普遍性的事，指一个具有某种性格的人，按照可然律或者必然律说话或者行事。这种具有普遍性的事，就是诗歌的最终目的，即使它给人物加上特殊的名字。”

两人关于这段话的解释，也像一个人做的，一个人说的话，跟另一个人说的话完全相同。他们两人在说明什么是具有普遍性的事时，都说这种具有普遍性的事是诗歌的目的，然而诗歌在分派名字时，怎样注意这种具有普遍性的事，谁都没有说出一个字来。法国人表示，各国人则用“即使”。显然，他们不知道该怎样表达。甚至根本没弄懂亚里士多德的意思。他们这个“卧陡”，无非是“尽管”的意思；他们让亚里士多德仅仅按照这个意思。尽管诗歌给它的人物加上个别人物的名字，诗歌跟这些人物的具有个别性的事依然无关，而是跟它们的具有普遍性的事有关。

达希埃这些话，我想在脚注里加以引证，这些话清楚地表明这一点。不错，这段话确实并未造成意义的谬误，也没有表达出亚里士多德这段话的全部含义。光说诗歌尽管接受了另一个问题，但是却没有回答这个问题。

第三十一章　博马舍——严肃戏剧的继承者

博马舍在《论严肃戏剧》一文中指出：传统悲剧的主人公多是王公贵族、帝王将相：他们的不幸“很难激动人们的心弦”，因为“真的内心兴趣，真实的关系总是存在于人与人之间，而不是存在于人与帝王之间”。他继承和发展了狄德罗“严肃喜剧”的理论，提出一种介于悲剧与喜剧之间的新型剧种，名曰“严肃戏剧”。在他看来，帝王的地位与普通平民百姓距离太远，很难引起人们的同情与怜悯，受苦难的人离我们身份越近，他得到我们的同情就越多。

博马舍还指出传统喜剧中的主人公多是一些“腐儒、笨蛋、卖俏女子、虚伪之辈、傻子、傀儡那样一些典型”，这些人物被讥讽，会引起观众的“片刻的娱乐”，但不会转而感动我们自己，因为人们会发现自己所同情的人不是老实人，而是些恶棍。以这样一些人物为主人公，既引不起人们的同情，也起不到戏剧的道德教育作用。

一、生平简介

美国独立战争时期，博马舍曾组织义勇军支援美国人民争取解放的斗争。

他继承和发展了狄德罗“严肃喜剧”的理论，提出一种介于悲剧与喜剧之间的新型剧种，名曰“严肃戏剧”。博马舍（公元1732—1799）是法国18世纪剧作家。博马舍的著述主要侧重于剧作，著有《费加罗的婚姻》（又名《狂欢的一天》等。博马舍在《论严肃戏剧》一文中指出，传统悲剧的主人公多是王公贵族、帝王将相，他们的不幸“很难激动人们的心弦”，因为“真的内心兴趣，真实的关系总是存在于人与人之间，而不是存在于人与帝王之间”。

在他看来，帝王的地位与普通平民百姓距离太远，很难引起人们的同情与怜悯，受苦难的人离我们身份越近，他得到我们的同情就越多。博马舍还指出传统喜剧中的主人公多是一些“腐儒、笨蛋、卖俏女子、虚伪之辈、傻子、傀儡那样一些典型”，这些人物被讥讽，会引起观众的“片刻的娱乐”，但不会转而感动我们自己，因为人们会发现自己所同情的人不是老实人，而是些恶棍。以这样一些人物为主人公，既引不起人们的同情，也起不到戏剧的道德教育作用。

严肃戏剧的主人公，既不是帝王贵族，也不是腐儒、笨蛋之辈，而是那些第三等级的平民，是现实社会中所发生的事情的忠实图画，与我们观察实际事物的方式比较接近，所以，能够寻起人们的兴趣，产生强烈的共鸣，受到“更加直接”、“更加适用”的教育。

严肃戏剧在当时是一种崭新的戏剧形式，尚没有一种评判它的明确规则，所以博马舍认为“只能以支配人性的一般规则进行类比，从而判断这种新形式”。通过类比，博马舍认为他的严肃戏剧的本质特征有如下三点：其一，从整体来看，该种戏剧是“严肃”的出于情感的戏剧，是位于英雄悲剧和轻松喜剧之间的一利新型戏剧；其二，从它接近悲剧因素的部分来看，严肃戏剧和英雄悲剧一样，都是“严肃”的，都是以情动人的。不过，博马舍认为剧中人物的感人力量不在于“他在国家的地位”，而在于具有“一个强有力的性格”；其三，严肃戏剧除了具有其他戏剧形式所共有的特点之外，还拥有它独具的美。在内容上，它把生活中的一切方面，每一个细节，尽可能地描绘得真实又自然，使眼泪和微笑相互交错，使同情与感动达到迷人的程度；在艺术风格上，“它只有一个风格——自然的风格”；在戏剧道德教育上，“它对道德含有一种直接而深远的推动力量”，“对一般社会来说，严肃戏剧是娱乐和道德所取之不尽的一切源泉”。

二、论严肃戏剧

十八年前我曾写过一篇论文，对作为英雄悲剧和人愉快的喜剧二者之间的一种形式“严肃戏剧”表示了几点意见。在我可能选几种戏剧形式之中，这一形式或许是最受人尊重的了，而这恰恰是我对它有所偏爱的原因。不久我就情不自已地要求用实例来代替箴言。我以恢复了的热情编写《欧仁尼》这个剧本，写成后把稿本交给了法兰西剧院。

《欧仁尼》演出了，让我来探究一下它所引起的一切沸腾的喧嚷和反对的批评吧，不过，我不想在不与我所选定的戏剧形式直接有关的论点上多费笔墨，因为今天社会所关心的只是戏剧形式这一个问题。我曾看见人们真正而且诚意地为了“严肃戏剧”的不断增加同党而悲叹。他们宣称它是“一个暧昧的形式”，你说不出它是什么东西。没有一句台词能令你发笑的剧本，算是哪种剧本？用啰唆的散文拉成冗长的五幕，没有插诨的调剂，没有道德的反省，没有人物性格。看这样的戏，我们是被悬在一种既非相似又非真实的浪漫环境的情节之中！谁都知道我们的名作家们所作出的判断是什么，而他们乃是权威！他们就排斥这个戏剧形式，我替这个杂种起不出名字来。

别的作者为了公众一时的赞扬而得意，其实那赞扬是对演员的刻苦和才能发出的。现在让我对这接连不断的反对来作一个答复。我听过有关我正在讨论的这种剧本的盛气凌人的语句，也看见过为了反对我对“严肃戏剧”的辩解而摆出的亚里士多德、古人们、《诗学》、“戏剧规律”、各种规则，特别是规则——批评家永恒的共同决战的场所、凡夫俗子的稻草人。规则在哪个部门的艺术里曾经产生过杰作？难道范例的作品从最早不就是规则的基础吗？

难道不就是这些规则颠倒了事物的自然秩序，对天才来说，成为断然的障碍吗？假使人类都奴隶似地服从了前人制定的迷惑人的、狭隘的清规戒律，他们还能在艺术和科学上取得进步吗？我只说到这里为止，让我们把直到现在还没有解决的一个人问题归结为一些简单的说法吧。假使我把它向讲道理的法庭提出的话，那么我要这样陈述，要叫剧场中的观众发生兴趣，并使他们为了某一情节而流泪，这一情节如果发生在日常生活里，也一定会在观众中每个人身上产生同样的效果：这是不是可以允许的呢？总而言之，这就是存心很好的严肃戏剧的目的。

假使还有人如此野蛮，如此古典，居然敢于坚持反对的意见，我得问问他是否把“戏剧”或“剧本”这个词解释为人们行动的真实图画？他应该读读理查逊的小说；这些小说是真正的戏剧，因为戏剧乃是每部小说中的结论、最能引起兴趣的契机。假使他还不知道，就必须告诉他，《浪子》中的许多场景和《娜尼》、《梅拉尼德》、《色丽》、《一家之主》、《苏格兰女人》、《不自觉的哲学家》的全部，都活生生地证明了“严肃”的形式所能达到美妙的处理；也必须告诉他，这些作品曾经教育我们去欣赏那感动人心的家庭不幸，这种不幸应该更加值得我们注意，因为它是比较容易涉及我们自己生活的东西。

这种结果不可能希望在别处，但在别处至少不能达到巨大的程度——不可能在全部英排悲剧中得到。严肃戏剧，是要提供一个比在英雄悲剧中所能找到的更加直接、更能引起共鸣的兴趣，以及更为适用的教训；并且，假定其他一切都相同，严肃戏剧也能给予一个比轻快喜剧更加深刻的印象，但是现在我却听见一千个反对我的声音，叫嚷着“邪恶不敬!”

三、严肃戏剧中得到的兴趣比从喜剧中得到的还多

在全部这类悲剧中，我们经历不到别的，只有毁灭、血海、杀人无数，最后是达到下毒、谋杀、乱伦、弑亲的结尾。在我读古代悲剧的时候，我就被一种人的愤怒感情所侵扰，我反对残酷的诸神，他们让如此可怕的灾祸堆在无辜者的身上。俄狄浦斯、伊俄卡斯达、费德拉、亚里阿德尼、费罗克忒忒斯、俄瑞斯忒斯等，使我感受的是恐怖多于兴趣。在那些剧本里，每件事在我看来都似乎是奇怪而且可恶的，不加约束的激情，万恶的罪行，这些既是太不自然，也是我们的时代文明中所稀有的。

观众洒泪是勉强的。其次，不可避免的命运悲剧并未提供道德斗争。叫一个只能颤抖而不会发言的人去运用思想，岂不是最难做到的事情吗？如果一个人能从这种剧本里引出一点道德来，这也只能是一个可怕的道德，并且无疑会鼓励人们硬把命运作为借口去犯罪行，同时使遵循德行的人受到阻碍，为按照那个规律，所有我们的努力都等于零了。

假使果真没有牺牲就达不到德行的话，那么，没有得到报酬的希望就不能牺牲，这一点便同样经得住考验。相信宿命论，会降低人的价值；因为这是剥夺他的个人自由，而失去了个人自由，在他的行动中也就没有什么道德可言了。如果我们探究一下，英雄悲剧中那些英雄和帝王叫我们发生了什么样的兴趣，我们可以立刻发现这种悲剧向我们所表演的情节和夸大了的人物，不过是为我们的虚荣而布置的圈套；它们很难激动人们的心弦。当这种悲剧使我们参加了华丽宫廷的秘密，或者出席了策划政变的会议，或者进入了实际生活中不少人窥视的王后寝宫，我们的虚荣就得到了鼓励。

我们乐于相信自己是不幸王子的心腹，因为他的愁，他的眼泪，他的弱点，似乎使他的生活地位更接近了我们的生活地位，或者为了我们自己远在他之下而找到了安慰，人们欺骗自己，比起他们所可以想象到的，要容易得多。但是，如果我们对悲剧中人物的兴趣发生了感情，其原因并不是因为这些人物是英雄和帝王？是因为他们是不幸的人。在《梅洛普亚》，激动我的感情的是美辛娜王后吗？不是的，是爱基塞斯的母亲。只有天性才能够要求对我们心灵的统治权。

如果戏剧是人类社会中所发生的事情的忠实图画，那么，它在我们身上所引起的兴趣，一定是与我们观察实际事物的方式有着密切联系。真的内心兴趣，真实的关系，总是存在于人与人之间，而不是存在于人与帝王之间。因此，一些悲剧人物的高贵地位并不是增加了而是减少了我对他们的兴趣。受苦难的人离我的身份越近，他得到我的同情就越多。卢梭问得好："倘若我们写高贵人物的作家们，从不断向上爬的道路上退下一些，叫我们偶尔也同情一下受苦的人们，这岂不是更好一些?"

作为 18 世纪君主国的一个和平的臣民，我管他什么雅典的和罗马的革命？我对一个伯罗奔尼撒的僭主之死或者一个年轻公主在奥利斯的牺牲，有什么真正的兴趣可言？那种事情与我无关；没有什么道德问题可以应用到我的需要上来。如果剧中人与我们之间没有某种关系，在舞台上就不可能存在什么兴趣和道德感动力。事实很明显，如要英雄悲剧感动我们，除非它与"严肃戏剧"相似，也只描绘人，而不描绘帝王。

英雄悲剧所讨论的问题和我们的风俗习惯如此无关，它里面的人物也和我们如此不同，从其意义来说，就比不上"严肃戏剧"它所含的道德也不够强烈，而且更加抽象，因而它往往没有效果，对我们无益。如果它还有些用处，那不过是让我们看到大邪恶和大不幸乃是那些世界统治的命运，使我们为了自己的平凡而得到一点安慰。在我讲了上面这些话之后，我认为已没有必要来证明从严肃戏剧中得到的兴趣比从喜剧中得到的还多。人人都知道，假定每一种戏剧在各自的领域中有同等价值，则严肃戏剧比起只叫人娱乐的东西来，却更能以感情来深切地激动我们。

这效果是可以感觉到的，也是自然的，现在只需我来把造成这种效果的原因加以阐述，并且把这两种戏剧加以比较，从而考察其中的道德问题。快活使我们心绪烦乱，但是，如果讥讽所含的愉快精神，使人得到片刻的娱乐，那么，经验告诉我们，讽刺的锋芒击中了对方之后，它所引起的笑声便会消失，不会反而感动我们自己。如果事情只到此为止，那么邪恶将不是不可救药的，因为剧作家使观众发笑的，仅仅是腐儒、笨蛋、卖俏女子、虚伪之辈、傻子、傀儡那样一些典型。

一句话，所有那些在我们当前生活中的人都是滑稽可笑的。然而，用来惩戒这些人的嘲弄，是否就是用来打击邪恶的适当武器呢？一位剧作家能用笑话结束他的罪人吗？他不但不能达到这个目的，而且还要适得其反，在多数喜剧中，我们都看到这种情况。观众发现自己所同情的不是老实人，而是恶棍，因为在两者之中，前者总是被描写得比较不能吸引人，这一点对观众的道德感来说，是可耻的。并且，如果剧本的愉快方面居然偶尔抓住了我。但也维持不久，马上我就觉得自己不该上了俏皮话和舞台手法的当，因而感到一种羞耻；于是我离开剧场时，对剧作者不满，也对自己不满。

所以，喜剧的主要道德不是太肤浅，就是什么也不是，再不然，最后就是它产生了它不应该产生的结果。从我们日常生活中取材来打动我们感情的戏剧就不是这样。假如大声发笑是沉思的敌人，那么怜悯则在另一方面导致寂静，它引诱我们去默想，并且把我们同分心的外界隔离开来。看戏的人是独自的，他感觉得越深切，他的愉快就越不虚伪，特别是对于严肃戏剧。因为它用真实而自然的手段来打动我们，往往在一场令人愉快的戏后，一点点迷人的感情就引起了许多即刻流出的，其中却又交错着优美的微笑，从而给观众的脸上带来了同情和快乐。这种动人的矛盾，难道不是艺术最伟大的胜利，不是一个有感觉力的人所能经验到的最美妙的心情吗？

同情比讽刺的精神更具有这种优越，因而它在我们当中被唤起的时候，总是伴随着实现的可能性，并且由于它直接感染我们，所以它在舞台上的力量也来得更大。我们看见一个不幸的诚实人，我们就为他所感动；这情景打开我们的心占据了它，最后迫使我们去检查我们最深处的良知。当我看见善行受到迫害而成了邪恶的牺牲，却仍然是美好的光荣，是在一切中最为需要的，哪怕它被不幸所包围，当这一幕在戏剧中被描绘出来，那么我就确信，这种戏剧不是“暧昧的”，我所感到兴趣的只是善行。

那么，假使我自己是不幸的，假使卑劣的妒嫉竭尽其能来影响我，假使它攻击到我的人身、我的财产和我的荣誉，我对于这种戏剧就更加发生兴趣了！而且，我可以从它得到多么辉煌的道德教训啊！无论如何，我会被引导着去改正我的过失，我离开剧场的时候，比起我进入剧场的时候，将是一个较好的人，只不过因为我受到感动，有了温情和同情。高贵的“严肃”戏剧又曾被评为缺乏持久性、热情、力量和喜剧王子；让我们来看看这个批评的正确程度吧。只能以支配人性规则进行类比，从而判断这种新形式。

让我们就把这个方法用在这个问题上来。严肃的、出于感情的戏剧，是位于英雄悲剧和轻快喜剧之间的。如果我考虑它接近悲剧的那一部分，我就问我自己，剧中人物的热情和力量是发生于他在国家的地位，是发生于他自己的性格深处随处看看实际生活提供给（模仿的）艺术的模型，就能表明一个有力的性格，不是只有王子才可具备，而是任何别人都可以具备。

每一个人之所以成为他那样的人，乃是因为他的性格，至于他在生活中的地位，那是出自命运决定的，不过一个人物的性格也能对他的生活地位产生巨大限度的影响。严肃戏剧使我看到那些被剧情感动的人，因此这种戏剧是和英雄悲剧同样能够表现权力、生气和思想的高尚的；悲剧虽也给我们看到受感动的人，不过这些人的地位却比在普通生活中的人们的地位高一些。并且，如果我考虑“严肃”而高贵的戏剧，十分接近喜剧的那个部分，我不能否认“喜剧力量”是一切好的喜剧所不可少的东西。那么，我就得问了：为什么严肃戏剧要被评为缺乏热情呢？倘若真是这样，那也只能是剧作者缺乏才能的结果。

既然这一种剧本取材于日常生活像在轻快喜剧里一样，其中的人物难道应该用比较少的力量来处理，不必对他们作那样有力的描写，纵使他们发现了他们所处的情势涉及自己的荣誉，或者涉及生命的本身，而当这些人物陷入比较小的危机时，譬如遇到这种或那种简单普通的麻烦，或者甚至处在紧张的喜剧场面时，难道反而对他们进行更加有力一些的处理吗？即令我前面所列举过的剧本都缺乏喜剧成分（这一点我异常怀疑）就说是这样吧，问题也仅仅在于个别作者的能力或缺陷，而不在于戏剧形式的本身；这个形式本身并不怎么浮夸，并且可以认为具有很好内在素质。

我的事业一定会得到巨大的发展，如果能成功地说服我的读者，使他们相信：严肃戏剧是存在的，它是好的形式，它的兴趣是活泼的，它对道德感含有一个直接而深远的主导力量，它只能有一种风格。我还要使他们相信：除了享受其他戏剧形式所共有的便利之外，它还拥有它独具的美；它在戏剧领域中放出新的光彩，天才可以在那里翱翔于从来无人知道的高空，因为这一形式处理着生活的一切方面，于是也就包含着每一个可能的情节。而且，剧作家还能够利用喜剧中的伟大人物形象而取得成功，这些形象到现在差不多被描写尽了，因为用来描写他们的那些情节已经陈腐了。

第七篇

俄国民主主义革命美学

俄国民主主义革命是人类历史的一个重大转折。这一时期，俄国文学艺术的发展为人类文化注入了新鲜血液，为文学艺术的发展提供了新动力。

第三十二章　别林斯基——美学任务的确定人

别林斯基摆脱了黑格尔唯心主义影响以后，把反映生活的真实作为衡量艺术作品的首要标准，认为艺术创作的必要条件就是忠于现实。艺术是真实的表现，而只有现实才是至高无上的真实，这里所说的真实就不再是理念，而是现实生活本身了。

他一方面肯定艺术来源于现实生活；另一方面又认为艺术中的生活比现实的生活更显得是生活，高于现实中的生活。艺术作品不仅应该客观地反映现实，艺术家还应该把特定时期中的社会精神和倾向表现出来。这里的关键是要创造出具有普遍意义的典型，因为“诗人所应该表现的，不是特殊的和偶然的，而是一般的和必要的、赋予他的时代以色彩和意义的东西”。

一、生平及著作

别林斯基（公元 1811—1848）是 19 世纪俄国革命民主主义者、文学评论家、美学家。1829 年考入莫斯科大学，1831 年因写了揭露农奴制罪恶的剧本被开除。1833 开始发表论文和书评。1838 任杂志主编。1839 年参加《祖国纪事》杂志编辑工作。40 年代初，他逐步从唯心主义转向唯物主义、从启蒙主义转向革命民主主义。随之，在美学思想上即在对艺术的本质、艺术创作过程以及艺术的目的这些问题上，也经历了前后不同的转变。

二、主要思想

别林斯基在写《智慧的痛苦》（1839）和《艺术的概念》（1841）等书中，根据黑格尔的美学思想，提出“诗是寓于形象的思维”或者说“艺术是对真理的直感的观察”、“艺术是理念在其无边多样的现象中的表现”，都是把艺术的本质看作以感性形象去表现某种普遍的精神实体。他明确说明他所说的思维，理念就是“一切存在的东西，一切实有的东西”的本原。

“一切现存的东西，一切这些无限繁复多样的世界生活的现象和事实，都不过是思维的形式和事实；因此，只有思维存在着，除了思维，什么都不存在。”别林斯基摆脱了黑格尔唯心主义影响以后，把反映生活的真实作为衡量艺术作品的首要标准，认为艺术创作的必要条件就是忠于现实。艺术是真实的表现，而只有现实才是至高无上的真实，这里所说的真实就不再是理念，而是现实生活本身了。

一方面肯定艺术来源于现实生活；另一方面又认为艺术中的生活比现实的生活更显得是生活，高于现实中的生活。艺术作品不仅应该客观地反映现实，艺术家还应该把特定时期中的社会精神和倾向表现出来。这里的关键是要创造出具有普遍意义的典型，因为“诗人所应该表现的，不是特殊的和偶然的，而是一般的和必要的赋予他的时代以色彩和意义的东西”。

可是，在 1835 年的《论俄国中篇小说和果戈里君》的中篇小说中，却主张艺术应该从现实生活出发，艺术的本质就在于在全部真实中来再现生活。

他赞扬果戈里“极度忠实于生活”，对生活既不阿谀，也不诽谤。他所重视的就是这种“十足的生活真实”。由于别林斯基把现实本身看作理念的合理的表现，把现实的一切看成精神的必然现象，因而把艺术表现理念和艺术再现现实两种说法协调起来，得出与现实妥协的结论：“一部真正富有艺术性的作品，把人的精神提高和扩大到洞察无限事物的地步，使人和现实和解起来，而不是使人去反对现实”。别林斯基在唯心主义时期，认为艺术创作的特点是一种无目的而又有目的、不自觉而又自觉的活动。

艺术创作过程从无意识状态开始的，创作的主要的显著标志，就是“神的灼见，诗的梦游病”。艺术创作活动主要依靠的是灵感，“有灵感才能够创造”，而灵感却不是依存于创作者本人的。严肃艺术创作是艺术家自己无法控制的过程，在这个过程中理智是不起作用的。既然艺术创作是无意识的，艺术家在自己作品中所表现的内容也是不自觉地产生的。因“呈现于诗人心中的是形象，不是概念，他在形象背后看不见概念，而当作品完成时，比起作者自己来，更容易被思想家看见”。

既然艺术创作主要依赖于灵感，艺术家就是具有天赋灵感的人，是少数的优秀人物、天才。因而，真正的艺术品只能被少数优秀人物所理解。在《艺术的概念》一文里，谈到艺术创作时，开始用“直感性”来代替“不自觉性”，认为不自觉性不但不是艺术的必要的属性，并且是跟艺术敌对的，贬低艺术的。

别林斯基开始强调艺术的思想性和自觉性因素的作用，把文学称作“用语言表达的人民思想的最后和最高的表现”，文学不仅是个人的自觉活动，而且还是社会自觉的表现，因而文学应该是为一切人所能理解而不是少数优秀人物才能理解的东西。别林斯基在肯定艺术创作中自觉性的同时，还强调指出艺术的认识不同于文学的认识的特殊性。认为诗歌也进行议论和思考，一旦它是借助于想象用形象和图画而不是用三段论法来议论与思考。

科学作用于人的理智，艺术作用于读者的想象，“一个是证明，另一个是显示，他们都在说服人，所不同的只是一个用逻辑论据，另一个用描绘而已”。在艺术的目的问题上，别林斯基早期虽接受“纯艺术论”的影响，认为诗歌除了自身之外没有任何别的目的，把政治看作与艺术无关的“琐事”，艺术只要表现“人类绝对发展”，不必涉及“公民的和政治的因素”。他认为艺术和美是相似的，艺术的目的就是追求形象，用形象去表现那“永恒的美”。19 世纪 40 年代初，别林斯基开始自觉地否定“纯艺术论”，说他自己曾经一度是美的概念的热诚信徒，不但把美看成是一种唯一的、独立的因素，并且看成是艺术的目的。

在他和“纯艺术论”分手以后，主张“每一部艺术作品一定要在对时代、对历史的现代性的关系中，在艺术家对社会的关系中，得到考察”。认为那些标榜“为艺术而艺术”的人，正像鸟儿只是为歌唱而歌唱一样，只不过是供人消遣的角色。在《1847 年俄国文学一瞥》一文中还指出：“纯粹的、超然的、无条件的，或像哲学家所说，绝对的艺术，在任何时候，任何地方，都是存在的。”

认为“艺术利益本身，不得不让位于对人类更重要的别的利益，艺术高贵地为这些服务，做它们的喉舌。可是，它毫不因此而中止其为艺术，而只是获得了新的特质”。如果夺去它为社会服务的权利，艺术就成为“休闲享乐之物，游手好闲的懒人的玩具”。

三、艺术理论

艺术是对于真理的直感的观察，或者说是用形象来思维。在这一艺术定义的阐述中包含着全部艺术理论：艺术的本质，它的分类，以及每一类的条件和本质。我们的艺术定义中特别使许多读者认为奇怪而感到惊奇的一点，无疑是我们把艺术当作思维，这样，就把两个完全对立、完全不相联结的范畴联结在一起。

实际上，哲学总是跟诗歌敌对，即使在希腊，诗歌和哲学的真正的祖国，一位哲学家也曾把诗人们排斥于他的理想共和国之外，虽然起初曾经赠予他们以桂冠。一般意见认为诗人具有使他们陶醉于当前瞬刻，忘掉过去和未来，为快感而牺牲实利的活泼的、热情的天性；对于被他们看得比道德更重要的享乐的贪得无厌、永不满足的追求口味和意图方面的轻率、多变和无恒，以及永远把他们从现实引向理想，使他们为了美好的、无法实现的幻梦而忽视真正的当前欢乐的一种无边无际的幻想。

相反，一般意见认为哲学家具有对于智慧的不懈地追求，而智慧便是群众所不能懂得、普通人所不能理解的最高的人生幸福；同时，又认为哲学家的不可剥夺的特点是不可克服的意志力；奔赴唯一不变目标的锲而不舍的精神，慎重的行为有节制的愿望；把实利和真实看得高于快感和迷恋的一种偏爱。在生活中取得持久可靠的幸福，认识到幸福的源泉包含在自身之中，在自己不朽精神的神秘宝藏之中，而不是在美妙尘世生活的空幻外表及其斑驳多彩之中。因此，一般意见把诗人看作偏心母亲的钟爱孩子，幸运的宠儿，娇纵的、淘气的、任性的，常常甚至是刁恶的但更是迷人而又可爱的孩子。

把哲学家看作永恒真理和智慧的严峻仆人，在言辞方面是真理的化身，在行动方面是美德的化身。人们怀着爱情对待前者，即使被他的轻率所触怒，有时对他表示愤慨，也一定在唇边浮着微笑，人们怀着仰慕、崇敬之心对待后者，隐约透露着忸怩和冷淡。总之，单纯的、直感的、由经验得来的认识，在诗歌和哲学之间看到一种差别，正像存在于生动的、热情的、虹彩一般的、展翅而飞的幻想和干巴巴的、冷淡的、精微的、严峻的、喜欢唠叨的理性之间的差别一样。

可是，在诗歌和哲学之间划下一条鸿沟，犹如火和水、热和冷两不侵犯一样的这个一般意见，或者可以说是直感的认识，却也同时向诗歌和哲学指出了奔赴同一目标的相同的努力方向，即向往于上天。一般意见认为，诗歌具有一种超凡的力量，通过崇高的感觉，把人类精神向上天提升，它依靠一般生活的美丽的、鬼斧神工的形象在人们心里唤起这些感情；一般意见又认为，哲学的任务在于通过同样崇高的感觉，使人类精神和上天接近起来，但它是依靠对于一般生活法则的透彻的认识来唤起这些感觉的。我们在这里故意引证群众的单纯的、自然的认识；它是大家都能理解的，同时包含着一个深刻的真理，因而是完全被科学所确认和证明的。

实际上，在艺术和思维的本质中，正是包含着它们的敌对的对立以及它们相互间的亲密的血肉联系，像我们下面所要看到的。一切存在的东西，一切实有的东西，一切我们称物质和精神、大自然、生活、人类、历史、世界、宇宙的东西，都是自己进行思考的思维。一切现存的东西，一切这些无限繁复多样的世界生活的现象和事实，都不过是思维的形式和事实。

因此，只有思维存在着，除了思维，什么都不存在。思维是行动，而每一个行动都一定先得假定有运动。思维是辩证的运动，或者是思想的自身内部的发展，运动或者发展，是思维的生命和本质：没有思维，便不会有运动，却只会有初期生活原始力量的某种僵死的、停滞不动的、没有定向的持续，精神混沌状态的显形于外的图景，像一位诗人十分逼真地加以描绘的：

那是如漆的黑暗，那是无底的空虚，没有距离，没有边，那是没有容颜的形象，那是一个可怕的世界，没有天空，光亮，星星，没有时间，没有日和年，没有神意，没有幸福和灾难，没有生，没有死，像黄土永埋，像海洋摸不着边，黑暗沉重地压着，停滞，昏黑，哑默无言。思维的起点，出发点，是超凡的绝对概念，思维的运动，包含在这概念中，根据逻辑学或者形而上学的最高（先验）法则从自身出发的发展中，概念的自身内部的发展。是它经历自己几个阶段的过程，我们在下面要举例来说明这一点。概念从自身出发或者从自身内部出发的发展，用哲学的语言说来是内在的。

不考虑经验所能提供的一切外部补助手段和推动力，这是内在发展的一个条件；在概念本身的活的内容中，包含着内在发展的有机力量，正像一粒活的种子内部包含着它发展成为植物的力量一样，包含在种子内部的活的内容越是丰富，从它里面发展出来的植物也就越是强大。反之亦然，橡实和小小的松子可以发展成为雄伟的橡树和高耸云霄的巨大的松树，可是，恐怕要比橡实大五十倍，比松子大一千倍的马铃薯，却只能发展成为仅仅高于地面几寸的蔬菜瓜果之类。

四、1847 年俄国文学一瞥

无疑的，艺术首先必须是艺术，然后才能是一定时期的社会精神和倾向的表现。不管一首诗充满着怎样美好的思想，不管它是多么强烈地反映着当代问题，可是如果里面没有诗，那么，它也就不能表现美好的思想和任何问题，我们所能看到的，不过是体现得很坏的美好的企图而已。如果在长篇或中篇小说里，没有形象和人物，没有性格，没有任何典型的东西，那么，不管里面叙述的一切怎样忠实而仔细地从自然模拟下来，读者还是不会找到任何自然性。

不会看出有任何忠实地观察到并巧妙地把握住的东西。他会觉得人物都是一片模糊的，叙述成了许多不可理解的事件的混乱纠缠。如果违反了艺术法则，那是不可能不受到惩罚的。要想忠实地模仿自然，仅仅能写，就是说，仅仅有抄写员或书记的技术还是不够的，必须能通过自己的幻想把现实表达出来，赋予它以新的生命。一件具有浪漫趣味的审判案确实的记载算不上是一部小说，却只能供作小说的素材，也就是说，只能作为供给诗人一个写小说的机会而已。

而要写小说，他必须从事思索，体察案件的实质，窥测出促使这些人物如此行动的秘密的内心冲动，掌握作为这些事件之核心的案件要点，赋予这些事件以统一的、完整的、一体的意义，而这一点，只有诗人才能做到。似乎再没有比忠实地描绘人物肖像更容易的事了。可是有的人尽管一辈子实习绘画的这一部门，却还是不能把他所熟悉的面孔画出来，使别人也知道这是谁的肖像。

忠实地描绘肖像也是一种才能，但这并不就是这才能的一切。一个普通画家会给你的朋友画出十分相似的肖像。这种相似，在你不得不立刻认出这是谁的肖像这一意义上看，是毫无疑问的，可是无论如何，仿佛你对它还是不能满足，觉得它和原型又相似又不相似。可是，让狄兰诺夫或勃留洛夫来画这幅肖像吧，你会觉得，就是镜子也远不如这幅肖像能够把你朋友的模样忠实地复制出来，因为这不仅是肖像，而且是一件艺术品，这作品不仅抓住了外部的相似，并且还把握到原型的整个灵魂

因此，只有有才能的人才能够忠实地描写现实，而且，不管作品的其他方面怎样不行，它越是以忠于自然取胜，作者的才能也越是毋庸置疑。忠于自然并不是一切，尤其在诗是如此，但这是另外一个问题了。在绘画，由于这一艺术部门的本质和特性之故，仅仅忠实地描写自然，常常就是杰出的才能的标记。在诗，则不尽如此，不能忠实地描写自然，固然不能成为诗人，但仅仅具有这才力，也还是成不了诗人，至少是成不了一个杰出的诗人。

人们常说，忠实地摹写自然中可怕的事物（例如谋杀、死刑等），如果没有思想和艺术性，就会引起厌恶，而不是喜悦。这种写法，不仅是不正当，而且是错误的。谋杀或死刑的景象本身并不能引起快感，在一位伟大诗人的作品中，读者欣赏的不是谋杀，不是死刑，而是诗人用以描写那件事的技艺。因此，这喜悦是美感的，不是心理学的，不是混合着不自禁的恐怖和厌恶之感的，而至于崇高事业和爱之幸福的图画呢，却给人以复杂的、因此是完整的、既是美感又是心理上的喜悦。

可是，一个没有才能的人，即使用上千次的机会在现实中研究谋杀或死刑，也还是不能忠实地把它刻画出来，他所能做到的，充其量不过是或多或少忠实的描写而已。他的描写可能引起强烈的好奇心，但绝不是喜悦。如果

没有才能而从事于这种事件的描绘，结果只能引起人的厌恶，然而这却绝不是因为忠实地摹写自然，而是为了相反的原因。

夸张并不就是戏剧的场面，剧场效果并不就是感情的表现。可是，我们一方面完全承认艺术首先必须是艺术，另一方面却认为，把艺术设想为活动在自己特殊的领域内和生活其他方面毫无共同之处的纯粹的、排他性的东西，这种想法却抽象而不切实际。这样的艺术在任何时候、任何地方，都是不存在的。

毫无疑问，生活逐步分成了许多各具独立性的领域，可是，这些领域息息相关地融合为一，其间没有不可逾越的界限。不管把生活怎样分割，它总是统一的、完整的。人们说，科学需要理智和判断，创作则需要幻想，以为这样就干脆地解决了问题，可以把问题置之高阁了。可是，难道艺术就不需要理智和判断吗？学者没有幻想能行吗？不对的！事情是这样，在艺术中，起着最积极和主导的作用的是幻想，而在科学中，则是理智和判断。

当然，有些诗作，除了强烈的灿烂的幻想之外，不再有什么，可是，这绝不是艺术作品的一般规律。在莎士比亚的作品中，你无从断定是什么东西更使人惊奇，是丰富的。创作幻想呢，还是包罗万象的充沛的智力？有几种学问，不但不需要幻想，有了幻想反而有害处；但是，不能因此认为一般学术都是这样的。艺术是现实的复制，是被重复的仿佛是再造的世界：难道它能够是一种孤立的、隔绝一切外来影响的活动吗？

诗人，作为一个人、一种性格、一种天性，总之，作为一种个性，难道能不反映在自己的作品中吗？当然不能的，因为和自己脱离任何关系而描述现实现象的这种能力，也还是诗人天性的表现。而就是这种能力也有它的限度。莎士比亚的人格照射了他的作品，虽然看起来他好像对他所描写的世界漠不关心，正像拯救或加害他的主人公们的命运之神一样。

在司各特的长篇小说里，我们不可能不看到作者与其说在对生活的自觉而广泛的了解上，不如说在才能上是一个非常杰出的人，并且在信念和习惯方面是一个命定的保守党员、守旧派和贵族。诗人的个性不是什么无条件的、单独的、超脱任何外在影响的东西。诗人首先是一个人，然后才是他的祖国的公民，他的时代的产儿。

民族和时代精神的影响不会比别人对他的影响更少些。莎士比亚是古老快乐的英国的诗人，这英国在短短几年之内突然变得严厉、刻板、狂热地盲信起来。清教徒运动对他后期作品的影响是很大的，使它们得到了阴沉忧伤的烙印。由此可见，若是他晚生二十年，他的天才也还是照旧的话，他的作品的特色却会不同了。

弥尔顿的诗显然是他的时代的产物，他自己也没有料到，在他的骄傲而阴沉的撒旦这个人物身上竟写出了反抗权势的礼赞，虽然他本意完全不是如此的。社会的历史运动就是这样强烈地影响着诗。人们说，狄更斯以小说促成了英国各学校机构的改革，那些学校以前完全是以残酷的鞭笞和对孩子的野蛮虐待为原则的。我们要问，假设若狄更斯在这场合是以诗人的行为来发挥其影响的，这有什么不好呢？难道因此他的小说在美学上就差些吗？这是一种显然的误解。

人们只看到，艺术和科学不是同一件东西，却不知道它们之间的差别根本不在内容，而在处理一定内容时所用的方法。哲学家用三段论法，诗人则用形象和图画说话，然而他们所说的都是同一件事。政治经济学家靠着统计数字，诉之于读者或听众的理智，证明社会中某一阶级的状况，因为如此这般的理由，而大为改善或大为恶化了。诗人靠着对现实的活泼而鲜明的描绘，诉诸于读者的想象，在真实的图画中显示社会中某一阶级的状况，因为如此这般的理由，而大为改善或大为恶化了。

一个是证明，另一个是显示，但他们都是说服，所不同的只是一个用逻辑论证，另一个用图画而已。可是，前者只被少数人听着、了解着，后者却为大家听着、了解着。社会的最崇高和最神圣的利益，就是那同等地普及于各个成员的社会自身的福利。引向这福利的道路是自觉，艺术之能促进这自觉，并不下于科学。在这儿，艺术和科学同样是不可或缺的，科学不能代替艺术，艺术也不能代替科学。

到希腊人中间去寻找所谓纯粹的艺术，是比较最自然的。的确，构成艺术主要因素的美，简直曾经是这民族生活中的主导因素。因此，他们的艺术比任何其他艺术都更接近所谓纯艺术的理想。可是，尽管如此，在他们的艺术中，美与其说是内容本身，不如说是任何内容的主要形式。

内容是由宗教和公民生活提供给他们的，不过总是处于美的显著的主导之下。因而，希腊艺术也只是比别的艺术更接近绝对艺术的理想，但却不能把它叫作绝对的，就是说，不能称它是脱离民族生活其他方面而独立存在的东西。人们常常把莎士比亚特别是歌德，引为自由的纯艺术的代表，可是，这是很不成熟的说法。莎士比亚是一位最伟大的创造性的天才，首先是一位诗人，那是毫无疑问的，可是如果有人在他的诗中看不到丰富的内容，看不到给心理学家、哲学家、历史家、政治家等提供出来的教训和事实采取用不竭的宝藏，那就是太不了解他了。莎士比亚通过诗传达一切，可是他所传达的绝不仅是属于诗的东西。

一般地说，新艺术的特色是内容的重要性超过形式的重要性，而古代艺术的符色则是内容和形式互相平衡。我们看到，希腊艺术也只是比一切其他的艺术更接近所谓纯艺术的理想，并不能完全达到那理想，至于新艺术呢，它始终是远离这个理想的，今天离得更远了。然而这也就正是新艺术的力量所在。艺术本身的利益不能不让位给对人类更重要的别的利益，艺术高贵地为这些利益服务，做它们的喉舌。可是，它毫不因此而中止其为艺术，而只是获得了新的特性。取消艺术为社会服务的权利，这是贬低艺术，而不是提高它，因为这意味着剥夺了它最活跃的力量，亦即思想，使之成为消闲享乐的东西，成为无所事事的懒人的玩物。

第三十三章　车尔尼雪夫斯基——现实主义文艺理论奠基人

艺术不但再现生活，还要说明生活。但是诗要对生活现下判断。正因为这样，“艺术是开始研究生活的人的教科书”。关于美的三大命题和艺术的三大作用。奠定了现实主义文艺的理论基础，纠正了黑格尔从理念出发，转为从现实出发，从生活出发，现实本身原已有美，美仿佛单纯是一种客观属性；艺术与现实只是摹本与蓝本的关系，艺术远低于现实，尽量缩小创造想象和典型化的作用，夸大现实方面的决定作用；混淆生活真实和艺术真实，割裂内容与形式的联系。车尔尼雪夫斯基认为人是一个有机体，他的本性是统一的。因此，人的追求都是互相联系的。认为人对美的追求不仅不能和其他的追求分开，而且和其他的追求相比还处于次要的地位，所以，艺术是由于人对美的追求而产生，而往往是在其他更强烈得多的追求的影响下产生的。

于是得出：艺术的范围不限于美，而包括现实一切能引人发生兴趣的东西。艺术的首要任务是去再现生活中普遍引人注意的东西。美、悲剧、喜剧不过是决定人的生活兴趣的许多因素中三个确定的因素。人们所以把美作为艺术的唯一内容，只是由于作为艺术对象的美，同构成一切艺术作品的必要属性的美的形式混淆起来了。把艺术看作美的理想的实现，不仅缩小了艺术的领域，而且势必忽视艺术再现生活的作用。

一、简介及著作

车尔尼雪夫斯基（公元 1828—1889），理论家、作家、文学批评家、美学家，是 19 世纪俄国革命民主主义者。车尔尼雪夫斯基的美学著作有：《果戈里时代的文学概论》、《艺术与现实的审美关系》、《现代美学概念批判》等。《艺术与现实的审美关系》是他的美学纲领，其他著作可以说是这篇论文的发挥和补充。费尔巴哈学说是他的美学思想的哲学基础，他自称这篇论文就是应用费尔巴哈的思想来解决美学的基本问题的尝试。车尔尼雪夫斯基于 1846 年进入彼得堡大学学哲学，毕业后当中学教师，从 50 年代直到逝世前，发表的哲学、历史和经济学等著作中，始终保持着完整的唯物主义的水平。1862 年由于宣传革命思想，被沙皇政府逮捕，后被流放西伯利亚服苦役 20 多年。

二、主要思想

车尔尼雪夫斯基自称他的论文的实质就是把现实和艺术比较而为现实辩护，证明艺术作品决不能和现实相提并论。这个主题之所以重要，因为它关涉到艺术的起源、艺术的意义和作用这些重大问题的解决。车尔尼雪夫斯基在《艺术与现实的审美关系》里，主要以驳难德国美学家、黑格尔的门徒费肖尔而提出自己的主张的，实际上他是针对黑格尔的思想而得出自己的思想体系的。车尔尼雪夫斯基认为真正的最高的美正是人在现实中所遇到的美，美属于客观生活本身，不是理念加于现实的一种幻象。

正确的美的定义应该是“美是生活”，更具体地说，“任何事物凡尽我们在那里看得见依照我们的理解应当如此的生活，那就是美的，任何东西，凡是显示生活并使我们想起生活的，那就是美的”。他还指出社会中经济地位不同的“等级”具有不同的生活概念，从而也就具有不同的美的概念。由于他不善于解释客体和主体之间的真正联系，他没有发觉更没有解决他的美的定义中的矛盾：美是客观的又是符合我们的概念的。还由于他在社会历史观上是唯心的，没有弄明白人关于“生活”的概念在历史上是怎样发展起来的。黑格尔认为艺术美高于自然美。

车尔尼雪夫斯基从多方面论证自然美高于艺术美，现实优于艺术，是对现实世界和想象世界的关系的一般观点中得出的结论。他的结论是从费尔巴哈下面的思想中得出来的，即想象世界仅仅是对现实世界的认识的改造物，而这种改造物是我们的幻想按照我们的愿望而产生的。改造物同现实世界事物在我们心中所引起的印象比较起来，在强度上是微弱的，在内容上是贫乏的。

车尔尼雪夫斯基在论证现实优于艺术时，特别是在论证雕塑和绘画比不上原物的时候，显然是把艺术作为自然的单纯模仿来看待的，忽视了创造艺术典型，进行艺术概括的重要性。车尔尼雪夫斯基认为人是一个有机体，他的本性是统一的。因此，人的追求都是互相联系的。认为人对美的追求不仅不能和其他的追求分开，而且和其他的追求相比还处于次要的地位，所以艺术是由于人对美的追求而产生，而往往是在其他更强烈得多的追求的影响下产生的。于是，艺术的范围不限于美，而包括现实一切能让人发生兴趣的东西。艺术的首要任务是去再现生活中普遍引人注意的东西。

美、悲剧、喜剧不过是决定人的生活兴趣的许多因素中三个最确定的因素。人们之所以把美作为艺术的唯一内容，只是由于把作为艺术对象的美，同构成一切艺术作品的必要属性的美的形式混淆起来了。把艺术看作美的理想的实现，不仅缩小了艺术的领域，而且势必忽视艺术再现生活的作用。艺术不但再现生活，还要说明生活、诗，要对生活现象下判断。正因为这样，“艺术是开始研究生活的人的教科书”。车尔尼雪夫斯基反对把崇高当作美的变种的说法，认为崇高的秘密不在于观念压倒形象和它的无限性，而在于事物本身。

崇高的东西是在量上超过和它相比的东西，是较之和它相比的现象强有力得多的现象。车尔尼雪夫斯基反对黑格尔悲剧理论中的必然性思想以及悲剧的原因在于主人公自身的片面性的思想。他认为悲剧没有任何必然性，仅仅偶然性就足以构成悲剧，必然性的观念不是悲剧使人感动的基础，也不是悲剧的本质。在他看来，要在每个灭亡者身上找出过失去的那种思想，是十分牵强而且残忍到使人愤恨的思想。他认为黑格尔的悲剧结局总是理性的胜利、“永恒正义”的胜利的观点是可笑的，因为世界是生活的场所不是法庭。车尔尼雪夫斯基认为，悲剧是人生中可怕的事物。由于他不了解一定的社会人的一定的愿望的产生，是符合规律的，因而是必然的过程，以致他的悲剧观点存在着弱于黑格尔的方面。

三、艺术与现实的审美关系

这篇论文只限于述说根据事实推断出来的一般的结论，这些结论仅仅依靠事实的一般的引证来加以证实。这是第一点需要说明的。现在是专论的时代，我的著作也许会被责难为不合时宜。摒弃专题研究可能会被认为是轻视这种研究，或者被认为作者有这样的意见，以为一般的结论可以不用个别的事实来证实。但是这样的论断只是根据本书的外表形式，而并非根据它的内在性质。本书所发挥的思想的现实倾向已足够证明：这些思想是在现实的基础上发生的，并且作者一般认为，幻想的奔放对于我们的时代很少有意义，不仅在科学方面如此，在艺术领域内也是如此。

作者所论述的各种概念的本质保证要是有可能的话，他极愿意在他的著作里引用他的意见所依据的许许多多事实。但是如果他决心依照自己的愿望，本书的篇幅就会大大超过原定的限度。不过，作者想，他所给予的一般的指点，足够使读者想到有利于这篇论文中所说到的意见的成千成百的事实，因此他希望解说的简略不会被写成证据。但是作者为什么挑选艺术与现实的审美关系这样一个一般的、广泛的问题做他的研究题目呢？他为什么不像现今大部分人所做的那样，选择某个专门的问题呢？作者有无能力处理他所要解决的问题，自然不是他自己所能决定的。

但是这个吸引了他的注意的题目，现在是一个完全值得所有那些对美学问题感到兴趣的人，就是说，所有那些对艺术、诗、文学感到兴趣的人注意的题目。作者觉得，只有在关于科学的基本问题还不能说出什么新的根本的东西来的时候，在还没有可能看出科学中的新的思想倾向，而且指出这些倾向发展的大致方向的时候，只有在那时候来谈科学的基本问题才是无益的。但是，一旦对我们的专门科学中基本问题的新观点的材料已经探究出来，说出这些基本观念就是可能而且必要的了。尊重现实生活，不信先验的假设，不论那些假设如何为想象所喜欢，这就是现在科学中的主导倾向的性质。作者觉得假如美学还有谈论的价值的话，我们对美学的信念就应当符合于这一点。作者只承认专题研究的必要并不下于任何人，不过他觉得从一般的观点来检讨科学的内容有时也是必需的。他觉得虽则搜集和探究事实是重要的，竭力设法了解它们的意义也一样重要。

我们大家都承认艺术史，特别是诗歌史具有重大的意义，因此艺术是什么、诗是什么的问题，也不能不具有重大的意义。一切精神活动领域都受从直接上升到间接这条规律的支配。由于这条规律，那只有经过思维才能完全理解的观念，起初是以直接的形式或一种印象的形式出现于心中。所以在一般人心目中，为空间时间所限制的个别事物完全吻合于它的概念，似乎某一特定的观念完全体现在这个事物上；而一般的观念又完全体现在这特定的观念上。

对事物的这种看法是一种假象，因为一个观念决不会完全显现在个别事物上，但是在这个假象下面却包含着真实，因为在某种程度上说，一般的观念确实体现在特定的观念上，而这特定的观念又在某种程度上体现在别的事物上。这个以为观念完全显现在个别事物上的、本身包含着真实的假象，就是美。美的概念在流行的美学体系中就是这样发展起来的。由这个基本观点得出了如下的定义：美是在有限的显现形式中的观念，美是被视为观念之纯粹表现的个别的感性对象，因此在观念中没有一样东西不是感性地显现在这个别的对象上，而在个别的感性对象中，又没有一样东西不是观念的纯粹表现。

从这方面说，个别的对象就形象。这样，美就是观念与形象之完全的吻合，完全的一致。我不必去说，这种基本概念现在已被公认是经不起批评的，我也不必去说，既然美只是由于未受哲学思想启发、缺乏洞察力而发生的“假象”，有了哲学思想，观念在个别对象上的显现貌似就会完全消失，结果思想发展得越高，美也消失得越多，直至我们达到思想发展的最高点，那就只剩下真实，无美可言了。

我也不想用事实去推翻这一点：实际上人的思想的发展毫不破坏他的美的感觉，这一切都是早已反复说过的。作为形而上学体系的结果和一部分，上述的美的概念随那体系一同崩溃。但是一个体系也许谬误，而其中所包含的一部分思想，独立地来看，也许还能自圆其说。所以还要指出即使离开那现已崩溃的形而上学的体系单独来看，流行的美的概念也仍然经不起批评。“一件事物如果能够完全表现出该事物的观念来，它就是美的”。翻译成普通话，就是说，“凡是出类拔萃的东西，在同类中无与伦比的东西，就是美的”。一件东西必须出类拔萃，方才称得上美，这是千真万确的。

比方说，一座森林可能是美的，但它必须是“好的”森林，树木高大，矗立而茂密，一句话，一座出色的森林，布满残枝断梗，树木枯萎、低矮而又疏落的森林是不能算美的。玫瑰是美的，但也只有“好的”鲜嫩艳丽花瓣盛开时的玫瑰才是美的。总而言之，一切美的东西都是出类拔萃的东西。但并非所有出类拔萃的东西都是美的，一只田鼠也许是田鼠类中的出色的标本，但却绝不会显得“美”。对于大多数的两栖类、许多的鱼类，甚至许多的鸟类都可以这样说：这一类动物对于自然科学家越好，就是说，它的观念表现在它身上越完全，从美学的观点看来就越丑。

沼泽在它的同类中愈好，从美学方面来看就愈丑。并不是每件出类拔萃的东西都是美的，因为并不是一切种类的东西都美。美是个别事物和它的观念之完全吻合，这个定义是太空泛了。它只说明在那类能够达到美的事物和现象中间，只有其中最好的事物和现象才似乎是美的；但是它并没有说明为什么事物和现象的类别本身分成两种，一种是美的，另一种在我们看来一点儿也不美。同时这个定义也太狭隘。“任何东西，凡是完全体现了那一种类的观念的，就显得美。”也就是说：“美的事物一定要包含所有在同类事物中堪称为好的东西，在同类事物中所能找到的任何好的东西，没有不包含在美的事物中的。”

有些自然领域内，同一种类的东西中没有多种多样的典型，对于这些领域内的美的事物和现象，我们确是这样要求的。例如，橡树只能有一种美的性质：它必须干高叶茂。这些特性总是出现在美的橡树上，在其他的橡树上再没有别的好东西。可是在动物里面，一旦它们被驯养的时候，同一种类中间就表现出多种多样的典型来了。在人身上，这种美的典型的多样性更加显著，我们简直不能设想人类美的一切色调都凝聚在一个人身上。

“所谓美就是观念在个别事物上的完全的显现，”这个说法决不能算是美的定义。不过其中也含有正确的方面——那就是：“美”是在个别的、活生生的事物，而不在抽象的思想，这也含有对于真正艺术作品的特性的另一正确的暗示：艺术作品的内容总是不仅对艺术家，而且对一般人来说也都有兴趣的（这个暗示就是说：不论何时何地都起作用的一般性的事物）常被认为和上面的说法一致，实际上却有完全不同意义的另一个说法是："美是观念与形象的一致，观念与形象的完全融合。"这个说法确实说出了一个根本的特征。

然而不是一般的美的观念的特征，而是所谓"精美的作品"即艺术作品的美的观念的特征：只有当艺术家在他的作品里传达出了他所要传达的一切时，他的艺术作品才是真正美的。这是当然的，只有在画家完全描绘出了他所要描绘的人时，他所作的画像才是好的。但是"美丽地描绘一副面孔"和"描绘一副美丽的面孔"是两件全然不同的事。当我们给艺术的本质下定义时，我们还得说到艺术作品的这个特性。在这里我以为需要指出一点：认为美就是观念与形象的一致这个定义，它所注意的不是活生生的自然美，而是美的艺术作品，在这个定义里，已经包含了通常视艺术美胜于活生生的现实中的美的那种美学倾向的萌芽或结果。

那么美实际上到底是什么呢，假如不能把它定义为"观念与形象的一致"或"观念在个别事物上的完全的显现"，建立新的没有破坏旧的那么容易，防卫要比攻击困难，因此我认为正确的关于美的本质的意见，很可能不会使所有的人觉得满意，但是假如我所阐述的美的概念。那是从目前关于人类思想与活的现实之关系的主导的见解中引申出来的——还有欠缺、偏颇或不可靠之处的话，我希望那并不是概念本身的缺点，而只是我阐述得不得其法。美的事物在人心中所唤起的感觉，是类似我们当着亲爱的人面前时洋溢于我们心中的那种愉悦。我们无私地爱美，我们欣赏它、喜欢它，如同喜欢我们亲爱的人一样。

由此可知，美包含着一种可爱的、为我们的心所宝贵的东西。但是这个"东西"一定是一个无所不包、能够采取最多种多样的形式、最富于一般性的东西；因为只有最多种多样的对象，彼此毫不相似的事物，我们才会觉得是美的。在人觉得可爱的一切东西中最有一般性的，他觉得世界上最可爱的，就是生活；首先是他所愿意过他所喜欢的那种生活；其次是任何一种生活，因为活着到底比不活好：但凡活的东西在本性上就恐惧死亡，恐惧不存在，而爱生活。所以，这样一个定义："美是生活"；"任何事物，我们在那里面看得见依照我们的理解应当如此的生活，那就是美的，任何东西，凡是显示出生活或使我们想起生活的，那就是美的"。这个定义，似乎可以圆满地说明在我们内心唤起美的情感的事例。为要证实这一点，我们就来探究一下在现实的各个领域内美的主要表现吧。

在普通人民看来，"美好的生活"、"应当如此的生活"就是吃得饱，住得好，睡眠充足，但是在农民看来，"生活"这个概念同时总是包括劳动的概念在内，生活而不劳动是不可能的，而且也是叫人烦闷的。辛勤劳动却不致令人精疲力竭那样一种富足生活的结果，使青年农民或农家少女都有非常鲜嫩红润的面色，这是普通人民的理解，就是美的第一个条件。丰衣足食而又辛勤劳动，因此农家少女体格强壮，长得很结实，这也是乡下美人的必要条件。"弱不禁风"的上流社会美人在乡下人看来是断然"不漂亮的"，甚至给他不愉快的印象，因为他一向认为"消瘦"不是疾病就是"苦命"的结果。

但是劳动不会让人发胖：假如一个农家少女长得很胖，这就是一种疾病，体格"虚弱"的标志，人民认为过分肥胖是个缺点，乡下美人因为辛勤劳动，所以不能有纤细的手足，在我们的民歌里是不歌咏这种美的特性的。总之，民歌中关于美人的描写，没有一个美的特征不是表现着旺盛的健康和均衡的体格，而这永远是生活富足而又经常地、认真地但并不过度地劳动的结果。上流社会的美人就完全不同了。

她的历代祖先都是不靠双手劳动而生活过来的，由于无所事事的生活，血液很少流到四肢去；手足的筋肉一代弱似一代，骨骼也越来越小；而其必然的结果是纤细的手足，社会的上层阶级觉得唯一值得过的生活，即没有体力劳动的生活的标志，假如上流社会的妇女大手大脚，这不是她长得不好就是她并非出自名门望族的标志。因为同样的理由，上流社会美人的耳朵必须是小的。众所周知，偏头痛是一种有趣的病，而且不是没有原因的：由于无所事事，血液停留在中枢器官里，流到脑里去，神经系统由于整个身体的衰弱，本来就很容易受刺激，这一切的不可避免的结果就是经常的头痛和各种神经的疾病，有什么办法！连疾病也成了一件有趣的、几乎是可羡慕的事情，既然它是我们所喜欢的那种生活方式的结果。

不错，健康在人的心目中永远不会失去它的价值，因为如果不健康，就是大富大贵，穷极奢侈，也生活得不好受，所以红润的脸色和饱满的精神对于上流社会的人也仍旧是有魅力的，但是病态、柔弱、委顿、疲倦，在他们心目中也有美的价值，只要那是奢侈的无所事事的生活的结果。苍白、慵倦、病态对于上流社会的人还有另外的意义。

农民寻求休息和安静，而有教养的上流社会的人们，他们不知有物质的缺乏，也不知有肉体的疲劳，却反而因为无所事事和没有物质的忧虑而常常百无聊赖，寻求"强烈的感觉、激动、热情"，这些东西能赋予他们那本来很单调的，没有色彩的上流社会生活以色彩、多样性和魅力。但是强烈的感觉和炽烈的热情很快就会使人憔悴：他怎能不为美人的疲倦和苍白所迷惑呢，既然疲倦和苍白是她"生活了很多"的标志?

可爱的是鲜艳的容颜，青春时期的标志；但是苍白的面色，忧郁的征状，却更为可爱。

如果说对苍白的病态的美人的倾慕是虚矫的颓废的趣味的标志，那么每个真正有教养的人就都感觉到真正的生活是思想和心灵的生活。这样的生活在面部表情特别是眼睛上捺下了烙印，所以在民歌里歌咏得很少的面部表情，在流行于有教养的人们中间的美的概念里却有重大的意义，往往一个人只因为有一双美丽的、富于表情的眼睛而在我们看来就是美的。

四、美的反面

我们知道得很清楚，畸形是疾病或意外之灾的结果，人在发育初期格外容易为灾病所毁损。我已尽篇幅所能允许地探讨了人类美的主要属性，而且在我看来，所有那些属性都只是因为我们在那里面看见了如我们所了解的那种生活的显现，这才给予我们美的印象。现在我们要看看事物的反面，研究一下一个人为什么是丑的。

大家都会指出，一个人的丑陋，是由于那个人的外形难看。长得难看，假如说生活和它的显现是美，那么，很自然的疾病的结果就是丑。但是一个长得难看的人也是畸形的，只是程度较轻，而"长得难看"的原因也和造成畸形的原因相同，不过是程度较轻而已。假如一个人生来就是驼背，这是在他最初发育时不幸的境遇的结果。但是佝偻也是一种驼背，只是程度较轻，而原因则是一样。

总之，长得丑的人在某种程度上都是畸形的人，他的外形所表现的不是生活，不是良好的发育，而是发育不良，境遇不顺。现在我们从外形的一般轮廓转移到面部来吧。面容的不美或者是由于它本身，或者是由于它的表情。我们不喜欢“凶恶的”、“令人不快的”面部表情，因为凶恶是毒害我们的生活的毒药。但是面容的“丑”多半不是由于表情，而是由于轮廓的本身，面部的骨骼构造不好，脆骨和筋肉在发育中多少带有畸形的烙印，这就是说，这个人的初期发育是在不顺的境遇中进行的，在这样的情形下，面部轮廓总是丑的。根本无须详加证明，在人看来，动物界的美都表现着人类关于清新刚健的生活的概念。

在哺乳动物身上，我们的眼睛几乎总是把它们的身体和人的外形相比的，人觉得美的是圆圆的身段、丰满和壮健动作的优雅显得美，因为只有“身体长得好看”的生物，也就是那能使我们想起长得好看的人而不是畸形的人的生物，它的动作才是优雅的。显得丑的是一切“笨拙的”东西，也就是，在某种程度上，依照处处寻找和人相似之处的我们的概念看来是畸形的东西。鳄鱼、壁虎、乌龟的形状使人想起哺乳动物，但却是那种奇形怪状的可笑的哺乳动物，因此壁虎和乌龟是令人讨厌的。

蛙的形状就使人不愉快，何况这动物身上还覆盖着尸体上常有的那种冰冷的黏液，因此蛙就变得更加讨厌了。同时，也无须详说，对于植物，我们喜欢色彩的新鲜、茂盛和形状的多样，因为那显示着力量，缺少生命液的植物也是不好的。此外，动物的声音和动作使我们想起人类生活的声音和动作来。在某种程度上，植物的响声、树枝的摇荡、树叶的经常摆动，都使我们想起人类的生活来，这些就是我们觉得动植物界美的另一个根源，生气蓬勃的风景也是美的。

五、美是生活

我们将看到，对于美的这两种理解方法有着本质的不同。把美定义为观念在事物上的完全显现，我们就必然要得出这个结论：“在现实中美只是我们的想象所加于现实的一种幻象”，由此可以推论：“美实际上是我们的想象的创造物，在现实中（或者在自然中）没有真正的美。”美是生活，首先是使我们想起人以及人类生活的那种生活，这个思想，我以为无须从自然界的各个领域来详细探究，为构成自然界的美的是使我们想起人来（或者，预示人格）的东西，自然界的美的事物，只有作为人的一种暗示才有美的意义。

所以，既然指出人身上的美就是生活，那就无须再来证明在现实的一切其他领域内的美也是生活，那些领域内的美只是因为当作人和人的生活中的美的一种暗示，这才在人看来是美的。但是必须补充说，人一般地都是用所有者的眼光去看自然，他觉得大地上的美的东西总是与人生的幸福和欢乐相连的。太阳和日光之所以美得可爱，也就因为它们是自然界一切生命的源泉，同时也因为日光直接有益于人的生命机能，增进他体内器官的活动，因而也有益于我们的精神状态。最后，人们或许要问，在我们的定义“美是生活”和“美是观念与形象的完全一致”这个定义之间，有没有什么本质的差别呢？如果将“观念”理解为“被本身实际的存在的一切细节所规定的一般概念”，这个问题的发生就更自然了，因为，如果这样，“观念”的概念与“生活”的概念（或者更确切地说，“生活力”的概念之间就有了直接的关联。我们提出的定义，是不是只把在流行的定义中用思辨哲学的术语表达出来的话改写成普通话呢）。

由自然中没有真正的美这种说法，又可以推论：“艺术的根源在于人们填补客观现实中美的缺欠这个意图”以及“艺术所创造的美高于客观现实中的美”，这一切思想，构成了不是偶然的而是根据严格的逻辑发展得来的美的基本概念之实质。反之，从“美是生活”这个定义可以推论，真正的最高的美正是人在现实世界中所遇到的美，而不是艺术所创造的美。根据这种对现实中的美的看法，艺术的起源就要得到完全不同的解释了，从而对艺术的重要性也要用完全不同的眼光去看待了。所以，应该说，关于美的本质的新的概念。那是从和以前科学界流行的观点完全不同的、对现实世界和想象世界的关系的一般观点中得出的结论，会达到一个也和近来流行的体系根本不同的美学体系，并且它本身和以前关于美的本质的概念根本不同。

但是同时，新的概念似乎又是以前的概念的必然的进一步的发展。我们将会不断地看到流行的美学体系和我们提出的体系之间的本质的不同；为了指出它们中间的密切关系之所在，我们要说，新的观点说明了以前的体系所提出的最重要的美学事实。例如，从“美是生活”这个定义就可以明白。为什么美的领域不包含抽象的思想，而只有个别的事物，我们只能在现实的、活生生的事物中看到生活，而抽象的、一般的思想并不包括在生活领域之内。

至于以前的美的概念和我们所提出的美的概念的根本不同，我们已经说过，处处都会显露出来。我们觉得，这不同的第一个证据，可以从关于崇高与滑稽对美的关系的概念中看出：在流行的美学体系中，崇高与滑稽同样被认为是美的变种，由于美的两个要素，观念与形象之间的不同的关系而产生。观念与形象的纯粹的一致就是所谓美，但是观念与形象之间并不总是平衡的，有时观念占优势，把它的全体性、无限性对我们显示出来，把我们带入绝对观念的领域、无限的领域，这叫作崇高（das Erchabene），有时形象占优势，歪曲了观念，这就叫作滑稽（das Komische）。

六、崇高与滑稽

“崇高是观念压倒形式”和“崇高是‘绝对’的显现”，实际上这两条定义是彼此完全不一致的，正如我们看到流行的体系所提出的那两条美的定义彼此根本不一致一样；其实，观念压倒形式得不出崇高的概念的本身，而只能得出“朦胧的、模糊的”概念和“丑”（das Hiissliche）的概念。同时，崇高的东西就是能在我们内心唤起（或者，自行显现）“无限的观念的东西”这个公式，又是崇高本身的定义。批评了根本概念之后，我们必须把那些从根本概念中产生的见解也加以批评，我们必须研究崇高与滑稽的本质和它们对美的关系。流行的美学体系既给了我们两条美的定义，也给了我们两条对于崇高的定义。

因此，必须把这两条定义分别加以研究。要指出“崇高是观念压倒形象”这条定义并不适用于崇高，是很容易的，因为就是接受这条定义的菲希尔本人也说明了由于观念压倒形象的结果（也可以用普通的话来表达这个意思）。由于对象中自己显露出来的力量压倒了所有限制它的力量的结果，或者在有机的自然中显露出来的力量压倒了表现自然的有机体的规律的结果，我们得出来的只是丑的或模糊的东西。丑和模糊这两个概念都与崇高的概念完全不同。固然，如果丑的东西很可怕，它是会变成崇高的。固然，朦胧也能加强可怕的或巨大的东西所产生的崇高的印象，但是丑的东西如果并不可怕，却只会令人觉得讨厌或难看；朦胧模糊的东西如果并不巨大或可怕，也不能发生任何美的效果。

并不是每一种崇高的东西都具有丑或朦胧模糊的特点；丑的或模糊的东西也不一定带有崇高的性质。这些概念和崇高的概念显然不同。严格地说，

“观念压倒形式”是指精神世界中的这一类事件和物质世界中的这一些现象而言：对象由于本身力量的过剩而毁灭，无可争辩，这类现象常常具有崇高的性质，但是也只有当那摧毁自己的容器的力量已经具有崇高的性质时，或被那力量摧毁的对象（不管它是如何被本身的力量所摧毁），在我们看来已经是崇高的时候才有可能，不然是谈不到崇高的。当尼亚加拉瀑布有一天冲毁了它所形成的岩石，以其本身的压力毁灭自己的时候，当马其顿王亚历山大由于自己精力过剩而死亡的时候，当罗马因为本身的重负而覆亡的时候，这些都是崇高的现象。

但这只是因为尼亚加拉瀑布、罗马帝国、马其顿王亚历山大个人，其本身已经属于崇高的范围的缘故。有其生，即有其死，有其作为，即有其覆灭。在这里，崇高的秘密不在于“观念压倒现象”，而在于现象本身的性质：只有那被毁灭的现象本身的伟大，才能使它的毁灭成为崇高。由于内在力量压倒它的暂时显现而发生的毁灭的本身，还不能算崇高的标准。“观念压倒形式”最显明地表现在这个现象上面正在茁长的嫩芽会冲破那产生它的种子的外壳；但是这决不能算是一种崇高的现象。

“观念压倒形式”，即对象本身由于在它内部发展的力量的过剩而灭亡，这是所谓的崇高的消极形式有别于它的积极形式的地方。是的，消极的崇高高于积极的崇高，因为我们不能不同意，“观念压倒形式”足以加强崇高的效果，正如同崇高的效果可以由许多其他的情形来加强一样，比如，把崇高的现象孤立起来（空旷的草原上的金字塔比在许多宏大的建筑物中的金字塔要雄伟得多，在高山丛中是连它的雄伟都会消失的）；不过加强效果的环境并不是效果本身的根源，而且在积极的崇高中又常常不是观念压倒形式，力量压倒现象这方面的例证在任何一本美学读本里都可以找到许多。

现在让我们来看崇高的另外一个定义吧。“崇高是”无限”的观念的显现”，或者用普通的话来表现这个哲学公式：“凡能在我们内心唤起”无限”的观念的，便是崇高。”即使随意浏览一下最近美学中关于崇高的论述，我们就会相信，这一个崇高的定义是流行的崇高的概念的精髓。不仅如此，认为崇高的现象在人内心唤起“无限”的感觉这个思想，也支配着不懂精密科学的人们的概念，很难找到一本书不表现这个思想的，只要有一个哪怕是不相干的借口，就要把它表现出来，几乎所有壮丽风景的描绘，所有叙述可怕事件的故事，都要涉及或应用它。因此要是前面所说的关于“观念压倒形象”的概念，我们只用了很少的话来加以批判，那么对于雄伟的事物唤起绝对的观念这个思想，则必须予以更多的注意。

可惜，我们不便在这里对“绝对”或“无限”的观念做一番分析，指明绝对在形而上学概念的领域中的真正意义，只有当我们理解了这个意义之后，我们才会看出认为崇高即“无限”之毫无根据。但是，即使不作形而上学的讨论，我们也可以从事实中看出，“无限”的观念，不论怎样理解它并不一定是，或者说得更正确些，几乎从来不与崇高的观念相联系的。假如我们严格而公正地考察一下当我们观察崇高的事物时所得的体验，我们就会相信：第一，我们觉得崇高的是事物本身，而不是这事物所唤起的任何思想。

例如，卡兹别克山的本身是雄伟的，大海的本身是雄伟的，恺撒或伽图个人的本身是雄伟的。当然，在观察一个崇高的对象时，各种思想会在我们的脑子里发生，加强我们所得到的印象，但这些思想发生与否都是偶然的事情，而那对象却不管怎样仍然是崇高的；加强我们的感觉的那些思想和回忆，是我们有了任何感觉时都会产生的，可是它们只是那些最初的感觉的结果，而不是原因。

如果我默想穆其阿斯·塞伏拉的功绩，这种思想就要发生：“是的，爱国主义的力量是无限的”，但是这个思想只是穆其阿斯·塞伏拉的行为本身（与这一思想无关）所给予我的印象的结果，并不是这印象的原因。同样，在我观察一副美丽面孔的画像时，也许会发生这个思想。世界上再没有比人更美的东西了。这个思想并不是我赞赏这画像美的原因，而只是这幅画像令我觉得美的结果，与画像唤起的思想完全无关。所以即使我们同意，对崇高事物的默想常常会引出“无限”的观念，但它产生这种思想，而不是由这思想所产生的，对我们发生作用的原因，不是这个思想，却是其他的什么东西。

可是，当我们研究我们对崇高的东西的概念时，我们发现我们觉得崇高的东西常常决不是无限的，而是完全和无限的观念相反。例如，勃兰克峰或卡兹别克山是崇高的、雄伟的东西，可是决不会有人想到这些山是无限的或大到不可测量的，因为这和他亲眼看到的相反。见不到海岸的时候，海好像是无边际的，可是所有的美学家都肯定地说（而且说得完全正确），看见岸比看不见岸的时候，海看起来更雄伟得多。

那么，这个事实说明了崇高的观念不但不是由无限的观念所唤起的，反而或许是（而且常常是）和无限的观念相矛盾，“无限”的条件或许反而不利于崇高所产生的印象。让我们进一步考察一下许多雄伟的现象在加强对崇高事物的感觉上所发生的效果。大风暴是最雄伟的自然现象的一种，但也需要有非常高度的想象力，才能看出大风暴与无限之间有什么关系。

但是当大风暴袭来的时候，人会感觉到自己在自然的威力面前的渺小，在他看来，自然的威力无限地超过了他自己的力量。不错，大风暴的威力在我们看来是大大地超过了我们本身的力量；可是即使一个现象对于人显得是不可制胜的，也还不能由此推论说这现象是不可计量的、无限强大的。相反的，一个人看着大风暴，他会很清楚地记得。它在大地上终究是无力的，第一座小小的山丘就会毫无疑问地完全遏止住狂风的压力、闪电的袭击。不错，闪电触着人会把人烧死，但是这又怎么样呢？这个念头并不是我觉得风暴雄伟的原因。当我看着风车的翼旋转的时候，我也很清楚地知道，假如我撞着了它，我一定会像木片似的被打碎的，我“觉察到了在风车的威力面前，我的力量的渺小”。然而，看着旋转的风车却未必能唤起崇高的感觉。

可是，这是因为我的心里不会发生恐惧，我知道风车的翼是不会碰到我的。我心里没有大风暴所引起的那种恐怖的感觉。这是对的；不过这已不再是以前的说法了，这回是说崇高是可怕的、恐怖的。就让我们来探究一下这个确实可以在美学中找到的“自然力的崇高”的定义吧。可怕的事物常常是崇高的，这固然不错，但也不一定如此。响尾蛇比狮子还要可怕，但是它的可怕只是令人讨厌，并不崇高。可怕的感觉也许会加强崇高的感觉，但是可怕和崇高却是两个完全不同的概念。可是让我们把雄伟的现象顺序看下去吧。我们没有看到过自然界有任何东西足以称为无限的。

为了反对由此得出的结论，人们可能说：“真正崇高的东西不在自然界，而在人的本身”；我们就同意这观点吧，虽则自然界也有许多真正崇高的东西。但是为什么“无限的”爱或“毁灭一切的”愤怒在我们看来是“崇高的”呢？难道因为这些情绪的力量是“不可制伏的”，而“无限”的观念便是由这不可制伏性所唤起的吗？假若如此，那么睡眠的要求更是不可制伏的，最狂热的恋爱也很难支持四昼夜不睡眠。比“爱”的要求更加不可制服的是饮食的要求。这才是一个真正无限的要求，因为没有一个人能不承认它的力量，而一点儿也不理解爱情的人却多得很。

许多更艰苦的事业都是因为这个要求，而并非因为“全能的”爱情才完成的。那么，为什么饮食的欲念不崇高，而爱情的观念却崇高呢？可见不可制伏性也还不是崇高，无穷和无限性完全与雄伟的观念没有关联。因此，我们很难同意“崇高是观念压倒形式”或者崇高的本质在于能唤起“无限”的观念。那么，到底什么是崇高呢？有一条很简单的崇高的定义，似乎能完全包括而且充分说明一切属于这个领域内的现象。“一件事物较之与它相比的一切事物要巨大得多，那便是崇高。”

“一件东西在量上大大超过我们拿来和它相比的东西，那便是崇高的东西，一种现象较之我们拿来和它相比的其他现象都强有力得多，那便是崇高的现象。”勃兰克峰和卡兹别克山都是雄伟的山，因为它们比我们所习见的平常的山和山丘巨大得多。一座“雄伟的”森林比我们的苹果树或槐树要高到二十倍，比果园或小丛林要大到千倍，伏尔加河比特维尔察河或者克利亚兹玛河要宽得多，海面比旅行者常常碰见的池塘大！小湖要宽阔得多；海浪比湖里的浪要高得多，因此海上的风暴即使对任何人都没有危险，也是一种崇高的现象；大风暴时的狂风比平常的风要强烈到百倍，它的声响和怒吼比平时的大风的飕飑声也要威猛得多，大风暴时比平时昏暗得多，简直近于漆黑。

闪电比任何亮光更加耀眼，所有这些都使得大风暴成为一种崇高的现象。爱情比我们日常的微小的思虑和冲动要强烈得多，一般的任何热情都比日常的感觉要强烈得多，因此热情是崇高的现象。恺撒、奥赛罗、苔丝狄蒙娜、莪菲丽雅都是崇高的人，因为恺撒之为大将和政治家远远超越了他当时所有的大将和政治家，奥赛罗的爱与妒忌远比常人更为强烈，苔丝狄蒙娜和莪菲丽雅的爱和痛苦是如此真诚，远非每个女人所能做到。“更大得多，更强得多”这就是崇高的显著特点。

七、伟大与崇高

道德的崇高只不过是一般伟大性的特殊的一种而已。应当补充说，与其用“崇高”（das Erhabene）这个名词，倒不如说“伟大”（das Grosse）更平易、更有特色和更好些。恺撒、美立亚斯并不是崇高的而是伟大的性格。假如谁看过最好的美学读本，他一定很容易相信，在我们简短地评述崇高或伟大的概念所包括的内容时，已经谈到了崇高的一切主要的种类。不过还得说明一下，我们对崇高的本质所抱的见解，同今天那些著名的美学读本中所发表的类似的意见有一种什么样的关系。康德和他以后的最近的美学家的著作，认为“崇高”是超越于周围事物的结果。

他们说：我们将空间的崇高事物和它周围的事物互相比较，为了这个目的，那崇高的事物就得分为许多小的部分，这样才能比较和计算它比它周围的事物要大多少倍。例如，一座山要比长在那山上的树大多少倍。这种计算太费时间，不等计算完，我们就弄糊涂了。算完了还得重来，因为没有能够计算出来，而重算又仍归于失败。因此，我们终于觉得这座山是不可测量的大，无限的大。一件事物必须和周围的事物相比较，才能显出自己的崇高，这个思想很接近我们对崇高事物的基本标志所持的见解。

可是这个思想通常只被应用于空间的崇高，而它原是应该用到一切种类的崇高上去的。人们总是说，“崇高是观念压倒形式，而这种压倒，在崇高的低级阶段上，是从量的方面和周围的事物比较出来的”，而照我们看来却应该这么说：“伟大（或崇高）之超越渺小或平凡是在于它的远为巨大的数量（在空间或时间上的崇高），或在于它的远为巨大的力量（自然力的崇高和人的崇高）。”

在给崇高下定义的时候，数量的比较和优越应该从崇高之次要的特殊的标志提升到主要的和一般的标志。这样，我们所采取的崇高的概念对于平常的崇高的定义的关系，正如我们关于美的本质的概念对于从前的看法的关系一样。在这两种场合，我们都将从前被认为是特殊的次要的标志提升到一般的主要的原则，而别的模糊我们的注意力的概念，我们便将它们作为赘物抛弃掉了。这种转换观点的结果，崇高和美一样，在我们看来是比以前更加离开人而独立，但也更加接近于人了。

同时我们对于崇高的本质的看法是承认它的实际现实性，但人们通常却认为，仿佛现实中的崇高事物之所以显得崇高，只是由于有我们的想象干预，因为想象这才把那崇高的事物或现象的体积或力量扩张为“无限”。实际上，倘若崇高真正是“无限”的话，那么，在我们的感觉和我们的思想所能达到的这个世界上，就没有什么崇高的东西可言了。不过，如果依照我们所采用的美与崇高的定义，美与崇高都离开想象而独立，那么，从另一方面来说，这些定义就把它们对人的一般的关系以及对人所认为美和崇高的事物与现象的概念的关系提到了首要地位。任何东西，凡是我们在其中看见我们所理解和希望的、我们所欢喜的那种生活的，便是美。任何东西，凡是我们拿来和别的东西比较时显得高出许多的，便是伟大。

相反，非常矛盾的，从平常流行的定义却得出这样的结论。现实中的美与伟大是人对事物的看法所造成的，是人所创造的，但又和人的概念和人对事物的看法无关。同时，也很显然，我们认为正确的美与崇高的定义，破坏了美与崇高这两个概念之间的直接联系，这两个概念由于下面的两条定义“美是观念与形象的均衡”、“崇高是观念压倒形象”而成了互相从属的东西。事实上，如果接受了“美是生活”和“崇高是比一切近似的或相同的东西都更大得多的东西”这两条定义，那么，我们就得承认美与崇高是完全不同的两个概念，彼此互不从属，所同者只是都从属于那个一般的概念，那个和所谓的美学的概念相去很远的概念：“有兴趣的事物”。因此，假如美学在内容上是关于美的科学，那么它是没有权利谈崇高的，正如同没有权利谈善、真等一样。可是，假使认为美学是关于艺术的科学，那么它自然必须论及崇高，因为崇高是艺术领域的一部分。

八、悲剧的概念

现在科学中流行的悲剧的概念，不但在美学中起着极重要的作用，而且在许多别的学科（譬如历史）中也是一样，甚至同平常关于生活的概念融合为一了。但是，我们说到崇高的时候，一直还没有提及悲剧，人们通常都承认悲剧是崇高的最高、最深刻的一种。所以，详论悲剧的概念，以便替我的评论安下基础，我认为并不是多余的。我在评述中将严格遵循菲希尔的说法，因为他的美学现在在德国被认为是最好的了。

主体生来就是活动的人。在活动中，他把他的意志加之于外在世界，以致和支配外在世界的必然规律发生冲突。但主体的活动必然带有个人局限性的印记，而破坏了世界的客观联系的绝对的统一性。这种违犯是一种罪过（die Schul），并且主体要身受它的后果，原是由统一的链子联系着的外在世界，被主体的活动整个搅乱了。结果，主体的个别的行为引出一连串无穷无尽的、预料不到的后果，到那时候，主体已不再能辨认出自己的行为和自己的意志了，但是他又必得承认这一切后果和他自己的行为有必然的关联，并且感到自己只须对此负责。对自己不愿做而又终于做了的事情负责，这便给主体带来了苦难的结果，就是说，在外在世界中，那被破坏事物程序会有一种反作用加之于破坏它们的行为。

当感受威胁的主体预见到后果，预见到祸害，想尽方法来逃避，却反而因这些方法遭到祸害的时候，这反作用和苦难必然就更增大了。苦难可能增大到这种地步，就是主体和他的事业一同毁灭，但是主体的事业只是表面上毁灭了。其实并没有完全毁灭，一系列的客观后果在主体毁灭后仍然存在，并且逐渐与总的统一体融成一片，除净了主体遗下的个人局限性。假使主体在毁灭的时候，认识了他的苦难是公平的，他的事业并未毁灭，倒是因为他的毁灭而净化和胜利了，那么，这样和解是十全十美的，主体虽死而仍能光辉地在他的净化了的和胜利了的事业中长存。

这一切的运动便叫作命或者“悲剧”。悲剧有各种不同的形式。第一种形式是这样：主体并不是确实有罪，只是可能有罪，追杀他的力量是一种醒目的自然力，它以外强中干的个别主体为例，来证明个人之所以不能不毁灭就因为他是个人的缘故。在这里，主体的毁灭不是由于道德律，而是由于偶然的事故，只能以死亡是普遍的必然性这种调和思想来自宽自解。在单纯的罪过（die einfache Schuld）的悲剧中，罪过变为实际的罪过。

但是，这种罪过并不是由必然的客观的矛盾，而只是由于与主体的活动有联系的某种错乱。这罪过在某些地方破坏了世界之道德的完整性。由于这个缘故，别的主体也遭受苦难，而因为罪过只是一个人犯的，所以初看好像别的主体是无辜受难。但是在这种情形之下，这些主体对于另一个主体就成了纯粹一体，这是和主体性的意义相抵触的。因此，他们不能不因为犯下某种错误而和他们的长处相联系显露出他们的弱点，并且因为这个弱点而趋于灭亡，那主要主体的苦难，作为他的行为的报应，是从那违犯道德秩序的罪过而来的。惩罚的工具可能是那些被损害的主体，或者是认识到自己罪过的罪犯本身。

最后，悲剧的最高形式是道德冲突的悲剧。普遍的道德律分裂为许多个别的要求，这些要求常常可能互相矛盾，以致人要适从这一条，就必须违犯另一条。这种并非由于偶然性，却是出于内在必然性的斗争，可能还是一个人心里的内在的斗争。索福克里斯的安提戈涅的内心斗争，便是如此。但是，因为艺术总是在个别的形象中体现一切，所以，通常在艺术中道德律的两种要求之间的斗争总是表现为两个人之间的斗争。互相矛盾的两种倾向当中必有一种更为合理，因此也更强；它在开始的时候征服一切反对它的事物，可是等它压制了反对倾向的合理权利时，自己又反而变成不合理的了。

现在正义已在当初被征服的一方，本来较为合理的倾向就在自己非正义的重压和反对的倾向的打击之下灭亡，而那反对的倾向，它的权利受了损害，在开始反抗的时候，获得了一切真理与正义的力量。可是一旦胜利之后，它也同样地陷于非正义，招致灭亡或痛苦。这整个的悲剧的过程，在莎士比亚的《裘力斯·恺撒》中很出色地展开着：罗马趋向于君主政府的形式，恺撒就是这种倾向的代表；这比那企图保持罗马旧有制度的反对的倾向是更合理的，因而也是更强有力的；恺撒战胜了庞培。

但是旧制度也同样有存在的权利，恺撒死了；但是阴谋者自己却因意识到死在他们手下的恺撒比他们伟大，他所代表的力量重又在三头政治中抬头而辗转不安。勃鲁托斯与加西阿斯死了，但是，安东尼却又在勃鲁托斯的墓前说出他们的遗恨。这样互相矛盾的倾向终于和解了，每种倾向在它的片面性中是又合理又不合理的，两种倾向都衰落之后，片面性也就逐渐消失了，统一与新生就从斗争和死亡中产生出来。

九、命运的问题

人的悲剧命运通常总是被表现为“人与命运的冲突”，表现为“命运的干预”的结果。由上述解说可以看出，在德国美学中，悲剧的概念是和命运的概念联结在一起的。在最近欧洲的著作中，命运的概念常常被歪曲着，那些著作企图用我们的科学概念来解释命运，甚至把命运和科学的概念联系起来，因此必须恢复命运这个概念的本来面目，剥掉那勉强掺入的，实际上跟它有矛盾的科学的概念，揭露命运的概念的全部空洞性（命运的概念最近被改变得适合于我们的习惯，因而将那空洞性掩盖起来了）。

古代希腊人（即希腊哲学家出现以前的希腊人）有过一种生动而纯真的命运的概念，直到现在在许多东方民族中还存在着，它在希罗多德的故事、希腊神话、印度史诗和《天方夜谭》等中占有统治的地位。至于这基本的概念后来受到关于世界的科学概念的影响而有种种变形，这些我们认为无须一一列举，更不用详加批判，因为它们也像最近美学家对悲剧的概念一样，都是代表着这样一种企图：想要使那不能调和的东西，半野蛮人的幻想的观念和科学的概念调和起来。它们和最近美学家对悲剧的概念一样毫无根据，所不同的只是互相矛盾的原则的这种勉强的结合在前述的调和的尝试中，比在悲剧的概念中更为明显，悲剧的概念是用非常辩证的深刻思想构成的。

因此，我们以为不必去论述这一切歪曲的命运的概念，并且以为只要指出下面一点就够了，原来的基础，即使现在流行的美学关于悲剧的见解给它披上了最时髦最巧妙的辩证的外衣，也无论如何掩盖不住它的本相。凡是有一种真诚的命运概念的民族，都这样来理解人生的历程：假如我不预防任何不幸，我倒可以安全，而且几乎总是安全的，但是假如我要预防，我就一定死亡，而且正是死在我以为可以保险的东西上。我要去旅行，预防路上可能发生的种种不幸，例如我知道不是到处都能找到药品，于是我带上几瓶最需要的药，放在马车旁边的袋子里。

依照古代希腊人的观念，这就一定会发生什么事情呢？我的马车一定会在路上翻倒，瓶子会从袋子里抛出来，而我跌倒的时候，太阳穴正碰在一个药瓶上，把瓶子碰破了，一片玻璃嵌进我的太阳穴，我于是死了。如果我不做种种预防，什么倒霉的事情也不会发生，但是我想防备不幸，反而死在我以为保险的东西上。这种对人生的见解与我们的观念相合之处是如此之少，它只能当作一种什么怪诞的想法使我们感到兴趣。根据东方的或古代希腊的命运观念写成的悲剧，在我们看起来，好像是一种被改成所损坏的神话，可是上述德国美学中关于悲剧的一切概念，都是企图把命运的概念和现代科学的概念调和起来。

通过对悲剧的本质的美学观点，把命运的概念引进到科学中来，这种做法是经过一番深思熟虑的，可以看出，为了要把非科学的人生观和科学的概念调和起来，聪明才智之士费了多少心机，但是这种深思熟虑的尝试，适当证明这个企图永无成功之望。科学只能说明半野蛮人的怪诞观念的来源，却决不能使那些观念与真理相调和。命运的观念是这样发生和发展起来的。

十、教育对人的作用

科学给人以这种概念：自然界的生活，植物和动物的生活是完全与人类的生活不同的。教育对人的作用之一，就在扩大他的眼界，使他可能了解那些他不熟悉的现象的真正意义。对于未受教育的人，只有熟悉的现象可以理解，而在他生活机能的直接范围以外的现象，他都是不能理解的。野蛮人或半野蛮人，除了他直接知道的人类的生活以外，不能想象别样的生活，在他看来树完全像人一样会说话，有感觉，有快乐也有痛苦；动物也像人一样有意识地活动着？它们也有自己的语言，它们之所以不用人类的语言，只是因为它们狡黠，希望沉默比说话能给它们带来更多的好处。同样，他想象河流与岩石都是活的：岩石是一个石化了的勇士，它有感觉和思想，河流是一个女水神，水仙，水妖。西西里的地震，是由于被该岛所压倒的巨人极力想摆脱他身上的重压的结果。在整个自然中，野蛮人见到的都是人类似的生活，而一切自然现象，在他看来也都是人类似的生物有意识的行动的结果。正如他将风、冷、热（想想我们关于风、霜、太阳三者争论谁更强的故事）、病（如关于霍乱、十二姐妹热、坏血症的故事；后者流传于斯皮兹移民中）人格化一样，他也将意外之事的力量人格化。

将意外之事的作用归因于一个类似人的生物的任意行为，比用同样的方法去解释自然和生活中其他现象更容易些，因为正是意外之事的作用，比其他的力量所产生的现象能更快地令人想到反复无常、任意以及人性中所特有的其他类似的性格。我们现在来看一看，把意外之事看成某一个类似人的生物的行为这个观点，是如何发展成被野蛮和半野蛮民族归之于命运的那些特性的。人想要做的事情越重要，一如向往地完成这事情所需要的条件也就越多；但是条件却几乎决不能如人所打算的那样具备着。

因此，重要的事情几乎决不会正如人所预期的那样完成的。这种扰乱我们的意外之事，在半野蛮人看来，如我们所说的，是一个类似人的命运做出来的，现代野蛮人、很多东方民族以及古代希腊人所归之于命运的一切特性，都是自然而然地从意外或命运中看到的这个基本特点而来的。很明显的，正是最重要的事情偏偏会遭到命运的玩弄（因为，如我们所指出的，事情越重要，所依赖的条件也越多，因之发生意外的可能也越大）。我们再往下说吧。意外之事破坏我们的计划，那就是命运喜欢破坏我们的计划，喜欢嘲笑人和他的计划，意外的事是无法预见的，为什么事情要这样发生而不那样发生，也是无法说明的。

因此，命运是变幻莫测的、任性的，意外之事对于人常常是有危害的，因此，命运喜欢伤害人，命运是凶恶的。实际上，在希腊人看来，命运就是一个憎恨人类的女人。凶恶有力的人欢喜伤害最善良、最聪明、最幸福的人，命运最爱杀害的也正是这种人，奸恶、任性而强有力的人爱显示自己的威力，预先对他要毁灭的人这样说："我要对你这么办，来同我斗一斗。"同样，命运也预先声明她的决定，以便幸灾乐祸地证明我们在她面前是多么无力，并且嘲笑我们想同她斗争、逃避她的努力是多么微弱而无用。

这样的见解在我们现在看来是奇怪的，但是让我们看一看，这些见解如何反映在关于悲剧的美学理论里。这理论说："人的自由行动扰乱了自然的正常进程，自然和自然规律于是反而反对那侵犯它们权利的人；结果，苦难与死加在那行动的人，而且行动越强，它所引起的反作用也越剧烈；因为凡是伟大的人物都注定要遭到悲剧的命运。"这里的自然似乎是一个活的东西，非常容易发脾气，对自己的不可侵犯性非常敏感。难道自然真的会受辱吗？难道自然真的会报复吗？当然不会，自然永远照它自己的规律继续运行着，不知有人和人的事情、人的幸福和死亡，自然规律可能而且确实常常对人和他的事业起危害作用；但是人类的一切行动却正要以自然规律为依据。

自然对人是冷淡的，它不是人的朋友，也不是人的仇敌：它对于人是一个有时有利，有时又不利的活动场所。这是不容置疑的：人的任何一件重要的事情都需要他去和自然或别人做严重的斗争；但是为什么会这样呢？这只是因为不管那事情本身如何重要，要是不经过严重的斗争而能完成，我们总不认为它是重要的。比方，呼吸对于人的生活是最重要的事情；可是我们全不注意它，因为它平常不会碰到任何障碍，对于不花代价就可以吃到面包树果实的野蛮人和对于只有经过辛勤耕种才能获得面包的欧洲人，食物是同样重要的，然而采集面包树的果实并不是一件"重要的"事情，因为那很容易，耕种却是"重要的"，因为那很艰难。

这样看来，并非所有本来重要的事情都需要斗争；可是我们却惯于叫那些本来重要而做起来又很艰难的事情为重要。有许多珍贵的东西，它们之所以没有价值，只是因为我们不必花什么代价就可以得到，例如水和日光；也有许多很重要的事情，我们之所以认为不重要，只是因为它们很容易做到。但是，就假定我们同意习惯的说法，认为只有那些需要艰苦斗争的事情才重要吧。难道这个斗争总是悲剧的吗？决不如此，有时是悲剧的，有时不是，要看情形而定。航海者同海斗争，同惊涛骇浪和暗礁斗争，他的生活是艰苦的。可是难道这生活必然是悲剧的吗？有一只船遇着风暴给暗礁撞坏了，可是却有几百只船平安地抵达港口。

就假定斗争总是必要的吧，但斗争并不一定都是不幸的。结局圆满的斗争，不论它经过了怎样的艰难，并不是痛苦，而是愉快，不是悲剧的，而只是戏剧性的。而且如果采取了一切必要的预防措施，事情的结局几乎总是圆满的，这难道不是真的吗？那么，自然中悲剧的必然性究竟在哪里呢？同自然斗争时发生的悲剧只是一个意外之灾。仅仅这一点就足以粉碎那把悲剧看成“普遍规律”的理论了。

可是社会上其他的人们呢？难道不是每一个伟大人物都得要和他们作艰苦的斗争吗了？我们又必须指出：历史上的巨大事件并不一定都和艰苦的斗争联结在一起，只是我们由于滥用名词，惯于把那些与艰苦斗争联结在一起的伟大的事件罢了。法兰克人接受基督教是一桩大事，可是那有什么艰苦的斗争呢？俄罗斯人接受基督教时也没有艰苦的斗争。伟大人物的命运是悲剧的吗？有时候是，有时候不是，正和渺小人物的命运一样；这里并没有任何的必然性。我们还必须补充说，伟大人物的命运往往比平常人的命运更顺利；但是，这也不是由于命运对杰出人物有特殊的好感，或者对平常人有什么恶意，而仅只因为前者具有更大的力量、才智和能力，使得别人更尊敬他们，同情他们，更乐于协助他们。

如果说人总是惯于妒嫉别人的伟大，那么他们就更惯于尊敬伟大的社会崇拜伟大人物，除非有什么特殊的、偶然的原因，使社会认为这人于社会有害。伟大人物的命运是悲剧的或不是悲剧的，要看环境而定，在历史上，遭到悲剧命运的伟大人物比较少见，一生充满戏剧性而并没有悲剧的倒是更多。克里舍斯、庞培、恺撒遭到了悲剧的命运。在查理曼大帝、彼得大帝、腓特烈二世的命运中，在路德、伏尔泰的一生中，找得出什么悲剧来呢？这些人的生平有过许多斗争，但是一般说来，必须承认，成功与幸福是在他们一边。

如果说塞万提斯死于穷困之中，那么难道不是有千万个平常人死于穷困之中，他们原也和塞万提斯一样，可以希望自己一生获得一个幸福的结局，而因为自己的卑微，就完全不受悲剧规律的支配吗？生活中的意外之事，一视同仁地打击着杰出人物和平常人，也一视同仁地帮助他们。但是，让我们的评论从悲剧的一般概念转到“单纯的罪过”的悲剧上去吧。

十一、弱点与道德上的罪过

流行的美学理论告诉我们："伟大人物的性格里总有弱点。"在杰出人物的行动当中，总有某些错误或罪过。这弱点、错误或罪过就毁灭了他。但是这些必然存在他性格的深处，使得这伟大人物正好死在造成他的伟大的同一根源上毫无疑义，实际上常有这种情形：不断的战争把拿破仑升高起来，又把他颠覆下去；路易十四差不多也是同样的情形。但也不一定如此。伟大人物的死亡，常常不是由于他自己的罪过。亨利四世就是这样死的和他一起倒下的还有塞利。我们在悲剧中也还多少可以看到这种无辜的死，不管这些悲剧的作者是如何被他们的悲剧的概念所束缚，难道苔丝狄蒙娜真的是她自己毁灭的原因吗？任何人都可以看出来，完全是埃古的卑鄙的奸恶行为杀死了她。

难道罗密欧和朱丽叶自己是他们毁灭的原因吗？当然，如果我们一定要认为每个人死亡都是由于犯了什么罪过，那么，我们可以责备他们：苔丝狄蒙娜的罪过是太天真，以致预料不到有人中伤她；罗密欧和朱丽叶也有罪过，因为他们彼此相爱。然而认为每个死者都有罪过这个思想，是一个残酷而不近情理的思想。它和希腊的命运观念及其种种变通之间的联系是很明显的。在这里我们可以指出这种联系的一个方面：照希腊的命运的概念，人的毁灭总是人自己的罪过。倘若他不曾那样行动，他就不会死亡。

悲剧的另外一种：道德冲突的悲剧是美学从这同一观念中引申出来的，只不过把它倒置了而已。在单纯的悲剧中，悲剧的命运是根据这样一个假想的道理，一切的不幸。尤其那最大的不幸——死，都是犯罪的结果，在道德冲突的悲剧中，则是以这样的思想为依据：犯罪之后总是紧接着对犯罪者的惩罚，或者用死，或者用良心的苦痛。这个思想显然是起源于处罚犯罪者的复仇之神的传说。

自然，这里所谓犯罪，并不是特指刑事犯罪而言，那总是由国家的法律来惩罚的，却只是指一般的道德上的罪过，那只能用各种巧合或舆论或犯罪者的良心来惩罚。说到从巧合中给予人惩罚，这就已成为笑柄，如在旧小说中所表现的"德行结果总是胜利，邪恶总是受到惩处"。固然，我们可能没有忘记，就是在我们今天，人们还在写这一类的小说（我们可以举出狄更斯的大部分小说为例）。然而我们无论如何已经开始懂得：世界并不是裁判所，而是生活的地方。可是许多小说家和美学家还是一定希望世上的邪恶和罪过都受到惩罚。于是就出现了一种理论，断言邪恶和罪过总是受到舆论和良心的惩罚的。

但是事实上并不总是如此。说到舆论，它绝没有惩罚所有的道德上的罪过。假使舆论不能随时激发我们的良心，那么，良心仍然多半是很安的，或者即使感到不安，也很快就会安定下来。凡是受过教育的人都知道，用希罗多德时代的希腊人的眼光来看世界是多么好笑。现在谁都知道得很清楚：伟大人物的苦难和毁灭是没有什么必然性的，不是每个人死亡都是因为自己的罪过，也不是每个犯了罪过的人都死亡，并非每个罪过都受到舆论的惩罚，等等。

因此，我们不能不说，悲剧并不一定在我们心中唤起必然性的观念，必然性的观念决不是悲剧使人感动的基础，也不是悲剧的本质。那么，什么是悲剧的本质呢？悲剧是人的苦难或死亡，这苦难或死亡即使不显出任何无限强大与不可战胜的力量，也已经完全足够使我们充满恐怖和同情。无论人的苦难和死亡的原因是偶然还是必然，苦难和死亡反正总是可怕的。有人对我们说："纯粹偶然的死亡在悲剧中是荒诞不经的事情。"

也许在作者所创造的悲剧中是如此，在现实生活中可不然，在诗里面，作者认为"从情节本身中引出结局"是当然的责任。在生活里面，结局常常是完全偶然的，而一个也许是完全偶然的悲剧的命运，仍不失其为悲剧。我们同意，马克白和马克白夫人的命运，那从他们的处境和行为中必然要产生的命运是悲剧的。但是当考斯道夫·阿多尔夫正走上胜利之途却完全偶然地在卢曾之役中战死的时候，他的命运难道不是悲剧性的吗？

"悲剧是人生中可怕的事物"，这个定义似乎把生活和艺术中一切悲剧都包括无遗了。固然，大多数艺术作品使我们有权利再加上一句："人所遭遇到的可怕的事物，或多或少是不可避免的。"但是，第一，似乎常常只是到每一部伟大艺术作品中去寻找"各种情况的必然的巧合"。从故事自身的本质而来的故事的必然发展，这样一个习惯，使我们不管好歹要去找出"事件过程的必然性"来，即使那里根本没有什么必然性，例如莎士比亚的大多数悲剧。第二，艺术中所描写的可怕的事物，几乎总是不可避免的，这一点正确到什么程度，是很可怀疑的，因为，在现实中，在大多数情形之下，可怕的事物完全不是不可避免的，而纯粹是偶然的。我们不能不同意这个关于滑稽的流行的定义：“滑稽是形象压倒观念。”

换句话说，即是内在的空虚和无意义以假装有内容和现实意义的外表来掩盖自己。但是，同时也应该说，为了保持把滑稽和崇高两个概念同时展开这一辩证方法，而将滑稽的概念只与崇高的概念相对照，滑稽的概念就过分地被限制了。滑稽的渺小和滑稽的愚蠢或糊涂当然是崇高的反面，但是滑稽的畸形和滑稽的丑陋却是美的反面，而不是崇高的反面。依照菲希尔自己的解说，崇高可以是丑的，那么，滑稽的丑陋怎么是崇高的反面呢，既然它们的差别不是本质上的，而是程度上的，不是质的，而是量的，既然丑陋而渺小属于滑稽的范畴，丑陋而巨大或可怕属于崇高的范畴？十分明显，丑是美的反面。

十二、形式与内容

通常以为艺术的内容是美，但是这把艺术的范围限制得太狭窄了。即使我们同意崇高与滑稽都是美的因素，许多艺术作品以内容而论也仍然不适于归入美、崇高与滑稽这三个项目。我们现在应该补充我们上面所提出的艺术的定义，从艺术的形式的原则之研究转到艺术的内容的定义。在绘画中也有不适于做这种分类的，例如，取材于家庭生活的画可以没有一个美的或滑稽的人物，描绘老人的画中也可以没有老得特别美丽的人物，诸如此类。

在音乐方面，做这种惯常的分类更困难；假定我们认为进行曲和激昂的歌曲等是崇高，表现爱情和愉快的歌曲是美，而且能够找到许多滑稽的歌，那还会剩下大量的歌曲，照它们的内容来说，列入这三类中的任何一类都有些勉强：忧愁的歌曲是什么分类？莫非是崇高，因为它们表现悲愁，抑或是美，因为它们表现温柔的幻想？但是在所有的艺术中，最反对把自己的内容归入美及其各种因素的狭窄项目里去的是诗。诗的范围是全部的生活和自然。诗人观照森罗万象，他的观点是如同思想家对这些森罗万象的概念一样多方面的；思想家在现实中除了美、崇高、滑稽之外，还发现了许多东西。

不是每种悲愁都能达到悲剧的境地，不是每种欢乐都是优美或滑稽的。旧的类别的框子已经容纳不了诗歌作品，单从这一点就可以看出诗的内容不能被上列三个因素包括净化。诗剧不只描写悲惨或滑稽的东西，证据就是除了喜剧和悲剧以外还有正剧。代替着那多半是崇高的史诗，出现了长篇小说及其无数的类别。对于现在的大部分抒情剧，在旧的分类中找不到可以标示它们的内容特性的名称，一百个项目都还不够，三个项目之不能包括一切，就更是无可怀疑的了。（我们说的是内容的性质，不是形式，形式任何时候都应当是美的）解决这个复杂问题的最简单的办法是说明：艺术的范围并不限于美和所谓美的因素，而是包括现实（自然和生活）中一切能使人，不是作为科学家，而只是作为一个发生兴趣的事物，生活中普遍引起人兴趣的事物就是艺术的内容。

美、悲剧、喜剧，这些只是决定生活里的兴趣的无数因素中的三个最确定的因素罢了，要一一列举那些因素，就等于一一列举能够激动人心的一例情感、一切愿望。更详尽地来证明我们关于艺术内容的概念的正确，似乎已不必要；因为，虽则美学通常对艺术内容下了一个更狭窄的定义，但我们所采取的观点，事实上，就是说，在艺术家和诗人心里，是占有支配地位的，它经常表现在文学和生活中。

假如认为必要规定美是主要的，或是更恰当地说，是唯一重要的艺术内容，那真正的原因就在于没有把作为艺术对象的美和那确实构成三种艺术作品的必要属性的美的形式明确区别开来。但是这个形式的美或观念与形象、内容与形式的一致，并不是把艺术从人类活动的其他部门区别出来的一种特性。人的活动总有一个目的，这目的就构成了活动的本质，我们的活动和我们要由这活动达到的目的相适合的程度，就是估量这活动的价值的标准；一切人类的产物都是按照成就的大小去估价的。

这是一个适用于手艺、工业、科学工作等的普遍法则。它也适用于艺术作品；艺术家（有意识地或无意识地都是一样）极力为我们再现生活的某一方面。他的作品的价值要看他如何完成他的工作而定，这是不言而喻的。“艺术作品之力求观念与形象的协调”，恰如皮鞋业、首饰业、书法、工程技术、道德的决心的产物一样。“做每一件事都应当做好”就是“观念与形象的协调”这句话意思的所在。

因此，（1）美作为观念与形象的一致，在美学的意义上决不是艺术所特有的特性；（2）“观念与形象”的一致。只是规定了艺术的形式的一面和艺术的内容无关，它说的是应当怎样表现，而不是表现什么。但是我们已经注意到在这句话中重要的是“形象”这个字眼，它告诉我们艺术不是用抽象的概念而是用活生生的个别的事实去表现思想。当我们说“艺术是自然和生活的再现”的时候，我们正是说的同样的事，因为在自然和生活中没有任何抽象地存在的东西。

那里的一切都是具体的，再现应当尽可能保存被再现的事物的本质。因此艺术的创造应当尽可能减少抽象的东西，尽可能在生动的图画和个别的形象中具体地表现一切。（艺术能否完全做到这点，全然是另一问题。绘画、雕塑和音乐都做到了。诗不能够也不应该老是过分关心造型的细节，诗歌作品只要在总的方面，整个说来是造型的就足够了。在细节的造型性方面过于刻意求工可以妨害整体的统一，因为这样做会把整体的各部分描绘得过于突出，更重要的是，这会把艺术家的注意力从他的工作的主要方面吸引开去。）

作为观念与形象的一致的形式的美是人类一切活动的共同属性，并不是艺术（在美学意味上）所独有的，这种美和作为艺术的对象、作为现实世界中我们所喜爱的事物的美的观念完全是两回事。把艺术作品的必要属性的形式的美和艺术的许多对象之一的美混淆起来，是艺术中的不幸弊端的原因之一。“艺术的对象是美”，无论如何是美，艺术没有其他的内容。但是世界上什么最美呢？在人生中是美人和爱情；在自然中可就很难说定，在那里有如此之多的美。因此，不管适当不适当，诗歌作品总是充满自然的描写：我们的作品中这种描写越多，美就越多。

但是美人和爱情更美，所以（大都是完全不适当地）恋爱在戏剧、中篇和长篇小说等中居于首要地位。不适宜的自然美的描写对艺术作品还无大碍，省略掉就是了，因为它们本来就是被粘在外表上的，但是对于恋爱情节可怎么办呢？不能忽略它，因为一切都用解不开的结系在这个基础上面，没有它，一切都会失去关联和意义。且不去说，痛苦或胜利的一对爱人使得许多作品千篇一律，也不去说这些恋爱事件和美人的描写占去了该用在重要细节上面的地位。

老是描写恋爱的习惯，使得诗人记住生活还有更使一般人发生兴趣的其他的方面，一切的诗和它所描写的生活都带着一种感伤的、玫瑰色的调子，许多艺术作品，不去严肃地描绘人生，却表现着一种过分年轻（避免用更恰当的形容词）的人生观，而诗人通常都是年轻的、非常年轻的人，他的故事只是在那些有着同样心情或年龄的人看来才有兴趣。于是，对于那过了幸福的青春时代的人，艺术就失去它的价值了，他们觉得艺术使成人腻烦，对青年也并非全无害处的消遣品。我们没有要禁止诗人写恋爱，不过美学应当要求诗人只在需要写作的时候才写它。当问题实际上完全与恋爱无关，而在生活中，为什么把恋爱摆在首要地位？

比方说，在一部著作里，某一时代某一民族的生活或该民族的某些阶级的生活中，恋爱为什么要居于首要地位？历史、心理学和人种学著作也说到恋爱，但只是在适当的地方说它，正如说所有其他的事情一样。沃尔特·司各特的历史小说都建筑在恋爱事件上，难道恋爱是社会的主要事业，是他所描写的那一时代的各种事件的主要动力吗？“但是沃尔特·司各特的小说已经陈旧了”。可是狄更斯的小说和乔治·桑的农村生活小说也一样适当或不适当地充满了恋爱，那里面所写的事情也是完全与恋爱无关的。“写你所需要写的”这条规则仍然难得为诗人所遵守。不管适当不适当都写恋爱，就是“艺术的内容是美”这个观念所造成的对艺术的第一个危害和它紧紧联系着的第二个危害是矫揉造作。现在人都嘲笑拉辛和苔苏里尔夫人；但是现代艺术在行为动机的单纯自然和对话的自然上，恐怕并不比他们进步多少。把人物分成英雄和恶汉这两种分类法，至今还适用于悲壮的艺术作品：这些人物说起粗话来多么有条有理、多么流利而雄辩啊！现代小说中的独白和对话仅仅比古典主义悲剧的独白稍微逊色一点。在艺术作品中，一切都应当表现为美。因此，作家给我们描写了在现实生活中几乎从来没有人作过的那样深谋远虑的行动计划，假使所写的人物有了什么本能的、轻率的行动，作者便认为必须用这人物的性格本质来加以辩解，而批评家对于这种“没有动机的行动也表示不满，仿佛激发行动的总是个性，而不是环境和人心的一般的性质”。

“美要求性格的完美，于是，代替活生生的、各种具有典型性的人，艺术给予了我们不同的塑像。艺术作品中的美要求对话的完美”，于是，代替活生生的语言，人物的谈话是矫揉造作的，谈话者不管愿意不愿意都要在谈话中表现出他们的性格来。这一切的结果是诗歌作品的单调。人物是一个类型，事件照一定的方向发展，从最初几页，人就可以看出往后会发生什么，并且不但是会发生什么，甚至连怎样发生都可以看出来。但是，让我们回到艺术的主要作用的问题上来吧。

十三、艺术的另一作用是说明生活

自然，我们所理解的现实生活不单是人对客观世界中的对象和事物的关系，而且也是人的内心生活；人有时生活在幻想里，这样，那些幻想在他看来就具有（在某种程度上和某个时间内）客观事物的意义。人生活在他的情感的世界里的时候就更多；这些状态假如达到了引起人兴趣的境地，也同样会被艺术所再现。我们说过，一切艺术作品的第一个作用，普遍的作用，是再现现实生活中使人感到兴趣的现象。

我们提到这一点是为了表明我们的定义也包括艺术想象的内容。但是，我们在上面已经说过，艺术除了再现生活以外还有另外的作用，那就是说明生活。在某种程度上说，这是一切艺术都做得到的，常常人只须注意某件事物（那正是艺术常做的事），就越说明它的意义，或者使自己更好地理解生活。这和一篇纪事并无不同，分别仅仅在于艺术比普通的纪事，特别是学术性的纪事，更有把握达到它的目的：当事物被赋予活生生的形式的时候，我们就比看到事物的枯燥的记述时更易于认识它，更易于对它发生兴趣。库柏的小说在使社会认识野蛮人的生活。在这一点上，比人种关于研究野蛮人的生活如何重要的叙述和讨论更为有用。

但是虽则一切艺术都可以表现新鲜有趣的事物，却永远必须用鲜明清晰的形象来表现事物的主要特征。绘画十分尽力地再现事物，雕塑也是一样，诗却不能包罗太多的细节，必然要省略许多，使我们的注意力集中在剩下的特征上。从这里就可以看出诗的描绘胜过现实的地方。但是每个个别的字对于它所代表的事物来说也是一样，在文字（概念）里，它所代表的事物的一切偶然的特征都被省略了，只剩下了主要的特征；在无经验的思想看来，文字比它所代表的事物更明了，但是这种明了只是一个弱点。我们并不否认摘要的相对的用处，但是并不认为对儿童很有益处的塔佩的《俄国史》由于他所改作的卡拉姆辛的《俄国史》。

在诗歌作品中，一个事物或事件也许比生活中同样的事物或事件更易于理解，但是我们只能承认诗的价值在于它生动鲜明地表现现实，而不在它具有什么可以和现实生活本身相对抗的独立意义。这里不能不补说一句，一切散文故事也同诗是一样的情形，集中事物的主要特征并不是诗所特有的特性，而是人类语言的共同性质。

十四、艺术的主要作用是再现现实中引起人的兴趣的事物

诗人或艺术家不能不是一般的人，因此对于他所描写的事物，他不能（即使他希望这样做）不作出判断，这种判断在他的作品中表现出来，就是艺术作品的新的作用，凭着这个，艺术成了人的一种道德的活动。但是，人既然对生活现象发生兴趣，就不能不有意识或无意识地说出他对它们的判断。有的人对生活现象的论断几乎完全表现为偏执于现实的某些方面，而避免其他的方面，这是智力活动微弱的人，当这样的人做了诗人或艺术家的时候，他的作品除了再现出生活中他所喜爱的几方面以外，再没有其他的意义了。

可是，如果一个人的智力活动被那些由于观察生活而产生的问题所强烈地激发，而他又富有艺术才能的话，他的作品就会有意识或无意识地表现出一种企图，想要对他感到兴趣的现象作出生动的判断（他感到兴趣的也就是他的同时代人感到兴趣的，因为一个有思想的人决不会去思考那种除了他自己以外谁都不感兴趣的无聊的问题），就会为有思想的人提出或解决生活中所产生的问题，他的作品可以说是描写生活所提出的主题的著作。

这样的倾向表现在一切的艺术里（比如在绘画里，我们可以指出其中的讽刺画），但主要地是在诗中发展，因为诗有充分的可能去表现一定的思想。于是艺术家就成了思想家，艺术作品虽然仍旧属于艺术领域，却获得了科学的意义。不言而喻，在这一点上，现实中没有和艺术作品相当的东西，但只是在形式上。至于内容，至于艺术所提出或解决的问题本身，这些全都可以在现实生活中找到，只是我们没有存心、没有去找罢了。

我们假定一篇艺术作品发挥这样的思想："一时的失误不会毁掉一个性格坚强的人。"或者"一个极端引起另一个极端"，或者描写一个人的人格分裂，或是假如你高兴，热情和更崇高的抱负的冲突（我们所列举的都是见之于《浮士德》里的各种基本观念），现实生活中难道没有包含着同样原则的事例吗？高度的智慧难道不是从观察生活得来的吗？科学难道不是生活的简单的抽象化、把生活归结为公式吗？科学和艺术所展示的一切都可以在生活中找到，只是在一种更圆满、更完美的形式中，具有一切活生生的细节，事物的真正意义就包含在那些细节里，那些细节常常不为科学和艺术所理解，而且多半不能被它们所包括现实生活中一切都是真实的，没有人类的各种产物所难免的疏忽、偏见等的毛病，作为一种教诲、一种科学来看，生活比任

何科学家和诗人的作品都更完全、更真实，甚至更艺术。

不过生活并不想对我们说明它的现象，也不关心如何求得原理的结论；这是科学和艺术作品的事；不错，比之生活所呈现的，这结论并不完全，思想也片面，但是它们是天才人物为我们探求出来的。没有他们的帮助，我们的结论会更片面、更贫弱。科学和艺术（诗）是开始研究生活的人的"Handbuch"，其作用是准备我们去读原始材料，然后偶尔供查考之用。科学并不想隐讳这个诗人在对他们的作品本质的匆促的评述中也不想隐讳这个，只有美学仍然主张艺术高于生活和现实。总括我们前面所说的，我们得到了这样一个艺术观。艺术的主要作用是再现生活中引人感兴趣的一切事物。说明生活、对生活现象下判断，这也常常被摆到首要地位，在诗歌作品中更是如此。

艺术对生活的关系完全像历史对生活的关系一样，内容上唯一的不同是历史叙述人类的生活，艺术则叙述人的生活，历史叙述社会生活。艺术则叙述个人生活，历史的第一个任务是再现生活；第二个任务：那不是所有的历史家都能做到的是说明生活，如果一个历史家不管第二个任务，那么他只是一个简单的编年史家，他的著作只能为真正的历史家提供材料，或者只是一本满足人们好奇心的读物，担负起了第二个任务，历史家才成为思想家，他的著作然后才有科学价值，对于艺术也可以同样如此说。

历史并不自以为可以和真实的历史生活抗衡，它承认它的描绘是苍白的、不完全的，多少是不准确或至少是片面的。美学也应当承认：艺术由于相同的理由，同样不应自以为可以和现实相比，特别是在美的方面超过它。但是，在这种艺术观之下，我们把创造的想象摆在什么地方呢？让它担任什么角色呢？我们不想论述在艺术中改变诗人所见所闻的想象的权利的来源。这从诗歌创作的目的就明了了，我们要求创作真实地再现的是生活的某个方面，而不是任何个别的情况，我们只想考察一下为什么需要想象的干预，认为它能够通过联想来改变我们所感受的事物和创造形式上新颖的事物。

我们假定诗人从他自己的生活经验里选取了他所十分熟悉的事件（这不是常有的，通常许多细节仍然是暧昧的，为故事首尾连贯，不能不由想象来补充）再让我们假定他所选取的事件在艺术上十分圆满，因此单只把它重复一遍就会成为十足的艺术作品，换句话说，选取了这样一个事例，联想的干预对它一点儿不需要。但不论记忆力多强，总不可能记住一切的细节，特别是对事情的本质无关紧要的细节，但是为故事的艺术的完整，许多这样的细节仍然是必要的，因此就不得不从诗人的记忆所保留下的别的场景中去拿取（例如，对话的进行、地点的描写等），不错，事件被这些细节补足后并没有改变，艺术故事和它所表现的真事之间暂时只有形式上的差别，但是想象的干预并不限于这个。

现实中的事件总是和剧中的事件纠缠在一起，不过两者只有表面的关联，没有内在的联系，可是，当我们把我们所选取的事件跟别的事件以及不需要的枝节分解开来的时候，我们就会发现，这种分解在故事的活的完整性上圈下了新的空白，诗人又非加以填补不可。不仅如此，这种分解不但使事件的许多因素失去了活的完整性，而且常常会改变它们的本质，于是故事中的事件已经跟原来现实中的事件不同了，为了保存事件的本质，诗人不得不改变许多细节，这些细节在事件的现实环境中才有真正的意义，而被孤立起来的故事阉割了这个环境。

由此可见，诗人的创造力的活动范围，不会因我们对艺术本质的概念而受到多少限制。但是，我们研究的是主观活动，艺术是客观产物，而不是诗人的主观活动。因此，探讨诗人的创作材料的各种关系在这里是不适宜的，我们已指出了这些关系中对于诗人的独立性是最为不利的一种，而且认为按照我们对艺术的本质的观点来看，艺术家在这方面并没有失去诗人或艺术家，而是一般属于人及其活动的主要性质。即是只把客观现实看作一种材料和自己的活动场所，并且利用这现实，使它服从自己这一最主要的人的权利和特性。

在其他情况之下，创造的想象甚至有更广阔的干预的余地。譬如，在诗人并不知道事件的全部细节的时候，以及在他仅仅从别人的叙述中知道事件（和人物）的时候，那叙述总是片面的、不确实的，或是在艺术上不完全的，至少在诗人个人看来是这样。但是，结合和改变事物的必要，并不是因为现实生活没有以更完美的形式呈现出诗人或艺术家想要描写的现象，而是由于现实生活的描画和现实：生活并不属于同一个范围。

这种差别源于诗人没有现实生活所有的那些手段任意使用。当一个歌剧被改编成钢琴谱的时候，它要损失细节和效果的大部分和最好的部分，在人类的声音中或是在全乐队中，有许多东西根本不能转移到被用来尽可能再现歌剧的、可怜的、贫弱的、死板的乐器上来。因此，在改编中，有许多需要更动、有许多需要补充，不是希望把歌剧改编得比原来的形式更好，而是为了多少弥补一下歌剧改编时必然遭到的损失。不是因为要改编者改正作曲家的错误，而只是因为他没有作曲家所有的那些手段供他使用。现实生活的手段和诗人的手段的差别更大。

翻译诗的人，从一种语言译成另一种语言，一定要在某种程度上改造；所译的作品，那么，把事件从生活的语言译成贫乏的、苍白而死板的诗的语言的时候，怎能不需要一些改造呢？这篇论文的实质，是在将现实和想象互相比较而为现实辩护是在企图证明艺术作品决不能和活生生的现实相提并论。像作者这样来评论艺术，岂不是要贬低艺术吗？是的，假如说明艺术：在艺术的完美上低于现实生活，这就是贬低艺术的话，但是反对赞扬并不等于指摘。科学并不自以为高于现实，这并不是科学的耻辱。艺术也不应自以为高于现实，这并不会屈辱艺术。

科学并不羞于宣称，它的目的是理解和说明现实，然后应用它的说明以造福于人；让艺术也不羞于承认，它的目的是在人没有机会享受现实所给予的完全的美感的快乐时，尽力去再现这个珍贵的现实作为补偿，并且去说明它造福于人吧。让艺术满足于当现实不在时，在某种程度内来代替现实，并且成为人的生活教科书这个高尚而美丽的使命吧。现实高于幻想，主要的作用高于空幻的需求。

十五、结论

美的事物，是使人想起生活的事物。这种客观的美或是本质上的美，应该和形式的完美区别开来，形式的完美在于观念与形式的一致或者在于对象完全适合于它的使命。作者的任务是研究艺术作品与生活现象之间的审美关系的问题，并且考察那种认为真正的美（那是被视为艺术作品的主要内容的）不存在于客观现实中，而只能由艺术来体现的流行见解是否正确和这个问题密切联系着的是美的本质和艺术的内容的问题。

在研究什么是美的本质的问题的时候，作者得到了“美是生活”这个结论。作了这样的解答之后，就必须研究按照美的通常的定义，被假定为美的两个因素的崇高与悲剧的概念，必须承认，崇高与美是两个彼此独立的艺术对象。这是解决艺术内容问题的一个重要步骤。但是假如美是生活，那么，艺术中的美与现实中的美之间的审美关系的问题，就迎刃而解了。达到艺术绝非起源于人对现实中的美不满这个结论之后，我们必须发现产生艺术的要求是什么，必须研究艺术的真正作用。这个研究使我们得到了如下的主要结论，“美是一般观念在个别现象上的完全显现”这个美的定义经不起批评。它太广泛，规定了一切人类活动的形式的倾向，真正的美的定义是“美是生活”。任何东西，凡是人在那里面看得见如他所理解的那种生活的，在他看来就是美的。

第三十四章 托尔斯泰——俄国文艺集大成者

《艺术论》一书就是作家从地主贵族世界观转变到宗法制农民世界观后的美学专著。其基本内容是对什么是艺术、什么是好的艺术、什么是重要的艺术、什么是真正的艺术等问题的论述。托尔斯泰极力反对“艺术是美的表现”的定义，认为“美”不过是使我们感到快适的东西，因此，以“美”的概念为基础艺术定义，无非是把艺术看作一种娱乐享受的工具。其实，这种只供上层阶级享受的艺术，根本不是艺术或者只能是毫无价值的艺术。托尔斯泰认为艺术活动是人与人之间相互交际的手段之一。人们用语言互相传达自己的思想，而用艺术互相传达自己的感情。人为了把自己体验过的感情传达给别人，于是有意识地在自己心里重新唤起这种感情，并且用动作、线条、色彩、声音以及言辞等外在标志构成形象传达出来，使别人也能体验到同样的感情，这就是艺术活动。

一、生平简介

托尔斯泰（公元 1828—1910）是 19 世纪后半叶俄国最伟大的作家。他出身于大贵族，1844 年进大学学习法律，受到法国启蒙运动思想的影响，对沙皇专制制度产生不满。后出国到欧洲旅行考察，他从抽象的“永恒道德”观念出发，对欧洲资本主义制度感到失望和愤怒，以致完全否定现代文明的进步意义，认为古老宗法制农民是最高道德理想的化身。作家在莫斯科生活的八九十年代是俄国社会阶级矛盾空前激化的时期，使他对资本主义的深刻矛盾和整个沙皇国家机器的反人民本质有了进一步的具体的认识，促成了他的世界观由贵族地主向宗法制农民的激变。在他后期的文学作品和理论著作中，一面谴责地主资产阶级的暴力，一面否定革命的暴力，一面反对官方教会，一面鼓吹“清洗过的新宗教”，鼓吹“饶恕一切人”、“爱敌人”等的基督教“博爱”。他不赞成地主阶级的土地私有制，但不去反对地主土地占有制和它的政权工具，幻想“好老爷”发善心，把土地恩赐给农民。

二、主要思想

《艺术论》（1898）一书就是作家从地主贵族世界观转变到宗法制农民世界观后的美学专著。其基本内容是对什么是艺术、什么是好的艺术、什么是重要的艺术、什么是真正的艺术等问题的论述。托尔斯泰认为艺术活动是人与人之间相互交际的手段之一。

人们用语言互相传达自己的思想，而用艺术互相传达自己的感情。人为了把自己体验过的感情传达给别人，于是有意识地在自己心里重新唤起这种感情，并且用动作、线条、色彩、声音以及言辞等外在标志构成形象传达出来，使别人也能体验到同样的感情，这就是艺术活动。托尔斯泰极力反对“艺术是美的表现”的定义，认为“美”不过是使我们感到快适的东西，因此，以“美”的概念为基础的艺术定义，无非是把艺术看作一种娱乐享受的工具。其实，这种只供上层阶级享受的艺术，根本不是艺术或者只能是毫无价值的艺术。艺术的价值是人们根据对生活的意义的理解加以评价的，而宗教意识代表着某一时代和某一社会中优秀的先进的人们对生活的最深刻的理解。

因此，宗教是评定人的感情的根据，是鉴别艺术的好坏、真假的标准。现代的好的、真正的艺术有两种类型：一是宗教艺术，传达人们对上帝和世人的爱的感情或者传达违反这种爱时的愤怒与恐惧的感情；二是世界性的艺术，即传达全世界所有人都能理解的日常生活中最质朴的感情的艺术。作者把自文艺复兴至19世纪末众多伟大艺术家的大量优秀作品（包括他自己的）都归于坏艺术之列，仅只少量的才属于上述两种类型的艺术。

该书发表以后，俄国进步艺术家和评论家对他深刻的批评资产阶级反人民的艺术、对他反对形式主义无思想性、反对神秘主义和颓废主义，为人民而斗争的精神，给予了高度评价。普列汉诺夫批评托尔斯泰的艺术只是传达感情的定义，认为艺术也表现思想，但托尔斯泰的艺术实践和在其他言论中，并不否认艺术也是可以传达思想的，托尔斯泰“这位激烈的抗议者、愤怒的揭发者和伟大的批评家”（列宁语）在批判只能给有闲阶级解闷取乐的艺术时，在对欧洲资产阶级文化的批判中前进得太远，把它连根烧掉了。

三、“美”与“艺术”

“美”是我们所得到的某种并不以个人利益为目的的快乐。从所有这些美的定义，究竟能得出什么呢？我们且不论这种种完全不正确的，并不能概括艺术的概念的“美”的定义。其中有的认为美在于功用，有的认为在于合宜，有的认为在于对称，有的认为在于秩序，有的认为在于比例，有的认为在于流畅，有的认为在于各个部分之间的调和，有的认为在于变化中的统一，有的认为在于这些因素的各种方式的结合，我们且不论这些不能令人满意的想从客观上去下定义的企图。所有这些关于“美”在美学上的定义归纳起来不外乎两种基本的观点：

第一，美是一种独立存在的东西，是绝对的“完满”的表现之一，这绝对的“完满”是观念、精神、意志。采取第一种定义的有费希特、谢林、黑格尔、叔本华和法国的推究哲理的库赞、如夫拉、拉维松等人（且不提第二流的美学哲学家）。现代大部分有教养的人也都赞同这种客观的、神秘的“美”的定义。这种对美的理解非常普遍，特别是在前一辈人中。第二种对美的理解，“美”是我们所得到的某种不以个人利益为目的快乐，主要流行于英国的美学家之间，这种定义为我们这个社会的另一半人所接受，他们主要是比较年轻的人。由此可见，“美”的定义只有两种（此外不可能有别的结论），一种定义是客观的、神秘的，它把美的概念跟最高的完满——上帝融合为一，这是一种幻想的定义，是没有任何根据的；另一种定义则相反，是简单易解的、主观的，它认为凡是使人感到愉快的东西就是“美”（在“愉快”这个词儿上我并不附加“没有目的，没有利益”的说明，因为“愉快”这个词儿本身就意味着“不计较利益”）。

一方面，美“被理解为某种神秘的、非常崇高的、可惜并不明确的东西，因此它同时包含着哲学、宗教和生活本身，例如谢林、黑格尔以及他们在德国和法国的继承者的理论就是这样的。或者，另一方面正如我们应该承认的，按照康德和他的继承者的定义，”美只不过是我们所得到的一种特殊的无私的快乐。这种“美”的概念虽然好像很清楚，但是，深为遗憾的是，它也是不正确的，因为它扩展到另一方面去了，这就是说，它把由饮食和接触柔软皮肤而得来的快乐也包括在内，这就是瞿渥和克拉利克等人所承认的。的确，当我们追溯“美”的学说在美学中的发展时，我们可以看到：最初，从美学奠定基础时起。

“美”的形而上学的定义普遍流行，可是年代越近，那种实验的、近几年来带有生理学性质的定义就愈加明显，于是，终于出现了像维隆和塞利那种企图完全避免“美”的概念的美学家。但是这些美学家很少成功，在大多数人和大多数艺术家和学者之间还坚持着大多数美学理论中所确定的“美”的概念，换句话说，这些人或者把“美”看作一种神秘的或形而上学的东西，或者把“美”看作一种特殊的享乐。那么，在我们这个社会里和我们这个时代里，人们作为艺术的定义而那样顽强地坚持的那种“美”的概念，实质上究竟是什么呢？从主观的意义来看，我们把给予我们某种快乐的东西称为“美”。

从客观的意义来看，我们把存在于外界的某种绝对完满的东西称为“美”。但是我们之所以认识外界存在的绝对完满的东西，并认为它是完满的，只是因为我们从这种绝对完满的东西的显现中得到了某种快乐，因此，客观的定义只不过是按另一种方式表达的主观的定义。实际上，这两种对“美”的理解都归结于我们所获得的某种快乐，换句话说，凡是使我们感到惬意而并不引起我们的欲望的东西，我们称之为“美”。照这种情况看来，艺术科学自然不会满足于以“美”为根据的，即以使人感到惬意的东西为根据的艺术的定义，而要探索一个普遍的、适用于一切艺术作品的定义，以便根据这个定义来决定各种事物是否属于艺术范围。但是，读者可以从前面我所录写的各种美学理论的摘要中看到，并没有这样的定义，如果他肯费心读读这些美学理论的原作，他就会更加清楚地认识到这一点。

想为绝对的“美”下定义的一切尝试，认为“美”是自然的模仿，是合宜，是各部分的适应，是对称，是调和，是变化中的统一，等等。所得到的不外乎以下两种结果：或者什么定义也没有下，或者所下的定义只不过是指某些艺术作品的某些特点，而远没有包括所有的人在过去和现在认为是艺术的一切。“美”的客观的定义是没有的，现存的种种定义（不论是形而上学的定义或是实验的定义）都可以归结为主观的定义，而且，说起来也真奇怪，都可以归结为这样的观点：凡是表现“美”的，就是艺术，而凡是使人感到惬意而不引起欲望的，就是“美”。

许多美学家感觉到这样的定义是不完备和不稳固的，为了要使这个定义有稳固的基础，他们对自己提出了这样的问题：为什么一件东西会使人感到惬意？而且他们把“美”的问题转变为趣味的问题，赫奇逊、伏尔泰、狄德罗等人就是这样做的。但是，读者从美学史中或者从实验中可以看出，一切想为趣味下定义的企图不可能有任何结果，而且我们找不到理由，也不可能找到理由来解释为什么这个人喜欢这件东西而另一个人不喜欢这件东西，为什么这个人不喜欢这件东西而另一个人喜欢这件东西。因此，一切现存的美学并没有达到我们对这种自命为“科学”的智力活动所期待的，即确定艺术或“美”（如果“美”是艺术的内容的话）的性质和法则，或者确定趣味（如果趣味能解决艺术问题和艺术的价值问题的话）的性质，然后根据这些法则而把合乎这些法则的作品称为艺术，把不合乎这些法则的作品摒弃不理，而一切现存的美学所做的是。首先承认某一类作品是好的（因为它们使我们感到惬意），然后编出这样一套艺术理论：它能够适用于某一圈子里的人所喜欢的一切作品。

有一个艺术的规范存在着，按照这个规范，我们这个圈子里的人所喜爱的那些作品被认为是艺术（菲狄阿斯、巴赫、索福克里斯、荷马、提香、拉斐尔、贝多芬、但丁、莎士比亚、歌德等人的作品），而美学的见解必须能概括所有这些作品。在美学文献中，我们经常可以看到一些关于艺术的价值和意义的见解，这些见解并不是以我们衡量某一事物的好坏的某些法则为根据，而是以这一事物是否符合于我们所制定的艺术规范为根据。前几天我读过福格尔特的一部很不错的著作。

在讨论艺术作品的道德要求时，作者公然声称。对艺术提出道德的要求是不对的，这一点他用下述的事例加以证明：如果我们容许有这种要求，那么莎士比亚的《罗密欧与朱丽叶》和歌德的《威廉·迈斯特尔》就不符合于优秀艺术的定义。但是这两部作品既然都列入艺术规范之内，那么上述的要求是不合理的。因此，必须为艺术找出一个也能适用于上述两部作品的定义。福格尔特把“重要”的要求当作艺术的基础，用以代替道德的要求。现有的一切美学体系都是按照这一纲领而组成的。

人们并不为真正的艺术下出一个定义，然后再看一部作品是否符合于这个定义，以判定什么是艺术，什么不是艺术，人们只是把由于某种原因而为某一特定圈子里的人们所喜欢的一系列作品认为是艺术，而想出一个能够适用于所有这些作品的艺术的定义。不久以前我在一部很好的著作：谟特的《19世纪艺术史》中找到了一个关于这种方法的极好的例证。在讲到已经列入艺术规范的“前拉斐尔派”、“颓废派”和“象征派”时，作者不但不敢把这种倾向加以斥责，却反而竭力放宽自己的尺度，来容纳“前拉斐尔派”、“颓废派”和“象征派”，这些派别在他看来是自然主义走向极端时所产生的合理的反映。

艺术中无论有怎样的痴愚，只要这种痴愚一旦被我们这个社会的上层阶级所接受，就立刻会有人编出一套理论来，把这种痴愚加以解释，并使它变成合法，在历史上任何一个时代里，那过后就被遗忘并未留下丝毫痕迹的虚伪、丑恶和荒谬的艺术都能被某些特殊圈子里的人们所接受和赞许似的。至于艺术的荒谬和丑恶发展到了什么程度，特别是当这种艺术被认为毫无缺点的时候（例如在现代），这一点可以从下面这个问题上看出：现在，在我们这个社会里有些什么艺术活动？因此，美学中所阐述的、模糊地为一般人所信奉的那种以“美”为根据的艺术理论，只不过是把我们某一特殊圈子里的人们在过去和现在所喜欢的东西认为是好的而已。要为人类的某种活动下定义，就必须了解这一活动的意义和作用。要了解人类的某种活动的意义和作用，那么首先必须根据这一活动的产生原因及其后果将它的本质加以研究，而并不是只就它所给予我们的快乐这一方面加以研究。

如果我们认为某一项活动的目的只在于给我们快乐，因而只根据这种快乐来为这项活动下定义，那么，这样下出来的定义显然不会是正确的，为艺术下定义的情况也正是这样。我们知道，当我们研究食物问题的时候，谁也不会想到要从我们吃这件食物时所感到的快乐去看食物的意义。谁都明白：我们的味觉上的满意决不可能作为判定食物的价值的依据，因此我们没有任何权利断定，我们所吃惯和爱吃的具有卡因的胡椒、林堡的干酪和烈酒的午餐是人类的最好的食物也是这样的，这就是说，能使我们感到惬意的东西决不可能当作为艺术下定义的依据，使我们感到快乐的那一类事物决不可能成为真正的艺术的典范。从我们在艺术得来的快乐中认识艺术的目的和用途。

这就等于从吃东西时所感到的快乐中认识食物的目的和意义，像那些停留在道德发展的最低阶段上的人们（野人）所做的那样。

正像那些认为食物的目的和用途是给人快乐的人们不可能认识饮食的真正意义一样，那些认为艺术的目的是享受的人们不可能认识艺术的意义和用途，因为他们把享乐这一不正确的、特殊的目的加之于艺术活动，而实际上艺术活动的意义却在于它和生活中的其他现象的关系。只有当人们不再认为吃东西的目的在于享受时，他们才会明白：饮食的意义在于滋养身体。就艺术来说也是这样。只有当人们不再认为艺术的目的是“美”（即享乐）时，他们才会了解艺术的意义。

把“美”（即从艺术得来的某种快乐）认为是艺术的目的，这不但不能帮助我们判定艺术是什么，反而把问题转入和艺术判然相异的领域转变为用形而上学的、心理学的、生理学的甚或历史的眼光去讨论为什么某些人喜欢这一作品，而不喜欢那一作品，为什么另一些人喜欢那一作品等，因而使得为艺术下定义成为不可能。正像讨论为什么一个人喜欢吃梨而另一个人喜欢吃肉决不会有助于判定营养的本质一样，解决艺术中的趣味问题（关于艺术的讨论不知不觉地归结到趣味的问题上）不但不能帮助我们弄清楚我们称之为艺术的这种特殊的人类活动究竟是什么，而且反而使我们完全不可能弄清楚这一问题。艺术——千万人为它牺牲生命，道德的艺术究竟是什么？

关于这个问题，我们从现有的各种美学理论中找到了一些回答，这些回答都可以归纳为下面几种结论：艺术的目的是“美”，而“美”是通过我们从这里面所得到的快乐而被认识的；艺术的享受是一桩好的、重要的事。换句话说，享受之所以是好的，就因为它是享受。因此，被认为是艺术的定义的，其实并不是艺术的定义，而只不过是用来辩解人们为这想象中的艺术所遭受的牺牲的一种手腕，同时也是用来辩解现存的艺术中那种自私的享受和不道德的行为的一种手腕。

所以，说起来也真奇怪，虽然论艺术的书堆积如山，而艺术的正确定义却直到现在还没有规定出来。这原因在于艺术的概念是以“美”的概念为基础的。如果把那使整个问题混乱不清的“美”的概念撇在一边，那么艺术究竟是什么？最近的一些最易理解的，不以“美”的概念为依据的艺术的定义有下列几种：艺术是一种在动物世界里已经产生的活动，它是从性欲和对游戏的嗜好产生的（席勒、达尔文、斯宾塞），这种活动伴有神经系统的愉快的刺激（格朗特·阿伦），这是生理的、进化的定义。还有一种定义是；艺术是通过人类所感受的线条、色彩、姿势、声音、语言、情绪而做的外部的表现（维隆）。这是实验的定义。按照最新的定义（塞利所提出的），艺术是：

"the productionof some permanent object or passing action, which is fitted not only to supply an active enjoyment to the producer, but to conveya pleasurable impression to a number of spectators or listeners quite apart from any personal advantage to be derived from。"

虽然这些定义比那些以"美"的概念为根据的形而上学的定义更为优越，但它们仍然很不正确。

第一种定义生理的、进化的定义之所以不正确，是因为它并不谈那构成艺术的本质的活动本身，而谈艺术的起源。那种根据对人的身体所起的生理上的影响而下的定义之所以不正确，是因为在这个定义里可以包括许多其他的人类活动，正如那些新美学理论所主张的，缝制美丽的衣服、制造芬芳扑鼻的香水，甚至烹调都算作艺术。实验的定义认为艺术就是情绪的表达，这种看法之所以不正确，是因为人可以靠着线条、色彩、声音、言辞来表达自己的情绪，而他的这种表达可能并不对其他人起什么作用，这时候这种表达就不是艺术。第二种定义（塞利所提出的）之所以不正确，是因为所谓"给产生者以快乐，并给观众或听众以愉快感觉（但无利可图）的那些物象所产生的结果"，也可以包括戏法、体操以及其他不能算作艺术的活动在内，而相反地，许多给人不愉快印象的物象，例如诗中所描写的或舞台上所表演的阴沉和残酷的场面，无疑是艺术。所有这些定义之所以不正确，是因为它们也都像形而上学的定义一样，认为艺术的目的就是从艺术得来的快乐，而不是艺术在个人和人类生活中的效用。为了正确地为艺术下定义，首先应该不再把艺术看作享乐的工具，而把它看作人类生活的条件之一。

对艺术采取这样的看法之后，我们就不可能不看出艺术是人与人相互之间交际的手段之一。每一部艺术作品都能使接受的人和曾经创造艺术或当时在创造艺术的人之间发生某种联系，而且也使接受者和所有那些与他同时在接受，在他以前接受过或在他以后将要接受同一艺术印象的人们之间发生某种联系。正像传达出人们的思想和经验的语言是人们结为一体的手段，艺术的作用也正是这样。不过艺术这种交际的手段和语言所不同，人们用语言互相传达自己的思想，而人们用艺术互相传达自己的感情。

艺术活动是以下面这一事实为基础的：一个用听觉或视觉接受他人所表达的感情的人，能够体验到那个表达自己的感情的人所体验过的同样的感情。举一个最简单的例子：一个人笑了，听到这笑声的另一个人也高兴起来，两个人哭了，听到这哭声的人也难过起来，一个人生气了，而另一个看见他生气的人也激动起来。一个人用自己的动作、声音表达蓬勃的朝气、果敢的精神，或相反地，表达忧伤或平静的心境，这种心情就传达给别人。一个人受苦，用呻吟和痉挛来表达自己的痛苦，这种痛苦就传达给别人，一个人表达出自己对某些事物、某些人或某些现象的喜爱、崇拜、恐怖或尊敬，其他的人受了感染，对同样的事物、同样的人或同样的现象也感到同样的喜爱、崇拜、恐怖或尊敬。艺术活动建立在人们能够受别人感情的感染这一基础上。

如果一个人在体验某种感情的时刻直接用自己的姿态或自己所发出的声音感染另一个人或另一些人，在自己想打哈欠时引得别人也打哈欠，在自己不禁为某一事情而笑或哭时引得别人也笑起来或哭起来，或是在自己受苦时使别人也感到痛苦，这还不能算是艺术。艺术起源于一个人为了要把自己体验过的感情传达给别人，于是在自己心里重新唤起这种感情，并用某种外在的标志表达出来。我们以一件最简单的事作为例子，比方说，一个遇见狼而受过惊吓的男孩子把遇狼的事叙述出来，他为了要在其他人心里引起他所体验过的那种感情，于是描写他自己在遇见狼之前的情况、所处的环境、他的轻松愉快的心情，然后描写狼的形象、狼的动作、他和狼之间的距离，等等。

所有这一切，如果男孩子叙述时再度体验到他所体验过的感情，以至感染了听众，使他们也体验到他所体验过的一切，这就是艺术。如果男孩子并没有看见过狼，但时常怕狼，他想要在别人心里引起他的那种恐惧的感情，就假造出遇狼的事，把它描写得那样生动，以致在听众心里也引起了想象自己遇狼时所体验的那种感情，那么，这也是艺术。如果一个人在现实中或想象中体验到痛苦的可怕或享乐的甘美，他把这些感情在画布上或大理石上表现出来，使其他的人为这些感情所感染，那么，同样的，这也是艺术。

如果一个人体验到或者想象出愉快、欢乐、忧郁、失望、爽朗、灰心等感情，以及这种种感情的相互转换，他用声音把这些感情表现出来，使听众为这些感情所感染，也像他一样体验到这些感情，那么，同样的，这也是艺术。各种各样的感情非常强烈的或者非常微弱的，非常坏的或者非常好的，非常有意义的或者微不足道的，只要它们感染读者、观众、听众，就都是艺术的对象。戏剧中所表达的自我牺牲以及顺从于命运或上帝等感情，或者庄严的进行曲中所表达的爽朗的感情，或者舞蹈所引起的愉快的感情，或者小说中所描写的情人的狂喜的感情，或者图画中所描绘的淫荡的感情，或者可笑的逸事所引起的幽默的感情，或者描写晚景的风景画或催眠曲所传达的宁静的感情，这一切都是艺术。作者所体验过的感情感染了观众或听众，这就是艺术。

在自己心里唤起曾经一度体验过的感情，在唤起这种感情之后，用动作、线条、色彩、声音，以及言辞所表达的形象来传达出这种感情，使别人也能体验到这同样的感情，这就是艺术活动。艺术是这样的一项人类的活动：一个人用某种外在的标志有意识地把自己体验过的感情传达给别人，而别人为这些感情所感染，也体验到这些感情。艺术并不像形而上学者所说的是某种神秘的观念、美或上帝的表现，并不像生理美学者所说的是人们借以消耗过剩的精力的游戏，并不是情绪通过外在标志的表达，并不是惬意的事物所产生的结果，最重要的并不是享乐，而是生活中以及向个人和全人类的幸福迈进的进程中所必不可少的一种交际的手段，它把人们在同样的感情中结成一体。由于人具有理解用言辞表达的思想的能力，因此每一个人都能知道全人类在思想领域内为他做过的一切，能够在现在借着理解别人的思想的能力而成为其他一些人的活动的参与者，而且自己能够借着这种能力把从别人那里得来的和自己心里产生的思想传达给同辈和后辈。

同样的，由于人具有通过艺术而为别人的感情所感染的能力，因此他就能够在感情的领域内体会到人类在他以前所体验过的一切，能够体会同辈正在体验的感情和几千年前别人所体验过的感情，并且能把自己的感情传达给别人。如果人们并不具有理解前人心里所怀过的，用言辞表达出来的一切思想的能力，以及把自己的思想传达给别人的能力，那么人们就好似禽兽或卡斯贝霍塞了。如果人们并不具有另一种能力——为艺术所感染的能力，那么他们大概还会更加野蛮，而主要的是更加散漫，更加互相敌视。因此，艺术活动是一项很重要的活动，像语言活动一样重要、一样普遍。言辞不仅通过说教、演讲和书籍来影响我们，而且还通过我们用以互相传达思想和经验的一切言语影响我们；同样的，就广义来说的艺术渗透了我们的整个生活，而我们只把这一艺术的某些表现称为艺术，就狭义来说的艺术。

我们惯于把“艺术”一词理解为我们在剧院里、音乐会上和展览会上所听到和看到的东西，以及建筑、雕像、诗、小说。但是所有这些只不过我们在生活中用以互相交际的那种艺术的很小一部分。人类的整个生活充满了各种各样的艺术作品——从摇篮曲，笑话，怪相的模仿，住宅、服装和器皿的装饰，以至于教堂的礼拜式、凯旋的行列，所有这些都是艺术活动。

因此，我们所谓狭义的艺术，并不是指人类的整个传达感情的活动，而只是指由于某种缘故而被我们从这整个活动中分化出来并赋予特殊意义的那一部分。所有的人一向把这种特殊的意义赋予整个活动中表达出从人们的宗教意识所流露的感情的那一部分，整个艺术的这一小部分被称为真正的艺术。古代的人：苏格拉底、柏拉图、亚里士多德是这样认识艺术的。

希伯来的先知和古代的基督徒也是这样认识艺术的，回教徒在过去和现在也都是这样理解艺术的，现代的宗教人士也是这样理解艺术的。人类的几位导师，如柏拉图在他所著的《理想国》里最初的一些基督徒，严正的回教徒，以及佛教徒等，往往甚至于否认一切艺术。用这种与现代观点（按照现代的观点，任何一种艺术只要能给人快乐，就都是好的）相反的观点来认识艺术的人，在过去和现在都认为，艺术和语言不同，语言可以不听，而艺术却能使人不由自主地受到感染，就这一点来说艺术是那样地可怕，如果把一切艺术都取消，那么人类将比容许任何一种艺术存在要少受许多损失。

这些否定一切艺术的人显然是错误的，因为他们否定了那不可否定的东西，人类没有它不能生活的，必不可少的交际手段之一。但是，我们欧洲这个文明社会、这个圈子和这个时代的人们容忍一切艺术，只要它们为美服务，换言之，只要它们给人快乐，他们这样做也同样是错误的。从前，人们怕艺术作品中偶然会有一些使人腐化的作品，就索性禁止一切艺术作品。可是现在，人们只不过怕失去艺术所给人的任何一种快乐，就袒护一切艺术。我想，后一种错误比前一种错误严重得多，危害也更深。就内容而言，艺术的好坏是凭什么确定的。像语言一样，艺术是一种交际的手段，因而也是求取进步的手段，换句话说，是人类向前进到完善的手段。

语言使眼前活着的一代人可能知道前辈以及当代的优秀和进步人物凭经验和思索而得知的一切，艺术使眼前活着的一代人可能体验到前人所体验过以及现代的优秀和进步人物所体验到的一切感情。正像在知识的发展过程中，真正的、必要的知识代替了错误的、不必要的知识一样，感情通过艺术而有同样的发展，即善良的、为求取人类幸福所必需的感情，代替了低级的、较不善良的、对求取人类幸福较不需要的感情。艺术的使命就在于此。所以就内容来说，艺术越是能完成这个使命，它就越是优秀，越是不能完成这个使命。它就越是低劣。对种种感情的评价——承认这些或那些感情是比较善良的或比较不善良的，换句话说，对人类的幸福是比较需要或比较不需要的则是根据每一时代的宗教意识而得出的。

在每一个历史时期，在每一个人类社会，都有一种对生活意义的崇高的理解，这种理解只有这个社会里的人们才可能有，它确定了这个社会所努力争取的崇高的幸福。这种对生活意义的理解就是该时期、该社会中的宗教意识。这宗教意识通常总是由社会中的一些先进人物清晰地表达出来，而且为所有的人多多少少明显地感觉到的。在每一个社会里，经常都有这样一种与表达的方式相适应的宗教意识。

如果我们觉得在社会里似乎没有一种宗教意识，那么我们之所以会有这样的感觉，不是因为这种宗教意识实际上不存在，而是因为我们不想看到它，我们之所以往往不想看到它，是因为它揭露了我们那种和它相抵触的生活。一个社会的宗教意识好比是流动的河水的方向。如果河水在流动，那么它一定有一个流动的方向，如果社会是生气蓬勃的，那么它一定有一种宗教意识，这种宗教意识为这社会里所有的人指示出一个方向，让他们按照这个方向多多少少有意识地向前迈进。因此，不论在过去或现在，每一个社会里都经常有着一种宗教意识。艺术所表达的感情的好坏往往就是根据这种宗教意识加以评定的。只有根据一个时代的宗教意识，我们才能经常从所有各个艺术领域中选拔那些传达出把这一时代的宗教意识体现在生活中的感情的作品。

这样的艺术总是非常受人重视，并且为人们所鼓励，传达过去的宗教意识所流露的感情的艺术则是落后的、已经过时的，这样的艺术总是受到斥责和轻视。其他一切传达出人们借以互相交际的各种感情的艺术则没有受到人们的斥责而为人们所容许，只要它并不传达和宗教意识相反的感情。譬如，在希腊人中间，传达出美、力量和刚毅精神的艺术（希西奥德、荷马、菲狄阿斯）超出在其他艺术之上，为人们所赞许和鼓励，传达出粗野的肉感、颓丧的心情和柔弱的感情的艺术为人们所斥责和轻视。在希伯来人中间，传达出对希伯来人的上帝及其遗训的忠诚和顺从的感情的艺术（《创世记》中的某些部分，先知书，诗篇）超出在其他艺术之上，并为人们所鼓励，传达出崇拜偶像的感情的艺术（金犊）为人们所斥责和轻视，而其他所有的与宗教意识不相抵触的艺术：故事、歌曲、舞蹈、房屋、家具和服装的装饰，则没有被人觉察到，而且根本没有被人讨论过。

无论什么时候，无论什么地方，艺术就其内容而言，艺术的价值是这样评定的，而且也应该这样评定，因为这种对待艺术的态度是从人的本性产生，而这本性是不变的。我知道，按照现代流行的看法，宗教是一种迷信，它对现代的人说来是已经过时的，因此一般人认为：在现代已经没有任何一种全人类共有的宗教意识，可以作为评定艺术的根据。我知道，这是现代的冒充有教养的人们中间流行的一种看法。凡是不承认真正的基督教因而为自己想出各种哲学和美学的理论蒙蔽自己，使自己看不见自己生活中的愚蠢和缺点的人，凡是这样的人就不可能有另外一种想法。这些人有意地、有时也无意地把宗教崇拜这一概念和宗教意识这一概念混淆起来，认为否定崇拜就否定了宗教意识。

所有这一切对宗教的攻击和建立一个与现代的宗教意识相反的世界观的企图，非常明显地证明了这个宗教意识的存在，这个揭露人类生活中与之不相调和的现象的宗教意识的存在。如果人类是在进步，换句话说，如果人类是在向前发展，那么这发展必然有一个方向的指南。这个指南常常就是宗教。

整个历史证明：人类的进步总是在宗教的引导之下完成的。如果说人类没有宗教的引导就不可能有进步，进步永远是有的，因而在现代也有进步，那么一定也有现代的宗教。由此可见，不管现代的所谓有教养的人们喜欢或不喜欢，他们必须承认宗教的存在，这里的宗教不是指宗教崇拜（天主教、新教等），而是指作为现代人类进步的必要指南的宗教意识。如果我们中间有宗教意识存在，那么我们的艺术也应该可以根据这个宗教意识加以评价，无论什么时候，无论什么地方，凡是传达现代的宗教意识所流露的感情的艺术都应该被选拔出来，应该被承认，应该受到很大的重视和鼓励，凡是和这宗教意识相抵触的艺术应该受到斥责和轻视，而其他一切平凡的艺术则不为人们所选拔和鼓励。

现代的宗教意识，就其最普遍和最实际的应用而论，是这样一种意识。

我们的幸福——物质上的和精神上的，个人的和集体的，暂时的和永久的，是在于全人类的兄弟般的共同生活，在于我们相互之间的友爱的团结。这个意识不但由基督和过去的一切优秀人物表达出来，不但被现代的优秀人物用各种形式从各个方面加以重述，而且它已经是人类的整个繁复工作的一个引导的线索，这一繁复工作一方面是在于消灭妨碍人类团结的物质上和精神上的障碍；另一方面是在于规定全人类的共同的原则，这些原则能够而且必然会把全世界的人友爱地团结成为一体。

我们应该根据这个意识评判我们生活中的一切现象，其中包括我们的艺术，我们从艺术的各个领域中选拔出传达这个宗教意识所流露的感情的作品，非常重视并鼓励这种艺术，驳斥与这个意识相反的作品，而且不把不恰当的重要性归之于其余的艺术。所谓“文艺复兴”时期的上层阶级的人们所犯的主要错误，也是我们现在继续在犯的一个错误，并不在于他们这些人不再珍爱和不再重视宗教艺术（那时候的人们不可能重视宗教艺术，因为他们正像现在的上层阶级的人们一样，不可能相信为大多数人所承认的宗教），而在于他们用一种没有价值的、目的仅在于给人快乐的艺术代替这不存在的艺术。换言之，他们开始选拔、珍爱和鼓励另一种艺术，把它当作宗教艺术，而这种艺术在任何情况下都不配受到这样的珍爱和鼓励。教堂的一位神父说过，人们的主要的痛苦不在于他们不知道上帝，而在于他们把一个非上帝的东西尊奉为上帝了。就艺术来说也是如此。

现代的上层阶级的人们主要的不幸还不在于他们没有宗教艺术，而在于他们选出一种最没有价值的、往往有害的艺术（这种艺术的目的在于使某些人快乐，因而单凭这种独特性来说就已经和现代的宗教意识，基督教的全人类团结的原则相抵触）代替超出在其他一切之上的崇高的宗教艺术，并把这种没有价值的、有害的艺术视作特别重要的珍贵的艺术。一种空洞的、常常是腐化的艺术被用来代替宗教艺术，由此蒙蔽人们，使人们忽视对真正的宗教艺术的要求，而这真正的宗教艺术是人类生活中为了改进生活而应该具有的。不错，能满足现代宗教意识的要求的艺术和过去的艺术完全不同，但是，尽管完全不同，现代宗教艺术的本质对一个经常在寻求真理的人来说是很清楚而明确的。

在过去，最崇高的宗教意识只把某一些人联合起来。希伯来、雅典和罗马的公民，这些人虽然是很大的一伙人，但他们终究只是人们中的一部分，当时的艺术所传达的感情是从这些人对强力、雄壮、荣誉、昌盛的渴望产生出来的，艺术的主人公可能是用力量、诡计、狡猾或残暴的行为促进这种昌盛的人（雅各、大伟、参孙、赫克里斯和所有的勇士）。现代的宗教意识则并不选拔出任何一伙人，相反的，它要求联合所有的人，没有一个例外，并且把对全人类的友爱看得比其他一切美德都高，因此，现代的艺术所传达的感情不但不可能和过去的艺术所传达的感情相一致，而且必定和它相反。

四、基督教的艺术

基督教的艺术，真正的基督教的艺术之所以在长时期内不可能确定下来，它之所以至今还没有确定，正是因为基督教的宗教意识并不是人类向前进展时所跨的均匀的细步中的一步，而是一个巨大的变革，这个变革如果在过去还不曾改变，那么在将来一定会改变人们的整个人生观和他们生活中整个内在的组织。

不错，人类的生活像个人的生活一样，是均匀地向前进展的，但是在这均匀的进展中，仿佛有着一些转折点，这些转折点把以前的生活和以后的生活截然分开。基督教对人类说来曾经是这样的一个转折点，至少对我们这些具有基督教意识的人们说来它应该是这样的。基督教的意识为人类的一切感情指出了一个新的方向，因而完全改变了艺术的内容和意义。在过去，希腊人能够欣赏波斯人的艺术，罗马人能够欣赏希腊人的艺术，正像希伯来人能够欣赏埃及人的艺术一样，基本的理想都是一样的。这理想有时是波斯人的伟大和幸福，有时是希腊人或罗马人的伟大和幸福。

同一种艺术被转变到另一情况小而适用于其他的民族。但是基督教的理想改变了一切，使一切转变了方向，正像福音中所说的：“在人的面前显得伟大的东西，在上帝的面前变成了卑劣不堪的东西。”成为理想的不再是法老和罗马皇帝的伟大，不再是希腊人的美或腓尼基人的财富，而是温顺、纯洁、怜悯、爱情。作为主人公的不再是富人，而是乞丐拉撒路。不再是美貌的抹大拉的玛丽亚，而是忏悔的抹大拉的玛丽亚，不再是财富的获得者，而是财富的施舍者，不再是住在宫殿里的人，而是住在地洞里或茅屋里的人。不再是统治别人的人，而是除了上帝的权威以外不承认任何人的权威的人。

崇高的艺术作品不再是陈列着征服者的雕像的胜利的殿堂，而是人的心灵的描写，这个心灵已经深深地受到爱的感化，以致被折磨和被杀害的人会可怜甚至喜爱那迫害他的人。因此，基督教世界的人觉得很难摆脱他们对于异教艺术的惯性，他们终生已经和这种艺术结合在一起了。基督教的宗教艺术的内容对他们说来是那样的新颖，它和过去的艺术的内容那样不同，以致他们觉得基督教的艺术是对艺术的否定，于是他们就绝望地保持着这种旧的艺术。

但事实上这种旧的艺术由于在现代不再有宗教意识上的渊源，已经完全失去它的意义，无论情愿或不情愿，我们都应该抛弃它。基督教意识的本质是在于：每一个人都承认自己和上帝之间的父子般的关系，并承认由此得出的人类和上帝的结合以及人们相互之间的团结，正如福音中所说的（《约翰福音》，第十七章第二十一节），因此基督教艺术的内容是促使人类和上帝结合并促使人们互相团结的感情。“人类和上帝结合以及人们互相团结，”这句话对那些听惯人家滥用这句话的人们说来可能是意义不明的，其实这句话的意义是很明显的。

它的意义就是：基督教所谓人类的团结是和仅仅某些人的局部的特殊的团结完全相反的，这是所有的人毫无例外地团结。艺术，每一种艺术，本身都有着把人们联合起来的特性。每一种艺术都能使那些领会艺术家所传达的感情的人们在心灵上首先和艺术家联合在一起，其次和那些得到同一印象的人们联合。但是非基督教的艺术只把某些人联合起来，这样的联合正好把这些人和其他的人隔开，因此这种局部的联合往往不仅是使人不团结的根由，而且是使一些人对另一些人怀有敌意的根由。

一切爱国主义的艺术便是这样的，例如国歌、爱国诗歌、纪念像等，一切教堂艺术，即某些宗教仪式的艺术，也都是这样的，例如圣像、雕像、行列、礼拜式、庙宇等，军事艺术也是这样的，一切外表优美而其实是腐化的艺术（这种艺术只有悠闲阶级中那些压迫别人的富人们才能理解）也是这样的。这样的艺术是落后的艺术，不是基督教的艺术，它只把某些人联合起来，为的是要更严格地把这些人和另一些人分开，这些人与另一些人之间具有敌对的关系。

基督教的艺术是把所有的人毫无例外地联合起来的艺术，它所采取的方式是使人们意识到他们对上帝以及对世人都处于同等的地位；再不然就是：使人们产生同一种感情，这种感情虽然可能是很朴质的，但它不是和基督教相对抗的，而且它是所有的人（没有一个例外）生来就有的。现代的优秀的基督教艺术可能是人们所不理解的，这是因为这种艺术在形式上：它的缺点，或者因为人们对它不够注意，但是它必须能使所有的人都体验到它所传达的那种感情。

它应当不单是某一群人的艺术，不单是某一阶层的艺术，不单是某一民族的艺术，不单是某一种宗教崇拜的艺术，换句话说，它并不传达只以某种方式受过教育的人所能体会的感情，只有贵族、商人，或只有俄国人、日本人，或只有天主教徒或佛教徒等所能体会的感情，它所传达的是所有的人都能体会的感情。只有这样的艺术才能在现代被人们认为是优秀的艺术，才能被人们从所有其他的艺术中选拔出来，才能受到人们的鼓励。基督教的艺术，即现代的艺术，应该是普遍的。换句话说，应该是世界性的，因此它应该联合所有的人。

只有两种感情能把所有的人联合起来，从人与上帝之间的父子般的关系和人与人之间的兄弟般的情谊这样的意识中流露出来的感情，以及最朴质的感情。日常生活中的大家（没有一个人例外）都体会得到的感情，例如欢乐之感、恻隐之心、朝气蓬勃的心情、宁静的感觉等。只有这两种感情构成了现代的就内容而论的优秀艺术品。这种在表面上很不相同的艺术所产生的效果是一致的。从人与上帝之间的父子般的关系和人与人之间的兄弟般的情谊这样的意识中流露出来的感情（例如，从基督教的宗教意识中流露出来的确信真理、忠于上帝的意志、自我牺牲、敬爱人类等感情）以及最朴质的感情（例如，歌曲、大家都能理解的笑话、动人的故事、图画、小洋娃娃等所引起的恻隐之心和欢乐之情）产生同样的效果，人类的友爱的团结。

往往有这样的情形：好些人相处在一起，他们之间若不是互相敌视的，那么在心境和感情上也是相去很远的，突然之间一个故事，或一场表演，或一幅画，甚至一座建筑物，或者往往是音乐，像闪电一般把所有这些人联合起来，于是所有这些人不再像以前那样各不相干，甚至敌视，他们感觉到大家的团结和相互的友爱。每一个人都会为了别人和他有同样的体验而感到高兴，为了他和所有在场的人之间以及所有现在活着的得到同一印象的人们之间已经建立起一种交际关系而感到高兴，不仅如此，他还感到一种隐秘的快乐，因为他和所有曾经体验过同一种感情的过去的人们以及将要体验这种感情的未来的人们之间能有一种死后的交际

传达人们对上帝以及对世人的爱的艺术和传达大家都能体会的、最朴质的感情的一般性的艺术，所产生的都是这样的效果。对现代艺术的评价和对过去的艺术的评价有所不同，其差别主要在于：现代的艺术，即基督教的艺术，以要求全人类团结的宗教意识为基础，因此它认为就内容来说的好艺术并不包括所有那些传达不是联合人们而是使人们分开的特殊感情的作品，这样的作品被归入就内容来说的坏艺术的范围；相反的，就内容来说的好艺术中包括了以前认为不值得选拔和不值得受人重视的那一部分的艺术，传达出甚至最无关紧要的感情的世界性艺术，这种感情虽然无关紧要，却是所有的人（没有一个例外）都能体会的，因而它能联合所有的人。

这样的艺术在现代不可能不被认为是好艺术，因为它达到了现代基督教的宗教意识为人类指出的目标。基督教的艺术能在人们心里唤起这样一种感情，这种感情通过人们对上帝和世人的爱而把他们越来越紧密地团结起来，使他们很容易而且能够做到这样的团结，除此之外，基督教的艺术还能在人们心里唤起这样一种感情；这种感情使他们知道，他们由于日常生活中的快乐和悲哀的一致而已经联合起来。

因此，现代的基督教的艺术可能有并且确实有着两种类型。传达从宗教意识，就人对上帝和世人的关系来说人在世界上占有怎样的地位这意识，流露出来的感情的艺术，即宗教的艺术；传达全世界所有的人都能理解的、日常生活中的、最朴质的感情的艺术，即世界性的艺术。只有这两种艺术才可以被看作现代的好艺术。第一种艺术，宗教的艺术，传达正面的感情。对上帝和世人表现出爱，同时也传达反面的感情，违反这种爱时的愤怒和恐惧，这种艺术主要是用文字的形式表现，一部分也表现在绘画和雕刻中。第二种艺术，世界性的艺术，传达大家都能体会的感情，这种艺术表现在文字、绘画、雕刻、舞蹈、建筑中，主要是表现在音乐中。

五、宗教的艺术

假使有人要我在新派艺术中为上述的两种艺术各举出一些范例，那么关于从人们对上帝和世人的爱所产生的崇高的宗教艺术，在文学方面我列举下面几个范例。席勒的《强盗》，雨果的《espauvre gens》和《Les MisfrablesD》，狄更斯的小说和故事；《 Cities》、《Chimes》以及其他作品《黑奴吁天录》，陀思妥耶夫斯基的作品，主要是他的《死屋手记》，乔治·艾略特的《亚当·比德》。在现代绘画方面，说也奇怪，这种直接传达基督教的对上帝和世人的爱的作品几乎一部也没有，特别是在名画家的作品中尤其缺乏。

可以看到描写福音故事的画，而且这样的画为数不少，但是这些画都表达出具有丰富的细节的历史事件，而并不表达宗教感情，也不可能表达出宗教感情，因为作者根本就没有这种感情。还可以看到很多描写各种人的不同感情的画，但是表达出自我牺牲的伟绩和基督教的爱的画却很少见到，这样的画主要是一些较不出名的画家画的，而且这些都不是完美的图画，往往只是克拉姆斯科伊的一幅素描便是这样的一个例子，这幅素描的价值抵得过他的很多正式的图画；画中所描写的是一间客厅，客厅的门前有一个阳台，从前线回来的军队正从这阳台前面庄严地走过。一个手抱婴儿的奶妈和一个男孩站在阳台上。他们在观赏军队的行进。但是母亲倒在沙发的椅背上，用手帕遮住了脸，在那里痛哭。

我以前提到过的兰格利的一幅画也是一个例子；法国画家摩尔隆的一幅画也是一个例子，画中描写一只救生船冒着强大的暴风雨急急赶去拯救一只遇难的轮船。还有一些和这类很近似的画，画中以尊敬和亲切的态度描写劳动人民。米勒的画，特别是他的素描《持锄的人》，就是这样的例子。朱尔勃莱顿、雷尔密特、德弗雷格等人的画也属于这一类。在绘画的领域中，关于违反对上帝和世人的爱时所引起的愤怒和恐怖的作品，可以举出这样几个范例，盖伊的画《审判》。即使这一类的画也是很少看到的。考虑到了绘画的技术和画面的美，往往会模糊了画中所表达的感情。

六、世界性的艺术

要在上层阶级的新派艺术中举出一些关于第二种艺术——日常生活中的优秀的世界性艺术的例子，那就更加难了，特别是在文学和音乐的领域中。如果有一些作品，例如，《堂吉诃德》，莫里哀的喜剧，狄更斯的《大卫·科波菲尔》、《匹克威克先生外传》，果戈里、普希金的小说，或者莫泊桑的一些作品，就内容来说可以归入这一类，那么这些作品由于所传达的感情很特殊，由于时代和地域方面的特殊细节过多，主要是由于其内容十分贫乏，因而和古代的世界性艺术的典范（例如关于俊美的约瑟的故事）相比之下，往往只是自己民族中的人，甚至只为自己圈子里的人所能理解。

约瑟的哥哥们因为父亲偏爱约瑟而嫉妒他，把他卖给商人波提乏，后来这个青年获得了很高的官职，怜悯他的兄弟们，其中包括被宠爱的便怜悯，所有这些都是人人都能体会的感情。俄国的农夫能够体会，中国人也能体会，非洲人也能体会，儿童也能体会，老人也能体会，有教养的人也能体会，没有教养的人也能体会，整个故事写得那样简练，没有一点儿多余的细节，因此我们可以把这个故事讲给其他任何环境里的人们听，它将同样是每一个人都能理解的，将同样地感动每一个人。

但是堂吉诃德的感情或者莫里哀的主人公的感情（虽然莫里哀也许是最具有世界性的一位艺术家，因而也是新派艺术中的一位优秀的艺术家）就不是这样的，更何况匹克威克和他的朋友们的感情呢！这些感情都是很特殊的，不是全人类都能体会的。因此，作者为了使这些感情能感染人，就围绕着这些感情布置了许多时代和地域方面的细节。然而细节的增多使这些故事更加特殊，对那些生活在作者所描写的环境以外的人们说来更加难以理解。在约瑟的故事中，就不需要详细地描写（像现在写小说那样）约瑟的血淋淋的衣服、雅各的住所和衣服，以及波提乏的妻摸着左手上的手镯而说“到我房里来”时的姿态和她的服装等，因为这个故事里的感情是那样强烈，以致所有的细节。除了像约瑟走到另一个房间里去哭泣这一类必不可少的细节之外，都是多余的，它们只会妨碍感情的传达。因此，这个故事是所有的人都能理解的，它能感动各个民族、各个阶级、各种年龄的人，它被留传下来，直到我们这个时代，而且它还将留传到千百年后。

但是，如果我们把现代的卓越的小说中的细节一律删除的话，那么将会留下些什么呢？因此，在新派文学中，我们不可能举出一些完全合乎世界性艺术的要求的作品。即使原来有的一些作品，也大都已经受到所谓写实主义的损害，写实主义这个名词不如改称为艺术中的地方色彩倒比较恰当些。在音乐中也有着和文学相同的情况，而且造成这种情况的原因也相同。由于感情的贫乏，新派音乐家所写的旋律都是内容非常空洞的。

于是，为了加强内容空洞的旋律所产生的印象，新派音乐家在每一行最平庸的旋律中加进许多繁复的转折，不仅有自己民族的调式的转调，而且还有某一个小圈子，某一个乐派所特有的转调。每一行旋律都是自由、流畅的，它能够为所有的人所理解，但是当它一旦和某一种特殊的和声相结合而本身充满了这种和声，它就变成只有习惯于这种和声的人们才能理解，而对其他民族以及对习惯于这种和声形式的那个小圈子以外的人说来，它就变成完全陌生的了。因此音乐也像诗一样在这个不健全的圈子里周转。

为了使平庸而特殊的旋律变得动人，音乐家就在旋律中塞满了繁复的和声、复杂的节奏和混杂的管弦乐色彩，因而旋律就变得越来越特殊，它不但变得不是全世界的人都能理解，而且甚至变得不是整个民族所能领会，而只是某一些人所能领会的了。在音乐方面，除了不同作曲家的进行曲和舞曲还算是能满足世界性艺术的要求之外，可以列举出来作为优秀范例的只有各个民族的民歌。从俄罗斯民歌以至中国民歌；至于大作曲家的创作中，只有很少的作品可以列举：巴赫的著名的小提琴咏叹调，肖邦的降大调夜曲，可能还有从海顿、莫扎特、舒伯特、贝多芬、肖邦等人的作品中选出来的十几段音乐，都不是整首的曲子，只是一些片段。虽然绘画方面也同样有着诗和音乐方面的情况，即为了使构思较差的作品更吸引人，作者就细心设计，把许多有时间和地域上的特色的东西加到作品里去，使它们为某一时代和某一地域的人所喜爱。

但因而使它们比较少有世界性，虽然如此，在绘画方面还是有着比其他各种艺术中更多地能满足世界性基督教艺术的要求的作品。换句话说，有着更多地表达人人都能体会的感情的作品。在绘画和雕刻方面，这种具有世界性的内容的艺术作品便是，一切所谓风俗体的图画和雕像、动物画和风景画，人人都能欣赏的漫画以及各种装饰品。在绘画和雕刻方面，这样的作品有很多（例如瓷娃娃），但是这些作品中的大部分，例如所有的装饰品都不被认为是艺术，或者至多被认为是低级的艺术。

实际上，只要这些作品传达出艺术家的真挚的感情（不管这种感情在我们看来是多么没有意义），而且这些作品是所有的人都能理解的，那么它们就都是真正优秀的基督教艺术作品。讲到这里，我怕人家会责难我，说我既否认美的概念是衡量艺术品的标准，又承认装饰品是好的艺术品，岂不是自相矛盾吗？这样的责难是不公正的，因为各种装饰品的艺术内容并不在于美，而在于线条或色彩的结合所引起的喜爱之情，而这些线条或色彩是艺术家曾经看到过的，现在他用它们来感染观众。

艺术在过去是，现在也还是，而且必然是一个人用自己体验过的感情感染另一个人或另一些人。在这些感情之中，有一种感情是对悦目的东西的喜爱之情，而悦目的东西可能是少数人或多数人所喜爱的，也可能是所有的人都喜爱的。但凡装饰品尤其是所有的人都喜爱的，描写特殊地域的风景画、内容很别致的风俗画，可能不是所有的人都喜爱的，但是装饰品是所有的人从雅库茨克人以至于希腊人都能理解的，而且在一切人的心里唤起同样的喜爱之情，因此这种受人轻视的艺术在基督教社会里应该被看得很珍贵，比那些特殊的、矫揉造作的图画和雕刻要珍贵得多。由此可见，好的基督教艺术只有两类，其他所有不能归入这两类的艺术都应该被认为是坏的艺术，不但不应该受到鼓励，而且还应该被看作一种不把人们团结起来而是把他们分隔开来的艺术，因而应该加以铲除、否定和蔑视。

在文学方面，凡是传达下列各种感情的戏剧、小说和诗都属于坏艺术一类：教会的感情、爱国之情，以及只有富裕的悠闲阶级才具有的特殊感情，例如贵族的荣誉感和厌烦、苦闷、悲观的感情以及大多数人所无法理解的，从色情中流露出来的细致的淫逸之情。在绘画方面，所有那些表现虚假的宗教题材和爱国题材的画都属于坏艺术一类，还有那些描写娱乐和表现富裕和悠闲的特殊生活的魅力的画也都属于坏艺术一类，所有的所谓象征派的画，其中的象征意义只有某一个小圈子里的人才能理解，也都属于坏艺术一类，最主要的是：所有那些表现淫荡题材的画，所有那些充塞一切展览会和一切画廊的丑陋不堪的裸体画，都属于坏艺术一类。

现代的室内乐和歌剧音乐从贝多芬开始（舒曼、柏辽兹、李斯特、瓦格纳）几乎全是属于坏艺术一类的，这种音乐就其内容来说是专门表达只有少数人才能体会的感情的，这少数人已经在自己心里培养了一种容易被这特殊的、矫揉造作的复杂音乐激起来的病态的、神经质的兴奋心情。“那么第九交响曲属于坏艺术一类了！”我听到人家用愤慨的声调这样说。“这是毫无疑义的。”我回答说。我写了所有以上这些话，其目的在于找出一个明确和合理的标准，借以判定艺术作品的价值。这个标准是和一般的正常的理解相符合的，根据这个标准我可以肯定地说，贝多芬的这部交响曲不是好的艺术作品。

当然，对那些由于从小的教养而特别偏爱某些作品及其作者的人说来，对那些正因为受了这种教养而鉴赏力就此被歪曲了的人说来，把这样一部著名的作品认为是坏艺术实在是令人惊奇的事。但是我们又怎么能违反理性和常情的指示呢？贝多芬的第九交响曲被认为是一部伟大的艺术作品。为了审查这个判断语是否正确，我首先这样自问：这部作品是否传达了最崇高的宗教感情？我的回答是否定的。

因此我再这样自问：如果这部作品不属于崇高的宗教艺术一类，那么它有没有现代的优秀艺术的其他特性，把所有的人用同一种感情结合起来的特性，它是不是属于日常生活中的、世界性的基督教艺术？我不能不给予否定的回答，因为我不但想象不出这部作品所传达的感情能够把那些没有专为承受这复杂的催眠术而受过训练的人联合起来，而且我甚至不能想象一群正常的人能够从这部篇幅很长而杂乱无章的矫揉造作的作品里理解到什么，他们所理解的无非是淹没在暧昧之海里的一些短小片段而已。

因此，不管愿意或不愿意，我必须作出这样的结论：这部作品属于坏艺术一类。还有一点是很奇妙的。在这首交响曲的末尾还用上席勒的一首诗，这首诗正好说出了（虽然说得不很明显）这样一个思想：感情（席勒只讲到欢乐的感情）把人们联合起来，并在人们心里唤起爱情。虽然在这部交响曲的末尾唱出了这首诗，但是音乐和这首诗所表达的思想很不相称，因为这音乐是特殊的，它并不联合所有的人，只联合了某一些人，使这些人突出在其他人之上。艺术的各个领域中的许许多多被现代上层阶级认为伟大的作品，正需要用这样的方式加以评价。著名的《神曲》、《被解放的耶路撒冷》、莎士比亚和歌德的大部分作品以及绘画中的每一幅描写奇迹的画、拉斐尔的《变容》等，也必须根据这个唯一确切的标准加以衡量。

无论哪一个被称为艺术的作品，无论它怎样为人们所赞美，我们要认清它的价值，首先必须提出这样一个问题，这个作品是真正的艺术呢，还是艺术的赝造品？我们根据“感染性”这一标志（即使感染一个小圈子里的人）而承认某一作品属于艺术范畴以内之后，就必须根据“是否一般都能理解”

这一标志决定其次一个问题：这个作品是属于特殊的与现代的宗教意识相抵触的坏艺术一类呢，还是属于把人们联合起来的基督教艺术一类？我们承认一个作品属于真正的基督教艺术之后，就必须看作品中所传达的感情是否源于对上帝和世人的爱呢，或者仅仅是那种质朴的，把所有的人联合起来的感情，以便决定作品归入哪一类：是宗教的艺术呢，还是日常生活中的世界性的艺术？

只有通过这样的检查，我们才可能从许许多多在我们社会里称之为艺术的作品中选拔出作为真正的、重要的而且必需的精神食粮的作品，使它们有别于我们周围的有害而无益的艺术和艺术的模仿品。只有通过这样的检查，我们才可能避免有害的艺术所引起的毁灭性的后果，并享受到真正的好艺术所给人的仁爱的影响，这种影响是一个人的精神生活或人类的精神生活中所必不可少的，而且这也就是艺术的使命。

The history of Western Aesthetics

第八篇

现代美学思想

19世纪之后，西方美学又有了新的发展。19世纪40—70年代产生和形成的俄国革命民主主义美学，建立在唯物主义的哲学基础之上，与当时的现实生活和艺术实践紧密联系在一起，服务于俄国民主解放运动。在美学的基本观点上，俄国革命民主主义者从唯物主义的立场出发，反对唯心主义的美学理论。它的重要代表人物有别林斯基、车尔尼雪夫斯基等。

第三十五章　鲍山葵——折中论者

在《美学三讲》里，鲍山葵对他的美学观点进行了心理学分析，认为审美态度具有三个相互联系的特征。首先，它是一种特殊的愉快的感情。这种感情不像吃喝的快感那样自动地变为餍足，它是一种稳定的感情。它是和某些对象以及对象的细节联系着的具体的感情，是一种“关涉的”感情。这种感情还是一种共同的感情，它并不因与别人分享而有所减少。审美态度的第二个特征是静观的态度，它不同于理论（实践的态度，它只是观看事物，不打算改变事物以达到功利目的。审美态度的第三个特征是这种情感是“有组织的”、“塑造的”或“具体化的”，即具有塑造的形状的。鲍山葵认为，美主要是被欣赏到的东西，美就在某种欣赏里面。美是个模糊的名词。广义的美就是审美上卓越的东西，它包含浅易的美和艰奥的美（包括崇高），浅易的美是令人觉得愉快的东西，艰奥的美是少数人才能欣赏的美，因为它对某些人说来是有困难的。困难在于错杂性。对象的结构太复杂，一时接受不了。情感的高度紧张性，某些人不喜欢在审美中作出巨大的努力或精神集中。形式幅度非常广阔，与日常情态离得很远。

一、生平及著作

鲍山葵（Bernard Bosanquet，公元1848—1923）是英国哲学家。在牛津大学学习期间受到新黑格尔主义的影响，著有《美学史》和《国家的哲学理论》、《美学三讲》等。在《美学史》中，表现出企图调和古今的思想，把直到18世纪在艺术哲学中具有重要地位的形式原则，与从浪漫主义复兴以来提出的感情表现的原则结合在一起，被称为折中论。

二、主要思想

他认为，实际存在的事物，在我们没有感受到或想象到它时，就不是审美对象。对象只有在主体感受或想象到它时才成为审美对象。人们所感受或想象的只能是直接外表或表象，想象为我们提供作为愉快情感体现的对象。审美态度是我们在想象上用以静观一个对象的态度。审美态度就是体现在“形式”上的情感，不存在审美态度的地方，也就不存在形式。

形式并不是和事物的本质相反的东西，形式是使任何事物所具有的层次、变化和关系，它是“很实在”的形成事物的生命、灵魂的东西，形式与实质是一个东西。在《美学三讲）里，对他的美学观点进行了心理学分析，认为审美态度具有三个相互联系的特征。

首先，它是一种特殊的愉快的感情。这种感情不像吃喝的快感那样自动地变为餍足，它是一种稳定的感情，它是和某些对象以及对象的细节联系着的具体的感情，是一种“关涉的”感情。这种感情还是一种共同的感情，它并不因与别人分享而有所减少。审美态度的第二个特征是"静观"的态度，它不同于理论（实践的态度，它只是观看事物，不打算改变事物以达到功利目的。审美态度的第三个特征是这种情感是"有组织的"、"塑造的"或"具体化的"，即具有塑造的形状的。鲍山葵认为，美主要是被欣赏到的东西，美就在某种欣赏里面。美是个模糊的名词。

广义的美就是审美上卓越的东西。它包含浅易的美和艰奥的美（包括崇高）。浅易的美是令人觉得愉快的东西，艰奥的美是少数人才能欣赏的美，因为它对某些人说来是有困难的。困难在于，（1）错杂性，对象的结构太复杂，一时接受不了；（2）情感的高度紧张性，某些人不喜欢在审美中作出巨大的努力或精神集中；（3）广阔性，形式幅度非常广阔，与日常情态离得很远。真正的丑和艰奥的美是两回事。艰奥的美所引起的不愉快的情感，是由于审美主体的软弱和缺乏教育。真正的丑不在自然里，只存在艺术领域里，是人为的，与自然无关。真正的丑的根源是，自命是有意识的表现美，但结果是失败的，美的暗示被破坏、被否定。

三、审美态度的一般性质——静观与创造

我在这三次讲演中打算做的是：（一）指出我们谈到审美经验有别于其他经验时，例如有别于理论或实践时，我们是什么意思；（二）指出我们用以区别和联系审美经验的不同领域，如自然美与整个艺术以及艺术的各个部门的区别和关系时，我认为的主要依据是什么；（三）找出审美经验的相反质地（如我们称作的美丑）的分野和关系。显然，在这样短短的篇幅里，我们决不能谈得很透彻。我们将直接描述和分析我们所研究的对象，尽力而为。大体上，我们这里要讲的都只是些提纲挈领的东西。

在第一讲里，我们将试图对审美态度取得一个初步概念，把我们的讨论仅限于审美态度的愉快形式和满意形式。丑及其类似的质地将引起更多的问题，这些我们将留在第三讲去谈。可是在谈到正题之前，我却要耽搁一下。我得解释一下我假定我的听众对美学抱的是一种什么兴趣。这是对哲学的一个部门的兴趣。美学是研究生活的哪一方面能找到审美态度，它的特殊价值形式是什么，它和其他态度、其他经验对象有何不同。

美学并不为制造美或批评艺术作品提供法则。再者，美学的兴趣和审美科学的兴趣也不同，如果所谓审美科学指的就是对感觉与想象中的愉快与不愉快的原因作详细解释的话。我们从这种科学可以学到不少东西，也往往从这种科学借用一些简单事例来说明问题，而审美科学所能研究的也只是一些简单事例而已。但是科学（即因果性解释和普遍规律所构成的体系）和哲学（即关于实在的诸形式及其价值的分析）在我们看来是两回事情，而我们的美学则是哲学的一个部门。的确，有不少人说，哲学的美学是演绎的，是从上往下推论的，而不是归纳地从下往上推的，因此它采用的是一种过时的和形而上学的方法。

我要说所有这些关于哲学方法的谈论，在我看来都是愚蠢的、厌烦的。我知道哲学只有一个方法：那就是把所有的有关事实汇总在一起，扩充为许多概念，并在人们思想上看去是详尽无遗的和自圆其说的。现在来谈正题。首先，最起码的审美经验是一种快感，或者是一种对愉快事物的感觉，当我们注意到它时，它先是这种情形。是不是仅此而已呢？不然，我们区别审美经验的特殊质地时有一套形容词，其中美就是这种类型的形容词，这些特殊质地可以描述为三个主要特征，它们是密切联系着的。

第一，它是一种积极的情感，我们从这种愉快的事物所得到的快感不会像吃喝的快感那样自动地变为餍足。我们听音乐会感到疲倦，但这不是因为我们听音乐听多了，而是由于我们的身心不再能运用了。审美的欲望不是一种在满足之后逐渐减削的、容易消逝的欲望。第二，它是一种关涉的情感——我的意思是说，它是和某些对象、和对象的一切细节都连带着的；我也愿意说“有关的”，但是这个字眼太含糊了。我们不妨说，这是一种特殊的情感，或具体的情感。当我看见或听见什么东西，比如听见晚饭的钟声，我可以有种种理由感到愉快，但是除非我的快感关涉到，也就是连带到实际的声音，我感到的就不是一种审美经验。我对声音的特殊质地所具有的情感，是由那个东西的特殊质地引起的。我的情感就是感到这个东西，而且事实上和它是一而二，二而一的。第三，它是一种共同的情感。你可以告诉别人分享这种情感，而它的价值并不因有别人分享而有所减少。如果说“在好恶上争论没有用处”这句话是真理的话，这句话肯定对于审美快感说来是完全错的。

更没有比好恶讨论得更多的了，也更没有比好恶更值得讨论的了。教育更没有在这件事情上更为重要，或更能说明问题的了。一切值得称为文化的东西，其目的就是使人能够喜欢得对头。这三种性质：稳定性、关涉性、共同性，都意味着审美态度有一个对象。我们说，情感是对某些事物具有情感。比如说，它不同于一般的健康感的愉快，这种愉快是靠一般的生命力的增加而来的，这种愉快可能含有审美因素在内，或者使我们对有利的审美条件较为敏感，但是大体说来，它要一般得多，而且不大关涉到什么。

审美态度是这样一种态度，它使我们具有一种完全体现在某个对象里面的情感，因而经得起人去看它，而且原则上经得起任何人去看它。这样就给审美经验又添上两点新的内容。在审美经验中，人的心灵态度是“静观的”，它的情感是“有组织的”，是“塑造的”、“体现了的”或者“具体化的”。我们不妨把这同样情形说成是“理性化了的”或者“理想化了的”，但是这两个名词很容易误会。

其一，“静观”一词常被用来形容审美态度，下面我们还会批评这个名词。初看上去，这表明它和理论、实践既有其相似之处，又有其相异之处。这三种都是人们对待事物的态度，但是在理论和实践上，人们都对事物有所作为，并且改变它。只有采取审美态度时，他们才观看事物，而并不打算改变它。这样说，怎样能和艺术创造的事实调和起来，下面我们还要谈，可是我们不妨在目前就说，在创造性艺术上，制造就好比是一种感受的形式。它是从属于十足的想象，完整的看和听的。

其二，情感变得“有组织的”、“塑造的”或“具体化的”。这种审美情感的特征是十分重要的。因为情感在具体化或具有塑造的形状以后，就不再只是一个单独“身心”的暂时反映了。开头提到的三点同时都被突出了。比如你对某个事物高兴或者不快。

在日常生活中，你的不快多少是一种单调的痛苦，而不快的对象，即所不快的东西始终只是和它有关系的一种思想。很可能这种关系并不增加或推进经验，或使经验有了新的深度。但是，如果你有能力把你的不快经验的对象和素材提了出来，或者使之具有想象的形状，那么你的经验就必须经过一次改变。你的情感就被纳入一个对象的那些规律里面。它必须具备稳定性、秩序、和谐、意义，总之，必须具备价值。它不再只是沉浸在自己里面了。

我们可以设想那部乔治时代诗集末尾的那首短诗，或者设想《纪念集》那样大规模的诗。在这里，情感所能具有的价值就像磨琢和镶嵌的宝石那样都被提了出来，被揭露出来了。我说“情感所能具有的”，我不过是记述情感因这样而被发展了的这一事实。因为这里的情感当然已经改变了，而那最后表现了的情感是一个新的创造，并不是人开头感到的那种简单的，没有多大意义的痛苦了。

如果这种情感体现是碰到的，而不是创造出来的，在原则上也是一样，这可以是一座山或一朵花。这里的情感或情感的体现是你没有的。这里的体现，当你感到时，是审美的情感。这就导致一种矛盾。我们可以作如下两种陈述。其一，在审美态度上，体现情感的对象仅仅是靠它在感受或想象上的表现而被重视的；其二，在审美态度上，体现情感的对象仅仅是靠它本身所有而受到重视的。这是因为审美情感的体现，只能在我们感受它或想象它时才成为一个对象。任何实际存在的事物，在我们感受不到或想象不到时，在领会我们的情感上就没有帮助。

因此我们对一个实际存在的事物，可以知道一大堆东西：它的历史、它的组成、它的市场价值、它的原因或者效果；然而对于审美态度说来，这一切的存在或不存在都是一样的。这全是顺带的东西，不包含在审美对象里。除掉那些可以让我们看的东西外，什么都对我们没有用处，而我们所感受或者想象的只能是那些能成为直接外表或表象的东西。这就是审美表象的基本学说。人类除非学会重表象、轻实在，在审美上就不是有文化修养的人。

下面我们就会看到这其实是更高的实在，是事物的灵魂和生命，是事物本身所有的。到目前为止，审美态度好像是这样的：贯注在一个愉快的情感上，体现在一个可以静观的对象上，因而遵守一个对象的那些规律，而所谓对象，是指通过感受或想象而呈现在我们面前的表象。凡是不能呈现为表象的东西，对审美态度说来是无用的。当然，这种态度在实际生活中碰到时，存在许多程度上的不同，而许多边缘事例则很不容易区别出来。我要说，差不多所有愉快的情感可能都有点审美态度的痕迹。这里不妨举一些由低级到高级的事例来看看。你饿了吃东西会有一种愉快的情感。这种愉快里面很少具有我们开头强调的那些特征，如稳定性、关涉性和共同性。

在你的胃口过分满足以后，你就不能保持那种愉快；这里很少有什么可以使你留恋的；这里很少有什么可以告诉人的。在另一方面，当你并不口渴饮一杯美酒，那种愉快就有不少可以告诉人的。在梅里狄斯的小说《利己主义者》里面，作者通过米都登博士所作的对葡萄酒的颂赞就是好例子。他能够根据稳定的和普遍的价值来分析各种葡萄酒所特有的各种不同的愉快质地。这就使我们超过那种简单的快感，而接触到一个想象的对象，而且这个对象是具有合成它的特殊性的许多特性的。

在另一方面，冷热的感觉简直不能产生这种情形：它没有什么结构、图案，或者成分关系可以揭示出来。嗅觉初看上去也产生不了这种情形，如果嗅觉好像曾给审美态度提供什么素材。肯定地说，能提供的并不是什么最愉快的香味，而是那些带有最有意思的联想的味道，如泥炭味或海水的气味。而且单单这样看也只是一种虚假的价值，因为海洋或沼泽的美并不会真正包含在这些气味里，而只是因为过去和海或者沼泽一同感受到，所以和海或者沼泽联系起来罢了。这多少有点像我对佛劳伦司的记忆可以和我的旧皮包联系起来一样，而我的皮包并不因为有这种联想而具有什么审美价值，即使有，也是极少极少的。

现在看看触觉，我是指那种我们借以摸出凸出的线条和表面的感觉。这里有许多听众都要比我在行。我想，触觉能给人多大的爽快感，要看它能传达给人一根线条或图案或模型表面的特性的多少而定。我敢说，没有动作，它是根本不能做到的。有了动作，我想便是一个盲人的手也能传达不少审美质地。我觉得在原则上，这就像通过一条在画面上移动着的细缝去欣赏一张油画一样。

我想你们都能做到，只是程度不同而已。要回答一个特殊事例是困难的，但是把许多事例拿来比较一下，就能看出在这些事例里，那个决定审美质地多少的因素是什么性质。一般说来，如我们全都知道的，审美的感觉据说仅仅只是视觉和听觉，而且无疑的，是由于这两种感觉突出地具有我们在寻求的那种特性。这里我们就面临着一个关于审美态度最基本特性的一个新陈述。当我们说审美态度是体现在“形式”上的情感时，我们到目前为止对审美态度所观察到的一切，都概括在一个词里面了。这个“形式”就是我们看见在审美态度里以不同程度、不同层次存在着的，而且只要是不存在审美态度的地方，也就不存在形式。形式观念对美学理论，对一切哲学，都极其重要，而且只要我们能彻底地掌握一种对待形式的正确观点，也就是有效的观点，我们的这几次讲演就不是白听的了。我们将从两个相反的关于形式的陈述开始：

一个对象的形式不是它的内容或实质。一个对象的形式恰恰就是它的内容或实质。这两句话都是对的，理由是，我们领会一个对象时，是带有不同程度的洞察或者精力的，因此我们可以把对象估价为一堆枯燥无味的东西，也可以估价为许多联系的生动单元，整个充满了特色。一个对象所能具备的最少的和最低级的相互关系，是它在空间内的轮廓，而这好像和制成它的质料是不相干的。而这就是形式与内容的起码区别。当然，我们永远不能把对象化为纯形式、纯精力或者活力，否则我们就成了神人了，任何东西在我们看来都只是泉源、生命和完善，一点儿残余都没有。

相反，像轮廓和质料这样的区别在某种程度上总是要缠着我们；尽管我们越来越懂得这两个因素是不可分的。例如，任何质料都有它本身的特殊轮廓。其一，形式是指轮廓、形状、一般的法则，例如造句或组织论证的法则，它也可以指诗歌里面的节拍，或者诗歌的类型，如十四行诗或者其他什么，在所有这些里面，形式都是一种表面的、一般的、图表性的东西。我们说，空洞的形式，只是形式，形式上的恭敬，它和一个事物的内在精神和本质的东西、实质的东西等，是相反的。其二，当你把你的见解彻底地用来看各个部分的次序和关系时，同时也不忽略掉这些次序与关系是怎样影响各个部分的。那样你就发现形式变得（正如一个律师会说的）“很实在”了，形式就不仅仅是轮廓和形状，而是使任何事物成为事物那样的一套套层次、变化和关系，形式成了对象的生命、灵魂和方向。

不仅如此，任何形式（这是你说不定想要拿来区别于实质的）的后面还有一个来自实质本身的更深邃的形式。因为是这个形式决定，如我们常说的，“你能把它怎么办”的问题，即把陶土或铜或大理石或油彩或水彩，或者琴弦的振动或者希腊语言或者英国语言怎样办的问题，这些质料各部分的次序和关系就是一种形式，它决定你能给予质料以怎样的更人工形状，比如说，艺术作品的形状。记着这种有层次的区别，我们就能很容易地看出，把“形式”和“形式的”这类名词用来形容经验时，怎样就是对的，怎样就是不对的。这全看你根据什么程度的洞察来估价经验对象；当然，也看一个事物实际上具有多大程度的生命和结构而定。

在原则上，形式与实质是一个东西，就像身体和灵魂一样。但是我们总是要把它区别开来，就像我们总要把身体和灵魂区别开来一样，因为人们总没法子把它们完全合在一起，这也许是它们本身的缘故，但肯定地说是我们本身的毛病。“一个事物实际上具有多大程度的生命和结构”这一点在影响事物的审美质地上，并不如我们所能设想的为甚，理由如下：我们已经看到，审美态度的“对象”只能是表象，而不是我们叫作的实在东西，即我们自称知道的东西。所以我们的想象，或想象感受，在对象上几乎可以有无穷尽的选择，因为事物的一切表象，在任何情势或关系下的表象，都可供我们选择。

显然，我们辨别“形式”的可能性是随那个表面对象的不同而有所不同的。试拿一片云彩来说，我们知道，这是一堆寒冷的水汽，但是当我们看见太阳光射在它上面时，它就具有揭示审美形式的许多不同可能性，因为它的神奇万状的结构全被不同程度地照亮了，而这样一照亮之后，就是对我们最有关系的对象或者表象。

而我们的情感所要附着的，所要找到形式的，就是这个表象。这说明了一件很有意思的事情。我们往往认为，从低级事物上溯到高级事物，一定会越来越碰见更高级的审美质地，因为这样会使我们碰见更高级的构造。但是事实是，这些高级的构造，例如动物，反会限制你的想象。它们不像海洋或者云彩那样容易和一个新情势打成一片，因为海洋和云彩的表象可以有无穷的变化。

而审美感受，即转变为想象的感受的任务就是选择表象或对象，使这种表象或对象的形式或灵魂或生命会满足情感。现在所必须理会的原则是，当人们在审美经验中更多程度地欣赏到形式时，情感就逐渐被引了出来，或体会得更多了。除掉我在上面所举的那些例子之外，我们不妨选择一些属于同一级次的事例来看，如一个方形，一个立方体，一个道里斯式的圆柱，一个装饰性图案。当对象显示更多的形式时和形式联在一起的情感就会如我们说的“含有更多的东西有更多的可以掌握，可以流连，可以交流”。

伟大的艺术作品就含有千千万万属于不同程度的形式成分，束缚在越来越复杂的体系里，直至作品所要求的情感要占用到最伟大心灵的全部能力，以及更多的能力，如果这些能力能够获得的话。我们经常谈情感与对象或表象的交融，尤其是与其形式或联系的和渗透的各种关系的交融，这就是我们简略地概括为事物的生命或灵魂的东西。所以有可能这样做，其根源我们在开头已经提到了；就是说，任何情感都是感到某种东西。

这是我们的“身心”的活力通过生活在某一经验里所获得的特殊不同感觉。一个情感究竟怎样和一个对象被看成是一个东西，这好像需要进一步的解释，而单单作为一个说明事例，我们不妨提一下一个有时俨然以全部美学自居的学说来看看。它是这样的：你望见天边有一座山，于是你说这山是从平地上升起来的。这种山从平地升起来的想法充满了各种各样的生活、精力、勇敢的联想。怎么会同时是你的一种情感而又是山的一个特征呢？

回答是，在你望着那座高山的感受行为上，你事实上是在抬起眼睛，并将你的头和头颈使劲地向后扳，这就使你充满了那种意气风发的情感，于是你就将这种情感及其一切连带的想象意义无意识地拿来形容你对山的感受，山作为一个被感受的对象是这整个一系列观念的原因，而这据说是从头到尾都是如此的。在静观对象时，尤是在静观线条和形状体系时，你总是经验到与你所领会的形式有关的身体张力和冲动，经验到形状的升沉、冲激、撞击、相互抵制，等等。而这些，是和你自己领会这些形状的活动联系着的。的确，对象的形式或者对象的联系规律，据他们说，在被领会上，恰恰就是因你这方面的“身心”活动而定的。

这种活动的情感和联想，包括其一切连带的意义，就是你自动地用来组成你眼中的关于对象的情感，或作为情感体现的对象。这个学说很生动地说明了情感和对象是怎样被看成一个东西的。上面只是这个学说的很狭窄的形式。

对于这种学说，我将作四点论述：

其一，在研究审美想象全部领域时，我对一切极端专门化的解释都非常之怀疑。我看到有些书上说，一切装饰性的图案原来都是从荷花发展起来的，另外有些书上说，这些图案是从花床的形状演变出来的，还有些书把许多图案说成是用于编织篮子的那些曲线的习俗化，我还看到另一种理论把一切表现都说成是根据曲线的凹凸性来的，凹的是接受，凸的是拒绝，还有人在今天恢复旧日的螺旋说。我相信这类建议可以多得数不胜数。而且我相信，这些学说以及其他千百个类似的学说，表明某些时候这个人或那个人的想象被发动起来的刺激源泉。

其二，让我引一段这类解释看看。这里是一只瓶子，不论在古代或是在现代农民的用具里都是常见的。人看到这只瓶子时，有一种特殊的整体感。人首先是两只脚抵着地，同时眼睛盯着瓶底。然后，人的身体就好像随着瓶身的上升也跟着升起来。与此同时，瓶子的相等两边使两肺同样地起伏着，瓶子两边的向外曲线，在眼睛缘着两边移向瓶口时，同时也被一种灵感跟随着。这几乎等于说，“为了使心神贯注在眼面前这只瓶子上面，我们必须使自己变作一只瓶子”。

首先，这样给予线条和形状以不真实的显著地位。尽管形状如我们已经看见的，很可能是我们辨别形式的第一个机会，但是把审美的形式和空间的形状混淆起来却是极大的错误。而线条和形状并不比颜色和声调具有更多的形式。颜色的区别和层次，以及声调的和谐关系和空间里的形状、声调的关系同样属于审美形式。

其次，所有这一切身体的张力和动作，实际上是会相互抵触的。我们实际的想象或者感受并不需要这一切附带的细节，而且事实上反而会受到它们的阻碍。当阿尔卑斯山在风雪中碰到天时，那些银色的矛头刺击得多么尖锐。我们就不能相信这两句诗是通过身体动作使我们感受到的。

其三，眼睛的动作是个很好例子。据称，当我们欣赏一条优美的曲线时，我们的眼睛也在作同样的曲线，“我们从这种动作或这种动作的流畅无阻中感到愉快，于是将这种快感变为我们所观摩的对象的一种质地”。这完全不是这回事。眼睛跟随一条曲线时，它的动作是跳动式的，而且走的是一根直线。“眼睛的肌肉仅仅是视野移动者。”曲线是感受的对象，而我们的想象所赋予对象的特性无疑是从我们经验里来的。但是既然有广大的经验领域可以取用，为什么要来自眼睛的动作，这是讲不出理由的，而且，如我们已经看到的，眼睛的动作也不可能这样做。当然，如果我们的快感要成为对象的一个性质，我们必须能够生活在对象的细节里，这样，对象才能是我们快感的实体。但是要做到这一点，我们有广大的想象领域可以应用，而我们现在就要直接谈到它。

其四，但是在接着谈想象以前，有一个原则性的问题必须指出。像我们刚才提到的那种学说，如果我们把它看作一种幻觉的表现，把它看作真理的阐释，它的分量是大有不同的。的确，你们可能说，“怎么，如果它表达的是一种真理，它当然要比宣扬幻觉重要得多。”但是从各方面看来，并不是如此。如果它表达的是一种真理——如果在大自然和世界上的确有一个无往而不在的生命和神性存在，那么这个特殊学说就是说明我们怎样体会这一真理的无数例证之一就是说明我们怎样探索到世界是一个中心生命和精神的表现这个公开秘密。

但是如果它表达的在原则上是一种幻觉，那么我们的想象便没有什么可以支持这个学说的，要么就是支持这种把我们自己的活动转移给一个对象的机能，而事实上他们的活动和这种机能是毫无关系的。在这种情况下，那个解释怎样做到这种转移的特殊学说，在说明我们审美态度上好像是少不了的，但事实上在解释时，它等于否定了这件事情，幻想和启示的区别就在此。我们时常提到想象。人们总倾向于把想象看作一种独立的能力，即创造意象，这种倾向总是着重美的任意的、幻想的一面，而不着重共逻辑性、洞察的一面。但是这样看，我认为简直是大错特错。

想象恰恰就是心灵在作用着，在追求着、探索着心灵经验的关系所提示的各种可能性。想象当然可以为逻辑探索，为准确科学本身服务，想象的科学运用是一个人尽皆知的题目。唯一的分别是，当想象不受拘束时，例如当心灵不为理论真理服务，而为审美情感服务而作用着时，它就不再有必要和我们理论真理实在相协调了，不再受这种约束了。由于没有其他可以作为起点的东西，想象就不得不以我们叫作的经验，以我们所感到的、所看见的东西为起点，但是它的主要目的是情感的满足，而不是建立一个使各个事实都有其适当逻辑地位的体系。

它的唯一考验是能否满足那个鼓动它的情感。它的方法也不一定是逻辑的方法，虽则常常是如此，我而且倾向于认为最好的想象作品所采用的方法都是如此。当说它的方法不一定是逻辑方法时，我的意思是说，在贯彻一个提示时，想象不一定坚持着关系的主要线索。它可以就眼前的任何附带特征重新开始。实际上，想象是在巨大保留下操作着的心灵，而依想象获得自由的就是这些保留，心灵在追求一连串的意象或者观念，而这些意象或者观念，如果拿来和事实的全部体系保留使它不致接触到。与全部体系比较，就会停止或者破坏。

一个有趣的问题是，一件伟大的想象作品在什么程度上有可能被认为比我们叫作的真正实在更连贯、更结实呢？有人会从原则上提异议说，正由于想象和实在只是程度上的区别，任何这样的结实而连贯的想象，它本身就会投到敌人那边去，而加强和扩大真正事实的世界，就如同莎士比亚的想象加强了我们对真正人性的知识一样。你不能说“莎士比亚的幻想世界比我们的事实世界还要大，还要完整”，因为莎士比亚的幻想世界已经把它本身纳入我们的事实世界里面了。

但是想象的世界丝毫不是从属于真正事实和真理的整个体系的。它是一个代替的世界，固然是根据同样的最基本基础构成的，但是有它自己的方法和目的，而且它的目标是取得另一类型的满足，不同于肯定事实后所取得的那种满足。既然是这种情形，所以当我们的想象为我们提供一个作为我们愉快情感的体现的对象时，我们的心灵是在对我们直接经验和间接经验的全部财富自由作用着。

而且我们并不需要一个特殊学说来说明我们怎样把我们所感到的东西附着于对象，正如我们不需要说明我们怎样使颜色、形状或声音的质地附着于对象一样。试看一个正方形或立方体——这是最简单的例子。方方正正一点没有毛病在任何风向下都是方方正正的；在任何方向下都是一样，差不多没法子把它推倒，等等。这个形状一旦在想象中被我们看见，即被我们自由地看见时，立刻就会使我们充满情感。直到现在为止，我们所了解到的好像是这样：审美态度是一种，我们在想象上用以静观一个对象的态度，这样我们就能够生活在这个体现我们情感的对象里。静观这个字眼好像适用于三种人的态度，自然爱好者、艺术观赏者和批评家。但是我觉得这个字眼肯定对于美学上最要谈论到的人，即艺术家本人，看上去却不适用。

而且我不大相信，一个态度和艺术家的态度迥异的观赏者或自然爱好者，会抱有真正审美态度。那些吸引视觉的艺术对我们的魅力太大了。你设想一下唱歌、表演、跳舞，设想一下我们倾听音乐或者带着真正欣赏心情读诗时是什么情形。然后你再看一个简单的例子，比如说，一座山或风暴中的大海，你说这些很壮丽。肯定地说，我们在某种程度上是钻进这些对象里去的，我们被吸引进去了，它们把我们带走了。

我觉得这一些美学书在这里碰到一个困难，他们要你保持着一个静观态度，然而又要你被对象吸引进去，我要说，既然吸引进去，那就是被对象带走，我们听音乐就是例子。如果你想在“根据嗜好的判断”中寻找审美态度。也会碰到同样困难。这里暗示到一个并不完全健康的传统看法。嗜好(taste)，我们可以看出，是一个从非审美意义引用来的比喻，它暗示一种对事物配搭的肤浅判断，就像威廉·詹姆斯所举的关于审美态度的坏例子。"柠檬汁和生蚝很配合"一样。从嗜好的判断开始，就产生了审美态度主要是批评的、外在的想法，有些大人物完全否定了这种提法。并且说，好的嗜好几乎总是欣赏不了天才艺术家。当我们问观赏者的喜悦和艺术创造者是怎样一种关系时，我们碰到的差不多也是同样问题。试举戏剧为例，观剧者必须被吸引进去，而且被带了跟着戏剧走。他在较低的程度上实在是和艺术创造者的情感一样的。

那么批评者怎样呢?他是不是也是同样的态度呢?如果不是，那么哪一种态度是正确的呢?有一个字眼可以帮助我们解决这里的问题，并指引我们怎样理解所有这些观点，那可能就是我们上面讨论过的"想象"。从对正方形或立方体，或者对一座岩石或一条水流的最简单感受，以至于对音乐或戏剧等最伟大作品的感受，我觉得这里的审美态度显然必须是想象性质的。这就是说，这里的审美态度必须是这样一种心灵态度，即为了一种特殊的满足而自由地探索和追求经验的各个细节，那种满足并不是完整和自圆理论的满足，而是所谓情感完整体现的自动满足。

在我看，这里的重要一点好像是"静观"一词不应当意味着"静止"或"迟钝"(inertness)，而是始终含有一种创造因素在内。诚然，我在这里从头到尾都避免了我自己认为是健康美学的那个关键字眼。原因是，除非我们把情感与其体现的真正关系完全弄清楚以后，这个字眼用起来是不大容易掌握的。但是说审美态度是一种表现态度(an attitude of express on)，如果理解得当的话，我认为已经把全部真相包括进来了。只是，如果我们打算用这个字眼，我们必须把表现一词的一个通常意义割掉。

我们切不能设想我们先有一个无着落的情感，然后再替这种情感寻找一个适当的体现。一句话，想象表现在创造情感的体现时，也创造了情感，而这样创造出来的情感不但不能用其他的方式表现，而且也不能以其他方式存在，它只能在想象替它找到的体现里，以及通过这种体现方才存在。所以，当我们说审美态度是静观时，我们仅仅意味着这种态度里总有一个表象摆在我们面前，而我们从体现情感上所得的满足来自这个表象的特性和细节上。

我们并没有意思要否认想象始终是活跃的、创造的，是从头到尾，从詹姆斯的例子起到更高、更上层的例子都是这样，换句话说，心灵是在按照实现最大的“形式”的方向。把感受提供给它的东西自由地加以改造和再塑造。

艺术的操作实践，在我看来并不是这种想象的创作的一个障碍，相反，如我们下面将要看到的，正是这种想象作品的主要媒介和加强，而观赏者的态度。我认为，仅仅是艺术家创造欢乐的一个淡淡的影子。纯批评的态度和观赏者的态度和艺术创造者的态度是什么关系，我觉得是个不大容易解决的问题。我觉得，如果我们原则上要求批评态度应当建立在十足想象经验的基础上，肯定要和观赏者的想象经验基础一样，而且尽可能和艺术创造者的一样，如果这样，我们的方向就是对头了。

的确，真正的批评家就是那些能教给我们怎样欣赏的人，而且只能是如此。我们必须记住，想象本身在其努力追求形式时，必然对各种制约和失败非常敏感，而这种真正的敏感，我要说，必须是真正批评估价的基础。不过我想，要充分体会到批评态度是怎么回事，还必须多知道一些事情。我认为，批评家必须对自己的十足想象经验进行回顾和思考，找出并强调那些强加于他情感之上的那些表现上的缺点或者成功之处，而且分析得非常完备，但是这种分析态度却是与充分欣赏想象经验本身完全格格不入的。我们而且必须记着，批评家的主要责任，归根结底，并不是指出毛病，而是教我们怎样欣赏。

因此，即便对批评家说来，最大可能地取得想象的经验仍是作为一个批评家的主要和不可缺少的条件。所以我们可以有把握地总结说，审美态度就其可以欣赏而论，大致可以形容如下：它是一个情感的愉快的领会，而这个情感是体现在一个提供给想象或想象性感受的表象，或者更简单些，“是为表现而表现的情感”。

四、自然和艺术的系

在下一讲里，我将谈到自然和艺术的关系，以及自然和艺术的问题。只要有寻常人继续存在，美就一定有一个较窄的意义和一个较广的意义，而且就美的种类而言，也是有一定道理的。

其一，对于我们所谓审美上卓越的东西必须有一个广泛的字眼来描写。如果事物必须有个理由的话，这个审美上卓越的东西就必须有一个共同的性质和共同的原理，而我们给这种共同性质所能找到的唯一字眼就是“美”。而且，如我们下面就会看到的，由于这个字用起来有程度之别，有种种变化，所以最后要在什么是美、什么不属于这个审美上卓越的广阔范围之间画一根线，几乎是不可能的。所以我的意思是，“美”这个字的广义用法弄到后来应是正确的用法。

其二，但是话又说回来了，只要寻常人还存在的话，我们就需要。一个用来指表面看去审美上愉快的字眼，或者使普通感受性觉得愉快的字眼，因此我们就不能使人们放弃“美”这个字的普通语言用法。我们即便说崇高是美的一种形式，也总是会碰到有人反对，而当我们碰到那些严厉的、可怕的、怪诞的和幽默的东西时，如果我们称它们为美的，我们就是一般地违反通常的用法。而且我相信，在一个美的东西和诸如崇高的东西之间是有真正的特殊分别的。因此，我们可以说，广义的美（也就是美的较正确意义）和通过教育而获得的意义和具有高度审美洞察的人所赞成的意义，广义的美和审美上卓越的东西是一样的。

但是根据合理的用法，这种等于审美上卓越的东西的广义的美必须认为包含两类，浅易的美是一类，艰奥的美又是一类，后者包括崇高等。也许举例是危险的，因为这样可能触犯某些人的信心，但是浅易的美或流畅的美的特性，我认为是很容易认识的。它和表面看来差不多为人人觉得愉快的东西是相合的，而所根据的却也不能说是非审美的理由。

一个简单的音调，一个简单的空间节奏，如壁炉的砖头、一朵玫瑰花、一张年轻的脸，或者壮年的人体，所有这一切都给予普通的身心以一种明显的、直截了当的快感。这张单子也不用再扩充了。这里有一个很有趣而且很重要的论点必须回答。有人可能对我们所作的区别提出反对，说艺术上的最伟大的成就和自然中最最美丽和最最富丽的东西，肯定地说是有目共赏的，寻常人和其他的人都会一样地喜欢，因此我们切不能把美丽东西的有目共赏的特征说成是无足重轻或者浅薄。

这就是说，看来有些浅易的美仍旧是最高类型的美。在回答这一点时，我倾向于认为，我们应当区别浅易的美的类型和那种不妨称之为简单的胜利的美，区别美第奇的维纳斯像（Venus de Medici）和米罗的维纳斯像（Venus of Milo），《阿伽门农》的第一个合唱。我认为非常伟大的作品常有为广大人们所欣赏的简单方面，其之所以如此，有其好的理由，也有其不大好的理由。下面我们将会看到一个好的理由。所以，我并不认为，胜利的美的存在就否定了存在浅易美类型的事实。美第奇的维纳斯是希腊、罗马时期的雕刻，现存于意大利的佛罗伦萨。

米罗的维纳斯像现存于巴黎露佛美术馆，被公认是古东方最美的雕刻。这类只能有少数人欣赏的美，它具有的困难，对某些人说来，等于是抗拒性，这种困难可以有不同形式。我提出三种，不过我并不认为这就把所有情况都包括在内了。我称这些困难为：错杂性（intricacy），紧张性（tension），广阔性（width）。错杂性的事例是很给人启发的，因为从这些事例里你可以证明，较艰奥的审美对象具有较简单审美对象所有的一切，而且还多些。这一点你可以在许多传统的图案里看到，例如我们时常看见分开的普通涡形，在奥柯曼诺司宝库天花板的设计里，也被用来和扇形图案结合起来。我想，同样情形在音乐上还表现得较为完整，因为欣赏不了音乐时常只是因为不能了解那个错杂性超过一定程度的音乐结构。

而且无疑的，对于一种我们不能解决的困难，我们是会有正面的反感的。在艺术教育上，很值得注意的是，在欣赏那些对于我们太复杂的东西时，我们往往是从孤独的片段开始的，是这些片段引导我们认识那个我们企图领会的结构的普遍的美的质地，在我们能领会一幅古意大利绘画的空间音乐。

之前，先欣赏上面的一张好看的脸，或者先欣赏《沙带罗》里冈沟一对雄伟的偶句，据称这里含有英语里最漂亮的独立的对仗句，或者先欣赏一首伟大交响乐里面的一个简单的调子。当我们看到作品的结构在任何一点都是极端美丽时（这在那些提供更高、更好的欣赏考验的作品总是这样的）。例如但丁的《地狱篇》就比较容易相信，我们之所以不能领会整个作品，只是由于我们的注意力有缺点。而我们的教育经过也证实这一点。

艰奥的美只是由于一时给你的太多了，而这些，如果你能够全部吃进的话，你是完全欣赏得了的。情感的高度紧张性也同样是如此。亚里士多德讲了一句有高度启发性的话，他谈到“观众的软弱性”使他们畏惧悲剧精神。换句话说，忍受和欣赏高度紧张的情感的能力，是相当少见的。这里的原则和错杂性的原则一样，不过情形却有点不同。这种情感可以体现在看上去很简单的结构上，例如在简单的语言上。然而要领会这种情感却要求人们花上很大的气力和很大的精神集中。

在这种特殊情形范围以内，有一个例外很可以作为我称之为这种美的最好事例，这种美虽则质量极高，却是有目共赏的。我的意思是说，一段高度紧张的情感文字，如果表现得又简单又直接，就会由于巧合及其本身的优点，而触动人性里的某些伟大心弦，于是获得了全世界的赞赏。伟大的艺术家，从柏拉图到巴尔扎克，都曾强调过这种可能性，而巴尔扎克至少不是那样一种人，不必要承认什么，来贬抑艺术的纯粹优先权。

我就没有碰到过什么男人或者女人不欣赏尼多斯的第米特雕像，而且肯定不能把它说成是带有贬抑意义的流畅的美。但是，一般来说，我们可以说，寻常的心灵，而且我们所有的心灵有时候都是寻常的，都不喜欢从事巨大的努力或者精神集中，而且为了同样理由，也不喜欢那种时常成为这种精神集中的唯一适当体现的简单而严峻的形式，这些形式，正如裴德（W. Pater）说的，可以具有很大的表现性，但是有一个条件，那就是要求受到更大的注意。

这里所需要的努力并不完全是一种理智努力，要比这多一点儿，是一种想象的努力，这就是说，如我们前面看见的，人的“身心”不能依靠一个类似公认的传统知识的固定体系，而是非得为它本身形成一个可以使这个情感体现活在里面的经验。当胡柏特说出“死”这一个字时，这个字在某种意义上是容易领会的，但是要能领会到说这个断句的人的整个心情，可能要求我们完全改变自己的态度才行。而这种改变可能并不很容易，也不很舒服，甚至于很可怕，所以用亚里士多德的话来说，那就是观者太软弱了，看了猥琐。而这一点很可以因这个或那个理由适用于一切伟大艺术，甚至一切任何伟大的事物。

无疑的，当我们不能升到伟大的高度时，我们对伟大的事物是会恨的。我打算说明的一点是，在所有这些艰奥的美里面，所有这些使懒惰心灵或者怯弱心灵感到不大舒服的美里面，除了增加同样的美而外，并没有增加什么别的东西；这些同样的美，我们初看上去还是愉快的，它之所以改变，是因为增加了强度。然而单单这样就足以使我们认不出它是美，除非是通过自我教育或天生的洞察。在那种比较艰奥的美里面，我再提出一个内容“广阔性”。

有些真正的艺术爱好者，学识也都很好，然而不能欣赏阿里斯托芬（Aristophanes），或拉伯雷，或莎士比亚的那些福尔司塔夫的场景，这确是一件特殊而且有点令人吃惊的事实。我敢说，这又是“观众的软弱性”的一种表现。在强有力的诙谐或者喜剧里，你得忍受一种习俗世界的解体。所有公认的庄严的东西都在你面前弄得乱七八糟，美，就其狭窄和通行的意义来说，也包括在内。喜剧精神是以牺牲一切别的东西为消遣的诸神饿着肚子，隔绝神赖以生活的祭祀气息，使神屈服狄坦尼亚爱上了织工保顿姆，福尔司塔火把英国的最高法官弄成个傻瓜。这一切都要求人们有一种特殊精力，才能同情地掌握其整个幅度。

你必须在这一切里面感到一种解放，这就像到山中或海边去度假期一样，事物的经常尺度全改变了，而你在自己的眼中也许会显得像个虫豸或者一个假道士。应当注意到的是，你必须有精力能涉猎整个幅度，然而又不离开其中心。如果你完全失去对所有这些事物的正常看法（因为你在这里看见的全都是颠倒过来的），这个喜剧就会立刻被你毁掉。促成这里的诙谐的就是悬殊的对照。如果宗教对你说来不是一件严肃的事情，那么拿宗教开玩笑也就没有可发笑的地方了。在这个诙谐的领域里表现，在我想来显然是非常复杂的，正如表现所体现的情感一样复杂。这是一种反表现，所有的正常表现，再加上一点进一步的看法，使其漫画化了，给它装上或者背上一种不正常的强调口气。

所以这里和美的正常经验比较起来，你又有了那多出了的一点点，你的形式幅度变得非常广阔，所有这些形式的特点是一种对待习俗的态度。而这就既要求表现的复杂性，又要求情态的复杂性和严肃生活中的寻常情态离开得很远，甚至和严肃的审美经验的路线也离开得很远。喜剧总是会使许多人震骇的。

五、艺术分类

关于艰奥的美，就讲到这里。我这样强调这两种等级的美，其目的有二：首先，说明把美这一词扩充为包括一切审美上卓越的东西，这样做不但是方便的，也是正确的。原因是，有才气的人的洞察都把这一切看作一回事，另外的人经过诚实地自我教育也能在这些里面认出其同一性质，问题只在于多注意些和在想象上多努力些。

在浅易的美和艰奥的美之间是没有一根经常不变的线可以划分的。而且我觉得我们一定全都看出，艺术欣赏的才能和真诚性格的关系，比其他和理智能力的关系更为密切。在欣赏伟大事物上，有许多要看一个人的可教与否，以及虚心的程度和不汲汲于批评人家。其次，这样做是为了进一步讨论什么叫作丑这个基本问题的。因为这样论述美的程度和领域，在某种程度上，也消除一点时下认为的美与丑的对立。错杂性、紧张性和广阔性解释了大部分的所谓丑，也就是说，解释了大部分使多数人骇异的，或者使他们觉得无趣之至，或者过分牵强或者荒唐的东西。所有这部分的丑，好像都是由于观者的软弱性所致，不论这里的对象是自然还是艺术。

试看在雕刻上，老年的美（我指的是真正满脸皱纹的老年，而不是庄严华贵的老年）得承认是多么晚啊，恐怕在亚历山大时代以前就没有得到过承认。在继续往下讨论之前，我们最好回到一个根本论点，并把它搞清楚。我们在第一讲的开头，把审美态度形容为牵涉到这样和那样的一种愉快情感。但是我们现在看出，和欣赏美连在一起的愉快情感并不是在美之前就有的一种状态。它并不是先根据别的理由成为一种快感，然后经过表现，再成为美。这并不是在美的欣赏以前就有的快感，而是从美的欣赏中并且因为有了美的欣赏而产生的快感，心灵先为其情感寻找合适的体现，从而使情感成为其现在这样，在这样行动时，心灵享受到一种自由或扩张，这产生了快感。

因此，你不能说，快感是先于美的状态。毋宁说，美先于快感的状态。美主要是被欣赏到，美就是活在某种欣赏里面。但是你不能从任何其他的欣赏中造出美来。现在来谈真正的丑。这个字如果有什么意义的话，就只能指不可克服的丑，是任何正常的想象都不会看成是美的东西。它和艰奥的美一定完全是两回事情。关于这个真正丑的问题，存在着一个普遍的矛盾，这个矛盾对于差错与道德的恶的同样问题也用得上。为了从哲学上对待它，我将先用一般语言来陈述一下。美是情感变成有形。

和美矛盾的东西产生一种和美的效果相反的效果，即我们叫作的丑，其本身必须是或者有形的（表现的）或者不然。如果它不是有形的，亦即没有一个用来体现什么的表现形式，那么从审美目的说来，它就什么都不是。但是如果它是有形的，即如果它有表现形式，因而体现一种情感，那么它本身就属于美的普遍定义之内，即等于审美上卓越的东西。你说不定忍不住回答说：啊，但是丑不过是表现一些不愉快的东西罢了。但是我们已经看到，为什么这样说解决不了多少问题。如果一个对象属于美的定义以内，那么（假定这个定义是对的）我们觉得对象不愉快将仅仅是由于我们的软弱和缺乏教育，这样它就是属于艰奥的美的范围了。

所以我们又回到那个矛盾来了：如果它没有表现形式，它就不是审美对象。如果有，它就属于美的范围。这并不是遁词，这是真、美、善等问题的一个基本困难，它之所以产生，是因为你要企图为一个本身离不开完整的东西树立对立面。试以爱与恨为例。恨应是爱的对立面，好吧，那你恨的是什么，为什么恨呢？你的恨指向什么呢？它不能指向一个空的东西。它必须指向某个具体的，而且为某种理由束在一起的东西，而这个理由一定是这样性质的东西，它在某种地方使你生气，破坏你的目的和你的喜爱。所以当你找出它的内容，并且拿来和它所向往的东西放在一起全面看时，你的恨便变为一种爱了，它成了对某些东西的积极感情，但被某些别的东西所阻碍了。

在对待差错上，也会碰上同样的矛盾。因此，你简直不能说，丑充分表现了什么东西。因为如果是这样的话，它就会因为表现了什么而成为一种美。而且如果你这样主张的话，你就是完全退到那个观众软弱说上面去，事实上等于说不可克服的丑是没有的。我非常之倾向于这种看法，但是还有些话必须讲一下。因为，试看一下仅仅是表面丑的例子，即那些由于我们的注意力或者想象力薄弱而使我们觉得丑的例子。这好像是一种正面的审美效果，而且必须加以说明，就好像它是基本的和不可克服的丑一样。

当我们判断一个表象是丑时，即使我们最后是错的，我们的意思究竟指什么呢？一个人不妨说，一个丑的表象，也和任何东西一样必然有一个形式，而且在某种意义上有一种自我表现，但是这种形式给予人的印象却是没有形式。德国的“unform”（“非形式”）在这一点上很有启发性。这个词主要是指“没有形式”，但也含有丑的意思。我们在说话时，例如说“这是一顶难看透顶的帽子，一点式样没有”，也表现了这种用法。

但是表面看来，这只能意味着那个东西没有具备我们所指望的形式。再就是，即使可以有一种没有表现性的表现，这种没有表现性的表现，在某种意义上，在崇高和诙谐那些最高艺术成就里，也会找得到。在崇高方面，可以《圣经》《约伯记》里面那段有名的文字，或者以弥尔顿关于死的描写为例。这些片段给你提供了一种非常可怖的审美体现，使人实际上无法领会其形式。要讲一个没有要旨的故事未免太容易了，讲一个故事，其主旨就是讲得没有主旨，这却是一件很聪明而且很不易做到的事。丑之所以不能仅仅是表现不能有具体形式的东西，便是我们对艰奥的美所起的反感里也含有一种不调和的正面质地，虽则这种反感是我们应当能够克服的。我们必须重新来过。

我们不妨想象一套美的表现是相互抵触的，因而使整体变得丑了，这就是说，使整体无法体现一种单一的情感，虽然它的各个部分仍然是美的。这在某种意义上仍是没有表现力的，即表现是相互冲突或不协调的。而且这种差错还说不定会增加起来，说不定会有一大堆美丽的部分，根本拒绝合成一个单一的体现。我敢说这些事例是会发生的，而且我们没法说这些事例仅仅就是缺乏美。当然，这些事例会有一种积极地令人不快的效果。可是我们看出这些是怎么回事。

这些并不是什么新的、陌生的东西，并不是从美的领域以外找来的东西。它们将是放错了地方的美，正如同把道德上的恶看成是放错了地方的善一样。你可以很容易想象一个错误采用人体的例子，拿下等动物的肢体来替代人的肢体，如神话中的山羊神或中世纪的魔鬼那样。试想拿德国犬的那种美丽光滑的耳朵来代替一张美丽人脸上的耳朵。我想，其结果一定是非常难看的东西。

这里我们在原则上有了可能是一个真正的丑的事例。但是我们看出这个例子和美并不是怎么不相容的，因为这样，你就会碰到这样的问题，就是在所想象的整个情境之下，这种不调和本身会不会变得有表现性，因而也支持了美，如我们在某些迷人的童话里所见到的。如果这样的话，它实际上就变成了整个美的一部分了，称它是丑，把它当作美的衬托，就像黑暗是光明的衬托一样，实在是一种三心二意的理论。

所以我们还没有真正解决所谓真正的丑或不可克服的丑的问题，到现在为止，我们不过是在无表现性的形式上找到一点和它近似的东西。对于克罗齐说来，丑就是纯粹的无表现性。但是这一点我们已经看到，严格说来是不可能的。无表现性，除自相抵触外就是空的。因为一个表象怎样能是无表现呢？它的缺点只能是由于我们缺乏眼光或者共鸣。再换一种说法，如果丑是非审美的，那么它就和审美毫无关系，而我们就不必去管它。

看来我们好像只能得出这样的结论。如果从审美上判断起来所谓真正的丑，而且并不仅仅是由于我们的想象跟不上去，那么它就必然是一个同时既有表现又无表现的表象，是从审美上判断的，但是非审美性质的。“这里所寻找的必须是在美里面所寻找的同一东西，而找到的却是它的反面”（苏尔加语）。这就是说，表象必须暗示一种适当的情感体现，然而又阻挠这种体现。想象必须同时被刺激朝着某一特殊方向动起来，然而又在这方向受到阻挠。有人曾经说过，音乐里面一个不和谐的声音所引起的痛苦，就像企图在脑子里做加法，然而又发现数目太大了。

一刹那的光线是另一个简单的例子，如果这一刹那光线的时间刚够开始满足眼睛的要求，接着就制止光线，其结果是极端痛苦的。现在回到我们关于情感体现的那段叙述，以及那个升起的山峰的例子，我们就看出，一个图案的任何突然中止或中断，例如一种明显的缺乏对称，如果不向想象作出说明的话，就必然使心灵先向某一方向动起来，然后又在同一方向碰到阻挠的效果。

这种双重效果可以放在无表现的一般题目下面。但是这当然不仅仅是无表现性，如果是这样的话，如我们自始至终已经看见的，这在审美上至少是什么都没有了。这种表现形式是，它的意图是能觉察到的，因为往往使人记忆起某些其他成功的或优良的表现，但是在执行时，它却破坏了本身的意图。因此在丑里面有两个我们认为必不可少的因素，一个是表现性的暗示，一个是表现性的阻挠，后者是因为完成得不好和所暗示的表现性是冲突的。它必须是一个没有要旨的故事，这个故事充满了讽刺，在讽刺里，缺点已经成为优点了。

这种情形和我们前面谈的美的表现相互矛盾的情形，其区别在原则上是不大的，因为任何形式都表现一些东西，这个论点是我们不能放弃的。区别是，在这种情形下，美的暗示被某一种表现阻碍了，因为这种表现正是对所暗示的意义的隔断和积极的破坏或者否定。一个简单的非对称，完全不是有意引起的，正是一个典型的例子。我们就这样得到一个普遍结论，即我们要找寻不可克服的丑，主要是在有意识致力于美的表现的范围内去找一句话，在不忠实和矫揉造作的艺术领域中去找。这里你必然有丑的真正根源自命是纯表现，而且只有这样才能招致明显而肯定的失败。

我认为，自然界的表象也可能具有同样的效果，因而成为真正的丑。但是这两个领域的丑却有很大的原则上的不同，因为我们永远没法说自然界是在有意识地努力于美的表现，因此我们只是好像看见这种努力遭到失败，而造成我们这样看的情境一定总是我们自己选择的结果。所以这种丑的效果在某种程度上必然是出于我们自己的错误选择，而不是由于自然本身的性质，虽则一个人当然可以争辩说，正因为自然不能做有意识的选择，所以她必须因丑的表象受过批评，并因美的表象而受到称赞。

但是人也许又会反驳说："是啊，但是在自然的无穷尽的情境和表象的财富里，选择美的形式总是机会很多的，因此我们没有权利使自然对一种实际上源自我们的能力限制的丑负责。"你还可以回答说，如果是由我们做主的话，那么看见丑的机会和看见美的机会就一样多了。但是我怀疑这一点。如果丑的主要条件是有意图地致力于美，那么在自然界里，丑的主要条件肯定是不存在的，而对于那些能汲取形式和次序的人来说，肯定地说是有无尽的形式和次序供他汲取的。这同样的理由在很大程度上也适用于那些有用的事物，只要这些事物并不冒充不仅仅是它们原来那样。

只要它们不带有欺诈性，它们的踏实而单纯的目的性准会使人们觉得它们有一种美，这就是说，它们的单纯心底可以使它们的形式成为一种单纯的和谐的表现。在另一方面，如果想赋予它们以一种和它们的目的不协调的装饰美，那就立刻会使它们变得很丑。这就导致我们对时下关于丑的看法作出相当合理的估价，这种看法是，丑全是人为的和自然无关。

在原则上，这种看法好像是根据我们在上面看到的事实来的，即只有人具有纯粹为表现而表现的能力，换句话说，只有人能为实现美而努力，因此人就很可能制造出那种企图与失败合在一起的表象，而这种表象如我们已经看见的，正是丑的本质。日常用语里还有一个模糊的说法似乎值得澄清一下。美是不是艺术的目的呢？"为艺术而艺术"是不是表达真理的一个呢？我希望我们的这条思想路线能使我们很容易对付这些想法，这才说明它的价值。

美，我们已经看见，是一个模糊的名词。如果美是指某种既定理想，给个别的表现性预先规定下限制，例如某种属于浅易美的性质的东西，把我们在某一时候所领略不了的东西全都排除掉，那么，说美是艺术的目的就很危险了。也就是说，其之所以危险，是因为这意味着我们预先知道我们的美将是怎样的一种类型的东两。因为美首先是一种创造，是一种新的独特表现，是一种新的情感从而获得存在。如果我们是这样理解的，那么，说美是艺术的目的就没有多大意义可言，因为我们事先就不知道美会是怎样的。

如果我们不是这样理解的，而是理解为一个预先制定的法则，那么这对于自由的、完整的为表现而表现一定是敌对的。那样的话，这个艺术的目的就不是十足的目的。对于“为艺术而艺术”，我觉得同样的批评也用得上。如果这句话只是告诉你，艺术的目的是做艺术真正意图做的事情，那就是什么都没有告诉你。但是如果这话的意思是说，艺术是某种限制性的概念，是某种预先承认下来的一般标准，那么我认为这句话就变得积极地有害了。

这样，艺术的目的就不再能是十足的、自我发展的目的，而这正是艺术的目的，因为艺术作为一个抽象的概念已经被纳进目的的观念里，并随同带来一个有害的、限制性的自觉意识。在正确地应用一个方法或原则时，你并不想到这个方法或者原则。你想到作品，而顺应方法或原则。艺术和知识一样，是创造的、独特的，所以你不能预先规定知识或者艺术应当把你带到哪里去。如果你企图这样规定下来，你就是对它们的自由不尊重。

在这些讲演中，我没有打算系统地叙述美的各种形式，如悲剧的美和崇高的美，也没有打算谈艺术的历史发展。我打算做的只是集中讨论一个主要的看法，即一个想象的对象怎样能表现情感，以及这种表现的方式对于这样表现了情感具有什么后果。而从消极的观点看来，我所想要做到的，就其目前仍有必要而言，将是把遮在美的脸上并使它和生活隔离的那层金色面纱拉掉，也就是把那种光彩去掉。我们并不在提倡什么被人错误地叫作的现实主义，我们关于想象的幻想境界的解释使现实主义成为纯粹是荒唐的东西。

但是我在设法证明，不但要证明，而且要帮助我们领会，整个美的世界，一方面是希腊的主要图案；另一方面是我们对瀑布曲线的欣赏，从这些一直到伟大建筑的那些错综复杂的结构或者莎士比亚悲剧的紧张情绪，所有这一切，都是一个单一的冲动（观者和创造者都一样）的独特运用，而且是在我们洞察了那个在平常命运或悲剧冲突帘幕下的刚毅和伟大的心，在没有金色的烟雾奉承我们的懒惰和奢侈的地方，最容易识别出来

然而眼前也和平时一样，一个人讲的话就像一个没有意义的故事一样，

总是抓不住自己主旨的中心。所以在结束时，让我引一段歌德早期的著作，这里面把我讲过的所有的话用短短几段话就概括了，而且我觉得这里面把近百年来美学上的精华思想也包括了。我只是要警告诸位一下，他赋予美这个词的意义有时候正是他和我同样地在予以否定的，即浅易美的意义。

第三十六章 杜威——“自然主义的经验论”提出者

环境是人的活动的结果。人所认识的只是作为人的活动的结果，不是世界本身，而是经验世界。杜威把他的实用主义哲学称为“经验的自然主义”或“自然主义的经验论”，表明经验与自然、主体与客体是不可分割地联结在一起的。他反对“把人与经验同自然界截然分开”的“理智主义”，认为物质和精神都不是第一性的本原的东西，只有“经验”才是第一性的本原的东西。“经验”就是人的有机体和环境互相作用的一个统一的整体。

一、生平简介

杜威（John Dewey，公元1859—1952）是美国实用主义哲学的主要代表。他活了90多岁，著有《哲学的改造》、《经验与自然》和《确定性的追求》三本书来表述他的哲学体系，并根据这种哲学体系引申出他的社会、政治、伦理、教育、艺术理论思想。

二、主要思想

杜威把他的实用主义哲学称为“经验的自然主义”或“自然主义的经验论”，表明经验与自然、主体与客体是不可分割地联结在一起的。他反对“把人与经验同自然界截然分开”的“理智主义”，认为物质和精神都不是第一性的本原的东西，只有“经验”才是第一性的本原的东西，“经验”就是人的有机体和环境互相作用的一个统一的整体，环境是人的活动的结果，人所认识的只是作为人的活动的结果，不是世界本身，而是经验世界。

因此，经验不是来源于感觉的东西，也不是主观、客观事物的反映，而是主客体之间的“相互作用”，是精神与自然的统一的本原，经验把人的内在活动和外在活动结合在一起，物质和精神都不过是从经验中分离出来的东西，只有经验才是。“头等的事实”、“基本的范畴”。杜威把经验作为他哲学的基石，用“经验”吞没自然，取消独立于经验之外的自然，用主观唯心主义反对唯物主义。杜威把经验分作两种：一种是“认知的经验”或“理智的经验”；另一种是“非认知的经验”或“非理智的经验”，即统一的整体，也就是“原始经验”，是我们所直接“占有的”和“欣赏的”“最后的实在”，它是动荡不定的、不规则的、没有规律性的，人只能根据主观需要把它们联系起来，使它们成为明确的东西，使之成为“理智的经验”。所以，杜威认为，人的认识不是关于最后实在的揭露和反映，人的认识是把原始的模糊不清的经验转变成明确对象的过程。

杜威说，“经验即艺术”，艺术是把自然的过程和材料导向完成的和享受的，使原来片面的不完备的自然变成十分完满、成为有意识的经验的对象，艺术使不规则的、动荡的东西跟安定的、确切的东西结合成一体。艺术一方面是机械习惯的东西；另一方面是偶然的冲动，机械呆板表示自然界的一致性的重复，而动荡不安则表示其混乱的开端和偏差。只是有用的艺术，就不称其为艺术，而只是机械习惯，只是美术的艺术，也不称其为艺术，而只是消极的娱乐和消遣。艺术应该是生产和消费的统一，手段和目的的统一，过程和产物的统一，工具性的东西和圆满终结的东西的统一。

真正的美感对象是具有不断刷新的工具作用的，能进一步产生圆满终结的经验。杜威把艺术作为经验的理论，就是把艺术消融于一般“经验”。把艺术和人的其他活动相混淆。杜威认为，任何活动，只要它能够产生对象，而对于这些对象的直觉就是一种直接为我们所享受的东西，并且这些对象的活动又是一个不断产生可为我们所享受的对其他事物的知觉的源泉，就现出艺术的美。有各种动作直接使得这种精神重新振作和继续扩大，并且它们是生产新对象、新性向的工具，而这些新对象和新性向又回过来能够产生进一步的精练和充实。因而，思维产物的知识和命题，也是艺术作品，它也像其他艺术作品一样，赋予事物以它们前所未有的特征和潜能。

杜威的结论是：艺术乃是自然事物的自然倾向借助于理智的选择和安排，而且有一种继续状态。它把自然事物自发地供给我们的满足状态予以强化、精炼、持久和加深，而对待自然事物的一种技巧的理智的艺术的结果，在这个过程中发展了新的意义又提供了新的独特的享受特点和方式。艺术是艺术方式表现出来的经验，由于杜威是把经验与自然结成一体的，他这里所谓的

“自然”并不是离开经验而独立存在的自然，不是不以主观为转移的客观的自然。由于杜威所说的艺术范围宽泛而不确定，所以当他谈论艺术的社会作用时，也就有可能利用这种概念的不明确来宣扬自己的主张。

在《经验与自然》一书序言中，杜威指出，正是在艺术中，自然的力量和自然的运行在经验里面达到了最完备因而是最高度的结合。因此，“当自然过程的结局，它的最后终点，越占有主导的地位和越显著地被享受的时候，艺术美的程度就越高”。“艺术既代表经验的最高峰，也代表自然界的顶点。”也就是说，经验的最完满的表现就是艺术。

三、经验、自然和艺术

感觉和知觉乃是经验所具有的机缘，它们供给经验以有关的材料，但它们自己却并不构成经验。在希腊人看来，经验是指一堆实用的智慧，是可以用来指导生活事件的丰富的洞察力。当加上保持作用而在许许多多被感觉和被知觉的情况中有一个共同的因素演绎了出来，因而在判断和执行中可以为我们所用的时候，感觉和知觉便产生了经验。按照这样的理解，经验就在优良的木匠、领港者、医师和军事长官的鉴别力和技巧中显现出来，经验就是艺术。

现代的学说曾经十分恰当地把这个名词的应用加以扩充而包括了许多希腊人所不称为经验的事物，如单纯地有些疼痛和痛苦或者在眼前有许多颜色的闪动。但是，我认为即使那些赞成这样广义用法的人，也会承认只有当这样的“经验”变成洞察或一种所享有的知觉时，它们才算是经验，而且他们会承认只有如此他们才以这种尊重的意义来说明经验。不过，希腊的思想家们，在把经验跟所谓理性和科学的东西加以比较时，是轻视经验的。

但是他们轻视经验的根据并不是现代哲学中平常所提出的理由，并不是因为经验是主观的。相反，经验被认为是宇宙力量的真正表现，而不是一种完全为动物或人类本性所特有的属性。它被视为比较低级的自然部分的现实，而这些部分是受机遇和变化所侵蚀，是宇宙中具有较少真实性的部分。因此，当我们说经验就是艺术的时候，艺术反映自然的偶然的和片面的情况，而科学理论则显示其必然的和普遍的情况。艺术产生于需要、匮乏、损失和不完备，而科学理论则表现实有的丰满和完整。

因此，这种轻视经验的观点和把实践活动视为低于理论活动的这样一个见解是完全一致的，它认为实践活动是有所依附的，是从外边推动的，显得缺乏真实性，而理论活动是独立的和自由的，因为它是完备的和自足的、完善的。和这个前后一贯的主张相反，我们发觉现代的思想中却有一种奇怪的混合物。后者感觉到没有责任提出一个把艺术和自然结合在一起的关于自然存在的学说。反之，它时常主张科学或知识乃是自然唯一真实的表达方式，而在这样的情况之下，艺术就必然是任意地附加于自然之上的一种东西了。

但是现代的思想也把发扬科学和赞赏艺术，尤其是美术或有创造性的艺术结合在一起。同时，它保留了古代重理论轻实用的实质，不过以一种不同的语言加以陈述，大致是说，知识涉及客观实在的本身，而在所谓“实用”的情况中客观实在就被欲望、情绪和努力等主观因素所改变，并在认识上被歪曲了。

然而在它赞美艺术时，它没有留意到在希腊人的观察中最显著的这样一个事实，即美术和工业技术都是属于实用方面的事情。人们几乎普遍地把艺术的和美感的东西混淆不清，而这种混乱的状况一部分是这种情况的原因，而一部分也是它的结果。一方面，是对付身外的材料和能量的行动，把这些材料汇集起来，加以精炼、安排和布置，以致它们所形成的这种新的状态产生了一种为它们原来所未曾产生的使人满意的状况，这一个公式既用来说明美术，也用来说明工艺。而另一方面，则是伴随着视觉和听觉所具有的一种愉快之感，沉醉于对象的感受欣赏和类化，而对于自己也参与在产生这些对象的活动过程中的情况则置之不理。

如果我们承认这两件事情是有区别的，那么我们是否用“美感的”和“艺术的”，或别的字眼来说明这个区别，这都没有什么关系，因为这不是一个在文字上的区别，而是在对象上的区别。但是这个区别必须在某种形式之下予以承认。希腊艺术所产生的这个社会范围是小的，在生产和消费之间还没有很多的和复杂的中间媒介，生产者实际上是处于一种奴隶的地位。由于生产和可以享受的结果是紧密联系着的，这些希腊人在他们知觉上的利用和享受中对于匠人及其工作绝不是完全没意识到的，而且即使当他个人完全沉溺于愉快的静观之中时也不是这样的。

但是艺术家就是一个匠人（艺术家一词丝毫没有现代用法中所具有的那种带有颂扬性质的含义），而且既然匠人处于一个较为低下的地位，那么对任何艺术作品的享受，跟对那些不需要手艺活动就能实现出来的对象的享受，就不是处于同等地位的。理性思维的对象，静观领悟的对象，就是符合于不受需要、劳动和物质的约束的这个特点的唯一的东西。只有这种对象是自足的、自在的、自明的，所以对它们的享受比对艺术作品的享受是占有较高地位的。

这些见解是彼此一致的，而且跟当时的社会生活条件也是一致的。现在我们却把许多彼此既不一致而又不与我们现实生活的情调相符的概念混杂地结合在一起，虽然认识活动的实践，已经跟工艺活动的程序打成一片了，即包括有处理和安排自然力量的行动在内，但大多数的思想家却仍然把知识视为对最后实在的直接掌握。再者，在说科学是掌握实在的同时，“艺术”却并未成为低级的东西而同样地受到尊重和颂扬。

而且当人们在艺术内部把生产和欣赏区别开来的时候，通常是作品的生产受到主要的看重，因为它是具有创造性的，而鉴赏是比较为个人所有的和被轻视的，因为它的内容依赖于从事创造的艺术家的活动。如果希腊哲学把知识视为静观而不是把它当作一种创作艺术，是正确的，而且如果现代哲学也接受这个结论，那么唯一逻辑的途径就是相对地轻视一切生产形式，因为它们是一些实践的方式，而按照概念上讲来，实践的方式是低于静观的。于是艺术的东西便较次于美感的东西了，“创造”较次于“鉴赏”的了，而科学工作者，正如我们意味深长地说，在等级上和在价值上比享受他的劳动成果的艺术消遣者都是较为低下的。

但是如果现代把艺术和创造放在第一位的趋势是有道理的，那么我们就应该承认这个主张的含义而予以贯彻。于是我们就会看到，科学就是艺术，艺术就是实践，唯一值得划分的区别不是在实践和理论之间的区别，而是在两种实践的方式之间的区别。即一种实践方式是不理智的，不是内在地和直接地可以享受的，而另一种实践方式则是赋予为我们所享有的意义的。当我们开始有了这样的觉察时，这就将十分明白了，艺术这种活动的方式具有能为我们直接所享有的意义乃是自然界完善发展的最高峰，而“科学”，恰当地说，乃是一个婢女，领导着自然的事情走向这个愉快的途径。

因此，使当前思想界感到苦恼的这种分裂，即把一切事物划分成为自然和经验，把经验划分成为实践和理论、艺术和科学，把艺术划分成为工艺和美术，卑贱的和自由的等都会消逝。因此，我们从其含蓄的意义方面来讲，把经验当作艺术，而把艺术当作不断地导向所完成和所享受的意义的自然的过程和自然的材料，在这个论点中就把以前所考虑过的一切论点都总结在内了。思想、智慧、科学就是有意地把自然事情导向可以为我们直接所占有和享受的意义。这种指导即操作的艺术本身就是一件自然的事情，在这件事情的过程中，原来片面而不完备的自然变得十分完满，因而有意识的经验的对象，当它们被反省地选出来时，便形成了自然的“终结”（目的）。

形成经验的行动和遭受，按照经验是理智的或富有意义的程度，成为动荡的、新奇的、不规则的东西，跟安定的、确切的和一致的东西所形成的一种联合，这也就是说明艺术的和美感的东西的一种联合。因为只要是有艺术的地方，偶然的和进行着的东西跟形式的和重复的东西便不再是向着相反的目的发生作用，而是在和谐的状态之中混合在一起了。而且有意识的经验即时常被简称为“意识”的明显特征，就是在其中具有工具性的东西和最后的东西，作为记号和暗示的意义和直接被占有和被享受的意义，都结合而成为一体了。而所有这些事情，对艺术而论则尤为真实。

于是艺术首先就是自然中一般的、重复的、有秩序的、业已建立的方面和它的不完备的、正在继续进行着的，因而还是不定的、偶然的、新奇的、特殊的方面所构成的一个融会的联合，或者如某些美学体系曾在实质上宣称过的，虽然他们所用的名词是没有经验上的根据和意义的，艺术乃是必然和自由的一种结合，多和一的一种协调，感性和理性的一种和解。关于任何艺术的动作和产物，我们可以说以下两点必然都是对的。在艺术中，对任何部分的改变都势必不可避免地改变了全部，同时，艺术的发生乃是自发的、意料之外的，新鲜的、不可预测的。在艺术中，无论把它当作一种动作或是一个产品，总是出现有比例、经济、秩序、对称、组合，这是一件众所周知之事，已无须加以详论。但是意料之外的结合和过去未曾实现过的可能性后来的显现也同样是必要的。“在激动中的宁静”（repose in stiniulation）才是艺术的特征。

秩序和比例，如果它们是唯一的东西，也就会立即枯竭，经济本身就是一个讨厌的和具有拘束力的监工。当它使人松弛的时候，它就是艺术的了。自然界基本的一致性使得艺术具有形式，因而这种一致性越是广泛和重复，艺术就越“伟大”，但是有一个条件，而这个条件却显示出了艺术的特点，这种一致性要跟对新颖的惊奇和对无理的宽容不可以分辨地混合在一起。“创造”可以说得含糊而神秘，但它是指艺术中某些真实而不可缺少的东西而言。单纯完成的东西并不是美好的，只是终结了，做完了，而单纯“新鲜”的东西，正如这个词的俚语用法所指出的，就是鲁莽无礼。

诗的“魔力”，有所孕育的经验是具有诗的性质的——就是旧有的意义由于它通过新的事物表现出来后所产生的启示。它所放射出来的光芒过去在大陆上和海洋里都是从未见到过的，而今后却成为永久对于对象的普照明光。音乐在其直接的发生状况中乃是艺术中最为变化多端而轻松微妙的，但是它的条件和结构却是最为机械呆板的。这些事情都是众所周知的，但是在通常还未曾利用这些事情的意义来证明一个关于自然之本质的学说之前，我们引述它们是没有表示歉意的理由的。说艺术的两极，一方面是机械习惯的东西；另一方面是偶然的冲动。当生活的缺陷和烦恼是如此明显地由于人们把艺术跟盲目的机械和盲目的冲动两下分开的缘故时，如果我们再把科学和艺术对立起来的话，这是没有什么价值的；机械呆板表示自然界的一致性和重复，而动荡不定则表示其混乱的开端和偏差。

如果把这个方面孤立起来，每一单个的方面都是既不自然的，又不艺术的，因为自然就是自发性和必然性、有规则的和新颖的东西，已完成的东西和刚开始的东西。这样两个方面的相互交叉。我们反对好些当前的实践情况，因为它是机械呆板的，这是正确的，而同样正确的是我们反对好些我们当前的享受情况，因为它们是逃避强迫劳役的一种狂热。但是如果我们把对我们实际生活中在质量方面的合理的反对转变成为对于实践的一种描述和说明，这就无异于我们把我们反对庸俗的制造、无聊的娱乐和沉湎于酒色的正确意见转变成为一种清教徒式的对于快乐的厌恶。

把工作、生产活动当作为了单纯外在目的而进行的动作的这个观念，和把快乐当作使心灵服从于肉体上的兴奋刺激的这个观念，原理就是同一个观念。第一个概念标志着把活动跟意义分隔开来，第二个概念标志着把感受跟意义分隔开来。如果经验已不称其为艺术，如果在自然中有规则的、重复的东西和新奇的、不定的东西：不再在一种具有内在的和直接所享受的意义的生产活动中彼此互相支持和互相沟通，那么上述的两种分隔开来的情况都是不可避免的。因此，我们的主题已在不知不觉中转入手段和后果、过程和产物、有工具性的东西和圆满终结的东西之间的关系问题了。

如果任何活动同时是这两方面，既非在两者之中选择其一，也非以其中之一代替另一，那么这种活动就是艺术。生产和消费的分隔是一件通常发生的事情。但是如果为了提高圆满终结这一方面强调这种分隔情况，这既没有说明或解释艺术，也没有说明解释经验。这使得它们的意义晦涩不明，结果把艺术划分成为工艺的和美术的，如果我们把这些形容词放在“艺术”的前面而作为字首，它们就毁灭和破坏了“艺术”的内在意义。因为，只是有用的艺术就不称其为艺术而只是机械习惯罢了，而只是美术的艺术，也不成为艺术，而只是消极的娱乐和消遣，其所不同于其他的纵情快乐之处，仅在于它还需要一定的锻炼或“修养”而已，确有一些不具有直接被享受的内在意义的活动，这是不可否认的。它们包括我们在家庭里、在工厂里、在实验室和书房里很多的劳动。

不能利用语言的夸大方法来把它们称为是艺术的或美感的。然而它们却存在而且带有强制性，因而使得我们不能不在某种程度上去注意它们。所以我们乐观地称它们是有用的。而置之不顾，满以为把它们称为有用的之后我们就已经似乎解释和说明了它们之所以发生的道理。如果有人问：“对什么有用?”我们就必须检验它们实际的后果，而当我们一经真实地和全部地面临到这些后果时，我们大致会找到理由来把这类活动称为有用的，而不是有害的。我们称它们是有用的，因为我们忽然任意地不去考虑到它们的后果。

我们只注意到它们产生某些物品的效力，我们并没有强迫问它们对于人类生活和经验的性质发生了什么影响。它们对于做鞋子、建房子、制汽车、造货币以及其他当时可以拿来使用的东西是有用的，探索和想象到这里便停顿了。它们由于狭窄的、痛苦和残缺的生活，由于拥塞的、忙碌的、混乱的和奢侈的生活也造成了一些后果，而这些后果却被忘却了。但是所谓有用就是满足需要。人类特有的需要就是去占有和欣赏事物的意义，而这种需要在传统的对于“有用”这个概念中却被忽视而未曾予以满足。我们把用跟某些事情和动作和它们所产生的其他事物之间的外在关系等同起来，因而我们把对于利用这个观念最主要的唯一东西，即在经验中的固有地位和影响却遗漏了。

我们把某些艺术当作仅仅是具有工具性的这个概念进行归类上的利用，因而处理了人类大部分的活动，这并不是一个解决问题的界说，毋宁说它只是表达了一个重大的和迫切的问题。同样的说法可以应用到单纯的美术或最后的艺术和艺术作品这个概念上。以事实而论，这个概念所指的事物可以归为三类。有所谓“自我表现”的活动和感受，有时把它用来当作具有推崇的意义的，在这样的情况之下一个人任意放纵他自己，把自己内心的状态自由地流露出来而不涉及那些为理智的沟通所依赖的环境，这种动作有时也称为“情绪的表现”，于是它便建立了说明一切美术的界说。我们容易处理这样的艺术，我们可以把它称为是自我中心主义在其他事业方面遭遇到障碍之后所产生的一种结果。

但是这样处理的办法忽视一个比较重要的地方。因为一切艺术总是把这个世界制造成一个不同的生活处所的过程，而且还包括有抗议和补偿行为的一方面。在这些表现中存在的这种艺术其产生的原因在此。这种抗议之所以变成主观武断的和这种补偿行为之所以变成任意偏执的，这是由于在意义的沟通之中受到了挫折的缘故。除了这个类型以外，而时常是和它相混杂的，还有一种在新的方式或新的手艺中从事实验的活动，在这种情况下，作品所具有的这种显得奇异和过分个人主义的特征，是由于对于现存技术的不满而带着有一种寻求新颖的语言方式的企图。

除了这一点以外，它或者是推崇这些表现，似乎它们在人类历史上第一次构成了艺术，或者是贬责它们，而不承认它们是艺术，因为它们粗暴地脱离了公认的法规和方法。向这个方向发展的某种运动一向是促使一些新形式成长的一个条件，一向是使艺术从所谓学院艺术的致命的停顿和衰退中解放出来的一个条件。还有数量上庞大的所谓美术，称为建筑艺术的房屋建筑，称为绘画艺术的图画创作，称为文艺的小说、戏剧等的写作，这一类的产品其实大部分是一种商业工艺的形式，生产一类的货品以备那些有钱而想维持一种为社会习俗所公认的特殊地位的人们来购买。

正如前两种方式特别地重视在一切艺术中所不可缺少的那种特殊性、偶然性和差异性的因素，有意地夸耀自己避免了自然界的重复和秩序。同样，这一种方式则颂扬有规律的和完成的东西。与其说它是纪念被经验的事物所具有的意义，不如说它是对这些意义的回忆。它的产品使得它们的所有者回想到一些在记忆中是愉快的虽在直接的经历中是痛苦的东西，而且它也使得其他的人回想到它们的所有者所曾经达到的那样一种使他有可能来培养和点缀他的闲暇的经济水平。在这三类的活动和产品中，显然没有任何一类或者它们结合在一块儿足以显示出任何能够被明确地称为美术的东西。它们所具有的性质和缺点是许多其他的动作和对象所共有的。

但是幸而这三者中每一类可以跟任何一类混合起来，而且尤其幸运的是，可以没有混杂地发生一种突出优越的活动和产品。当活动能够产生一个足以激起不断刷新的愉快心情的对象时，就会发生这种情况。这种情况要求这个对象及其后继的结果要具有无限的工具作用以产生新的使人满意的事情。因为否则这个对象很快就枯竭了，而人们对它就感到餍足了。如果任何人思考一下这个众所周知的事实，即衡量艺术作品的尺度就看它们能否吸引和抓住人们对它们的观察而使他们无论在什么条件下接触它们时都会感到满意，而质量差一些的东西立即就失去了抓住人们注意力的能力，而在以后的接触中就变成漠不相干或冷淡无味的了，这就确切地证明了，一个真正的美感对象并不是完全圆满终结的，而是还能够产生后果的。

如果一个圆满终结的对象不也是具有工具作用的，它不久就会变成枯燥无味的灰尘末屑。伟大艺术所具有的这种“永垂不朽”的性质就是它所具有的这种不断刷新的工具作用，以便进一步产生圆满终结的经验。当我们留意到这个事实时，我们也就看得出，把艺术的美的性质仅限于绘画、雕刻、诗歌和交响乐，这只是传统习俗的看法，甚或只是头上的说法而已。任何活动，只要它能够产生对象，而对于这些对象的知觉就是一种直接为我们所享受的东西，并且这些对象的活动又是一个不断产生可为我们所享受的对于其他事物的知觉的源泉，就显现出了艺术的美。

有各种的动作直接使得这种精神重新振作和继续扩大，并且它们是生产新对象和新性向的工具，而这些新对象和新性向又反过来能够产生进一步的精炼和充实。道德家们时常把他们所认为优良的或合乎道德的行为当作完全是最后的，而把艺术和感情当作单纯是手段。美学家则背道而驰，把良好的行为当作达到一种后来外在的快乐的手段，而只有美感欣赏本身才被称为是美好的，或者说，只有那种奇怪事情本身才是一个终结（目的）。但是这两方面都认为，这些所谓手段的东西，在它们卓越地产生果实时，它们本身也是一种直接的满意状态。它们就是它们本身之所以存在的理由，这正是因为它们负有一种加速领会、扩大眼光、精炼鉴别力、创造为进一步的经验所证实和加深的欣赏标准这样一个使命。

当我们坚持它们所具有的非工具性的特征时，看起来几乎好像是指一种不确定地扩张的和放射的工具效能而言。这种错误的根源在于我们有一种习惯，把并不是手段的东西也称之为手段，这些东西只是另一些东西发生的外在的和偶然的先在因素。同样，除了偶然的情况以外，并非目的的东西也被称为目的，因为它们并不是通过一种手段而达到的满足状态，圆满终结的东西，而仅仅是结束一个过程的最后一端。因此人们时常说，工人的劳动乃是他的生计的手段，然而除了在最微细的和任意的方式以外，它跟他的真实生活并没有什么关系。即使他的工资也不是他的劳动的目的或后果。

他可以从事成百件其他工作中的任何一件工作，作为收入的一个先决条件，他经常就是这样做的，而且是做得一样好或一样坏。当前流行的关于工具性的这个概念，由于人们有这种把它用于以上的这类情形的习惯而深刻地受到了损害，因为在上述的情况中，并不是对于手段的一种运用，而只是去从事某一件工作，作为另一件需要的事情发生的一个强制的前提的那种强制的必要性。手段至少是原因条件，但是只有当原因条件再具有了一种附加的条件时，它们才是手段，这个附加的条件就是这些原因条件由于我们觉知它们跟我们所选择的后果之间的联系而随意地被我们所使用。

考虑、选择和完成某件事情而把它当作一个目的或后果，就势必对于作为其手段的任何事情和动作也要具有同样的爱护和关怀。同样，目的至少总是原因所产生的结果，但是结果并不是目的，除非思维已经知觉和自由选择作为它们先决条件的这些条件和过程。把手段当作卑贱的具有工具作用的东西和仆从的这个看法，不仅仅是把手段贬责为强制的和外在的必要性而已。它使得一切赋有目的这个名目的事物都成为特权的一些附着物，而“利用”这个名称则变成了替那些不属于优越而合理的生活之组成部分的事物进行辩护的一个理由。

现在生计并不是一个工资劳动者的劳动所产生的后果，而不如说它是形成这个经济制度的其他许多原因所产生的结果，因为劳动仅是这些其他原因的一个偶然的附属物而已。油墨和操作处理的技巧乃是作为目的的一幅图画的手段，因为这幅图画就是它们的结合和组织。声调和耳朵的感受性在适当的交相作用时就是音乐的手段，因为它们构造成音乐，同时也就是音乐，一种美德性质乃是达到一定性质的快乐的一个手段，因为它也是构成那种美德性质的一个组成部分，而这种快乐又回过来是达到美德的手段，因为它也保持着美德性质。

面粉、水分和酵母乃是做成面包的手段，因为它们是面包的内含成分，面包是生活中的一个因素，而不仅是维持生活的一个手段。一个良好的政治制度、忠诚的警察系统和有能力的司法官员，乃是达到这个社会的繁荣生活的手段，因为它们是那个生活中的统一的部分。科学是艺术所具有的工具，而且也是达到艺术的工具，因为它就是艺术中的理性因素。有一句平凡的话说，如果一只手不是属于一个生活着的机体的一个器官，一个均衡的活动体系中的一个活动着的协调部分，它就不称其为一只手，这句话却非凡地适用于所有一切作为手段的东西。

手段—后果的联系永远不是在时间上单纯连续的一种联系，作为手段的这个因素过去了、消逝了，而这个目的便开始了。一个主动的过程是在时间中开展出来的，但是在每一个阶段和每一点上总有一种积累，逐渐地累积和组合起来而变成了后果的组成部分。一个对于产生一个目的真正具有工具作用的东西，也总是这一个目的所具有的器具。它使得它所体现出来的对象继续地具有效能。把某些东西当作单纯的手段而把另一些东西当作单纯的目的，并在这两者之间加以分隔的传统思想，乃是劳动阶级和有闲阶级之间，并非也是圆满的生产和不从事生产的圆满终结之间的分别存在的一种反映。

这种区别不仅仅是一种社会现象。它体现着在人类的水平上所保持着的属于动物生活中所具有的一种在需要和满足之间的区别。而这样的区分又表现自然中在失去均衡的、紧张的情境和已经达到均衡的情境之间所存在的这种机械的外在关系。因为在自然中，在人类以外，除了事情是在“发展”或“进化”中结束的（在“发展”或“进化”中，过去历史的后果是在新的效能中继续积累地前进着的）以外，先在的事情总是发生一件具有直接的和静止的性质的事情的外在的，有过渡性的条件。

以动物而论，动作对于它是没有意义的，在满足需要时所要求的环境的变化本身是没有意义的，这类的变化乃是属于自我中心的满足状态范围的一个纯粹的偶然之事。先在事情和后果之间在物理上的外在关系被继续保持下来，它在人类的工业中也同样继续下来，在人类工业中劳动及其原料和产物乃是维持生活的一些在外在上有强制性的必需品。因为希腊的工业大部分是建立在这样一种奴隶劳动的水平上，一切工业的活动都被希腊思想认为是一种单纯的手段，一种外在的必需品。可以由此而得到的满足便被认为是孤立地属于纯动物性质的目的或好处。

对于一个真正人类的和理性的生命而言，它们便绝不是目的或好处，而只是“手段”，那就是说，它们只是一些外在的条件，它们乃是自由人，尤其是那些专心致力于追求自由之极峰、纯思维的人们所过着的和享受的生活所必需的有强制性的先决前提。亚里士多德曾经从这个假定的前提得到了一个公正的结论，他说，人们是有阶级的，而这些阶级的人们乃是这个社会的必需材料，但却不是它的主要部分。

在这个结论中他说，“当有一个东西是手段而另一个东西是目的的时候，在它们之间是没有什么共同之点的，而所有的只是一个是手段，在生产，而另一个是目的，在接受所产生的结果”。他的这句话就概括地说明了手段和目的之间这种外在的和强迫的关系的全部原理。因此，下面这一点看来几乎是自明之理了：哲学传统中曾经采用在具有工具作用的东西和最后的东西之间的区分来当作一种解决问题的结论，但这种区分其实却引起了一个根深蒂固而牵涉得很广泛的问题，甚至我们可以把它称为关于经验的最基本的问题了。因为人们的一切理智的活动，无论是表现在科学中的、美艺中的或社会关系中的，都是以把因果结合、连续关系转变成为一种联系，转变成为意义，作为它们的工作任务的。当这个任务完成的时候，结果就是艺术，而在艺术中手段和终结（目的）是一致的。只要所谓手段仍是外在的和属于仆从地位的，而所谓终结（目的）乃是所享有的对象，而这些对象进一步成为其他事物之原因的地位又是尚未为人所知觉到，被人们所忽视或者否认的话，这种情境便是艺术具有局限性的正面证明。

在这种情境所包含的许多事情中这个问题还未曾得到解决，即把物理的和动物的关系转变成为标志着自然的可能性的各意义之间的联系的问题还未曾得到解决。无疑的，人类是作为物理的和动物的自然界中的一部分而开始的。当他在一个严格的物理的水平上反映物理的事物时，他和任何其他的东西一样，只是被拖拉和推拖、被压裂、被粉碎、被高举在事物波涛的顶上。他的接触、他的遭受和行动都只是一些直接交相作用的事情。他是处于一种“自然状态”中。像一个动物一样，甚至像一个处于猛兽水平的动物一样，他设法使某些物理的事物服从于他的需要，把它们变成维持生命和促进成长的原料。

但即使在这时候，作为满足需要之原料的事物以及获取和利用它们的这些动作，还不是对象或具有意义的事物。欲望本身是盲目的，这一点是明显的：它可以推动我们得到一种安适的结果而不是遭遇到灾难，但我们完全同样是在被推动着。当人类知觉到欲望的意义，知觉到它所导致的后果，而这些后果又在反省的想象中加以试验，其中有些看来是彼此一致的，所以可以同时共存和排列成为一系列的成就，而另有一些看来是各不相容的，既不容许在同一时间结合起来，而在一个系列中又是彼此发生阻障的——当我们达到了这样一种境界时，我们便生活在人类的水平上了，我们在从事物的意义方面去反映事物。

一个因果之间的关系已被转变成为手段和后果之间的关系了。于是后果便完全属于可以产生它们的条件，而后果又是具有特征和区别的。原因条件的意义也转入了后果之中，因而后果就不再是一个单纯的终结，一个最后的和结束的停顿点。它在知觉之中凸显出来，它显得具有了它所包含的条件所具有的效力。这种后果所具有的满足和圆满终结的价值，是可以用以后满足需要和使需要受到挫折的情况来衡量的，而它由于组成它的原因的手段而对于以后所产生的满足需要和使得需要受到挫折的情况是有所贡献的。因此，意识到意义或具有一个观念就标志着一个结果，对于事情之流所享受到或遭受到的一个停顿之点。

但是有各种各类知觉意义的途径，有各种各类的观念。意义也许是根据一些被我们匆匆地突然获得而跟它们的各种联系脱了节的后果来决定的，于是便阻障了一些比较广泛而持久的观念的形成。或者我们也会觉察到一些意义，获得一些观念，它们既有广泛而持久的范围而又有丰富细致的区别。后一类的意识就不仅是一个转瞬即逝的和肤浅的圆满结果或终结；它吸收了许多的意义在内，而这些意义包含着各方面的存在物，是融会贯通的。它标志着长期继续努力的结果，标志着坚持不懈的求索和检验的结论。简言之，观念就是艺术和艺术作品。

作为一种艺术品，它直接解放了以后的行动，而使它在创造更多的意义和更多的知觉中获得更为丰富的果实。这样的一些成就，跟物理的和动物的自然界大部分所表现出来的经验比较起来，是多么稀少而不稳定，认识到这一点乃是我们智慧的一部分。我们所有的自由而丰富的观念，我们由于创造艺术而获得的适当的欣赏，乃是被一个不可克服的汪洋大海所包围着的，在这个汪洋大海中，我们到处都遇到许多未知的力量所产生的偶然事件而命定地被卷入许多预见不到的后果中去。在这里，的确我们是过着一种奴仆的、卑贱的、机械的生活；而且在我们这样的生活中有时有些力量盲目地引导我们达到了我们所喜欢的终结，而有时我们又被带入一些我们所盲目反抗的条件和结果之中去。

结果，我们如古典思想一样，把这种方式之下所遇到的满足状态称之为"终结"（目的），而把这个字眼用来具有一种推崇的意义的话，我们其实就是宣布我们是从属于偶然事件的了，我们的确可以享受命运之神所赐予我们的好处，但是我们却应该要认识到它们是怎么一回事，而不应该全盘地肯定它们是好的和正当的。因为既然它们并不是通过任何艺术而达到的，因而其中就不包含有审慎地选择和安排力量的过程，我们就不知道它们具有什么意义。

有一个古老的故事说得很对：命运之神是反复无常的，而且在他使得他亲爱的人们沉醉于富贵繁华之中以后，又喜欢把他们毁灭掉。不过好处并非不如自然的赋予那样好，此外它们还带有一种睁大了眼睛的自信心。它们是有意识地运用手段而得到的果实，它们是一种满足状态，而这种满足状态又由于我们有意识地控制业已参与其中的原因条件而产生进一步的后果。除了命运之外只有艺术，而意义和工具的价值跟结果分开乃是命运的精蕴。文化中秘传的特征和宗教中超自然的特性都是这种分隔。现代思想曾经在形式上拒绝信仰自然目的论，因为它发觉希腊和中古的目的论是幼稚而迷信的。

然而事实总有办法迫使人们承认事实本身。很少有科学著作不在某一点上加入这种关于倾向的观念。这种关于倾向的观念在它本身中一方面排斥了预先的设计，而同时又包括有倾向于一个特殊方向的运动在内，这个方向或者是被推进了或者遭受到抵抗和挫折，但它却是内在存在的。方向包含有一个限制的地方，有一个极终的顶点或目标和一个开端的出发点。肯定一个方向和预先意识到一个可能的运动终点，这是同一事实的两种说法。这样的意识也许是具有宿命论的色彩的，它是一种不可避免地要走向临头的劫数的感知。

但是它也可以是包含有一种对意义的知觉，因而可以灵活地指导一个前进的运动。于是这个终结便是一个在预见中的终结（目的），而且是在每一个前进的阶段上经常地和累加地重新加以改进的。它不再是一个处于导致这个终点的条件以外的终止点，它是现有倾向所具有的继续发展着的意义，这种在我们指导下的事情就是我们所谓"手段"。这个过程便是艺术，而它的产物，无论是在哪一个阶段上所得到的产物，便是一种艺术作品。在一个建筑房屋的人看来，在预见中的终结并不只是经过许多足够的和适当的强制运动之后而达到的一个遥远的和最后的目标。

这个预见中的终结乃是一个计划，它在选择和安排材料时是发生作用的。这些材料如砖瓦、石头、木料和灰泥等，只有当这个预见中的终结实际体现在它们之中，实际构成它们时才成为手段。其实，这些材料就是这个预见的终结所实现的现阶段。这个预见的终结在这个过程的每一个阶段上都表现出来，它是作为这些所运用的材料和所进行的动作所具有的意义而出现的，如果这些材料和行动没有表现出这种意义的话，它就不能算是"手段"，它们只是一些在原因上的外在条件而已。这句话是从事情的发生上讲的，它也可以同样用来说明每一个阶段上的情况。

当建筑工程完成的时候，这所房屋并不是"唯一的终结"。它标志着把一定的材料和事情组织成为有效手段的结果，但这些材料和事情仍然在跟其他事物发生着因果上的关系。这时候预先看见了新的后果，抱着新的目的、预见中的终结，而这些预见的后果、目的体现在业已造成的这个东西所具有的协调配合之中，不过这时候这个业已造成的东西变成了材料，有意义的材料，跟其他的材料在一块儿，因而也就变成了手段。

这个建筑房屋的过程服从于许多严格的外在条件，因而如果我们不考虑这个过程，而以一个具有自由伸缩性的活动过程，如画一幅图画或思考一个科学过程等来说明我们的问题，如果我们是带艺术性地从事这些活动，上述的那种情况就会更为清楚些。自由艺术的每一个过程都证明了手段和终结之间的差别乃是在分析上的、在形式上的，而不是在材料上和年代上的差别。以上所述使我们能够重新说明作为客观上有所创作的艺术和美感的东西之间的区别。

两方面都包含有一种对于意义的知觉，而在这种知觉中，具有工具性的方面和圆满终结的方面乃是在一种特殊的情况之下互相交杂着的。在美感的知觉中，一个为意义所渗透的对象是直接所给予的，它也许被视为理所当然的。它邀请和等待着人们直接专有的享受。在美感对象中感知到有一种产生后果的倾向，在这种对象中体现出一种手段—后果的关系，好像他用过去双手创造出来的东西曾经经过了上帝的鉴定而宣称是好的东西一样。这种好不同于色情上的满足，后者是属于所谓肉欲方面的而不是美感的，前者则是一些愉快的结局，而在这些结局发生时，我们并没有预先知道业已成为这些结局之一部分的这种关于材料和动作的意义。

在沉溺于欣赏之中的状态下，知觉便走向已经通过一种松弛和激动的方式而变成了愉快结局的倾向上去。在另一方面，艺术的感知就是把倾向作为可能性来加以掌握。这些可能性较之业已为我们所达成的材料尤为迫切地和带强迫性地激起我们的知觉。虽然在欣赏和艺术创作这两方面都直接感知、感受到这种手段和后果间的关系，但在欣赏中这个过程已经向着业已完成的方面下降，在艺术的创作中一个现存的圆满终结状况引起进一步知觉的这种情况占有主导的地位。

因此，在存在中的艺术，即这个主动的创作过程，可以说为一种美感的知觉再加上我们对于美感对象所具有的这种知觉，而这种知觉是起着操作作用的。在许多人看来，关于大多数所享有的知觉方面，这种对于可能性的感知，这种伴随着对于诗歌、音乐、绘画、建筑或自然风景的欣赏而来的激动或兴奋状态，是散漫的和混乱的，它只有在直接而不明确的方式中发生效果。我们所享受的对于一个视觉景象的知觉，在任何情况中总是那个景象在其整个联系中的一个函数，不过它联系得并不合适。

在某些得天独厚的人们中，这种效果跟其他的禀赋和习惯适当地配合起来，它变成了技能的一个完整的部分，在创造一个新的欣赏对象的过程中发生着作用。不过这样的结合统一是逐步前进的和带有试验性的，而不是在每一时刻上业已完成的。因此，任何有创造性的努力都是有时间性的，会遭遇到困难和波折的。

从那个意义上讲，在一个平常人由于一个美感对象所激发出来的能量而在他的行动上发生的这种模糊而迟延的变化，跟一个有特殊天赋的人对于以后的动作所给予的这种特别而具有一定方向的指导活动之间的差别，归根结底只是程度上的不同而已。如果一个人不感知这种跟某一种后果的状态结合在一起而发生作用的运动倾向，那么他就只有情欲上满足而丝毫也没有所谓欣赏，对运动倾向的感知使我们紧张、刺激、兴奋，对完成、圆满终结的感知则给予我们以平静、形式、尺度和组织。如果强调后者，则欣赏是属于古典类型的。

这个类型适合于这样的条件，即如希腊人一样，创作在专门的匠人中已经职业化了，它适应于对古代或远方的成就所作的一种静观的享受，在这种情况之中条件不允许我们去从事仿效和类似的实际创造活动。任何艺术作品，当它持久地保持它所具有的这种能够激起为我们所享有的知觉或欣赏的力量时，它就立即变成古典的了。在所谓浪漫主义的艺术中，这种超越于圆满终结限度以外而发生作用的倾向感太过分了，对不现实的可能性的一种生动的感知附着在一个对象上面，但是它是用来提高直接的欣赏，而不是用来提高进一步的创作成就的。

任何具有特别浪漫主义色彩的东西激起一种感觉，觉得所提示的可能性不仅仅超过了实际的现实，而且超过了任何经验中有效地达到的范围。就这一点讲来，有意带有浪漫主义色彩的艺术乃是任意做作的，因而也就不成为艺术。知觉上的兴奋和激动的享受变成了最后的东西，而艺术作品是用来生产这些感觉的。对未曾达成的可能性的感知被用来作为他们不去努力获得成就的一种补偿的代替物。

因此，当这种浪漫主义精神侵犯到哲学领域时，在想象的情操中所呈现出来的这些可能性便被宣称是实有本身真实而“超验的”（“transcendental”）实质。在完全的艺术中，欣赏追随在这个对象之后，而且跟着它一同移动，直至它到达完成的境界，浪漫主义却把这个过程颠倒过来，而把这个对象贬低为一个激起一种预定的欣赏的机遇而已。在古典主义中，客观的成就是基本的，而欣赏不仅服从于这个对象，而这个对象也被用来构成情操并给予特性。作为一个主义来讲，它的毛病就是它把心灵变成是客观的，而把这样的与当作似乎是永恒的而且完全跟发生和运动分开的。摆脱了任何主义的梏桎的艺术既具有运动过程和创造，也有秩序和最后的结果。

所以，要在工艺和美术之间规定种类的差别，这是矛盾可笑的，因为在艺术中就包含有在手段和终结（目的）之间的一种特殊的相互渗透的状况。许多的东西由于社会地位的理由而被称为是有用的，有着反对和轻视它的意义。有时把事物说成是属于低下的艺术，这仅仅是因为它们便宜而为普通人民所习用。这些通常的日用品也许在后来的时代中还遗留着或者被传到另一个文化中去，如从日本和中国传到美国来，变为稀有之物而为一些鉴赏家所寻求，因而也就归于美术作品之列了；另一些东西也可以被称为是美的，因为它们的使用方式是装饰性的或者是在社交上表示夸耀的。这是企图做一种程度上的区别。我们说，当对事物意义的知觉对另一事物起一些偶然的作用时，这一事物便是属于使用范围以内的，而当这一事物的其他用处都服从它在知觉中的用处时，这一事物便是属于美术范围内的。

这种区别有一种粗略的实用价值，但不能做得太过分。因为在创作一幅画或一首诗时和在创造一个花瓶或建筑一座庙宇时一样，知觉也用来作为达成某一些超越它本身以外的其他事物的手段。再者，虽然我们对于壶、罐、碗、碟等日用品基本上是从它们的某些用处去知觉的，但是对它的知觉本身也可以是为我们所享受的。唯一的基本区别乃是在坏艺术和好艺术之间的区别，而这个区别，即在符合于艺术条件的事物和不符合于艺术条件的事物之间的区别，同样可以用来说明有用的和美的东西。

在意义中对结果的享受和产生结果的效力是互相渗透着的，而不同的产品能够使知觉具有意义，不过这种意义的完备程度不同而已，但罐子和诗词也可以同样完全不具有这种能力。一种机械地设计和制造出来的用具的丑陋和一幅粗俗不堪和伪制赝品的图画的丑陋，只是在内容或材料上不同，在形式上它们都是作品，而且是坏作品。思维尤其是一种艺术，而作为思维产物的知识和命题，也跟雕像和交响乐一样，乃是艺术作品。

思维的每一后继的阶段都是一个结论，而在这个结论中，产生这个结论的事物的意义就被概括起来了，而且当它被陈述出来时立即就成为一道辐射在其他事物上的光芒，或成为遮蔽它们的迷雾。一个结论的先在条件，也和一所房屋的那些先在条件一样，是起着原因的作用和实际存在的。它们并不是逻辑的或思辨的，也不是一件有关于观念方面的事情。当一个结论跟随着一些先在条件时，从严格的、形式上的意义讲来，它又不是跟随着“前提”之后的。前提乃是把一个结论分析成为它在逻辑上的理由根据，在有结论之前是没有所谓前提的。

结论和前提是经过了一个程序才达到的，而这个程序可以比为在制造一个木箱时使用木板和铁钉一样，或者可以比为在画一幅画时使用油墨和画布一样。如果所使用的是有缺陷的材料或者是粗枝大叶地和粗劣地把它们并合在一块儿的，结果也是有缺陷。在某些情况中这种结果是称为无价值的，在另一些情况中，是称为丑陋的，在另一些情况中，这种结果是称为愚钝的；在另一些情况中是称为浪费的、无用的，而在另一些其他的情况中又是不真实的、虚伪的。但在每一种情况中，这个带谴责的形容词总是按照产生这个作品的方法去判断所产生的这个作品的。

科学的方法或者说构成真实知觉的艺术，在经验的进程中被肯定在着手其他艺术的时候去占有一个特殊的地位。但是这个独特的地位只会使它更为可靠地成为一个艺术，它并没有把它的产物，即知识跟其他的艺术作品对立起来。有效的具有认识作用的知觉是有其存在上的根源的，这一点有时在形式上是被承认而在实质上却是被否认的，产生有效信仰的事情被称为是“心理的”。于是在心理学上所讲的发生根源和在逻辑上所讲的有效性之间便划分了一个严格的区别。

当然，在编纂字典时所用的名称是没有什么特别重要性的，如果有人愿意把知识和真理的有效原因（efficient cause）称为是心理的，他完全有权利去这样做，但他要承认这些作为原因的事情所具有的现实特性。然而，这样的承认将注意到，所谓心理的不是说是属于心灵方面，或是属于完全限于头脑以内或“肌肤以下”所进行着的事情。从认识上觉察到一个对象，不同于在美感上觉察到一个对象，在这里包括有外在的物理运动和在物理方面操纵的物理用具。在这些主动的变化中，有些变化产生了不健全的和有毛病的知觉，有些却已被肯定是时常产生有效的知觉的。这个差别显然跟建筑或雕刻艺术被有技巧地执行着或是被粗枝大叶地和不用适当的用具去进行时所产生的差别完全一样。

所以产生证实的信仰的这些活动手续，有时被称为是“归纳的”，在这样的称呼之中就含有一种不信任它们的意义，而比较起来，演绎的功能则被认为具有一个比较优越的特殊地位。关于在这样的界说之下的演绎，我们可以提出以下几点意见。

第一，它跟与任何存在物有关的真伪问题是丝毫没有关系的；第二，它甚至于也不涉及一致性或正确性的问题，除非在一种形式的意义之下，而按照这种形式上的意义讲来（如以上所曾经指出过的），所谓一致性的反面并不是不一致性而只是无意义；第三，出现在演绎中的这些意义乃是所谓过去的。

归纳的研究所获得的结论，那就是说，乃是通过适当的外在运动和用具去改变外在事物的一种试验艺术所产生的结果。在科学中实际所发生的演绎法，并不是像普通定义所界说的那样的演绎法。演绎是直接处理意义彼此之间的关系的，而不是处理直接涉及存在的意义的。但是这些意义仍是这些意义的本身，而它们是借助于采用和操纵的动作一种语言的艺术而彼此关联起来的。

它们具有理智上的重要性，而它们之所以加入科学方法之内而能产生丰富的结果，这仅仅是因为它们是被它们以外的动作所选择、运用、分隔和联合起来的，而这些动作跟在实验中使用仪器和其他物理的事物时有关的那些动作一样，也是存在的和具有原因作用的认知的动作，无论它是有关于推论或有关于证明的，总是具有归纳的作用的。当思维是指任何实际发生的事物而言时，就只有一种思维方式，即归纳的思维。

如果有人认为另外还有一种所谓演绎的思维，这种想法只是哲学中所普遍流行的这种把功能当作先在活动而把存在所具有的根本意义当作似乎是一种“实有”的倾向的另一证据。作为一种具体的活动而言，演绎是生产的而不是不结果实的，但是作为一种具体的活动，它还包括有一种外在的采取和使用的动作，而这种动作是有选择性的、有实验性的，而且经常为后果所核对的。

四、知识与科学

知识并不是一种歪曲或曲解，把现在不属于它的题材所有的特性强加在这种题材之上，知识是一种动作，赋予非认识的材料一些为它过去所未曾有过的特性。知识或科学，作为一种艺术作品，好像任何其他的艺术作品一样。

赋予事物以它们前所未有的特性和潜能。所谓实在论所以对这个说法提出反对，乃是由于它把不同的时间混淆起来了。它标志着一种变动，通过这样一种变动，原来表现出机械能量特性的一些物理的事情，由推、拉、撞、弹、分裂和结合等关系而联系起来的，现在具有了前所未有过的特征、意义以及意义之间的关系。

建筑术并不是在木石之上加上一些不属于它们的什么东西，但确又在它们上面附加了一些它们在早期状态中所没有的特性和效能。建筑术使木石在新的方式下交相作用，具有新的一系列的后果，因而便使它们具有了新的特性和效能。工程和美术都未曾把它们本身限制于模仿的再造或对于先在条件的描摹。不过它们的产品较之自然存在原先的状态更加自然有效，更加“富有生命”。

在认识的艺术及其作品方面也是如此。科学在今天好像一个魔障似的处于一个信仰和愿望的汪洋大海之中。这个原来似乎无法解释的事实也从人们不承认知识为艺术之产品这一点上得到了解释。不过，要解除这个困难，在承认科学是一种艺术时，就必须不仅仅在理论上承认科学是人类为了人类而造成的，虽然承认这一点大概是一个开端的初步。但是这个困难的真正根源，在于这种认知的艺术现在仅仅限于这样一个狭小的范围以内。

像任何贵重和稀罕之物一样，它曾被人为地加以保护，而且经过这样一种保护，它已被非人化而成为一个阶级所专占。好像贵重的翡翠珠宝的首饰仅属于少数人所有的一样，这个科学宝饰也是如此。有些哲学理论曾把科学置于庙宇神坛之上，远离生命的艺术而仅能通过一些特殊的礼节仪式才能接近，这些理论也是保持一种与世隔绝的垄断信仰和保持一种在理智上的权威的专门技术的一部分。

在我们对于事物之意义获得正确的和自由的知觉这种艺术体现在教育、道德和工业之中以前，科学将始终是少数人所有的一种特别的奢侈品，在广大的群众看来，它将是包括遥远的和玄妙的一堆古怪的命题，它们跟生活丝毫没有关系，它只是在自发性上强加上规律而请出必然性和机械性来做证，以反对我们丰富和自由的愿望罢了。每一种错误都附带有一种相反的和补偿性的错误，因为否则它立即就会自己揭露出来。原因在形而上学上是优于结果的这种见解，便为在美感上和道德上的目的优于手段的这种见解所补偿。

我们只有把“目的”移置于原因和效能的领域之外，才能够同时维持这两种信仰。这一点今天已经做到了，首先是由于把目的称为内在的价值，而再在价值和存在之间划上一道鸿沟。结果，由于科学必须要处理存在物，它就变成粗野和机械的了，而关于价值的批评，无论是在道德方面或美感方面的，就变成是书呆子气的或有女人气的，不是表达一些个人的好恶，就是树立一系列沉重的规章条例。利用一些具有改进这种艺术的后果的方法去鉴别判断，这是我们所需要做的事情，但这样的事情很容易通过这些粗大的网眼而走漏出来了，而大部分的生活就在一种未曾为思维研究所照耀过的黑暗中渡过去了。

只要这样的一种事态继续存在着，本章把科学当作艺术的论点，好像本书中许多其他的命题一样，大部分是带有预见性的，或者多少是带有思辨性的。当思维的艺术适用于人类和社会的事情，而跟那种用来对待远处星辰的思维艺术一样成长起来时，我们就没有必要来辩论说科学是这些艺术和这些艺术作品中的一种了。我们仅就可以观察到的情境加以指点就够了，把科学跟艺术分隔开来，而又把艺术区别为与单纯的手段有关的艺术和与目的本身有关的艺术，这乃是掩盖我们在力量和生活的幸福之间缺乏两相结合办法的一个假面具。我们对生活幸福的预见越能使人认知力量的表现，这个假面具就越失去其真实性。

有效的东西和艺术中最后的东西乃是互相渗透的，这一点已在艺术逐渐从魔术似的仪式和崇拜中解放出来和科学逐渐从迷信中突创出来的情况中找到了证据。因为如果手段和终结（目的）在经验上是截然划分的话，魔术和迷信就不可能在过去统治过人类的文化，而诗歌也不可能在过去被视为对自然原因的洞察。它们在同一个对象中结合的紧密性，就容易使人们把任何圆满终结的东西所没有的一种效能认为是它所具有的。凡是最后的东西都是重要的，这样说只是表述一件谁都知道的事实。由于我们在分析和钻研为我们所直接享受的对象所具有的特殊效能时缺乏运用的工具和技巧，我们便按照这个对象重要的程度而把大量的效能附加在这个对象的身上。

从这种投合自然人的爱好，喜欢走捷径的实用主义方面讲来，重要性是衡量“真实性”的尺度，而真实性又反过来说明有效能的力量。一位热情的公民看见国旗时或一位虔诚的基督徒看见十字架时所激起的忠诚，被直接归属于这些对象的内在本质。它们是参与在一个圆满终结的情境之内的，但却转变成为一个神秘的内在神圣力量、一种永恒不朽的效能。因此一个为我们所喜爱的人的纪念物，引起我们内心一种感情，正同它所属的这个可爱的人亲自所唤起的那种情意是一样的，因而这种纪念物便具有引起愉快、兴奋和安慰的效能。无论在一个圆满终结的情境中直接涉及的是什么东西，它们获得一种予人以祸福的力量，正同直接标志这个情境的善或恶一样。

显然这里的错误在于这种粗枝大叶而不加区别地赋予对象以力量的方式，研究如何揭示形成这种顺序条理的特定因素的方法至今付之阙如。穿衣服与其说是起源于利用或保护，毋宁说是在一些非常畏惧或表现特权的情境中发生的，这在人种学家们看来是一件极普通的事情。它是一个圆满终结的对象的一部分，而不是达到某些特定后果的手段。好像僧侣的道袍一样，衣服就是礼服，而披上礼服就相信直接授予了这个穿礼服的人一种惊人的力量或迷人的魔力。给人穿上衣服就是授予他一种权威，一个人并没有把他的意义添加在它们上面。同样，一个胜利的猎人和战士惹人注目地在他身上挂满了为他的勇敢所征服的野兽或敌人的爪牙来庆祝他的凯旋归营。这些证明权力的信号乃是为人们所钦佩、效忠和尊敬的对象的一些不可分割的部分。

因此，战利品变成了一种象征，而这种象征又赋有了神秘的力量。它从一种光荣的记号变成了一种为人们所景仰的原因，而且即使当它戴在别人身上时也引起了对于一位英雄人物所应有的欢呼。到后来这些战利品就变成了特殊权威的符玺。它们具有为它们本身所具有的一种内在的推动力量，在法律史中有许多类似的事例。例如，原来跟交换财产联系着实行的动作，即在取得土地所有权的这些戏剧式的仪式中所扮演的这些动作，不仅视为所有权的一些证据，而且视为它还有一种授予人们以所有权的神秘力量。后来，当这些东西失去了它们原来的权力而变为单纯形式上的事情时，它们可以仍然是使得一件交易具有法律力量的主要因素，例如必须要在契约上盖章才能使它生效，虽然盖章的意义或理由已经不再存在了。我们仅仅因为某些事物曾经共同参与在某种显著的具有圆满终结的情境之中而赋予它们一种效能，在这种情况之下，这些事物就是符号。然而仅仅是到后来而且是从外面来把它们称为符号的。在政治上和宗教上虔诚的人看来，它们不仅仅是符号，它们是一些具有神秘力量的物品。

在某一个人看来，两条交叉的线乃是一个指示，指明所要从事的一种算术上的运算。在另一个人看来，它们乃是证明基督教的存在是一个历史事实的证据，正如一个新月使人想到了伊斯兰教的存在一样。但是在另一个人看来，一个十字架不仅是使他沉痛地想到耶稣被害的这个有意义的悲剧，它还具有一种我们所要捍卫和祈福的一种内在的神圣力量。既然一面国旗能激起爱国热情达到沸腾的程度，这面国旗就必然具有为其他不同形状的一块布所没有的特性和力量，我们摸触到它时必然要肃然起敬，它乃是在仪式中为我们致敬的天然对象。

当类似这样的现象出现在原始文化中时，人们有时解释说，似乎这些现象乃是解释自然事情发生之原因的一些尝试，据说魔术就是错误的科学。其实，这类的现象乃是人们直接在情绪上和实践上的反映事实，只有到后来，当人们的反映并不是直接的和必然适当的因而需要有所说明的时候，才有了信仰、观点、解释。作为直接的反映，它们是说明这样一个事实，即任何包括在一个圆满终结情境中的东西，无论它是多么偶然的，总有这种为整个情境所具有的引起敬畏、兴奋、慰藉、景仰的力量。

当组织整个圆满终结环境的因素被区别出来，而每一个因素在顺序系列中都有它自己所赋有的特殊地位时，工业便代替了魔术，而科学便减少了神话。因此，为各种不同类型的艺术所特有的材料和效能便被区别出来了。但是因为礼仪的、文学的和诗歌的艺术跟工业的和科学的艺术有着十分不同的工作方式和不同的后果，所以就远不像当代一些学说所假定的那样，说它们丝毫也没有成为工具的力量，或者说，在对它们的欣赏性的知觉中并不包含有它们具有工具性的这一种感知。人类文化中对符号的普遍运用完全证明了。

在所享有的和所遭受到的这样一个漫长的历史的组成部分中，而且特别是在最后的或终极的组成部分中，就包含有对于这个历史中的地位和联系的一种亲切而直接的感知。还可以在古典哲学本身中找到进一步证实这个命题的情况，在古典哲学的理论中认为，即使基本的形式不是产生事物的原因，但基本的形式却使得它们成为它们现在这个样子。在希腊理论中所出现的所谓“意蕴”（essence），就是代表早期符号所具有的这种神秘的力量，不过它们已从原来迷信的具体关联中解放了出来，而出现在一种思辨的和反省的关联之中。

简言之，在希腊和中古的科学中的意蕴就是诗意的对象，不过把它们当作论证的科学的对象，用来说明和理解事物之内部的和最后的组成部分。虽然希腊思想是十足地从魔术中获得了解放，而不把形式的和最后的意蕴当作动因，但是后者却被理解成使得特殊事物成为它们现在这个样子，成为目然的组成部分。再者，它把因果的地位颠倒过来，于是认为在变动中的事情内在地便具有了追求这种形式的倾向。因此，便为后来教义思想和经院思想坦率地回复到二种公开的泛灵论的超自然主义打下了基础。

哲学理论，正如魔术和神话一样，在关于终结（目的）中的效能的本质方面发生了错误，而这种错误乃是由于同一个理由，即没有对于组成的因素进行分析。如果没有如当代思想所假定的这种在手段和目的之间、享受结果和具有工具作用之间截然划分的区别，那种错误就绝不可能发生的。简而言之，人类经验的历史就是一部艺术发展史。科学从宗教的、仪式的和诗歌的艺术中明确地突然显现出来的历史，乃是一种艺术分化的记录，而不是与艺术脱轨的记录。刚才所作说明的主要意义，从我们当前的目的来说，在于它对关于经验和自然的理论所产生的影响。然而它对于一个批评论也不是没有意义的。

在美术和美学批评中当前的模糊状况，有人指责为混乱的状况，似乎就是在具有工具性的东西和圆满终结的东西之间划分鸿沟的这个即使是无意的暗流所不可避免的后果。人们越进入具体的情境中，他们就越不能不承认他们的具有控制作用的假定所产生的逻辑后果。关于艺术和自然的传统理论中，有一些长久晦暗不明的含义已经解释得很明白了，对于这一点我们要归功于今日流行的一派批评家们所主张的艺术理论。

我们对于这种功绩所表示的谢意，不应该因为传统理论的拥护者们把这些新的观点视为反复无常的邪说、疯狂的叛逆而加以节制。在这些批评家们看来，当有人宣称在艺术作品中的美感性质是独特的。当有人肯定它们不仅和任何自然界中存在的东西是分隔的，而且和一切其他的良好性质的形式是分隔的，当有人主张说，如音乐、诗歌、绘画等艺术具有为任何自然事物所没有的特性的时候，这些批评家们认为，肯定这些事情就会得到把美术跟有用的东西隔绝开来，把最后的东西跟有效能的东西隔绝开来这样一个结论。

因此，他们证明了把圆满终结的情境跟具有工具性的东西截然分开，势必使艺术变成完全秘密的东西。在这里实质上只有两条道路可以选择，或者说艺术乃是自然事情的自然倾向借助于理智的选择和安排而具有的一种继续状态，或者说艺术乃是从某种完全处于人类胸襟以内的东西中迸发出来的一个附加在自然之上的奇怪东西，不管这种完全处于人类内心的东西叫作什么名称。在前一种情况之下，愉快的扩大的知觉或美感欣赏跟我们对于任何圆满终结的对象的享受乃是属于同一性质的。它是我们为了把自然事物自发地供给我们的满足状态予以强化、精练、持久和加深而对待自然事物的一种技巧的和理智的艺术的结果。

在这个过程中发展了新的意义，而这些新的意义又提供了独特的新的享受特点和方式，而这跟突创成长的地方所发生的情况是完全一样的。但是如果美术和其他的活动和产品是没有任何关系的，那么当然它和在其他情境中所经验到的，物理的和社会的对象也没有任何内在的关系了。它有一种神秘的来源和一种秘密的特点。至于这个来源和特点叫作什么名称，这并没有多大的差别。按照严格的逻辑讲来，其实这并没有丝毫差别。因为如果美感经验的性质从概念上来讲，就是独特的，那么用来描述它的这些字眼就没有从其他经验的性质中产生的意义或可以和它们比拟的意义；它们的意义是隐蔽的，而且是相当特殊的。

在这些把艺术和美感的东西的这种孤立状况推至极端的批评家们中有一些或多或少流行使用的名词，我们不妨拿出几个名词来考虑一下。有时有人说，艺术乃是情绪的表达，附带还有这样一个含义，即根据事实，题材除了它是情绪所由表达的材料以外便是无足轻重的了。所以艺术就变成独特的东西。因为在科学工作，实用和道德中，形成这种题材的对象所具有的特征乃是最重要的了。

但是按照这个定义讲来，如果艺术越是真正的艺术，那么这种艺术中的题材就越是摆脱了它自己所具有的内在特征的，因而一个真正的艺术作品就表现在它把自己的题材缩减到成为一种单纯表达情绪的媒介。在这样的一种说法中，情绪或者是毫无意义的，而组成这个字的字母这样特殊的配合起来乃是纯粹偶然之事，否则，如果所谓的情绪和日常生活中所谓的情绪就是一回事，那么这种说法完全可以证明是假的。因为情绪，按照其通常的意义讲来，乃是由对象物理的和个人的对象所唤起的东西，它是对于一个客观的情境所作的反应。它不是某种在某个地方独立存在的东西，然后再来运用材料，通过这种材料才把它自己表达出来的。

情绪是指一种在多少有些刺激的方式之下密切参与在某种自然情景或生活情景中的情况，如果我们可以这样说的话，竟可以说它是一种以客观事物为转移的态度或倾向。艺术应该这样地选择和搜集客观事物以求能激起一种高尚的、敏感的和持久的情绪反映，这是可以理解的；艺术家本人也应是这样一个人，他能保持这种情绪，而在这些情绪的情调和精神之下把客观的材料组合起来，这是可以理解的。这个工作程序的确可以达到这样一个地步，即把客观材料的使用精减到最小的程度，而把情绪反应的激动达到其相对的最高程度。

但是艺术过程的起源乃是在于由一个情境自然而然唤起的情绪反应，而这个情境的发生和艺术丝毫没有关系，而且它也不具有“美感的”性质，除非把一切直接的享受和遭受都当作美感的。客观题材的节约使用，在有经验的和有训练的人们的心目中，可以达到这样的地步，以至可以把通常所谓“表象”（represen tation）的东西大加缩减。但是实际所发生的却是通常情绪经验在形式上的根源丰富而概括的表象。有人曾以“有意义的形式”来界说一个美感对象，关于这一点我们也可以作同样的说明。除非这个词的意义是如此地孤立，已经成为完全神秘的东西，否则它就是指我们为了强调、纯洁、精致，对那些使得日常经验题材具有圆满意义的形式所作的一种选择而言。

“形式”并不是美感的和艺术的东西所具有的一种特别的性质，或它所创造出来的一种特别的东西，它们是任何事物适合于一个可以享有的知觉的条件时所凭借的特征。“艺术”并不创造这些形式，它是在选择和组织这些形式，以便增加、保持和精练这种知觉经验。有些对象和情境产生了明显的知觉上的满足，它们之所以这样，乃是因为它们具有结构上的特点和关系。一个艺术家对于这些结构或“形式”也许只有极少的分析认识，但仍然可以从事于他的工作，他可以主要地通过一种同情的交感来选择这些形式。

但是这些形式也可以通过鉴别来予以确定，而且一个艺术家可以利用，对于它们的审慎周详的觉察来创造艺术作品，而这些艺术作品较之大众所习惯的那些艺术品更加拘谨些和深奥些。按照形式上的特点来从事创作的趋势，在很多当代的艺术中，在诗歌、绘画、音乐乃至雕刻和建筑中，都是很显著的。从它们最坏的方面来讲，这些产品便是“科学的”而不称其为艺术的，只是一些专门的训练，枯燥无味，属于一种新型的学究式的工作。

从它们最好的方面来讲，它们有助于产生一些新式的艺术，而且通过对于知觉器官的训练，有助于产生新式的圆满终结的对象，它们扩大和丰富了人类的眼界。因此，把这个论点再略微向前推动一下，我们就得到了关于有工具性的艺术和美术之间的关系的一个结论，而这个结论和隐士式的美学家们所希望的结论显然是相反的；那就是说，这样有意识地进行的美术具有特殊的工具作用的性质。它是为了便于进行教育而实施的一种实验设计。它是为了一种特殊的专门用处而存在的，这个用处就是对知觉方式所从事的一种新的训练。

如果这件艺术作品的创造者们是成功了的话，他们就应该受到我们所给予显微镜和扩音机的发明者的那种敬意。结果，他们开辟了可为我们所观察和享受的对象的新园地。这是一个真正的贡献，只有在一个混淆和自负兼而有之的时代里才能独占美术这个名称，而把具有这种特别用处的工作排斥于美术之外。我们可以作出结论说，以艺术这个形式表现出来的经验，当我们对它予以反省思考时，解决了较多的一些曾经使哲学家们感觉得苦恼的问题，而且摧毁了较之其他思想主题尤为顽强的二元论。

以上讨论所曾经指出的，它证明了在自然中个体和总体的互相交织的情况，机遇和规律的相互关系，把一个转变成为机会而另一个转变成为自由，具有工具性的和最后的东西之间的相互关系。它更加明显地证明了把外现的和执行的活动跟思想和感情加以区别，因而也把心灵跟物质截然分开的见解毫无根据的一种错误。在创作中，外在的和物理的世界不仅仅是知觉、观念和情绪的一个单纯的媒介，它是意识活动的题材和支持者，而且揭示出这个事实。

第三十七章　克罗齐——复兴意大利民族文化呼吁者

直觉的来源是情感。情感本来无形式的，经过直觉后，情感便获得了形式，继而转化成为意象，即我们所说的客观事物。直觉就是抒情的表现？克罗齐否定物质的存在，在他的词汇里，物质只是材料，即心灵实践活动所伴随的情感。从此可以看出，直觉不但表现了情感，还创造了客观事物。

这是一种主观唯心主义的观点。直觉即艺术？直觉和艺术都是抒情的表现，所以直觉等于艺术。这个等式可以有两种含义，一是艺术作品完全在心中成就；二是人在以直觉的方式认识一件事物或是对事物有了一个意象时，就已完成了一件艺术作品。这个等式显然是不成立的，但它也具有片面正确性，就是将艺术创作活动视作人尽有之的一种基本普通活动，抛弃了精神贵族的观点。普通人和艺术家只有量的分别而没有质的不同。

一、生平及著作

克罗齐（Bcnedetto Croce，公元1866—1952）是意大利哲学家、史学家、文学批评家、美学家。其主要著作有：《逻辑学》、《实践活动的哲学》、《黑格尔哲学中的死东西和活东西》等。美学方面的著作有：《作为表现的科学和一般语言学的美学》（前半部分为《美学原理》，后半部分为《美学的历史》）。

后来写于1912年的《美学纲要》，集中概括了作者最重要的美学思想。他自己认为这本小册子不仅浓缩了关于同样的内容的、原来著作的较重要概念，而且这些概念的表达也有着更好的内在联系和更加明晰。由于家境富裕，克罗齐能用毕生大部分精力于学术研究工作。起初，他是资产阶级自由主义思想家，号召复兴意大利民族文化，维护资产阶级民主和自由。曾任教育部长，由于拒绝效忠法西斯政权被撤职，并被意大利学院除名。后来著书反对马克思主义，反对资产阶级的民主和自由。

二、主要思想

艺术是纯直觉或者说纯表现。“在直觉里，个别因整体的生命而存在，而整体又寓于个别的生命中。一切纯粹的艺术表现都同时既是它自己又是普遍性，这普遍性是个人形式下的普遍性，这个人形式是和普遍性相似的个人形式。”克罗齐继承黑格尔的客观唯心主义，把精神世界（心灵活动）和客观现实世界等同起来，从而研究精神活动的哲学，同时也就是研究现实世界的历史，克罗齐采用康德的心灵因赋予形式而铸造现象世界的主观唯心主义观点，抛弃了康德的“物自体”，否定了物质的存在，用来自精神世界的“材料”来代替它。

所谓“材料”，就是作为精神活动之一的实践活动所伴随的“情感”，他把这“材料”又叫作“感受”、“被动”、“印象”、“自然”或者“物质”。克罗齐全部美学思想就是“艺术即直觉”的理论。自认为他的这一理论是付出极大的苦功而取得的哲学上的胜利。所谓直觉就是认识的起点，是感性认识的最低阶段。知识有两种形式：一种是直觉的知识；另一种是逻辑的知识。直觉的知识是从想象得来的个体的意象，逻辑的知识是从理性得来的关于共相的概念。美学就是关于直觉的知识。

直觉的来源是“情感”，情感在未经直觉时还是无形式的，一旦经过直觉，即经过“心灵综合作用”，便得到形式，也就是转化为意象。由直觉所产生的意象，因为它表达了感情而不是理念，直觉纯粹是抒情的，艺术永远是抒情的，艺术的直觉是抒情的直觉。没有表现的意象是不可思议的，所以直觉与表现无区别。美就是意象的精确性，也就是表现的精确性，合适的表现就是美的，美就是成功的表现。所以表现和美是一个概念。

因而，直觉、表现、想象、形式等词，在克罗齐看来，都是同义的，艺术即直觉也就是艺术即表现、想象、形式。为论证艺术即直觉的定义，克罗齐从否定方面提出。第一，它否定艺术是物理的事实。所谓“物理的事实”指没有受到心灵综合作用的客观存在的事物。艺术不是由作为客观事物的例如颜色、声音、字母、音节等构成的。不能用物理的方法去构成艺术。单靠字、词、音、色是不能成为艺术的。不能把艺术归结为用以传达的物质媒介。克罗齐的艺术即直觉的定义，根本排斥艺术传达需要物质材料。第二，艺术既是直觉，是一种“认识”，就不可能是实际功利活动。不是为了“有用”，不是为了得到生理的快感，不是游戏或享乐。虽然艺术也引起快感，决不是生理的快感。第三，艺术即直觉的定义否定艺术活动是一种道德活动。因为道德活动是一种实践活动，必然同“功利”、同“苦乐”联系在一起，艺术活动是一种认识活动，和实践活动相对立。由直觉所产生的意象，无所谓道德不道德，不是道德评价的对象。然而艺术家既然在道德王国，只要他是人，就不能逃避做人的责任，就必须把艺术本身（不是作为道德）看作自己的职责。第四，艺术即直觉的定义，否定艺术具有概念知识的特性。克罗齐认为这是最后的最重要的一个否定。因为直觉所得到的是直观的、感觉的知识，不是概念的、理性的知识。意象性是艺术的特点，意象中一产生思考和判断，艺术就不称其为艺术。直觉与判断、概念毫不相干，艺术与科学是对立的。

从艺术即直觉的定义出发，克罗齐指责美学史上关于文艺体裁的理论（抒情诗、戏剧、小说、史诗、喜剧、悲剧、风俗画、风景画、歌剧，等等）和关于艺术门类的理论（诗、画、雕刻、建筑、音乐，等等）都是常见的“偏见”。他认为艺术体裁与艺术门类是本来无法确定的东西。因为艺术就是直觉，直觉是无法分类的，直觉的独特性包含了表现的独特性，一切艺术品都有独创性，每一部艺术品都是直觉的一种状态。直觉是无数的，艺术品便也是无数的，是不可能把它放在哪种体裁或门类里去的。

克罗齐断言：“为艺术而艺术”和“为生活而艺术”的争论，实质上是关于艺术的独立性和依存性的争论，如果一种活动依存于另一种活动，它就是另一种活动，它本身就不存在。如果认为艺术存在，就要看到它的独立性，它的独立性的基础，艺术作为直觉，不同于物质世界，又区别于实践的、道德的和概念的活动。艺术永远是只能是纯粹的直觉，艺术家不进行其他活动，只是直觉，只是作诗、作画、唱歌。总之，只表现他自己。艺术表现尽管在形式上完全是个人的，其中也有宇宙的底蕴。

三、艺术是什么

当谈到艺术时，“直觉”、“想象”、“形象刻画”、“表象”等词就像同义词一样，不断地重复出现，这些词都把心灵引向一个同样的概念或诸概念的一个同样范围，一个大体一致的指定。然而，联系到引出这篇必不可少的开场白的那个问题（我的演讲想要扫除一切矫揉造作和不实用的缺点，为达到这个目的，这篇开场白是必不可少的），即艺术是什么，我愿意立即用最简单的方式来说，艺术是幻象或直觉。艺术家造了一个意象或幻影；而喜欢艺术的人则把他的目光凝聚在艺术家所指示的那一点上，从他打开的裂口朝里看，并在他自己身上再现这个意象。

但是，我的答复是：艺术即直觉，是从它绝对否定的一切及与从艺术有区别的一切中汲取力量和含义的。在这个答复中，哪些否定是绝对的呢？我将指出几个主要的否定，或至少指出那些对我们当前文化是至关重要的否定。首先，它否定艺术是物理的事实。例如，某些确定的颜色，或颜色的关系，某些特定的形体，某些特定的声音，或声音的关系；某些热或电的现象。

总之，任何被称为是“物理的”东西，在普通的思想中已有了这种把艺术物理化的错误倾向，正像用手摸肥皂泡甚至还想去摸彩虹的孩子一样，人类心灵由于爱慕美的事物，自发地急于从外部自然中寻找出事物美的原因，于是人类心灵证明自己必须认为，或相信自己应该认为，某些颜色是美的，另一些颜色是丑的，某些形式是美的；另一些形式是丑的。而这样的尝试在思想史上，曾多次有目的、有手段地进行过。从希腊理论家与艺术家为人体美所定的“规范”，到对于形状与声音的几何、数字关系的推测，一直到19世纪美学家（如费希纳）的研究以及现今哲学、心理学、自然科学会议上，对于物理现象与艺术关系并不内行的人之间的“意见交流”。

如果有人问为什么艺术不是一种物理事实，我们首先必须回答，物理事实并不拥有现实，而许多人为之献出毕生精力并从中得到崇高乐趣的艺术则是高度真实的，物理事实是不真实的，因此，艺术不可能是物理事实。开始，这听上去有点似非而是，因为对于普通人说来，好像没有什么东西比物理的世界更实在、更可靠的了，但我们坐在真理的座位上，就不该仅仅因为好的理由可能具有谎言的外表而回避它，代之以一个较差的理由。另外，为了战胜并熟悉可能包含在真理之中的陌生而困难的东西，我们可以考虑这样的事实。

不仅所有的哲学家（这些人不是愚不可及的唯物主义者，也没陷入唯物主义的矛盾中去）以无可辩驳的方法证实并承认了物理世界非真实性的表现，而且原来那些物理学家在自发的哲学中也承认了这一点。他们把这种哲学同自己的物理学混淆在一起，他们把物理现象看作超经验原则的产物，原子或以太的产物，或者把物理现象看作一种不可知世界的表现；再说，唯物主义者们的物质本身就是一个超物质的原则。于是物理现象，由于其内在的逻辑和泛泛的一致，表明自身并不是现实，而只是我们为了科学目的用我们的理性所构想出来的一种结构。

因此，艺术是不是物理事实的问题理当带有另一种不同的含义，即是否能用物理的方法来构成艺术？当然是可能的，因为我们确实经常这样做，例如，我们撇开诗的含义，不去欣赏诗，而去数一遍诗的词数，并且把单词分为音节和字母，或者我们不考虑雕像的审美效果，而去称雕像的重量，量雕像的大小。这工作对包装雕像的工人最有用，而前一种工作对排印诗稿的排字工人最有用，可是对艺术的观赏者和学者却最无益处，把学者同他理所当然的对象分隔开来是无用的，也是不正当的。

于是，从这第二个意义上说，艺术也不是物理的事实，也就是说，当我们自己要去看透艺术活动的本质和方式的时候，用物理方法去构成艺术完全是无用的。艺术即直觉这个定义还包含另一个否定。艺术即是直觉，而直觉若就其“观照”的原意来讲，同“认识”是一回事，因此，艺术也不可能是功利的活动，因为功利的活动总是倾向求得快感和避免痛感的，所以，考虑到艺术的本质，艺术就和“有用”、“快感”、“痛感”之类的东西无缘。

实际上承认这一点并不困难，快感之为快感，不论是哪一种快感，就其本身来讲并不是艺术的。喝水解渴的快感，露天散步、伸展一下四肢以便使血液循环更加畅通的快感，或者获得盼望已久的工作岗位以使我们在实际生活中安顿下来的那种快感等，都不是艺术的。最后，快感与艺术的区别还着眼于我们与艺术作品之间的关系上面，因为被再现的人物可能使我们感到亲切，勾起最令人愉快的回忆，但是绘画却可能是丑的，或者，情况相反，画倒是美的，而人物却使我们讨厌，或者即使我们同意说画本身是美的，但这幅画却也可能令我们发火或嫉妒，因为画为我们的敌人或对手所作，这幅画将使他们获得优势，给他们以新的力量，我们的实际兴趣及与其有关的快感与痛感和艺术掺在一起，有时和艺术混淆起来，干扰了我们的审美兴趣，但却决不等于我们的审美兴趣。

为了更有效地主张艺术是引起快感的事物这个定义，最多可以断言，所指的不是普通的引起快感的事物，而是特殊形式的引起快感的事物。可是加一个限制也无济于事，这个限制实际上取消了这个命题，假如艺术是一种特殊形式的引起快感的事物，那么其特征则不是来自一切引起快感的事物，而是来自把这个引起快感的事物同其他引起快感的事物区别开来的东西。那么，很自然，注意力将转向那个区别性质的因素，它要么更好地引起快感，要么与引起快感的事物不一样。

然而，把艺术定义为引起快感的事物这种学说，还有一个专门的名称《快感主义美学》，在美学流派史上的发展是源远流长、十分复杂的，在希腊罗马时代就开始露头，在 18 世纪盛行，在 19 世纪下半叶又再次风行，至今仍颇有市场，尤其受到美学初学者的欢迎，因为他们首先看到的事实是：艺术引起快感。这种学说的存在是由于轮番提出这种或那种快感，或者几种快感一起（高级感官的快感，游戏的快感，意识到我们自身力量的快感，性快感，等等），或给这种学说加上不了快感的因素。例如功利（当它被认为是不同于快感的时候），艺术家不进行其他活动，只是直觉，只是作诗、作画、唱歌，总之，只表现他自己。艺术表现尽管在形式上完全是个人的，其中也有宇宙的底蕴。

艺术是纯直觉或者说纯表现。在直觉里，个别因整体的生命而存在，而整体又寓于个别的生命中。一切纯粹的艺术表现都同时既是它自己又是普遍性，这普遍性是个人形式下的普遍性，这个人形式是和普遍性相似的个人形式。

第三十九章　布洛——“距离说”创始人

太近和太远都会丧失距离，因而丧失审美欣赏。在“心理距离”的问题上，布洛提出一种“二律背反”的原理，例如观看戏剧演出，如果欣赏者和剧中人的情感经验相一致，就会失去“距离”。相反，如果观赏者采取完全理智的态度，跟剧中人保持明显的“距离”，上述两种距离太近和距离太远的情况，都不可能有真正的审美欣赏。

只有既减小距离又不失去距离，或者从实际的态度到有距离的态度并从有距离的态度到实际的态度之不断地转换，能有真正的审美欣赏。此外，距离不仅随个人能力和对象的性质而变化，各门艺术对于审美主体之间的距离也有差别。

一、生平简介

布洛（Edward Bullough，公元 1880—1934）是瑞士心理学家、语言学家。1902 年以后，在英国剑桥大学讲授德语及美学。1912 年，发表《“心理距离”作为一项艺术因素与审美原则》，用所谓“心理距离”来解释审美现象，提出“距离说”为移情派美学的一个变种。

二、主要理论

在“心理距离”的问题上，布洛提出一种“二律背反”的原理，例如观看戏剧演出，如果欣赏者和剧中人的情感经验相一致，就会失去“距离”。相反，如果观赏者采取完全理智的态度，跟剧中人保持明显的“距离”，上述两种距离太近和距离太远的情况，都不可能有真正的审美欣赏。太近和太远都会丧失距离，因而丧失审美欣赏。只有既减小距离又不失去距离，或者从实际的态度到有距离的态度并从有距离的态度到实际的态度之不断地转换，才能有真正的审美欣赏。

此外，距离不仅随个人能力和对象的性质而变化，各门艺术对于审美主体之间的距离也有差别。因而各门艺术的审美价值也有高低大小之别。所谓“心理距离”，布洛用航船在海上遇到大雾的著名例子作出说明。布洛认为，海上大雾，对航海家和未出过海的人来说，因考虑到沉船的危险而焦急不安，感到可怕。但你如果把这种现象同实践的、现实的自我联系分割开来，切断事物的实用的方面，以漠不关心的旁观者的态度，“客观地”看待它，把它看作半透明的乳状的帷幕，采取审美观照的态度，这就获得了“距离”，海上大雾就会成为强烈的乐趣与愉悦的源泉。这种“心理距离”，就是审美经验的本质特征之。

三、“心理距离”——艺术与审美原理

或许，最明显的提示是，使人们想到现实的空间的距离，而艺术作品对于观众的距离，或者证明，即在作品中所表现出的距离。在艺术中，“距离”概念提示出一连串不乏兴趣与思辨意义的思想。不太明显而较为隐晦的是时间距离的意义。第一种距离，在亚里士多德的诗学中，已经注意；第二种距离，则以透视的形式在绘画史上起过重大的作用；这两种距离的不同特点，在区别圆雕与浮雕时，具有特别重要的理论意义。

时间距离即在时间上同我们的间隔，虽然常常引起误解，但在我们的欣赏活动中，已经被承认是一个相当重要的因素。然而这里提出的“距离”，则不是指上述任何含义的距离，尽管在这篇论文和讨论中将会弄清楚，上述的种种距离，都正是本文所辨明的距离概念的特殊形式，并从一般含义的距离派生出它们能具有的任何一种性质。这个一般含义就是“心理距离”。一个简短的事例就可以说明，所谓“心理距离”是什么意思。想象一下海上大雾的情景吧，对于大多数人，这是一种极不愉快的经验。

且不说身体的劳累和诸如耽搁旅行而间接产生的不快，海雾还容易引起特殊的焦虑，对看不见的危险的恐惧，以及注视和聆听远处方位不定的信号而引起的紧张。航船没精打采地运行，它发出的警报，立即刺激着乘客的神经，那种特殊的、期待着的、默然无声的焦虑和紧张不安，总是同这种遭遇相连的，这使得一场大雾，对于航海专家和对于无知的未出过海的人，都同样感到海的可怕（由于海雾的默然无声与徐缓弥漫，则显得更为可怕）。可是，海雾也可能成为强烈乐趣与愉悦的源泉。

就像每个人在爬山的愉快中不去顾及体力的劳累与危险那样（不可否认，虽然这些情况也可能偶尔闯入喜悦的情绪并从而加强这种情绪），让我们暂时抛开海雾带来的危险和实际上不愉快的经验吧，注意一下客观地构成的这一现象的特征，在你的周围是迷迷蒙蒙的半透明的乳状的帷幕，它把事物的轮廓弄得模糊不清楚，并把它们改变得奇形怪状。观看一下空气的浮动吧，给你的印象似乎是，只要伸出你的手并让它消失在白色的屏帐之后，你就可以触摸到那远处的海妖，去注视一下那乳状的光滑的水面吧，真会觉得它没有任何危险似的。总之，似乎只能在最高的山顶上才能感觉到的那种奇异的和与世隔绝的寂静，在它的宁静与恐怖的奇妙混合之中，可以经验到一种如此尖锐的情味和喜悦，以至于同这种情境所带来的盲目的焦急不安的一面，形成了尖锐的对照。

这种对照常常是令人吃惊地突然出现的，就像刹那间接通了新的电流，或一闪即逝的明亮的光线，它使也许是最普通而常见的事物发出光彩，一种我们有时在最可怕的极端困境中所感受到的印象，这时，我们的实际兴趣，就像拉断了一根过分绷紧的钢丝，我们以一种奇异的漠不关心的旁观者的态度，注视着某种即将发生的灾祸完满结束。这是一种不同的观照，假如允许作个比喻，那么，这是由于距离的插入。这种距离好像是在我们的自我与其感受之间，这里所谓感受是在其最广泛的意义上来说的，指对于我们的存在产生的肉体或精神影响的任何事物，即感觉、知觉、情绪或观念。

在通常情况下，虽然总有例外，我们同样可以说，距离存在于我们自己的自我与对象之间，这对象就是上述种种感受的来源或传递物。可见，在大雾的情况下，距离在第一个事例中所产生的变化可以说是，把现象同我们实践的、现实的自我之联系分离开来，可以把现象置于我们个人目的与需要的范围之外，简言之，就是客观地看待它，常常所说的，允许把这种对我们的反作用，作为客观的经验特征来强调。并且，对于我们“主观的”感受之解释，也不是作为我们的存在方式，而是当作现象的特征。由此看来，距离的作用不是简单的而是相当复杂的。它有否定的抑制的一面，割断事物的实用的方面以及我们对待事物的实践的态度，它还有积极的一面，精心制作在距离的抑制作用所创造的新的基础上的经验。因此，这种对事物作有距离的观看，不是也不能是我们正常的观看。

通常经验总是把同一方面向着我们，即具有最强的实践的感染力的方面。一般情况下我们意识不到事物不直接不实际地触及我们的那些方面，我们一般也意识不到同我们自己的接纳印象的自我相分离的印象。把事物颠倒过来，意外地观看通常未被注意到的方面，这使我们得到一种启示，这正是艺术的启示。就这种启示的最一般意义来说，距离是一切艺术中的一个因素。正是由于这个理由，真距离也是一条审美原理。审美沉思和审美观照，常常被描述为“客观的”。

我们说“客观的”艺术家，如莎士比亚或委拉斯凯兹，或者说客观的作品或艺术形式，如荷马的《伊利亚特》或古希腊戏剧。“客观的”这个术语经常出现在讨论和批评之中，然而它的含义，细加推敲，是颇成问题的。因为，某种艺术形式，如抒情诗，据说是“主观的”。例如，雪莱就常被认为是“主观的”作家。另一方面，所谓“客观的”这个术语，如果按照它应用于历史著作或科学论文上的意义来理解，那么，任何艺术作品都不可能是真正“客观的”。艺术作品也不能是“主观的”，假如是按照这个术语的通常含义来解释的话。例如说，个人的情感、欲望或信念的直接表述，或激情的呼声等是“主观的”。

“客观性”与“主观性”是一对对立的术语，就它们相互排斥来说，在把它们用于艺术时，就立即导致混乱。它们也不是唯一的一对对立术语。艺术也曾轮次地以同等的力量被称为是“理想主义的”或“现实主义的”，“感官的”或“精神的”，“个性的”或“典型的”。在这种两方对立的术语之间，究竟主张哪一方，大多数美学理论是摇摆不定的。其次，距离还提供了一个最需要的标准，以判别美和一般的诗意。再者，“距离”标志着艺术创作中最重要的步骤，而且可以成为通常一般称之为“艺术气质”这东西的一个显著特征。

最后，“距离”可以要求被看作“审美意识”的本质特征之一，如果我们可以用这个术语来描述那种对待经验的特殊心理态度或看法，这在各种艺术形式中都有最富于想象力的表现。如前所述，通过把对象及其影响同某人自己的自我分离开来，通过把对象置于实践的目的与需要的联系之外，这样就获得了“距离”。因此，对对象的“观照”才成为可能。但是，这并不是说，自我与对象之间的联系被打破了，以至于对象成为“非个人的”。

至于对“个人的”与“非个人的”要二者择一的话，那么，后者确实是更接近真理，但是，如在别处一样，在这里我们也遇到了困难，为了完全不同的用途，我们必须创造一些术语来表述某些事实。这样做常常要陷入自相矛盾的情况，这在讨论艺术时比在别处更难避免“个人的”与“非个人的”、“主观的”与“客观的”，就是这样的术语，它们不是专为审美观赏的目的而创造的，把它们用于它们特殊含义的范围之外时，立刻就成为宽泛而有歧义的。

因此，在偏爱以“非个人的”这个术语来描述艺术作品与观察者的关系时，要注意的是，这里所谓“个人的”，不是我们在说到科学之“非个人的”性质时的含义。为了获得“客观上有效的”结果，科学家要排除“个人的因素”，即影响他的结果有效性的他个人的愿望，他对于任何体系的偏爱是依靠他的研究来予以证明或予以否认的。显然，一切实验与研究的进行是从个人对该科学的兴趣出发的，最终支持某一确定的假设，而且包含着个人对于成功的希望，但是，这不影响、不动感情的研究者的态度，而研究者竟要受到正在为自己编造证据的指责。“距离”不包含这种非个人的、纯粹理性的关系。

相反，它描述一种个人的关系，常常带有高度的情感色彩，但是，它有一种特殊的性质。它的特殊性就在于该关系的个人性质已经过了滤，它的作用之具体而实际的性质已经被清洗掉了，但并不因此而失去它原有的性质。最好的事例就是我们对待戏剧的角色和情节的态度。戏剧里的人和事像正常经验中的人与事一样感动着我们，只是他们通常以直接个人的方式所产生的影响消失了。这个差别人们太熟悉，显得微不足道，它是以这样的知识来解释的，即角色与情节“并非实在”，是想象的。

但是，事实上，想象的情感的反作用赖以成立的假定，不一定是“距离”的条件，而往往是“距离”的结果。也就是说，把通常陈述的理由颠倒过来将会是正确的，而“距离”在改变我们与角色的关系时，使角色看起来像是虚构的，不是角色的虚构性改变了我们对他们的情绪。当然戏剧表演之实际的以及公认的非实在性，加强了“距离”的效果，这一点是要承认的。但是，众所周知的不通世故的乡下佬，代表不幸的女主角对戏剧作出的粗鲁的干扰，是只可以使他记住“他们是在演戏”而加以阻止的，这样的乡下佬确实不是戏剧观众的理想典型。

正是“距离”才给予戏剧表演以外表上的非实在性，而不是相反，证明这种表面上的矛盾，在于看到，对于我们情感之同样的过滤，和人与事之同样的非实在性，有时是由于内在景观的突然变化而发生的，这时，我们是被“整个世界就是一个舞台”这样的情感所征服了。这种个人的而又“有距离的”关系（我冒昧地把这称之为我的视野的这种无以名状的特征）引起我们注意到一件奇怪的事实，它表现为艺术的基本矛盾之一。这就是我打算称作“距离的二律背反”这种东西。人们都会欣然同意，一件艺术作品诉诸我们的机会越多，它感动我们的程度就越深。诚然，就我们这方面说，若没有某种程度的预先倾向，这必定是不可理解的。于是，欣赏也就不可能。

所以，艺术作品感染力强弱与成败，似乎是同一种完善性成正比，这种完善性同我们理智的情绪的特性以及经验的癖好相对应。作品的性质同观赏者的特性之间缺少这样的和谐一致，这当然是对于“趣味”差别之最一般的解释。同时，这种和谐一致的原理要求一定的限定，这就立即导致“距离”的二律背反。假设一个人观看《奥赛罗》的演出，他认为，他对他的妻子产生猜忌心理是事出有因的。他如果越是完善地欣赏奥赛罗的性格、行为与处境，他就越是准确地感到奥赛罗的经验与情感同他自己的相吻合一致。

根据上述和谐一致的原理，至少他应当是这样。事实上，他怎么也不可能是在欣赏戏剧。真实的情况是，这种一致性就会使他尖锐地意识到他自己的猜忌心，由于景观的突然颠倒，他不再看到显然是被苔丝狄蒙娜出卖的奥赛罗，而是处于这相似情境中的他本人和他自己的妻子。这种景观的突然颠倒，是失去“距离”的结果。如果这被承认是一个典型的事例，那么就可推断出所要求的限定是这种和谐一致所达到的完善性，要与保持“距离”相容。

有猜忌心的《奥赛罗》观赏者，欣赏并进入戏剧之中越为入迷，那么与他自己经验的相似之处就越大，如果他成功地保持着戏剧表演与他个人情感之间的“距离”的话，但在这样的事例中这是很难做到的。由于同样的困难，专家或专业的批评家也成不了一个好的观众，因为他们的专长和批评的专业知识是实际的活动，包含着他们的具体性格，并且总是危害着他们的“距离”（顺带说一句，这就是批评之所以能成为一门艺术的原因之一，它要求从实际的态度到有距离的态度并从有距离的到实际的态度之不断地转变，这正是艺术的特征之一），这个同样的限定也适用于艺术家。在陈述强烈的个人的经验时，他可以表现出艺术上最大的效果，但是，他只能在同作为个人经验相分离的条件下，作出艺术上的陈述。因此，这样多的艺术家如此说过，对他们来说，艺术的陈述是一种净化作用，是一种使他们自身摆脱情感与观念的方法，这些情感与观念的尖锐性几乎使他们着迷了。因而，另一方面，普通人是全然无法把极度喜悦或忧愁的印象恰当地传达给他人的。事件中包含的对他个人的意义，使他无法陈述和表现出这一意义，以致别人也能像他本人一样，感受到对他所具有的内容与意义。所以，在欣赏与创作二者中，最满意的情况是，最大限度地减小“距离”而又不失去“距离”。

四、“二律背反”的前提

“距离”自然地承认等级，不仅是根据对象的性质显示出差异，这对象可以影响较大或较小的“距离”，而且也是按照个人保持或大或小等级的能力起变化。事实上，“二律背反”的前提，是与“距离”的可变性密切相关的与客观性及“超脱”这些术语相比较，“置距离”概念的优点正在于此。“客观性”与“超脱”这两个术语都不包含个人的关系，在实际上，二者确是排斥这种关系的，这两个术语的对立面是僵硬的与排他的，仅此一点就使它们的应用一般说来是没有意义的。

于此，我们可以注意到，不仅不同的人在他们所习惯的“距离”程度上互有差别，而且同一个人在面对着不同对象与不同艺术时，他保持“距离”的能力也是不同的。所以，在任何特定的情形中，就有两组不同的条件影响着“距离”的程度，这就是，由对象所提供的和由主体所实现的。在二者的内在作用中，它们给审美经验的多样化提供了一种最为广泛的解释，因为丧失“距离”，不论是由于哪一种原因都意味着丧失审美欣赏。

简而言之，可以说，“距离”是可变的，这既是随着个人保持距离的能力的大小而变化，也是随着对象的性质而变化的。存在着两种丧失“距离”的方式，或者是“距离太近”，或者是“距离太远”，“距离太近”是主体最常见的通病，“距离太远”是艺术常有的通病，尤其是在过去。从历史上说，看来似乎艺术是曾经企图去弥补主体方面“距离”的不足，而且在这方面做过了头。稍后就会知道，这实际上是真实的，因为，距离过远的艺术看来是专为某一类的欣赏而设计的，这一类欣赏是难以自发地产生任何程度的“距离”。

由于这一或另一原因而丧失“距离”，其结果是常见的，即在距离太近的情形中作出的评论是作品是“粗糙的自然主义”，“令人烦心”，“它的现实主义使人厌恶”。而在距离过远的情形中，则使人产生不太可能的、人为的、空洞的或荒谬的等印象。如我刚才所述，个体的人是倾向于距离不足，而不是由距离过度而失去“距离”理论上并不存在缩短“距离”的限界。因此，在理论上，不仅通常的艺术主体，而且甚至大多数个人的感受，不论是观念、知觉或情绪，都能充分拉开距离，在审美上成为可欣赏的。

尤其是艺术家在这方面具有的才能特别惹人注意。相反，普通人很快就达到缩小距离的极限，即他的“距离极限”，也就是说，在这里，“距离”丧失了，并且这时不是失去了欣赏就是改变了欣赏的性质。所以，在普通人的实践中，标志着最低限度的界限是确实存在的，在这个限界上，普通人可以把他的欣赏保持在审美领域之内，而且，普通人的这种最低极限的位置，是相当地高于艺术家的“距离极限”的。要确定普通人的这个极限，在实际上这是不可能的，这是由于缺乏资料，而且也由于因人而异的大幅度的变动，这个界限也受到这种变动的制约。

但是，有把握推断的是，在艺术实践中，明显地关系到有机体情感，关系到物质的躯体，尤其是关系到情欲，通常都是处在“距离极限”之下，并且是能够被带有特殊预防措施的艺术触及的。任何程度的个人意义上对社会习俗的讽喻。尤其，怀疑它们有效性的讽喻，对于普遍承认的伦理法令提出疑问，对这些关系到当前公众注意的主题提出疑问，以及诸如此类，都几乎接近于普通人的极限，并且在任何时候都会落到这个极限之下，这时便引不起审美的欣赏，而是唤起具体的敌意或者变成单纯的消遣。在艺术家与普通公众之间，这种“距离极限”已经成为很多误解和不公正的来源。

许多艺术家的作品受到了谴责，而且他本人由于所谓“不道德”而受到排斥，但对于他，这些作品都是真诚的审美对象。他有能力使之产生距离的，不，他必然使之产生距离的情感、感觉，对于普通人，这些是过分密切地与他的具体存在结合着，以至于不能那样来看待它们，这些常常十分不公正地使艺术家被指责为玩世不恭、沉溺声色、病态或者轻浮。

对于许多“问题剧”与“问题小说”，也产生了与此同样的误解，在这些作品中，公众总是一直只看到仅是假定的当前想象的“问题”，然而作者该是，而且常常显然是能够使主题产生足够的距离的，以提高到它的实践的有问题的意义之上，并认为它只是在戏剧上与人性上有趣的情境。暂且不论主观的复杂性，关于艺术的“距离”的可变化性，这既表现为艺术的一般特征，又表现为特殊艺术之间差别的一般特征。这已经是一个古老的问题，即“视觉的艺术和听觉的艺术”为何能够占有比其他感官的艺术特别优越的地位。

尽管做了一切宣传，正如想创造气味与液体的“交响乐”遭到同样的失败一样，企图把烹饪艺术提高到美的艺术水平上也一样失败了。毋庸置疑，部分是由于心理、生理的以及部分是由于技术的性质这些有力的理由不论而外，把视觉与听觉对象同主体分离开的现实，强有力地帮助了这一垄断地位的发展。同样方式产生出“距离”，同时同我们在时间上间隔开来的对象，实际上就被拉开了距离，这是对同时代的人不可能有的距离。许多绘画、戏剧与诗歌事实上颇具有解说或图示的意义。例如很多基督教的艺术，或者具有直接的实践的感染力，例如许多讽刺文学与喜剧作品所作的抨击，它们对于我们今天来说，看来同它们的审美要求似乎是不能相称的。

这些作品，由于时间的消逝，得到了巨大的好处，而且只有借助于时间的距离，它们才达到了艺术的水平，相反，另外一些艺术，常因为同样的原因，由于距离过度的远，而蒙受了丧失“距离”所带来的损害。有一类艺术概念要特别提出来加以说明，这类概念，不是在它们的实际表现而是在它们的感染形式上，表现出过度的“距离”，这一点以实例说明了，必须区别把对象隔开距离与把感染力隔开距离，而距离是这感染力的来源。这里，我的意思是指相当笼统地以“理想主义的艺术”这个术语来称谓的东西，即从抽象概念产生的艺术，它们表述着比喻的含义或以具体事例说明一般的真理。

概括化与抽象化因下述不利地位而蒙受损害，即它们太普遍适用了，因而就不能博得个人对它们的兴趣，它们太没有独特的具体性了，因而就无法阻止它们倾其全力向我们袭来。它们要感染所有的人，因而就不能感染任何一个人。欧几里得的一条公理之所以不属于哪一个人，正因为它迫使每一个人都得同意，像爱国主义、友谊、爱、希望、生与死这些普遍概念，是既与汤姆、狄克、哈利有关，同样也与我自己有关。因此，或者我不能同它们建立任何种类的个人的联系，或者假如我能够的话，它们立刻就强烈而具体地成为我的爱国主义、我的友谊、我的爱、我的希望、我的生和我的死。

仅仅由于普遍化的力量，就使得一般真理或普遍的理想，离我自己很远，使我完全不能具体地实现它，或者，在我这样做时，我只能把它作为我的实际的现实的存在之一部分来加以实现，这就是说，它完全落到“距离—极限”以下去了。因此，“理想主义的艺术”在下述特殊的困难中受到损害，这就是，它过大的“距离”一般地转而成为“距离不及”的感染力，总之，这是更为容易的，因为，主体的失败通常是“距离太近”而不是“距离过远”。

在现代，不同的特殊艺术，在“距离”的程度上，表现出非常显著的可变性。这种特殊艺术通常要求或强加给不同程度的“距离”以供欣赏。不幸的是，这里我们又感到资料缺乏，而且这表明，必须进行观察，很可能还要进行实验，以便把这些提示置于一个可靠的基础上。在一种艺术即戏剧中，可以从一个不曾想到的来源，即检查委员会的汇报中，获得少量的资料，对这种汇报进行仔细的考察，会给心理学家提供有兴趣的证据。实际上，整个检查问题，在其不涉及纯粹经济问题时，可以说是以“距离”为转移的，如果可以相信，每位观众会对戏剧保持“距离”，那么戏剧检查就是毫无意义的。当然，毫无疑问，一般说来，由于戏剧题材的物质的表现，戏剧表演本身就特别有丧失“距离”的危险。

作为戏剧艺术的表达手段，是活人出场表演，这就是一个困难，其他艺术是没有的。同样地，舞蹈在许多方面遇到了甚至更大的危险，就是说，舞蹈的劲头虽然吸引着或许不太广阔的人类的兴趣，但它的动物性的兴奋，并没有由于精神性的闪光而得到解脱。因此，它对“距离不及”形成同一种相称而较强的诱惑力。在较高形式的舞蹈中，最动人的专门的技巧动作，助长了它大量的丧失“距离”的内在倾向，以及作为一种大众化的演出，至少在南欧，舞蹈仍然保有着古代的艺术魅力，它在纯粹身体活动的快适与高度的技巧成就之间，产生出特别精巧的“距离”平衡。

附带提一下，令人寻味的是，这与“距离”的发展有关，舞蹈艺术曾经一度像音乐那样当作美的艺术，并且被希腊人认为是特别有价值的，有教育意义的训练，竟然从它一度受人尊敬的位置上一落千丈了，除了零星的情况以外。仅次于戏剧与舞蹈的，就是雕塑。雕塑虽然不用活人的身体作为媒介，然而就其充满空间的物质性来说，它的人体的形式对“距离”构成了相似的威胁。我们北方的穿着习惯和对人体的无知，已经极大地增加了对雕塑产生距离的困难，这部分由于原因易引起的巨大误解，部分是由于完全缺少完善的人体标准，没有能力认识雕塑形象与人体形状之间的区别，这是把雕像与活物区别开来的唯一基本之点。

在绘画中，显然正是它的表现形式和通常的按比例缩小这一点，说明了这门艺术为何能够敢于比雕塑更甚地接近正常的“距离极限”，音乐与建筑则具有一种奇特的地位。一切艺术中最为抽象的这两门艺术，在“距离”上，表现出一种很大波动起伏的情况。某些种类的音乐，特别是“纯粹音乐”、“古典音乐”或“严肃音乐”，对于许多人，表现为距离过远，相反，轻松的、“吸引人的”曲调，很容易达到“距离”渐减的程度，在这“距离”之下，它们就不再是艺术，而成为纯粹的消遣了。

虽然音乐具有这种奇异的抽象性，许多哲学家可以把它同数学及建筑相比较，可是，音乐是具有感性的而且常常是性感的特征，也就是说，它的曲调与和声所作出的明显生理与肌肉的刺激，并不亚于它的节奏，这似乎可以说明，“距离”之偶而的丧失。此外，音乐还有它的强烈倾向，尤其是对于没有音乐修养的人们，它易于激发起一连串和它本身不大有联系的思想，这是通过主观性的渠道导致的，这多少是具有个人性质的白日梦。

建筑几乎一致地要求很大的“距离”。也就是说，大多数人只是从建筑的装饰及联想中附带地得到印象，而不是从建筑本身获得审美欣赏。原因是很多的，其中主要是由于把建筑物与建筑术混淆起来了，并且把功利目的置于突出的地位，这就掩盖了人们对建筑术的注意。

第四十章　贝尔——现代美学继承发展者

贝尔认为“有意味的形式”完全不同于再现现实的形式。“有意味的形式”之所以使人产生不同于日常感情的审美感情，因为它是一种“终极的实在”，这“终极的实在”就是“高踞于万物之上的上帝”、“渗透于万物之中的韵律”、“殊相中的共相”或“自在之物”、“物自体”。这种“终极的实在”自身就是目的，就是纯形式。再现现实的形式，只能引起观赏者一些无关的联想，从审美感情回到日常感情。例如，“叙述性绘画”的形式，是一种暗示日常感情传达信息的手段，触动人的感情的不是它们的形式本身。

由于原始艺术不带叙述性质，不注重再现，只能看到“有意味的形式”，所以原始艺术比其他艺术更能感动人。“有意味的形式”也不同于一般人心目中的美的形式。贝尔认为，“美的”这个形容词往往同功利、同日常感情联系在一起，人们把满足自己某种欲望的东西称之为美的，因而这些美的东西并不能唤起审美感情。

一、生平简介

贝尔（Clive Bell，公元1881—1964）是英国文艺批评家，毕业于剑桥大学。1913 年发表的《艺术》一书，对现代艺术产生了重大影响。

二、主要理论

所谓形式，指艺术品的各个部分构成的一种纯粹关系。所谓意味，指具有审美力的人审视上述纯粹形式时所产生的感情，激起这种感情的是作品的线条和色彩以某种特定方式排列组合的形式。这种审美感人的形式，就是有意味的形式，就是艺术。《艺术》一书共五章，提出了一套关于视觉艺术的理论。第一章“什么是艺术”中，对艺术的本质作了概括的论述。

贝尔把“有意味的形式”的美学假说作为真正的艺术所应具有的根本性质，“离开它，艺术品就不称其为艺术品；有了它，任何作品至少不会一点价值没有”，它是艺术区别于其他事物的最本质的标志。贝尔认为，真正的艺术即“有意味的形式”，是通过“简化”，即把有意味的东西从大量无意味的东西中抽取出来而创造的，所有提供信息和知识的东西，都是无意味的东西。

绘画中凡是与生活里相一致或相对应的东西都在排除之列。从删去多余信息到将剩余部分进行处理和组织的过程，贝尔称之为“构图”。以塞尚为代表的后印象派艺术的成功，就在于运用“简化”的“构图”代替了写实的再现的形式。贝尔认为，“有意味的形式”完全不同于再现现实的形式。再现现实的形式，只能引起观赏者一些无关的联想，从审美感情回到日常感情。例如，“叙述性绘画”的形式，是一种暗示日常感情传达信息的手段，触动人的感情的不是它们的形式本身。

由于原始艺术不带叙述性质，不注重再现，只能看到“有意味的形式”，所以原始艺术比其他艺术更能感动人。“有意味的形式”也不同于一般人心目中的美的形式。贝尔认为，“美的”这个形容词往往同功利、同日常感情联系在一起，人们把满足自己某种欲望的东西称之为美的，因而这些美的东西并不能唤起审美感情。“有意味的形式”之所以使人产生不同于日常感情的审美感情，因为它是一种“终极的实在”，这“终极的实在”就是“高踞于万物之上的上帝”、“渗透于万物之中的韵律”、“殊相中的共相”或“自在之物”、“物自体”。这种“终极的实在”自身就是目的，就是纯形式。

三、审美假说

可以肯定，在我所熟知的任何学科中，还没有一门学科的论述像美学这样，如此难以被阐述得恰如其分，其原因是可想而知的。有关美学的无稽之谈比起其他学科的无稽之谈都要少，因为这一学科的论述尚不多见。谁要详尽阐述一种能说服人的美学理论，必须具备两种素质：艺术的敏感性和清晰的思考能力。缺乏艺术敏感性的人不可能获得审美经验，而缺乏广泛、深刻的审美经验的审美理论显然是没有任何价值的。唯有那些能被艺术激起不竭热情的人，才有可能获得可以推导出有用理论的根据。

然而，要从中推导出有用的理论，既要使理论可靠，也还需付出相当多的脑力劳动。令人遗憾的是，健全的智力与灵敏的感受能力往往不能兼得，最善于思考的人并不是都能经常得到审美经验的。我有个朋友，天生具有强健的智力，尽管他对美学颇感兴趣。可是，在他近40年的生活中却从未体验过审美感情，就连区分一件艺术品与一把手锯的能力也没有。

例如，他有时会振振有词地议论一通，偏说手锯是艺术品。这个弱点使他那条理清晰的表达和精辟的论证失去了许多价值。常言道，理直为壮，只有正确的逻辑才站得住脚，而在错误前提下所得出的结论都是不足为信的。然而，这种不敏感性，虽不幸使我的朋友未能为其论点找到有力的论据，使他看不到其结论的荒谬无稽，却使他陷入了对自己高明的论证自我欣赏的状态。

假如有人认为埃德温·兰西尔（Edwin Landseer）先生是有史以来最优秀的画家，那么他就轻易地相信某种证明乔托是最糟的画家的美学。所以，我的朋友非常合乎逻辑地得出结论说，艺术品应该是一件小巧的，或是圆形的，抑或是件光滑的制品，或者认为，为了全面鉴赏一幅画，就得在画前轻快地来回踱步，或使这幅画平稳地旋转。此时，他一定不会理解我为什么问他最近是否去过他常去观赏的剑桥。另一方面，那些对艺术品能做出直接反应的人虽比起智力发达但感受能力低弱的人更值得羡慕，但是在谈到审美感受时同样是瞠目结舌，无言以对。

他们的头脑不总是那么清晰，他们所掌握的论据应是任何一种审美方式都必须遵循的。可是，一般地说，他们缺乏用可靠的论据进行正确推理的能力。他们只要从艺术品中获得审美感受然后找出所有令他们感动的东西之共性就行了。实际上，他们并没有这样做，我也不责怪他们。既然他们感受到了审美感情，又何必去探讨自己的感情呢？既然他们不善于思考，又何必去进行思考呢？既然他们享受着各个不同艺术品的许多妙处与特色又何必去搜寻以某种特殊方式使他们感动的一切审美对象的共性呢？

如果他们进行评论，并称之为美学，如果当他们论述某些具体的艺术品或者绘画技巧时，自认为是在论述艺术。如果他们出于对某些具体的艺术品的喜爱而对笼统地评论艺术不感兴趣，那么，他们这样做就是对的。如果他们既不想弄清自己情绪的实质，又对唤起这种感情的所有艺术品的共性毫无兴趣的话，我只有对他们表示同情。

同时，我也对他们表示敬佩，因为他们的论述常常很精彩并富有启发性。只要他门的论述不被人信奉为美学，而只是一种评论，或者只不过是为了“职业”的需要，那就好了。一切审美方式的起点必须是对某种特殊感情的亲身感受，唤起这种感情的物品，我们称之为艺术品。大凡反应敏捷的人都会同意，由艺术品唤起的特殊感情是存在的。我的意思当然不是指一切艺术品均唤起同一种感情。相反，每一件艺术品都引起不同的感情。然而，所有这些感情都可以被认为是同一类的。

迄今为止，那些最有见解的人的看法与我的看法是一致的。我认为，视觉艺术品能唤起某种特殊的感情，这对任何一个能够感受到这种感情的人来说都是毋庸置疑的。而且，各类视觉艺术品，比如绘画、建筑、陶瓷、雕刻以及纺织品等，都能唤起这种感情。这种感情就是审美感情。假如我们能够找到唤起我们审美感情的一切审美对象中普遍的而又是它们特有的性质，那么我们就解决了我所认为的审美的关键问题。我们就会找到艺术品的基本性质，即将艺术品与其他一切物品区别开来的性质。因为，要么承认一切视觉艺术品中具有某种共性，要么只能在谈到“艺术品”时含糊其词。

当人们说到“艺术”时，总要以心理上的分类来区分“艺术品”与其他物品。那么这种分类法的正当理由是什么呢？同一类别的艺术品，其共同的而又独特的性质又是什么呢？不论这种性质是什么，无疑它常常是与艺术品的其他性质相关的，而其他性质都是偶然存在的，唯独这个性质才是艺术品最基本的性质。艺术品中必定存在着某种特性：离开它，艺术品就不能作为艺术品而存在；有了它，任何作品至少不会一点儿价值也没有。

这是一种什么性质呢？什么性质存在于一切能唤起我们审美感情的客体之中呢？什么性质是圣索非亚教堂、卡尔特修道院的窗子、墨西哥的雕塑、波斯的古碗、中国的地毯、帕多瓦的乔托的壁画，以及塞尚的作品中所共有的性质呢？看来，可做解释的回答只有一个，那就是“有意味的形式”。在各个不同的作品中，线条、色彩以某种特殊方式组成某种形式或形式间的关系，激起我们的审美感情。这种线、色的关系和组合，这些审美感人的形式，我称之为“有意味的形式”。“有意味的形式”就是一切视觉艺术的共同性质。在这一点上可能有人要提出反对，会说我把审美说成是单纯的主观上的事——因为我唯一的依据就是对这种特殊感情的亲身体验。

这些人会说，不同的人被共同的艺术品激起的感情是各异的。因而，美学体系没有客观有效的标准。我要这样回答他，任何审美方式如果声称自己是建立在某种客观真理上的，那显然是非常可笑的，甚至可笑得不值一谈。除了我们自己对艺术品的感觉而外，再没有别的鉴别艺术品的办法了。艺术品唤起的审美感情因人而异，审美判断就是俗话说的鉴赏力。谈到鉴赏力，人人都会为自己的鉴赏力感到自豪，这是无可非议的。好的批评家会使我看到一幅画中最初没有感动我而被我忽略了的东西，直至使我获得了审美感情，承认它是件艺术品。

不断地指出艺术品中那些组合在一起的产生有意味形式的部分和整体（换句话说，它们的组合），正是艺术批评的作用之所在。假如一位批评家只告诉我们某物品是艺术品，这全然没有用，他必须让我们自己去感受这件物品具有某种能唤起我们审美感情的特质。要做到这一点，批评家只有让我去通过我的眼睛了解我的感情。除非他能使我看到某种令我感动的东西，否则就不会使我感动。我没有权利说一件不能在感情上打动我的物品是艺术品，也没有权利在我没有感觉到某件物品是件艺术品之前就在其中寻找其基本性质。

批评家只有通过影响我的审美经验才能影响我的审美理论。一切审美方式必须建立在个人的审美经验之上。换句话说，它们都是主观的。尽管一切审美理论都需建立在审美判断的基础之上，然而真切审美判断都是个人鉴赏力的结果。如果因此就得出结论，认为没有一种审美理论是普遍有效的，这未免有些轻率。因为，尽管是感动我的作品是感动你的作品，那么就有可能是你我二人都认为是我们各自列出的动人作品的共性。我们可能在审美观点上看法一致，而对具体艺术品的看法却不同。我们也许在这一性质是否存在着问题有分歧。我的直接目的就在于指明“有意味的形式”是感动我的所有视觉艺术品的共同和独特的性质。

我要让那些与我的审美经验不同的人看看，按照他们的判断，这种性质是否存在于一切使他们感动的艺术品的共性，他们是否还能发现艺术品中有别的同样值得一谈的其他性质。在这个问题上也产生了一个的确与审美毫不相干而又难以避免的疑问：“我们为什么如此之深地为某种以特殊方式组合在一起的形式所感动呢?”这个问题极为有意思，可又与审美没有关系。在纯粹的审美中，我们只需要考虑自己的感情和审美对象。为了审美的目的，我们没有权利，也没有必要去探讨某个作品作者的心理状态。在本书的后部分，我要试图回答这个问题；只有这样我才有可能论述我的艺术与生活之关系的理论。

然而，我不敢妄想使我的审美理论十分完善。在讨论审美问题时，人们只需承认，按照某种不为人知的神秘规律排列和组合的形式，会以某种特殊的方式感动我们，而艺术家的工作就是按这种规律去排列组合出能够感动我们的形式。为了方便起见，也为了本书后面将要谈到的某种原因，我称这些动人的组合排列为“有意味的形式”。我还会遇到第三个问题：“你是否忘记了色彩?”当然没有。我的“有意味的形式”既包括了线条的组合也包括了色彩的组合。形式与色彩是不可能截然分开的，不能设想没有颜色的线，或是没有色彩的空间；也不能设想没有形式的单纯色彩间的关系。

在一幅黑白画里，空间虽是白的，但它们是被黑色线条圈起来的白色，更何况大多数油画的空间都是复色的，图线也是多彩的，不能想象没有内容的围线，或没有围线的内容。因此，在我谈起“有意味的形式”之际，意指那种从审美上感动我的线条、色彩（包括黑白两色）的组合。一定有人会因为我没有称之为“美”而感到惊讶。当然，对于那些把唤起人们审美感情的线、色的组合定义为“美”的人，我愿意表明，可以将我的话换成他们的定义。

但是，我们之中的大多数人，无论用词多么严谨，都很容易使用性质形容词“美的”来形容某种不能唤起艺术品所能唤起的那种特殊感情的东西。我要问：虽然差不多人人都说过一只蝴蝶或一朵花是美的，但有谁对蝴蝶和花产生过他对一座教堂或一幅画所产生的感情呢？肯定地说，这种感情一般地说是对自然美的感情，而不是我们多数人感受到的我称之为审美感情的东西。后面我将提到有的人偶尔也许能在自然中见到我们在艺术中之所见，并对它产生审美感情。但是，我感到欣慰的是，一般地说，大多数人对鸟、花、蝴蝶翅膀的感情与对绘画、陶器、庙宇、塑像的感情是完全两样的。为什么这些美丽的东西不能像艺术品那样感动我们呢？这是另外的问题，不是审美的问题。

为了我们直接的目的，我们唯一需要做的就是找出一切能像艺术品那样感动我们的物品的共性。在本章的最后一部分里，当我试着回答“为什么我们能如此之深地为某些线、色的组合所感动”这一问题时，希望对为什么其他东西不能如此令我们感动提供一个可以为人们所接受的解释。如果我们把某种不能唤起独特审美感情的性质叫作美，就会导致把能够唤起这种感情的性质亦称作“美的错误”。为了使美只作为审美感情的对象，我们必须给这个词下一个非常严格而且新颖的定义。谁都有把美用于非审美意思的时候，多数人习惯于这样做。大概除了各地的美学家外，多数人在用这个词时，通常都是从非审美角度去考虑的。

在美的粗俗滥用中，有人独出心裁地用什么“美的狩猎”、“美的枪法”，这些我都不必予以考虑；让那些过分地讲究词句的人去回答吧。他们会说他们从未如此滥用过“美”。还有，在上述情况下，不存在混淆审美上的美与非审美上的美的危险。但是，当我们称一个女人很美时，这种危险就存在了，一般人谈美女，当然不单指从审美角度上打动他的美。但是，当艺术家称一个干瘪的老妪很美时，他的意思和称一座残断躯干雕像很美的意思是差不多的。

如果一个普通人很有审美鉴赏力，那么，他也会说残断躯干雕像很美，可是他绝不会说那个干瘪的老妪也是美的，因为，当他使用“美的”一词来形容女人时，这个词一般并不指老妪可能具有的那些审美性质，而是指它包含的另外一些性质。的确，我们大多数人从未梦想从人类得到审美情感，我们希求从人类得到的是一种与审美感情截然不同的东西。当我们在年轻女人身上发现这种东西时，就誉之为“美”。我们生活在美好的时代。对普通人来说，“美的”常常是“向往的”的同义词。这个词并不意味着对审美的反映，我深信在许多人的心目中这个词在“性”方面的诱惑力比在美学上所说的“美”的诱惑力更大些。

我注意到了一些人的一致看法。他们认为世界上最美的事莫过于有个漂亮女人，其次是有一幅画着美女的画。就审美的美与性感的美来说，它们容易被人混淆的程度也许不像人们想象的那样大，或许根本不存在这种混淆。原因是这些人可能从来没有产生过能与其他感情混淆的审美感情。他们称为“美的”艺术，一般是与女人紧密相关的。一张漂亮姑娘的照片就是一幅美的画，能激起歌剧中少女的歌声所激起的情绪的音乐就是美的音乐，能唤起二十年前写给院长的女儿的诗所激起的感情的诗就是美的诗。

“美”一词通常总是被人们用来指那些引起过自己的某种突出的感情的对象。这正是我没有使用这个会使我和读者迷惑不解或误解的术语的原因。另一方面，有一些人认为，更确切地说，应把唤起我们审美感情的各种组合排列叫作“形式中的有意味的关系”，而不应叫作“有意味的形式”。而后，他们企图使这两个美学的和形而上学的词一致起来，并把这些形式间的关系叫作“节奏”。我对他们的这些提法没有任何异议。我已经清楚地讲过，我所指的“有意味的形式”，正是以独特方式来打动我们的各种排列、组合，我衷心希望与那些想以其他名字为这同一事物命名的同事们携手合作。

“有意味的形式”是艺术品之基本性质，这一假说，比起某些较之更著名、更引人注目的假说来，至少有一个为其他假说所不具有的优点，它确实有助于对本质问题的解释。我们都清楚，有些画虽使我们发生兴趣，激起我们的爱慕之心，但却没有艺术品的感染力。此类画均属于我称为“叙述性绘画”一类，即它们的形式并不是能唤起我们感情的对象，而是暗示感情，传达信息的手段，具有心理、历史方面价值的画像、摄影作品、连环画以及花样繁多的插图都属于这一类。显然，我们都认识到了艺术品与叙述性绘画的区别。难道不曾有人称一幅画既是一幅精彩的插图同时也是分文不值的艺术品吗？

诚然，有不少叙述性绘画除具有其他性质外，也还具有形式意味，因为它们是艺术品。可是这类画中更多的却没有形式意味，它们吸引我们，或以上百种不同方式感动我们，但无论如何也不能从审美上感动我们。按照我的审美假说，它们算不上艺术品，它们不触动我们的审美情感。因为感动我们的不是它们的形式，而是这些形式所暗示、传达的思想和信息。很少有比弗里斯的《帕丁顿火车站》更知名、更令人喜欢的绘画作品了。我绝不会说它不受大众欢迎。在多少个疲惫的四十分钟里，我揣摩着它那令人心旷神怡的细节。每个细节都使我联想到那缥缈的过去和那不可知的未来。可以肯定，这幅画虽是弗里斯的代表作或其翻版，而且给人们带来了无数个半小时的惊奇和如痴如狂的快感。但是，同样可以肯定，尽管这幅画里有绚丽多彩的细节，尽管我们绝无理由说它画的不好，却没有一个人对它产生哪怕是半秒钟的审美情感。《帕丁顿火车站》不是艺术品，它只是一个有趣的、吸引入的文献。这幅画中的线条、色彩被用来列举逸事、传达思想、说明一个时期的风俗习惯，它们不是被用来唤起审美感情的。

对于弗里斯来说，形式及形式间的关系并不是可以唤起感情的客体，而是传达思想，启发感情的手段。《帕丁顿火车站》传达的思想和信息是十分娱人，并且恰如其分，致使这幅画有了相当高的价值并值得珍藏。但是，随着能够原原本本地反映事物的摄影和电影艺术的逐步发展，这一类绘画变得越来越多余了。一位《每日镜报》的摄影师与一位《邮报》记者合作，可以远比任何一位皇家院士所能告诉我们的“每日伦敦”的情况还要多。谁能怀疑这一点呢？如果仅仅为描述风俗习惯，我们应朝着摄影再加上点儿出色的报道的方向发展，而不必朝着叙述性绘画方向发展。假使尼禄王朝的院士在壁画、镶嵌画中记录了当时的风俗习惯，而没有粗制滥造那些非常令人厌恶的古董仿制品的话，他们的作品即使没有艺术价值现在也成了历史珍品。

要是这些画不是弗里斯的作品而是阿尔玛、塔德玛斯的作品就好了！可是摄影技术使得任何现代毫无价值的艺术品不可能再招摇过市了。因此必须承认弗里斯式的传统画已经是多余的了，它们不过是让某些人浪费许多时间罢了，这些有才华的人原本可以从事更有益、贡献更大的工作。然而，这些画还不能说是令人不愉快的。可是对有的叙述性画还不能这样说，如《医生》这幅画就是很明显的例子。《医生》当然不是艺术品。其形式并不是唤起感情的客体，而是启发感情的手段。仅此一点就足以使它毫无价值了。更糟的是，它启发的感情是虚假的。这种感情不是怜悯、敬佩，而是我们自己慈悲和慷慨的自鸣得意之感，是一种多愁善感。艺术是高于道德的，或者确切地说一切艺术都是合乎道德的。

正如我马上要阐明的，艺术是表达善的直接手段。一旦我们判定某物品是艺术品，我们已经从伦理上断定它是至关重要的，连伦理学家也对它望尘莫及。叙述性绘画并非艺术品，因此，它们也不一定是表达善的心理的手段，却恰恰是最能引起伦理哲学家注意的对象。医生，不是件艺术品，它丝毫不具有其他一些能够唤起审美感情的客体所具有的极大道德价值。我内心对以插图为手段表现心理状态的做法一点儿也不感兴趣。那些意大利“未来派”中有胆识的年轻人的作品，是叙述性绘画中值得重视的典范。他们和皇家院士一样，不去用形式唤起审美感情，而用它来传达信息、表达思想。

确实，已发表的未来派的理论证明，他们的绘画应与艺术毫无关系。而他们的社会和政治理论倒应该受到重视。但是，我仍要提醒这些年轻的意大利画家，如果一个人有幸生来就是个艺术家的话，那么他虽然有可能在思想和行动上都已成为未来主义者。然而，他仍然还是个艺术家。把艺术与政治联系起来的做法从来就是错误的。未来派绘画是叙述性的，因为它的目的在于用线条、色彩来揭示某一特殊时刻心理上的混乱状态。它们的形式不是为了引起审美感情，而是为了传达信息。此外，无论这些形式所揭示的思想本质是什么，它们仅仅是革命的，而且仅仅如此而已。

依我看来，在未来派的绘画中（也许应将塞弗里尼的某些作品除外），人们都会发现，这类画中凡成为代表作的，都是由勃斯那德（Besnard）约在三十年前带入时尚的，已经成为人所共知的那老一套的翻版，而后又受到法国美术学院学生的很大影响。未来派的绘画作为艺术品是不足以称道的。但是，人们之所以对其评价很高，却不是从艺术角度来评价的。一幅未来派的杰作，就像一篇好的心理学文章那样成功，它能通过线、色来揭示一个有趣而又复杂的心理状态。如果未来派艺术看上去似乎不那么成功，我们就应对此做出某种解释。

未来派艺术并非意在表现其艺术性，而在于揭示各种不同的心理状态。重视艺术的人大都发现，最使我们感动的艺术品，大部分是学者们口中说的“原始作品”。当然原始作品中也有不好的，例如，我记得我曾满怀热情前去观看坐落在普瓦提埃的最早的罗马式教堂之一（一座圣母院），发现它的比例不对，过分装饰，而且粗糙、臃肿和烦琐，就和由当时的那些高度文明的建筑师所设计的较之更高级的建筑物没有两样，而这些当时被认为高度文明的建筑师曾一度使先于圣母院一千年或后于它八百年的建筑业繁荣昌盛。

但是像这样的例外情况是少见的。一般地说，原始艺术是好的（我的这个假说在这儿又一次显示其作用），因为原始艺术通常不带有叙述性质。原始艺术中看不到精确的再现，而只能看到有意味的形式，所以原始艺术使我们感动之深，是任何别的艺术所不能与之媲美的。无论我们想到萨默里安（Sumerian）的塑像，还是前期的埃及艺术，古希腊的艺术，魏、唐的代表作，或是我有幸在1910年“牧羊人的丛林艺术展览”上见到的日本早期的几件优秀代表作（特别是那两个木菩萨），或是离我国较近的西方野蛮人公元6世纪时的拜占庭原始艺术及其初期的发展，或是早在白人到达之前就盛行于遥远的中、南美洲的神秘而又庄严的艺术，无论在以上哪一种艺术中，我们都可以观察到它们具有三个共同的性质，没有现实的再现，没有技术上的装模作样，唯有给人异常深刻印象的形式。

这三个特点的相互关系也不难发现。形式的意味会随着过分注意准确地再现现实以及对技巧的过分炫耀而消失。当然，有些批评家认为原始艺术中很少有再现，更少有特技花招，原因是原始艺术家抓不住相似之处，也不会智力游戏。这个论点是不对的。虽然这种说法是有一定道理的。即令我是一个靠卖弄学识来沽名钓誉的批评家，也不会像这些批评家那样轻易地表示赞成这个论点。因为，假定拜占庭的大师希望准确地再现却由于技术达不到而创作不出幻象，这种假定就意味着对那个时期最出名的坏作品中运用的令人惊奇的现实主义手法熟视无睹。

恐怕原始艺术中常常表现出的错误的再现应归于批评家所说的故意歪曲吧。不管这是不是事实，问题却在于，不论是因技巧拙劣，还是本意并非如此，原始艺术家并不去创作幻象，也不去显示其高超的技艺，却集中全部精力于一件必要的事实，形式的创造，因而他们创造出了人类拥有的最卓越的艺术，不要以为再现本身是件坏事。现实主义的形式如在创作中运用得当，也会和抽象主义的形式一样有意味。但是，如果说某种再现的形式很有价值的话，其价值也只在于其形式而不在其再现。

艺术中的再现因素无论有无害处总是无关紧要的东西。因为我们无须带着生活中的东西去欣赏一件艺术品，也无须有关的生活观念和事物知识，也不必熟知生活中的各种情感，艺术本身会使我们从人类实践活动领域进入审美的高级领域。此时此刻，我们与人类的利益暂时隔绝了，我们的期望和记忆被抑制了，从而被提升到高于生活的高度。我想，一位专心学习的纯粹数学家一定有过与上述情况即使不完全一样，也一定很近似的心理状态。

他对自己的演算产生一种感情，这种感情不是出于他对演算与人生的关系的知觉，而完全是非人的、超人的。它产生于抽象科学本身。有时我对此表示纳闷，难道艺术鉴赏家和数学理论鉴赏家丝毫没有相似之处吗？在一定形式的组合引起我们的审美感情之前，我们有没有理智地觉察到它的合理性和必要性呢？如果我们确实理智地觉察到了它的合理性与必要性，就可以解释为什么在我们迅速穿过一间房子时，也能判断出房子里有一幅好画，尽管我们不能说它唤起了许多感情。我们似乎已经凭理智意识到了形式的合理性，根本不必停下来集中注意力去收集它固有的感情意味。如果事实确实如此，我们就可以提出这样一个问题。究竟是形式本身，还是我们对这些形式的合理性和必要性的理解引起了我们的审美感情呢？我认为，这里没有必要去没完没了地讨论这个问题。我一直在探讨某些形式的组合为什么能够激动我们。如果我了解清楚为什么某种组合被理解为合理的、必要的，为什么我们对它们的合理性和必要性的理解是感人的，就不必再走其他弯路了。我要说的只是一点，那全神贯注的哲学家，那凝视着艺术品的鉴赏家都正处身于艺术本身真有的强烈特殊意义的世界里。这个意义与生活意义毫不相关。这个世界里没有生活感情的位置，它充满自身感。

四、画的世界

如若把一个立方体或长菱体看作一个平面图就贬低了它的意义，三度空间感是全面地欣赏大多数建筑形式的基础，欣赏艺术品，我们不需带有什么别的，只需带有形式感、色彩感和三度空间感的知识。我认为，这一点点知识是我们欣赏许多伟大作品的基础。因为，迄今为止许多最动人的形式都是以三度空间表现出来的。如若把绘画只看作平面图就完全丧失了它的意味。

绘画之所以能深深地感动人们，是因为我们实际上把它们看作许多相互联系着的平面。如果三度空间的再现也被称为“再现”的话，那么我同意，有一种再现是相关的，而且我认为，如果我们想充分理解每一种形式，不仅要有对线条、色彩的感受能力，还必须有空间方面的知识。但是，对于有些极为感人的作品的欣赏却并不需要空间知识。所以，尽管空间感对欣赏某些艺术品来说是相关的，但不是欣赏一切艺术品的基础。

所以我应该这样说，三度空间的再现对一切艺术既相关，又不是一切艺术的基础，而其他别的再现则与艺术都不相关。许多伟大艺术品中出现不适当的再现，或者叙述成分，这一点也不足为怪。我将在别处说明这是为什么再现并非都有害，高度的现实主义的形式也可能极有意味。然而，再现往往是艺术家低能的标志。一位非常低能的艺术家创造不出哪怕是一丁点能够唤起审美感情的形式，就必定会求助于生活感情。而他要唤起生活感情，就必定要使用再现的手段。一个人唯恐他创造的第一种有意味的形式不成功，就要用能引起恐惧感和同情感的第二种形式来达到目的。

于是，他便想到要画一幅被处死刑者的画。如果这位艺术家千方百计地想表现生活感情，这往往正是他缺乏灵感的症状。如果某位观众力图在形式以外寻求生活感情，则是他缺乏艺术敏感性的症状。这就是说，它的审美感受力很弱或者（在不同程度上）说还不完全。一个人在艺术品面前很少感到或感觉不到纯形式的感情，就会使自己茫然不知所措。在音乐会上，他们是聋子。

他们明白自己面对着伟大的作品，却理解不了它的意味，虽然知道应该对此作品产生极为强烈的感情，可偏偏这个作品激起的情感恰恰是他们很难感觉到的，或根本感觉不到的感情。所以，他们把自己能够感觉到的事实与观念硬塞到对形式的理解中去，并把他们唯一能够感觉到的一般生活感情看作对艺术形式的感情。每当见到一幅画时，他们就本能地将其形式与他们生活于其中的世界联系起来。他们把创造出的形式也看成是摹仿来的形式。他们把一幅画看作一张照片。他们本可以随艺术溪流进入审美经验的新世界，可是却来了个急转弯，直接回到凡人皆有的趣味世界来了。

对于他们，艺术的意味就是他们加给艺术的意味；他们的生活也没有增添任何新内容，只不过把那些陈年旧货又翻腾一下。优秀视觉艺术品能把有能力欣赏它的人带到生活之外的迷狂中去，以艺术为手段唤起生活感情则无异于用望远镜看新闻。如果留心，你会看到，那些体察不到纯粹审美感情的人只能记住画的主题，而能够感受到纯粹审美感情的人却往往对一幅画的主题是什么没有印象。他们从来不注重作品的再现因素，因此当他们讨论绘画时，常常只谈各种形状的形式、色彩用量以及它们之间的关系。

他们仅从一条线的质量好坏就能断定它是否出自一位好画家之手，他唯一注重的是线条、色彩及它们的相互关系、用量及质量。从这些方面能够得到远比事实、观念的描述所能给予的感情更深刻、更崇高的感情。上面这些话听起来很自负，也许有人会认为这种提法过于大胆和狂妄。假如我谈谈自己对音乐的感受，也许能证实我前面的观点，使我要表达的意思更加准确。我并不真懂音乐，理解力也差。我感到音乐的形式特别难把握。

肯定地说，我常感觉不到那和谐与节奏之中的更深刻更微妙的东西。一部音乐的曲式一定得非常简单我才能实实在在地掌握它。我对音乐的见解可以说是不值一提的。在我听音乐会时，有时尽管我对音乐的欣赏力很差、很有限，然而它却是纯粹的。有时尽管我的理解力差，我还是确确实实地欣赏了。因而，当我在音乐会上开始感到高兴、明朗、热切时，当正在演奏着的音乐恰是我能够理解的音乐时，我从音乐中得到的纯粹的审美感情与我从视觉艺术中感受到的感情是同样的。

当然它还不够强烈，它带来的快感也是短暂的。我对音乐的理解力太差了，它不能把我带入审美的迷狂世界中去。在偶然情况下，我确实从音乐的纯形式角度来欣赏它，把它作为按某种神秘而又必要的规律组合在一起的声音来欣赏，作为与生活意义不相关联的、本身具有极大意味的纯艺术来欣赏。每当这时，我自己便进入那种无限崇高的心理状态之中，这正是纯粹的视觉形式把我所带入的那种心理状态。在音乐会上，我平时的思想境界显得多么卑俗啊！当我疲乏困惑时，我对形式的敏感消失了，我的审美感情崩溃了，我开始将生活的概念编织进我领会不了的和谐中去。我感受不到艺术的严肃情感，开始把人类的恐惧感和神秘感以及人类的爱与恨塞进对音乐形式的理解中去，而且会很高兴地把时间花费在混乱的低级情感之上。

这时如果有人将那些最粗俗的声音，如鸟鸣、马嘶、孩啼、恶棍的狰狞笑声都用于交响乐，我也不会有任何异议，甚至会感到高兴。这些叫声可能是我的一系列新的浪漫感与英雄思想的出发点。我很清楚地知道到底是怎么回事。我在不恰当地把艺术作为获得生活情感的手段，把生活的概念强加给艺术。我已从极高的审美愉快的顶峰跌落下来，落到人类情感的温暖舒适的山脚下。这是一个快乐的国度。这里的人不必为自己的享乐而感到羞愧。但是，没有一个曾经到达审美愉快的顶峰的人不为落到这舒适的山谷里而感到沮丧。

不要以为，由于他尽情地在这个温暖的耕作和富有奇趣的浪漫角落中享乐，就连猜也猜得出那些到达那冰冷、洁白的艺术顶峰后所体验到的庄严、激动的愉快！关于音乐，多数人都和我一样心甘情愿承认自己欣赏能力差。如果他们不理解音乐的形式，不能从中得到纯审美感受，他们就得承认自己对音乐的理解是不完全的或根本不理解。他们很清楚地认识到音乐家对纯音乐的感受与无造诣的音乐爱好者的感受不同。后者欣赏的是他自己的感情（他完全有理由这样做），并且认识到自己感情的低劣，遗憾的是人们常常在理解他们自己对视觉艺术的欣赏力上表现得不够谦虚。

人人都有可能认为，那些画中凡是值得欣赏的东西他都欣赏了。谁都可能对那些认为还有更值得欣赏的东西的人叫喊："胡扯！""骗人！"那些从未感受到纯粹审美感情的人对那些有过此种感受的人的信条表示怀疑。我想，大概是由于再现因素的盛行，才使得普通人如此肯定，假若他看到一幅好画就一定能判断出它是佳作。因为我注意到了，在建筑、制陶、纺织等方面，无知和愚蠢更情愿遵从天生具有独特敏感性的人的意见。很遗憾，有修养有才智的人不相信，视觉艺术中有审美欣赏力的伟大天赋至少也像音乐天才那样罕见。通过我个人的两种体验的比较，我能够很清楚地把纯艺术欣赏和非纯艺术欣赏区别开来。

倘若我要求别人谈他们对画的感受时就像我谈自己对音乐的感受那样坦白老实，这样做是否有些过分呢？因为我深信他们之中大多数人在参观画廊时的感受和我在音乐会上的感受很相似。他们也有完全进入迷狂状态之时，但是，这个时刻是短暂的，难以捕捉的。他们很快又会落回到人类趣味的世界，又会产生无疑是好的，却是低级的感情。我不敢斗胆说他们从艺术中吸取的东西是坏的、毫无价值的，我是说他们得不到艺术所能给予的最好的东西。

我也不敢说他们不懂艺术，但他们决不会理解那些真正懂得艺术价值的人的内心世界，艺术对他们是毫无意义的是微不足道的，但我说他们并没有把握艺术的全部意义。我没有一时一刻认为他们应为自己的艺术欣赏力之低劣而感到羞愧。绝大多数有魄力、有才智的人都不能不掺杂自己的感情去欣赏视觉艺术。此外，几乎一切伟大作家对艺术之欣赏都是不纯的。

假如有一点纯粹的审美感情，哪怕是混杂的、很少一点的艺术欣赏也一定是世上最有价值的东西。它是如此宝贵，还在我的头脑还不清楚之时我就已经试图论述过艺术是对世界的拯救了！虽然艺术的回音和阴影反映丰富了平原般的生活，然而她的精神却始终驻扎在山巅之间。她追求着生活，却不是纯粹地追求，她返回时已丰富了她原来带给生活的东西。她就像太阳，温暖了沃土中的良种，换来了鲜美的硕果。但是只有具备高深艺术造诣的人，她才会赠予他那件新奇礼物，一件无价之宝。而无艺术造诣的人给艺术带来又从艺术中带走的都是他们自己那个时期自身文明的思想和情感。

一个 13 世纪的欧洲人可能会被罗马式教堂所深深地打动，却对一幅唐朝绘画无动于衷，对近代人来说，希腊雕塑意味无穷，而墨西哥雕塑却毫无意义。这是因为他只对前者产生一连串联想，把它看作产生熟悉的情感的对象。但是对于有高深造诣的人来说，对于能够感受到形式的深刻含义的人，他已超脱了事件的时间、地点的束缚。对于他来说，那些考古学、历史学和偶像化传记方面的问题都不在应该考虑的范围之内。如果一件艺术品的形式很有意味，那么它的出处是无关紧要的。

面对罗浮宫中萨默里安的人物塑像的壮观，他所感受到的狂喜与四千年前迦勒底的崇拜者感受到的狂喜是同样多的。这正是伟大艺术的标志，伟大艺术的感染力是永恒的。有意味的形式充满了一种力量，这种力量能唤起所有能感受到形式意味的人的审美感情。人们的各种观念只不过喧嚣一时，就像蚊虫一样销声匿迹了，人们像换衣服那样改变他们的风俗习惯，此时曾作为知识上的伟大成果，到了彼时就成了笑柄，唯有伟大的艺术长久不变，永不失色！

伟大艺术之所以能保持长久而又不失色，是因为它所唤起的感情是不受时间、地点制约的，是因为艺术王国与尘世间完全是两个世界！对于那些对有意味的形式很敏感的人来说，感动他们的形式无论创作于前天的巴黎，还是五千年前的巴比伦，这又有什么关系呢？艺术的形式是取之不尽，用之不竭的，可是达到审美迷狂境界，却只有审美感情这一必由之路！

五、形而上学的假说

迄今，我已就审美与后印象派两个问题做了充分的阐述。现在让我们探讨一下那个形而上学的问题，即“为什么某些特定形式的排列和组合如此不可思议地感动我们呢?”就审美来说，这些形式的排列、组合确实感动我们，这一事实就足以说明问题了。对于那些进一步的（却又是更乏味、更愚蠢的）发问，我们可以这样回答：无论这些排列、组合多么离奇，它们只不过同这个神秘莫测的奇妙世界上的一切奇妙的事物一样罢了。

可是，我愿意对那些把我的理论看成是开拓一系列前景的可能性的人们，摆出我的设想，因为他们值得我这样做。在我看来，有这样的可能性（决非肯定）：那个被创造出来的形式的感人之处在于它表现了创作者的感情。大概艺术品的线条和色彩传达给我们的东西正是艺术家自己的感受吧。倘若事实正是如此，那么就可以解释这样一个既神秘而又无可否认的事实：我称之为物质美的东西（例如蝴蝶的翅膀）绝不会像艺术品那样感动大多数人。

物质美虽是美的形式，却不是有意味的形式。尽管它能感动我们，却不能从审美上感动我们。这就需要我们对“有意味的形式”和“美”两个概念加以区分并做出解释。（也就是说，要把能够激起我们的审美感情的形式与不能激起审美感情的形式区分开来。）用一句话说，有意味的形式把其创作者的感情传达给我们，而“美”则不传达任何东西。那么艺术家为什么会产生他想要表达的感情呢？当然，有时候他的感情是由物质美激发产生的。对自然对象的凝思往往是艺术家感情的直接发源。

那么，我们是否可以这样想，艺术家对物质美的感受或者有时对物质美的感受与我们普通人对艺术品的这种感受是一样的呢？是否可能出现这样的情况，即物质美对艺术家来说或多或少地可说是有意味的，也就是说物质美可以激起他们的审美感情。如果某种能激起艺术家审美感情的形式恰好是某种物质的形式，那么，是否可以说这种物质美对于这位艺术家来说是富有意味的呢？好像我们想象有时艺术品的形式之外还有某种意味一样，艺术家是否会感觉到物质美之外还有某种更深的含义呢？

我们是否可以这样认为，艺术家表达的感情正是对某种通常如不细心观察就感觉不到的意味所唤起的审美感情呢？关于这些问题，我虽做了一些推断，但是还未把它们作为理论来阐述。让我们来听听艺术家自己是怎样解释的吧，我们愿意相信他们的解释。艺术家告诉我们说：实际上，他们创造艺术品并不为唤起人们的审美情感，而是因为唯有这样做他们才能将某种特殊的感情物化。他们自己也感到很难确切地说出这是一种什么样的感觉。有一位很优秀的艺术家曾就这个问题对我说，他试图在作品中表现的是"对形式的带感情色彩的把握"。我竭力要弄清什么是他所谓的对形式的带感情色彩的把握，通过我与他多次交谈，更多地聆听他的见解，我才得出了如下结论。

偶尔，艺术家观看物体时（比如房间里的陈设），他知觉到这些物体都是相互有某种关联的纯形式，这时他对这些物体产生的感情是对纯形式的感情。艺术家正是这时产生了灵感。灵感不是将物体之又产生了要将自己的这种感受表现出来的愿望。这种灵感不是来自将物体看作手段而产生的感受，而是来自把它们看作纯形式即看作目的本身的感受。艺术家决不会把一把椅子看作物质福利手段而对它产生审美感情，不会因为把它看作一个关系到某家庭幸福生活的媒介，或是因为某人坐在这把椅子上讲了些令人难以忘怀的话，更不会因为视它为一个受许多微妙的纽带束缚的，与数百人的生命息息相关的物品。

一个艺术家无疑常常会对这类日常所见的东西产生感情，但是在他产生审美感情的时刻，他的审美视野中物体绝不是激发联想的手段，而是纯形式。这是因为他的审美感情无论是通过对纯形式的感受才被激发出来的，把物体看作纯形式也就是把它们自身看作目的。因为，尽管形式是一个整体的各个相互联系着的组成部分，它们是以平等的关系相互关联的。这些形式不是别的，正是唤起审美感情的手段。若不是我们把对象本身看作目的，我们能够感受到那种比以往我们将对象看作手段所产生的感情更加意味深长，更加令人激动的感情吗？我认为，所有的人都会不时地产生一种把物体看成纯形式的幻觉。

换句话说，都会把物体本身看作目的。在这一瞬间内，我们有可能，甚至可以说完全可能是用艺术家的眼光看待它们的。有谁一生中没有至少一次突然把风景看成纯形式呢？一生中只有那么一次他没有把风景看作田野和农舍，而感到它只是各种各样的线条和色彩呢？在一刹那间，他不是从物质美中得到了与艺术带给人们的愉快同样的快感呢？假若事实正是如此，那么问题不是很清楚了吗？他已经从物质美中得到了通常只有艺术才能带给人的快感，因为他设法把风景看成各种各样交织在一起的线条、色彩的纯形式的组合了。下面，我们还可以这样说，他此时看到的自然风景已超脱了一切意外的、偶然的利害，摆脱了风景与人类生活的一切关系，也没有把它看作手段。他看到的是纯形式，感到的是视事物本身为目的的意味。视某物体本身为目的的意味是什么呢？在我们剥光某物品的一切关联物以及它作为手段的全部意义之后剩下来的是什么呢？留下来的能够激起我们审美感情的东西又是什么呢？如果不是哲学家以前称作物体。而现在称为终极“实在”的东西又能是什么呢？如果我提出一个连最善于思考的思想家都深信不移的说法，即一个事物本身的意义就是其现实意义。人们不会说我的提法荒谬透顶吧？那么，当我提出的为什么我们如此之深地为某些线、色的组合所感动了这一问题时，其解答是否应该是：“因为艺术家能够用线条、色彩的各种组合来表达自己对这一现实的感受，而这种现实恰恰是通过线、色揭示出来的。”如果我的提法可以为人们所接受，我便可以下这样的结论，所谓“有意味的形式”就是我们可以得到某种对“终极实在”之感受的形式。

我们有充分的理由提出这样的假设：艺术家灵感产生时的感情与某些普通人偶尔艺术地看待事物的感情，以及我们许多人凝视艺术品时的感情，是同一类的感情，即都是人们通过纯形式对它所揭示的现实本身的感情。可以肯定，大多数人只有通过纯形式才能得到这种感情。但是，是否每个产生这种神秘感情的人都必须通过纯形式这一渠道呢？这是个既扰乱人又最无意义的问题，因为在这一点上，我们完全可以不用“现实”这个词，而换成一切由纯形式产生的感情，无论这种纯形式之外是否还有别的意味。在我看来，对于为什么某些形式能够从审美上感动我们而另一些形式则不能感动我们这一问题的最满意的回答是：某些形式太纯粹化了，甚至我们普通人也能审美地感受到它们的意味，而另一些形式则充斥在非审美事物中（例如联想），唯有艺术家的敏感才能感觉到它们的纯形式的意味。

我如果能证实人人都必须通过形式获得现实感，就像人人都必须用形式来表达他的现实感那样肯定就好了。事实究竟怎么样呢？音乐家是从怎样的形式中得到他在抽象的和谐中所表达的感情呢？建筑师和陶工进行创造时的感情又是从哪里来的呢？我知道，艺术家的感情只有通过形式来表现，因为唯有形式才能调动审美感情。但是，我敢肯定激起艺术家感情的永远是形式吗？还是让我们回到“现实”这个问题上来吧。那些倾向于相信艺术家的感情是对现实的感受的人，大概愿意承认，视觉艺术家（只有他们才和我们有关）一般是通过物质的形式获得现实感的。但是，他们有时是否通过想象到的形式获得现实感的呢？我们难道不应加上这样一种情况，有时现实感产生了，而我们却不能断定它从何而来。

据我所知的对这种全神贯注在神秘的现实感中的现象最好的解释，应推举但丁的下列诗句：

幻想啊！你有时把我们周围的外物夺去。
虽然有一千个喇叭向我们吹响也听不见，
谁给你这种“无中生有”的能力呢？
这是一种天上的光激动你的，
这种光或是本身就有的，
或是由于神意而遣送下来的。
我的精神专注在这里面，
所有的外物都不如我的感觉。

每当艺术使我们异常兴奋的时候，人们很容易相信我们是被一种来自于现实世界的感情所控制着。那些持这种观点的人说，一切艺术品都来自于现实感。即使是艺术家，也只能在他们使物品减到最纯粹的存在，即纯形式的状态时，才能把握它。除非他们是些不借外形辅助便能获得现实感的神秘人物，通常只有通过纯形式方能表达现实感。按照我的形而上学的假说，艺术家的特质表现在他们具有随时随地准确地捕捉住现实感（通常潜于形式背后）和总是以纯形式来表达现实感这两种能力。

但是，有许多人，虽然他们感觉到了形式的无穷意味，却又不喜欢夸大其词，他们宁愿说艺术家惊奇地发现了形式以外的东西，或者，艺术家全凭想象捕捉住的东西是渗透于一切事物的节奏。我已经说过，我不会仅因为有人用了“节奏”这个词而来与他争辩。艺术家的感情的最终目的是永远不能确定的，但是可以肯定，艺术家的确产生一种感情并能用形式表达这种感情，而形式又是表达这种感情的唯一方式。

除非我们断定所有的艺术家都是骗子。请注意我下面的论述：艺术家试图表达的东西是他的感情，而不是对他创作的主要目的或直接目的进行的说明。如果一个艺术家的感情是从对形式或形式之间的关系的知觉中而来，或者说是通过它们而产生的，那么自然而然的，他会用他从中获得感情的那种形式来表达这种感情。但是，他用以表达感情的形式决不会受他的审美视野的局限。束缚他表达感情的形式的只能是他的感情。决定他的创作的将不是他所见到的，而是他所感受到的。无论创造出的一件作品的形式与我们所见的宇宙间的形式之间的关联是表面的还是内在的，无论这种关系是否存在，事实上都是无关紧要的。

没有人怀疑过宋瓷或者罗马教堂所表达的感情同任何一幅绘画所表达的感情是同样的。陶工用以表达感情的事物是什么？建筑师用以表达感情的东西又是什么？难道它们是某种想象中的形式？是艺术家看到的许许多多自然界物质的综合体？或者是某种与感官经验无关的，完全脱离物质世界的艺术家对待现实的概念？所有这些问题都是神秘莫测的。在任何情况下，艺术家用以表达自己的感情的形式都不具有能够激起这种感情的外在标志。情感的表达根本不受形式的束缚，也不受感情及生活观念的束缚。

因为，我们只知道艺术家创造出了什么作品，却不能确切地知道他的感受。假若获得现实感是他的目的，那么达到目的的办法有好几个。某些艺术家通过事物的表面形式获得现实感，另一些则凭对事物外表的追忆得到现实感，还有的艺术家则全凭想象达到这一目的。对于“为什么我们如此之深地为某些形式的组合所感动”这一问题，我不想确切的回答。这个问题不是审美问题，因而我没有义务解答。虽然我不愿对这种感情的本质或目的发表任何看法，然而我承认正是这些形式的组合表达了艺术家的感情。如果我的这个提议被采纳了，艺术批评家就有了新的武器，而且这个新的武器的本质是很值得考虑的。

批评家如果进一步斟酌自己的感情及目的，他就会惊奇地发现，赋予形式以意味的正是这种感情的本质或目的，这样他便得以解释，为什么某些形式富有意味而另一些形式则没有意味。从而，他会将自己所有的判断向后倒退一步。我这里仅举一例，所有的绘画仿制品大致可分为两大类。一类中或许包括几件艺术品；另一类则连一件艺术品也没有。一幅死板的仿制品，甚至连它的所有者也很难承认它是艺术品，因为它不能打动我们的心，其形式也毫无意味。然而，如若这个仿制品与原作一模一样，无疑它会和原作一样动人。可惜，照相式的绘画复制品往往不能与原作一模一样，而只能是差不多。

很明显一件艺术品不可能被丝毫不差地仿制出来，仿制品与原作的差别，即使再小也是存在的。而且这种差异马上就会被感觉出来。迄今为止，批评家都以某个现阶段为人们熟知的有把握的说法为依据，认为复制品之所以不能感动他，是因为复制品的形式与原作的形式不一样，原作中的动人之处并非体现在复制品中。可是，为什么说不可能制做出与原作完全一样的复制品呢？似乎应解释为实际上，艺术品的线条、色彩及空白都是艺术家大脑思维的产物，它并不再现于仿制者的大脑中。人的手不仅仅服从大脑的支配，要以某种特殊方式画出线条和色彩，如果不在某种特殊心理活动的指导下，则将是软弱无力的。

我们所见到的两个作品（原作与复制品）之所以不同，是因为支配艺术品创作的东西不再支配复制品的制作。我认为，那个支配艺术品创作的东西实际就是使艺术家有能力创造出有意味的形式的感情。能够感动我们的精彩仿制品都是由具有这种神秘感情的人创造出来的。精彩仿制品从来都不企图毫不走样地模仿。我们仔细观察总会发现它们和原作有着很大的不同，也就是说，这些仿制品的作者没有单纯地模仿，而是将别人的艺术翻译成自己的语言表达出来。创造有意味的形式绝非依赖于一般宽阔的视野，而是依赖于某种奇特的心理上和感情上的力量。甚至，当一个人要复制一幅画时，他需要的并不是训练有素的观察家的眼力，而是艺术家的灵敏的感受能力。

要想使观赏者有所感受，创作者要首先有这种感受。那么，这种只有创造形式时才有而模仿形式时则没有的东西是什么呢？神秘地支配形式创造的东西是什么呢？寓于形式之外且是由形式传达给我们的那种东西究竟是什么呢？将创造者与模仿者区分开来的又是什么呢？如果这种东西不是感情又能是什么呢？难道不是艺术家创造的形式表达了某种特殊的感情才使得这些形式富有意味吗？难道不正是由于这些形式唤起并加强了某种感情才使得它们连贯起来了吗？难道不正是由于这些形式能够交流感情才使得我们为之感到如痴如狂吗？这里有必要关照一句，不要让人以为感情的表达是艺术品外在的和可见的标志。艺术品的特质在于它具有能激起人们的审美感情的固有的力量。

可能正是感情的表达赋予了艺术品这种力量。你如果想到画廊里去寻求表现，那是徒劳无益的，你应该去那里寻求有意味的形式。当你为形式所感动时，就应该考虑一下是什么使它如此动人。如果我的理论是对的，那么，形式的正确就难免是感情正确的结果。我认为，正确的形式是受感情支配和制约的，不论我的理论是否站得住脚，正确的形式总是正确的。如果这些形式是令人满意的，那么支配创造这些形式的心理状况从审美上也一定是对的。反之，形式错了却不能说创造者的心理活动不正常。

从灵感到来之时到艺术品完工，可能出现许多差错，感情的虚弱和不完美充其量不过是对不能令人满意的形式做出一种解释。因此，通常批评家遇到满意的形式大可不必去探讨艺术家的创作心理。对于他来说，只要能感受到艺术家创造出的形式的审美意味也就行了。假若艺术家的创作心理是正确的，批评家就一定能判断出作者的创作心理是对的，因为他创造出的形式是对的。但是，当批评家要说明某些令人不满意的形式时，他有可能考虑到艺术家的心理状态，但此时他却不能仅因为形式错了而断定艺术家的创作心理也是错的。因为正确的形式意味着正确的感受，而错的形式则不一定说明感受也是错的。

如果需要批评家对某些形式的错误做一番解释，则会出现一种不可忽略的可能。那就是，批评家自己可能已经脱离了审美的坚实基础，移到某种不稳定的环境中去了。进行艺术批评时，人人都是见稻草就捞的。其实，这也没有什么坏处。但是艺术批评家不要忘记，无论他的理论多么有创见，这些理论都不过试图解释这样一个中心事实，一些形式能够从审美上感动我们，而另一些则不能。通过讨论，我们对这样一个问题有了更深的理解。这是一个既非审美也非形而上学的问题，然而又与这两者紧密相关。这就是艺术性的问题，实际上也就是艺术技巧的问题。我已提到，艺术家的任务无非是创造有意味的形式，或者说是表达现实感（不管你用哪一种表达方法），只有少数艺术家仅仅为了创造有意味的形式，或者仅为了表达现实感才去从事艺术创作的。

艺术家应该把自己的感情输导到某个确定的方面，把精力集中在某个确定的问题上。一个人如果想同时到达世界的各个角落，就什么地方也去不成。这个例子中实际上包含了对“为什么艺术传统是绝对必要的”这一问题的解释，就是能写出优秀散文难以写出好的诗，能写出好的自由体诗难于写好双行体诗之原因所在。也是为什么十四行诗、民歌和十三行诗中严谨的格律需要艺术家精力高度集中的原因所在。如果艺术家不把无条件地、不受任何物质和精神方面的限制而创造有意味的形式作为自己唯一确定的任务，他将不可能全神贯注地进行创作，他的创作目的也会因缺乏精确性而难以达到。

因此，几乎可以断言，他的创作往往是心中无数的，他总是怀着侥幸心理，希望创造出好的作品，但又很少能够确切地断定自己的作品是否成功。他们这种努力是徒劳无益的，因而其结果也是无力的。这便是艺术家堕入唯美主义的危险所在。一位不想做任何别的事而只想创造“美”的艺术家，往往不知从何入手去创造，更分不清做到何处是一段，他甚至不明白自己为什么着手干这件事而不去做旁的事情。这样的艺术家应该认识到使自己的作品“正确”的必要条件。

如果他的作品表现了现实感或者能唤起人们的审美感情，无论从什么角度去评价，这个作品的确都是真话。但是多数艺术家为了使自己的作品“正确”，往往不得不输导自己的感情，把自己的精力全部集中在比创造审美上的“正确”形式更急切、更狂热的问题上。他们需要以一个确定的问题为中心，将他们广阔的感情和没有明确显示出的能力集中起来。这个中心问题一经解决，他们的作品就会成为“正确”的了。所谓形式的“正确”，对观众而言，是指审美上的满足，对于创作它的艺术家而言，则意味着对某个概念的完全认识和对某个问题完美的解答。

不懂艺术的人，其错误就在于认为形式的“正确”是指某个具体问题的解答。他们倾向于认为，所有视觉艺术家和文学家面临的问题就是创造栩栩如生的作品。我认为，一切艺术问题（以及可能与艺术有关的任何问题）都必然涉及某种特殊的感情，而且这种感情（我认为是对终极实在的感情）一般要通过形式而被知觉到。然而，这种感情从本质上说来还是非物质的，我虽然无绝对把握，也敢断定：这两个方面，即感情和形式，实质上是同一的。虽然很可能会因为人类的软弱而把它们分裂为两种截然不同的东西，但就事情本身，它们还是一致的。

这两个方面会导致两种为我们熟悉的问题，即纯粹的审美问题和如何准确地再现的问题，不懂艺术的人总以为，创造艺术只要解决如何把生活中关于事物的概念“正确”地复现出来就行了。这些人根本不懂，要求艺术家直接解决的问题，除了“形似”之外，还要用一个四边形、圆形或立方体来表现自己的感情，要运用平衡来达到和谐或对某种不谐调的现象进行调合；要获得某种节奏感，还要克服媒介造成的种种困难。这种外行人的错误见解，便是他们对艺术的种种愚蠢的批评的根源所在。

遗憾的是，某些人却以出版这种批评文章为时髦。我们知道，莎士比亚的戏剧确实是描写了很多细微的心理活动和塑造了很多现实主义的人物形象，这些东西是如此酷似现实，无怪乎很多人为之惊叹和陶醉。但是，莎士比亚的本意却无论如何也不是完全地和忠实地再现生活，制造现实的幻觉并不是莎士比亚拿手的手段，也不是他施展才能的所在。其实，莎翁剧作中的环境根本不像哥尔斯密的作品那样离真实生活那么近。因此，那些认为艺术创作中唯一正确的做法是使文章、绘画的形式永远与作者生活于其中的生活环境相吻合的人们，便断定莎士比亚的剧作次之于哥尔斯密的作品。

这难道是公正的吗？事实上，追求酷似远非是艺术创造中唯一需要解决的问题。相反，它却有可能是最不能达到美的坏因素。欲使作品逼真是非常容易的，如果艺术家使作品逼真到无以复加的地步，那么他的最高尚的情感和他的聪明才智就不会再体现到这个作品中了。正如审美问题的过分微妙使得再现现实看上去太简单了一样。每个艺术家都应为自己选择一个题目。他可以从自己最喜欢的任何东西中选择使它成为自己要表达的艺术感情的中心，作为他借以表达自己艺术感情的兴奋剂。但是我们必须牢记，那个所谓的中心问题（在绘画中常常是一幅画的主题），本身其实是一点儿也不重要的，它只不过是在特定环境下艺术家表达感情或者创造形式的手段，某个作为手段的中心问题也许会比另一个更适合，就像一块画布比另一块好，一种商标的颜料可能比另一种好一样。

这个问题的选择要依艺术家的气质而定，因此只能让他们自己去考虑。对于我们，这个问题毫无用处；对于艺术家，它则可作为检验他的艺术是否绝对“正确”的最可奏效的方法。它是测量气压的计量表，艺术家的工作就是将火点燃，使那小小的把手旋转起来。他明白，如果指针达不到指定的位置，机器就转不起来。他就是为了达到甚至超过这个指数而工作。那么，整个事情的结论应该是什么呢？我看不外乎是这样的。对纯形式的观赏使我们产生了一种如痴如狂的快感，并感到自己完全超脱了与生活有关的一切观念。

说到这里，我敢肯定自己的意思已经表达清楚了。可以假设说，使我们产生审美快感的感情，是由创造形式的艺术家通过我们所观赏的形式传导给我们的。如果事实正是这样，那么，无论传导给我们的是什么感情，它肯定是一种可以通过任何形式表达的感情，即可以通过绘画、雕塑、建筑、陶器、纺织品等形式表达出来的感情。有些艺术家表达的感情是由于他们对有形物质形式意味的把握（他们自己这样说的），而任何物质的形式意味又被认为是那件物品本身的目的的意味。如果把一件物品本身看作目的，就比把它看作达到目的之手段或看作与人类利害相关的物品更令人感动，即有更大的意味（无疑结果会是这样的）。

我们只能这样理解，当我们把任何一件物品本身看作它的目的时刻，正是我们开始认识到从这个物品中可以获得比把它看作一件与人类利害相关的物品更多的审美性质的时候。我们没有认识到它的偶然的和局限的重要性，却认识到了它的基本的现实性，认识到了一切物品中的主宰，认识到了特殊的一般，认识到了充斥于一切事物中的节奏。不论你怎样来称呼它，我现在谈的是隐藏在事物表象后面的并赋予不同事物以不同意味的某种东西，这种东西就是终极实在本身。

假如这种多少带有下意识地对有形物品中潜在的现实性的把握正是产生奇妙感情的原因，或者说这正是许多艺术家要表达灵感的热情。那么，认为在没有物质对象的条件下也能通过别的渠道体验到审美感情，这种说法也是不无道理的。以上就是我的形而上学的假说。我们应该全部接受，还是部分接受，还是全盘否定它，这都应由每个人自己决定。我本人只坚持自己的审美假说的正确性。

还有一件我敢肯定的事，不论是艺术家还是艺术爱好者，是神秘论者还是数学家，凡是想体验到令人心旷神怡、忘怀一切的审美感受的人都必须克服人性中的骄傲自大，凡是想感受到艺术伟大意味的人，在艺术面前必须非常谦虚。而那些自以为发现了艺术重要性的人，即那些发现了艺术与人类行为、与人类实用功利的关系之哲学的重要性的人，也就是那些不把物品本身看作目的，或者或多或少地把物品看作获得感情的直接手段的人，将永远不会从物品中得到艺术品所能带给人们的最宝贵的东西。

六、美学与后印象主义

鉴于有关艺术运动这问题要谈得很多，我想趁我的审美假说在我及我的读者头脑中还记忆犹新之际（我希望如此），用它来检验一下当前的艺术运动。以我的审美假说为依据，就能比以往更明白地读懂艺术史，也能更明白地看到当前的艺术运动在整个艺术史中的位置。对于任何一个当代艺术家来说，如果让他写部书而不涉及在本国被称为“后印象主义”的运动，都将是件极不自然的事。

对此，我将发表许多议论，因而希望尽早地看到后印象派对我的审美理论持什么态度。这一评论是我申明后印象主义究竟是怎样的艺术运动的机会。我还必须提出一些在更广泛的范围内会遇到的重要问题。这里，我仅借机提出这些问题并且至少提出一种结论。原始人创造了艺术，那是出于他们本身的欲望。他们没有别的意图，仅仅是出于他们要表达形式感的强烈愿望。他们对创造幻觉或者不感兴趣，或者没有能力，因而把全部精力用来创造形式。然而，最近一段时期艺术赞助家和观赏者却加入了艺术家的行列，很快形成了“酷似”的势力。

正当这些粗俗的人们仍在那里追求酷似之际，要求“选择”的精神开始影响到对精美和技巧的赞美。这种影响的结果很快就会见分晓了。在欧洲，我们看到艺术在沦陷，缓慢地从拉韦纳的令人激动的构图逐渐发展到荷兰那烦冗的肖像画。与此同时，大部分罗马式和诺曼底式建筑也变成了用石头、玻璃建成的哥特式建筑。文艺复兴全盛时期过后，艺术几乎濒临灭绝的境地，所出现的只是许多好的幻想家和手艺人，后印象主义的兴起正是在这个时期。由于种种原因，当时出现的后印象主义并没有引起革命。艺术传统也仍处于昏睡状态。但是，也或出现一两个敢于同根深蒂固的传统习惯搏斗，并且创造出了有意味的形式的天才。

仅举几位这样的艺术家为例，克劳德（Claude）、埃尔格列柯（El Greco）、查尔丁（Chardin），还有英格莱斯（Ingres）、雷诺阿。这几位艺术家的作品与乔托和塞尚的作品同样感动人。从文艺复兴鼎盛时期直至当前的艺术运动，这期间繁荣起来的大部分艺术家都可归为两类：一类是真正的艺术家；另一类是笨伯。聪明的前者——年轻的艺术家，如果他们不是把全部精力都用于绘画，或许早就成为艺术家了。只可惜他们在那个时期中，都倾心于研究那些类似后印象的问题。而那些笨伯又不断地精心制作着类似彩色照片的东西，并且不停地模仿下去。

唯一能感动我的一切艺术品的共性，就是有意味的形式。而且，艺术品中最感动我的（看来也最可能是感动那些对艺术很敏感的人的）这种特性集中体现在原始艺术中。也就是说，直到我开始熟悉塞尚及其追随者的作品以前，有意味的形式几乎是导致我的这个假说的唯一性质。首先是塞尚的作品使我感到极度兴奋。而后，我发现他的作品最鲜明的特点是坚持把创造有意味的形式作为至高无上的目的。当我意识到这一特点时，出于对塞尚及其门徒的崇拜，更加坚定了自己的审美理论。自然，我很容易便喜爱上这些后印象派作品了，因为，从这些作品之中，我可以看到我从其他别的作品中见到的最使我感动的某种东西。

后印象派绘画并非神秘，一幅后印象派的佳作，其精彩之处也正是其他优秀绘画作品的精彩之处。因为艺术的基本性质是永恒不变的。因此，后印象主义并不意味着完全破除旧传统，它只不过有意识地反对某些对现代艺术发展起阻碍作用的旧传统。它坚决否认艺术必须永远沿袭过去的程式。但是，这一点决不仅仅是后印象主义的标志，它恰恰是艺术生命力的最一般的标志。至于把后印象主义说成“后印象派运动”也有可能引起人们的错误理解，就连“运动”这个提法本身也很容易使人误解。

艺术就像永不枯竭的溪流，那源远流长，世代流淌的溪水时而宽、时而窄、时而深、时而浅、时而快、时而慢，连它的颜色也始终变化着。然而，又有谁能确切地标出这些变化的分界线呢？19 世纪初期，艺术溪流处于低潮，到了印象派兴旺时期，它已经丰富得多了。当前的艺术运动在某种意义上只是对印象派画家起了反对作用。任何想要阻挡艺术溪流的企图，任何要确切划出某个派别或运动，并说“艺术从这里开始，到那里结束”的企图都是荒唐透顶的，这是纯粹的学院派做法。在现今的优秀画家中，不受塞尚影响或在某种意义上不属后印象派者寥寥无几。然而，不远的将来就会出现一个伟大的天才，就会创造出表面形式不同于塞尚作品的有意味的形式。

我之所以说是表面形式上的不同，是因为一切优秀艺术运动实质上都属于同一个运动，即世界上只有好与坏两种艺术。然而，按照艺术的不同表现手法将艺术溪流分成若干支流的做法是可以理解的，而对于艺术史学家来说又的确是有用的。这条溪流各个阶段的流量也不尽相同，某一时期的艺术仅以多产来区别于另一时期的艺术。如果幸运，会在几年或几十年内出现许多重要的艺术作品。有时这条溪流又会突然停滞或者慢慢地衰退下去，这就是所谓一个运动的终结。

几个优秀艺术家的偶然吻合如何能构成一个运动？艺术家又如何受到渗透进他所处时代的某种潜在精神的影响，被迫去创造有意味的形式？要求回答这样的问题实际上无异于吹毛求疵。尽管如此，我们还是应将这两方面的因素按比例划分一下（我怀疑是否两方面因素各占一半）。我以为，全面地看待艺术史，把艺术品多产的各个时期看作整个艺术史中各个独立的阶段才对。首先，我赞赏后印象派运动。这个时期是优秀艺术家层出不穷，艺术兴旺发达的时期。我也深信，构成后印象派运动的基础并导致它兴起的那些因素，比现代艺术史中记载的任何其他运动的因素都更激励艺术家充分地表现他们的才华，也更有益于培养出优良的艺术传统。但是，我对后印象派运动的兴趣及对它产生的很大敬意，并未使我忽略其他运动中出现的伟大艺术品。

我也不希望今后将出现的表面上反塞尚传统的新形式会使我对任何新形式的创造之伟大视而不见，如同一切有益的革命，后印象派正是艺术基本原理的复归。后印象派画家突然闯入这样一个世界（这个世界的画家希望成为摄影家或者杂技演员），他们竭力宣称最最重要的是，画家应该是艺术家。他们说，不要注重再现和技巧，而应当注重创造有意味的形式，注重艺术。

创造一件艺术品是件浩繁的劳动，根本无暇去捕捉表面上的，或者去显示娴熟的技巧。任何为了追求在一个作品中再现现实所做的努力都会相应地减少那个作品的艺术价值。后印象主义远非是一般人认为的那种无礼的革命。

事实上，它是一个复归，它不是某一特殊绘画传统的复归，而是视觉艺术的伟大传统之复归。这个伟大传统将把曾经呈现于原始艺术家面前的想法又一次呈现在当今的每个艺术家面前。自 12 世纪以来只有极少的几个天才抱有这个理想。后印象派恰恰对艺术的基本戒律做了重申。这个基本戒律就是：艺术家要创造形式。后印象派正是因为遵循了这个戒律，才得以同拜占庭的原始艺术以及艺术产生以来奋斗发展起来的各个重要艺术运动联系起来。后印象派决不仅仅在技巧上独树一帜。虽然塞尚确实发明了一种能极巧妙地符合他们创作意图的技巧，这种技巧也或多或少地为他的大多数追随者所采用和发挥。

然而，重要的问题并不在乎一幅画是如何画出来的，关键是它是否激发了人们的审美情感。正如我阐述过的，一幅优秀的后印象派绘画实质上与其他一切优秀艺术品都相似，它仅仅表面上与某些作品有所区别。这是由于它有意识地对抗那些由不良传统强加给绘画艺术的技术上和感情上的枝节问题。当人们参观类似“秋季沙龙画展”或“独女画展”时，这种情况尤为明显。在这些画展中展出的数百幅后印象派手法创作的作品中，有很多是毫无价值的，人们认识到这些没有价值的后印象派绘画之所以失败，其原因正如其他类似作品失败之所在。它们的形式没有意味，也不能引起人们的审美反应。事实上，过去我们贬义地称这批艺术家的画为“后印象派绘画”，这实际是个不幸的需要。

现在，恢复使用古老的和更恰当的术语来评论绘画优劣的时候已经为期不远了。不过，我们不应忘记那个以塞尚为最早标志的后印象派运动以及在这一运动中应运而生的一大批惊人的优秀作品的部分成绩（虽不是全部）应归功于后印象派的解放的和革命的学说。种种有关后印象派绘画的最糊涂的评价出自那些把后印象派看作一个孤立运动的人们之口。实际上，如果我们把艺术史与人类精神史划分为若干巨大的坡段，后印象派便是其中某坡段之一部分。我在充满热情之际，希望后印象派运动是新的坡段里的第一阶段，它与这个坡段的关系应该像公元 6 世纪拜占庭艺术与在其之前的古老艺术的关系一样。

如果事实上正是这样，我们不妨将后印象派与公元5世纪末叶古希腊、古罗马现实主义艺术的废墟中闪烁着生命光辉的朝气蓬勃精神作一比较。后印象派，我们还可以称它为当代的艺术运动，是大有前途的。当未来的前景出现，塞尚和马蒂斯就不再会被称为后印象派艺术家了。他们无疑会像乔托、马萨丘那样被誉为一个运动的艺术大师。但那个运动是否不应算作一个运动，而是如同在塞尚与维塔尔（SVitale）的艺术大师们之间存在的巨大的坡段，还不能像热心人想象的那么肯定。

有人将后印象派诬为反面的、有破坏性的信念。然而在艺术领域中，凡信念恰恰都是健康的。你不能赋予人们以天才，只能赋予他们自由，即破除迷信的自由。后印象派不能像完美的法律能造就完美的人那样造就出完美的艺术家。毋庸置疑，随着后印象派绘画越来越受欢迎，会有逐年增多的人滥竽充数地使用所谓“后印象派技术”来表现无意味的图案，描述愚蠢的逸事。他们的绘画虽也会被称为“后印象派画”，但是只有在极不合理的情况下，他们才会不被排斥于伯灵顿艺术馆之外。

后印象派不是专为反对人类的愚昧和无能才存在的，它所能做到的不过是将艺术的起码要求展示在画家面前，告诫那些天才人物和聪明学生：“不要把时间、精力浪费在无关紧要的事上，全神贯注于重要的工作，集中精力去创造有意味的形式吧！”只有这样做，他们才能最大限度地发挥自己的才华。在这以前，由于他们两者都认为必须要在艺术的需要与传统所要求观赏者期望的东西之间达成某种妥协，所以他们其中一个的作品被遗憾地毁掉了，另一个也被玷污了。旧艺术传统强迫画家成为照相师、杂技演员、考古学家及文学家，后印象派则强调画家应该成为真正的艺术家。